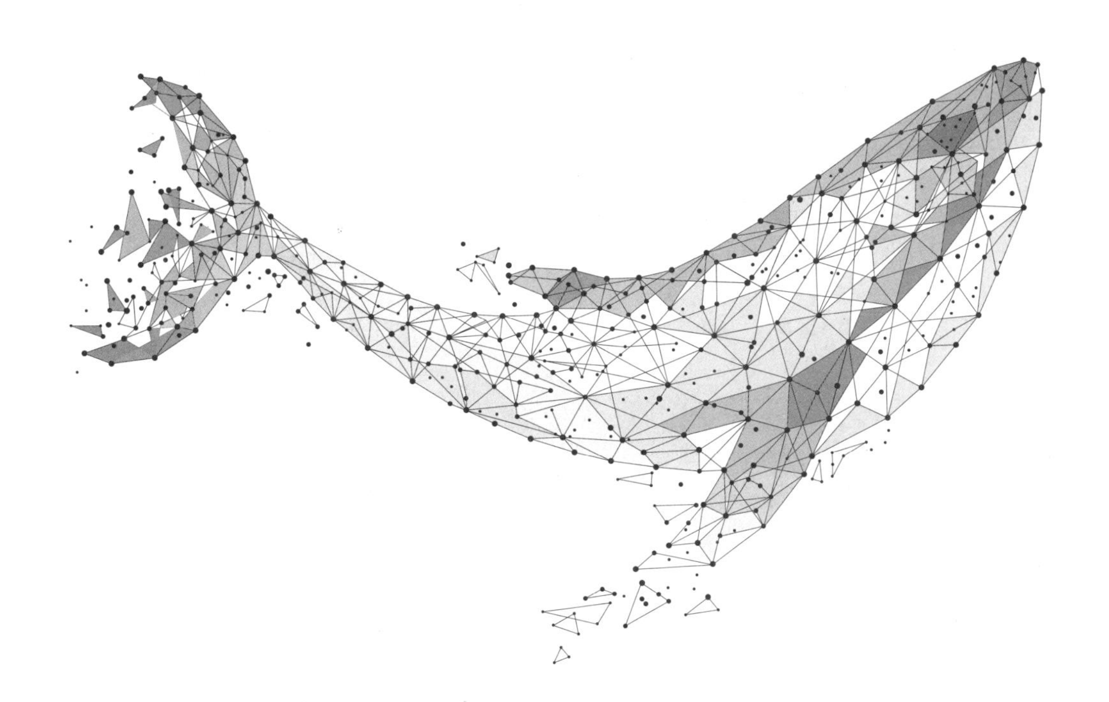

鲲鹏架构入门与实战

张 磊◎编著
Zhang Lei

清華大学出版社
北京

内容简介

本书是鲲鹏架构的入门图书，也是实际应用的实战图书，逐步讲解从简单的鲲鹏环境搭建到软件产品的鲲鹏兼容性认证。

本书首先讲解鲲鹏架构的由来及鲲鹏生态的构成，并搭建了鲲鹏开发环境，然后详细讲解应用从 x86 架构迁移到鲲鹏架构的原因、方法及辅助迁移的鲲鹏开发套件，最后介绍鲲鹏认证及如何通过鲲鹏云服务兼容性认证。

本书面向希望了解鲲鹏架构是什么，以及对鲲鹏感兴趣的初学者。对于有一定技术基础，并且希望在工作中使用鲲鹏架构的开发者、设计鲲鹏架构系统的架构师，以及负责把产品迁移到鲲鹏平台的测试人员、开发人员同样具有很好参考价值。

图书在版编目(CIP)数据

鲲鹏架构入门与实战/张磊编著. —北京：清华大学出版社，2021.5
(计算机技术开发与应用丛书)
ISBN 978-7-302-57687-7

Ⅰ. ①鲲…　Ⅱ. ①张…　Ⅲ. ①微处理器—程序设计　Ⅳ. ①TP332

中国版本图书馆 CIP 数据核字(2021)第 045531 号

责任编辑：赵佳霓
封面设计：吴　刚
责任校对：时翠兰
责任印制：丛怀宇

出版发行：清华大学出版社
网　　址：http://www.tup.com.cn，http://www.wqbook.com
地　　址：北京清华大学学研大厦 A 座　　**邮　　编**：100084
社 总 机：010-62770175　　**邮　　购**：010-83470235
投稿与读者服务：010-62776969，c-service@tup.tsinghua.edu.cn
质量反馈：010-62772015，zhiliang@tup.tsinghua.edu.cn
课件下载：http://www.tup.com.cn，010-83470236
印 装 者：三河市君旺印务有限公司
经　　销：全国新华书店
开　　本：186mm×240mm　　**印　　张**：34.75　　**字　　数**：782 千字
版　　次：2021 年 5 月第 1 版　　**印　　次**：2021 年 5 月第1次印刷
印　　数：1～2000
定　　价：129.00 元

产品编号：090985-01

前言

FOREWORD

在企业级的桌面和服务器软件开发中，基于 x86 架构的硬件平台占有绝对的统治地位，而这个架构被 Intel 和 AMD 公司事实上垄断了，要想抛开 x86 架构找到一条新的出路非常困难。但是，移动计算的兴起使开放的 ARM 架构得到了飞速发展，并且延伸到了服务器领域，近年来，世界上有不少公司推出了兼容 ARM 架构的服务器处理器，而华为公司的鲲鹏处理器无疑是其中的佼佼者。

鲲鹏处理器是鲲鹏架构中的关键一环，除此之外，还有鲲鹏主板、鲲鹏服务器、操作系统、兼容的软硬件、鲲鹏社区、鲲鹏合作伙伴及各地的鲲鹏创新中心，这些元素共同构成了完整的鲲鹏生态链，使得我们在 x86 架构以外，有了可以选择的余地。

但是，应该理性地看到，鲲鹏架构还是一个很新的架构，从业的人员和企业也比较少，在软件生态上与 x86 架构相比还有较大的提升空间。同样的原因，鲲鹏架构的学习资料也比较欠缺，特别是系统性介绍鲲鹏架构、适合初学者入门、实战的书籍很难找到。笔者因为工作原因有比较丰富的鲲鹏架构实战经验，负责开发的几款软件产品先后通过了鲲鹏云服务兼容性认证及泰山服务器的兼容性认证，同时主持了华为公司合作伙伴的申请，成为认证的华为云鲲鹏凌云伙伴、华为云解决方案伙伴、华为鲲鹏展翅伙伴计划的 ISV 伙伴，在此期间，个人也通过了华为的 HCIA-Kunpeng Application Developer 认证。在收到了清华大学出版社的鲲鹏书籍编写邀请后，很荣幸地承担了本书的编写工作，把自己在鲲鹏学习、开发、实战中的一点点经验写在书里，希望能帮助更多的人了解鲲鹏、支持鲲鹏、使用鲲鹏，也希望有更多的公司加入鲲鹏生态，一起把鲲鹏产业做大做强。

本书内容偏重实战，大部分章节都有实际操作的脚本或者代码，这些代码一般比较简单，很容易看懂，只有在最后一章的兼容性认证实战部分，代码才稍微复杂一些。需要说明的是，鲲鹏架构本身也在快速进化中，书中介绍的一些内容，例如鲲鹏开发套件，可能会随时有所变化，读者在阅读本书时需注意对应的版本。

2020 年注定是不平凡的一年，疫情改变了很多人的生活习惯，也改变了人们看待事物的方式。同样，在科技领域发生的种种事件，也让我们明白了科技自立自强的重要性，代表了中国 ICT 领域最高成就的华为公司，在承受着极大压力的时候，依然坚强屹立，点亮了满天星光，希望华为公司能克服困难，化鲲为鹏，扶摇直上九万里，依然引领相关科技领域的发展。

本书主要内容

第 1 章介绍什么是指令集架构及鲲鹏芯片的历史。

第 2 章讲解基于鲲鹏架构的硬件生态，包括基础的 CPU、主板及最终的服务器和 PC。

第 3 章系统讲解鲲鹏架构的软件生态，包括兼容鲲鹏架构的软件栈、线上鲲鹏架构交流的鲲鹏论坛、提供鲲鹏资源的鲲鹏云服务及各地的鲲鹏创新中心。

第 4 章介绍获取鲲鹏硬件资源的方式及安装鲲鹏软件环境的方法，编写第一个鲲鹏程序。

第 5 章详细论述应用从 x86 架构迁移到鲲鹏架构的原因和方法，并给出具体的迁移实例。

第 6 章介绍鲲鹏分析扫描工具的用法，演示如何对需要迁移的对象进行分析扫描。

第 7 章主要讲解鲲鹏代码迁移工具的用法，该工具可以针对需要迁移的代码给出迁移建议，从而大大加快迁移进程。

第 8 章介绍鲲鹏性能分析工具的用法，该工具可以采集鲲鹏架构下应用的性能数据，并对此进行分析，最终给出优化的思路和建议。

第 9 章讲解如何利用鲲鹏架构自身的特点，对基础软件进行深度性能优化。

第 10 章介绍针对鲲鹏架构做了定制和优化的各种编译器。

第 11 章主要介绍无须重新编译就可以在鲲鹏架构运行 x86 应用的动态二级制指令翻译工具 ExGear。

第 12 章介绍交叉编译的方法及如何发布 RPM 包。

第 13 章讲解如何在华为云沙箱实验室做鲲鹏实验，针对其中的典型实验给出了实验解析，帮助实验者完成实验。

第 14 章介绍 QEMU 模拟器的使用，在没有鲲鹏架构服务器的时候，可以使用该模拟器进行模拟。

第 15 章介绍个人、公司、产品获取鲲鹏认证的方法，并提出认证建议。

第 16 章演示实际的鲲鹏云服务兼容性认证过程，对其中遇到的重点、难点给出具体的建议，从而帮助申请的产品通过鲲鹏云服务兼容性认证。

致谢

首先非常感谢清华大学出版社工作人员专业、细致的工作，特别是赵佳霓编辑，从书籍的选题、章节安排到后期的出版细节都付出了艰辛的努力，在此特别感谢。

其次要感谢我的妻子，在写书的这几个月里，承担了所有的家务，使我可以有充足的时间用来写作，还要对我们的孩子婉婉小朋友说声抱歉，这几个月的节假日都没有时间陪你出去玩。

最后感谢华为开发者生态运营部门的同事，为本书的出版做了大量沟通工作。

因笔者能力有限，书中难免有疏漏之处，恳请读者批评指正。

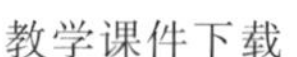
教学课件下载

本书源代码下载

作　者

2021 年 4 月于青岛

目录

CONTENTS

第1章

初识鲲鹏

1.1 鲲鹏架构简介

1.1.1 指令集架构

按照维基百科的解释，指令集架构(Instruction Set Architecture，ISA)，又称指令集或指令集体系，是计算机体系结构中与程序设计有关的部分，包含基本数据类型、指令集、寄存器、寻址模式、存储体系、中断、异常处理及外部I/O。指令集架构包含一系列的opcode，即操作码(机器语言)，以及由特定处理器执行的基本命令。

指令集架构可以看作一系列的标准，它定义了微处理器应该实现的功能，但是不规定如何具体实现。

1.1.2 指令集架构的分类

指令集架构有多种，常见的一般有以下3种。

1) 复杂指令集运算(Complex Instruction Set Computing，CISC)

复杂指令集在一个指令里可以执行若干低端操作，例如从存储器读取、存储、计算等。其特点是指令数目多而且复杂，每条指令字长不相等，执行周期也不一样，在指令集的具体实现上比较复杂。

典型的实现复杂指令集的处理器架构有x86架构微处理器及其64位扩展x86-64架构等。

2) 精简指令集运算(Reduced Instruction Set Computing，RISC)

精简指令集对处理器的处理做了流水线化的优化，对指令数目和寻址方式都做了精简，使其实现更容易，指令并行执行程度更好，编译器的效率更高。

典型的实现精简指令集的处理器架构有ARM、MIPS、Power ISA等。

3) 显式并发指令集运算(Explicitly Parallel Instruction Computing，EPIC)

显式并发指令集允许处理器根据编译器的调度并行执行指令而不用增加硬件复杂性，该架构由超长指令字架构发展而来，并做了大量改进。该指令集的指令中有3位是用来指示上一条运算指令是不是与下一条指令有相关性，如果没有相关性，就可以用不同的 CPU 来并行处理这两条指令，从而提高了并行计算的效率。实现该指令集的处理器架构主要是 Intel 的 IA-64 架构。

1.1.3 微架构

微架构（Microarchitecture）包含处理器内部的构成及这些构成如何运行指令集架构的方式。也就是说，微架构通过具体的门电路、寄存器、算术逻辑单元等实现指令集，所以，不同的微架构可以运行同一个指令集，同一个指令集可以通过不同的微架构实现。在设计具体的微架构的时候，根据实际的使用环境不同，设计偏重的方向也不一样，有的偏重于执行速度，有的偏重于降低能耗，这些都会导致微架构的差异，但是它们实现的是同一个指令集。

1.1.4 ARM 架构

ARM 是英国 Acorn 公司从 1983 年开始的一个项目，该公司 1985 年开发出 ARM1 样本，1986 年开始实际生产 32 位的 ARM2。

1990 年 Acorn 成立 ARM 公司，继续负责 ARM 架构的开发。

2016 年日本软银（Softbank）收购了 ARM 公司。

ARM 是 Advanced RISC Machine 的缩写，是高级精简指令集机器，从这个命名上就可以看出来 ARM 架构最鲜明的特点，它是一个精简指令集架构，采用该架构的处理器一般具有低功耗的优势。

截止到 2020 年，ARM 一共推出了 8 个版本的架构，分别是 ARMv1～ARMv8，ARM 架构从 Cortex 系列的核心开始，根据应用领域分成了如下 3 个细分配置。

1）Cortex-A 系列

面向性能密集型系统的应用处理器内核，可以运行操作系统，常见的应用有手机、PDA、平板计算机等。

2）Cortex-R 系列

面向实时应用的高性能内核，主要应用在对实时性要求高的场合，例如硬盘控制器、车载控制产品等。

3）Cortex-M 系列

面向各类嵌入式应用的微控制器内核，属于 ARM 的低端产品，偏向于控制方面，类似于单片机。

ARM 公司本身并不生产或出售 CPU，它采取的商业策略是授权处理器架构给第三方，也就是购买了 ARM 公司架构授权的企业可以自行生产 CPU。

根据授权的权限不同，ARM 一般将授权分为如下 3 类。

1）使用层级授权

可使用封装好的 ARM 芯片，而不能进行任何修改。

2）内核层级授权

可基于购买的 ARM 内核进行芯片开发及设计，有一定的自主研发权。

3）架构层级授权

可对 ARM 架构进行改造，甚至对 ARM 指令集进行扩展或缩减。

1.1.5 ARM 服务器芯片

ARM 架构设计的一大特点是低功耗，比较适合移动设备使用，但是在服务器芯片领域，也有一批公司在持续地推出 ARM 架构的服务器芯片，并且拥有多核心的优势，在服务器市场也赢得了越来越多的份额。下面按照时间顺利，列出一些典型的 ARM 服务器芯片。

1）ARMADA XP

Marvell 公司于 2010 年发布，是业界第一颗 4 核心 ARM 处理器芯片，主频 1.6GHz，兼容 ARMv7。

2）EnergyCore ECX-1000

Calxeda 公司于 2011 年发布，采用 4 核的 ARM Cortex A9 架构，每个核心有 32KB 的一级缓存，共享 4MB 的二级缓存，主频为 1.1～1.4GHz。

3）ThunderX

Cavium 公司于 2014 年发布，采用 28nm 工艺，基于 ARMv8 架构，最多支持 48 个核心，最高 2.5GHz 主频，具备 78KB 指令缓存和 32KB 数据缓存，共享的二级缓存容量为 16MB。

4）Centriq 2400

高通（Qualcomm）公司于 2017 年发布，采用三星 10nm 工艺，最多支持 48 颗高性能 64 位单线程 Falkor 自研内核（基于 ARMv8），常规频率为 2.2GHz，加速模式最高达 2.6GHz。

5）A64FX

富士通公司于 2018 年发布，采用 7nm 工艺，基于 ARMv8.2A 架构，最多支持 48+4 颗核心，主要用在超级计算机领域。

6）ThunderX2

2017 年 Marvell 收购了 Cavium，于 2019 年发布了 ThunderX2，采用 16nm 工艺，基于 ARMv8.1 架构，最多支持 32 个物理核心，每个物理核心 4 线程，最多 128 个逻辑核心。常规频率为 2.5GHz，加速模式最高达 3.0GHz，每核心 32KB 数据和指令缓存、256KB 二级缓存，共享 32MB 三级缓存。

1.1.6 鲲鹏架构

华为公司购买了 ARM 公司 ARMv8 的永久授权，该授权是架构层级的授权，华为可以在此指令集基础上扩展自己的指令集。

华为下属的海思半导体有限公司基于 ARM 架构开发了一系列服务器处理器，这些处理器一般称为鲲鹏处理器，其使用的架构称为鲲鹏架构，鲲鹏架构兼容 ARMv8 架构。

在微架构方面，华为鲲鹏 920 以前版本的处理器，例如鲲鹏 912、鲲鹏 916 使用的是定制的 ARM 公版微架构，在鲲鹏 920 上则使用了自研的 TaiShan v110 微架构。

1.2 鲲鹏芯片编年史

1. 第 1 代

2014 年华为发布了第 1 代鲲鹏处理器鲲鹏 912，该处理器采用台积电 16nm 工艺，具有 32 个 ARM Cortex-A57 核心，频率可达 2.1 GHz，支持四通道 DDR4-2133 内存，是业界第一颗基于 ARM 的 64 位 CPU。

2. 第 2 代

2016 年华为发布了第 2 代鲲鹏处理器鲲鹏 916，该处理器采用台积电 16nm 工艺，具有 32 个 ARM Cortex-A72 核心，频率可达 2.4 GHz，支持四通道 DDR4-2400 内存，支持 2 路片间互联，是业界第一颗支持多路的 ARM CPU。

3. 第 3 代

2019 年华为发布了第 3 代鲲鹏处理器鲲鹏 920，该处理器采用台积电 7nm 工艺，具有 32～64 个自研 TaiShan v110 核心，频率可达 3.0 GHz，支持八通道 DDR4-3200 内存，支持 2 路或者 4 路片间互联，是业界第一颗 7nm 数据中心 ARM 处理器。

1.3 鲲鹏芯片的特点

1. 低功耗

鲲鹏芯片采用 ARM 架构，具有 ARM 架构低功耗的特点，特别是最新的芯片鲲鹏 920，采用 7nm 工艺，进一步降低了功耗。

2. 并发性能好

鲲鹏芯片集成度高，同样功能及性能占用芯片面积小，可以在一块芯片上集成更多的核心，从而显著提升并发性能，最新的鲲鹏 920 支持最多 64 个核心。

3. 执行速度快

鲲鹏芯片大量使用寄存器，大多数数据操作都在寄存器中完成，指令执行速度更快。

4. 执行效率高

采用 RISC 指令集，指令长度固定，寻址方式灵活简单，执行效率高。

第2章 鲲鹏硬件生态

2.1 鲲鹏 CPU

截止到 2020 年，华为提供的鲲鹏架构 CPU 有鲲鹏 916 和鲲鹏 920 两个系列，具体型号及简要参数如表 2-1 所示。

表 2-1 鲲鹏 CPU 型号

系列	型号	制程/nm	内核数量	主频/GHz	内存通道	TDP 功耗/W
鲲鹏 916	5130	16	32	2.4	4	75
鲲鹏 920	3210	7	24	2.6	4	95
鲲鹏 920	5220	7	32	2.6	4	115
鲲鹏 920	5230	7	32	2.6	8	120
鲲鹏 920	5250	7	48	2.6	8	150
鲲鹏 920	5255	7	48	3.0	8	170
鲲鹏 920	7260	7	64	2.6	8	180
鲲鹏 920	7265	7	64	3.0	8	200

和传统 CPU 相比，鲲鹏 920 集成度非常高，除了包含 CPU 芯片，同时还包含了 RoCE 网卡、SAS 控制器、南桥，1 颗芯片相当于传统的 4 颗芯片。

鲲鹏 920 CPU 兼容 ARMv8.2 指令集，还内置了加速器，包括 SSL 加速引擎、加解密加速引擎、压缩解压缩加速引擎，执行相关处理时，效率可以得到极大提升。

除了服务器 CPU，华为鲲鹏还提供适用桌面计算机的鲲鹏 CPU，这些 CPU 也属于鲲鹏 920 系列，核心数较少，有 4 核心、8 核心等型号，目前华为尚没有公开这些 CPU 的具体参数。

2.2 鲲鹏主板

华为对外提供的鲲鹏主板分为服务器主板和 PC 主板两个系列，其中服务器主板有 3 个型号，分别是 S920X00、S920X01 和 S920S00。S920X00 支持 2 个鲲鹏 920 处理器，外形如图 2-1 所示。

图 2-1　S920X00 服务器主板

PC 鲲鹏主板有 2 个型号,分别是 D920S10 和 D920L11,其中 D920S10 的外形如图 2-2 所示。

图 2-2　D920S10 PC 主板

具体的主板型号及简要参数如表 2-2 所示。

表 2-2　鲲鹏主板型号

系列	型号	处理器型号	内存插槽/个	内存频率	板载网卡/个
服务器主板	S920X00	2 个鲲鹏 920	32	DDR4-2933	2
服务器主板	S920X01	1 个鲲鹏 920	16	DDR4-2933	2
服务器主板	S920S00	2 个鲲鹏 920	16	DDR4-2933	2
PC 主板	D920S10	1 个鲲鹏 920	4	DDR4-2666	2
PC 主板	D920L11	1 个鲲鹏 920	2	DDR4-2666	2

2.3　鲲鹏服务器

鲲鹏服务器分为两大类，一类是华为自研的泰山服务器，另一类是合作厂商基于华为提供的鲲鹏 CPU 和鲲鹏主板生产的自有品牌服务器。

2.3.1　泰山服务器

泰山服务器按照所使用的 CPU 系列的不同，分成使用鲲鹏 916 的 TaiShan 100 系列和使用鲲鹏 920 的 TaiShan 200 系列。

两种服务器简要参数对比如表 2-3 所示。

表 2-3　泰山服务器对比

对比项	TaiShan 100 服务器	TaiShan 200 服务器
支持的处理器	鲲鹏 916	鲲鹏 920
支持最大内存个数	16 个 DDR4 内存	32 个 DDR4 内存
PCIe 扩展	5 个 PCIe 3.0	8 个 PCIe 4.0
存储	SAS/SATA 硬盘和 SSD	NVMe SSD、SAS/SATA 硬盘和 SSD
网络	板载 GE/10GE	板载 100GE
板级液冷散热	无	支持

泰山服务器按照使用场景分为五大规格，分别如下。

1. 均衡型

均衡型鲲鹏服务器在空间、存储、性能方面采取了折中设计，适合于大数据、分布式存储等应用，是在数据中心广泛使用的一款服务器。

均衡型服务器的代表是 TaiShan 2280，如图 2-3 所示，具有 2U2 路的典型服务器规格，支持 2 颗鲲鹏 920 处理器，32 个 DDR4 内存，最大支持内存 4TB。

TaiShan 2280 扩展性也很强，支持 Atlas300AI 加速卡，提供了强大的 AI 算力，另外支持 ES3000 V5NVMe SSD，实现了高性能、大容量的分级存储。

图 2-3 TaiShan 2280 均衡型服务器

2. 高密型

高密型服务器可以在有限的空间内拥有尽可能多的处理能力，适合于大规模数据中心及高性能计算的要求。

高密型服务器的代表是 TaiShan X6000，如图 2-4 所示，它具有 2U4 节点规格，支持 4 个 XA320 计算节点，每个计算节点支持 2 个鲲鹏 920 处理器，16 个 DDR4 内存，2～6 个 2.5 英寸 SAS/SATA 硬盘。

TaiShan X6000 高密特性的发挥，离不开另外两个强项，也就是支持 3000W 电源及液冷散热，这两点是超强计算能力的运行保证。

图 2-4 TaiShan X6000 高密型服务器

3. 高性能型

高性能型偏重计算，在一个服务器里支持多路 CPU，适合高性能计算、数据库、虚拟化等业务场景。

高性能服务器的代表是 TaiShan 2480，如图 2-5 所示，它具有 2U4 路的规格，支持 4 颗鲲鹏 920 处理器，32 个 DDR4 内存。

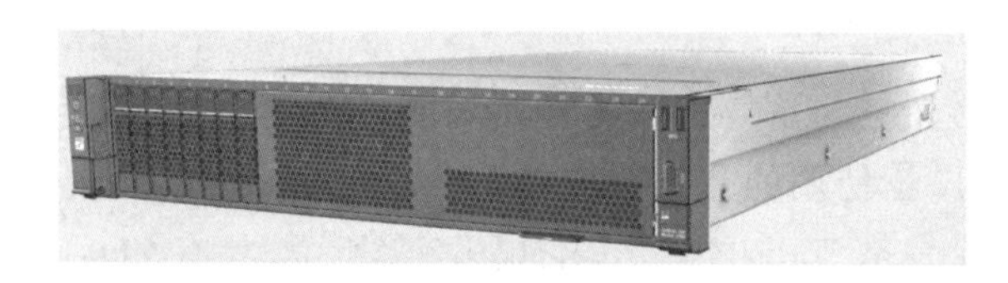

图 2-5 TaiShan 2480 高性能型服务器

4. 存储型

存储型服务器偏重数据存储，提供海量的存储空间，是分布式存储等业务场景的首选。

存储型服务器的代表是 TaiShan 5280，如图 2-6 所示，它具有 4U 双路规格，支持 2 颗鲲鹏 920 处理器，最多 32 个 DDR4 内存，最重要的是它支持 40 个 3.5 英寸硬盘，本地存储容量可以达到 560TB。最新的 TaiShan 5290 对存储又进行了优化，可以支持多达 72 个 3.5 英寸硬盘。

图 2-6 TaiShan 5280 存储型服务器

5. 边缘型

边缘型服务器是为了适应边缘计算而定制的服务器，在一些特定的场景，例如物联网领域，需要把一部分计算下沉到边缘，也就是在靠近设备的位置做计算，这部分计算本身对性能要求不是特别高，但是服务器运行环境不太理想，可能没有恒温及恒湿的机房，这就要求服务器对环境适应性比较强。

边缘型服务器的代表是 TaiShan 2280E，如图 2-7 所示，它具有 2U 双路规格，支持 2 颗鲲鹏 920 处理器，最多 16 个 DDR4 内存，环境适应温度范围比较大，常规的服务器工作温度一般在 5℃～35℃，而 TaiShan 2280E 工作温度可以达到 0℃～45℃，短时间内可以工作在－5℃～55℃。

图 2-7 TaiShan 2280E 边缘型服务器

2.3.2 第三方厂商服务器

第三方厂商在华为鲲鹏 CPU 和鲲鹏主板的基础上，也开发了自有品牌的鲲鹏服务器，这些服务器有各自侧重的应用方向，其中几个代表服务器型号如下：

1. 同方超强 K620

清华同方公司出品，具有 2U 双路设计，支持 2 个鲲鹏 920 处理器，最大 128 核心，32 个内存插槽，最大总容量达 4TB。

2. 宝德自强 PR210K

宝德公司出品，具有 2U 双路设计，支持 2 颗 48 核鲲鹏 920 处理器，32 个内存插槽。

3. 宝德自强 PR212K

宝德公司出品，具有2U双路设计，支持2颗64核鲲鹏920处理器，32个内存插槽。

4. 长江计算 R220K v2

武汉长江计算科技有限公司出品，支持2U双路设计，支持2个鲲鹏920处理器，最大128核心，32个内存插槽，可选配RAID卡。

5. 百信恒山 TS02F-F30

山西百信信息技术有限公司出品，支持2U双路设计，支持2个鲲鹏920处理器，最大128核心，最大支持8个物理以太网口，支持UOS操作系统。

其他类似的鲲鹏服务器还有另外一些厂商提供，例如长虹、新华三、黄河、广电运通等，感兴趣的读者可以到相关厂商官网咨询。

2.4 鲲鹏 PC

因为鲲鹏架构尚不支持Windows操作系统，并且普通用户的需求不足，所以没有推出针对普通用户的鲲鹏PC。但是在政府机关及企事业单位等行业应用上，已经有企业推出了主打办公的鲲鹏PC。

鲲鹏PC也使用了鲲鹏920处理器，核心分为4核和8核两种，其中几个代表型号配置如下：

1. 同方超翔 TK630

清华同方公司出品，安装UOS操作系统，1颗4/8核的鲲鹏920处理器，内存8GB/16GB，存储采用的是1块256GB的SSD及可扩展1TB机械硬盘，独立1GB显卡，DVD-RW光驱。

2. 宝德自强 PT620K

宝德公司出品，1颗8核鲲鹏920处理器，2×8GB内存，4个内存插槽，最多支持64GB内存，AMD RX 550独立显卡，4GB显存，存储采用的是1块256GB的SSD及1TB机械硬盘，支持UOS/中标麒麟桌面操作系统。

3. 宝德自强 PT612K

宝德公司出品，1颗4核鲲鹏920处理器，2×8GB内存，4个内存插槽，最多支持64GB内存，AMD RX 550独立显卡，4GB显存，存储采用的是1块256GB的SSD及1TB机械硬盘，支持UOS/中标麒麟桌面操作系统。

4. 百信太行 220

山西百信信息技术有限公司出品，1颗4核鲲鹏920处理器，主频为2.6GHz，8GB DDR4内存，最高支持64GB。存储采用的是1块128GB SSD及1TB机械硬盘，2GB独立显卡，支持UOS/中标麒麟桌面操作系统。

除此之外，还有一些其他厂商的鲲鹏PC，此处就不一一列举了。

说明：本章所用图片均引用自华为云鲲鹏服务器主板及整机产品页面，网址为https://www.huaweicloud.com/kunpeng/product/server_motherboard.html。

第3章 鲲鹏软件生态

3.1 鲲鹏软件栈

对于鲲鹏生态来说，最重要的是鲲鹏软件栈，也就是有哪些软件支持鲲鹏架构，设想一下，如果一个架构再优秀，硬件性能再强大，没有对应的软件支撑，也不会有人使用。所以，鲲鹏软件栈是否丰富，大家常用的软件是否可以在上面正常运行，就成了鲲鹏架构能否成功的关键。

鲲鹏架构目前适配的软件有几千种，每天还在持续增加，常用的开源软件、基础软件大部分都支持，下面从操作系统、数据库、中间件、Web 4个维度列出一些适配好的软件并做一下简介，同时给出鲲鹏架构下最新适配的版本(除3.1.1节外，均指在CentOS操作系统下适配的最新版本)。

3.1.1 操作系统

1. CentOS

CentOS是Linux发行版之一，它来自于Red Hat Enterprise Linux(RHEL)，依照开放源代码规定发布的源代码所编译而成。由于出自同样的源代码，因此有些要求高度稳定的服务器以CentOS替代商业版的Red Hat Enterprise Linux使用。两者的不同在于CentOS并不包含封闭源代码软件。CentOS对上游代码的主要修改是为了移除不能自由使用的商标。

CentOS官网网址为https://www.centos.org/，编写本书时，鲲鹏架构支持的最新版本为CentOS 8.1。

2. Ubuntu

Ubuntu是以桌面应用为主的Linux发行版，也是目前用户最多的Linux版本，由英国Canonical有限公司主导开发和发布。

Ubuntu官网网址为https://ubuntu.com/，编写本书时，鲲鹏架构支持的最新版本为Ubuntu 20.04。

3. 中标麒麟 OS

中标麒麟操作系统由中标软件有限公司开发，采用强化的 Linux 内核，分成桌面版、通用版、高级版和安全版等，满足不同客户的要求。中标麒麟增强安全操作系统采用银河麒麟 KACF 强制访问控制框架和 RBA 角色权限管理机制，支持以模块化方式实现安全策略，提供多种访问控制策略的统一平台，是一款真正超越“多权分立”的 B2 级结构化保护操作系统产品。

中标麒麟 OS 官网网址：http://www.cs2c.com.cn/，编写本书时，鲲鹏架构支持的最新版本为 NeoKylin Server v7.0 U6。

4. 深度 OS

深度 OS 又称 Deepin，由武汉深之度科技有限公司开发，是一个基于 Linux 的操作系统，专注于提高使用者对日常办公、学习、生活和娱乐等操作的优异体验，适合笔记本、桌面计算机和一体机。Deepin 的历史可以追溯到 2004 年，其前身 Hiweed Linux 是中国第一个基于 Debian 的本地化衍生版，并提供轻量级的可用 Live CD，旨在创造一个全新的简单、易用、美观的 Linux 操作系统。

深度 OS 官网网址：https://www.deepin.org/，编写本书时，鲲鹏架构支持的最新版本为 UOS 20 Server。

5. openEuler

openEuler 是一个开源、免费的 Linux 发行版平台，通过开放的社区形式与全球的开发者共同构建一个开放、多元和架构包容的软件生态体系。同时，openEuler 也是一个创新的平台，鼓励任何人在该平台上提出新想法、开拓新思路、实践新方案。

openEuler 官网网址：https://openeuler.org/，编写本书时，鲲鹏架构支持的最新长期支持版本为 openEuler 20.03。

3.1.2 数据库

1. MySQL

MySQL 是一个高性能、低成本、可靠性好的开源数据库，被广泛地应用在网站和应用中，原开发者为瑞典的 MySQL AB 公司，该公司于 2008 年被 Sun 公司收购。2009 年，甲骨文公司收购 Sun 公司，MySQL 成为甲骨文公司旗下产品。

MySQL 官网网址：https://www.MySQL.com/，鲲鹏架构迁移文档网址：https://www.huaweicloud.com/kunpeng/software/MySQL0.html，编写本书时，鲲鹏架构支持的最新版本为 MySQL 8.0。

2. MariaDB

MariaDB 数据库管理系统是 MySQL 的一个分支，由 MySQL 的创始人 Michael Widenius 主导开发，主要由开源社区维护，采用 GPL 授权许可。MariaDB 的目的是完全兼容 MySQL，包括 API 和命令行，使之能轻松成为 MySQL 的代替品。2008 年 2 月 26 日，Sun 微系统集团以大约 10 亿美元的价格收购了 MySQL AB，2009 年 Sun 公司被甲骨文公司收购,MySQL 的原始开发者担心被甲骨文公司收购后 MySQL 是否能继续保持开源,于是在 2009 年 10 月 29 日发布了 MySQL 5.1 的复刻品 MariaDB 5.1。

MariaDB 官网网址：https://mariadb.org/,鲲鹏架构安装文档网址：https://www.huaweicloud.com/kunpeng/software/mariadb.html,编写本书时,鲲鹏架构支持的最新版本为 MariaDB 10.3.22。

3. PostgreSQL

PostgreSQL 是开源的对象-关系数据库管理系统,最初开始于加利福尼亚大学伯克利分校的 Ingres 计划。PostgreSQL 支持大部分 SQL 标准并且提供了很多其他现代特性,如复杂查询、外键、触发器、视图、事务完整性、多版本并发控制等,除此之外,PostgreSQL 允许用户定义基于正规 SQL 类型的新类型,允许数据库自身理解复杂数据,也允许类型继承。

PostgreSQL 官网网址：https://www.postgresql.org/,鲲鹏架构迁移文档地址：https://www.huaweicloud.com/kunpeng/software/postgresql.html,编写本书时,鲲鹏架构支持的最新版本为 PostgreSQL 11.3。

4. Cassandra

Cassandra 是一套开源分布式 NoSQL 数据库系统。它最初由 Facebook 开发,用于改善电子邮件系统搜索性能的简单格式数据,集 Google BigTable 的数据模型与 Amazon Dynamo 的完全分布式架构于一身。Facebook 于 2008 将 Cassandra 开源,此后,由于 Cassandra 良好的可扩展性和性能,被广泛采用,成为一种流行的分布式结构化数据存储方案,目前是 Apache 的顶级项目。

Cassandra 官网网址：https://cassandra.apache.org/,鲲鹏架构迁移文档网址：https://www.huaweicloud.com/kunpeng/software/cassandra.html,编写本书时,鲲鹏架构支持的最新版本为 Cassandra 3.11.8。

5. MongoDB

MongoDB 是一种面向文档的数据库管理系统,用 C++ 等语言撰写而成,由 MongoDB 公司于 2007 年 10 月开发,2009 年 2 月首度推出,现以服务器端公共许可(SSPL)分发,社区版是免费的,可获得 Windows、Linux 和 OS X 系统的二进制版本。

MongoDB 官网网址：https://www.mongodb.com/,鲲鹏架构迁移文档网址：https://www.huaweicloud.com/kunpeng/software/mongodb.html,编写本书时,鲲鹏架构支持的最新版本为 MongoDB 4.2.5。

3.1.3 中间件

1. Dubbo

Dubbo 是阿里巴巴公司开源的一款高性能、轻量级的 Java RPC 框架,可以和 Spring 框架无缝集成。它提供了三大核心能力：面向接口的远程方法调用,智能容错和负载均衡,以及服务自动注册和发现,目前是 Apache 的顶级项目。

Dubbo 官网网址：http://dubbo.apache.org/,鲲鹏架构迁移文档网址：https://

www. huaweicloud. com/kunpeng/software/dubbo. html，编写本书时，鲲鹏架构支持的最新版本为 Dubbo 2.7.5。

2. Redis

Redis 是一个使用 ANSI C 编写的开源、支持网络、基于内存、可选持久性的键值对存储数据库，也是目前最流行的键值对存储数据库之一。从 2015 年 6 月开始，Redis 的开发由 Redis Labs 赞助。

Redis 官网网址：https://redis. io/，鲲鹏架构迁移文档网址：https://www. huaweicloud. com/kunpeng/software/redis. html，编写本书时，鲲鹏架构支持的最新版本为 Redis 6.0.2。

3. Kafka

Kafka 是由 Apache 软件基金会开发的一个开源流处理平台，由 Scala 和 Java 编写。该项目的目标是为处理实时数据提供一个统一、高吞吐、低延迟的平台。其持久化层本质上是一个“按照分布式事务日志架构的大规模发布/订阅消息队列”，这使它作为企业级基础设施来处理流式数据非常有价值。

Kafka 官网网址：https://kafka. apache. org/，鲲鹏架构迁移文档网址：https://support. huaweicloud. com/prtg-apache-kunpengbds/kunpengbds_02_0008. html，编写本书时，鲲鹏架构支持的最新版本为 Kafka 2.11。

4. RabbitMQ

RabbitMQ 是一种实现了高级消息队列协议（AMQP）的开源消息代理软件。RabbitMQ 服务器是用 Erlang 语言编写的，而聚类和故障转移则构建在开放电信平台框架上。所有主要的编程语言均有与代理接口通信的客户端库。

RabbitMQ 官网网址：https://www. rabbitmq. com/，鲲鹏架构迁移文档网址：https://www. huaweicloud. com/kunpeng/software/rabbitmq. html，编写本书时，鲲鹏架构支持的最新版本为 RabbitMQ 3.7.27。

5. ZooKeeper

ZooKeeper 是 Apache 软件基金会的一个软件项目，它为大型分布式计算提供开源的分布式配置服务、同步服务和命名注册。ZooKeeper 的架构通过冗余服务实现高可用性。因此，如果第一次无应答，客户端就可以询问另一台 ZooKeeper 主机。

ZooKeeper 官网网址：https://zookeeper. apache. org/，鲲鹏架构迁移文档网址：https://www. huaweicloud. com/kunpeng/software/zookeeper. html，编写本书时，鲲鹏架构支持的最新版本为 ZooKeeper 3.6.2。

3.1.4 Web

1. Nginx

Nginx 是一款面向性能设计的免费开源 HTTP 服务器，根据类 BSD 许可证的条款发布，具有占有内存少、稳定性高等优势。Nginx 不采用每客户机一线程的设计模型，而是充分使用异步逻辑，从而削减了上下文调度开销，所以并发服务能力更强。整体采用模块化设计，有丰富的模块库和第三方模块库，配置灵活，也可以用作反向代理、负载平衡器和HTTP缓存。

Nginx官网网址：http://Nginx.org/，鲲鹏架构迁移文档网址：https://www.huaweicloud.com/kunpeng/software/Nginx.html，编写本书时，鲲鹏架构支持的最新版本为Nginx 1.19.1。

2. Apache

Apache HTTP Server（简称Apache）是Apache软件基金会的一个开放源码的网页服务器软件，可以在大多数计算机操作系统中运行。由于其跨平台和安全性，被广泛使用，是最流行的Web服务器软件之一。它快速、可靠并且可通过简单的API扩展，将Perl/Python等解释器编译到服务器中。

Apache官网网址：http://httpd.apache.org/，鲲鹏架构迁移文档网址：https://www.huaweicloud.com/kunpeng/software/apache.html，编写本书时，鲲鹏架构支持的最新版本为Apache HTTP Server 2.4.26。

3. Tomcat

Tomcat是由Apache软件基金会属下Jakarta项目开发的Servlet容器，按照Sun Microsystems提供的技术规范，实现了对Servlet和Java Server Page（JSP）的支持，并提供了作为Web服务器的一些特有功能，如Tomcat管理和控制平台、安全局管理和Tomcat阀等。由于Tomcat本身也内含了HTTP服务器，因此也可以视作单独的Web服务器。

Tomcat官网网址：https://tomcat.apache.org/，鲲鹏架构安装文档网址：https://www.huaweicloud.com/kunpeng/software/tomcat.html，编写本书时，鲲鹏架构支持的最新版本为Tomcat 9.0.13。

4. Node.js

Node.js是能够在服务器端运行JavaScript的开放源代码、跨平台JavaScript运行环境。Node.js采用Google开发的V8运行代码，使用事件驱动、非阻塞和异步输入输出模型等技术来提高性能，可优化应用程序的传输量和规模。这些技术通常用于资料密集的即时应用程序。

Node.js官网网址：https://Node.js.org/，鲲鹏架构迁移文档网址：https://www.huaweicloud.com/kunpeng/software/Node.js.html，编写本书时，鲲鹏架构支持的最新版本为Node.js 13.14.0。

5. JBoss

JBoss是一个基于J2EE的开放源代码的应用程序服务器，属于开源的企业级Java中间件软件。JBoss代码遵循LGPL许可，可以在任何商业应用中免费使用。JBoss是一个管理EJB的容器和服务器，支持EJB 1.1、EJB 2.0和EJB3的规范。2014年11月20日，JBoss更名为WildFly。

WildFly官网网址：https://www.wildfly.org/，鲲鹏架构迁移文档网址：https://

www.huaweicloud.com/kunpeng/software/jboss.html，编写本书时，鲲鹏架构支持的最新版本为 JBoss 17.0.0。

3.1.5 软件适配查询方式

如果要确定某种特定的软件是否已经适配鲲鹏架构，有两种查询方式，一种是在华为云查询，另一种是在华为计算开放实验室查询。

1. 华为云鲲鹏软件栈查询

华为云鲲鹏软件栈的官网网址为 https://www.huaweicloud.com/kunpeng/software.html，打开该网址，会出现鲲鹏软件栈查询页面，在输入框输入要查询的软件，会自动匹配出符合条件的软件列表，如图 3-1 所示。

图 3-1 鲲鹏软件栈

在下拉列表里单击具体的软件名称，例如 MySQL 5.7，会转向软件的适配详情页面，如图 3-2 所示。

可以在此页面找到详细的环境配置要求及进行适配操作需要的具体步骤。

2. 华为计算开放实验室查询

华为计算开放实验室的软件兼容性查询页面网址为 http://ic-openlabs.huawei.com/openlab/#/unioncompaty，在此可以按照开源软件、商业软件、操作系统 3 个类别进行软件的兼容性查询，查询的时候直接输入要查询的软件名称即可，以 Redis 为例，查询页面如图 3-3 所示。

单击"下载地址"列的链接，可以下载适配的软件；单击"编译指导"列的链接，可以给出具体的移植指南。

注意：本节(3.1 节)部分内容参考引用了维基百科，网址为 https://zh.wikipedia.org/，依据 CC BY-SA 3.0 许可证进行授权。要查看该许可证，可访问 https://creativecommons.org/licenses/by-sa/3.0/。

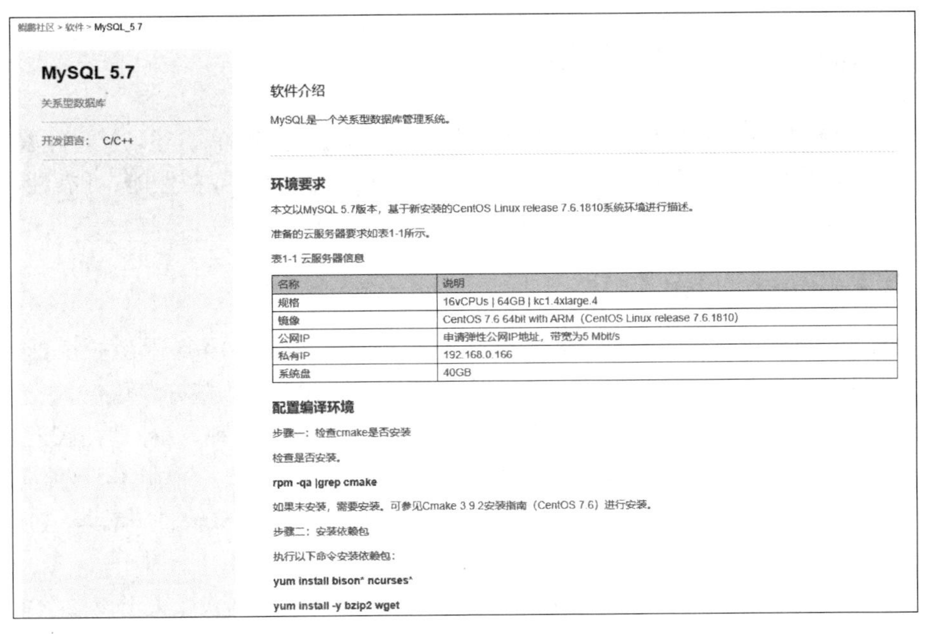

鲲鹏社区 > 软件 > MySQL_5.7

MySQL 5.7

关系型数据库

开发语言：　C/C++

软件介绍

MySQL是一个关系型数据库管理系统。

环境要求

本文以MySQL 5.7版本，基于新安装的CentOS Linux release 7.6.1810系统环境进行描述。

准备的云服务器要求如表1-1所示。

表1-1 云服务器信息

名称	说明
规格	16vCPUs | 64GB | kc1.4xlarge.4
镜像	CentOS 7.6 64bit with ARM（CentOS Linux release 7.6.1810）
公网IP	申请弹性公网IP地址，带宽为5 Mbit/s
私有IP	192.168.0.166
系统盘	40GB

配置编译环境

步骤一：检查cmake是否安装

检查是否安装。

rpm -qa |grep cmake

如果未安装，需要安装。可参见Cmake 3.9.2安装指南（CentOS 7.6）进行安装。

步骤二：安装依赖包

执行以下命令安装依赖包：

yum install bison* ncurses*

yum install -y bzip2 wget

图 3-2　软件适配详情页

开源软件　　商业软件　　操作系统

Redis

所有软件类型　　所有产品　　所有操作系统

软件名称	厂商	操作系统	下载地址	编译指导	开源协议	开发语言	备注
Hiredis 5.0.9	Redis Lab	NeoKylin 7.0	Link	Link	BSD 3-Cl...	C	-
Hiredis 1.0.0	Redis Lab	NeoKylin 7.0	Link	Link	BSD 3-Cl...	C	-
		CentOS 7.6		Link	BSD 3-Cl...	C	-
Hiredis 0.14.1	Redis Lab	NeoKylin 7.0	Link	Link	BSD 3-Cl...	C	-
		CentOS 7.6		Link	BSD 3-Cl...	C	-
Hiredis 0.14.0	Redis Lab	CentOS 7.6	Link	Link	BSD 3-Cl...	C	-
		CentOS 7.5		Link	BSD 3-Cl...	C	-
		NeoKylin 7.0		Link	BSD 3-Cl...	C	-
Redis 5.0.4	Redis Lab	CentOS 7.6	Link	Link	BSD 3-Cl...	C	-
Redis 3.0.7	Redis Lab	Linx 6.0.90	Link	Link	BSD-3-Cl...	C	-
Redis 4.0.9	Redis Lab	CentOS 7.5	Link	Link	BSD 3-Cl...	C	-
		NeoKylin 7.0		Link	BSD 3-Cl...	C	-
		CentOS 7.6		Link	BSD 3-Cl...	C	-
Redis 5.0.3	Salvatore Sanfi...	UOS V20 SP1	Link	Link	BSD	C	-
Redis 5.0.4	Redis Lab	NeoKylin 7.0	Link	Link	BSD 3-Cl...	C	-
Redis 5.0.6	Redis Lab	CentOS 7.6	Link	Link	BSD 3-Cl...	C	-
		openEuler 20.03		Link	BSD 3-Cl...	C	-

10　总条数: 23　‹ 1 2 3 ›　跳转 1

图 3-3　计算开放实验室软件查询

3.2 openEuler 操作系统

在3.1节介绍了鲲鹏软件栈，对适配的操作系统进行了简单描述，这里再着重介绍openEuler操作系统，因为该操作系统是华为根据鲲鹏架构的特点，在性能、可靠性、安全性等方面做了有针对性的优化，是为鲲鹏架构量身定制的操作系统。

3.2.1 openEuler 简介

openEuler操作系统是华为推出的一款基于Linux Kernel 4.19版本的开源操作系统，该操作系统继承自Linux Kernel 4.19的部分执行GNU GPL第二版开源协议，华为自研的部分整体基于Mulan PSL协议。openEuler操作系统版本分为两种，一种是社区创新版本，每6个月推出1个版本，另一种是LTS长期演进版本，每2年推出一个版本，目前有多个第三方厂商基于LTS版本发行了自己的商业发行版本，例如麒麟软件、普华、中科软等。openEuler在硬件架构方面除了适配鲲鹏架构外，也兼容x86架构。

openEuler官方网站网址为https://openeuler.org/，可以在官网获取关于该操作系统的最新信息，截止到编写本书时，最新的社区创新版本是2020年9月发布的openEuler 20.09，该版本生命周期为6个月，最新的LTS版本是2020年3月发布的openEuler 20.03 LTS，该版本生命周期为4年。

作为开源的操作系统，openEuler源码托管在Gitee平台，具有两个代码仓库，其中源码类项目存放网址为https://gitee.com/openeuler，制作发布件所需的软件包存放网址为https://gitee.com/src-openeuler。

3.2.2 关键特性

1. iSula 轻量级容器解决方案

openEuler软件包中同时提供了iSulad与Docker Engine两种容器引擎，其中iSula轻量化通用容器引擎是一种新的容器解决方案，提供统一的架构设计来满足CT和IT领域的不同需求。相比Golang编写的Docker，轻量级容器使用C/C++实现，具有轻、灵、巧、快的特点，不受硬件规格和架构的限制，底层开销更小，可应用领域更为广泛，根据不同使用场景，提供多种容器形态，包括：

(1) 适合大部分通用场景的普通容器。

(2) 适合强隔离与多租户场景的安全容器。

(3) 适合使用systemd管理容器内业务场景的系统容器。

iSulad特性如下：

(1) 缩短三级调用链，百容器内存资源占用相比Docker引擎显著下降。

(2) 支持CRI/OCI标准开源接口，灵活对接runc、kata等多种OCI运行时。

(3) 通过Smart-loading智能镜像下载技术，显著提升镜像下载速度。

(4) 安全容器：虚拟化技术和容器技术的有机结合，安全容器具有更好的隔离性。

(5) 系统容器：支持本地文件系统启动，可实现快速部署。支持部署 systemd，提升 user namespace 隔离性。

2. Kunpeng 加速引擎(KAE)，支持加解密加速

支持的主要算法如下：

(1) 摘要算法 SM3，支持异步模型。

(2) 对称加密算法 SM4，支持异步模型，支持 CTR/XTS/CBC 模式。

(3) 对称加密算法 AES，支持异步模型，支持 ECB/CTR/XTS/CBC 模式。

(4) 非对称算法 RSA，支持异步模型，支持 Key Sizes 1024/2048/3072/4096。

(5) 密钥协商算法 DH，支持异步模型，支持 Key Sizes 768/1024/1536/2048/3072/4096。

3. A-Tune 智能系统性能优化引擎

操作系统作为衔接应用和硬件的基础软件，如何调整系统和应用配置，充分发挥软硬件能力，从而使业务性能达到最优，对用户至关重要。然而，运行在操作系统上的业务类型成百上千，应用形态千差万别，对资源的要求各不相同，随着业务复杂度和调优对象的增加，调优所需的时间成本呈指数级增长，导致调优效率急剧下降，调优成为一项极其复杂的工程，给用户带来巨大挑战。

其次，操作系统作为基础设施软件，提供了大量的软硬件管理能力，每种能力适用场景不尽相同，并非对所有的应用场景都通用有益，因此，不同的场景需要开启或关闭不同的能力，组合使用系统提供的各种能力，才能发挥应用程序的最佳性能。

为了应对上述挑战，openEuler 推出了 A-Tune。A-Tune 是一款基于 AI 开发的系统性能优化引擎，它利用人工智能技术，对业务场景建立精准的系统画像，感知并推理出业务特征，进而做出智能决策，匹配并推荐最佳的系统参数配置组合，使业务处于最佳运行状态。

4. 增强 glibc/zlib/gzip 性能

充分利用 AArch 64 的 neon 指令集，提升基础库性能。

5. 内核特性增强

(1) 支持 ARM 64 内核热补丁。

(2) Numa Aware Qspinlock：减少跨 NUMA 节点的 Cache/总线冲突。

(3) 通过优化 IOVA 页表查找和页表释放算法，提升 I/O MMU 子系统性能。

(4) 根据 ARM 64 指令及流水线特点，优化 CRC32 及 checksum 实现，大幅提升数据校验性能。

(5) 支持 ARM v8.4 MPAM(Memory System Resource Partitioning and Monitoring)。

6. 虚拟化特性增强

(1) 中断虚拟化优化：IRQfd 路径注入中断优化，大幅提升高性能直通设备(网卡、SSD 磁盘等)性能。

(2) 内存虚拟化优化：借助鲲鹏硬件特性，提升虚拟机启动内存加载速度。

(3) 存储虚拟化优化：iSCSI 模块 kworker 的 NUMA 亲和性自绑定优化，提升 IPSAN 磁盘的 I/O 性能。

3.2.3 操作系统命令

openEuler 的命令和主流的 Linux 操作系统的命令是兼容的，本书后续章节会大量使用命令，这里重点介绍常用的操作命令，基本上覆盖了后续使用的需要，如果读者对 Linux 很熟悉，可以跳过本节。

本节在介绍操作系统命令时，不会详细描述某一个命令的所有参数，只是介绍最常用的用法，目的是让读者快速了解常用命令的使用，更全面的用法可以参考专门的操作系统书籍。

1. 常用系统命令

(1) shutdown：关机，根据参数不同可以立即关机或者定时关机。

如果没有参数，则默认 1min 后关机，代码如下：

```
shutdown
```

如果参数为 now，则表示立刻关机，代码如下：

```
shutdown now
```

如果参数为时间，则表示计划关机的时间，下面的命令表示 9:00:00 关机，代码如下：

```
shutdown 9:00
```

如果参数为-c，则表示取消关机计划，代码如下：

```
shutdown -c
```

(2) reboot：重新启动操作系统。

(3) poweroff：关机。

(4) exit：退出 shell，关闭当前终端。

(5) lscpu：列出 CPU。一般使用该命令确认当前服务器的架构，对于鲲鹏架构的服务器，该命令及回显如下：

```
[root@ecs-kunpeng ~]# lscpu
Architecture:          aarch64
Byte Order:            Little Endian
CPU(s):                4
On-line CPU(s) list:   0-3
Thread(s) per core:    1
Core(s) per socket:    4
Socket(s):             1
NUMA node(s):          1
Model:                 0
CPU max MHz:           2400.0000
CPU min MHz:           2400.0000
BogoMIPS:              200.00
L1d cache:             64K
L1i cache:             64K
L2 cache:              512K
L3 cache:              32768K
NUMA node0 CPU(s):     0-3
Flags:                 fp asimd evtstrm aes pmull sha1 sha2 crc32 atomics fphp asimdhp cpuid
asimdrdm jscvt fcma dcpop asimddp asimdfhm
```

(6) free：查看内存。

(7) top：查看系统资源实时信息，这是一个常用的调试辅助指令，可以确认哪些进程在使用资源、命令及反馈，查询结果如下：

```
[root@ecs-kunpeng ~]# top
top - 08:48:25 up 6 min, 1 user, load average: 0.00, 0.13, 0.09
Tasks: 123 total, 2 running, 84 sleeping, 0 stopped, 0 zombie
%Cpu(s): 0.0 us, 0.1 sy, 0.0 ni, 99.9 id, 0.0 wa, 0.0 hi, 0.0 si, 0.0 st
KiB Mem : 32890752 total, 32214976 free, 347008 used, 328768 buff/cache
KiB Swap:       0 total,       0 free,       0 used. 29791872 avail Mem

  PID USER     PR    NI    VIRT    RES    SHR S  %CPU  %MEM   TIME+   COMMAND
    1 root     20     0  156928   8576   4416 S  0.0   0.0   0:01.45 systemd
    2 root     20     0       0      0      0 S  0.0   0.0   0:00.00 kthreadd
    3 root      0   -20       0      0      0 I  0.0   0.0   0:00.00 rcu_gp
    4 root      0   -20       0      0      0 I  0.0   0.0   0:00.00 rcu_par_gp
    6 root      0   -20       0      0      0 I  0.0   0.0   0:00.00 kworker/0:0H-kb
    7 root     20     0       0      0      0 I  0.0   0.0   0:00.01 kworker/u8:0-fl
    8 root      0   -20       0      0      0 I  0.0   0.0   0:00.00 mm_percpu_wq
    9 root     20     0       0      0      0 S  0.0   0.0   0:00.00 ksoftirqd/0
   10 root     20     0       0      0      0 I  0.0   0.0   0:00.01 rcu_sched
   11 root     rt     0       0      0      0 S  0.0   0.0   0:00.07 migration/0
   12 root     rt     0       0      0      0 S  0.0   0.0   0:00.00 watchdog/0
   13 root     20     0       0      0      0 S  0.0   0.0   0:00.00 cpuhp/0
```

```
14 root 20    0    0   0   0 S   0.0   0.0   0:00.00 cpuhp/1
15 root rt    0    0   0   0 S   0.0   0.0   0:00.00 watchdog/1
16 root rt    0    0   0   0 S   0.0   0.0   0:00.07 migration/1
17 root 20    0    0   0   0 S   0.0   0.0   0:00.00 ksoftirqd/1
19 root  0  -20    0   0   0 I   0.0   0.0   0:00.00 kworker/1:0H-kb
20 root 20    0    0   0   0 S   0.0   0.0   0:00.00 cpuhp/2
21 root rt    0    0   0   0 S   0.0   0.0   0:00.00 watchdog/2
22 root rt    0    0   0   0 S   0.0   0.0   0:00.07 migration/2
23 root 20    0    0   0   0 S   0.0   0.0   0:00.00 ksoftirqd/2
25 root 0   -20    0   0   0 I   0.0   0.0   0:00.00 kworker/2:0H-kb
26 root 20    0    0   0   0 S   0.0   0.0   0:00.00 cpuhp/3
27 root rt    0    0   0   0 S   0.0   0.0   0:00.00 watchdog/3
28 root rt    0    0   0   0 S   0.0   0.0   0:00.07 miqration/3
29 root 20    0    0   0   0 S   0.0   0.0   0:00.00 ksoftirqd/3
31 root  0  -20    0   0   0 I   0.0   0.0   0:00.00 kworker/3:0H-kb
32 root 20    0    0   0   0 S   0.0   0.0   0:00.00 kdevtmpfs
33 root  0  -20    0   0   0 I   0.0   0.0   0:00.00 netns
34 root 20    0    0   0   0 S   0.0   0.0   0:00.00 kauditd
35 root 20    0    0   0   0 I   0.0   0.0   0:00.00 kworker/0:1-eve
37 root 20    0    0   0   0 S   0.0   0.0   0:00.00 khungtaskd
38 root 20    0    0   0   0 S   0.0   0.0   0:00.00 oom_reaper
39 root  0  -20    0   0   0 I   0.0   0.0   0:00.00 writeback
40 root 20    0    0   0   0 S   0.0   0.0   0:00.00 kcompactd0
41 root 25    5    0   0   0 S   0.0   0.0   0:00.00 ksmd
42 root 39   19    0   0   0 S   0.0   0.0   0:00.00 khugepaged
43 root  0  -20    0   0   0 I   0.0   0.0   0:00.00 crypto
44 root  0  -20    0   0   0 I   0.0   0.0   0:00.00 kintegrityd
45 root  0  -20    0   0   0 I   0.0   0.0   0:00.00 kblockd
```

在 top 状态下继续按“1”，可以列出每个 CPU 核心的使用信息，演示服务器包含 4 个核心，所以会列出 Cpu0～Cpu3 的相信信息：

```
top - 08:51:03 up 9 min, 1 user, load average: 0.00, 0.07, 0.08
Tasks: 125 total, 1 running, 84 sleeping, 0 stopped, 0 zombie
%Cpu0 : 0.0 us, 0.0 sy, 0.0 ni,100.0 id, 0.0 wa, 0.0 hi, 0.0 si, 0.0 st
%Cpu1 : 0.0 us, 0.0 sy, 0.0 ni,100.0 id, 0.0 wa, 0.0 hi, 0.0 si, 0.0 st
%Cpu2 : 0.0 us, 0.0 sy, 0.0 ni,100.0 id, 0.0 wa, 0.0 hi, 0.0 si, 0.0 st
%Cpu3 : 0.0 us, 0.0 sy, 0.0 ni,100.0 id, 0.0 wa, 0.0 hi, 0.0 si, 0.0 st
KiB Mem : 32890752 total, 32214080 free, 347072 used, 329600 buff/cache
KiB Swap:        0 total,        0 free,        0 used. 29791296 avail Mem
```

在 top 状态下继续按 M 键，可以切换内存详细信息的显示。

在 top 状态下按 Shift+M 键，可以按照内存占用率大小按顺序排列进程列表。

2. 文件与目录命令

(1) cd：切换目录命令。

切换到主目录，命令如下：

```
cd ~
```

切换到根目录下的 etc 目录，命令如下：

```
cd /etc
```

切换到当前目录下的 subdir 目录，命令如下：

```
cd subdir
```

切换到根目录，命令如下：

```
cd /
```

切换到上 1 级目录，命令如下：

```
cd ..
```

切换到上 2 级目录，命令如下：

```
cd ../..
```

（2）mkdir：创建目录命令。

在目录 opt 下创建 data 目录，命令如下：

```
mkdir /opt/data/
```

递归创建目录，如果最底层的 c 目录的任何一个父目录不存在，则创建它，命令如下：

```
mkdir -p /opt/a/b/c
```

（3）touch：创建空白文件命令。

在/opt/data 目录下创建文件 test.conf，命令如下：

```
touch /opt/data/test.conf
```

（4）rm：删除文件或文件夹命令。

删除/opt/data 目录下的 test.conf 文件，删除时需要确认，输入 y 便可以删除，否则放弃删除文件，命令如下：

```
rm /opt/data/test.conf
```

直接删除/opt/data目录下的test.conf文件，不询问是否删除，命令如下：

```
rm -f /opt/data/test.conf
```

直接删除/opt/data目录及目录下的所有文件，不询问是否删除，命令如下：

```
rm -rf /opt/data/
```

删除/opt/data目录下所有扩展名为.conf的文件，删除时逐个确认是否删除，命令如下：

```
rm /opt/data/*.conf
```

(5) ls：列出目录命令。

列出当前目录，命令如下：

```
ls
```

列出所有的文件，包括隐藏文件，命令如下：

```
ls -a
```

列出文件时显示详细信息，命令如下：

```
ls -l
```

(6) pwd：显示工作路径。

(7) mv：移动文件或目录命令。

文件重命名，把文件a.conf重命名为b.conf，命令如下：

```
mv a.conf b.conf
```

移动文件，把文件/opt/data/目录下的a.conf文件移动到/opt/目录下，命令如下：

```
mv /opt/data/a.conf /opt/
```

移动目录，把/opt/data/目录移动到/tmp/目录下面，命令如下：

```
mv /opt/data/ /tmp/
```

(8) cp：复制文件或目录命令。

复制文件，把/opt/目录下的 b.conf 文件复制到/tmp/data/目录下，命令如下：

```
cp /opt/b.conf /tmp/data/
```

复制目录，把/tmp/data/目录复制到/opt/目录下，命令如下：

```
cp -r /tmp/data/ /opt
```

(9) find：查找文件命令。

在/opt/目录查找所有扩展名为.conf 的文件，命令如下：

```
find /opt/ -name '*.conf'
```

3. 文件查看编辑命令

(1) cat：查看文件内容命令。

查看环境变量文件，此时会显示整个文件内容，命令如下：

```
cat /etc/profile
```

(2) more：分页查看文件内容命令。

查看环境变量文件，分页显示文件内容，命令如下：

```
more /etc/profile
```

(3) head：查看文件开头部分内容命令。

查看环境变量文件前 3 行内容，命令如下：

```
head -3 /etc/profile
```

(4) tail：查看文件尾部内容命令。

查看环境变量文件最后 3 行内容，命令如下：

```
tail -3 /etc/profile
```

(5) vi：创建或编辑文件内容命令。

如果/opt/data/a.conf 不存在，则创建并编辑该文件。如果存在此文件，则直接编辑该文件。vi 共分为 3 种模式，分别是命令模式、输入模式和底线命令模式，命令如下：

```
vi /opt/data/a.conf
```

■ 命令模式

刚启动 vi 进入命令模式，在此模式下输入的字符被当作命令，常用的命令如下：

i：切换到输入模式。

x：删除当前光标所在处的字符。

:：切换到底线命令模式，可以在最后一行输入命令。

■ 输入模式

输入模式可以进行正常输入，按 Esc 键退出输入模式，进入命令模式。

■ 底线命令模式

底线命令模式下的基本命令如下：

q：退出程序。

w：保存文件。

wq：保存修改并退出。

q!：强制退出但不保存。

4. 软件包管理命令

在 openEuler 操作系统中，软件包管理工具有两种，一种是首选的 DNF，另一种是被广泛使用了很多年的 YUM。DNF 和 YUM 的大部分命令是兼容的，只要熟悉了一种工具的使用，基本上可以按照同样的命令使用另一种工具。在后续的章节里，所使用的操作系统主要是 CentOS 7，但是 CentOS 7 默认是不安装 DNF 的，所以这里使用 YUM 工具来演示软件包管理命令。

（1）yum search：在 rpm 仓库中搜寻软件包，用法如下：

```
yum search ftp
```

该命令会从软件仓库查找所有包含 ftp 的软件包，并显示匹配软件包的详细信息，命令及回显如下（回显内容过多，这里只显示部分内容）：

```
[root@ecs-kunpeng ~]# yum search ftp
Loaded plugins: fastestmirror
Loading mirror speeds from cached hostfile
 * base: mirrors.huaweicloud.com
 * epel: mirrors.tuna.tsinghua.edu.cn
 * extras: mirrors.huaweicloud.com
 * updates: mirrors.huaweicloud.com
================= N/S matched: ftp ==========================================
…此处省略大部分内容
tnftp.aarch64 : FTP (File Transfer Protocol) client from NetBSD
uberftp.aarch64 : GridFTP-enabled ftp client
vsftpd.aarch64 : Very Secure Ftp Daemon
vsftpd-sysvinit.aarch64 : SysV initscript for vsftpd daemon
cURL.aarch64 : A utility for getting files from remote servers (FTP, HTTP, and others)
```

```
debmirror.noarch : Debian partial mirror script, with ftp and package pool support
dmlite-dpm-dsi.aarch64 : Disk Pool Manager (DPM) plugin for the Globus GridFTP server
dpm-dsi.aarch64 : Disk Pool Manager (DPM) plugin for the Globus GridFTP server
erlang-inets.aarch64 : A set of services such as a Web server and a ftp client etc
erlang-ssh.aarch64 : Secure Shell application with sftp and ssh support
filezilla.aarch64 : FTP, FTPS and SFTP client
lftp.aarch64 : A sophisticated file transfer program
perl-Net-SFTP-Foreign.noarch : SSH File Transfer Protocol client
rssh.aarch64 : Restricted shell for use with OpenSSH, allowing only scp and/or sftp
wget.aarch64 : A utility for retrieving files using the HTTP or FTP protocols

  Name and summary matches only, use "search all" for everything.
```

从列出的这些软件包里可以看到有一个软件包叫 vsftpd.aarch64，这个就是 Linux 系统上经常安装的 ftp 服务器。

(2) yum install：安装软件包，用法如下：

```
yum install -y vsftpd
```

安装 vsftpd 软件包，因为使用了-y 参数，安装的时候不需要确认而直接安装。

(3) yum update：更新软件包，用法如下：

```
yum update vsftpd
```

更新 vsftpd 软件包。

(4) yum remove：删除软件包，用法如下：

```
yum remove vsftpd
```

删除 vsftpd 软件包，删除前需要确认。

(5) yum update：更新所有软件包。

5. 压缩及解压缩命令

tar：压缩及解压缩命令，根据其后的参数不同具有不同的功能，常用参数如下：

-z：是否同时具有 gz 属性。

-x：解压缩、提取打包的内容。

-c：建立一个压缩、打包文档。

-v：显示压缩或者打包的进程。

-f：使用文件名，在 f 后面接压缩后的文件名字或者要解压的文件名字。

把 a.conf、b.conf、c.xml 文件打包到 tot.tar.gz 文件，使用 gzip 压缩，显示压缩的进程，命令如下：

```
tar -zcvf tot.tar.gz a.conf b.conf c.xml
```

解压缩文件 tot.tar.gz 到当前目录，命令如下：

```
tar -xvf tot.tar.gz
```

6. 服务相关命令

服务管理命令一般使用 systemctl，常用用法如下：

```
systemctl start vsftpd
```

启动服务 vsftpd。

```
systemctl status vsftpd
```

查看 vsftpd 服务状态，在回显里通过 Active 的值查看当前状态：

```
[root@ecs-kunpeng ~]# systemctl status vsftpd
● vsftpd.service - Vsftpd ftp daemon
    Loaded: loaded (/usr/lib/systemd/system/vsftpd.service; disabled; vendor preset: disabled)
   Active: active (running) since Tue 2020-12-01 09:14:42 CST; 3s ago
  Process: 3356 ExecStart=/usr/sbin/vsftpd /etc/vsftpd/vsftpd.conf (code=exited, status=0/SUCCESS)
Main PID: 3357 (vsftpd)
   CGroup: /system.slice/vsftpd.service
           └─3357 /usr/sbin/vsftpd /etc/vsftpd/vsftpd.conf

Dec 01 09:14:42 ecs-kunpeng systemd[1]: Starting Vsftpd ftp daemon...
Dec 01 09:14:42 ecs-kunpeng systemd[1]: Started Vsftpd ftp daemon.
```

通过上面的回显可以看到 Active 的状态值为 active (running)，表示处于运行状态。

停止 vsftpd 服务，命令如下：

```
systemctl stop vsftpd
```

重新启动 vsftpd 服务，命令如下：

```
systemctl restart vsftpd
```

启用开机自启动 vsftpd 服务，命令如下：

```
systemctl enable vsftpd
```

取消开机自启动 vsftpd 服务，命令如下：

```
systemctl disable vsftpd
```

7. 其他常用命令

（1）passwd：修改密码命令。

修改当前用户密码，命令如下：

```
passwd
```

修改用户 tom 的密码，命令如下：

```
passwd tom
```

（2）date：查看当前时间。

（3）scp：不同主机之间复制文件。

把当前主机/opt/data/a.conf 文件复制到 192.168.1.1 对应的主机的/opt/data/目录下，在执行的时候，会要求输入 192.168.1.1 主机的 root 密码，命令如下：

```
scp /opt/data/a.conf root@192.168.1.1:/opt/data/
```

把 192.168.1.1 对应的主机的/opt/data/a.conf 文件复制到当前主机的/opt/data/目录下，在执行的时候，会要求输入 192.168.1.1 主机的 root 密码，命令如下：

```
scp root@192.168.1.1:/opt/data/a.conf /opt/data/
```

3.3　鲲鹏论坛

鲲鹏论坛是最重要的鲲鹏架构交流社区，任何与鲲鹏架构相关的问题都可以在上面讨论，华为有值班的专家关注论坛，可以第一时间回复求助的问题。鲲鹏论坛页面如图 3-4 所示。

在论坛发表帖子的时候，单击论坛右上角的“发表主题”按钮，在发表帖子页面可以选择帖子的主题，需要特别注意的是当有问题需要求助的时候，要将主题分类为“问题求助”，如图 3-5 所示。

然后按照帖子自动生成的问题描述步骤，详细写出问题，并附上截图、日志，最后提交即可。

华为专家看到求助帖后会第一时间进行回复，一般十几分钟就会有人回复，回复后的求助帖子会有专门的“专家已回复”标志，问题解决完毕的帖子会有“已结帖”标志，如图 3-6 所示。

除了日常的交流外，鲲鹏论坛还定期举办各种活动，例如直播、免费体验、优惠认证等，各种奖品及奖项层出不穷，如图 3-7 所示。

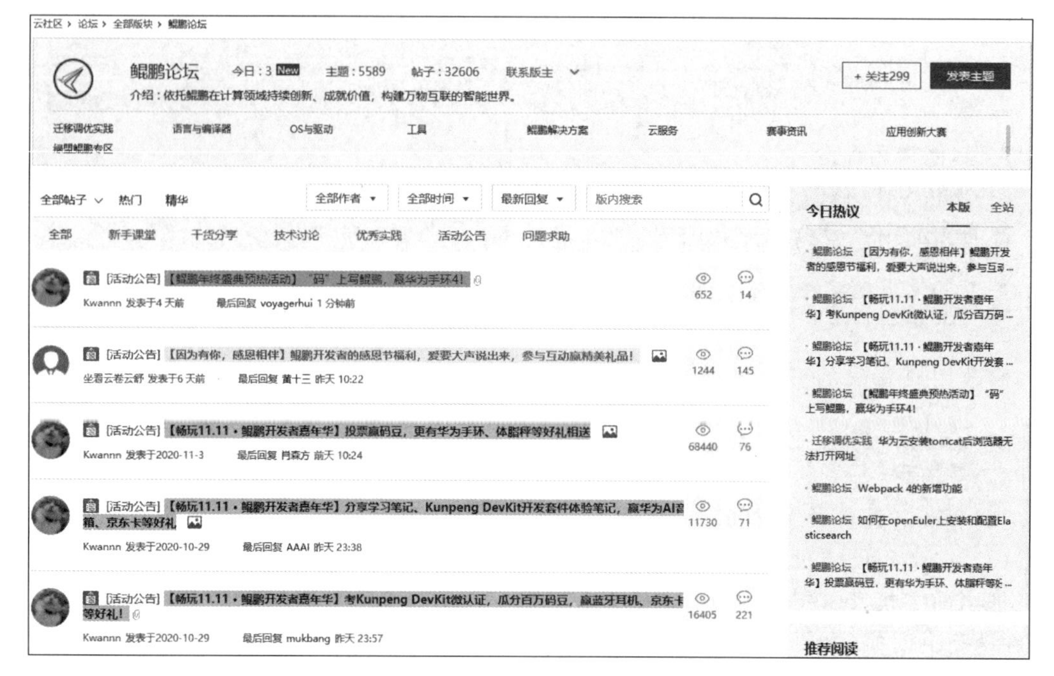

图 3-4 鲲鹏论坛

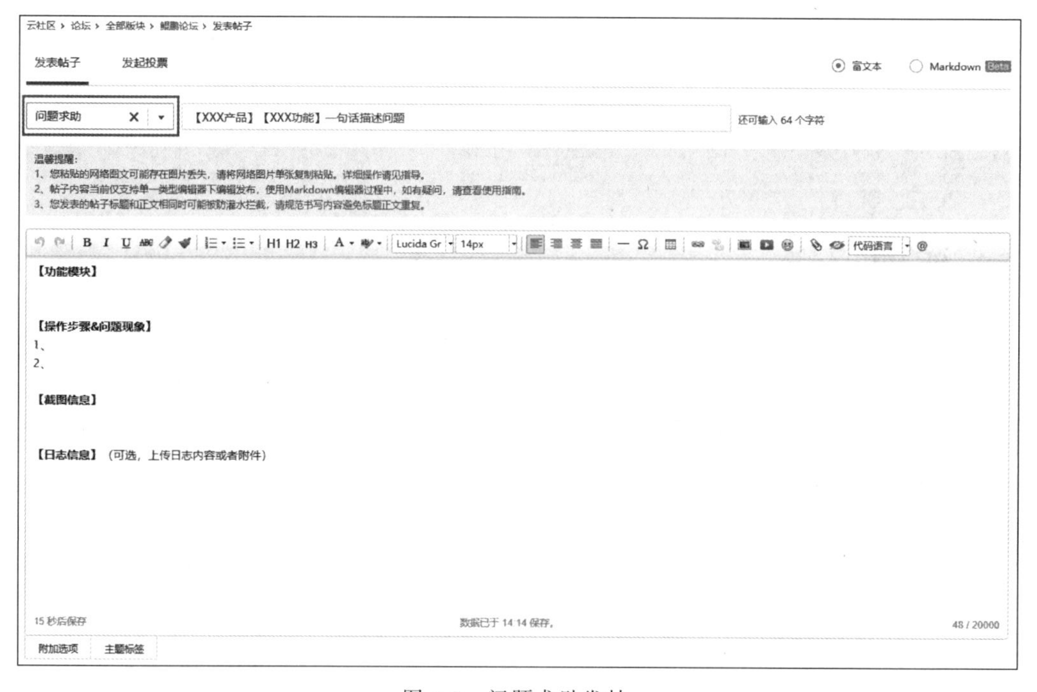

图 3-5 问题求助发帖

云社区 › 论坛 › 全部版块 › 鲲鹏论坛 › 帖子详情
我的快捷通道
返回列表
上一篇
下一篇
总条数：5
回复主题
发表主题
发表于2020年09月17日 18:33:08　阅读 223　回复 5
只看该作者　倒序浏览
楼主
已结帖
[问题求助] 【沙箱实验室】【通过鲲鹏工具链将软件包迁移到鲲鹏平台】-Dependency Advisor扫描后分析结果答疑
发帖:2　粉丝:0
级别：新手上路
发消息
+ 关注
【功能模块】
Dependency Advisor——分析软件安装包
Porting Advisor——构建软件包
【操作步骤&问题现象】
1、根据操作指导手册，对Knox进行x86依赖扫描，分析结果有五条，同指导书中结果一样
2、使用Porting Advisor构建软件包,构建的软件包在 /opt/portadv/portadmin/rpms/ 下。
3、将构建好的rpm包拷贝到 /opt/portadv/portadmin/test/ 下
4、使用Dependency Advisor 扫描 /opt/portadv/portadmin/test/knox_3_1_0_0_78-1.0.0.3.1.0.0-78.aarch64.rpm
5、如下图所示，在分析结果中还有四条
6、使用checkSo工具价差生成的rpm文件，发现没有残留x86依赖文件
问题:
在第4、5步中，为什么使用Porting Advisor工具构建软件包后，再使用Dependency Advisor 扫描，在分析结果中还是存在4条信息？对于分析结果中的处理建议应该如何解读？

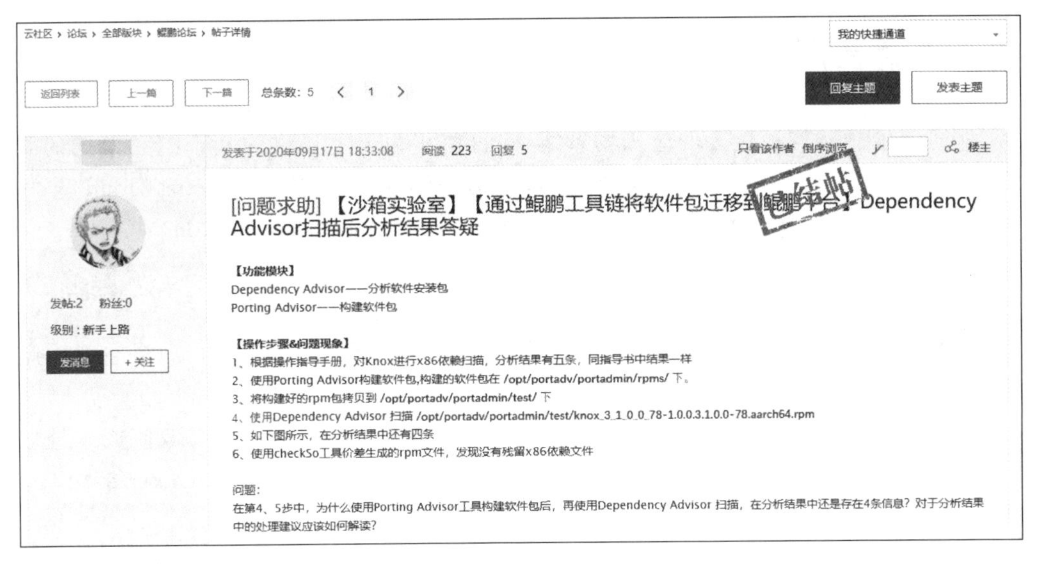

图 3-6　专家回复

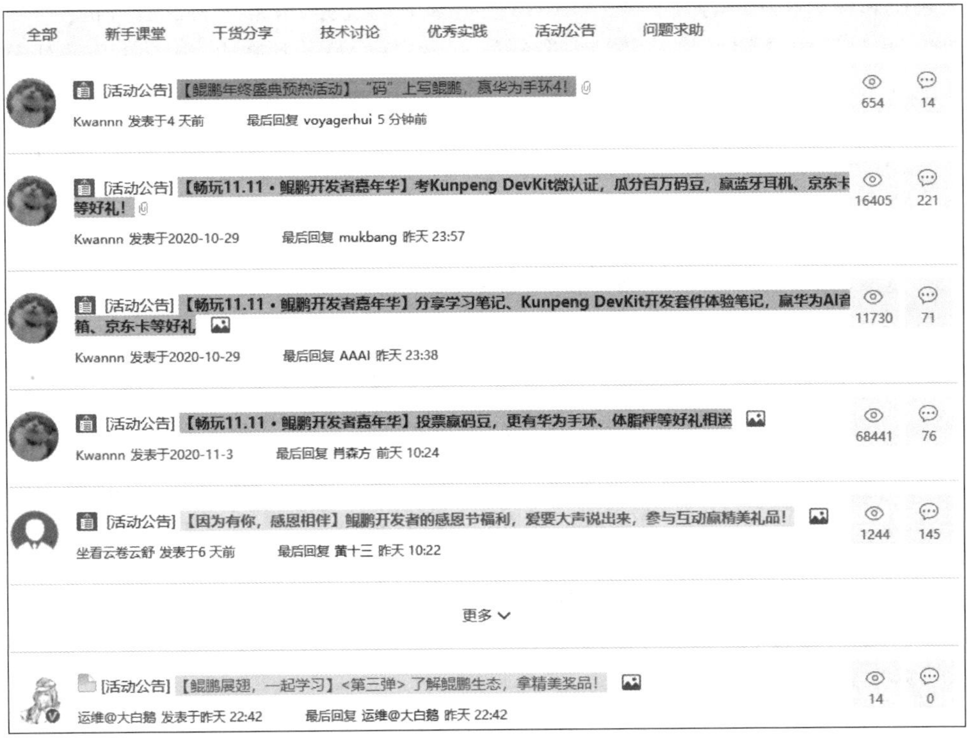

全部　新手课堂　干货分享　技术讨论　优秀实践　活动公告　问题求助
[活动公告]【鲲鹏年终盛典预热活动】“码”上写鲲鹏，赢华为手环4！
Kwannn 发表于4 天前　最后回复 voyagerhui 5 分钟前
654　14
[活动公告]【畅玩11.11 • 鲲鹏开发者嘉年华】考Kunpeng DevKit微认证，瓜分百万码豆，赢蓝牙耳机、京东卡等好礼！
Kwannn 发表于2020-10-29　最后回复 mukbang 昨天 23:57
16405　221
[活动公告]【畅玩11.11 • 鲲鹏开发者嘉年华】分享学习笔记、Kunpeng DevKit开发套件体验笔记，赢华为AI音箱、京东卡等好礼
Kwannn 发表于2020-10-29　最后回复 AAAI 昨天 23:38
11730　71
[活动公告]【畅玩11.11 • 鲲鹏开发者嘉年华】投票赢码豆，更有华为手环、体脂秤等好礼相送
Kwannn 发表于2020-11-3　最后回复 肖森方 前天 10:24
68441　76
[活动公告]【因为有你，感恩相伴】鲲鹏开发者的感恩节福利，爱要大声说出来，参与互动赢精美礼品！
坐看云卷云舒 发表于6 天前　最后回复 黄十三 昨天 10:22
1244　145
更多
[活动公告]【鲲鹏展翅，一起学习】<第三弹> 了解鲲鹏生态，拿精美奖品！
运维@大白鹅 发表于昨天 22:42　最后回复 运维@大白鹅 昨天 22:42
14　0

图 3-7　论坛活动

3.4 鲲鹏云服务

云服务是鲲鹏架构最重要的应用场景之一，目前华为云上提供的基于鲲鹏架构的服务有上百种，这里重点介绍以下 3 种典型应用，分别是弹性云服务器(Elastic Cloud Server, ECS)、裸金属服务器(Bare Metal Server)及鲲鹏云手机(Cloud Phone,CPH)。

3.4.1 弹性云服务器 ECS

基于鲲鹏架构的弹性云服务器是开发者最常使用鲲鹏架构服务器的方式，它是由鲲鹏 CPU、内存、云硬盘等硬件及在其上安装的操作系统组成的计算组件。

用户可以在华为云上通过弹性云服务器购买鲲鹏云服务器，然后可以像使用本地服务器一样使用鲲鹏云服务器，弹性云服务器的网址为 https://www.huaweicloud.com/product/ecs.html。

弹性云服务器可以根据需要进行配置变更，例如 CPU 的核心数、内存的大小、云硬盘的容量、网络的带宽等，真正做到了按需配置、按需使用。

在性能和性价比方面，鲲鹏架构的 ECS 具有显著的优势，根据华为云官方的测算，相比其他架构，鲲鹏架构的 ECS 多核整型性能领先 15%，综合性价比提升 30%以上。对于相似性能和配置的 x86 架构 ECS 和鲲鹏架构的 ECS 价格对比如图 3-8 所示。

产品	区域	计费模式	购买量	价格	操作
^ 弹性云服务器 ECS 1	华北-北京四	包年	1年,1台	¥9,090.00 省:¥1,818.00	删除
规格	鲲鹏计算 | 鲲鹏通用计算增强型 | kc1.2xlarge.4 | 8核 | 32GB		1年,*1	¥7,800 省: ¥1,560	
系统盘	高IO | 40GB		1年,*1	¥140 省: ¥28	
弹性公网IP	全动态BGP | 独享 | 按带宽计费 | 5Mbit/s		1年,*1	¥1,150 省: ¥230	
镜像	CentOS | CentOS 8.0 64bit with ARM		1年,*1	¥0	
^ 弹性云服务器 ECS 2	华北-北京四	包年	1年,1台	¥11,366.60 省:¥2,776.60	删除
规格	X86计算 | 通用计算增强型 | c3ne.2xlarge.4 | 8核 | 32GB		1年,*1	¥10,076.6 省: ¥2,518.6	
系统盘	高IO | 40GB		1年,*1	¥140 省: ¥28	
弹性公网IP	全动态BGP | 独享 | 按带宽计费 | 5Mbit/s		1年,*1	¥1,150 省: ¥230	
镜像	CentOS | CentOS 8.0 64bit		1年,*1	¥0	

图 3-8 ECS 对比

在选用鲲鹏架构弹性云服务器的时候，需要注意根据实际的业务情况进行有针对性选择，特别是 CPU 核心数和内存的比例及硬盘的类型，总体来说，鲲鹏架构 ECS 分为 4 个大类，分别是鲲鹏通用计算增强型、鲲鹏内存优化型、鲲鹏超高 I/O 型、鲲鹏 AI 推理加速型。

1. 鲲鹏通用计算增强型

该型号搭载鲲鹏 920 处理器及 25GE 智能高速网卡，配置比较均衡，CPU 最多支持 60 核心，内存最高支持 192GB，适合企业、政府、互联网等各种业务类型。

2. 鲲鹏内存优化型

该型号搭载鲲鹏 920 处理器及 25GE 智能高速网卡，和通用计算增强型相比，内存配置更高，CPU 最多支持 60 核心，内存最高支持 480GB，适合对内存要求比较高的各种业务。

3. 鲲鹏超高 I/O 型

该型号搭载高性能 NVMe SSD 本地磁盘，单盘 3.2TB，读吞吐量 2.9GB/s，写吞吐量 1.9GB/s，提供高存储 IOPS 及低读写时延，CPU 最多支持 64 核心，内存最高支持 228GB，适合高性能关系数据库、NoSQL 数据库及 ElasticSearch 搜索等业务场景。

4. 鲲鹏 AI 推理加速型

该型号配备 Altas300 加速卡，该加速卡以华为昇腾 310(Ascend 310)芯片为核心，具有低功耗、高算力的特点，CPU 最多支持 48 核心，内存最高支持 96GB，加速核心支持最多 12 个 Ascend 310，适用于 AI 推理计算等业务场景。

鲲鹏架构 ECS 的具体购买步骤可以参考 4.1.4 节的内容。

3.4.2 裸金属服务器 BMS

裸金属服务器本质上是物理服务器，和 ECS 共享计算资源不同，BMS 独占计算资源，这就保证了极高的安全性，因为没有虚拟化的性能开销和特性损失，它可以发挥物理机器几乎全部的能力。

鲲鹏架构的裸金属服务器搭载两个鲲鹏 920 CPU，内存最高可达 1TB，为核心数据库、关键应用系统、高性能计算、大数据等业务提供卓越的计算性能及数据安全。

裸金属服务器网址为 https://www.huaweicloud.com/product/bms.html。

3.4.3 鲲鹏云手机

鲲鹏云手机本质上是一台包含原生安卓操作系统，具有虚拟手机功能的云服务器。具体实现是基于华为云裸金属服务器，在上面运行 EulerOS 作为 Host OS，在 Host OS 中运行 MonBox 生成容器，MonBox 类似 x86 架构下的安卓容器 AnBox，但是性能更强，是华为针对鲲鹏架构量身定制的。在容器中运行 AOSP 镜像，这样就虚拟出了一台云手机。鲲鹏架构的裸金属服务器也是基于 ARM 的，和手机系统一致，这样就没有指令转换的性能损失，一台裸金属服务器可以虚拟出多台鲲鹏云手机，华为云 HDP 规格显示，一台配备了两颗鲲鹏 916 处理器的裸金属服务器可以虚拟出 60 台云手机，而一台配备了两颗鲲鹏 920 处理器的裸金属服务器可以虚拟出高达 100 台云手机。

鲲鹏云手机运行在云端，具有强大的计算能力，同时集成了多张 GPU 显卡，可以提供专业的图形图像处理能力，适合云游戏、移动办公、App 仿真测试等多种业务场景。

鲲鹏云手机网址为 https://www.huaweicloud.com/product/cloudphone.html。

3.5 鲲鹏创新中心

为更好地建立鲲鹏软件生态，华为联合各省、市政府在当地合作建立鲲鹏创新中心，聚合区域产业合作伙伴，提供华为鲲鹏生态产品认证、应用迁移支持、行业示范、人才培养、标准孵化等服务。目前已经在全国建立了 18 个鲲鹏创新中心，详细信息如表 3-1 所示，当地的企业及鲲鹏开发人员可以向鲲鹏创新中心寻求支持。

表 3-1 鲲鹏创新中心

省份	鲲鹏创新中心名称	地　址
北京	北京鲲鹏联合创新中心	北京朝阳区
天津	天津鲲鹏生态创新中心	天津滨海高新区
山西	山西鲲鹏生态创新中心	山西智创城 NO.1 暨清控创新基地
陕西	陕西鲲鹏生态创新中心	西安高新区
河南	中原鲲鹏生态创新中心	郑东新区智慧岛
四川	四川鲲鹏生态创新中心	成都天府新区
重庆	鲲鹏计算产业生态重庆中心	重庆西永微电子产业园区
湖北	长江鲲鹏生态创新中心	武汉东湖新技术开发区未来科技城
江苏	江苏鲲鹏生态创新中心	南京市江北新区
上海	上海“鲲鹏＋昇腾”生态创新中心	上海徐汇区 AI 大厦
浙江	浙江省鲲鹏生态创新中心	杭州市滨江东方通信园
浙江	宁波鲲鹏计算生态创新中心	宁波市软件产业园
福建	福建鲲鹏生态创新中心	福州滨海新城
湖南	湖南省鲲鹏生态创新中心	长沙湘江新区
贵州	贵州省鲲鹏生态创新中心	贵阳
广西	中国-东盟信息港鲲鹏生态创新中心	南宁五象新区
广东	广州“鲲鹏＋昇腾”生态创新中心	广州市天河区
广东	鲲鹏产业源头创新中心	深圳湾科技生态园

第4章 开发准备

在进行鲲鹏开发以前，需要先做好开发的准备工作，这里主要指开发需要的鲲鹏架构服务器，以及在服务器上部署的开发环境。鲲鹏架构是一个比较新的架构，在市场上获取鲲鹏架构的服务器或者PC比较困难，价格也较高，普通开发者较难承受，这里重点介绍低成本获取鲲鹏架构硬件的方法及如何在上面安装开发环境。

4.1 硬件获取

开发者获取鲲鹏硬件的常用方法主要有4种，我们按照从难到易，逐个介绍，对于前3种，只进行简单介绍，重点介绍的是第4种，通过华为云获取鲲鹏资源。

4.1.1 市场购买

目前华为的泰山服务器主要通过各地的代理商来销售，销售对象也以国有单位、大型企业为主，基本不对个人销售，如果以公司身份购买，虽然有一定的困难，但也可以买到，只是对于鲲鹏开发初学者来说，投入的资金较多。除了泰山服务器，目前还有几家企业在生产鲲鹏架构的服务器和PC，例如河南的黄河鲲鹏系列和四川的长虹天宫系列等，如果有条件也可以购买这些鲲鹏服务器。

4.1.2 鲲鹏创新中心申请

正如3.5节所介绍的，华为与各地合作的鲲鹏创新中心拥有一定数量的泰山服务器，这些服务器可以免费对外提供试用，企业和开发者可以联系当地的鲲鹏创新中心，申请借用泰山服务器或者其他相关资源。

4.1.3 华为计算开放实验室申请

1. 注册华为账号

申请华为计算开放实验室的鲲鹏资源，需要先注册华为账号（如果已有华为账号，可以跳过此步骤），步骤如下：

步骤1：进入登录页面 https://uniportal.huawei.com/uniportal/，单击“注册”按钮，如图4-1所示。

图 4-1 登录页面

步骤 2：在注册页面填写注册信息，可以选择邮箱注册或者手机注册，然后单击“注册”按钮，提交注册申请，如图 4-2 所示。

图 4-2 注册华为账号

步骤 3：等待华为计算开放实验室激活账号，会收到账号激活邮件，根据邮件提示登录官网，网址为 http://ic-openlabs.huawei.com/openlab/。

步骤 4：登录官网后单击“激活账号”按钮，在弹出的激活类型菜单里单击 TaiShan 子菜单，如图 4-3 所示。

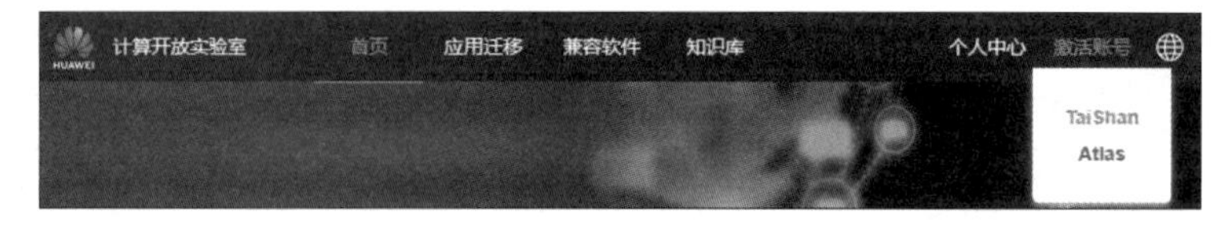

图 4-3 激活华为账号

步骤5：填写个人和公司信息，如图4-4所示，信息填写完毕，单击"提交"按钮，等待华为审批，审批后会收到电子邮件通知。

公司信息

* 公司名全称 请输入

* 所属行业 -请选择-

* 所属地域 请输入所属地域

贵公司华为事务接口人信息

* 姓名 请输入

* 电话 请输入

* 邮箱 请输入

个人信息

* 您的姓名 请输入

* 您的电话 请输入

* 您的公司邮箱 请输入申请原因

申请原因描述

请输入申请原因

我已阅读并同意《隐私政策声明》《设备借用协议》

提交

图4-4 填写个人和公司信息

2. 申请鲲鹏资源

步骤1：进入华为开放实验室首页：http://ic-openlabs.huawei.com/openlab/#/home，单击"申请资源"按钮，如图4-5所示。

图4-5 开放实验室首页

步骤 2：在申请资源信息页面，填写申请资源信息，如图 4-6 所示。

图 4-6　填写申请资源信息

华为接口人处填写与申请公司对接的华为公司人员，计划启动时间处填写计划使用资源的时间，任务描述按照要求填写即可。

步骤 3：填写业务和配置场景信息，如图 4-7 所示。

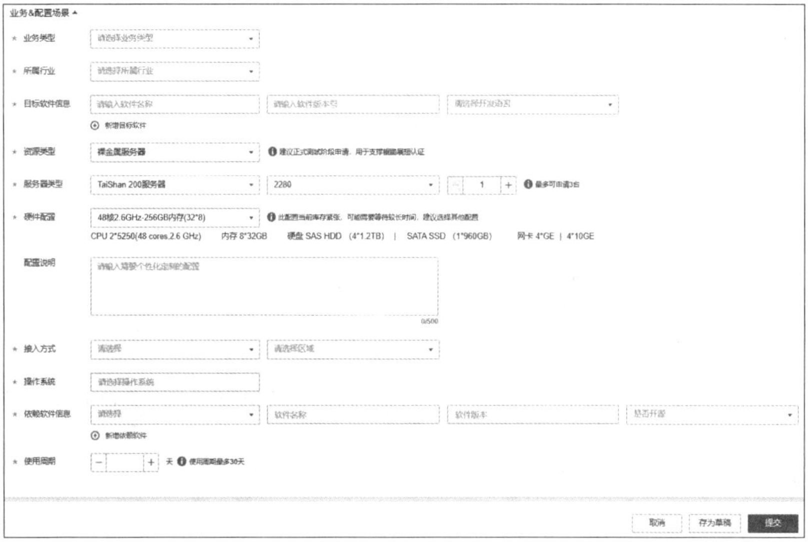

图 4-7　业务和配置场景信息

各个参数说明如表 4-1 所示。

表 4-1　业务和配置参数说明

参　　数	说　　明
业务类型	要使用资源的业务所属的类型
所属行业	要使用资源的业务所在的行业
目标软件信息	要测试的目标软件名称、版本号和开发语言，可以添加多个目标软件

续表

参数	说明
资源类型	要申请裸金属服务器还是弹性云服务器,前期测试可以申请弹性云服务器,但是进行鲲鹏展翅认证时必须使用裸金属服务器
服务器类型	要申请的服务器类型,本书编写时华为开放实验室只提供 TaiShan 200 系列服务器,每次最多申请 3 台
硬件配置	详细的硬件配置,主要关注 CPU、内存、硬盘,选择裸金属服务器时还会列出其他硬件信息
配置说明	如果预置的硬件配置不满足要求,可以在配置说明里详细说明需要的配置
接入方式	远程使用还是现场使用,如果是现场使用,只能选择杭州、北京、深圳 3 个城市之一
操作系统	选择要安装的操作系统及版本号信息
依赖软件信息	确认依赖软件的分类、软件名称、软件版本及是否开源的信息
使用周期	资源使用的时间,最长不超过 30 天

步骤 4：资源信息填写好后,单击"提交"按钮,会进入资源审核阶段,以后可以登录网站查看审核状态,也可以关注账号所关联的邮箱,审核状态的变化会及时通过邮箱发出通知。资源申请状态在个人中心→我的环境页面查看,如图 4-8 所示。

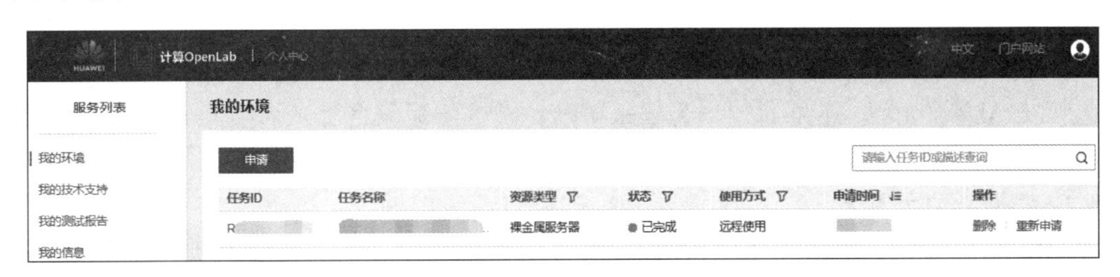

图 4-8 我的环境

3. 使用鲲鹏资源

审批通过后,会收到服务器资源发放通知的邮件,在邮件中一般包含如下附件：

(1) 华为计算开放实验室环境信息表：用来记录服务器资源的信息,本书编写时,环境信息表主要包含如下信息：

- 设备 ID；
- 业务 & 配置场景；
- 开始时间；
- 到期时间；
- 跳转机账户管理(跳转机 IP、跳转机账号、跳转机密码)；
- BMC IP 账户管理(BMC IP、BMC 账号、BMC 密码)；
- 管理 IP(GE 网口)设置；
- 管理 IP(GE 网口)网关；

■ 业务 IP(10GE 网口)设置；

■ 环境运维接口人；

■ 技术接口人。

实际格式如图 4-9 所示。

开始时间	到期时间	跳转机账户管理			BMC IP账户管理			管理IP(GE网口)设置	管理IP(GE网口)网关
		跳转机 IP	跳转机账号	跳转机密码	BMC IP	BMC账号	BMC密码		
202[illegible]	202[illegible]	112.93.[illegible]	[illegible]01	[illegible]r*8P	170.70.[illegible]	[illegible]01	[illegible]	172.170.[illegible]	172.170.[illegible]

图 4-9 环境信息

(2) 设备借用协议：借用设备要遵循的规则。

(3) 华为计算开放实验室环境登录指导书：关于如何使用服务器资源的说明，说明中会给出一步步的操作指导，需结合华为计算开放实验室环境信息表使用。

鲲鹏服务器是比较紧缺的资源，如果连续 3 天没有登录服务器，有可能会被收回。在服务器到期 7 天前，系统会给申请者发邮件提醒，华为接口人也会通过电话通知，申请者可以根据需要申请延长使用时间。

4.1.4 华为云获取

7min

通过华为计算开放实验室申请鲲鹏资源，过程有点复杂，周期比较长，而且资源有限，如果申请裸金属服务器，有可能通不过，或者需要等待一段时间。

所以，最好的办法，还是通过华为云来申请免费的鲲鹏服务器或者直接在华为云购买鲲鹏服务器。

1. 注册华为云账号

步骤 1：进入华为云官网：https://www.huaweicloud.com/，单击“注册”按钮，如图 4-10 所示。

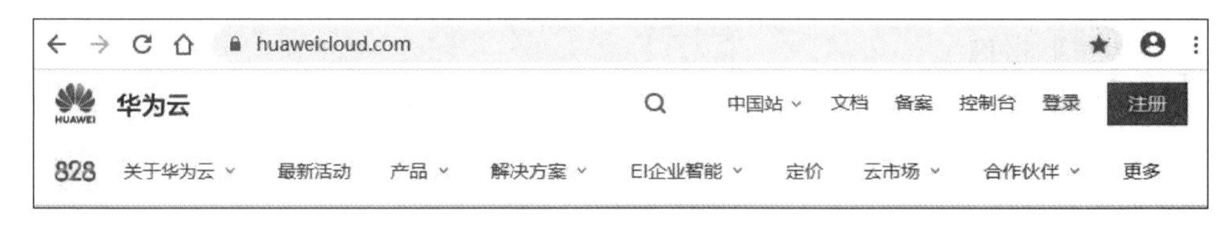

图 4-10 华为云官网

步骤 2：在注册页面输入手机号和验证码、密码信息，如图 4-11 所示。

步骤 3：单击“同意协议并注册”按钮后，会要求通过微信扫描二维码进行实名认证，按照要求操作，几分钟后就可以完成实名认证。

2. 申请免费鲲鹏服务器

步骤 1：进入华为云官网，如图 4-10 所示，单击“登录”按钮，转到账号登录页面，如图 4-12 所示。

图 4-11 注册华为云账号

图 4-12 登录华为云

步骤 2：输入用户名和密码，单击“登录”按钮，登录成功后可以在网站右上角看到自己的用户名，如图 4-13 所示。

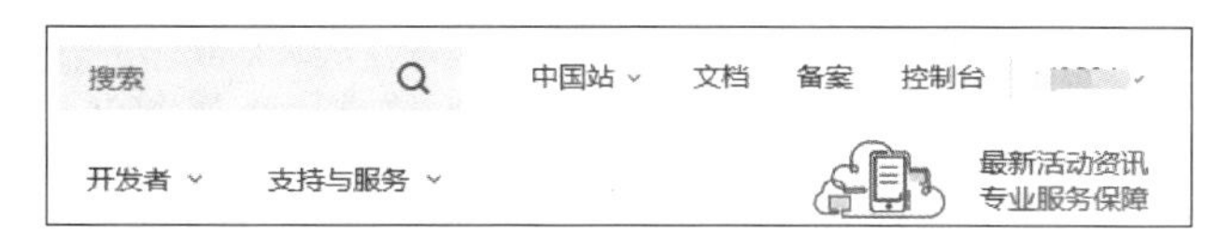

图 4-13 登录成功

步骤 3：进入开发者免费试用专区，在网址栏输入如下的网址：https://activity.huaweicloud.com/free_test/index.html，在云服务器区域单击“2 核 4G 鲲鹏弹性云服务器 KC1”前的单选框，确保选中，然后单击右侧的“免费领取(数量有限)”按钮，如图 4-14 所示。

图 4-14 选择鲲鹏服务器

步骤 4：在服务器配置页面输入配置信息，如图 4-15 所示。

需要特别注意的是选择哪种云服务器镜像，我们一般选择 CentOS 的 CentOS 7.6 64bit with ARM 版本的镜像。填写完毕，单击“立即购买”按钮。

步骤 5：在订单支付成功页面单击“返回云服务器控制台”按钮，如图 4-16 所示。

系统盘 高IO 40 GB

数据盘 高IO 100 GB

IP类型 全动态BGP

带宽大小 2 Mbit/s

* VPC default_vpc 创建VPC

* 子网 default-subnet

* 安全组 Sys-default 创建安全组

规格 2vCPU|4GB

* 云服务器镜像 公共镜像

CentOS CentOS 7.6 64bit with ARM(40GB)

* 登录方式 创建后设置 密码

用户名 root

* 密码 •••••••••

* 确认密码 •••••••••

购买量

购买时长 15天

配置费用 ¥0.00 省:¥119.50 立即购买

图 4-15 鲲鹏服务器配置

图 4-16 订单支付成功

步骤6：在资源页面单击“弹性云服务器ECS”，如图4-17所示。

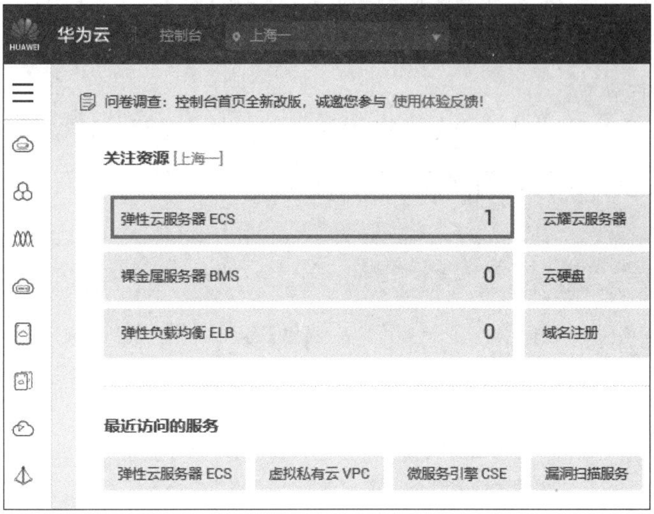

图4-17 资源页面

步骤7：在刚刚创建的弹性云服务器页面，记录下IP地址列的第一个IP地址，也就是后面有“（弹性公网）”字样的IP地址，这个就是服务器的外网IP，如图4-18所示。

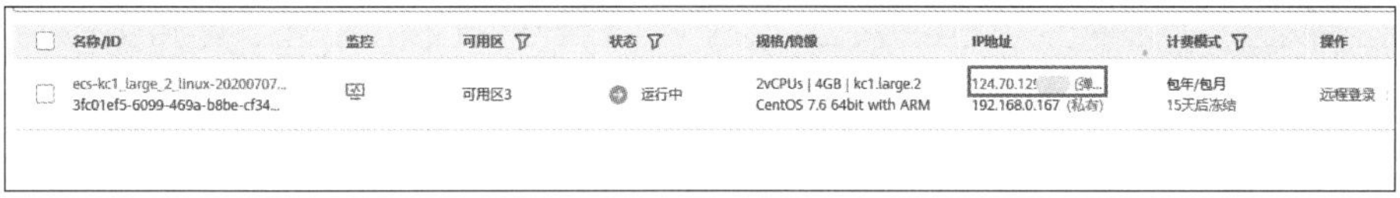

图4-18 ECS服务器信息

这样就创建好了一个免费的鲲鹏云服务器，这个服务器是2核4GB，可以使用15天。如果用企业的身份去申请，可以申请4核8GB的鲲鹏服务器，而且可以免费使用30天，如图4-19所示。

图4-19 企业可申请的服务器

3. 购买华为云服务器

免费的鲲鹏弹性云服务器有名额限制，如果申请不到，可以直接购买弹性云服务器，步骤如下：

步骤 1：登录华为云。

步骤 2：选择“产品”→“基础服务”→“弹性云服务器 ECS”，如图 4-20 所示。

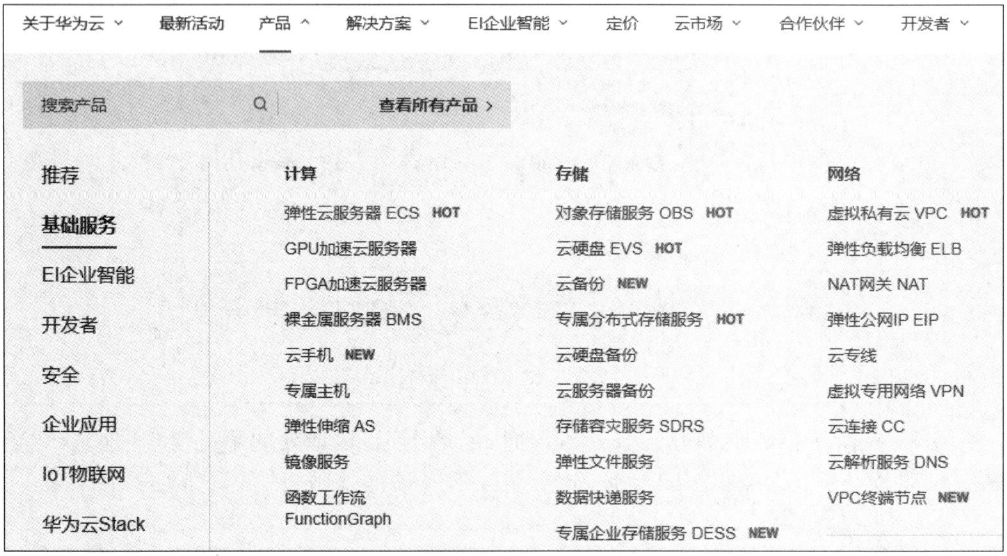

关于华为云 最新活动 产品 解决方案 EI企业智能 定价 云市场 合作伙伴 开发者

搜索产品 查看所有产品 >

推荐
基础服务
EI企业智能
开发者
安全
企业应用
IoT物联网
华为云Stack

计算
弹性云服务器 ECS HOT
GPU加速云服务器
FPGA加速云服务器
裸金属服务器 BMS
云手机 NEW
专属主机
弹性伸缩 AS
镜像服务
函数工作流 FunctionGraph

存储
对象存储服务 OBS HOT
云硬盘 EVS HOT
云备份 NEW
专属分布式存储服务 HOT
云硬盘备份
云服务器备份
存储容灾服务 SDRS
弹性文件服务
数据快递服务
专属企业存储服务 DESS NEW

网络
虚拟私有云 VPC HOT
弹性负载均衡 ELB
NAT网关 NAT
弹性公网IP EIP
云专线
虚拟专用网络 VPN
云连接 CC
云解析服务 DNS
VPC终端节点 NEW

图 4-20 选择弹性云服务器 ECS

步骤 3：在弹性云服务器页面单击“立即购买”按钮，如图 4-21 所示。

图 4-21 购买弹性云服务器

步骤 4：在弹性云服务器配置页面选择需要的规格，如图 4-22 所示。

图 4-22　弹性云服务器规格

计费模式有 3 种选项，其中包年包月是预付费的，适合长期使用；按需计费是根据实际使用时长后付费的，适合短时间使用；竞价计算类似按需计费模式，也是按照时长后付费的，可以提供更低的价格，价格会随着市场价格变化而变化。区域选项可以选择和自己物理位置较近的区域，这样可以获得更快的速度，但是，相同的配置在不同的区域价格有所变化，可根据需要灵活选择。CPU 架构选项可以选择 x86 计算或者鲲鹏计算，因为要购买的是鲲鹏的服务器，这里就只能选择鲲鹏计算。规格选项较多，根据实际需求选择即可。

步骤 5：向下拖动页面的滚动条，继续选择镜像和系统盘，如果需要，也可以添加数据盘，选择好后单击“下一步：网络配置”按钮，如图 4-23 所示。

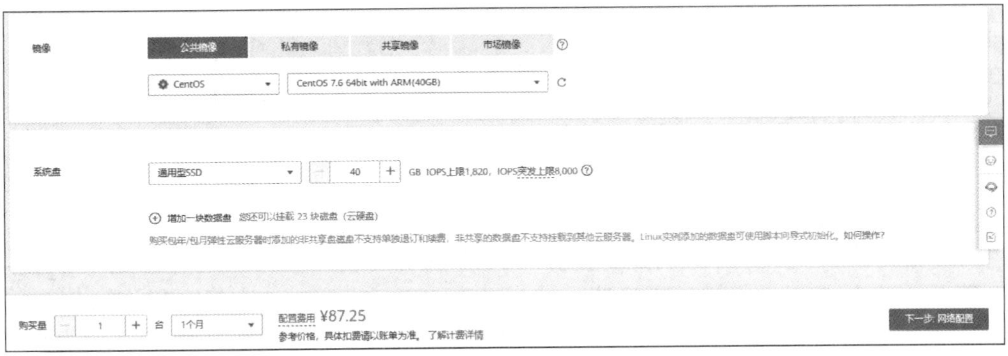

图 4-23　弹性云服务器镜像和系统盘

步骤 6：在网络配置页面，需要注意的是弹性公网 IP，需要选择“现在购买”，这样购买成功后就可以远程管理服务器了。公网带宽有 3 种选项，常用的是前两种，如果长期使用建议选择按带宽计费，如果短期使用，或者流量较小，可以选择按流量计费，其他的选项根据需要选择，然后单击“下一步：高级配置”按钮，如图 4-24 所示。

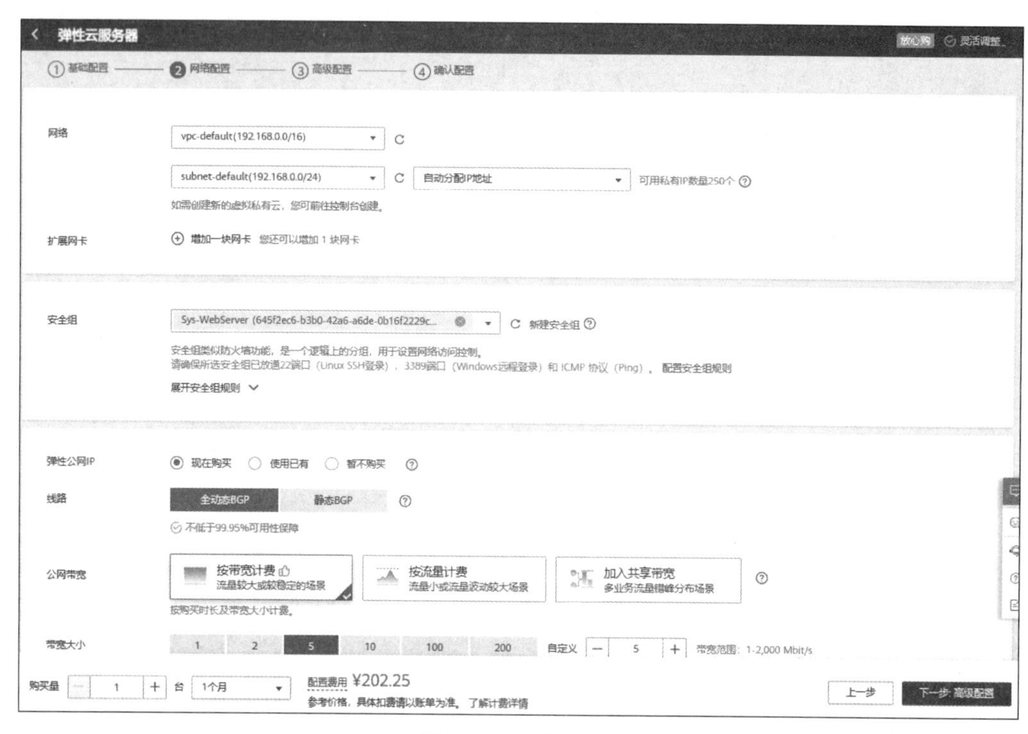

图 4-24 网络配置

步骤 7：在高级配置页面里，注意记住密码。在云服务器组的选择上，如果希望这个新服务器和其他服务器之间快速访问，就不要选择“反亲和性”；如果希望新服务器和其他服务器是互相备份的关系，就要选择“反亲和性”，这样新服务器和已有的服务器就不会在一台主机上创建，而是尽可能分散到不同的主机上，从而提高业务可靠性，随后单击“下一步：确认配置”按钮，如图 4-25 所示。

步骤 8：在确认配置页面，重新检查一遍服务器配置信息，以及选择购买时长和数量，然后单击“立即购买”按钮，如图 4-26 所示。

步骤 9：在支付页面完成订单支付，这样就成功购买了鲲鹏云服务器。

4. 其他购买方式

除了上述获取方式，华为云还为学生开发者和职业开发者提供了特惠套餐服务，可以用超低的价格获取鲲鹏服务器资源，也可以通过这种方式购买，具体可以到华为云官网查看。

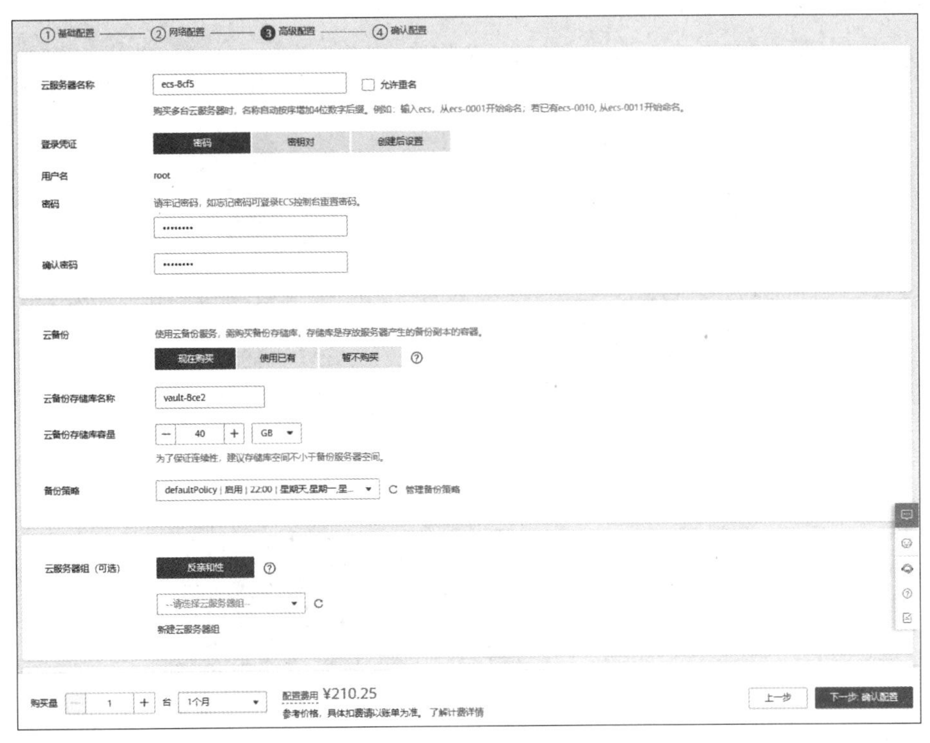

图 4-25　高级配置

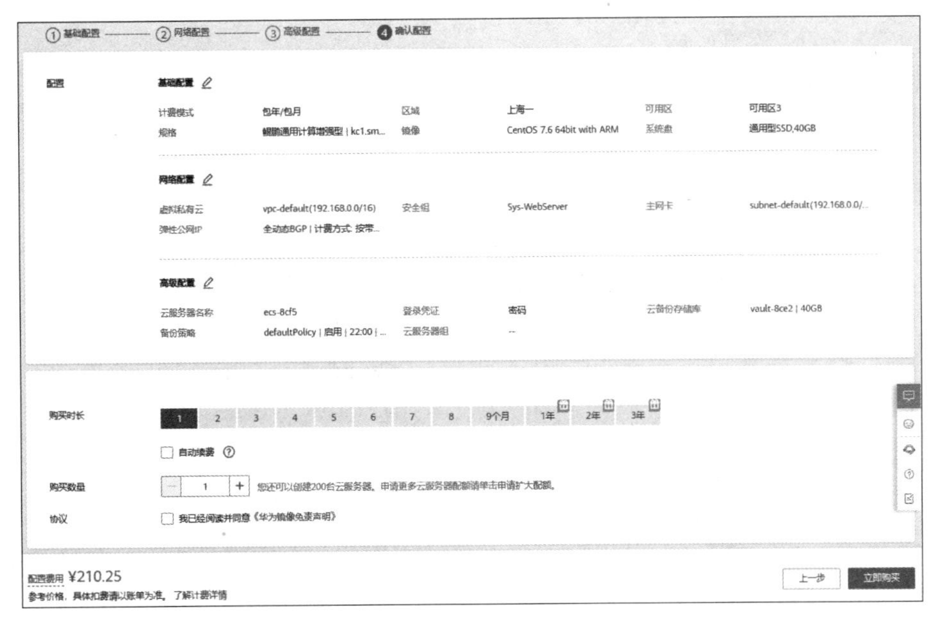

图 4-26　确认配置

8min

4.2 软件环境

4.2.1 登录鲲鹏服务器

通过上述方式获取的鲲鹏架构资源，基本需要远程登录，远程登录的工具比较多，这里使用免费的 Xshell 软件来执行远程登录。

步骤 1：打开 Xshell 软件，单击“文件”菜单的“新建”菜单项，如图 4-27 所示。

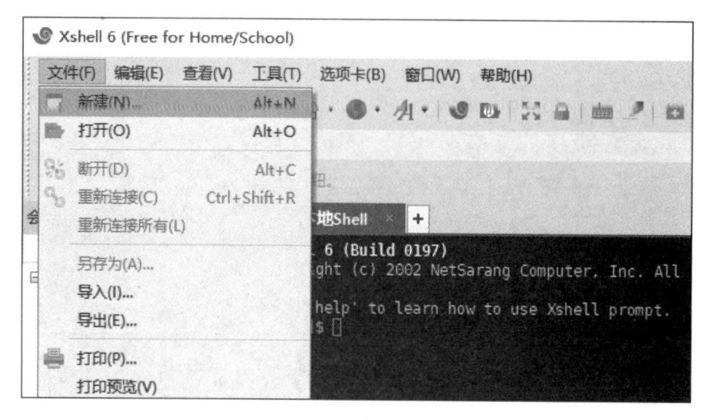

图 4-27 Xshell 6 菜单

步骤 2：在弹出的新建会话窗口里输入服务器信息，如图 4-28 所示。

图 4-28 服务器信息

名称可以任意输入，一般输入云服务器的用途，例如“鲲鹏测试”，主机输入云服务器的公网 IP 地址，对于华为云鲲鹏服务器来说，就是弹性公网 IP 地址，其他的信息采用默认即可。

步骤 3：单击左侧“连接”节点下的“用户身份验证”，选择 Password 方式，输入用户名和密码，单击“确定”按钮，如图 4-29 所示。

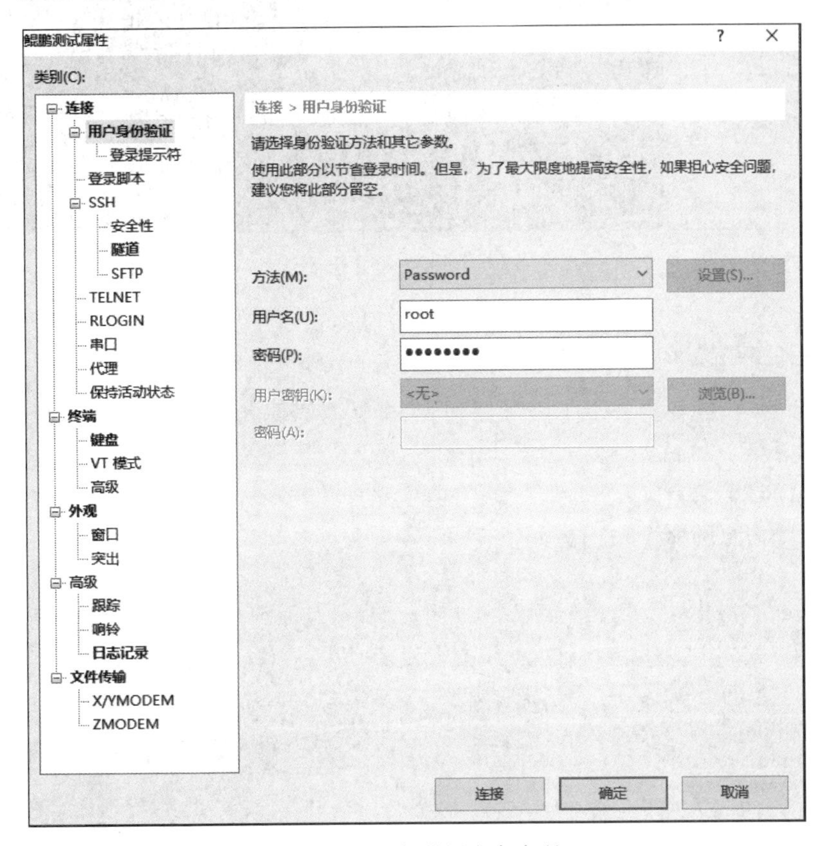

图 4-29 服务器用户名密码

为了方便演示，以后的用户基本直接使用 root 用户，但在实际生产环境，最好不使用 root，而应该根据需要创建权限受限的用户。

步骤 4：在会话管理器区域双击刚刚创建的会话，就可以自动登录云服务器了，如图 4-30 所示。

注意： 从华为计算开放实验室申请的裸金属服务器可能不直接提供公网 IP，取而代之的是提供一个带公网 IP 的跳板机，可以从本地远程登录跳板机，然后在跳板机上登录裸金属服务器，具体的操作步骤参考计算开放实验室提供的登录指导书。

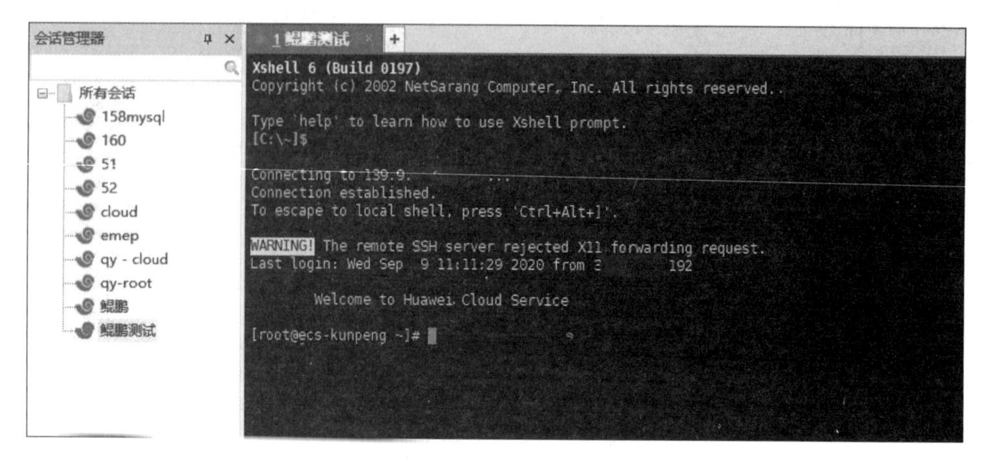

图 4-30　登录服务器

4.2.2　检查服务器配置

登录服务器后，需要检查一下服务器配置，确认是否是鲲鹏架构的服务器，同时查看操作系统的版本。

1. 检查 CPU 信息

查看 CPU 信息的命令及回显如下：

```
[root@ecs-kunpeng ~]# lscpu
Architecture:            aarch64
Byte Order:              Little Endian
CPU(s):                  4
On-line CPU(s) list:     0-3
Thread(s) per core:      1
Core(s) per socket:      4
Socket(s):               1
NUMA node(s):            1
Model:                   0
CPU max MHz:             2400.0000
CPU min MHz:             2400.0000
BogoMIPS:                200.00
L1d cache:               64K
L1i cache:               64K
L2 cache:                512K
L3 cache:                32768K
NUMA node0 CPU(s):       0-3
Flags:                   fp asimd evtstrm aes pmull sha1 sha2 crc32 atomics fphp asimdhp cpuid
asimdrdm jscvt fcma dcpop asimddp asimdfhm
```

可以看到回显中有架构(Architecture)这一项，对应的值是 aarch64，表示是 ARMv8 架构的处理器，如果是 x86 架构的服务器，该项是 x86_64。

2. 检查操作系统信息

查看操作系统内核信息及发行版版本信息的命令及回显如下：

```
[root@ecs-kunpeng ~]# uname -a
Linux ecs-kunpeng 4.18.0-80.7.2.el7.aarch64 #1 SMP Thu Sep 12 16:13:20 UTC 2019 aarch64
aarch64 aarch64 GNU/Linux
[root@ecs-kunpeng ~]# cat /etc/redhat-release
CentOS Linux release 7.6.1810 (AltArch)
```

通过该回显可以得到操作系统的各种信息，包括架构、内核版本、发行版版本等。

4.2.3 安装标准 C 开发环境

安装标准的 C 开发环境比较简单，在 CentOS 环境下，可以一次性安装完毕，命令如下：

```
yum groupinstall  -y Development Tools
```

安装成功后的反馈如下：

```
Installed:
  autoconf.noarch 0:2.69-11.el7                          automake.noarch
0:1.13.4-3.el7
  bison.aarch64 0:3.0.4-2.el7                            byacc.aarch64
0:1.9.20130304-3.el7
  cscope.aarch64 0:15.8-10.el7                           ctags.aarch64
0:5.8-13.el7
  diffstat.aarch64 0:1.57-4.el7                          doxygen.aarch64
1:1.8.5-4.el7
  elfutils.aarch64 0:0.176-5.el7                         flex.aarch64
0:2.5.37-6.el7
  gcc-gfortran.aarch64 0:4.8.5-44.el7                    indent.aarch64
0:2.2.11-13.el7
  intltool.noarch 0:0.50.2-7.el7                         libtool.aarch64
0:2.4.2-22.el7_3
  patchutils.aarch64 0:0.3.3-4.el7                       rcs.aarch64
0:5.9.0-7.el7
  redhat-rpm-config.noarch 0:9.1.0-88.el7.centos         rpm-build.aarch64
0:4.11.3-45.el7
  rpm-sign.aarch64 0:4.11.3-45.el7                       swig.aarch64
0:2.0.10-5.el7
  systemtap.aarch64 0:4.0-13.el7

Dependency Installed:
  dwz.aarch64 0:0.11-3.el7                           emacs-filesystem.noarch
```

```
1:24.3-23.el7
  gdb.aarch64 0:7.6.1-120.el7                      gettext-common-devel.noarch
0:0.19.8.1-3.el7
  gettext-devel.aarch64 0:0.19.8.1-3.el7           Kernel-debug-devel.aarch64
0:4.18.0-193.28.1.el7
  libgfortran.aarch64 0:4.8.5-44.el7               perl-Data-Dumper.aarch64
0:2.145-3.el7
  perl-Test-Harness.noarch 0:3.28-3.el7            perl-Thread-Queue.noarch
0:3.02-2.el7
  perl-XML-Parser.aarch64 0:2.41-10.el7            perl-srpm-macros.noarch
0:1-8.el7
  python-srpm-macros.noarch 0:3-34.el7             systemtap-client.aarch64
0:4.0-13.el7
  systemtap-devel.aarch64 0:4.0-13.el7             systemtap-RunTime.aarch64
0:4.0-13.el7
  zip.aarch64 0:3.0-11.el7

Dependency Updated:
  cpp.aarch64 0:4.8.5-44.el7                       elfutils-libelf.aarch64
0:0.176-5.el7
  elfutils-libs.aarch64 0:0.176-5.el7              gcc.aarch64
0:4.8.5-44.el7
  gcc-c++.aarch64 0:4.8.5-44.el7                   gettext.aarch64
0:0.19.8.1-3.el7
  gettext-libs.aarch64 0:0.19.8.1-3.el7            libgcc.aarch64
0:4.8.5-44.el7
  libgomp.aarch64 0:4.8.5-44.el7                   libstdc++.aarch64
0:4.8.5-44.el7
  libstdc++-devel.aarch64 0:4.8.5-44.el7           rpm.aarch64
0:4.11.3-45.el7
  rpm-build-libs.aarch64 0:4.11.3-45.el7           rpm-libs.aarch64
0:4.11.3-45.el7
  rpm-python.aarch64 0:4.11.3-45.el7

Complete!
```

很多时候,鲲鹏云服务器本身已经安装好了标准C的开发环境,这样就不用再安装了。要查看系统已经安装的aarch64-gcc版本信息,命令及回显如下:

```
[root@ecs-kunpeng ~]# aarch64-redhat-Linux-gcc -v
Using built-in specs.
COLLECT_GCC=aarch64-redhat-Linux-gcc
COLLECT_LTO_WRAPPER=/usr/libexec/gcc/aarch64-redhat-Linux/4.8.5/lto-wrapper
Target: aarch64-redhat-Linux
```

```
Configured with: ../configure --prefix=/usr --mandir=/usr/share/man --infodir=/usr/share/info --with-bugURL=http://bugzilla.redhat.com/bugzilla --enable-bootstrap --enable-shared --enable-threads=posix --enable-checking=release --with-system-zlib --enable-__cxa_atexit --disable-libunwind-exceptions --enable-gnu-unique-object --enable-linker-build-id --with-linker-hash-style=gnu --enable-languages=c,c++,objc,obj-c++,java,fortran,ada,lto --enable-plugin --enable-initfini-array --disable-libgcj --with-isl=/builddir/build/BUILD/gcc-4.8.5-20150702/obj-aarch64-redhat-Linux/isl-install --with-cloog=/builddir/build/BUILD/gcc-4.8.5-20150702/obj-aarch64-redhat-Linux/cloog-install --enable-gnu-indirect-function --build=aarch64-redhat-Linux
Thread model: posix
gcc version 4.8.5 20150623 (Red Hat 4.8.5-44) (GCC)
```

在回显里可以看到安装的版本信息及配置信息。

4.2.4 第1个鲲鹏程序

安装成功C开发环境后，写第1个最简单的鲲鹏架构下的程序。

步骤1：创建代码存储文件夹/data/code，并进入该文件夹，命令如下：

```
mkdir /data/code/
cd /data/code/
```

步骤2：创建文件kunpeng.c，命令如下：

```
vim kunpeng.c
```

步骤3：按i键进入编辑模式，然后保存并退出，代码如下：

```
//Chapter4/kunpeng.c
#include <stdio.h>
int main(void)
{
printf("hello kunpeng!\n");
return 0;
}
```

编辑页面效果如图4-31所示。

```
#include <stdio.h>
int main(void)
{
printf("hello kunpeng!\n");
return 0;
}
```

图4-31　kunpeng.c代码

步骤4：编译程序，命令如下：

```
aarch64-redhat-Linux-gcc -o kunpeng kunpeng.c
```

这里使用gcc的-o选项指定输出文件为kunpeng。

步骤 5：运行编译后的程序，命令如下：

```
./kunpeng
```

程序执行效果如图 4-32 所示。

```
[root@ecs-kunpeng code]# aarch64-redhat-linux-gcc -o kunpeng kunpeng.c
[root@ecs-kunpeng code]# ./kunpeng
hello kunpeng!
[root@ecs-kunpeng code]# 
```

图 4-32 运行效果

可以看到已经输出了期望的内容，至此，第 1 个最简单的鲲鹏程序就执行成功了。

第5章

鲲鹏应用迁移

5.1 应用迁移的原因

5.1.1 不同架构下程序执行对比

通过一个简单的C程序，演示一下在不同架构下编译运行的对比，要对比的环境如表5-1所示。

表5-1 运行环境对比

方式	编译环境	运行环境
方式1	x86	x86
方式2	Kunpeng	Kunpeng
方式3	x86	Kunpeng
方式4	Kunpeng	x86

1. 方式1

步骤1：准备好x86架构的运行环境，安装CentOS操作系统，并且安装好标准C开发环境，具体的步骤可以参考4.2节准备软件环境的内容，注意CPU架构选择x86架构。

步骤2：创建/data/code/文件夹，然后创建x86_demo.c，命令如下：

```
mkdir /data/code/
cd /data/code/
vim x86_demo.c
```

步骤3：按i键进入编辑模式，输入代码，然后保存并退出，代码如下：

```
//Chapter5/x86_demo.c

int main(void)
{
    int a = 1;
```

```
    int b = 2;
    int c = 0;
    c = a + b;
    return c;
}
```

步骤4：编译x86_demo.c，生成编译后的文件x86_demo，命令如下：

```
gcc -g -o x86_demo x86_demo.c
```

注意：这里使用了gcc的-g选项，使用该选项在编译时会额外执行如下的操作：

（1）创建符号表，符号表包含了程序中使用的变量名称的列表。

（2）关闭所有的优化机制，以便程序执行过程中严格按照原来的C代码进行。

这样，在后续的反编译的时候，可以用汇编代码和C源代码进行对比，便于理解汇编后的代码。

步骤5：运行x86_demo，命令如下：

```
./x86_demo
```

因为这个演示程序没有输出，所以运行x86_demo也没有回显。

2. 方式2

步骤1：准备鲲鹏架构的C开发环境，参考4.2节准备软件环境的内容。

步骤2：创建/data/code/文件夹，然后创建kunpeng_demo.c，命令如下：

```
mkdir /data/code/
cd /data/code/
vim kunpeng_demo.c
```

步骤3：按i键进入编辑模式，输入代码，然后保存并退出，代码如下：

```
//Chapter5/kunpeng_demo.c
int main(void)
{
    int a = 1;
    int b = 2;
    int c = 0;
    c = a + b;
    return c;
}
```

步骤4：编译kunpeng_demo.c，生成编译后的文件kunpeng_demo，命令如下：

```
aarch64-redhat-Linux-gcc -g -o kunpeng_demo kunpeng_demo.c
```

步骤 5：运行 kunpeng_demo，命令如下：

```
./kunpeng_demo
```

同样没有回显。

3. 方式 3

步骤 1：登录鲲鹏架构服务器

步骤 2：从 x86 服务器复制编译好的 x86_demo 到本地，命令如下：

```
scp root@192.168.0.208:/data/code/x86_demo /data/code/
```

需要根据服务器的实际情况修改 x86 服务器的用户名和 IP。

步骤 3：运行 x86_demo，命令如下：

```
./x86_demo
```

系统会提示无法运行该文件，如图 5-1 所示。

```
[root@ecs-kunpeng code]# ./x86_demo
-bash: ./x86_demo: cannot execute binary file
[root@ecs-kunpeng code]#
```

图 5-1 鲲鹏架构运行 x86 程序

4. 方式 4

步骤 1：登录 x86 架构服务器

步骤 2：从鲲鹏服务器复制编译好的 kunpeng_demo 到本地，命令如下：

```
scp root@192.168.0.133:/data/code/kunpeng_demo /data/code/
```

需要根据实际情况修改 Kunpeng 服务器的用户名和 IP。

步骤 3：运行 kunpeng_demo，命令如下：

```
./kunpeng_demo
```

系统会提示无法运行该文件，如图 5-2 所示。

```
[root@ecs-x86 code]# ./kunpeng_demo
-bash: ./kunpeng_demo: cannot execute binary file
[root@ecs-x86 code]#
```

图 5-2 x86 架构运行鲲鹏程序

根据上面的4个小实验，可以得出这样的结论，x86架构下编译的C程序无法在鲲鹏架构下直接运行；同样，鲲鹏架构下编译的C程序也无法在x86架构下运行。为什么会这样呢？在5.1.2节进行有针对性的分析。

5.1.2 不同架构下汇编指令分析

8min

1. 鲲鹏架构

针对5.1.1节在鲲鹏架构下编译的程序kunpeng_demo，通过反汇编工具查看它的汇编指令，详细步骤如下：

步骤1：安装反汇编工具objdump。objdump在工具包binutils中，可以通过yum安装该工具包，命令如下：

```
yum install -y binutils
```

步骤2：反编译kunpeng_demo，命令及回显如下（因为反编译后的汇编代码太多，这里只保留与main方法相关的汇编代码）：

```
[root@ecs-kunpeng code]# objdump -S kunpeng_demo

kunpeng_demo: file format elf64-littleaarch64
//此处省略几百行代码…
...

00000000004005b0 <main>:
int main(void)
{
  4005b0:    d10043ff        sub    sp, sp, #0x10
    int a = 1;
  4005b4:    52800020        mov    w0, #0x1                //#1
  4005b8:    b9000fe0        str    w0, [sp, #12]
    int b = 2;
  4005bc:    52800040        mov    w0, #0x2                //#2
  4005c0:    b9000be0        str    w0, [sp, #8]
    int c = 0;
  4005c4:    b90007ff        str    wzr, [sp, #4]
    c = a + b;
  4005c8:    b9400fe1        ldr    w1, [sp, #12]
  4005cc:    b9400be0        ldr    w0, [sp, #8]
  4005d0:    0b000020        add    w0, w1, w0
  4005d4:    b90007e0        str    w0, [sp, #4]
    return c;
  4005d8:    b94007e0        ldr    w0, [sp, #4]
}
  4005dc:    910043ff        add    sp, sp, #0x10
  4005e0:    d65f03c0        ret
//此处省略几百行代码…
```

这样，就得到了C语言代码对应的汇编代码。

下面对main函数的代码逐行分析，同时对鲲鹏架构指令和寄存器进行简单介绍。

1) sub sp, sp, #0x10

sp寄存器保持栈顶位置，这里向下扩展了16字节，这16字节可以用来给后面的变量分配内存空间，栈默认最小扩展空间是16字节，每次扩展空间是16字节的整数倍。

2) mov w0, #0x1

把操作数1赋值给寄存器w0。

3) str w0, [sp,#12]

把w0寄存器的值传送到栈顶开始的第12字节对应的内存中。也就是给变量a赋值。

4) mov w0, #0x2

把操作数2赋值给寄存器w0。

5) str w0, [sp,#8]

把w0寄存器的值传送到栈顶开始的第8字节对应的内存中，也就是给变量b赋值。

6) str wzr, [sp,#4]

把零寄存器的值传送到栈顶开始的第4字节对应的内存中，也就是给变量c赋值。零寄存器的值总是0。

7) ldr w1, [sp,#12]

把栈顶开始的第12字节对应的内存数据传送给w1寄存器，也就是把变量a读到寄存器w1。

8) ldr w0, [sp,#8]

同上，把变量b读到寄存器w0。

9) add w0, w1, w0

把w0和w1相加，存到w0寄存器中。

10) str w0, [sp,#4]

把寄存器w0的值写到变量c中。

11) ldr w0, [sp,#4]

把变量c中的值写回寄存器w0，w0用来作为返回值寄存器。

12) add sp, sp, #0x10

恢复栈空间，释放内存。

注意：这里使用了objdump的-S选项，该选项将代码段反汇编的同时，将反汇编代码和源代码交替显示。该选项需要gcc在编译时使用-g的选项。

2. x86架构

针对5.1.1节在x86架构下编译的程序x86_demo，通过反汇编工具查看它的汇编指令，详细步骤如下：

步骤1：安装反汇编工具objdump。objdump在工具包binutils中，可以通过yum安装该工具包，命令如下：

```
yum install -y binutils
```

步骤2：反编译x86_demo，命令及回显如下（只保留与main方法相关的汇编代码）：

```
[root@ecs-x86 code]#objdump -S x86_demo

x86_demo: file format elf64-x86-64
//此处省略几百行代码…
00000000004004ed <main>:
int main(void)
{
  4004ed:    55                      push    %rbp
  4004ee:    48 89 e5                mov     %rsp,%rbp
    int a = 1;
  4004f1:    c7 45 fc 01 00 00 00    movl $0x1,-0x4(%rbp)
    int b = 2;
  4004f8:    c7 45 f8 02 00 00 00    movl $0x2,-0x8(%rbp)
    int c = 0;
  4004ff:    c7 45 f4 00 00 00 00    movl $0x0,-0xc(%rbp)
    c = a + b;
  400506:    8b 45 f8                mov     -0x8(%rbp),%eax
  400509:    8b 55 fc                mov     -0x4(%rbp),%edx
  40050c:    01 d0                   add     %edx,%eax
  40050e:    89 45 f4                mov     %eax,-0xc(%rbp)
    return c;
  400511:    8b 45 f4                mov -0xc(%rbp),%eax
}
  400514:    5d                      pop     %rbp
  400515:    c3                      retq
  400516:    66 2e 0f 1f 84 00 00    nopw    %cs:0x0(%rax,%rax,1)
  40051d:    00 00 00
//此处省略几百行代码
```

对main函数的每行代码简要解释如下：

1） push　%rbp

将调用函数的栈帧栈底地址入栈，即将bp寄存器的值压入调用栈中。

2） mov　%rsp,%rbp

建立新的栈帧，将main函数的栈帧栈底地址放入bp寄存器中。sp和bp是两个指针寄存器，一般的函数调用都会使用上述两个指令。

3）movl　$0x1,-0x4(%rbp)

把 1 传送给变量 a(整型变量占用 4 字节,所以这里是-0x4)。

4）movl　$0x2,-0x8(%rbp)

把 2 传送给变量 b。

5）movl　$0x0,-0xc(%rbp)

把 0 传送给变量 c。

6）mov　-0x8(%rbp),%eax

把变量 b 的值传送给 eax 寄存器。

7）mov　-0x4(%rbp),%edx

把变量 a 的值传送给 edx 寄存器。

8）add　%edx,%eax

edx 和 eax 寄存器相加并存入 eax 寄存器。

9）mov　%eax,-0xc(%rbp)

把 eax 寄存器的值传送给变量 c。

10）mov　-0xc(%rbp),%eax

把变量 c 的值传送给寄存器 eax,eax 作为返回值寄存器。

11）pop　%rbp

恢复上一栈帧的 bp。

5.1.3　应用需要迁移的原因

1. 汇编代码角度

从 5.1.2 节的汇编代码分析可以看出来,同样的 C 语言代码,在编译成不同架构下的程序后,得到的汇编代码是不同的,这些不同点主要体现在以下 3 个方面:

1）处理器指令

以简单的给变量赋值操作为例:

(1) 鲲鹏架构。

首先使用 mov 指令把操作数传送给寄存器,然后使用 ldr 指令把寄存器的值传送到内存。

(2) x86 架构。

直接使用 movl 指令把操作数传送到内存。

鲲鹏架构和 x86 架构在具体的处理器指令设计上,是有重大区别的,同样的功能,两个架构的处理器指令实现的方式可能不一样。

2）寄存器

这一点也比较明显,两个架构下的寄存器不管是数量还是功能都有所不同。

(1) 鲲鹏架构。

ARM 64 有 34 个寄存器,其中编号 x0～x29 是通用寄存器,x30 为程序链接寄存器,

x31 比较特殊,它有时候用作 xzr 零寄存器,有时候是栈指针寄存器 sp,两者不能在一条指令里共存,另外两个寄存器是程序计数器 PC、状态寄存器 CPSR。

ARM 64 寄存器 x0~x30 及 xzr 零寄存器都是 64 位的,它们的低 32 位构成了 32 位寄存器,分别用 w0~w30 表示,用 wzr 表示 32 位下的零寄存器。

除此之外,ARM 64 还有浮点寄存器和向量寄存器,此处就不详细介绍了。

(2) x86-64 架构。

x86-64 架构下有 16 个 64 位的通用寄存器,这些寄存器支持访问低位,例如访问低 8 位、低 16 位、低 32 位。

16 个寄存器的名称和用途如表 5-2 所示。

表 5-2 x86-64 寄存器用途

63~0 位	31~0 位	15~0 位	7~0 位	用途
%rax	%eax	%ax	%al	返回值
%rbx	%ebx	%bx	%bl	被调用者保存
%rcx	%ecx	%cx	%cl	第 4 个参数
%rdx	%edx	%dx	%dl	第 3 个参数
%rsi	%esi	%si	%sil	第 2 个参数
%rdi	%edi	%di	%dil	第 1 个参数
%rbp	%ebp	%bp	%bpl	被调用者保存
%rsp	%esp	%sp	%spl	栈指针
%r8	%r8d	%r8w	%r8b	第 5 个参数
%r9	%r9d	%r9w	%r9b	第 6 个参数
%r10	%r10d	%r10w	%r10b	调用者保存
%r11	%r11d	%r11w	%r11b	调用者保存
%r12	%r12d	%r12w	%r12b	被调用者保存
%r13	%r13d	%r13w	%r13b	被调用者保存
%r14	%r14d	%r14w	%r14b	被调用者保存
%r15	%r15d	%r15w	%r15b	被调用者保存

3) 指令长度

x86 下指令的长度是不一样的,短的只有 1 字节,而长的却有 15 字节,给寻址带来了一定的不便。

鲲鹏架构指令长度为固定的 32 位(ARM 工作状态),寻址方便,效率较高。

2. 计算技术栈角度

对于常用的使用高级语言编写的应用,计算技术栈一般分为两类,一类是编译型语言,另一类是解释型语言,这两种技术栈的示意图如图 5-3 所示。

1) 编译型语言

编译型语言的代表是 C/C++等语言,使用编译型语言编写的源代码经过一系列的编译过程,最终才能生成可执行程序,大体流程如图 5-4 所示。

图 5-3　技术栈示意图

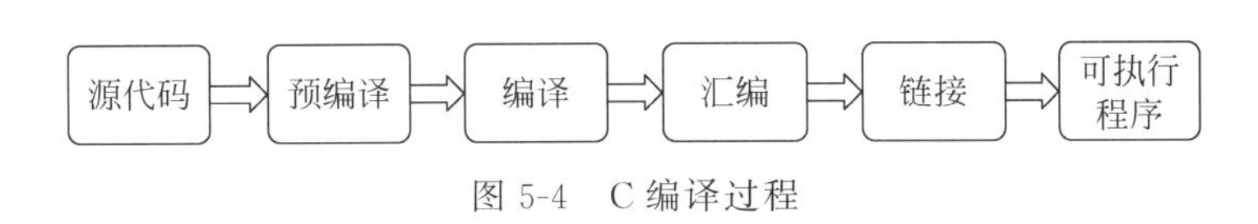

图 5-4　C 编译过程

因为不同架构下指令集不同，导致依赖于指令集的二进制机器码、汇编语言都不同，所以同一段程序，在不同的架构下，需要最终编译成和架构相适应的二进制机器码。这也就解释了 5.1 节最后两个实验不能成功的原因，毕竟架构不同，在特定架构下编译的二进制机器码，它需要执行的指令在另一个架构下根本就不存在。

2）解释型语言

解释型语言的代表是 Java/Python 等语言，从图 5-3 可以看出，Java 的源代码会被编译成字节码，字节码运行在 Java 虚拟机 JVM 上，JVM 具有与平台架构无关的指令集，同一段 Java 代码在不同的架构下都可以编译成相同的字节码。JVM 对字节码进行解释，转换为物理 CPU 对应的机器码进行实际执行。因为不同的指令集架构可以适配不同的 JVM 实现，所以 Java 等解释型语言只需编译一次，就可以到处运行，不同架构下的 JVM 屏蔽了指令集之间的差异。

如果一个应用是使用纯 Java 语言编写的，理论上基本可以跨平台运行，但是实际情况比较复杂，有些 Java 应用会引用 so 库文件，这些 so 库文件很有可能是通过编译型语言例如 C 来编写的，这时候就要考虑 so 库文件的移植。

5.2　编译型语言应用移植

根据 5.1 节的介绍，我们知道了采用编译型语言开发的应用在从一个架构迁移到另一个架构时需要移植，那么究竟怎么移植呢？先通过一个简单的 C 程序演示一下通常的移植过程。

5.2.1 移植过程演示

8min

1. x86 架构下运行效果

步骤 1：登录 x86 架构服务器，进入/data/code/文件夹，创建文件 transfer. c，指令如下：

```
cd /data/code/
vi transfer.c
```

步骤 2：在文件 transfer. c 中输入如下代码：

```
//Chapter5/transfer.c
#include <stdio.h>
int main(void)
{
    char a = -1;
    printf("a = %d\n",a);
    return 0;
}
```

这段代码按照预期，应该会打印出 a=－1 来。

步骤 3：编译 transfer. c，指令如下：

```
gcc -o transfer transfer.c
```

步骤 4：执行 transfer，查看输出结果，指令如下：

```
./transfer
```

输出结果如图 5-5 所示。

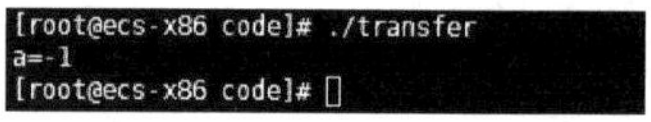

```
[root@ecs-x86 code]# ./transfer
a=-1
[root@ecs-x86 code]# 
```

图 5-5　x86 架构输出结果

可以看出来，打印输出的结果就是希望看到的－1。

2. 鲲鹏架构下运行效果

在鲲鹏架构下同样编译并执行。

步骤 1：登录鲲鹏架构服务器，进入/data/code/文件夹，创建文件 transfer. c，指令如下：

```
cd /data/code/
vi transfer.c
```

步骤 2：在文件 transfer. c 中输入和 x86 架构下一样的代码，代码如下：

```
//Chapter5/transfer.c
#include <stdio.h>
int main(void)
{
    char a = -1;
    printf("a = %d\n",a);
    return 0;
}
```

步骤 3：编译 transfer.c，指令如下：

```
aarch64-redhat-Linux-gcc -o transfer transfer.c
```

步骤 4：执行 transfer，查看输出结果，指令如下：

```
./transfer
```

输出结果如图 5-6 所示。

这个结果和预期的结果不一样，输出的是 255。

```
[root@ecs-kunpeng code]# ./transfer
a=255
[root@ecs-kunpeng code]#
```

图 5-6　鲲鹏架构输出结果

3. 原因分析

−1 的二进制原码是 10000001，它的补码是除了符号外取反加 1，最后补码就是 11111111。在 x86 架构下，char 默认是有符号的，所以打印的时候正常打印−1，但是在鲲鹏架构下 char 默认是无符号的，这个二进制的 11111111 正好就是无符号的 255。

所以，出现这种情况的原因就是 x86 架构和鲲鹏架构对于 char 的默认处理不一样，一个是默认有符号，另一个是默认无符号。

4. 处理方式

对于这种情况，有两种处理方式，一种是修改源代码，把数据类型指定为有符号型，另一种就是在编译时指定参数，把默认无符号型改成默认为有符号型，下面演示说明。

1）修改编译参数

修改编译参数比较简单，只需要在 gcc 后面加入-fsigned-char 编译选项即可，命令如下：

```
aarch64-redhat-Linux-gcc -fsigned-char -o transfer transfer.c
```

需要注意的是，该选项会把源代码中所有的 char 类型变量都当作有符号类型，如果只是更改其中部分 char 变量，这种方式就不合适了。

修改后的执行效果如图 5-7 所示，可以看到得到了期望的输出。

2）修改源代码

修改源代码虽然有点复杂，但灵活性比较高，可以一劳永逸地解决问题，修改方法就是

```
[root@ecs-kunpeng code]# aarch64-redhat-linux-gcc -fsigned-char -o transfer transfer.c
[root@ecs-kunpeng code]# ./transfer
a=-1
[root@ecs-kunpeng code]#
```

图 5-7 鲲鹏架构修改编译参数后的输出结果

把 char 类型改成 signed char 即可。在/data/code/目录下新建 transfer_new.c，然后输入修改后的代码：

```
//Chapter5/transfer_new.c
#include <stdio.h>
int main(void)
{
    signed char a = -1;
    printf("a = %d\n",a);
    return 0;
}
```

编译的时候不用指定编译选项，直接编译即可，最后执行效果如图 5-8 所示，可以看到也得到了期望的输出。

```
[root@ecs-kunpeng data]# aarch64-redhat-linux-gcc -o transfer_new transfer_new.c
[root@ecs-kunpeng data]# ./transfer_new
a=-1
[root@ecs-kunpeng data]#
```

图 5-8 鲲鹏架构下 transfer_new 执行输出结果

5.2.2 移植总结

对于 C/C++为代表的编译型语言来说，移植方法一般包括两种，也就是源代码修改和编译选项修改，有时候使用其中一种方式，有时候两种方式需要同时使用。

1. 源代码修改

对于源代码修改的场景，主要分为以下几种：

1）对内嵌的汇编指令的修改

正如在 5.1 节介绍的那样，x86 架构和鲲鹏在汇编指令上完全不同，对于在编译型语言中内嵌的汇编指令，需要根据目标架构指令集的具体情况进行有针对性更改。

2）char 数据类型的修改

使用 5.2.1 节介绍的方法，把 char 数据类型更改为 signed char。

3）双精度浮点型转整型溢出处理的修改

详细见 5.2.3 节内容。

2. 编译选项修改

1）char 数据类型默认无符号

对于 char 数据类型默认无符号问题，除了上面介绍的直接更改代码方法外，还可以使用修改编译选项来解决，就是在编译时指定-fsigned-char 选项，这一点在 5.2.1 节也演示了。当然，如果是从鲲鹏架构移植到 x86 架构，可以使用-funsigned-char 来保持 char 类型为无符号型。

2）指定编译 64 位应用

在指定应用编译为 64 位时，x86 架构下需要指定编译选项-m64，但是在鲲鹏架构下不支持这个选项，替代的选择是-mabi＝lp64。需要注意的是，不是所有的 gcc 版本都支持-mabi＝lp64 选项，只有在 4.9.4 及以后的版本才支持。

3）目标指令集

在执行编译时，可以指定目标的指令集，使用的是-march 编译选项，该选项可以指定的指令集类型非常多，大概有几十种，但是鲲鹏架构目前只对应一种类型，就是 ARMv8-a，在编译时可以指定编译选项为-march ＝ARMv8-a。

4）编译宏

gcc 预先内置了各种宏定义，这些宏定义有一部分是和架构有关系的，同时，gcc 也支持自定义宏，在代码里，也可以通过宏来对不同的架构做区别处理，例如，同样一段功能，通过宏定义的控制条件来区分不同架构下的实现方式，这样在编译时指定宏定义，就可以在同一个代码文件下适配多种架构。

5.2.3 移植常见问题

在进行实际的代码移植过程中，因为环境的多样性，会遇到多种问题，下面按照源码修改和嵌入式汇编两个类别，分别对可能出现的问题进行分析并给出建议的解决方法，需要特别注意的是，给出的解决方法仅供参考，本书不对实际的使用作任何担保。

1. 源码修改类问题

1）代码中汇编指令需要重写

■ 现象描述：

ARM 的汇编语言与 x86 完全不同，需要重写，涉及使用嵌入汇编的代码，都需要针对 ARM 进行配套修改。

■ 处理步骤：

需要重新实现汇编代码段。

■ 示例：

在 x86 架构下，示例代码如下：

```
static inline long atomic64_add_and_return(long i, atomic64_t * v)
{
    long i = i;
    asm_volatile_(
        "lock ; "
        "xaddq %0, %1;"
        : "=r"(i)
```

```
            : "m"(v->counter), "0"(i));
    return i + __i;
}
static inline void prefetch(void *x)
{
    asm volatile("prefetcht0 %0" ::"m"(*(unsigned long *)x));
}
```

在鲲鹏平台下，使用 gcc 内置函数实现，示例代码如下：

```
static __inline__ long atomic64_add_and_return(long i, atomic64_t *v)
{
    return __sync_add_and_fetch(&((v)->counter), i);
}
#define prefetch(_x) __builtin_prefetch(_x)
```

以__sync_add_and_fetch 为例，编译后其反汇编对应代码如下：

```
<__sync_add_and_fetch>:
ldxr x2, [x0]
add x2, x2, x1
stlxr w3, x2, [x0]
```

2）快速移植内联 SSE/SSE2 应用

■ 现象描述：

部分应用采用了 gcc 封装的用 SSE/SSE2 实现的函数，但是 gcc 目前没有提供对应的鲲鹏平台版本，需要实现对应函数。

■ 处理步骤：

目前已有开源代码实现了部分鲲鹏平台的函数，代码下载网址：https://GitHub.com/open-estuary/sse2neon.git，使用方法如下：

步骤 1：将已下载项目中的 SSE2NEON.h 文件复制到待移植项目中。

步骤 2 ：在源文件中删除如下代码：

```
#include <xmmintrin.h>
#include <emmintrin.h>
```

步骤 3：在源代码中包含头文件 SSE2NEON.h。

3）对结构体中的变量进行原子操作时程序异常 coredump

■ 现象描述：

程序调用原子操作函数对结构体中的变量进行原子操作，程序 coredump，堆栈如下：

```
Program received signal SIGBUS, Bus error.
0x000000000040083c in main () at /root/test/src/main.c:19
19 __sync_add_and_fetch(&a.count, step);
(gdb) disassemble
Dump of assembler code for function main:
0x0000000000400824 <+0>: sub sp, sp, #0x10
0x0000000000400828 <+4>: mov x0, #0x1 //#1
0x000000000040082c <+8>: str x0, [sp, #8]
0x0000000000400830 <+12>: adrp x0, 0x420000 <__libc_start_main@got.plt>
0x0000000000400834 <+16>: add x0, x0, #0x31       //将变量的地址放入 x0 寄存器
0x0000000000400838 <+20>: ldr x1, [sp, #8]        //指定 ldxr 取数据的长度(此处为 8 字节)
=> 0x000000000040083c <+24>: ldxr x2, [x0]        //ldxr 从 x0 寄存器指向的内存地址中取值
0x0000000000400840 <+28>: add x2, x2, x1
0x0000000000400844 <+32>: stlxr w3, x2, [x0]
0x0000000000400848 <+36>: cbnz w3, 0x40083c <main+24>
0x000000000040084c <+40>: dmb ish
0x0000000000400850 <+44>: mov w0, #0x0 //#0
0x0000000000400854 <+48>: add sp, sp, #0x10
0x0000000000400858 <+52>: ret
End of assembler dump.
(gdb) p /x $x0
$4 = 0x420039 //x0 寄存器存放的变量地址不在 8 字节地址对齐处
```

■　问题原因：

鲲鹏平台对变量的原子操作、锁操作等用到了 ldaxr、stlxr 等指令，这些指令要求变量地址必须按变量长度对齐，否则执行指令会触发异常，导致程序 coredump。一般是因为代码中对结构体进行强制字节对齐，导致变量地址不在对齐位置上，对这些变量进行原子操作、锁操作等会触发问题。

■　处理步骤：

代码中搜索#pragma pack 关键字(该宏改变了编译器默认的对齐方式)，找到使用了字节对齐的结构体，如果结构体中变量会被作为原子操作、自旋锁、互斥锁、信号量、读写锁的输入参数，则需要修改代码保证这些变量按变量长度对齐。

4）核数目硬编码

■　问题原因：

鲲鹏服务器相对于 x86 服务器，CPU 核数会有变化，如果模块代码针对处理器核数目硬编码，则会造成无法充分利用系统能力的情况，例如 CPU 核的利用率差异大或者绑核出现跨 numa 的情况。

■　处理步骤：

可以通过搜索代码中的绑核接口(sched_setaffinity)来排查绑核的实现是否存在 CPU 核数硬编码的情况。如果存在，则根据鲲鹏服务器实际核数进行修改，消除硬编码，可通过接口 sysconf(_SC_NPROCESSORS_CONF)获取实际核数再进行绑核。

5）双精度浮点型转整型时数据溢出，与 x86 平台表现不一致

■ 现象描述：

C/C++ 双精度浮点型数转整型数据时，如果超出了整型的取值范围，鲲鹏平台的表现与 x86 平台的表现不同。

```
long aa = (long)0x7FFFFFFFFFFFFFFF;
long bb;
bb = (long)(aa * (double)10); //long -> double -> long
//x86: aa = 9223372036854775807, bb = -9223372036854775808
//arm64:aa = 9223372036854775807, bb = 9223372036854775807
```

■ 问题原因：

在两个平台下，是两套 CPU 架构，其中的算数逻辑单元的实现可能会有差异，操作系统、编译器的实现都会有所不同。x86（指令集）中的浮点到整型的转换指令，定义了一个 indefinite integer value——“不确定数值”（64bit：0x8000000000000000），大多数情况下 x86 平台确实都在遵循这个原则，但是在从 double 向无符号整型转换时，又出现了不同的结果。鲲鹏的处理则非常清晰和简单，在上溢出或下溢出时，保留整型能表示的最大值或最小值，开发者并不会面对不确定或无法预期的结果。

■ 处理步骤：

参考如下数据转换的表格，调整代码中的实现。

double 型数据向 long 转换，如表 5-3 所示。

表 5-3 double 型数据向 long 转换

CPU	double 值	转换为 long 变量保留值	说 明
x86	正值超出 long 范围	0x8000000000000000	indefinite integer value
x86	负值超出 long 范围	0x8000000000000000	indefinite integer value
鲲鹏	正值超出 long 范围	0x7FFFFFFFFFFFFFFF	鲲鹏为 long 变量赋值最大的正数
鲲鹏	负值超出 long 范围	0x8000000000000000	鲲鹏为 long 变量赋值最小的负数

double 型数据向 unsigned long 转换，如表 5-4 所示。

表 5-4 double 型数据向 unsigned long 转换

CPU	double 值	转换为 unsigned long 变量值	说 明
x86	正值超出 long 范围	0x0000000000000000	x86 为 long 变量赋值最小值 0
x86	负值超出 long 范围	0x8000000000000000	indefinite integer value
鲲鹏	正值超出 long 范围	0xFFFFFFFFFFFFFFFF	鲲鹏为 unsigned long 变量赋值最大值
鲲鹏	负值超出 long 范围	0x0000000000000000	鲲鹏为 unsigned long 变量赋值最小值

double 型数据向 int 转换，如表 5-5 所示。

表 5-5 double 型数据向 int 转换

CPU	double 值	转换为 int 变量值	说明
x86	正值超出 int 范围	0x80000000	indefinite integer value
x86	负值超出 int 范围	0x80000000	indefinite integer value
鲲鹏	正值超出 int 范围	0x7FFFFFFF	鲲鹏为 int 变量赋值最大的正数
鲲鹏	负值超出 int 范围	0x80000000	鲲鹏为 int 变量赋值最小的负数

double 型数据向 unsigned int 转换，如表 5-6 所示。

表 5-6 double 型数据向 unsigned int 转换

CPU	double 值	转换为 unsigned int 变量值	说明
x86	正值超出 unsigned int 范围	double 整数部分对 2^32 取余	x86 为 unsigned int 变量赋值最小的负值
x86	负值超出 unsigned int 范围	double 整数部分对 2^32 取余	x86 为 unsigned int 变量赋值最小的负值
鲲鹏	正值超出 unsigned int 范围	0xFFFFFFFF	鲲鹏为 unsigned int 变量赋值最大的正数
鲲鹏	负值超出 unsigned int 范围	0x00000000	鲲鹏为 unsigned int 变量赋值最小的负数

2. 嵌入式汇编类问题

1）替换 x86 pause 汇编指令

■ 现象描述：

编译报错：Error：unknown mnemonic 'pause' -- 'pause'。

■ 问题原因：

pause 指令给处理器提供提示，以提高 spin-wait 循环的性能，需替换为鲲鹏平台的 yield 指令。

■ 处理步骤：

x86 平台实现样例：

```
static inline void PauseCPU()
{
    __asm__ __volatile__("pause"::: "memory");
}
```

鲲鹏平台实现样例：

```
static inline void PauseCPU()
{
    __asm__ __volatile__("yield"::: "memory");
}
```

2）替换 x86 pcmpestri 汇编指令

■ 现象描述：

编译报错 Error：unknown mnemonic 'pcmpestri'-- 'pcmpestri'。

■ 问题原因：

与 pcmpestrm 指令类似，pcmpestri 也是 x86 SSE4 指令集中的指令。根据指令介绍，其用途是根据指定的比较模式，判断字符串 str2 的字节是否在 str1 中出现，返回匹配到的位置索引（首个匹配结果为 0 的位置）。同样，对于该指令，需要彻底了解其功能，通过 C 代码重新实现其功能。

指令介绍：

https://software.intel.com/sites/landingpage/IntrinsicsGuide/#techs=SSE4_2&expand=834

https://docs.microsoft.com/zh-cn/previous-versions/visualstudio/visualstudio-2010/bb531465(v=vs.100)。

■ 处理步骤：

如下代码段是 Impala 中对 pcmpestri 指令的调用，该调用参考 Intel 的_mm_cmpestri 接口实现将 pcmpestri 指令封装成 SSE4_cmpestri，代码如下：

```
template <int MODE>
static inline int SSE4_cmpestri(__m128i str1, int len1, __m128i str2, int len2)
{
    int result;
    __asm__ __volatile__("pcmpestri %5, %2, %1"
                         : "=c"(result)
                         : "x"(str1), "xm"(str2), "a"(len1),
                           "d"(len2), "i"(MODE)
                         : "cc");
    return result;
}
```

从指令介绍中看，不同的模式所执行的操作差异较大，完全实现指令功能所需代码行太多。结合代码中对接口的调用，实际使用到的模式为 PCMPSTR_EQUAL_EACH | PCMPSTR_UBYTE_OPS | PCMPSTR_NEG_POLARITY。即按照字节长度进行匹配，对 str1 与 str2 做对应位置字符是否相等判断，若相等，则将对应 bit 位置置 1，最后输出首次出现 1 的位置。根据该思路进行代码实现，代码如下：

```
#include <arm_neon.h>
template <int MODE>
static inline int SSE4_cmpestri(int32x4_t str1, int len1, int32x4_t str2, int len2)
{
    __oword a, b;
```

```
    a.m128i = str1;
    b.m128i = str2;
    int len_s, len_l;
    if (len1 > len2)
    {
        len_s = len2;
        len_l = len1;
    }
    else
    {
        len_s = len1;
        len_l = len2;
    }
    //本例替换的模式 STRCMP_MODE =
    //PCMPSTR_EQUAL_EACH | PCMPSTR_UBYTE_OPS | PCMPSTR_NEG_POLARITY
    int result;
    int i;
    for (i = 0; i < len_s; i++)
    {
        if (a.m128i_u8[i] == b.m128i_u8[i])
        {
            break;
        }
    }
    result = i;
    if (result == len_s)
    {
        result = len_l;
    }
    return result;
}
```

3）替换 x86 movqu 汇编指令

■ 现象描述：

编译报错：unknown mnemonic 'movqu'-- 'movqu'。

■ 问题原因：

movqu 为 x86 指令集中的指令，在鲲鹏上无法使用。该指令可以实现寄存器到寄存器，寄存器到地址的数据复制。x86 上 movqu 指令用法有两种：

第一种是将 xmm2 寄存器或者 128 位内存地址的内容复制到 xmm1 寄存器，代码如下：

```
MOVDQU xmm1, xmm2/m128
```

第二种是将 xmm1 寄存器的内容复制到 128 位内存地址或者 xmm2 寄存器，代码如下：

```
MOVDQU xmm2/m128, xmm1
```

参考资料：https://x86.puri.sm/html/file_module_x86_id_184.html。

■ 处理步骤：

对于第一种调用，可以用 NEON 指令 ld1 替代：

ld1 指令 Load multiple 1-element structures to one, two, three or four registers。

```
LD1 { Vt.T }, [Xn|SP]
```

可参考指令集手册的 9.98 节，下载网址：

http://infocenter.arm.com/help/topic/com.arm.doc.dui0802a/DUI0802A_armasm_reference_guide.pdf。

对于第二种调用，可以用 st1 指令来替代：

st1 指令 Store multiple 1-element structures from one, two three or four registers.

```
ST1 { Vt.T }, [Xn|SP]
```

可参考指令集手册的 9.202 节，下载网址：

http://infocenter.arm.com/help/topic/com.arm.doc.dui0802a/DUI0802A_armasm_reference_guide.pdf。

以下是一个简单的示例，代码如下：

```
/* x86 调用 */
void add_x86_asm(int * result, int * a, int * b, int len)
{
    __asm__("\n\t"
            "1: \n\t"
            "movdqu (%[a]), %%xmm0 \n\t"
            "movdqu (%[b]), %%xmm1 \n\t"
            "pand %%xmm0, %%xmm1 \n\t"
            "movdqu %%xmm1, (%[result]) \n\t"
            : [ result ] "+r"(result)
            : [ a ] "r"(a), [ b ] "r"(b), [ len ] "r"(len)
            : "memory", "xmm0", "xmm1");
    return;
}
/* 鲲鹏调用 */
void and_neon_asm(int * result, int * a, int * b, int len)
{
    int num = {0};
    __asm__("\n\t"
            "1: \n\t"
```

```
            "ld1 {v0.16b}, [ %[a]], #16 \n\t"
            "ld1 {v1.16b}, [ %[b]], #16 \n\t"
            "and v0.16b, v0.16b, v1.16b \n\t"
            "subs %[len], %[len], #4 \n\t"
            "st1 {v0.16b}, [ %[result]], #16 \n\t"
            "bgt 1b \n\t"
            : [ result ] "+r"(result)
            : [ a ] "r"(a), [ b ] "r"(b), [ len ] "r"(len)
            : "memory", "v0", "v1");
    return;
}
```

4）替换 x86 pand 汇编指令

■ 现象描述：

编译报错：unknown mnemonic 'pand'--'pand'。

■ 问题原因：

pand 是 x86 指令集中的指令，无法在鲲鹏设备上使用。其功能是按位进行 and 运算，使用方法有两种：

第一种用法是对寄存器 xmm2 或内存地址中 128 位内容与 xmm1 进行按位与运算，结果存放于 xmm2 中，指令用法如下：

```
PAND xmm1, xmm2/m128
```

第二种用法是对寄存器 mm2 或内存地址中 64 位内容与 mm1 进行按位与运算，结果存放于 mm2 中，指令用法如下：

```
PAND mm1, mm2/m64
```

指令使用方法参考：https://c9x.me/x86/html/file_module_x86_id_230.html。

■ 处理步骤：

对于以上两种情况，在鲲鹏上均可以用 NEON 指令 AND 替换，采用 64 或者 128 位长度的向量寄存器存放数据，代码如下：

```
AND Vd.<T>, Vn.<T>, Vm.<T>
```

Bitwise AND (vector). Where <T> is 8B or 16B (though an assembler shouldaccept any valid format)。

其中 Vn、Vm 为待操作的寄存器，Vd 是目的寄存器，<T>即是选择寄存器位数。

参考指令集手册的 9.7 节，下载网址：http://infocenter.arm.com/help/topic/com.arm.doc.dui0802a/DUI0802A_armasm_reference_guide.pdf。

下面是一个简单的使用 NEON 指令 AND 对数据进行按位与操作的过程，供参考，代码如下：

```
/*
 * 功能:对数组 a 和数组 b 进行按位与运算,结果放置到 result 中
 * neon 指令每次处理 16 字节长度数据,所以数据长度为 16 字节整数倍
 */
void and_neon_asm(int *result, int *a, int *b, int len)
{
    __asm__("\n\t"
            "1: \n\t"
            "ld1 {v0.16b}, [%[a]], #16 \n\t"
            "ld1 {v1.16b}, [%[b]], #16 \n\t"
            "and v0.16b, v0.16b, v1.16b \n\t"
            "subs %[len], %[len], #4 \n\t"
            "st1 {v0.16b}, [%[result]], #16 \n\t"
            "bgt 1b \n\t"
            : [ result ] "+r"(result)
            : [ a ] "r"(a), [ b ] "r"(b), [ len ] "r"(len)
            : "memory", "v0", "v1");
    return;
}
```

5）替换 x86 pxor 汇编指令

■ 现象描述：

编译报错：unknown mnemonic 'pxor'--'pxor'。

■ 问题原因：

pxor 是 x86 指令集中的指令，无法在鲲鹏设备上使用。其功能是按位进行 xor 运算，使用方法有两种：

第一种用法是对寄存器 xmm2 或内存地址中 128 位内容与 xmm1 进行按位异或运算，结果存放于 xmm1 中，指令用法如下：

```
PXOR xmm1, xmm2/m128
```

第二种用法是对寄存器 mm2 或内存地址中 64 位内容与 mm1 进行按位异或运算，结果存放于 mm1 中，指令用法如下：

```
PXOR mm1, mm2/m64
```

指令用法参考网址：https://c9x.me/x86/html/file_module_x86_id_272.html。

■ 处理步骤：

对于以上两种情况，在鲲鹏上均可以用 NEON 指令 EOR 替换，采用 64 或者 128 位长

度的向量寄存器存放数据，代码如下：

```
EOR Vd.<T>, Vn.<T>, Vm.<T>
```

Bitwise exclusive OR (vector). Where <T> is 8B or 16B (an assembler shouldaccept any valid arrangement)。其中 Vn、Vm 为待操作的寄存器，Vd 是目的寄存器，<T>是选择寄存器位数。参考指令集手册的 9.29 节，下载网址为 http://infocenter.arm.com/help/topic/com.arm.doc.dui0802a/DUI0802A_armasm_reference_guide.pdf。

下面是一个简单的使用 NEON 指令 EOR 对数据进行按位异或操作的过程，参考代码如下：

```
/*
* 功能:对数组 a 和数组 b 进行按位异或运算,结果放置到 result 中
* NEON 指令每次处理 16 字节长度数据,所以数据长度为 16 字节的整数倍
*/
void eor_neon_asm(int *result, int *a, int *b, int len)
{
    __asm__("\n\t"
            "1: \n\t"
            "ld1 {v0.16b}, [%[a]], #16 \n\t"
            "ld1 {v1.16b}, [%[b]], #16 \n\t"
            "eor v0.16b, v0.16b, v1.16b \n\t"
            "subs %[len], %[len], #4 \n\t"
            "st1 {v0.16b}, [%[result]], #16 \n\t"
            "bgt 1b \n\t"
            : [ result ] "+r"(result)
            : [ a ] "r"(a), [ b ] "r"(b), [ len ] "r"(len)
            : "memory", "v0", "v1");
    return;
}
```

6）替换 x86 pshufb 指令

■ 现象描述：

编译报错：unknown mnemonic 'pshufb' -- 'pshufb'。

■ 问题原因：

pshufb(Packed Shuffle Bytes)指令的功能是根据第二个操作数指定的控制掩码对第一个操作数执行散列操作，产生一个组合数。它是 x86 平台的汇编指令，在鲲鹏平台上需要进行替换。x86 上的指令用法如下：

```
pshufb xmm1, xmm2/m128
```

■ 处理步骤：

pshufb 指令对应的 SSE intrinsic 函数是 _mm_shuffle_epi8，因此 pshufb 在鲲鹏上的替换可以分为两步：

步骤 1：将 pshufb 汇编指令替换成 SSE intrinsic。

x86 上实现样例，代码如下：

```
__asm__("pshufb %1, %0" : "+x" (mmdesc) : "xm" (shuf_mask));
```

在鲲鹏上先替换成 SSE intrinsic 函数，代码如下：

```
_mm_shuffle_epi8(mmdesc, shuf_mask);
```

步骤 2：移植内联 SSE 函数_mm_shuffle_epi8，gcc 目前没有提供对应的鲲鹏平台版本，因此需要实现对应函数，代码如下：

```
FORCE_INLINE __m128i _mm_shuffle_epi8(__m128i a, __m128i b)
{
    uint8x16_t tbl = vreinterpretq_u8_m128i(a);
    uint8x16_t idx = vreinterpretq_u8_m128i(b);
    uint8_t __attribute__((aligned(16))) mask[16] = {0x8F, 0x8F, 0x8F, 0x8F, 0x8F, 0x8F,
0x8F, 0x8F,
                                                     0x8F, 0x8F, 0x8F, 0x8F, 0x8F, 0x8F,
0x8F, 0x8F};
    uint8x16_t idx_masked = vandq_u8(idx, vld1q_u8(mask));
    return vreinterpretq_m128i_u8(vqtbl1q_u8(tbl, idx_masked));
}
```

7）替换 x86 cpuid 汇编指令

■ 现象描述：

编译报错：/tmp/ccfaVZfw. s：Assembler messages:/tmp/ccfaVZfw. s:34：Error：unknown mnemonic 'cpuid' -- 'cpuid'。

■ 问题原因：

cpuid 是 x86 平台上专有的获取 cpuid 信息的汇编指令，在鲲鹏平台上需要重写。在鲲鹏平台上，midr_el1 寄存器里存放的是 cpuid 信息，可以通过读寄存器获取 cpuid。

■ 处理步骤：

x86 实现样例，代码如下：

```
unsigned int s1 = 0;
unsigned int s2 = 0;
char cpu[32] = {0};
asm volatile(
    "movl $0x01, %%eax; \n\t"
    "xorl %%edx, %%edx; \n\t"
```

```
    "cpuid; \n\t"
    "movl %%edx, %0; \n\t"
    "movl %%eax, %1; \n\t"
    : "=m"(s1), "=m"(s2));
snprintf(cpu, sizeof(cpu), "%08X%08X", htonl(s2), htonl(s1));
```

midr_el1 是 64 位寄存器，其中高 32 位为预留位，其值为 0。读出来是一个 32 位的值。鲲鹏平台上可替换成的代码如下：

```
unsigned int s1 = 0;
unsigned int s2 = 0;
char cpu[32] = {0};
asm volatile(
    "mrs %0, midr_el1"
    : "=r"(s1)
    :
    : "memory");
snprintf(cpu, sizeof(cpu), "%08X%08X", htonl(s1), htonl(s2));
```

8）替换 x86 xchgl 汇编指令

■ 现象描述：

编译报错：{standard input}：Assembler messages：{standard input}：1222：Error：unknown mnemonic 'xchgl'--'xchgl x1,[x19,112]'。

■ 问题原因：

xchgl 是 x86 上的汇编指令，作用是交换寄存器/内存变量和寄存器的值，如果交换的两个变量中有内存变量，则会对内存变量增加原子锁操作。鲲鹏上可用 GCC 的原子操作接口__atomic_exchange_n 替换。__atomic_exchange_n 的第 3 个入参是内存屏障类型，使用者可以根据自身代码逻辑选择不同的屏障。当对多线程访问临界区的逻辑不清晰时，建议使用__ATOMIC_SEQ_CST 屏障，避免由屏障使用不当带来一致性问题。

■ 处理步骤：

x86 实现样例，代码如下：

```
inline int nBasicAtomicInt::fetchAndStoreOrdered(int newValue)
{
    /* 原子操作，把_value 的值和 newValue 交换，且返回_value 原来的值 */
    asm volatile("xchgl %0, %1"
                 : "=r"(newValue), "+m"(m_value)
                 : "0"(newValue)
                 : "memory");
    return newValue;
}
```

鲲鹏上可替换成的代码如下：

```
inline int nBasicAtomicInt::fetchAndStoreOrdered(int newValue)
{
    /* 原子操作, 把_value 的值和 newValue 交换, 且返回_value 原来的值 */
    return __atomic_exchange_n(&_q_value, newValue, __ATOMIC_SEQ_CST);
}
```

9）替换 x86 cmpxchgl 汇编指令

■ 现象描述：

编译报错：{standard input}：Assembler messages：{standard input}：1222：Error：unknown mnemonic 'cmpxchgl '

■ 问题原因：

与 xchgl 类似，cmpxchgl 是 x86 上的汇编指令，其作用是比较并交换操作数。鲲鹏上无对应指令，可用 GCC 的原子操作接口__atomic_compare_exchange_n 进行替换。

■ 处理步骤：

x86 实现样例，代码如下：

```
inline bool nBasicAtomicInt::testAndSetOrdered(int expectedValue, int newValue)
{
    unsigned char ret;
    /* 原子操作, 原来 m_value 的值如果等于 expectedValue,则把 newValue
 * 载入 m_value, 且返回 ret = true; 如果不等于,则 m_value 的值不变,且返回 ret = false */
    asm volatile("lock\n"
                 "cmpxchgl %3, %2\n"
                 "sete %1\n"
                 : "=a"(newValue), "=qm"(ret), "+m"(m_value)
                 : "r"(newValue), "0"(expectedValue)
                 : "memory");
    return ret != 0;
}
```

鲲鹏上可替换成的代码如下：

```
inline bool nBasicAtomicInt::testAndSetOrdered(int expectedValue, int newValue)
{
    unsigned char ret;
    /* 原子操作, 原来 m_value 的值如果等于 expectedValue,则把 newValue 载入_value, 且返回
ret = true; 如果不等于,则 m_value 的值不变,且返回 ret = false */
    return __atomic_compare_exchange_n(&m_value, &expectedValue, newValue, false,
                                       __ATOMIC_SEQ_CST, __ATOMIC_SEQ_CST);
}
```

10）替换 x86 rep 汇编指令

■ 现象描述：

编译报错：Error：unknown mnemonic 'rep'-- 'rep'。

■ 问题原因：

rep 为 x86 平台的重复执行指令，需替换为鲲鹏平台的 rept 指令。

■ 处理步骤：

修改方法参考如下：

x86 实现样例，代码如下：

```
#define nop __asm__ __volatile__("rep;nop": : :"memory")
```

鲲鹏平台实现样例，本样例实现空指令，参数 n 为循环次数，代码如下：

```
#define __nops(n) ".rept " #n "\nnop\n.endr\n"
#define nops(n) asm volatile(__nops(n))
```

11）替换 x86 bswap 汇编指令

■ 现象描述：

编译报错：Error：unknown mnemonic 'bswap'-- 'bswap x3'。

■ 问题原因：

bswap 是 x86 平台的字节序反序指令，需替换为鲲鹏平台的 rev 指令。

■ 处理步骤：

在 x86 平台下的实现，代码如下：

```
static inline uint32_t bswap(uint32_t val)
{
    __asm__("bswap %0"
            : "=r"(val)
            : "0"(val));
    retrun val;
}
```

在鲲鹏平台下的实现，代码如下：

```
static inline uint32_t bswap(uint32_t val)
{
    __asm__("rev %w[dst], %w[src]"
            : [ dst ] "=r"(val)
            : [ src ] "r"(val));
    return val;
}
```

12）替换 x86 crc32 汇编指令

■ 现象描述：

编译错误：Error：unknown mnemonic 'crc32q' -- 'crc32q (x3),x2'或 operand 1should be an integer register -- 'crc32b [sp,11],x0'或 unrecognized command line option '-msse4.2'。

■ 问题原因：

x86 平台使用的是 crc32b、crc32w、crc32l、crc32q 汇编指令完成 CRC32C 校验值计算功能，而鲲鹏平台使用 crc32cb、crc32ch、crc32cw、crc32cx 4 个汇编指令完成 CRC32C 校验值计算功能。

■ 处理步骤：

使用 crc32cb、crc32ch、crc32cw、crc32cx 取代 x86 的 CRC32 系列汇编指令，替换方法如表 5-7 所示，并在编译时添加编译参数-march=armv8+crc。

表 5-7 替换方法

指令	输入数据位宽/b	备 注
crc32cb	8	适用输入数据位宽为 8bit，可用于替换 x86 的 crc32b 汇编指令
crc32ch	16	适用输入数据位宽为 16bit，可用于替换 x86 的 crc32w 汇编指令
crc32cw	32	适用输入数据位宽为 32bit，可用于替换 x86 的 crc32l 汇编指令
crc32cx	64	适用输入数据位宽为 64bit，可用于替换 x86 的 crc32q 汇编指令

■ 示例：

在 x86 平台下的实现，代码如下：

```
static inline uint32_t crc32_u8(uint32_t crc, uint8_t v)
{
    __asm__("crc32b %1, %0"
            : "+r"(crc)
            : "rm"(v));
    return crc;
}
static inline uint32_t crc32_u16(uint32_t crc, uint16_t v)
{
    __asm__("crc32w %1, %0"
            : "+r"(crc)
            : "rm"(v));
    return crc;
}
static inline uint32_t crc32_u32(uint32_t crc, uint32_t v)
{
    __asm__("crc32l %1, %0"
            : "+r"(crc)
            : "rm"(v));
    return crc;
}
```

```
static inline uint32_t crc32_u64(uint32_t crc, uint64_t v)
{
    uint64_t result = crc;
    __asm__("crc32q %1, %0"
            : "+r"(result)
            : "rm"(v));
    return result;
}
```

在鲲鹏平台下的实现，代码如下：

```
static inline uint32_t crc32_u8(uint32_t crc, uint8_t value)
{
    __asm__("crc32cb %w[c], %w[c], %w[v]"
            : [ c ] "+r"(crc)
            : [ v ] "r"(value));
    return crc;
}
static inline uint32_t crc32_u16(uint32_t crc, uint16_t value)
{
    __asm__("crc32ch %w[c], %w[c], %w[v]"
            : [ c ] "+r"(crc)
            : [ v ] "r"(value));
    return crc;
}
static inline uint32_t crc32_u32(uint32_t crc, uint32_t value)
{
    __asm__("crc32cw %w[c], %w[c], %w[v]"
            : [ c ] "+r"(crc)
            : [ v ] "r"(value));
    return crc;
}
static inline uint32_t crc32_u64(uint32_t crc, uint64_t value)
{
    __asm__("crc32cx %w[c], %w[c], %x[v]"
            : [ c ] "+r"(crc)
            : [ v ] "r"(value));
    return crc;
}
```

13）替换 x86 rdtsc 汇编指令

■ 现象描述：

编译报错：error：impossible constraint in 'asm'__asm__ __volatile__("rdtsc"："=a"(lo)，"=d"(hi))；

■ 问题原因：

TSC是时间戳计数器的缩写，它是Pentium兼容处理器中的一个计数器，它记录自启动以来处理器消耗的时钟周期数。在每个时钟到来时，该计数器自动加1。因为TSC随着处理器周期速率的变化而变化，所以它提供了非常高的精确度。它经常被用来分析和检测代码。x86平台TSC的值可以通过rdtsc指令来读取，而鲲鹏平台需要使用类似算法实现。

■ 处理步骤：

x86平台实现样例，代码如下：

```
static inline uint64_t Rdtsc()
{
    uint32_t lo, hi;
    __asm__ __volatile__("rdtsc"
                        : "=a"(lo), "=d"(hi));
    return (uint64_t)hi << 32 | lo;
}
```

鲲鹏平台实现样例：

方法一：使用Linux提供的获取时间函数clock_gettime进行近似替换，代码如下：

```
#include <time.h>
static inline uint64_t Rdtsc()
{
    struct timespec tmp;
    clock_gettime(CLOCK_MONOTONIC, &tmp);
    return tmp.tv_sec * 2400000000 + (uint64_t)tmp.tv_nsec * 2.4; //2400000000 和 2.4 基
                                                                 //于服务器主频而定
}
```

方法二：鲲鹏有Performance Monitors Control Register系列寄存器，其中PMCCNTR_EL0类似于x86的TSC寄存器。但默认情况下用户态是不可读的，需要内核态使能后才能读取。具体可参考网址http://iLinuxKernel.com/?p=1755。

a. 下载read aarch64 TSC(http://www.iLinuxKernel.com/files/aarch64_tsc.tar.bz2)，解压压缩包，在aarch64_tsc目录下执行make命令，安装相应内核驱动，生成文件，生成文件中包括一个文件名为pmu.ko的文件。

b. 执行insmod pmu.ko命令安装内核模块，使能内核态(初次执行即可)。

c. 代码替换。

示例代码如下：

```
static inline uint64_t Rdtsc()
{
    uint64_t count_num;
```

```
    uint64_t Current_Speed = 2400; //Current Speed = 2400MHz
    uint64_t External_Clock = 100; //External Clock = 100MHz
    __asm__ __volatile__("mrs %0, cntvct_el0"
                         : "=r"(count_num));
    return count_num * (Current_Speed / External_Clock);
}
```

其中 Cent Speed 和 External Clock 的值可由以下命令获取：

```
dmidecode |grep MHz
```

14）替换 x86 popcntq 汇编指令

■ 现象描述：

编译报错：Error：unknown mnemonic 'popcnt'-- 'popcnt [sp,8],x0'。

■ 问题原因：

popcnt 为 x86 平台的位 1 计数指令，鲲鹏平台无对应指令，需使用替换算法实现。

■ 处理步骤：

x86 平台实现样例，代码如下：

```
static inline uint64_t POPCNT_popcnt_u64(uint64_t a)
{
    uint64_t result;
    __asm__("popcnt %1, %0"
            : "=r"(result)
            : "mr"(a)
            : "cc");
    return result;
}
```

鲲鹏平台实现样例，代码如下：

```
#include <arm_neon.h>
static inline uint64_t POPCNT_popcnt_u64(uint64_t x)
{
    uint64_t count_result = 0;
    uint64_t count[1];
    uint8x8_t input_val, count8x8_val;
    uint16x4_t count16x4_val;
    uint32x2_t count32x2_val;
    uint64x1_t count64x1_val;
    input_val = vld1_u8((unsigned char *)&x);
    count8x8_val = vcnt_u8(input_val);
    count16x4_val = vpaddl_u8(count8x8_val);
```

```
    count32x2_val = vpaddl_u16(count16x4_val);
    count64x1_val = vpaddl_u32(count32x2_val);
    vst1_u64(count, count64x1_val);
    count_result = count[0];
    return count_result;
}
```

15）替换 x86 atomic 原子操作函数

■ 现象描述：

部分应用会通过封装汇编指令实现原子操作，如原子加及原子减。由于指令集差异，x86 上所使用的原子操作指令在 ARM 平台并不能保证原子性，因此需要进行相应替换。

① atomic_add 指令

函数功能：对整数变量进行原子加。

处理步骤：

x86 平台实现样例，代码如下：

```
static inline void atomic_add(int i, atomic_t *v)
{
    asm volatile(LOCK_PREFIX "addl %1, %0"
                 : "+m"(v->counter)
                 : "ir"(i));
}
```

在鲲鹏上进行替换：

第 1 种方法：使用 GCC 自带原子操作替换，代码如下：

```
static inline void atomic_add(atomic_t *v)
{
    __sync_add_and_fetch(&((*v).counter), 1);
}
```

第 2 种方法：使用内联汇编替换，代码如下：

```
static inline void atomic_add(atomic_t *v)
{
    unsigned int tmp;
    int result, i;
    i = 1;
    __asm__ volatile(" prfm pstl1strm, %2\n"
                     "1: ldaxr %w0, %2\n"          //加载数据到寄存器
                     " add %w0, %w0, %w3\n"        //加操作
                     " stlxr %w1, %w0, %2\n"       //加后的数据写入内存并判断是否写入成功
                     " cbnz %w1, 1b"               //若写入内存失败，则重新执行加操作
```

```
                    : " = &r"(result), " = &r"(tmp), " + Q"(v -> counter)
                    : "Ir"(i));
}
```

② atomic_sub 指令

函数功能：对整数变量进行原子减。

处理步骤：

x86 平台实现样例，代码如下：

```
static inline void atomic_sub(int i, atomic_t * v)
{
    asm volatile(LOCK_PREFIX "subl %1, %0"
                 : " + m"(v -> counter)
                 : "ir"(i));
}
```

在鲲鹏上进行替换：

第 1 种方法：使用 GCC 自带原子操作替换，代码如下：

```
static inline void atomic_sub(atomic_t * v)
{
    __sync_sub_and_fetch(&(( * v).counter), 1);
}
```

第 2 种方法：使用内联汇编替换，代码如下：

```
static inline void atomic_sub(atomic_t * v)
{
    unsigned int tmp;
    int result, i;
    i = 1;
    __asm__ volatile(" prfm pstl1strm, %2\n"
                    "1: ldaxr %w0, %2\n"      //加载数据到寄存器
                    " sub %w0, %w0, %w3\n"  //减操作
                    " stlxr %w1, %w0, %2\n" //减后的数据写入内存并判断是否写入成功
                    " cbnz %w1, 1b"          //若写入内存失败，则重新执行加操作
                    : " = &r"(result), " = &r"(tmp), " + Q"(v -> counter)
                    : "Ir"(i));
}
```

③ atomic_dec_and_test 指令

函数说明：对整数进行减操作，并判断执行原子减后结果是否为 0。

处理步骤：

x86 平台实现样例，代码如下：

```
static inline int atomic_dec_and_test(atomic_t * v)
{
    unsigned char c;
    asm volatile(LOCK_PREFIX "decl %0; sete %1"
                 : "+m"(v->counter), "=qm"(c)
                 :
                 : "memory");
    return c != 0;
}
```

在鲲鹏上进行替换：

第 1 种方法：使用 GCC 自带原子操作函数替换，代码如下：

```
static inline int atomic_dec_and_test(atomic_t * v)
{
    __sync_sub_and_fetch(&((*v).counter), 1);
    return (*v).counter == 0;
}
```

第 2 种方法：使用内联汇编替换，代码如下：

```
static inline int atomic_dec_and_test(atomic_t * v)
{
    unsigned long tmp;
    int result, val, i;
    i = 1;
    prefetchw(&v->counter);
    __asm__ volatile(
        "\n\t"
        "1: ldaxr %0, [%4]\n\t"
        " sub %1, %0, %5\n\t"
        " stlxr %w2, %1, [%4]\n\t"
        " cbnz %w2, 1b\n\t "
        : "=&r"(result), "=&r"(val), "=&r"(tmp), "+Qo"(v->counter)
        : "r"(&v->counter), "Ir"(i)
        : "cc");
    return (*v).counter == 0;
}
```

④ atomic_inc_and_test 指令

函数说明：对整数进行加操作，并判断返回结果是否为 0。

处理步骤：

x86 平台实现样例，代码如下：

```
static inline int atomic_inc_and_test(atomic_t *v)
{
    unsigned char c;
    asm volatile(LOCK_PREFIX "incl %0; sete %1"
                 : "+m"(v->counter), "=qm"(c)
                 :
                 : "memory");
    return c != 0;
}
```

在鲲鹏上进行替换：

第 1 种方法：使用 GCC 自带原子操作函数替换，代码如下：

```
static inline int atomic_inc_and_test(atomic_t *v)
{
    __sync_add_and_fetch(&((*v).counter), 1);
    return (*v).counter == 0;
}
```

第 2 种方法：使用内联汇编替换，代码如下：

```
#define prefetchw(x) __builtin_prefetch(x, 1)
static inline int atomic_inc_and_test(atomic_t *v)
{
    unsigned long tmp;
    int result, val, i;
    i = 1;
    prefetchw(&v->counter);
    __asm__ volatile(
        "\n\t"
        "1: ldaxr %0, [%4]\n\t"          //@result, tmp
        " add %1, %0, %5\n\t"            //@result,
        " stlxr %w2, %1, [%4]\n\t"       //@tmp, result,tmp
        " cbnz %w2, 1b\n\t "             //@tmp
        : "=&r"(result), "=&r"(val), "=&r"(tmp), "+Qo"(v->counter)
        : "r"(&v->counter), "Ir"(i)
        : "cc");
    return (*v).counter == 0;
}
```

⑤ atomic64_add_and_return 指令

函数说明：对两个长整数进行加操作，并将结果作为返回值返回。

处理步骤：

需要重新实现汇编代码段。

在 x86 平台实现样例，代码如下：

```
static inline long atomic64_add_and_return(long i, atomic64_t * v)
{
    long i = i;
    asm_volatile_(
        "lock ; "
        "xaddq %0, %1;"
        : "=r"(i)
        : "m"(v->counter), "0"(i));
    return i + __i;
}
static inline void prefetch(void * x)
{
    asm volatile("prefetcht0 %0" ::"m"( * (unsigned long * )x));
}
```

在鲲鹏平台下，使用 GCC 内置函数实现，代码如下：

```
static __inline__ long atomic64_add_and_return(long i, atomic64_t * v)
{
    return __sync_add_and_fetch(&((v)->counter), i);
}
```

16）替换 x86 pcmpestrm 汇编指令

■ 现象描述：

编译报错 Error：unknown mnemonic 'pcmpestrm' -- 'pcmpestrm'。

■ 问题原因：

pcmpestrm 指令是 x86 指令集中 SSE4 中的指令。根据指令介绍，其用途是根据指定的比较模式，判断字符串 str2 的字节是否在字符串 str1 中出现，将每个字节的对比结果返回（最大长度为 16 字节）。该指令是典型的 x86 复杂指令，通过一条指令即可完成复杂的字符串匹配功能，鲲鹏架构中无类似实现。对于这种指令，需要彻底了解其功能，通过 C 代码重新实现其功能。

指令介绍：

https://software.intel.com/sites/landingpage/IntrinsicsGuide/#techs=SSE4_2&expand=835。

https://docs.microsoft.com/zh-cn/previous-versions/visualstudio/visualstudio-2010/bb514080(v=vs.100)。

■ 处理步骤：

以下代码段是 Impala 中对 pcmpestrm 指令的调用，该调用参考 Intel 的 _mm_cmpestrm 接口实现将 pcmpestrm 指令封装成 SSE4_cmpestrm，代码如下：

```
template < int MODE >
static inline __m128i SSE4_cmpestrm(__m128i str1, int len1, __m128i str2, int len2)
{
#ifdef __clang__
    register volatile __m128i result asm("xmm0");
    __asm__ __volatile__("pcmpestrm %5, %2, %1"
                         : " = x"(result)
                         : "x"(str1), "xm"(str2), "a"(len1),
                           "d"(len2), "i"(MODE)
                         : "cc");
#else
    __m128i result;
    __asm__ __volatile__("pcmpestrm %5, %2, %1"
                         : " = Yz"(result)
                         : "x"(str1), "xm"(str2),
                           "a"(len1), "d"(len2), "i"(MODE)
                         : "cc");
#endif
    return result;
}
```

从指令介绍中看，不同的模式所执行的操作差异较大，完全实现指令功能所需代码行太多。结合代码中对接口的调用，实际使用到的模式为 PCMPSTR_EQUAL_ANY | PCMPSTR_UBYTE_OPS。即按照字节长度进行匹配，对比字符串 str2 中的每个字符是否在字符串 str1 中出现，若出现，则将对应 bit 位置置 1。

根据识别到的功能进行代码实现，代码如下：

```
#include < arm_neon.h >
typedefunion __attribute__((aligned(16))) __oword
{
    int32x4_t m128i;
    uint8_tm128i_u8[16];
}
__oword;
template < intMODE >
staticinlineuint16_tSSE4_cmpestrm(int32x4_tstr1, intlen1, int32x4_tstr2, intlen2)
{
    __oword a, b;
    a.m128i = str1;
    b.m128i = str2;
    uint16_t result = 0;
```

```
    uint16_t i = 0;
    uint16_t j = 0;
    //Impala中用到的模式 STRCHR_MODE = PCMPSTR_EQUAL_ANY | PCMPSTR_UBYTE_OPS
    for (i = 0; i < len2; i++)
    {
        for (j = 0; j < len1; j++)
        {
            if (a.m128i_u8[j] == b.m128i_u8[i])
            {
                result |= (1 << i);
            }
        }
    }
    return result;
}
```

注意：无直接替代指令的场景，需要结合指令功能、所需功能共同分析，切忌生搬硬套直接代码复制及替换。

注意：5.2.3节移植常见问题内容引用自华为《鲲鹏代码迁移参考手册》4.2节和4.3节，网址为 http://ic-openlabs.huawei.com/chat/download/鲲鹏代码迁移参考手册.pdf。

5.3 解释型语言应用移植

对于以Java语言为代表的解释型语言来说，应用迁移相对简单一些，因为Java的虚拟机JVM屏蔽了不同处理器之间指令集架构的区别，所以，纯Java语言编写的程序不需要重新编译，而对于调用了编译型语言so库的应用来说，需要重新编译。下面通过具体示例，来演示一下纯Java语言应用迁移和包含了编译型语言的Java应用迁移。

5.3.1 纯Java语言应用迁移

通过编写一个简单的输入及输出的纯Java应用，分别在x86架构和鲲鹏架构下运行，看一看需要哪些步骤。

步骤1：登录x86架构服务器，安装openjdk 1.8，在命令行输入命令如下：

```
yum install -y java-1.8.0-openjdk
```

如果安装了其他版本号的JDK也是可以的，这段代码对JDK版本没有特别要求，常用的版本都可以，安装成功后可以通过命令查看版本信息，查看命令如下：

```
[root@ecs-x86 code]# java -version
openjdk version "1.8.0_272"
```

```
OpenJDK RunTime Environment (build 1.8.0_272 - b10)
OpenJDK 64 - Bit Server VM (build 25.272 - b10, mixed mode)
```

步骤 2：因为要编写 Java 的代码并且进行编译，所以需要安装 Java 的开发环境，使用 yum 安装 java-devel，命令如下：

```
yum install - y java - devel
```

步骤 3：进入/data/code/文件夹，创建文件 IoTest.java，指令如下：

```
cd /data/code/
vi IoTest.java
```

步骤 4：在 IoTest.java 中输入的代码如下：

```
//Chapter5/IoTest.java
import java.util.Scanner;

public class IoTest{
    public static void main(String[ ] args) {
      Scanner sc = new Scanner(System.in);
      String input = sc.nextLine();
      System.out.println(input);
      sc.close();
    }
}
```

该段代码的作用是接受用户的输入，然后把输入打印出来。

步骤 5：编译该 IoTest.java 文件，得到 IoTest.class 文件，命令如下：

```
javac IoTest.java
```

然后输入 ll 命令查看编译后的结果：

```
[root@ecs - x86 code]# ll
total 8
- rw - r-- r--  1 root root 592 Dec 1 21:08 IoTest.class
- rw - r-- r--  1 root root 208 Dec 1 21:08 IoTest.java
```

可以看到字节码文件 IoTest.class。

步骤 6：运行 IoTest.class，命令如下：

```
java IoTest
```

根据设计思路，输入“Hello Kunpeng!”，可以看到它同样会输出该字符串：

```
[root@ecs - x86 code]# java IoTest
Hello Kunpeng!
Hello Kunpeng!
```

在 x86 架构下编译及运行没问题了，把这个编译好的.class 文件复制到鲲鹏架构的服务器上，看一看是否可以正常运行。

步骤 7：使用 SCP 命令把 IoTest.class 复制到鲲鹏架构服务器上，命令及回显如下：

```
[root@ecs - x86 code]# scp IoTest.class root@172.16.0.155:/data/code
The authenticity of host '172.16.0.155 (172.16.0.155)' can't be established.
ECDSA key fingerprint is SHA256:kyhTbYOrHIYp/VNbnfMkTJmeV/wfxV2DTo6MCDc/Cos.
ECDSA key fingerprint is MD5:d8:91:a3:1d:26:9e:c1:f8:1b:a0:65:d0:9c:d1:c5:32.
Are you sure you want to continue connecting (yes/no)? yes
Warning: Permanently added '172.16.0.155' (ECDSA) to the list of known hosts.
root@172.16.0.155's password:
IoTest.class
100% 592   1.7MB/s 00:00
```

注意：使用的 IP 地址和密码需要根据实际的信息修改。

步骤 8：登录鲲鹏服务器，安装 aarch64 架构的 openjdk 1.8，命令如下：

```
yum install -y java-1.8.0-openjdk.aarch64
```

步骤 9：进入/data/code/文件夹，运行 IoTest.class，命令如下：

```
cd /data/code/
java IoTest
```

可以成功运行，同样输入“Hello Kunpeng!”，得到和 x86 架构下一样的运行结果：

```
[root@ecs - kunpeng code]# java IoTest
Hello Kunpeng!
Hello Kunpeng!
```

12min

5.3.2 依赖编译型语言的 Java 应用迁移

16min

对于大型项目来说，很多时候不仅仅使用一种语言来开发应用，有时候会使用多种语言进行混合编程，例如著名的开源项目 Netty，主体开发语言是 Java，但是在部分项目里还使用了 C 语言。出现这种情况的一个原因是 Netty 在 Linux 下的异步/非阻塞网络传输中，使用了 Epoll——一个基于 I/O 事件通知的高性能多路复用机制。Netty 是通过 JNI 方式提供 Native

Socket Transport 的，在 Netty 的 transport-native-epoll 项目中，有相关调用的 C 代码。

除此之外，在 Netty 的依赖项目 netty-tcnative-parent 中，也有 JNI 方式提供的 C 语言调用。

笔者负责的一款基于 Java 的物联网平台中也使用了 Netty，在进行应用迁移时经过多次尝试，解决了多个问题，最后迁移成功，这里通过 Netty 项目，演示一下依赖编译型语言的 Java 应用的迁移。

1. 迁移过程分析

Netty 是开源的项目，在获得所有的源代码后，可以通过对代码进行重新编译的方式来执行迁移。因为代码里有 Java 和 C 语言，并且 Netty 项目是通过 Pom 进行项目组织管理的，在迁移时不但要安装 C 的编译环境，还要安装 openjdk 和 Maven。

2. 安装依赖项

要安装的依赖项较多，大部分可以通过 yum 安装，命令如下：

```
yum install gcc gcc-c++make cmake3 libtool autoconf automake ant wget git openssl openssl-
devel apr-devel ninja-build java-1.8.0-openjdk.aarch64 -y
```

安装依赖项的时间有点长，根据系统中已安装的软件情况，可能需要几分钟到十几分钟，最后回显如下：

```
Installed:
  ant.noarch 0:1.9.4-2.el7       apr-devel.aarch64 0:1.4.8-7.el7       cmake3.aarch64 0:3.
14.6-2.el7
  java-1.8.0-openjdk.aarch64 1:1.8.0.272.b10-1.el7_9   ninja-build.aarch64 0:1.7.2-2.el7

Dependency Installed:
  cmake3-data.noarch 0:3.14.6-2.el7 java-1.8.0-openjdk-devel.aarch64 1:1.8.0.272.b10
-1.el7_9
  java-1.8.0-openjdk-headless.aarch64 1:1.8.0.272.b10-1.el7_9 libarchive.aarch64 0:3.
1.2-14.el7_7
  libtirpc.aarch64 0:0.2.4-0.16.el7 libuv.aarch64 1:1.30.1-1.el7
  python3.aarch64 0:3.6.8-18.el7 python3-libs.aarch64 0:3.6.8-18.el7
  python3-pip.noarch 0:9.0.3-8.el7 python3-setuptools.noarch 0:39.2.0-10.el7
  rhash.aarch64 0:1.3.4-2.el7 xalan-j2.noarch 0:2.7.1-23.el7
  xerces-j2.noarch 0:2.11.0-17.el7_0 xml-commons-apis.noarch 0:1.4.01-16.el7
  xml-commons-resolver.noarch 0:1.2-15.el7

Updated:
  git.aarch64 0:1.8.3.1-23.el7_8

Dependency Updated:
  apr.aarch64 0:1.4.8-7.el7 perl-Git.noarch 0:1.8.3.1-23.el7_8

Complete!
```

因为后续步骤在编译 libressl-static 模块的时候需要 cmake 版本号大于 3，并且需要 ninja，这里提前做好软连接，命令如下：

```
ln -s /usr/bin/cmake3 /usr/bin/cmake
ln -s /usr/bin/ninja-build /usr/bin/ninja
```

3. 安装 Maven

Java 应用的编译打包需要 Maven，安装步骤如下：

步骤 1：下载 Maven 3.6.3 安装包，为了提高下载速度，可以使用国内的下载源，命令如下：

```
wget https://mirrors.tuna.tsinghua.edu.cn/apache/maven/maven-3/3.6.3/binaries/apache-maven-3.6.3-bin.tar.gz
```

步骤 2：解压 Maven 安装包，命令如下：

```
tar -zvxf apache-maven-3.6.3-bin.tar.gz
```

步骤 3：移动 Maven 到指定目录，命令如下：

```
mv apache-maven-3.6.3 /opt/tools/
```

步骤 4：配置环境变量，修改/etc/profile 文件，在文件最后增加 Maven 的环境信息，增加的内容如下：

```
MAVEN_HOME=/opt/tools/apache-maven-3.6.3
PATH=$MAVEN_HOME/bin:$JAVA_HOME/bin:$PATH
export MAVEN_HOME JAVA_HOME PATH
```

步骤 5：使环境变量生效，命令如下：

```
source /etc/profile
```

步骤 6：由于 Maven 中央仓库的下载速度受限，所以这里配置 Maven 的镜像仓库网址为国内的镜像，要修改的配置文件路径为/opt/tools/apache-maven-3.6.3/conf/settings.xml，在该文件的<mirrors>节中添加新的镜像，添加的内容如下：

```
<mirror>
  <id>huaweimaven</id>
  <name>huawei maven</name>
  <URL>https://mirrors.huaweicloud.com/repository/maven/</URL>
  <mirrorOf>central</mirrorOf>
</mirror>
```

步骤 7：查看 Maven 是否安装成功，命令及回显如下：

```
[root@ecs - kunpeng ~]# mvn - v
Apache Maven 3.6.3 (cecedd343002696d0abb50b32b541b8a6ba2883f)
Maven home: /opt/tools/apache - maven - 3.6.3
Java version: 11.0.8, vendor: N/A, RunTime: /usr/lib/jvm/java - 11 - openjdk - 11.0.8.10 - 0.
el7_8.aarch64
Default locale: en_US, platform encoding: UTF - 8
OS name: "Linux", version: "4.18.0 - 80.7.2.el7.aarch64", arch: "aarch64", family: "UNIX"
```

如果出现类似上面的回显，表示 Maven 安装配置成功了。

4. 处理鲲鹏架构中 char 类型为无符号型的默认设置

直接对代码中 char 类型进行更改风险较高，工作量也很大，这里通过设置 gcc 和 g++ 的编译选项来处理，也就是把这两个编译器的编译加上-fsigned-char 的选项。

1）修改 gcc 编译选项

步骤 1：确认 gcc 的位置，命令及回显如下：

```
[root@ecs - kunpeng ~]# command - v gcc
/usr/bin/gcc
```

根据系统不同，位置可能有差异，笔者本机的位置在/usr/bin/gcc。

步骤 2：修改 gcc 的名字为 gcc-ori，命令如下：

```
mv/usr/bin/gcc /usr/bin/gcc - ori
```

步骤 3：创建/usr/bin/gcc 文件，命令如下：

```
vi /usr/bin/gcc
```

步骤 4：编辑/bin/gcc 文件，输入内容如下：

```
#! /bin/sh
/usr/bin/gcc - ori - fsigned - char "$@"
```

步骤 5：给/bin/gcc 添加执行权限，命令如下：

```
chmod + x /usr/bin/gcc
```

步骤 6：查看 gcc 是否可以成功执行，命令及回显如下：

```
[root@ecs - kunpeng ~]# gcc -- version
gcc - ori (GCC) 4.8.5 20150623 (Red Hat 4.8.5 - 44)
Copyright (C) 2015 Free Software Foundation, Inc.
```

```
This is free software; see the source for copying conditions. There is NO
warranty; not even for MERCHANTABILITY or FITNESS FOR A PARTICULAR PURPOSE.
```

如果看到类似上面的回显,表示 gcc 修改成功了。

2）修改 g++编译选项

步骤 1：确认 g++的位置,命令及回显如下：

```
[root@ecs-kunpeng ~]#command -v g++
/usr/bin/g++
```

本机位置是/usr/bin/g++,不同的服务器位置可能不同。

步骤 2：修改 g++的名字为 g++-ori,命令如下：

```
mv /usr/bin/g++ /usr/bin/g++-ori
```

步骤 3：创建/usr/bin/g++文件,命令如下：

```
vi /usr/bin/g++
```

步骤 4：编辑/bin/g++文件,输入内容如下：

```
#!/bin/sh
/usr/bin/g++-ori -fsigned-char "$@"
```

步骤 5：给/bin/g++添加执行权限，命令如下：

```
chmod +x /usr/bin/g++
```

步骤 6：查看 g++是否可以成功执行，命令及回显如下：

```
[root@ecs-kunpeng ~]#g++ --version
g++-ori (GCC) 4.8.5 20150623 (Red Hat 4.8.5-44)
Copyright (C) 2015 Free Software Foundation, Inc.
This is free software; see the source for copying conditions. There is NO
warranty; not even for MERCHANTABILITY or FITNESS FOR A PARTICULAR PURPOSE.
```

如果看到类似上面的回显,表示 g++修改成功了。

5. 加速编译准备

在正式编译以前,需要先下载 3 个安装包。后面的编译过程需要从多个网站下载安装包,这些网站的服务器一般都在境外,下载速度较慢,可能会因为下载不成功导致编译失败。

步骤 1：下载 apr-1.6.5,进入/data/soft/文件夹,下载命令如下：

```
wget https://mirrors.tuna.tsinghua.edu.cn/apache/apr/apr-1.6.5.tar.gz
```

步骤 2：下载 libressl-3.1.1，下载命令如下：

```
wget https://mirrors.tuna.tsinghua.edu.cn/OpenBSD/LibreSSL/libressl-3.1.1.tar.gz
```

步骤 3：下载 openssl-1.1.1g，下载命令如下：

```
wget https://www.openssl.org/source/openssl-1.1.1g.tar.gz
```

6. 编译 netty-tcnative-2.0.34

步骤 1：进入/data/soft/下载 netty-tcnative 源码包，下载命令如下：

```
wget https://GitHub.com/netty/netty-tcnative/archive/netty-tcnative-parent-2.0.34.
Final.tar.gz
```

步骤 2：解压源码包，并进入解压后目录，命令如下：

```
tar -zxvf netty-tcnative-parent-2.0.34.Final.tar.gz
cd netty-tcnative-netty-tcnative-parent-2.0.34.Final/
```

步骤 3：修改 pom 文件，注释掉对 apr 的下载，对于 2.0.34 版本来说，注释行在第 474 行，修改后的该段配置如下：

```
<configuration>
                    <target if="${linkStatic}">
                      <!-- Add the ant tasks from ant-contrib -->
                      <taskdef resource="net/sf/antcontrib/antcontrib.properties" />

                      <if>
                        <available file="${aprBuildDir}" />
                        <then>
                          <echo message="APR was already downloaded, skipping the build step." />
                        </then>
                        <else>
                          <echo message="Downloading and unpacking APR" />

                          <property name="aprTarGzFile" value="apr-${aprVersion}.tar.gz" />
                          <property name="aprTarFile" value="apr-${aprVersion}.tar" />
                         <!-- <get src="http://archive.apache.org/dist/apr/${aprTarGzFile}"
dest="${project.build.directory}/${aprTarGzFile}" verbose="on" />-->
                            <checksum file="${project.build.directory}/${aprTarGzFile}"
algorithm="SHA-256" property="${aprSha256}" verifyProperty="isEqual" />
```

```
                          <gunzip src = "${project.build.directory}/${aprTarGzFile}" dest =
"${project.build.directory}" />
                          <!-- Use the tar command (rather than the untar ant task) in order to
preserve file permissions. -->
                           <exec executable = "tar" failonerror = "true" dir = "${project.
build.directory}/" resolveexecutable = "true">
                            <arg line = "xfvz ${aprTarGzFile}" />
                          </exec>
                        </else>
                      </if>
                    </target>
                  </configuration>
```

注释掉该行后，mvn 编译时将不再从这里下载。

步骤 4：进入 libressl-static 目录，修改 pom 文件，注释掉对 libssl 的下载，注释行在第 263 行，修改后的该段配置如下：

```
<configuration>
                    <target>
                      <!-- Add the ant tasks from ant-contrib -->
                      <taskdef resource = "net/sf/antcontrib/antcontrib.properties" />

                      <if>
                        <available file = "${libresslCheckoutDir}" />
                        <then>
                            <echo message = "LibreSSL was already downloaded, skipping the build
step." />
                        </then>
                        <else>
                          <echo message = "Downloading LibreSSL" />

                           <!-- <get src = "https://ftp.openbsd.org/pub/OpenBSD/LibreSSL/
${libresslArchive}" dest = "${project.build.directory}/${libresslArchive}" verbose = "on"
/>-->
                           <checksum file = "${project.build.directory}/${libresslArchive}"
algorithm = "SHA-256" property = "${libresslSha256}" verifyProperty = "isEqual" />
                           <exec executable = "tar" failonerror = "true" dir = "${project.
build.directory}/" resolveexecutable = "true">
                            <arg value = "xfv" />
                            <arg value = "${libresslArchive}" />
                          </exec>
                        </else>
                      </if>
                    </target>
                  </configuration>
```

步骤 5：进入 openssl-static 目录，修改 pom 文件，注释掉对 openssl 的下载，注释行在第 334 行和第 338 行，修改后的该段配置如下：

```
<configuration>
                <target>
                  <!-- Add the ant tasks from ant-contrib -->
                  <taskdef resource="net/sf/antcontrib/antcontrib.properties" />

                  <if>
                    <available file="${opensslBuildDir}" />
                    <then>
                    <echo message="OpenSSL was already downloaded, skipping the build step." />
                    </then>
                    <else>
                      <echo message="Downloading OpenSSL" />

                      <condition property="opensslFound">
                      <http URL="https://www.openssl.org/source/openssl-${opensslVersion}.tar.gz" />
                      </condition>
                       <if>
                        <equals arg1="${opensslFound}" arg2="true" />
                        <then>
                          <!-- Download the openssl source. -->
                          <!-- <get src="https://www.openssl.org/source/openssl-${opensslVersion}.tar.gz" dest="${project.build.directory}/openssl-${opensslVersion}.tar.gz" verbose="on" />-->
                        </then>
                        <else>
                         <!-- Download the openssl source from the old directory -->
                          <!-- <get src="https://www.openssl.org/source/old/${opensslMinorVersion}/openssl-${opensslVersion}.tar.gz" dest="${project.build.directory}/openssl-${opensslVersion}.tar.gz" verbose="on" />-->
                        </else>
                      </if>
                      <checksum file="${project.build.directory}/openssl-${opensslVersion}.tar.gz" algorithm="SHA-256" property="${opensslSha256}" verifyProperty="isEqual" />

                      <!-- Use the tar command (rather than the untar ant task) in order to preserve file permissions. -->
                       <exec executable="tar" failonerror="true" dir="${project.build.directory}/" resolveexecutable="true">
                         <arg line="xfvz openssl-${opensslVersion}.tar.gz" />
                       </exec>
                    </else>
                  </if>
                </target>
              </configuration>
```

步骤 6：注释掉对 boringssl-static 的编译（在第 603 行），因为 boringssl-static 需要从谷歌服务器获取资源，由于无法获取成功，这里就取消对它的编译，但不影响后续的使用（如果确实要用，可以把获取源码网址改为 GitHub 上的源码网址，这里就不演示了）。编辑源代码主目录的 pom 文件，修改后的该段配置如下：

```
<modules>
  <module>openssl-dynamic</module>
  <module>openssl-static</module>
<!-- <module>boringssl-static</module> -->
  <module>libressl-static</module>
</modules>
```

步骤 7：提前创建好 openssl-static 和 libressl-static 项目的 target 目录，命令如下：

```
mkdir /data/soft/netty-tcnative-netty-tcnative-parent-2.0.34.Final/openssl-static/
target/
mkdir /data/soft/netty-tcnative-netty-tcnative-parent-2.0.34.Final/libressl-static/
target/
```

步骤 8：复制预先下载的文件到 target 目录，命令如下：

```
cp /data/soft/apr-1.6.5.tar.gz /data/soft/netty-tcnative-netty-tcnative-parent-2.0.
34.Final/openssl-static/target/
cp /data/soft/openssl-1.1.1g.tar.gz /data/soft/netty-tcnative-netty-tcnative-parent-
2.0.34.Final/openssl-static/target/
cp /data/soft/apr-1.6.5.tar.gz /data/soft/netty-tcnative-netty-tcnative-parent-2.0.
34.Final/libressl-static/target/
cp /data/soft/libressl-3.1.1.tar.gz /data/soft/netty-tcnative-netty-tcnative-parent-
2.0.34.Final/libressl-static/target/
```

步骤 9：进入主目录，执行编译，命令如下：

```
cd /data/soft/netty-tcnative-netty-tcnative-parent-2.0.34.Final/
mvn install
```

最后编译成功的回显如下：

```
[INFO] Reactor Summary for Netty/TomcatNative [Parent] 2.0.34.Final:
[INFO]
[INFO] Netty/TomcatNative [Parent] ........................ SUCCESS [ 3.050 s]
[INFO] Netty/TomcatNative [OpenSSL - Dynamic] ............. SUCCESS [ 6.017 s]
[INFO] Netty/TomcatNative [OpenSSL - Static] .............. SUCCESS [ 23.875 s]
[INFO] Netty/TomcatNative [LibreSSL - Static] ............. SUCCESS [01:13 min]
[INFO] ------------------------------------------------------------------------
```

```
[INFO] BUILD SUCCESS
[INFO] ------------------------------------------------------------------------
[INFO] Total time: 01:47 min
[INFO] Finished at: 2020-12-01T22:22:46+08:00
[INFO] ------------------------------------------------------------------------
```

7. 编译 netty-all-4.1.52

步骤 1：进入/data/soft/下载 netty-all 源码包，下载命令如下：

```
wget https://GitHub.com/netty/netty/archive/netty-4.1.52.Final.tar.gz
```

步骤 2：解压源码包，并进入解压后目录，命令如下：

```
tar -zxvf netty-4.1.52.Final.tar.gz
cd netty-netty-4.1.52.Final/
```

步骤 3：处理 jni.h 问题。在后续的编译中，可能会出现找不到 jni.h 和 jni_md.h 的错误，如图 5-9 所示。

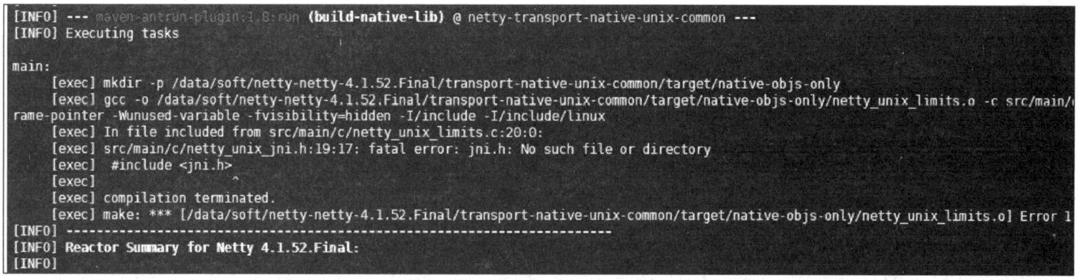

```
[INFO] --- maven-antrun-plugin:1.8:run (build-native-lib) @ netty-transport-native-unix-common ---
[INFO] Executing tasks

main:
     [exec] mkdir -p /data/soft/netty-netty-4.1.52.Final/transport-native-unix-common/target/native-objs-only
     [exec] gcc -o /data/soft/netty-netty-4.1.52.Final/transport-native-unix-common/target/native-objs-only/netty_unix_limits.o -c src/main/
rame-pointer -Wunused-variable -fvisibility=hidden -I/include -I/include/linux
     [exec] In file included from src/main/c/netty_unix_limits.c:20:0:
     [exec] src/main/c/netty_unix_jni.h:19:17: fatal error: jni.h: No such file or directory
     [exec]  #include <jni.h>
     [exec]                  ^
     [exec] compilation terminated.
     [exec] make: *** [/data/soft/netty-netty-4.1.52.Final/transport-native-unix-common/target/native-objs-only/netty_unix_limits.o] Error 1
[INFO] ------------------------------------------------------------------------
[INFO] Reactor Summary for Netty 4.1.52.Final:
[INFO]
```

图 5-9　编译错误

出现这种错误的原因是 C 编译器找不到头文件的位置，所以需要直接告诉编译器头文件在哪里，就是通过 C 编译器选项 CFLAGS 传过去头文件的路径。本机的 jni.h 文件在/usr/lib/jvm/java/include 目录下，jni_md.h 文件在/usr/lib/jvm/java/include/Linux/目录下。编辑 transport-native-UNIX-common 下的 pom 文件，命令如下：

```
vim /data/soft/netty-netty-4.1.52.Final/transport-native-UNIX-common/pom.xml
```

要修改的 CFLAGS 选项在第 198 行和第 263 行，在值的后面加上头文件的位置，代码如下：

```
-I/usr/lib/jvm/java/include -I/usr/lib/jvm/java/include/Linux/
```

修改后的效果如下所示，注意修改后的字符串也是全部在 value 值的引号里面，代码如下：

```
<configuration>
                    <target>
                      <exec executable = "${exe.make}" failonerror = "true" resolveexecutable = "
true">
                        <env key = "CC" value = "${exe.compiler}" />
                        <env key = "AR" value = "${exe.archiver}" />
                        <env key = "LIB_DIR" value = "${nativeLibOnlyDir}" />
                        <env key = "OBJ_DIR" value = "${nativeObjsOnlyDir}" />
                        <env key = "JNI_PLATFORM" value = "${jni.platform}" />
                        <env key = "CFLAGS" value = " -O3 -Werror -Wno-attributes -fPIC -
fno-omit-frame-pointer -Wunused-variable -fvisibility=hidden -I/usr/lib/jvm/java/
include -I/usr/lib/jvm/java/include/Linux/" />
                        <env key = "LDFLAGS" value = " -Wl,--no-as-needed -lrt" />
                        <env key = "LIB_NAME" value = "${nativeLibName}" />
                      </exec>
                    </target>
                  </configuration>
```

步骤 4：编译 netty-all，进入源码主目录，执行编译，命令如下：

```
mvn install -DskipTests
```

该命令将跳过测试过程，经过十几分钟的编译后，可以看到成功编译的回显如下所示：

```
[INFO] ------------------------------------------------------------------------
[INFO] Reactor Summary for Netty 4.1.52.Final:
[INFO]
[INFO] Netty/Dev-Tools ..................................... SUCCESS
[ 3.865 s]
[INFO] Netty ............................................... SUCCESS
[ 27.323 s]
[INFO] Netty/Common ........................................ SUCCESS
[ 24.739 s]
[INFO] Netty/Buffer ........................................ SUCCESS
[ 9.388 s]
[INFO] Netty/Resolver ...................................... SUCCESS
[ 3.082 s]
[INFO] Netty/Transport ..................................... SUCCESS
[ 10.379 s]
[INFO] Netty/Codec ......................................... SUCCESS
[ 12.151 s]
[INFO] Netty/Codec/DNS ..................................... SUCCESS
[ 5.560 s]
[INFO] Netty/Codec/HAProxy ................................. SUCCESS
[ 3.563 s]
```

```
[INFO] Netty/Handler ..................................................... SUCCESS
[ 10.909 s]
[INFO] Netty/Codec/HTTP .................................................. SUCCESS
[ 10.898 s]
[INFO] Netty/Codec/HTTP2 ................................................. SUCCESS
[ 11.358 s]
[INFO] Netty/Codec/Memcache .............................................. SUCCESS
[ 3.634 s]
[INFO] Netty/Codec/MQTT .................................................. SUCCESS
[ 8.049 s]
[INFO] Netty/Codec/Redis ................................................. SUCCESS
[ 3.343 s]
[INFO] Netty/Codec/SMTP .................................................. SUCCESS
[ 2.808 s]
[INFO] Netty/Codec/Socks ................................................. SUCCESS
[ 4.009 s]
[INFO] Netty/Codec/Stomp ................................................. SUCCESS
[ 3.104 s]
[INFO] Netty/Codec/XML ................................................... SUCCESS
[ 4.603 s]
[INFO] Netty/Handler/Proxy ............................................... SUCCESS
[ 4.802 s]
[INFO] Netty/Resolver/DNS ................................................ SUCCESS
[ 5.999 s]
[INFO] Netty/Transport/RXTX .............................................. SUCCESS
[ 1.964 s]
[INFO] Netty/Transport/SCTP .............................................. SUCCESS
[ 5.172 s]
[INFO] Netty/Transport/UDT ............................................... SUCCESS
[ 4.782 s]
[INFO] Netty/Example ..................................................... SUCCESS
[ 6.317 s]
[INFO] Netty/Transport/Native/UNIX/Common ................................ SUCCESS
[ 7.705 s]
[INFO] Netty/Testsuite ................................................... SUCCESS
[ 4.095 s]
[INFO] Netty/Transport/Native/UNIX/Common/Tests .......................... SUCCESS
[ 2.327 s]
[INFO] Netty/Transport/Native/Epoll ...................................... SUCCESS
[ 18.026 s]
[INFO] Netty/Transport/Native/KQueue ..................................... SUCCESS
[ 4.162 s]
[INFO] Netty/Resolver/DNS/macOS .......................................... SUCCESS
[ 6.547 s]
[INFO] Netty/All-in-One .................................................. SUCCESS
[ 1.893 s]
```

```
[INFO] Netty/Tarball ........................................... SUCCESS
[ 0.299 s]
[INFO] Netty/Testsuite/Autobahn ................................ SUCCESS
[ 4.716 s]
[INFO] Netty/Testsuite/Http2 ................................... SUCCESS
[ 3.054 s]
[INFO] Netty/Testsuite/OSGI .................................... SUCCESS
[ 5.161 s]
[INFO] Netty/Testsuite/Shading ................................. SUCCESS
[ 6.329 s]
[INFO] Netty/Testsuite/NativeImage ............................. SUCCESS
[ 8.765 s]
[INFO] Netty/Transport/BlockHound/Tests ........................ SUCCESS
[ 2.125 s]
[INFO] Netty/Microbench ........................................ SUCCESS
[ 23.107 s]
[INFO] Netty/BOM ............................................... SUCCESS
[ 0.004 s]
[INFO] ------------------------------------------------------------------------
[INFO] BUILD SUCCESS
[INFO] ------------------------------------------------------------------------
[INFO] Total time: 04:50 min
[INFO] Finished at: 2020-12-01T22:52:37+08:00
[INFO] ------------------------------------------------------------------------
```

鲲鹏架构的 jar 包就在各个项目的 target 目录下，例如 transport-native-epoll 项目下的 jar 包，显示如下：

```
[root@ecs-kunpeng transport-native-epoll]# cd target/
[root@ecs-kunpeng target]# ll
total 948
drwxr-xr-x 2   root root   4096 Dec   1 22:51   antrun
-rw-r--r-- 1   root root   14821 Dec  1 22:51   checkstyle-cachefile
-rw-r--r-- 1   root root   6059 Dec   1 22:51   checkstyle-checker.xml
-rw-r--r-- 1   root root   11358 Dec  1 22:51   checkstyle-header.txt
-rw-r--r-- 1   root root   81 Dec     1 22:51   checkstyle-result.xml
drwxr-xr-x 4   root root   4096 Dec   1 22:51   classes
drwxr-xr-x 2   root root   4096 Dec   1 22:51   dependency-maven-plugin-markers
drwxr-xr-x 3   root root   4096 Dec   1 22:51   dev-tools
drwxr-xr-x 4   root root   4096 Dec   1 22:51   generated-sources
drwxr-xr-x 3   root root   4096 Dec   1 22:51   generated-test-sources
drwxr-xr-x 2   root root   4096 Dec   1 22:51   japicmp
drwxr-xr-x 2   root root   4096 Dec   1 22:51   maven-archiver
drwxr-xr-x 3   root root   4096 Dec   1 22:51   maven-status
drwxr-xr-x 8   root root   4096 Dec   1 22:51   native-build
```

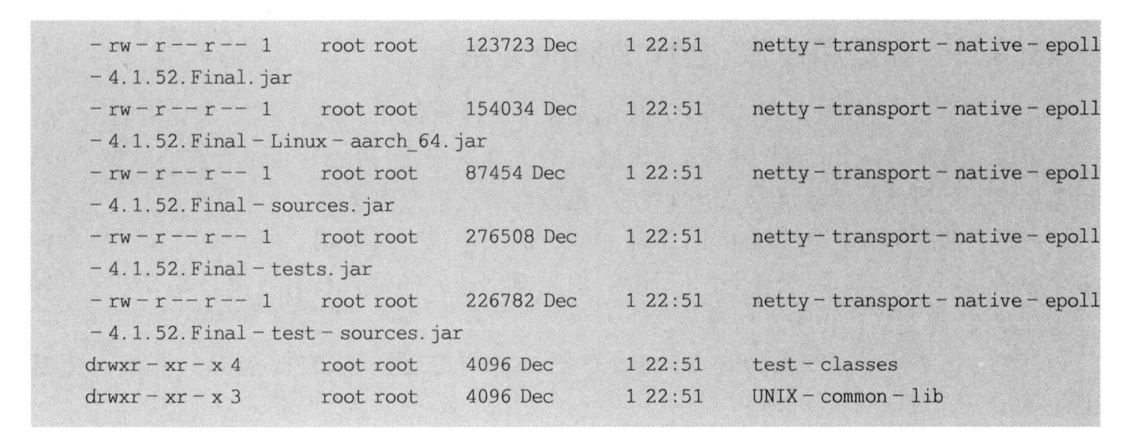

```
-rw-r--r-- 1     root root    123723 Dec    1 22:51    netty-transport-native-epoll
-4.1.52.Final.jar
-rw-r--r-- 1     root root    154034 Dec    1 22:51    netty-transport-native-epoll
-4.1.52.Final-Linux-aarch_64.jar
-rw-r--r-- 1     root root    87454 Dec     1 22:51    netty-transport-native-epoll
-4.1.52.Final-sources.jar
-rw-r--r-- 1     root root    276508 Dec    1 22:51    netty-transport-native-epoll
-4.1.52.Final-tests.jar
-rw-r--r-- 1     root root    226782 Dec    1 22:51    netty-transport-native-epoll
-4.1.52.Final-test-sources.jar
drwxr-xr-x 4     root root    4096 Dec      1 22:51    test-classes
drwxr-xr-x 3     root root    4096 Dec      1 22:51    UNIX-common-lib
```

包含 aarch_64 的 jar 包就是鲲鹏架构下适用的 jar 包。

5.4 容器迁移

5.4.1 容器简介

容器是一种轻量级、可移植、自包含的软件打包技术，使应用程序几乎可以在任何地方以相同的方式运行。和虚拟机的硬件虚拟化不同，它基于操作系统级别的虚拟化技术，可以高效地利用服务器资源，具有如下特点：

1. 速度快

容器创建和启动速度都很快，基本可以做到秒级启动，这一点对于服务器的弹性使用很重要，在需要的时候可以随时快速创建容器，而在不需要时可以销毁容器释放资源。

2. 资源占用低

和虚拟机相比，容器没有 hypervisor 层，也没有自己的操作系统，大大降低了对内存、硬盘等资源的占用。

3. 标准化

容器基于开放技术标准，可以在所有主流的 Linux 发行版中运行。

4. 可移植性好

容器封装了所有运行应用程序所必需的相关细节，例如应用依赖及操作系统等，这就使得镜像从一个环境移植到另外一个环境更加灵活。

5. 安全性

容器之间的进程是相互隔离的，使用的资源亦是如此，一个容器的升级或者变化不会影响其他容器。

6. 镜像版本化

每个容器的镜像都由版本控制，可以追踪不同版本的容器，监控版本之间的差异。

5.4.2 容器和镜像、仓库之间的关系

在使用容器的时候，容器、镜像、仓库是关系非常紧密的几个概念，需要对比说明。

镜像：镜像是一个只读的模板，一个独立的文件系统，包括运行容器所需的数据，可以用来创建新的容器。镜像可以从仓库拉取，也可以推送镜像到仓库。

容器：容器是基于镜像创建的，是独立运行的一个或一组应用。同一个镜像可以创建多个容器，容器可以启动、暂停、停止、删除，但是对创建它的镜像没有影响。容器也可以保存当前状态，提交后可作为新镜像。

仓库：仓库是存储镜像的场所，可以查询、提交、提取镜像，目前最大的开源仓库是dockerhub。

从仓库提取镜像，然后使用镜像创建容器的关系如图5-10所示。

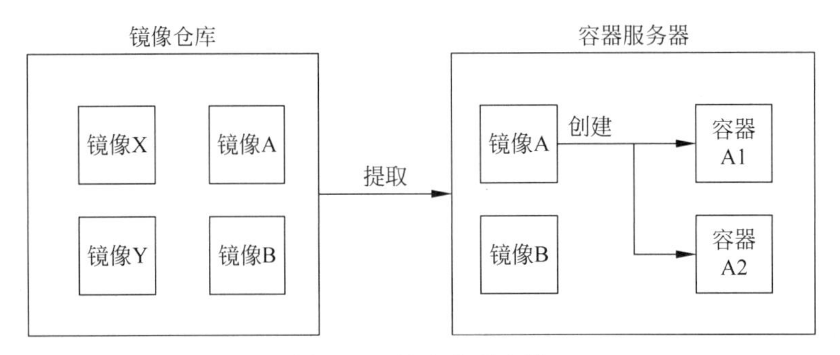

图5-10 从仓库到容器

同样，从容器提交镜像，然后推送镜像到仓库的关系也可以用图5-11来表示。

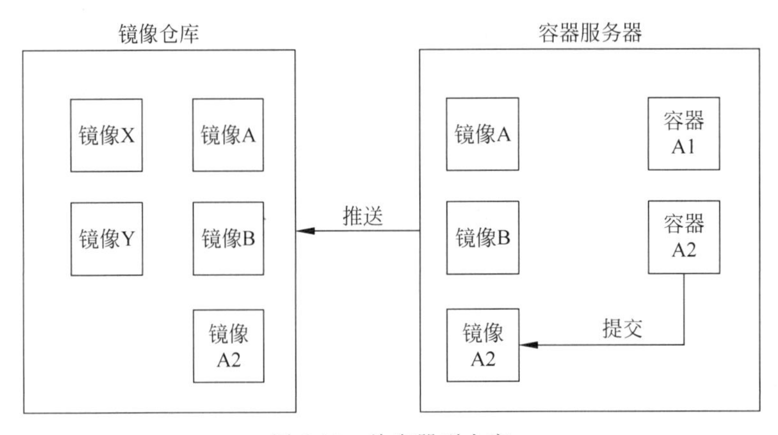

图5-11 从容器到仓库

5.4.3 容器的基本操作

作为事实上的容器标准，Docker被广泛使用，这里就以Docker为例，演示在鲲鹏架构

下容器的常用功能。

1. Docker 的安装

步骤 1：系统环境检查。Docker 对系统环境有一定的要求，对于 CentOS 7，要求 64 位系统，内核版本 3.10 或以上；对于 CentOS 6.5 或以上，要求 64 位系统，内核版本为 2.6.32-431 或者以上。检查内核版本，命令及回显如下：

```
[root@ecs-kunpeng ~]# uname -r
4.18.0-80.7.2.el7.aarch64
```

可以看到本机内核版本是 4.18，满足安装条件。

步骤 2：安装 Docker，命令如下：

```
yum install -y docker
```

安装成功的回显信息如下：

```
Installed:
  docker.aarch64 2:1.13.1-203.git0be3e21.el7.centos

Dependency Installed:
  PyYAML.aarch64 0:3.10-11.el7
  atomic-registries.aarch64 1:1.22.1-33.gitb507039.el7_8
  audit-libs-python.aarch64 0:2.8.5-4.el7
  checkpolicy.aarch64 0:2.5-8.el7
  container-seLinux.noarch 2:2.119.2-1.911c772.el7_8
  container-storage-setup.noarch 0:0.11.0-2.git5eaf76c.el7
  containers-common.aarch64 1:0.1.40-11.el7_8
  device-mapper-event.aarch64 7:1.02.170-6.el7
  device-mapper-event-libs.aarch64 7:1.02.170-6.el7
  device-mapper-persistent-data.aarch64 0:0.8.5-3.el7_9.2
  docker-client.aarch64 2:1.13.1-203.git0be3e21.el7.centos
  docker-common.aarch64 2:1.13.1-203.git0be3e21.el7.centos
  fuse-overlayfs.aarch64 0:0.7.2-6.el7_8
  fuse3-libs.aarch64 0:3.6.1-4.el7
  libaio.aarch64 0:0.3.109-13.el7
  libcgroup.aarch64 0:0.41-21.el7
  libnl.aarch64 0:1.1.4-3.el7
  libsemanage-python.aarch64 0:2.5-14.el7
  libyaml.aarch64 0:0.1.4-11.el7
  lvm2.aarch64 7:2.02.187-6.el7
  lvm2-libs.aarch64 7:2.02.187-6.el7
  oci-register-machine.aarch64 1:0-6.git2b44233.el7
  oci-systemd-hook.aarch64 1:0.2.0-1.git05e6923.el7_6
  oci-umount.aarch64 2:2.5-3.el7
```

```
  policycoreutils - python.aarch64 0:2.5 - 34.el7
  python - IPy.noarch 0:0.75 - 6.el7
  python - backports.aarch64 0:1.0 - 8.el7
  python - backports - ssl_match_hostname.noarch 0:3.5.0.1 - 1.el7
  python - dateutil.noarch 0:1.5 - 7.el7
  python - ethtool.aarch64 0:0.8 - 8.el7
  python - inotify.noarch 0:0.9.4 - 4.el7
  python - ipaddress.noarch 0:1.0.16 - 2.el7
  python - pytoml.noarch 0:0.1.14 - 1.git7dea353.el7
  python - setuptools.noarch 0:0.9.8 - 7.el7
  python - six.noarch 0:1.9.0 - 2.el7
  python - syspurpose.aarch64 0:1.24.42 - 1.el7.centos
  setools - libs.aarch64 0:3.3.8 - 4.el7
  slirp4netns.aarch64 0:0.4.3 - 4.el7_8
  subscription - manager.aarch64 0:1.24.42 - 1.el7.centos
  subscription - manager - rhsm.aarch64 0:1.24.42 - 1.el7.centos
  subscription - manager - rhsm - certificates.aarch64 0:1.24.42 - 1.el7.centos
  usermode.aarch64 0:1.111 - 6.el7
  yajl.aarch64 0:2.0.4 - 4.el7

Dependency Updated:
  device - mapper.aarch64 7:1.02.170 - 6.el7 device - mapper - libs.aarch64 7:1.02.170 - 6.el7
  policycoreutils.aarch64 0:2.5 - 34.el7

Complete!
```

步骤 3：启动 Docker 服务，命令如下：

```
systemctl start docker
```

步骤 4：查看 Docker 服务是否启动成功，命令及回显如下：

```
[root@ecs - kunpeng ~]# systemctl status docker
● docker.service - Docker Application Container Engine
   Loaded: loaded (/usr/lib/systemd/system/docker. service; disabled; vendor preset: disabled)
  Active: active (running) since Wed 2020 - 12 - 02 07:42:14 CST; 8s ago
    Docs: http://docs.docker.com
Main PID: 2219 (dockerd - current)
  CGroup: /system.slice/docker.service
          ├─2219 /usr/bin/dockerd - current  -- add - RunTime docker - runc = /usr/libexec/docker/docker - runc - curr...
          ├─2227 /usr/bin/docker - containerd - current  - l UNIX:///var/run/docker/libcontainerd/docker - conta...
```

```
Dec 02 07:42:13 ecs-kunpeng dockerd-current[2219]: time="2020-12-02T07:42:
13.881610880+08:00" level=wa...ht"
Dec 02 07:42:13 ecs-kunpeng dockerd-current[2219]: time="2020-12-02T07:42:
13.881627730+08:00" level=wa...ce"
Dec 02 07:42:13 ecs-kunpeng dockerd-current[2219]: time="2020-12-02T07:42:
13.881953785+08:00" level=in...t."
Dec 02 07:42:13 ecs-kunpeng dockerd-current[2219]: time="2020-12-02T07:42:
13.930829233+08:00" level=in...se"
Dec 02 07:42:14 ecs-kunpeng dockerd-current[2219]: time="2020-12-02T07:42:
14.003211627+08:00" level=in...ss"
Dec 02 07:42:14 ecs-kunpeng dockerd-current[2219]: time="2020-12-02T07:42:
14.036062406+08:00" level=in...e."
Dec 02 07:42:14 ecs-kunpeng dockerd-current[2219]: time="2020-12-02T07:42:
14.114063481+08:00" level=in...on"
Dec 02 07:42:14 ecs-kunpeng dockerd-current[2219]: time="2020-12-02T07:42:
14.114099591+08:00" level=in...3.1
Dec 02 07:42:14 ecs-kunpeng dockerd-current[2219]: time="2020-12-02T07:42:
14.121241863+08:00" level=in...ck"
Dec 02 07:42:14 ecs-kunpeng systemd[1]: Started Docker Application Container Engine.
Hint: Some lines were ellipsized, use -l to show in full.
```

可以看到服务状态为active(running),表示启动成功,可以正常运行了。

步骤5:运行测试容器,命令及回显如下:

```
[root@ecs-kunpeng ~]# docker run hello-world
Unable to find image 'hello-world:latest' locally
Trying to pull repository docker.io/library/hello-world ...
latest: Pulling from docker.io/library/hello-world
256ab8fe8778: Pull complete
Digest: sha256:e7c70bb24b462baa86c102610182e3efcb12a04854e8c582838d92970a09f323
Status: Downloaded newer image for docker.io/hello-world:latest

Hello from Docker!
This message shows that your installation appears to be working correctly.

To generate this message, Docker took the following steps:
1. The Docker client contacted the Docker daemon.
2. The Docker daemon pulled the "hello-world" image from the Docker Hub.(arm64v8).
3. The Docker daemon created a new container from that image which runs the executable that
produces the output you are currently reading.
4. The Docker daemon streamed that output to the Docker client, which sent it to your terminal.

To try something more ambitious, you can run an Ubuntu container with:
 $ docker run -it ubuntu bash
Share images, automate workflows, and more with a free Docker ID:
```

```
https://hub.docker.com/

For more examples and ideas, visit:
https://docs.docker.com/get-started/
```

如果看到类似上面的回显，表明镜像下载和容器运行都成功了。

2. 容器的使用

下面演示获取镜像并创建容器的过程，最后把容器提交成一个新的镜像。

步骤 1：获取 ARM64v8 架构下的精简的 Debian 镜像，命令及提取成功的回显如下：

```
[root@ecs-kunpeng ~]# docker pull arm64v8/debian:buster-slim
Trying to pull repository docker.io/arm64v8/debian ...
buster-slim: Pulling from docker.io/arm64v8/debian
29ade854e0dc: Pull complete
Digest: sha256:5d0f4e33abe44c7fca183c2c7ea7b2084d769aef3528ffd630f0dffda0784089
Status: Downloaded newer image for docker.io/arm64v8/debian:buster-slim
```

步骤 2：查看已经提取成功的镜像，命令如下：

```
[root@ecs-kunpeng ~]# docker images
REPOSITORY                TAG           IMAGE ID       CREATED          SIZE
docker.io/arm64v8/debian  buster-slim   9db65bac9886   2 weeks ago      63.4 MB
docker.io/hello-world     latest        a29f45ccde2a   11 months ago    9.14 kB
```

可以看到刚提取的镜像 arm64v8/debian:buster-slim。

步骤 3：使用镜像 arm64v8/debian:buster-slim 启动一个容器并进入，容器名称为 debian4make，命令及回显如下：

```
[root@ecs-kunpeng ~]# docker run -it --name debian4make arm64v8/debian:buster-slim /
bin/bash
root@6145bfbeb7ec:/#
```

可以看到，启动后就直接进入了 id 为 6145bfbeb7ec 的容器内部。

步骤 4：进入容器后，需要安装后期编译 C 源代码会用到的一些依赖，命令如下：

```
apt-get update
apt-get install -y wget  gcc libc6-dev  make
```

安装成功后的回显如下：

```
126 added, 0 removed; done.
Setting up libgcc-8-dev:arm64 (8.3.0-6) ...
Setting up cpp (4:8.3.0-1) ...
```

```
Setting up libc6-dev:arm64 (2.28-10) ...
Setting up gcc-8 (8.3.0-6) ...
Setting up gcc (4:8.3.0-1) ...
Processing triggers for libc-bin (2.28-10) ...
Processing triggers for ca-certificates (20200601~deb10u1) ...
Updating certificates in /etc/ssl/certs...
0 added, 0 removed; done.
Running hooks in /etc/ca-certificates/update.d...
done.
```

步骤5：安装成功后退出容器，命令如下：

```
Exit
```

查看容器状态，命令及回显如下：

```
[root@ecs-kunpeng ~]# docker ps -a
CONTAINER ID    IMAGE    COMMAND    CREATED    STATUS    PORTS    NAMES
6145bfbeb7ec    arm64v8/debian:buster-slim    "/bin/bash"    36 minutes ago
Exited (0) 20 seconds ago    debian4make
e963b90f37bb    hello-world    "/hello"    40 minutes ago    Exited (0) 40 minutes ago
fervent_austin
```

可以看到刚才运行的容器debian4make为exited状态。

步骤6：使用debian4make创建一个新镜像，新镜像的名字为arm64v8/debian4make，命令如下：

```
docker commit  -m "base image for make"debian4make arm64v8/debian4make
```

步骤7：查看镜像列表，命令及回显如下：

```
[root@ecs-kunpeng ~]# docker images
REPOSITORY                 TAG            IMAGE ID        CREATED           SIZE
arm64v8/debian4make        latest         39c77398e5cd    11 seconds ago    184 MB
docker.io/arm64v8/debian   buster-slim    9db65bac9886    2 weeks ago       63.4 MB
docker.io/hello-world      latest         a29f45ccde2a    11 months ago     9.14 kB
```

可以看到新的镜像已经创建成功了。

5.4.4 容器迁移的流程

从5.4.3节的示例可以知道，在同一个架构下，很容易实现容器的迁移，也就是把容器提交为镜像，然后把镜像推送到仓库，其他的服务器可以从仓库下载这个镜像，然后从这个镜像创建容器，这样就实现了容器的迁移，过程如图 5-12 所示。

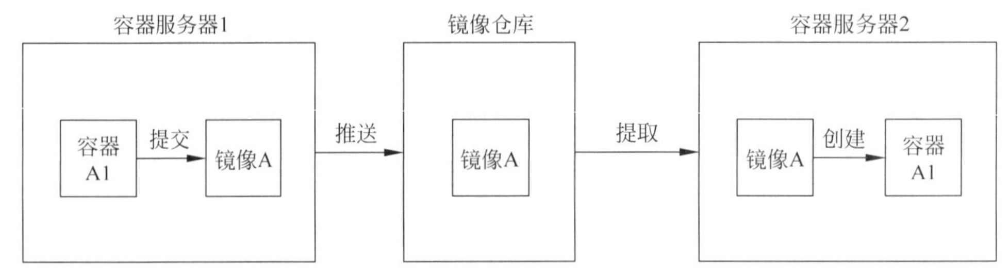

图 5-12　同架构容器迁移

但是，在不同的架构下，直接使用其他架构的镜像会出现错误，因为镜像包含的软件本身也与架构相关，在一个架构下生成的镜像，在其他的架构中是无法直接运行的。但是，镜像也可以使用 Dockerfile 生成，可以修改一个架构下的 Dockerfile 文件，使其在其他架构下也可以生成相同功能的镜像。

这里通过在 x86 架构和鲲鹏架构下分别构建一个 Redis 5.0.9 的镜像，演示不同架构之间容器的迁移。

1. x86 架构 Redis 镜像构建

步骤 1：准备 x86 架构服务器的容器环境，参考 5.4.3 节 Docker 的安装部分。

步骤 2：创建/data/redis/文件夹，然后在该文件夹内创建 Dockerfile 文件，命令如下：

```
mkdir -p /data/redis/
cd /data/redis/
vim Dockerfile
```

步骤 3：在 Dockerfile 文件内输入构建指令，保存并退出，指令如下：

```
#Chapter5/x86/Dockerfile
FROM centos/s2i-core-centos7

ENV REDIS_DOWNLOAD_URL https://GitHub.com/redis/redis/archive/5.0.9.tar.gz
ENV REDIS_TAR_NAME redis.tar.gz
RUN set -eux; \
    \
    yum update -y; \
    yum install -y \
        wget \
        gcc \
        libc6-dev \
        make \
    ; \
    yum clean all ;\
```

```
    rm -rf /var/cache/yum/* ;\
    wget -O "$REDIS_TAR_NAME" "$REDIS_DOWNLOAD_URL"; \
    mkdir -p /usr/src/redis; \
    tar -xzf "$REDIS_TAR_NAME" -C /usr/src/redis --strip-components=1; \
    rm "$REDIS_TAR_NAME"; \
    \
    make -C /usr/src/redis -j "$(nproc)" all; \
    make -C /usr/src/redis install; \
    \
    rm -r /usr/src/redis;

RUN mkdir /data
VOLUME /data
WORKDIR /data

EXPOSE 6379
CMD ["redis-server"]
```

构建文件指令简介：

FROM：构建基于系统的镜像，这里使用的是基于 CentOS 的精简镜像，体积较小。

ENV：设置环境变量，这里把下载网址和文件名称设置成环境变量，方便制作不同 Redis 版本的镜像。

RUN：要执行的指令。本构建文件中，RUN 指令执行的过程如下：

(1) 使用 yum 安装必需的依赖项。

(2) 删除了 yum 的缓存文件。

(3) 使用 wget 下载 redis 的 tar 源码包。

(4) 解压源码包到源码目录。

(5) 删除 tar 包。

(6) 使用 make 命令编译 redis 源码，编译时使用-j"$nproc"指定使用的核心数量。

(7) 使用 make install 安装。

(8) 删除源码目录。

VOLUME：创建挂载点/data。

WORKDIR：设置工作目录，这里把/data 设置为工作目录。

EXPOSE：声明服务端口，这里把 Redis 提供服务的 6379 端口声明为服务端口。

CMD：设置容器启动后默认执行的命令及其参数，这里默认启动 Redis 服务。

步骤 4：创建 Redis 镜像，命令如下：

```
docker build -t x86/centos_redis:5.0.9 .
```

构建过程所需时间较长，最后构建成功后的回显如下：

```
+ rm -r /usr/src/redis
---> 69f51df30aaa
Removing intermediate container b77560406af5
Step 5/9 : RUN mkdir /data
---> Running in 48aaaeec41e1

---> b477231b861b
Removing intermediate container 48aaaeec41e1
Step 6/9 : VOLUME /data
---> Running in 21539c2883cf
---> 284a49c147a3
Removing intermediate container 21539c2883cf
Step 7/9 : WORKDIR /data
---> 2794df97710e
Removing intermediate container 7e0a9535a2ef
Step 8/9 : EXPOSE 6379
---> Running in 754a0ea5f09c
---> 1678d17aff35
Removing intermediate container 754a0ea5f09c
Step 9/9 : CMD redis-server
---> Running in 65a55abf814b
---> b4dae1100ba2
Removing intermediate container 65a55abf814b
Successfully built b4dae1100ba2
```

步骤 5：查看新构建的镜像，命令及回显如下：

```
[root@ecs-x86 redis]# docker images
REPOSITORY                         TAG       IMAGE ID       CREATED          SIZE
x86/centos_redis                   5.0.9     b4dae1100ba2   3 minutes ago    485 MB
docker.io/centos/s2i-core-centos7  latest    d7831cbce893   2 months ago     239 MB
docker.io/hello-world              latest    bf756fb1ae65   11 months ago    13.3 kB
```

可以看到新的镜像 x86/centos_redis:5.0.9。

步骤 6：创建/data/redis/data/文件夹，使用 x86/centos_redis:5.0.9 镜像运行容器，容器名称为 x86_redis，命令如下：

```
mkdir -p /data/redis/data/
docker run -p 6379:6379 --name x86_redis -d -v /data/redis/data/:/data/ x86/centos_
redis:5.0.9 redis-server --appendonly yes
```

创建成功后，查看容器运行状态，命令及回显如下：

```
[root@ecs-x86 redis]# docker ps
CONTAINER ID    IMAGE    COMMAND    CREATED    STATUS    PORTS    NAMES
```

```
46664ccdeaa2      x86/centos_redis:5.0.9      "container-entrypo..."      11 seconds ago
Up 11 seconds      0.0.0.0:6379->6379/tcp   x86_redis
```

容器状态为Up,表示已经正常运行了。

步骤7：使用redis-cli连接redis容器,然后输入ping,正常会返回PONG,命令及回显如下：

```
[root@ecs-x86 redis]# docker exec -it x86_redis redis-cli
127.0.0.1:6379> ping
PONG
```

步骤8：测试set/get方法,指令及回显如下：

```
127.0.0.1:6379> set x86 hello
OK
127.0.0.1:6379> get x86
"hello"
```

这表明x86架构下使用镜像x86/centos_redis:5.0.9运行容器成功。

2. 鲲鹏架构Redis镜像构建

步骤1：准备鲲鹏架构服务器的容器环境,可以使用5.4.3节安装的环境。

步骤2：创建/data/redis/文件夹,然后在该文件夹内创建Dockerfile文件,命令如下：

```
mkdir -p /data/redis/
cd /data/redis/
vim Dockerfile
```

步骤3：在Dockerfile文件内输入构建指令,保存并退出,指令如下：

```
#Chapter5/kunpeng/Dockerfile
FROM debian:buster-slim

ENV REDIS_DOWNLOAD_URL https://GitHub.com/redis/redis/archive/5.0.9.tar.gz
ENV REDIS_TAR_NAME redis.tar.gz
RUN set -eux; \
    \
    apt-get update -y; \
    apt-get install -y \
        wget \
        gcc \
        libc6-dev \
        make \
    ; \
    rm -rf /var/lib/apt/lists/*; \
```

```
    wget -O "$REDIS_TAR_NAME" "$REDIS_DOWNLOAD_URL"; \
    mkdir -p /usr/src/redis; \
    tar -xzf "$REDIS_TAR_NAME" -C /usr/src/redis --strip-components=1; \
    rm "$REDIS_TAR_NAME"; \
    \
    make -C /usr/src/redis -j "$(nproc)" all; \
    make -C /usr/src/redis install; \
    \
    rm -r /usr/src/redis;

RUN mkdir /data
VOLUME /data
WORKDIR /data

EXPOSE 6379
CMD ["redis-server"]
```

可以看出，鲲鹏架构的Dockerfile文件指令和x86架构的指令基本类似，主要区别在两个部分，一个是构建基于的镜像，这里选择的是Debian系统；另一个是apt-install，用来取代CentOS中的yum。除此之外，其他指令基本一致。

步骤4：创建Redis镜像，命令如下：

```
docker build -t arm64v8/debian_redis:5.0.9 .
```

构建过程也需要较长时间，最后出现Successfully built表示构建成功了显示信息如下：

```
 + rm -r /usr/src/redis
 ---> 6fdb1ec669cc
Removing intermediate container cd41e189c725
Step 5/9 : RUN mkdir /data
 ---> Running in d44db4119267

 ---> 968e107257eb
Removing intermediate container d44db4119267
Step 6/9 : VOLUME /data
 ---> Running in 04c910bca4a3
 ---> 4c42fb187503
Removing intermediate container 04c910bca4a3
Step 7/9 : WORKDIR /data
 ---> 2e3e5269a671
Removing intermediate container 74b002db0f66
Step 8/9 : EXPOSE 6379
 ---> Running in c952a041ba8e
 ---> 22fbe952967d
```

```
Removing intermediate container c952a041ba8e
Step 9/9 : CMD redis-server
 ---> Running in 83e5d465fcc7
 ---> b85563db0232
Removing intermediate container 83e5d465fcc7
Successfully built b85563db0232
```

步骤5：查看新构建的镜像，命令及回显如下：

```
[root@ecs-kunpeng redis]#docker images
REPOSITORY                 TAG          IMAGE ID       CREATED          SIZE
arm64v8/debian_redis       5.0.9        b85563db0232   46 minutes ago   211 MB
arm64v8/debian4make        latest       39c77398e5cd   2 hours ago      184 MB
docker.io/arm64v8/debian   buster-slim  9db65bac9886   2 weeks ago      63.4 MB
docker.io/debian           buster-slim  9db65bac9886   2 weeks ago      63.4 MB
docker.io/hello-world      latest       a29f45ccde2a   11 months ago    9.14 kB
```

可以看到新的镜像arm64v8/debian_redis:5.0.9。

步骤6：创建/data/redis/data/文件夹，使用arm64v8/ debian_redis:5.0.9镜像运行容器，容器名称为kunpeng_redis，命令如下：

```
mkdir -p /data/redis/data/
docker run -p 6379:6379 --name kunpeng_redis -d -v /data/redis/data/:/data/ arm64v8/
debian_redis:5.0.9 redis-server --appendonly yes
```

创建成功后，查看容器运行状态，命令及回显如下：

```
[root@ecs-kunpeng redis]#docker ps
CONTAINER ID        IMAGE        COMMAND        CREATED        STATUS      PORTS       NAMES
0ea91f3487a7     arm64v8/debian_redis:5.0.9     "redis-server --ap..."     9 seconds ago
Up 8 seconds     0.0.0.0:6379->6379/tcp     kunpeng_redis
```

可以看到kunpeng_redis已经成功运行。

步骤7：使用redis-cli连接redis容器，输入ping，正常会返回PONG，然后测试set/get方法，命令及回显如下：

```
[root@ecs-kunpeng redis]#docker exec -it kunpeng_redis redis-cli
127.0.0.1:6379> ping
PONG
127.0.0.1:6379> set kunpeng hello
OK
127.0.0.1:6379> get kunpeng
"hello"
```

这表明鲲鹏架构下 redis 服务运行成功了。

3. 基于本地镜像构建 Redis 镜像

在使用 Dockerfile 构建新镜像时，除了可以基于仓库的镜像，也可以基于本地的镜像。这里创建一个生成 Redis 5.0.9 镜像的 Dockerfile 文件，使用在 5.4.3 节中创建的 arm64v8/centos4make 镜像作为基础镜像。下面列出简化的步骤。

步骤 1：进入鲲鹏服务器的/data/redis/文件夹。

步骤 2：创建 Dockerfile 文件，文件指令如下：

```
#Chapter5/kunpeng2/Dockerfile
FROM arm64v8/debian4make

ENV REDIS_DOWNLOAD_URL https://GitHub.com/redis/redis/archive/5.0.9.tar.gz
ENV REDIS_TAR_NAME redis.tar.gz
RUN set -eux; \
    \
    wget -O "$REDIS_TAR_NAME" "$REDIS_DOWNLOAD_URL"; \
    mkdir -p /usr/src/redis; \
    tar -xzf "$REDIS_TAR_NAME" -C /usr/src/redis --strip-components=1; \
    rm "$REDIS_TAR_NAME"; \
    \
    make -C /usr/src/redis -j "$(nproc)" all; \
    make -C /usr/src/redis install; \
    \
    rm -r /usr/src/redis;

RUN mkdir /data
VOLUME /data
WORKDIR /data

EXPOSE 6379
CMD ["redis-server"]
```

步骤 3：创建 Redis 镜像，命令如下：

```
docker build -t arm64v8/debian4make_redis:5.0.9 .
```

构建成功后的回显如下：

```
+ rm -r /usr/src/redis
--->fa697e87a302
Removing intermediate container 1ecd6c9f1674
Step 5/9 : RUN mkdir /data
--->Running in fbd9a2288e5c
```

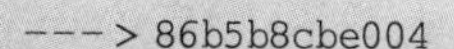

```
 ---> 86b5b8cbe004
Removing intermediate container fbd9a2288e5c
Step 6/9 : VOLUME /data
 ---> Running in 04f7a7775884
 ---> 60b90212ed66
Removing intermediate container 04f7a7775884
Step 7/9 : WORKDIR /data
 ---> 58b93b6722f7
Removing intermediate container 9d4de3c9f8b6
Step 8/9 : EXPOSE 6379
 ---> Running in 291bed3e86e2
 ---> 837ab0382a13
Removing intermediate container 291bed3e86e2
Step 9/9 : CMD redis-server
 ---> Running in ed2d79416b1a
 ---> 9dd914c78911
Removing intermediate container ed2d79416b1a
Successfully built 9dd914c78911
```

后续的创建容器、测试 Redis 服务的过程和本节第 2 段“鲲鹏架构 Redis 镜像构建”的步骤 6、7、8 类似，就不再演示了，有兴趣的读者可以自己试一下。

第 6 章

鲲鹏分析扫描工具

6.1 鲲鹏开发套件简介

从 x86 架构到鲲鹏架构的迁移过程中，需要解决的问题较多，特别是需要识别出代码中和鲲鹏架构不兼容的部分，并做好适配，这部分工作如果由人工来完成，难度较大，过程中也难免出现错误和遗漏的情况，对于迁移需要的工作量也不容易评估。为了解决类似的问题，华为推出了鲲鹏分析扫描工具(Kunpeng Code Scanner)，自动扫描并分析软件包、源码文件，提供可迁移性评估报告，可以对迁移工作做出多维度的评估。鲲鹏分析扫描工具属于鲲鹏开发套件中的一个工具，除此之外，还有另外 5 种开发工具，分别是：

鲲鹏代码迁移工具(Kunpeng Porting Advisor)，可以对待迁移软件进行源码分析，准确定位需迁移的代码，并给出友好的迁移指导或一键代码替换。

鲲鹏性能分析工具(Kunpeng Hyper Tuner)，支持系统性能分析和 Java 性能分析，提供系统全景及常见应用场景下的性能采集和分析能力，同时基于调优专家系统给出优化建议。

鲲鹏加速库(Kunpeng Library)，对软件基础库进行深度性能优化，构建常用软件库在鲲鹏平台上的性能竞争力。

编译器，包括鲲鹏 GCC(Kunpeng GCC)、毕昇编译器(BiSheng Compiler)和毕昇 JDK (BiSheng JDK)。

华为动态二进制指令翻译工具 (ExaGear)，将 x86 传统平台应用指令动态翻译为鲲鹏平台指令并实时运行，实现软件迁移无感知。

后续章节会详细介绍每种工具的安装及使用方法。

6.2 鲲鹏分析扫描工具简介

鲲鹏分析扫描工具支持 x86 架构平台和 TaiShan 100、TaiShan 200 平台，可以部署在 CentOS、openEuler、中标麒麟等基于 Linux 的操作系统上，不支持 Windows 操作系统的部署，本书编写时，最新版本是 2.2.T2 版本。

本章将演示在 x86 架构的 CentOS 7.6 操作系统上安装并使用鲲鹏分析扫描工具，在鲲鹏架构和其他操作系统上安装使用方式基本类似。

6.3 鲲鹏分析扫描工具的获取与安装

10min

6.3.1 获取安装包

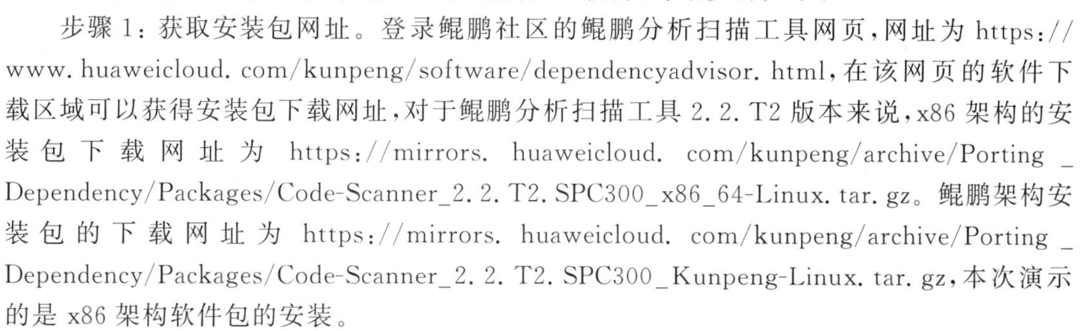

鲲鹏分析扫描工具的安装包可以从鲲鹏社区获得，详细步骤如下：

步骤 1：获取安装包网址。登录鲲鹏社区的鲲鹏分析扫描工具网页，网址为 https://www.huaweicloud.com/kunpeng/software/dependencyadvisor.html，在该网页的软件下载区域可以获得安装包下载网址，对于鲲鹏分析扫描工具 2.2.T2 版本来说，x86 架构的安装包下载网址为 https://mirrors.huaweicloud.com/kunpeng/archive/Porting_Dependency/Packages/Code-Scanner_2.2.T2.SPC300_x86_64-Linux.tar.gz。鲲鹏架构安装包的下载网址为 https://mirrors.huaweicloud.com/kunpeng/archive/Porting_Dependency/Packages/Code-Scanner_2.2.T2.SPC300_Kunpeng-Linux.tar.gz，本次演示的是 x86 架构软件包的安装。

步骤 2：登录 x86 架构服务器。

步骤 3：创建并进入/data/soft/目录，下载安装包，命令如下：

```
mkdir -p /data/soft/
cd /data/soft/
wget
https://mirrors.huaweicloud.com/kunpeng/archive/Porting_Dependency/Packages/Code-Scanner_
2.2.T2.SPC300_x86_64-Linux.tar.gz
```

步骤 4：解压安装包，命令如下：

```
tar -zxvf Code-Scanner_2.2.T2.SPC300_x86_64-Linux.tar.gz
```

步骤 5：进入安装包所在的目录，然后查看目录文件列表，命令及回显如下：

```
[root@ecs-x86 soft]# cd Code-Scanner_2.2.T2.SPC300_x86_64-Linux
[root@ecs-x86 Code-Scanner_2.2.T2.SPC300_x86_64-Linux]# ll
total 474028
-rwxr-xr-x  1  root  root  3470528  Sep  9  2001  cms
-rw-r--r--  1  root  root  481829890  Sep  9  2001  Code-Scanner_2.2.T2.SPC300_x86_
64-Linux.tar.gz
-rw-r--r--  1  root  root  5611 Sep  9  2001  Code-Scanner_2.2.T2.SPC300_x86_64-
Linux.tar.gz.cms
-rw-r--r--  1  root root  7181 Sep  9  2001  Code-Scanner_2.2.T2.SPC300_x86_64-
Linux.tar.gz.crl
```

```
-rw-r--r-- 1  root  root  194 Sep  9  2001  Code-Scanner_2.2.T2.SPC300_x86_64-
Linux.tar.gz.txt
-rwxr-xr-x 1 root root  35088  Sep  9  2001  install
-rwxr-xr-x 1 root root  35056  Sep  9  2001  upgrade
```

其中 install 为安装文件,upgrade 为升级文件。

6.3.2 安装鲲鹏分析扫描工具

鲲鹏分析扫描工具有两种安装模式,一种是 Web 模式,支持多用户使用浏览器访问,也支持插件模式使用,另一种是 CLI 模式,支持命令行访问。

1. Web 模式安装

Web 模式安装是比较常用的安装方式,详细步骤如下:

步骤 1:执行安装,指定安装参数为 web,安装程序启动后,提示输入安装目录,默认安装目录是/opt,可以根据需要输入全路径目录,这里使用默认设置,直接回车即可,命令及回显如下:

```
[root@ecs-x86 Code-Scanner_2.2.T2.SPC300_x86_64-Linux]#./install web
Checking ./Code-Scanner_2.2.T2.SPC300_x86_64-Linux ...
Installing ./Code-Scanner_2.2.T2.SPC300_x86_64-Linux ...
Enter the installation path. The default path is /opt :
```

步骤 2:安装程序会提示输入 IP 地址和 HTTPS 端口号及 tool 端口号,其中 IP 地址必须手动输入,对于华为云 ECS 服务器来说,输入私有 IP 地址即可。HTTPS 和 tool 端口号都可以使用默认值,如果默认的端口被占用,也可以使用其他空闲的端口,详细回显如下:

```
Please enter a local machine IP address(mandatory): 172.16.0.170
Please enter HTTPS port(default: 8082):
The HTTPS port 8082 is valid. Set the HTTPS port to 8082 (y/n default: y):y
Set the HTTPS port 8082
Please enter tool port(default: 7996):
The tool port 7996 is valid. Set the tool port to 7996 (y/n default: y):y
```

经过几分钟的安装过程后,工具安装成功的回显如下:

```
Complete!
java-devel Successful installation!
Created symlink from /etc/systemd/system/multi-user.target.wants/gunicorn_dep.service to /
etc/systemd/system/gunicorn_dep.service.
Locking password for user dependency.
passwd: Success
Code Scanner Web console is now running, go to:https://172.16.0.170:8082.
Successfully installed the Kunpeng Code Scanner in /opt/depadv/.
```

步骤3：开放端口。虽然在步骤2已经安装成功了，但是有可能还不能访问，这需要根据安装服务器的具体情况来处理。

假如是在局域网内服务器中安装的鲲鹏分析扫描工具，一般可以直接使用设置的地址和端口访问。

假如使用的是华为云ECS，需要进行两处特殊处理，一处是访问的IP地址使用弹性公网IP地址，这个地址可以从弹性云服务器后台获得。另一处是开放工具使用的端口8082和7996。具体的处理开放端口的方法如下：

(1) 登录华为云控制台，单击"弹性云服务器"，如图6-1所示。

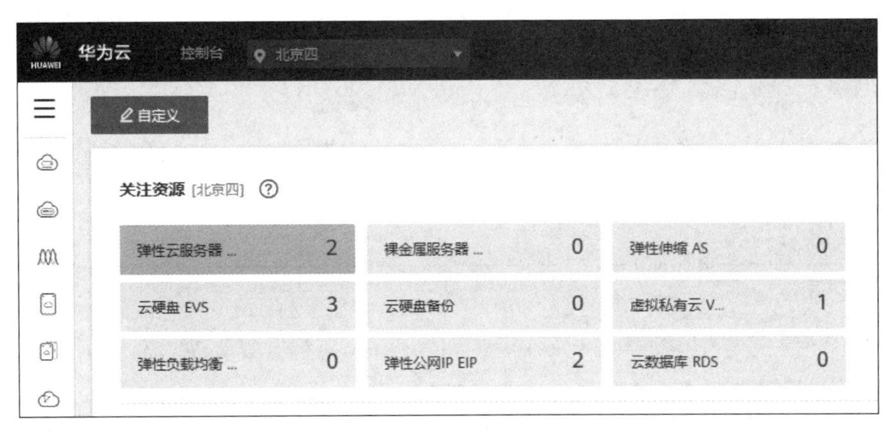

图6-1 华为云控制台

(2) 在弹性云服务器列表选择需要开放端口的服务器，单击"名称/ID"列的服务器名称，如图6-2所示，本次要演示的服务器名称是ecs-x86。

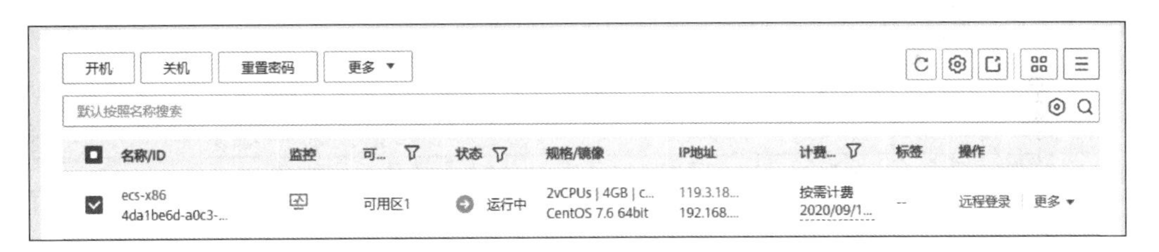

图6-2 ECS列表

(3) 在服务器详情页面进入"安全组"选项卡，单击"更改安全组规则"超链接，如图6-3所示。

(4) 在"入方向规则"选项卡，单击"添加规则"按钮，如图6-4所示。

(5) 在弹出的"添加入方向规则"窗口，添加8082和7996的访问规则，填写完毕后单击"确定"按钮，如图6-5所示，这样就完成了这两个端口的开放(7996端口供内部使用，也可以不开放)。

图 6-3　安全组

图 6-4　安全组规则

2. CLI 模式安装

执行 CLI 模式安装，指定安装参数为 cmd，安装程序会提示输入安装目录，默认安装目录是/opt，但是 CLI 模式的安装目录不能与 Web 模式安装目录相同，可以输入其他的目录，命令及回显如下：

```
[root@ecs-x86 Code-Scanner_2.2.T2.SPC300_x86_64-Linux]# ./install cmd
Checking ./Code-Scanner_2.2.T2.SPC300_x86_64-Linux ...
Installing ./Code-Scanner_2.2.T2.SPC300_x86_64-Linux ...
Enter the installation path. The default path is /opt :
```

图 6-5 添加规则

安装过程不再需要其他配置，最后安装成功回显如下：

```
webui/cert.key
webui/cert.pem
Successfully installed the Kunpeng Code Scanner in /opt/depadv/tools.
```

6.4 鲲鹏分析扫描工具的使用

7min

鲲鹏分析扫描工具有 3 种使用方式，分别是 Web 模式、CLI 模式及插件模式。

6.4.1 Web 模式下的用户及配置

这里通过在 Windows 10 操作系统上使用 Chorme 浏览器来演示鲲鹏分析扫描工具的用户及配置。

1. 登录

步骤 1：在浏览器网址栏输入鲲鹏分析扫描工具所在服务器的 IP 地址和访问端口号，格式为 https://IP:Port，针对本次演示的访问网址为 http://119.3.183.*:8082，读者需要根据自己实际安装的服务器和端口进行访问。因为服务器本身没有安装可信 CA 颁发的正式 SSL 证书，访问时可能会出现如图 6-6 所示的提示信息。

步骤 2：单击“高级”按钮，会出现更多的显示信息，单击“继续前往 119.3.183.*(不安全)”超链接，如图 6-7 所示。

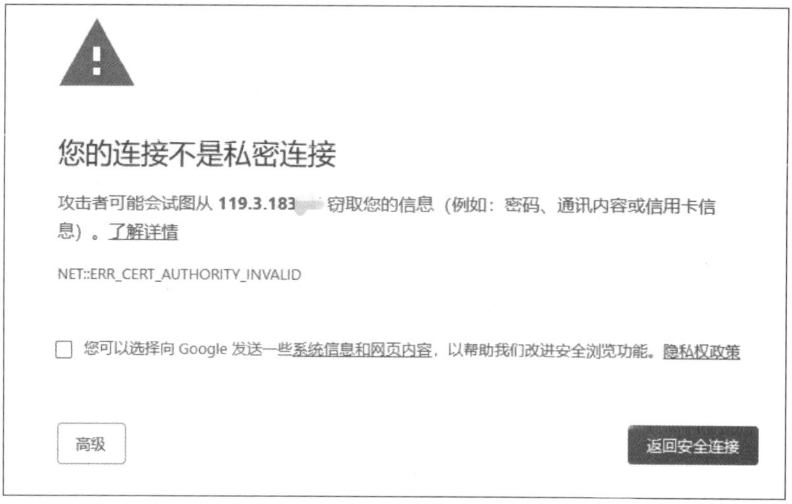

您的连接不是私密连接
攻击者可能会试图从 119.3.183 窃取您的信息（例如：密码、通讯内容或信用卡信息）。了解详情
NET::ERR_CERT_AUTHORITY_INVALID
您可以选择向 Google 发送一些系统信息和网页内容，以帮助我们改进安全浏览功能。隐私权政策
高级
返回安全连接

图 6-6　连接提示信息

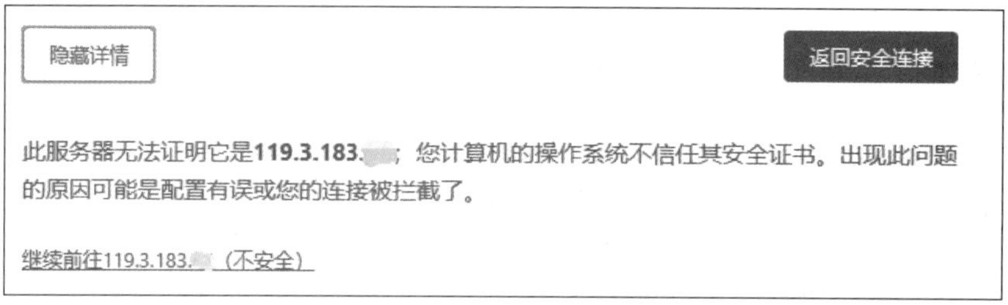

隐藏详情
返回安全连接
此服务器无法证明它是119.3.183.；您计算机的操作系统不信任其安全证书。出现此问题的原因可能是配置有误或您的连接被拦截了。
继续前往119.3.183.（不安全）

图 6-7　继续前往

然后就会进入登录页面，如图 6-8 所示。因为是首次登录，页面会提示创建管理员密码。

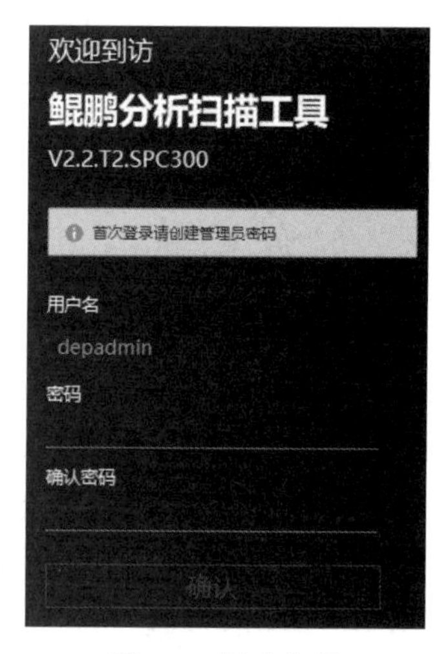

步骤 3：输入管理员密码，并且确认密码，注意密码有复杂度要求，详细要求如下：

- 长度为 8～32 个字符；
- 必须包含大写字母、小写字母、数字及特殊字符('~!@#$%^&*()-_=+\|[{}];:'",<.>/?)中两种及以上类型的组合；
- 密码不能是用户名；
- 密码不能在弱口令字典中。

密码输入无误后，单击"确认"按钮，就可以创建管理员密码了。

欢迎到访
鲲鹏分析扫描工具
V2.2.T2.SPC300
首次登录请创建管理员密码
用户名
depadmin
密码
确认密码
确认

图 6-8　创建密码

步骤 4：创建管理员密码成功后，系统重新回到登录页面，如图 6-9 所示。

图 6-9 登录

在用户名处输入 depadmin，密码输入步骤 3 创建的密码，单击“登录”按钮，进入鲲鹏分析扫描工具主页面，如图 6-10 所示。

2. 用户密码修改

单击主页面右上角的登录用户名 depadmin 会出现下拉菜单，如图 6-11 所示。

单击菜单项“修改密码”，会出现修改密码的页面，如图 6-12 所示。

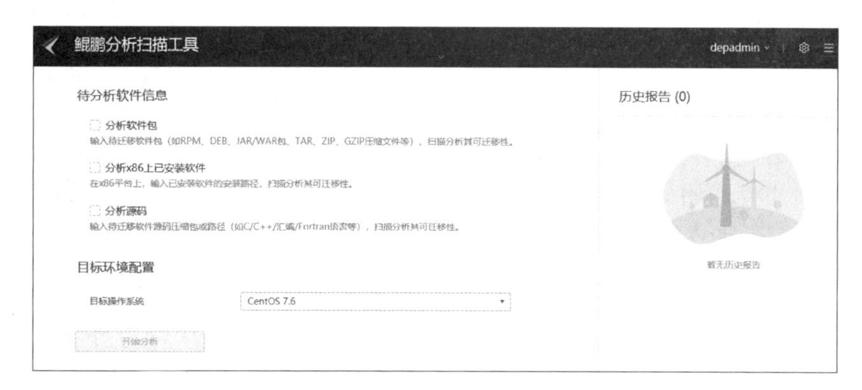

图 6-10 主页面

图 6-11 修改密码菜单

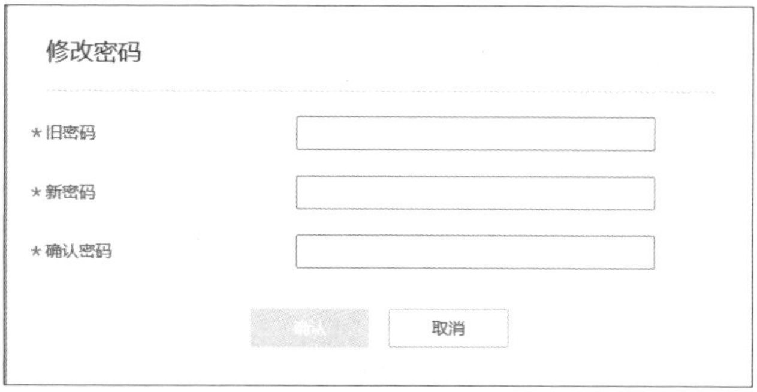

修改密码

* 旧密码

* 新密码

* 确认密码

确认 取消

图 6-12 修改密码

新密码需要满足如下条件：

- 密码长度为8～32个字符；
- 必须包含大写字母、小写字母、数字、特殊字符('～！@#$%^&*()－_＝＋\|[{}]；：'",<.>/?)中的两种及以上类型的组合；
- 密码不能是用户名；
- 新密码与旧密码必须不同；
- 新密码不能是旧密码的逆序；
- 新密码不能在弱口令字典中。

在输入旧密码及正确格式的新密码和确认密码以后，“确认”按钮才会变成有效状态，此时单击“确认”按钮，即可修改密码。修改密码成功后，用户会自动退出登录，重新进入登录页面，这样就可以使用新密码登录了。

3. 用户管理

鲲鹏分析扫描工具支持多用户管理，而且为了安全性，最好添加一些普通用户来进行日常的分析扫描，用户管理包括添加用户、重置密码、删除用户功能。

1) 添加用户

这里演示添加一个叫kunpeng的普通用户。

步骤1：单击主页面右上角的齿轮图标，出现下拉菜单，如图6-13所示。

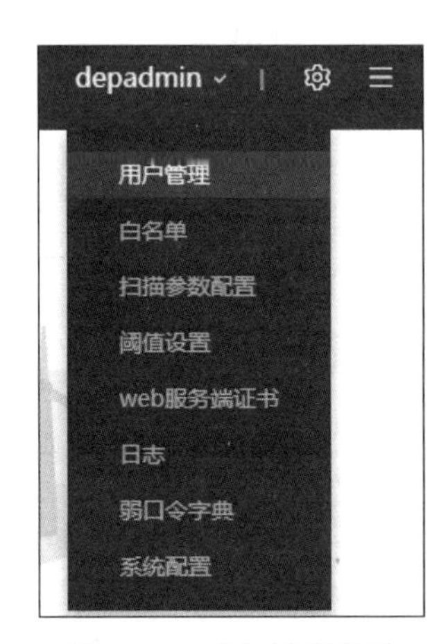

图6-13　用户管理菜单

步骤2：单击“用户管理”菜单项，进入用户管理页面，如图6-14所示。

图6-14　用户管理

步骤3：单击“创建用户”按钮，弹出创建用户的页面，在创建用户页面输入用户名，例如kunpeng，再输入管理员密码和新的用户密码，如图6-15所示，需要注意的是新的用户密码需要满足以下要求：

- 密码长度为 8～32 个字符；
- 必须包含大写字母、小写字母、数字、特殊字符('～！@＃＄％^＆＊()－_＝＋\|[{}]；：'",<.>/?)中的两种及以上类型的组合；
- 密码不能是用户名；
- 密码不能在弱口令字典中。

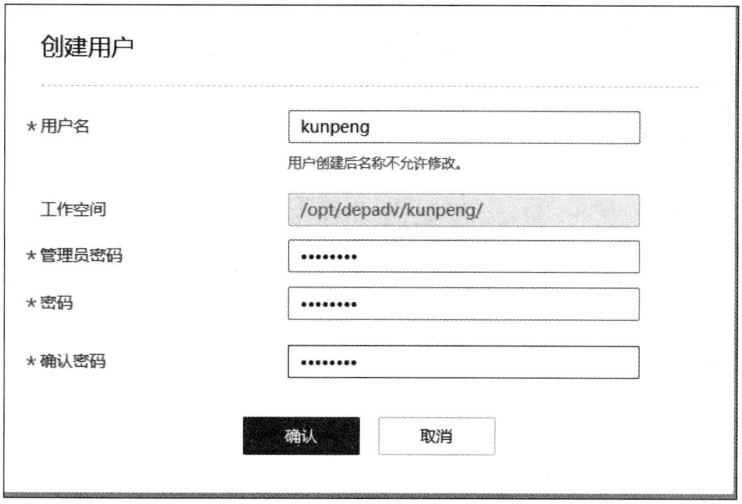

创建用户
*用户名
kunpeng
用户创建后名称不允许修改。
工作空间
/opt/depadv/kunpeng/
*管理员密码
*密码
*确认密码
确认
取消

图 6-15　新用户

步骤 4：单击“确认”按钮，这样就可以创建一个新用户了，创建成功后的页面如图 6-16 所示。

用户管理
创建用户
用户名
角色
工作空间
操作
depadmin
System Manager
/opt/depadv/depadmin/
kunpeng
User
/opt/depadv/kunpeng/
重置密码
删除

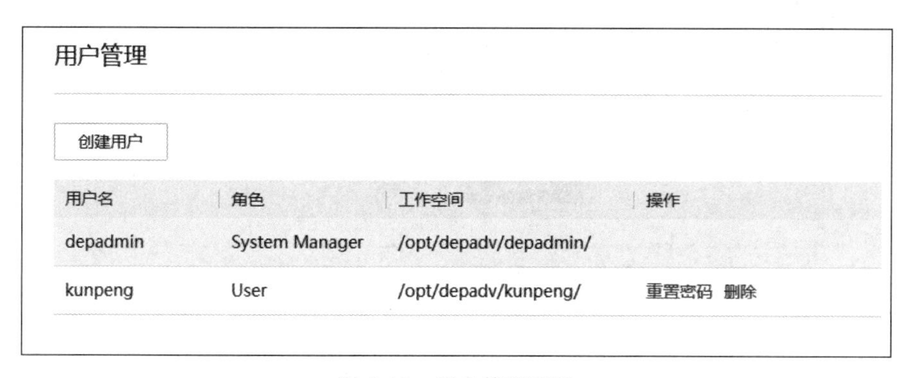

图 6-16　用户管理页面

2）删除用户

只有管理员才具有删除用户的权限，登录系统后，进入用户管理页面，可以看到所有的用户，如图 6-16 所示。在每个普通用户的“操作”列里，都有“删除”超链接，单击“删除”超链接，会出现删除用户的确认窗口，如图 6-17 所示。

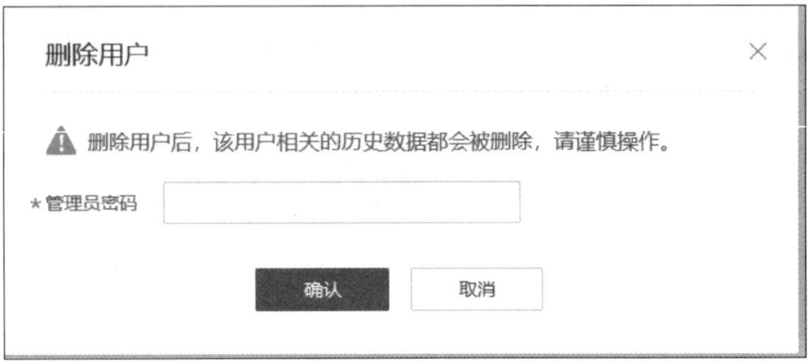

图 6-17　删除用户

输入管理员密码后，单击“确认”按钮即可删除用户。

3）重置密码

对于忘记密码的普通用户，管理员可以重置他们的密码，在用户管理页面，每个普通用户的“操作”列里，都有“重置密码”超链接，单击“重置密码”超链接，会弹出重置密码窗口，如图 6-18 所示。

图 6-18　重置密码

输入管理员密码，然后输入新的密码和确认密码就可以了，注意密码的要求和本节“添加用户”功能步骤 3 中的密码要求一样，最后单击“确认”按钮完成密码的重置。

4. 白名单

对于 x86 架构下的 so 库和软件，华为维护了一个庞大的白名单，在此名单内的 so 库和软件，都提供了在鲲鹏架构下的支持。华为还在持续地更新这个白名单，新的支持信息不断地被添加到列表中。因此，鲲鹏分析扫描工具可以根据需要更新这个列表，从而可以提供最新的分析扫描结果。

鲲鹏分析扫描工具具有白名单的备份、升级、恢复功能，既可以对白名单预先做好备份，也可以在升级失败时用备份数据恢复。白名单具有非常重要的作用，只有管理员才可以操作。

白名单的备份、升级、恢复功能都在一个页面内，需要先登录系统，单击主页面右上角的齿轮图标，在下拉菜单列表中单击“白名单”菜单项，进入白名单功能页面，如图 6-19 所示。

图 6-19　白名单

1）备份

单击如图 6-19 所示的“开始备份”按钮，会提示输入管理员密码，如图 6-20 所示，输入密码后单击“确认”按钮，即可开始备份。

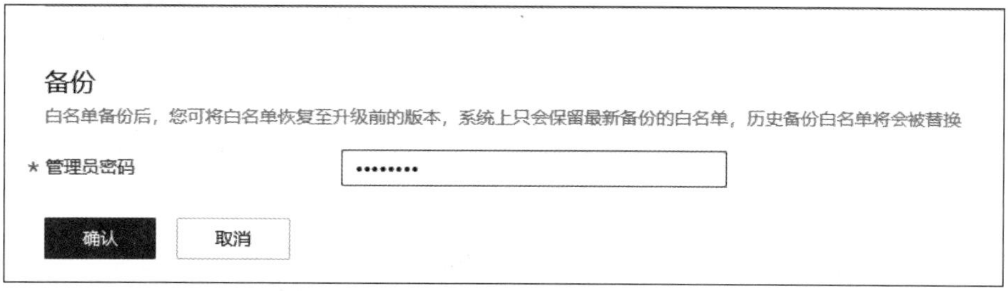

图 6-20　白名单备份

备份时会显示备份的进度，备份成功后备份文件会存储在用户的 whitelist_backup 目录下，对于本服务器，备份存储路径为/opt/depadv/depadmin/whitelist_backup，页面如图 6-21 所示。

图 6-21 白名单备份成功

2）升级

升级前需要先下载最新的白名单压缩包，可以从网址 https://www.huaweicloud.com/kunpeng/software/dependencyadvisor.html 查找最新的白名单压缩包下载网址，本书编写时，下载网址为 https://mirrors.huaweicloud.com/kunpeng/archive/Porting_Dependency/Packages/Whitelist-package_2.2.T2.SPC300_Linux.tar.gz。

升级时，单击如图 6-19 所示的"开始升级"按钮，会出现白名单升级页面，单击"上传白名单压缩包"后输入框中 3 个点的选择文件按钮，选择要升级的压缩包文件，然后单击"上传文件"按钮。在"管理员密码"输入框输入管理员密码。在压缩包上传成功后，单击"确认"按钮完成升级，如图 6-22 所示。

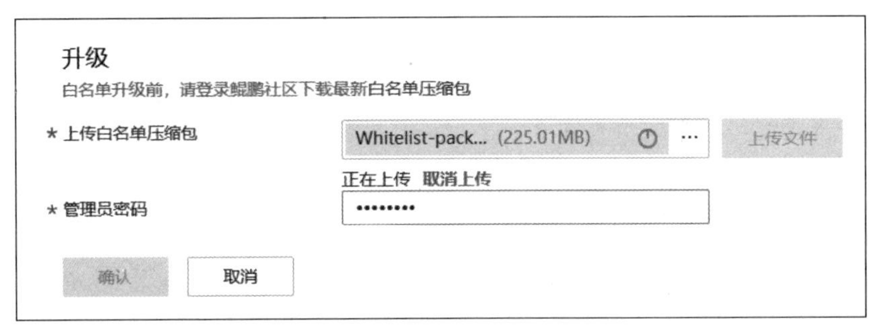

图 6-22 白名单升级

如果上传的白名单压缩包版本不如已经安装的白名单版本新，系统会停止更新，并提示"当前版本已是最新版本"，如图 6-23 所示。

3）恢复

如果升级失败可以从备份文件进行恢复。单击如图 6-19 所示的"开始恢复"按钮，会提示输入管理员密码，输入密码后，单击"确认"按钮即可进行恢复，恢复成功后如图 6-24 所示。

图 6-23 白名单已是最新版本

图 6-24 白名单恢复成功

5. 扫描参数配置

在鲲鹏分析扫描工具工作的时候，需要用到一些配置，这些配置可以根据使用者的需要进行更改。

步骤 1：登录系统，单击主页面右上角的齿轮图标，在下拉菜单列表中单击“扫描参数配置”菜单项，进入扫描参数配置页面，然后单击“修改配置”按钮，出现如图 6-25 所示的扫描参数配置页面。

步骤 2：根据实际情况修改扫描参数配置。各个参数说明如下：

- 关键字扫描：需要扫描的文件都是针对 x86 架构开发的，一般不会出现类似 Arm/Arm64/AArch64 等和 Arm 架构相关的关键字，如果出现了这些关键字，本配置用来决定是否继续扫描，默认为“是”；
- C/C++/Fortran 代码迁移工作量评估：这类源代码的迁移工作量计算基准，按照每人月迁移的代码行数计算，默认是 500 行；
- 汇编代码迁移工作量评估：汇编代码的迁移工作量计算基准，因为汇编代码迁移难度较高，每个人月能完成的代码行数要远小于 C/C++/Fortran 代码迁移工作量，默认是 250 行；
- 显示工作量评估结果：生成的报告里是否显示“预估迁移工作量”，默认为“是”；

图 6-25 扫描参数配置

■ 用户密码：当前用户的密码，密码输入正确才可以保存配置。

步骤 3：单击“确认”按钮，保存扫描参数的更改。

6. 阈值设置

如果生成的评估报告过多，会占用大量的存储空间，鲲鹏分析扫描工具通过设置提示阈值和最大阈值的方式来避免出现空间大量占用的问题。

步骤 1：登录系统，单击主页面右上角的齿轮图标，在下拉菜单列表中单击“阈值设置”菜单项，进入阈值设置页面，然后单击“修改配置”按钮，出现如图 6-26 所示的阈值设置页面。

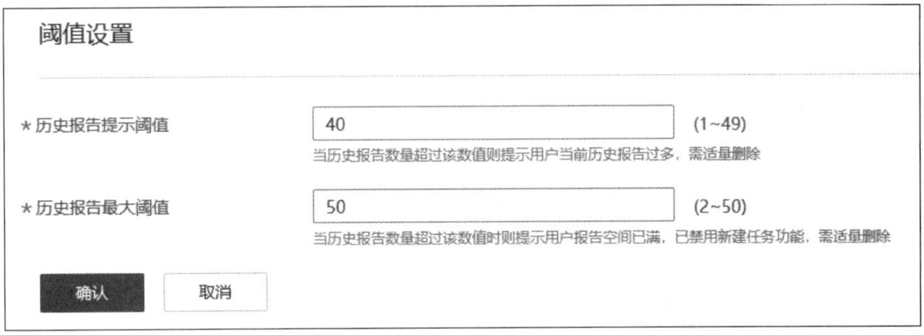

图 6-26 阈值设置

步骤 2：历史报告提示阈值范围是 1～49，默认为 40，当历史报告数量达到这个设置后会给出提示，但是不禁止新建任务，还可以继续使用。历史报告最大阈值表示历史报告可以存储的最大数量，超过该数量后将无法新建任务。填写好这两个数值后，单击“确认”按钮保存设置。

7. Web 服务端证书

为了保证浏览器到服务端的通信安全性，鲲鹏分析扫描工具支持 SSL 证书的加密通信，在安装工具的时候，会自动安装证书。为提高安全性，使用者可以使用自己的证书来替换工具默认的证书。

正式渠道通过 CA 颁发的 SSL 证书价格很高，颁发周期也较长，在生产环境可以使用这些证书，但在开发、测试环境或者内部使用，可以自己签发证书，不但可以立刻获得，而且完全免费。

下面演示自己签名颁发证书替换 Web 服务端证书的过程。

步骤 1：准备证书制作环境。登录 CentOS 的证书生成服务器(x86 或者鲲鹏架构都可以，也可以使用其他 Linux 发行版操作系统)，安装 openssl 和上传下载软件，命令如下：

```
yum -y install openssl lrzsz
```

步骤 2：创建目录/data/soft/ca/并进入，命令如下：

```
mkdir -p /data/soft/ca/
cd /data/soft/ca/
```

步骤 3：生成根证书的私有密钥，命令如下：

```
openssl genrsa -out ca.key 2048
```

步骤 4：生成根证书的 CSR 请求文件，在生成请求文件的时候，会提示输入签名的国家、省、市、组织及其他一些信息，演示的信息录入为国家：CN；省：shandong；市：qingdao；组织：kunpeng，其他的信息直接按回车键跳过，命令及回显信息如下：

```
[root@ecs-x86 ca]# openssl req -new -key ca.key -out ca.csr
You are about to be asked to enter information that will be incorporated
into your certificate request.
What you are about to enter is what is called a Distinguished Name or a DN.
There are quite a few fields but you can leave some blank
For some fields there will be a default value,
If you enter '.', the field will be left blank.
-----
Country Name (2 letter code) [XX]:CN
State or Province Name (full name) []:shandong
Locality Name (eg, city) [Default City]:qingdao
Organization Name (eg, company) [Default Company Ltd]:kunpeng
Organizational Unit Name (eg, section) []:
Common Name (eg, your name or your server's hostname) []:
Email Address []:
```

```
Please enter the following 'extra' attributes
to be sent with your certificate request
A challenge password []:
An optional company name []:
```

步骤 5：生成 CA 根证书，有效期 1 年，命令及回显如下：

```
[root@ecs-x86 ca]# openssl x509 -req -days 365 -in ca.csr -signkey ca.key -out ca.crt
Signature ok
subject=/C=CN/ST=shandong/L=qingdao/O=kunpeng
Getting Private key
```

这样就得到了根证书 ca.crt。

步骤 6：登录鲲鹏分析扫描工具系统，单击主页面右上角的齿轮图标，在下拉菜单列表中单击"web 服务端证书"菜单项，进入"web 服务端证书"页面，如图 6-27 所示。

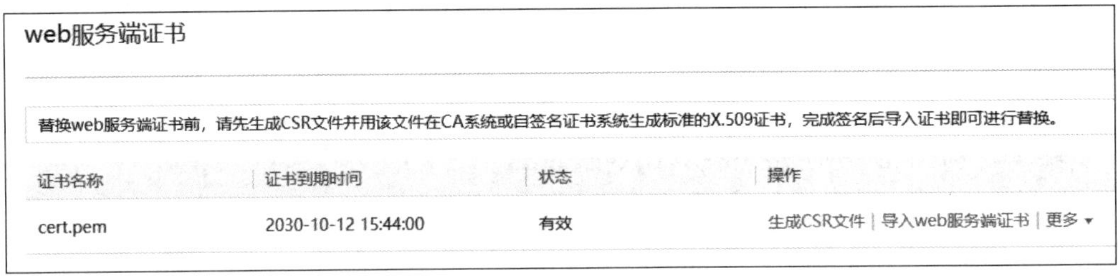

web服务端证书

替换web服务端证书前，请先生成CSR文件并用该文件在CA系统或自签名证书系统生成标准的X.509证书，完成签名后导入证书即可进行替换。

证书名称	证书到期时间	状态	操作
cert.pem	2030-10-12 15:44:00	有效	生成CSR文件 | 导入web服务端证书 | 更多 ▾

图 6-27 "web 服务端证书"页面

默认证书的有效期是 10 年。

步骤 7：单击超链接"生成 CSR 文件"，在弹出的窗口里输入国家、省份、城市等信息，需要注意所填信息应和步骤 4 所填的信息保持一致，如图 6-28 所示。

填写完毕，单击"确认"按钮，就会生成 CSR 文件，并提示保存到本地，默认的名称为 cert.csr。

步骤 8：回到证书生成服务器，进入/data/soft/ca 目录，准备上传 CSR 文件，命令如下：

```
cd /data/soft/ca/
rz
```

这时会弹出上传文件窗口，选择步骤 7 所下载的 cert.csr 文件，单击"打开"按钮，即可上传，如图 6-29 所示。

步骤 9：防止生成证书时报错，执行证书生成前的辅助工作，命令如下：

```
touch /etc/pki/CA/index.txt
echo 01|tee /etc/pki/CA/serial
```

图 6-28　生成 CSR

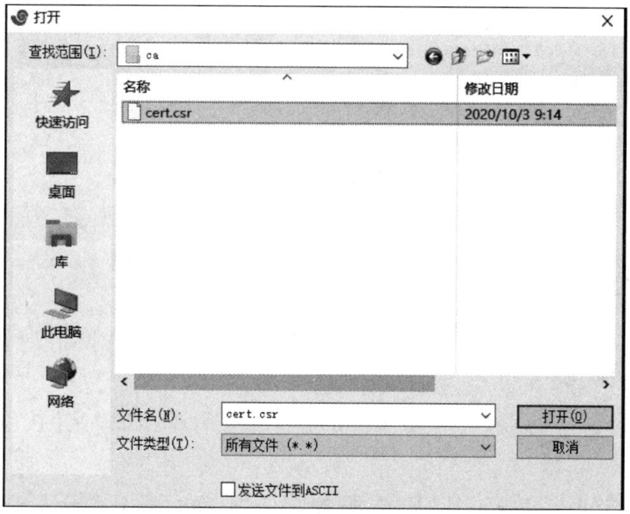

图 6-29　上传文件

步骤 10：根据上传的证书请求文件 cert.csr，使用根证书 ca.crt 签名生成证书，生成的过程需要同意签名，输入 y，命令及回显如下：

```
[root@ecs-x86 ca]# openssl ca -in cert.csr -out cert.crt -cert ca.crt -keyfile ca.key
Using configuration from /etc/pki/tls/openssl.cnf
Check that the request matches the signature
```

```
Signature ok
Certificate Details:
        Serial Number: 1 (0x1)
        Validity
            Not Before: Dec 2 08:38:34 2020 GMT
            Not After : Dec 2 08:38:34 2021 GMT
        Subject:
            countryName = CN
            stateOrProvinceName = shandong
            organizationName = kunpeng
            commonName = zhanglei
        X509v3 extensions:
            X509v3 Basic Constraints:
                CA:FALSE
            Netscape Comment:
                OpenSSL Generated Certificate
            X509v3 Subject Key Identifier:
                2B:DE:2C:9E:19:6C:03:62:20:C1:E3:30:F9:C0:E9:64:C7:45:B7:58
            X509v3 Authority Key Identifier:
                DirName:/C = CN/ST = shandong/L = qingdao/O = kunpeng
                serial:94:4B:B5:40:1F:02:D3:12

Certificate is to be certified until Dec 2 08:38:34 2021 GMT (365 days)
Sign the certificate? [y/n]:y

1 out of 1 certificate requests certified, commit? [y/n]y
Write out Database with 1 new entries
Data Base Updated
```

步骤 11：下载刚生成的证书，命令如下：

```
sz cert.crt
```

这时会弹出一个窗口，提示选择要保存的位置，然后单击“确定”按钮就可以下载了，如图 6-30 所示。

步骤 12：在鲲鹏分析扫描工具“Web 服务端证书”页面单击“导入 Web 服务端证书”超链接，如图 6-27 所示，这时会弹出选择证书文件的窗口，选择刚下载的 cert.crt 证书，单击“导入”按钮，即可进行证书的导入，如图 6-31 所示。

步骤 13：导入成功后，需要重启服务，单击“更多”超链接，然后单击“重启服务”，会重新进入登录页面，如图 6-32 所示。

步骤 14：重新登录“Web 服务端证书”页面，可以看到证书已经更换成功了，如图 6-33 所示。

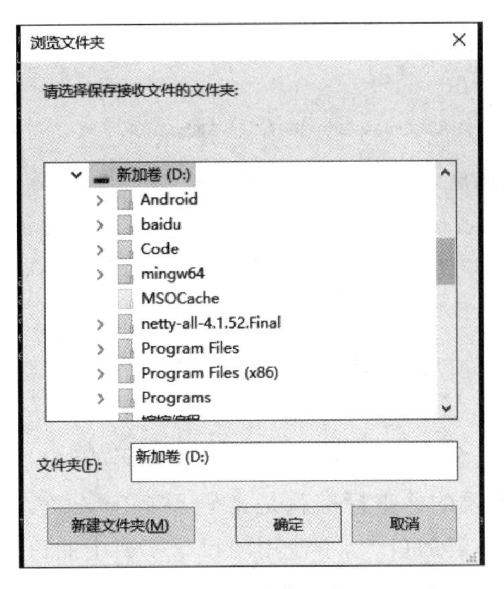

图 6-30　下载证书

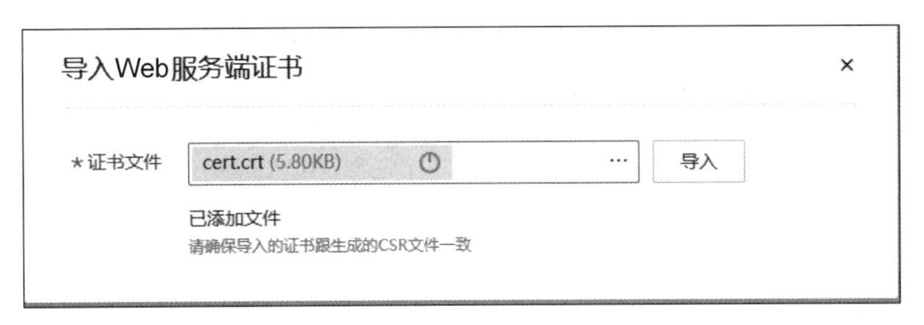

图 6-31　导入证书

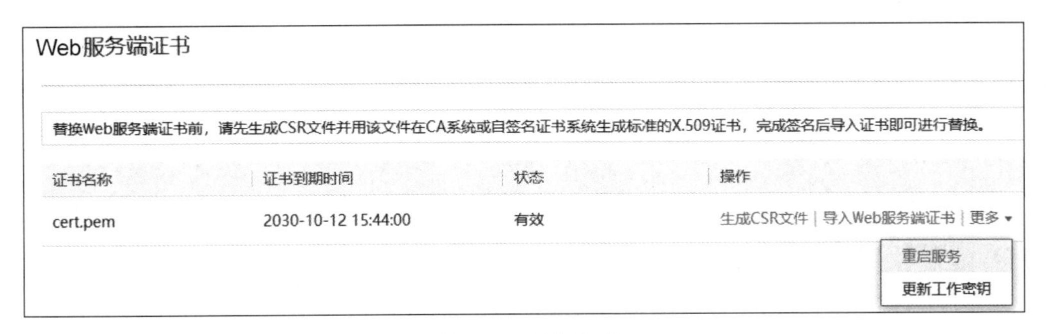

图 6-32　重启服务

8. 日志

鲲鹏分析扫描工具支持日志查看功能，可以查看、下载操作日志，登录系统后，单击主页面右上角的齿轮图标，在下拉菜单列表中单击“日志”菜单项，进入日志页面。

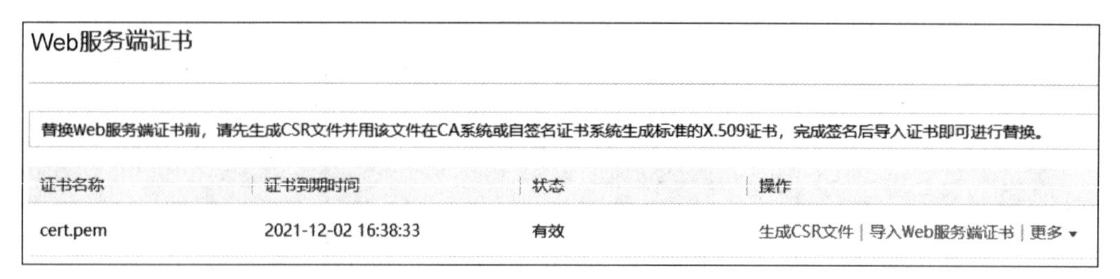

图 6-33　新证书

日志功能比较简单，此处就不详细介绍了。

9. 弱口令字典

为了保证用户账号的安全，在创建密码或者修改密码的时候，鲲鹏分析扫描工具会检查密码的复杂度，其中一项重要的检查标准就是密码不能在弱口令字典中。弱口令是一些比较容易被猜到或者容易被破解的口令，不使用弱口令字典中的口令可以提高安全性。

鲲鹏分析扫描工具支持添加或者删除弱口令。

1）添加弱口令

步骤 1：登录系统后，单击主页面右上角的齿轮图标，在下拉菜单列表中单击“弱口令字典”菜单项，进入弱口令字典页面，如图 6-34 所示。

弱口令字典

添加弱口令　　搜索弱口令

弱口令	操作
aaa123!@#	删除
zxcvbnm123	删除
love1314	删除
as123456	删除
1234qwer	删除
1q2w3e4r5t	删除
woaini1314520	删除
wang123456	删除
123456..	删除
123456789abc	删除

10　总条数: 52　1 2 3 4 5 6

图 6-34　弱口令字典

步骤 2：单击“添加弱口令”按钮，弹出输入弱口令的窗口，在输入框输入新的弱口令即可，如图 6-35 所示。

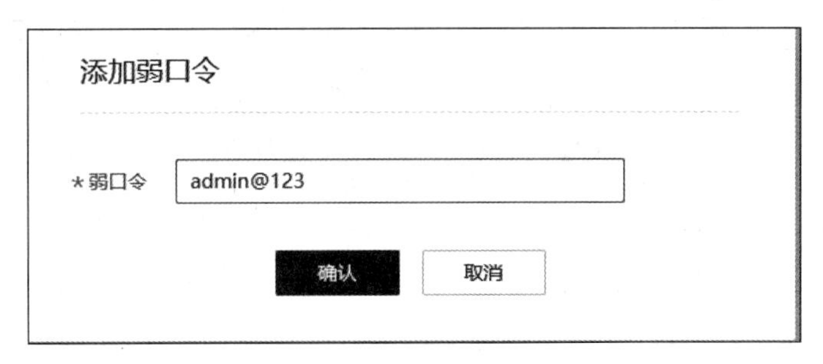

图 6-35 新的弱口令

当然，弱口令也要满足以下的要求：

- 密码长度为 8～32 个字符；
- 必须包含大写字母、小写字母、数字、特殊字符('~! @#$%^&*()-_=+\|[{}];:'",<.>/?)中的两种及以上类型的组合。

2）删除弱口令

删除弱口令比较简单，如图 6-34 所示，每个弱口令的操作列都有“删除”超链接，单击该超链接，会弹出确认删除的窗口，在窗口里单击“确认”按钮即可删除弱口令。

10. 系统配置

鲲鹏分析扫描工具支持系统配置的修改，登录系统后，单击主页面右上角的齿轮图标，在下拉菜单列表中单击“系统配置”菜单项，进入系统配置页面，如图 6-36 所示。

系统配置
最大在线普通用户数 10 (1~20)
修改配置
会话超时时间（分钟） 30 (10~240)
修改配置
证书到期告警阈值(天) 90 (7~180)
校验证书的周期为每天一次
修改配置
日志级别 INFO
修改配置

图 6-36 系统配置

各个配置项的说明如表 6-1 所示。

表 6-1　配置信息

配置项	说　　明
最大在线普通用户数	普通用户的最大同时登录数,管理员不受限制
会话超时时间/min	如果在给定时间内没有在 Web UI 页面执行任何操作,系统将自动登出,此时需输入用户名和密码重新登录 Web UI 页面
证书到期告警阈值/天	服务端证书过期时间距离当前时间的天数,如果超过该天数将给出告警
日志级别	记录日志的级别,默认记录 INFO 及以上的日志

单击各个配置项的"修改配置"按钮进入配置修改状态,可以修改原先的配置,然后单击"确认"按钮保存配置,如图 6-37 所示。

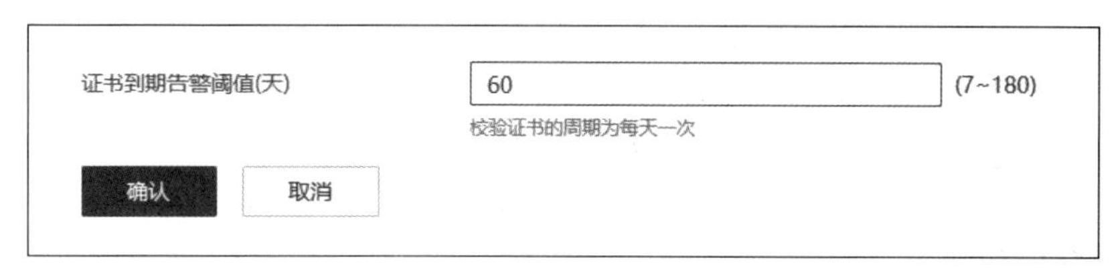

图 6-37　修改告警阈值

11. 修改初始密码

普通用户第一次登录后,会提示修改初始密码,如图 6-38 所示,这个修改是强制性的。

图 6-38　修改初始密码

新的密码也要满足本节第 2 部分"用户密码修改"中对密码的复杂性要求。

6.4.2　Web 模式下的软件分析及扫描

Web 模式下,对软件的分析扫描分为 3 种,分别是分析软件包、分析 x86 上已安装软件、分析源码。

1. 分析软件包

工具支持对 RPM、JAR、DEB、TAR 和 WAR 类型软件包的分析,在类 Debian 系统上可以扫描 JAR、DEB、TAR 和 WAR 类型，在类 RedHat 系统上可以扫描 RPM、JAR、TAR 和 WAR 类型，软件包不能大于 500MB。详细的步骤如下：

步骤 1：登录鲲鹏分析扫描工具，进入主页面，单击"分析软件包"复选框，保证处于选中状态，如图 6-39 所示。

待分析软件信息

☑ 分析软件包

软件包存放路径或软件包名称　/opt/depadv/depadmin/package/

此处填写的内容可以通过以下两种方式获取：（1）先点击右侧"上传"按钮上传软件包，上传成功后再填写软件包名称。（2）先将软件包，例如example.rpm手动上传到服务器上本工具的安装路径，如/opt/depadv/depadmin/package/，再在此处填写软件包名称"example.rpm"　[上传]

☐ 分析x86上已安装软件

在x86平台上，输入已安装软件的安装路径，扫描分析其可迁移性。

☐ 分析源码

输入待迁移软件源码压缩包或路径（如C/C++/汇编/Fortran语言等），扫描分析其可迁移性。

目标环境配置

目标操作系统　CentOS 7.6

开始分析

图 6-39　分析软件包

步骤 2：上传要分析的软件包有两种方式，一种是通过右侧"上传"按钮选择要上传的软件包，另一种是手动上传到工具安装目录下当前用户的 package 目录中，对于当前登录用户，目录为/opt/depadv/depadmin/package/。通过右侧"上传"按钮上传。单击"上传"按钮，弹出软件包选择窗口，可以选择要上传的软件包文件，如图 6-40 所示，单击"打开"按钮即可上传。

步骤 3：上传成功后，软件包名称 iot-1.0-SNAPSHOT.jar 会自动填写到输入框区域，如图 6-41 所示。选择目标环境配置的目标操作系统，本工具支持的操作系统版本如下：

- CentOS 7.6
- NeoKylin v7 U5
- NeoKylin v7 U6
- Deepin 15.2
- Ubuntu 18.04.1
- LinxOS 6.0.90
- Debian 10
- SUSE SLES 15.1

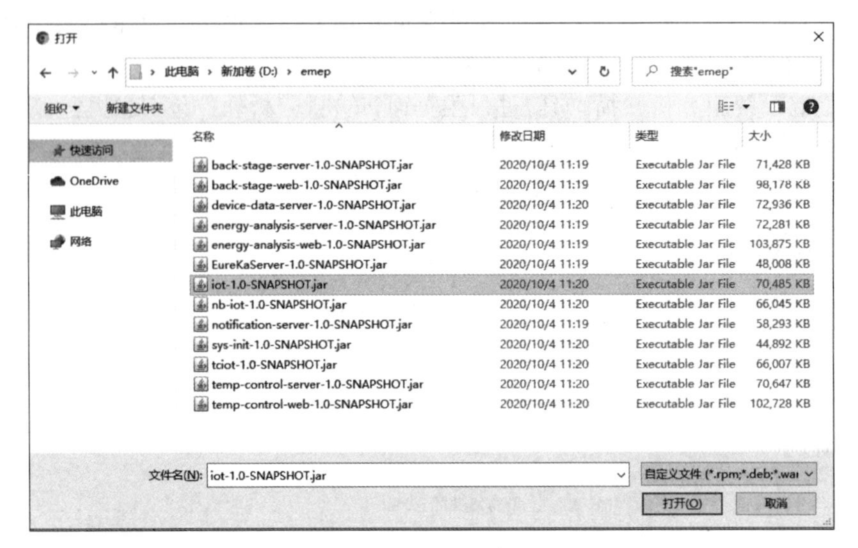

图 6-40　上传软件包

待分析软件信息

分析软件包

软件包存放路径或软件包名称　/opt/depadv/depadmin/package/

iot-1.0-SNAPSHOT.jar,　上传

上传成功

分析x86上已安装软件

在x86平台上，输入已安装软件的安装路径，扫描分析其可迁移性。

分析源码

输入待迁移软件源码压缩包或路径（如C/C++/汇编/Fortran语言等），扫描分析其可迁移性。

目标环境配置

目标操作系统　CentOS 7.6

开始分析

图 6-41　分析

- EulerOS 2.8
- CentOS 7.4
- CentOS 7.5
- CentOS 7.7
- openEuler 20.03
- CentOS 8.0

- CentOS 8.1
- UOS 20
- Kylin v10

根据迁移的实际需要选择合适的操作系统，然后单击“开始分析”按钮开始分析。

步骤 4：分析成功后进入分析报告页面，查看扫描分析的详细信息，如图 6-42 所示。

图 6-42 软件包分析报告

分析报告分为 5 部分，分别解释如下：

（1）配置信息：记录被扫描分析的软件包编译器版本、构建工具、编译命令、目标操作系统、目标系统内核版本等信息。

（2）待迁移：需要迁移的代码、文件及预估工作量，本报告需要 3 个依赖库。

（3）与架构相关依赖库：显示依赖库文件总数及需要迁移的依赖库文件个数。在“路径”列单击后面的“加号”图标可以看出是哪些依赖库导致的迁移需求，如图 6-43 所示。

与架构相关的依赖库文件 总数：3，需要迁移：3

序号	文件名	文件类型	路径	分析结果	处理建议
1	protocols.jar	Jar包	/package/iot-1.0-SNAPSHOT.jar/BOOT-INF/classes/lib/protocols.jar ⊕	鲲鹏平台兼容性未知	请先在鲲鹏平台上验证。若不兼容，请联系...
2	netty-all-4.1.38.Final.jar	Jar包	/package/iot-1.0-SNAPSHOT.jar/BOOT-INF/lib/netty-all-4.1.38.Final.jar ⊖	鲲鹏平台兼容性未知	请先在鲲鹏平台上验证。若不兼容，请联系...
			/META-INF/native/libnetty_transport_native_epoll_x86_64.so		
3	lz4-1.3.0.jar	Jar包	/package/iot-1.0-SNAPSHOT.jar/BOOT-INF/lib/lz4-1.3.0.jar ⊕	华为已提供兼容鲲鹏平台的软件包	下载Jar包

图 6-43 依赖库

在“分析结果”列可以看到是否已经有兼容鲲鹏平台的替换包，如果可以则需在“处理建议”列单击“下载 Jar 包”超链接以便下载适配好的 Jar 包。

（4）需要迁移的源文件：显示需要迁移的源文件个数和需要迁移的代码行数。

（5）下载报告：可以下载.csv 格式和.html 格式的报告，单击对应的按钮即可下载。

2. 分析 x86 上已安装软件

鲲鹏分析扫描工具支持对已安装的软件进行兼容性扫描分析，该功能只对 x86 架构有效，安装在鲲鹏架构上的鲲鹏分析扫描工具该功能是不可用状态。详细使用步骤如下：

步骤 1：单击选中“分析 x86 上已安装软件”复选框，在后面的输入框输入要分析的已安装软件路径，如图 6-44 所示。

图 6-44 分析 x86 上已安装软件

步骤 2：单击“开始分析”按钮，开始启动分析。最终生成的分析报告和分析软件包的报告基本一致，如图 6-45 所示。

3. 分析源码

分析源码功能支持对 C/C++、Fortran 两种语言的分析，可以把源码压缩包或者源码文件夹上传到源码分析目录，源码压缩包支持 ZIP、TAR、TAR.GZ、GZ、BZ、BZ2、TAR.BZ2 等格式，文件大小不超过 500MB，解压后不超过 1GB。详细分析源码步骤如下：

步骤 1：登录鲲鹏分析扫描工具，进入主页面，单击“分析源码”复选框，保证处于选中状态，如图 6-46 所示。

步骤 2：上传要分析的源码有两种方式，一种是通过右侧“上传”按钮选择要上传的压缩包或者文件夹，另一种是手动上传到工具安装目录下当前用户的 sourcecode 目录中，对于

图 6-45　已安装软件分析报告

☑ 分析源码

源码文件存放路径　/opt/depadv/depadmin/sourcecode/

需要填写相对路径，可以通过以下两种方式实现：（1）先单击右侧"上传"按钮上传压缩包（上传过程中自动解压）或文件夹，上传成功后再填写源码文件夹名称。（2）先将源码文件手动上传到服务器某个路径，例如：/opt/depadv/depadmin/sourcecode/example/，再在此处填写相对路径example　　上传 ▾

* 源码类型　☑ C/C++　☐ Fortran

编译器版本　GCC 4.8.5

构建工具　make

* 编译命令　make

目标环境配置

目标操作系统　CentOS 7.6

开始分析

图 6-46　分析源码

当前登录用户，目录为/opt/depadv/depadmin/sourcecode/。这里通过右侧"上传"按钮上传压缩包。单击"上传"按钮，然后单击压缩包菜单项，弹出压缩包选择窗口，可以选择要上传的压缩包(本例选择的是 redis 的源码压缩包),如图 6-47 所示,单击“打开”按钮即可上传。

图 6-47　选择压缩包

步骤 3:上传成功后,软件包名称 redis-2.6.0 会自动填写到输入框区域,如图 6-48 所示。选择源码类型为 C/C++,然后选择编译器信息及目标环境配置,最后单击“开始分析”按钮开始分析。

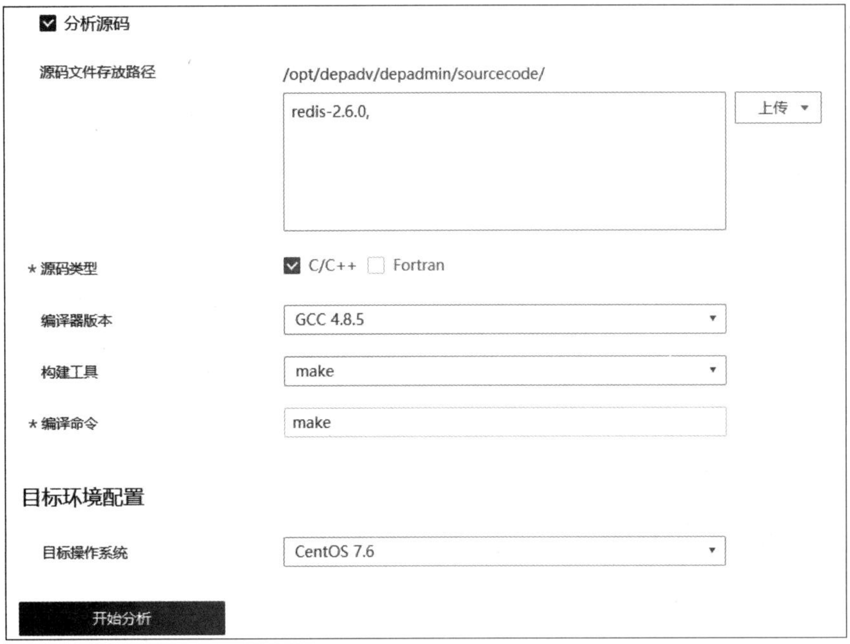

分析源码
源码文件存放路径　/opt/depadv/depadmin/sourcecode/
redis-2.6.0,
上传
* 源码类型　C/C++　Fortran
编译器版本　GCC 4.8.5
构建工具　make
* 编译命令　make
目标环境配置
目标操作系统　CentOS 7.6
开始分析

图 6-48　上传源码

步骤4：分析成功后进入分析报告页面，如图6-49所示，可以看到需要迁移的源文件列表。

< 2020/12/09 19:21:39

配置信息

源码文件存放路径	/opt/depadv/depadmin/sourcecode/
编译器版本	GCC4.8.5
构建工具	make
编译命令	make
目标操作系统	CentOS 7.6
目标系统内核版本	4.14.0

待迁移：

依赖库文件	源文件	代码行数	源码迁移预估人力
4/13	7	91	0.2人月

预估标准：1人月迁移工作量 = 500行C/C++/Fortran源代码，或250行汇编代码

与架构相关的依赖库文件 总数：13，需要迁移：4

序号	文件名	文件类型	路径	分析结果	处理建议
1	libnsl.so	动态库	无，该动态库是从当前软件包中获取...	兼容鲲鹏平台	下载动态库
2	libpthread...	动态库	无，该动态库是从当前软件包中获取...	兼容鲲鹏平台	下载动态库
3	libtcmallo...	动态库	无，该动态库是从当前软件包中获取...	兼容鲲鹏平台	下载动态库
4	libreadline...	动态库	无，该动态库是从当前软件包中获取...	兼容鲲鹏平台	下载动态库
5	libhistory.so	动态库	无，该动态库是从当前软件包中获取...	兼容鲲鹏平台	下载动态库
6	libdl.so	动态库	无，该动态库是从当前软件包中获取	兼容鲲鹏平台	下载动态库

需要迁移的源文件 总数：7 C/C++/Fortran和Makefile源代码：91行；汇编代码：0行

序号	文件名	路径
1	Makefile	/opt/depadv/depadmin/sourcecode/redis-2.6.0/deps/Makefile
2	Makefile	/opt/depadv/depadmin/sourcecode/redis-2.6.0/src/Makefile
3	debug.c	/opt/depadv/depadmin/sourcecode/redis-2.6.0/src/debug.c
4	Makefile	/opt/depadv/depadmin/sourcecode/redis-2.6.0/deps/lua/src/Makefile
5	Makefile	/opt/depadv/depadmin/sourcecode/redis-2.6.0/deps/hiredis/Makefile
6	Makefile	/opt/depadv/depadmin/sourcecode/redis-2.6.0/deps/lua/etc/Makefile

下载报告 (.csv) 下载报告 (.html)

图6-49 源码分析报告

6.4.3 CLI模式下鲲鹏分析扫描工具的使用

鲲鹏分析扫描工具支持命令行模式，就本次演示来说，命令 code-scanner 所在目录为/opt/depadv/tools/cmd/bin/。

1. 查看命令参数

使用命令的-h参数来列出所有的参数，命令及回显如下：

```
[root@ecs-x86 ~]#/opt/depadv/tools/cmd/bin/code-scanner -h
usage: code-scanner
        [-h] [-P PACKAGES] [-S SOURCE --cmd CMD] --tos TARGET_OS
        [-C COMPILER] [--wi-fortran True or False] [--gf-ver]
        [-T TOOLS] [--tk TARGET_KERNEL] [-D {INFO,WARN,ERR}]
        [-O OUTPUT] [-V] [--loc c_line, asm_line] [--ee True or False]
```

```
        [ -- keep - going True or False]

Generate a Kunpeng dependency report.
optional arguments:
  - h, -- help show this help message and exit
  - P PACKAGES, -- packages PACKAGES
                         binary package to be scanned.
  - S SOURCE, -- source SOURCE
                         source folder to be scanned.
  -- tos {centos7.6,neokylinv7u5,neokylinv7u6,deepinv15.2,ubuntu18.04.1,linxos6.0.90,
debian10,susesles15.1,euleros2.8,centos7.4,centos7.5,centos7.7,openeuler20.03,centos8.0,
centos8.1,uos20,kylinv10}
                         specify target os system and os version.
  - C COMPILER, -- compiler COMPILER
                         specify compiler type and version using form: type - version
  -- wi - fortran {True,False}
                         specifies whether to enable Fortran source code scanning.
  -- gf - ver GFORTRAN_VERSION
                         specify compiler type and version using form: type - version
  - T {make,cmake,automake}, -- tools {make,cmake,automake}
                         specify make for construction.default is make.
  -- cmd CMD specify instruction command line.
  -- tk TARGET_KERNEL specify target Kernel version.
  - D {INFO,WARN,ERR}, -- debug {INFO,WARN,ERR}
                         specify log level.default is INFO.choices from: INFO, WARN, ERR
  - O OUTPUT, -- output OUTPUT
                         specify output report type.default is csv.
  - V, -- version show program's version number and exit
  -- loc LOC Source code workload evaluation standard. For example " -- loc c_line,asm_line".
  -- ee {True,False} Report show workload.
  -- keep - going {True,False}
                         The values of Continue scanning with keyword arm/arm64/aarch64.
```

命令行参数说明如表 6-2 所示。

表 6-2 命令行参数说明

命令	参数选项	默认值	是否必选	说明
-P/--packages	package		条件选择	待扫描的二进制文件或绝对路径，支持使用通配符“*”，当使用路径时，扫描该路径下所有的RPM、JAR、DEB、TAR、ZIP、GZIP和WAR文件。支持多个文件或者多个路径，之间用“,”隔开。 -P/--packages 和-S/--source 至少选择一个

续表

命令	参数选项	默认值	是否必选	说　　明
-S/--source	source		条件选择	待扫描的 C/C++ 源文件所在绝对路径，支持多个路径，用“，”隔开。 -P/--packages 和-S/--source 至少选择一个
-C/--compiler	compiler	和操作系统有关	否	指定 GCC 编译器版本，当前版本支持从 GCC 4.8.5 到 GCC 9.1。 -C/--compiler 和--wi-fortran 至少选择一个
--wi-fortran	True/False	False	否	是否开启 FORTRAN 源码扫描。 -C/--compiler 和--wi-fortran 至少选择一个
--gf-ver	gfortran_version		条件选择	指定 GFORTRAN 编译器版本。如果启用了--wi-fortran 参数，该参数必选，当前版本支持 GFORTRAN 7、8、9
-T/--tools	tools	make	否	指定构建工具及命令行，支持 make、cmake、automake
--cmd	cmd		条件选择	提供完整的软件构建命令。如果启用了-S/--source 参数，此参数必选
--tos	tos		是	软件需要迁移的目标操作系统的名称和版本
--tk	tk	和操作系统有关	否	软件需要迁移的目标系统内核版本
-D/--debug	debug	INFO	否	工具调试 log 信息，分 INFO、WARN、ERR 三级
-O/--output	output	csv	否	指定输出报告格式，此版本只支持 csv 格式
--loc	c_line, asm_line	500,250	否	工作量 xxx 行/人月评估标准。c_line 是 C/C++ 代码计算标准，asm_line 是汇编代码计算标准
--ee	True/False	True	否	是否显示软件迁移工作量结果
--keep-going	True/False	True	否	发现 Arm/Arm64/Aarch64 关键字是否继续扫描检查

2. 命令行示例

通过对/opt/emep/目录下的所有 jar 包进行分析来演示命令行的使用，命令及回显如下：

```
[root@ecs-x86 ~]# /opt/depadv/tools/cmd/bin/code-scanner -P /opt/emep/ -C GCC4.8.5 --tos centos7.6
100% |████████████████████████████████████████████████████████████████| 147M/147M [00:33<00:00, 4.44Mit/s]
Scanned time: 2020-12-09 20:33:26

Software package path: /opt/emep/
Software installation path: None
Software source path: None
```

```
Compiler:
Target OS: centos 7.6     Target OS Kernel: 4.14.0
Software make command:
Scan 5 architecture-related dependencies, 5 dependencies need to be ported.
For details, please check:
/opt/depadv/tools/cmd/report/20201209203326/dependency_report.csv
```

根据返回信息可以知道，分析报告存储位置为/opt/depadv/tools/cmd/report/20201209203326/dependency_report.csv，可以根据需要下载此报告。

3. 白名单升级

和 Web 模式类似，CLI 模式下也支持白名单升级，步骤如下：

步骤 1：进入白名单所在的目录，命令如下：

```
cd /opt/depadv/tools/cmd/config/
```

步骤 2：下载最新的白名单压缩包。下载命令如下：

```
wget
https://mirrors.huaweicloud.com/kunpeng/archive/Porting_Dependency/Packages/Whitelist-
package_2.2.T2.SPC300_Linux.tar.gz
```

步骤 3：解压下载的 Whitelist-package_2.2.T2.SPC300_Linux.tar.gz 压缩包，命令及回显如下：

```
[root@ecs-x86 config]# tar -zxvf Whitelist-package_2.2.T2.SPC300_Linux.tar.gz
whitelist.tar.gz.cms
whitelist.tar.gz.crl
whitelist.tar.gz.txt
whitelist.tar.gz.sign
whitelist.tar.gz
```

步骤 4：继续解压 whitelist.tar.gz 文件，覆盖旧的 whitelist，命令如下：

```
tar -zxvf whitelist.tar.gz
```

步骤 5：设置白名单文件夹文件的权限及所属的组和用户，命令如下：

```
chmod -R 644 whitelist
chown -R root:root whitelist
```

6.4.4 插件模式下鲲鹏分析扫描工具的使用

鲲鹏分析扫描工具支持作为 Visual Studio Code 的插件安装，使用起来更方便，该插件使用步骤如下：

步骤 1：启动 Visual Studio Code。

步骤 2：在 Visual Studio Code 左边栏单击扩展图标，出现扩展搜索窗口，在搜索框输入 kunpeng，出现匹配的扩展工具，如图 6-50 所示。

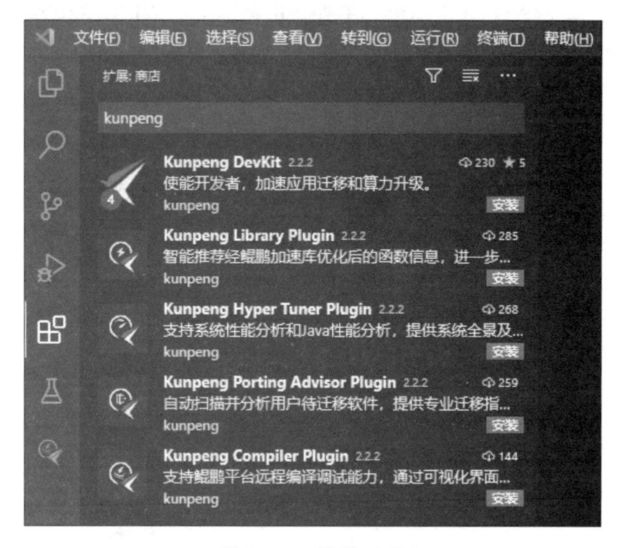

图 6-50　扩展工具

一共会出现 5 个扩展工具，第一个扩展工具叫 Kunpeng DevKit，它其实是后面 4 个扩展工具的合集。

步骤 3：单击 Kunpeng DevKit，可以看到说明窗口，如图 6-51 所示。该扩展包包括 Kunpeng Library Plugin(鲲鹏加速库插件)、Kunpeng Hyper Tuner Plugin(鲲鹏性能优化插件)、Kunpeng Porting Advisor Plugin(鲲鹏代码迁移插件)、Kunpeng Compiler Plugin(鲲鹏编译调试插件)。

图 6-51　Kunpeng DevKit

可以单击最上面的“安装”按钮，全部安装 4 个扩展包，也可以单击 Kunpeng Porting Advisor Plugin 的“安装”按钮，只安装鲲鹏代码迁移插件。

鲲鹏代码迁移插件包括两部分功能，一个是分析扫描工具，另一个是代码迁移工具，安装该插件就可以把需要的鲲鹏分析扫描工具安装上。

步骤 4：插件安装完毕后，单击 Visual Studio Code 左边栏的“鲲鹏代码迁移插件”图标，出现分析扫描工具的窗口，如图 6-52 所示。

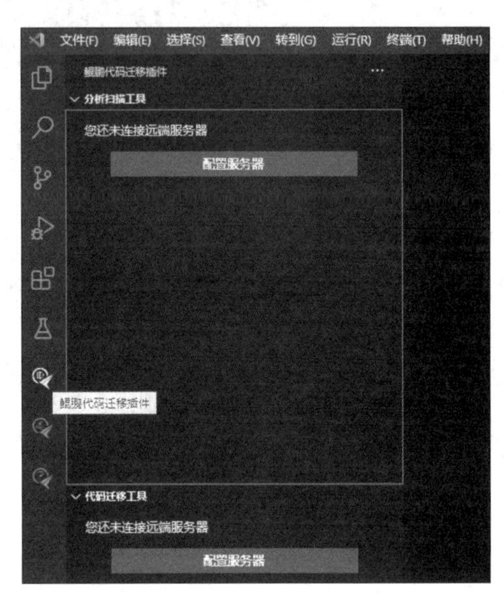

图 6-52　分析扫描工具

步骤 5：单击分析扫描工具的“配置服务器”按钮，出现服务器配置窗口，填写在 6.3.2 节所安装的 Web 模式的鲲鹏分析扫描工具的 IP 地址和端口，如图 6-53 所示。

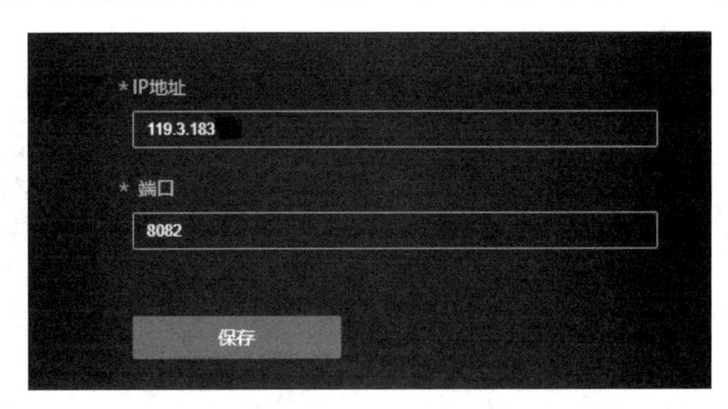

图 6-53　配置服务器

步骤 6：单击“保存”按钮，保存服务器配置后，在分析扫描工具扩展窗口会出现“登录”按钮，如图 6-54 所示。

单击“登录”按钮，出现具体的登录窗口，输入用户名和密码，如图 6-55 所示。

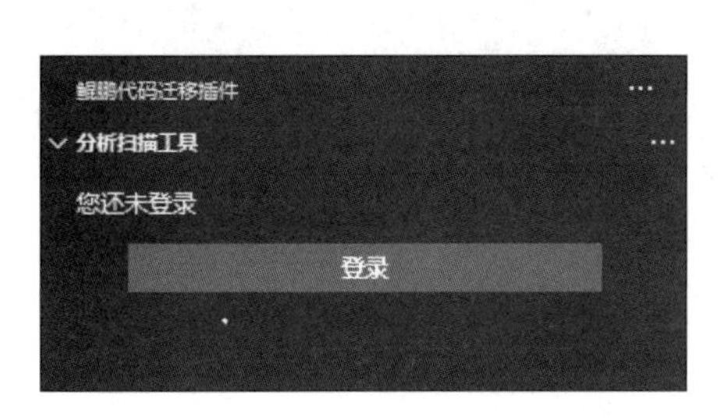

图 6-54　登录

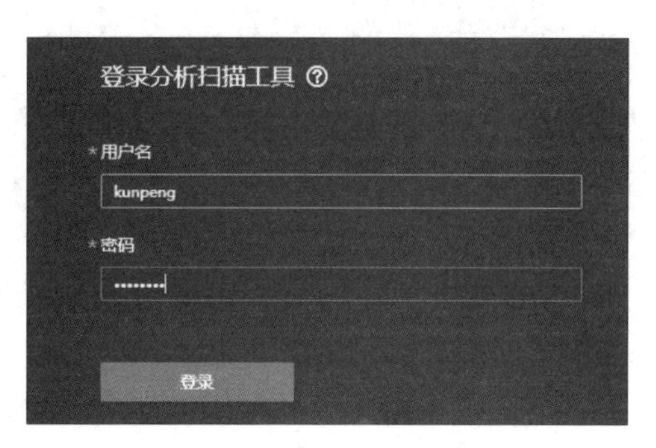

图 6-55　用户名密码登录

步骤 7：再单击“登录”按钮，登录成功后出现软件的分析窗口，如图 6-56 所示。

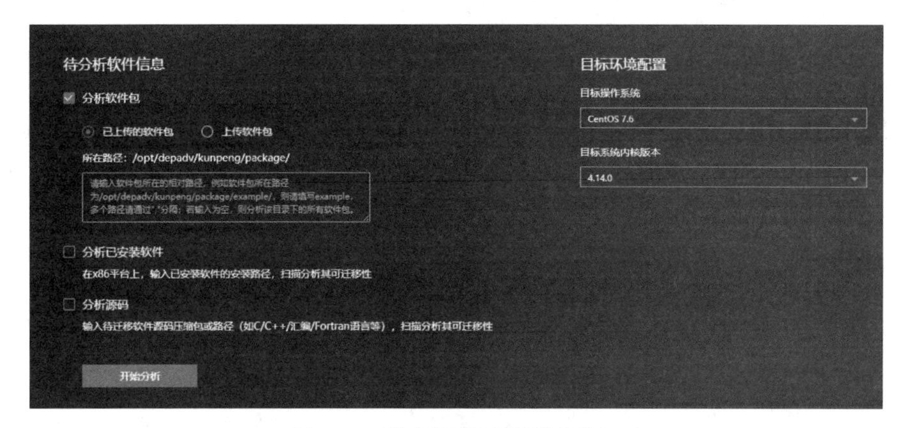

图 6-56　分析扫描工具插件窗口

该功能和 6.4.2 节所介绍的功能基本一致，此处不重复介绍了。

6.5　卸载鲲鹏分析扫描工具

不需要的时候，也可以卸载鲲鹏分析扫描工具。

1. Web 模式的卸载

步骤 1：进入鲲鹏分析扫描工具 Web 模式的 tools 文件夹，命令如下：

```
cd /opt/depadv/tools/
```

步骤 2：执行工具卸载，命令及回显如下：

```
[root@ecs-x86 tools]#./uninstall.sh
Are you sure you want to uninstall Code Scanner?(y/n)y
```

```
Removed symlink /etc/systemd/system/multi-user.target.wants/Nginx_dep.service.
Removed symlink /etc/systemd/system/multi-user.target.wants/gunicorn_dep.service.
Delete the Kunpeng Code Scanner user.
dependency:x:1000:1000::/home/dependency:/sbin/nologin
Erasing rsa successfully.
Kunpeng Code Scanner is uninstalled successfully.
```

最后出现 uninstalled successfully，表示卸载成功了。

2. CLI 模式的卸载

步骤 1：进入鲲鹏分析扫描工具 CLI 模式的 tools 文件夹，命令如下：

```
cd /opt/depadv/tools/
```

步骤 2：执行工具卸载，命令及回显如下：

```
./uninstall.sh
[root@ecs-x86 tools]#./uninstall.sh
Are you sure you want to uninstall Code Scanner?(y/n)y
The Kunpeng Code Scanner is uninstalled successfully.
```

最后出现 uninstalled successfully，表示卸载成功了。

3. 卸载插件

步骤 1：启动 Visual Studio Code。

步骤 2：在 Visual Studio Code 左边栏单击扩展图标，出现扩展搜索窗口，在输入框输入 kunpeng，可以看到已经安装的插件，如图 6-57 所示。

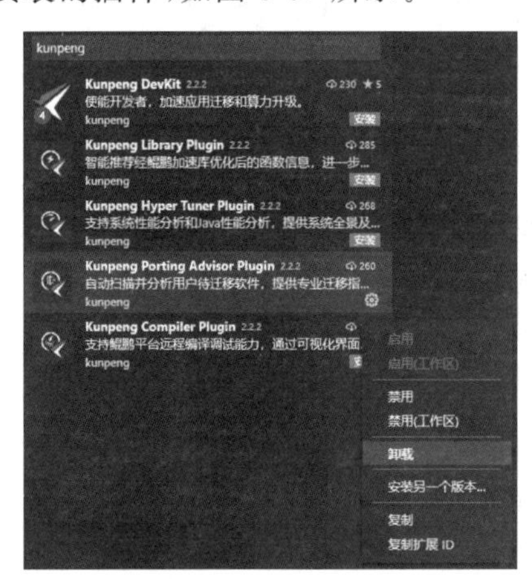

图 6-57 插件卸载

步骤 3：单击 Kunpeng Porting Advisor Plugin 右侧的齿轮图标，会出现下拉菜单，单击"卸载"菜单项，可以卸载该插件。

第7章

鲲鹏代码迁移工具

7.1 鲲鹏代码迁移工具简介

鲲鹏代码迁移工具可以简化应用从 x86 架构迁移到鲲鹏架构的过程，它可以自动分析待迁移的代码，标出需要更改的部分，并给出修改建议，从而解决了人工迁移中代码排查工作量大、依赖个人经验、容易遗漏等问题，可以极大地加快迁移进程，从而降低迁移成本。

鲲鹏代码迁移工具支持 x86 架构平台和 TaiShan 100、TaiShan 200 平台，可以部署在 CentOS、openEuler、中标麒麟等基于 Linux 的操作系统上，但不支持 Windows 操作系统的部署，本书编写时，最新版本是 2.2.T2 版本。

本章主要演示在 x86 架构的 CentOS 7.6 操作系统上安装并使用鲲鹏代码迁移工具，在鲲鹏架构和其他操作系统上安装及使用方式基本类似。

7.2 鲲鹏代码迁移工具的获取与安装

7.2.1 获取安装包

鲲鹏代码迁移工具的安装包可以从鲲鹏社区获得，详细步骤如下：

步骤 1：获取安装包网址。登录鲲鹏社区的鲲鹏代码迁移工具网页，网址为 https://www.huaweicloud.com/kunpeng/software/portingadvisor.html，在该网页的软件下载区域可以获得安装包下载网址，对于鲲鹏代码迁移工具 2.2.T2 版本来说，x86 架构的安装包下载网址为 https://mirrors.huaweicloud.com/kunpeng/archive/Porting_Dependency/Packages/Porting-advisor_2.2.T2.SPC300_x86_64-Linux.tar.gz。鲲鹏架构安装包的下载网址为 https://mirrors.huaweicloud.com/kunpeng/archive/Porting_Dependency/Packages/Porting-advisor_2.2.T2.SPC300_Kunpeng-Linux.tar.gz，本次演示的是 x86 架构软件包的安装。

步骤 2：登录 x86 架构服务器。

步骤 3：创建并进入/data/soft/目录，下载安装包，命令如下：

```
mkdir -p /data/soft/
cd /data/soft/
wget
https://mirrors.huaweicloud.com/kunpeng/archive/Porting_Dependency/Packages/Porting-advisor_2.2.T2.SPC300_x86_64-Linux.tar.gz
```

步骤 4：解压安装包，命令如下：

```
tar -zxvf Porting-advisor_2.2.T2.SPC300_x86_64-Linux.tar.gz
```

步骤 5：进入安装包所在的目录，然后查看目录文件列表，命令及回显如下：

```
[root@ecs-x86 soft]# cd Porting-advisor_2.2.T2.SPC300_x86_64-Linux
[root@ecs-x86 Porting-advisor_2.2.T2.SPC300_x86_64-Linux]# ll
total 483184
-rwxr-xr-x 1 root root    3470528   Sep   9   2001  cms
-rwxr-xr-x 1 root root    35088     Sep   9   2001  install
-rw-r--r--  1 root root   491207981 Sep   9   2001  Porting-
advisor_2.2.T2.SPC300_x86_64-Linux.tar.gz
-rw-r--r--  1 root root   5611      Sep   9   2001  Porting-
advisor_2.2.T2.SPC300_x86_64-Linux.tar.gz.cms
-rw-r--r--  1 root root   7181      Sep   9   2001  Porting-
advisor_2.2.T2.SPC300_x86_64-Linux.tar.gz.crl
-rw-r--r--  1 root root   197       Sep   9   2001  Porting-
advisor_2.2.T2.SPC300_x86_64-Linux.tar.gz.txt
-rwxr-xr-x 1 root root    35056     Sep   9   2001  upgrade
```

其中 install 为安装文件，upgrade 为升级文件。

7.2.2 安装鲲鹏代码迁移工具

鲲鹏代码迁移工具有两种安装模式，一种是 Web 模式，支持多用户使用浏览器访问，也支持插件模式使用，另一种是 CLI 模式，支持命令行访问。

1. Web 模式安装

Web 模式安装详细步骤如下：

步骤 1：执行安装，指定安装参数为 web，安装程序启动后提示输入安装目录，默认为/opt，可以根据需要输入全路径目录，这里使用默认设置，安装程序还会提示输入 IP 地址和 HTTPS 端口号及 tool 端口号，其中 IP 地址必须手动输入，对于华为云 ECS 服务器来说，输入私有 IP 地址即可。HTTPS 和 tool 端口号都可以使用默认值，如果默认的端口被占用，也可以使用其他空闲的端口，命令及详细回显如下：

```
[root@ecs-x86 Porting-advisor_2.2.T2.SPC300_x86_64-Linux]# ./install web
Checking ./Porting-advisor_2.2.T2.SPC300_x86_64-Linux ...
Installing ./Porting-advisor_2.2.T2.SPC300_x86_64-Linux ...
```

```
Enter the installation path. The default path is /opt :
Please enter a local machine IP address(mandatory): 172.16.0.170
Please enter HTTPS port(default: 8084):
The HTTPS port 8084 is valid. Set the HTTPS port to 8084 (y/n default: y):y
Set the HTTPS port 8084
Please enter tool port(default: 7998):
The tool port 7998 is valid. Set the tool port to 7998 (y/n default: y):y
Set the tool port 7998
```

步骤 2：经过几分钟的安装，工具安装成功的回显如下：

```
unzip already installed!
rpm-build already installed!
rpmdevtools already installed!
java-devel already installed!
Locking password for user porting.
passwd: Success
Created symlink from /etc/systemd/system/multi-user.target.wants/gunicorn_port.service to /
etc/systemd/system/gunicorn_port.service.
Porting Web console is now running, go to:https://172.16.0.170:8084.
Successfully installed the Kunpeng Porting Advisor in /opt/portadv/.
```

步骤 3：开放端口。虽然在步骤 2 时已经安装成功了，但是有可能还不能访问，这需要根据安装服务器的具体情况来处理。

假如是在局域网内服务器中安装的鲲鹏代码迁移工具，一般可以直接使用设置的网址和端口访问。

假如使用的是华为云 ECS，需要进行两处特殊处理，一处是访问的 IP 地址使用弹性公网 IP 地址，这个地址可以从弹性云服务器后台获得。另一处是开放工具使用的端口 8084 和 7998。具体的处理开放端口的方法参见 6.3.2 节的步骤 3，这里就不详细描述了。

2. CLI 模式安装

执行 CLI 模式安装，指定安装参数为 cmd，安装程序会提示输入安装目录，默认为/opt，但是 CLI 模式的安装目录不能与 Web 模式安装目录相同，可以输入其他的目录，安装过程不再需要其他配置，命令及回显如下：

```
[root@ecs-x86 Porting-advisor_2.2.T2.SPC300_x86_64-Linux]#./install cmd
Checking ./Porting-advisor_2.2.T2.SPC300_x86_64-Linux ...
Installing ./Porting-advisor_2.2.T2.SPC300_x86_64-Linux ...
Enter the installation path. The default path is /opt :
```

最后安装成功的回显如下：

```
webui/porting/RunTime.bc10d73b76b657be80c9.js
webui/porting/33.5655c2d189d6ecf06de6.js
webui/porting/polyfills.3fd0da71581f6f5a6492.js
webui/porting/webbanner.9afce172bdca63bff2a6.png
webui/porting/59.006d37f91c93e21dbea6.js
webui/porting/46.250f11e087706aee2b36.js
webui/porting/45.e91de83fd6bfb83cda5a.js
webui/cert.pem
Successfully installed the Kunpeng Porting Advisor in /opt/portadv/tools.
```

7.3 鲲鹏代码迁移工具的使用

鲲鹏代码迁移工具有 3 种使用方式，分别是 Web 模式、CLI 模式及插件模式。

7.3.1 Web 模式下的用户及配置

这里通过在 Windows 10 操作系统上使用 Chorme 浏览器来演示鲲鹏代码迁移工具的用户及配置。

1. 登录

步骤 1：在浏览器网址栏输入鲲鹏代码迁移工具所在服务器的 IP 地址和访问端口号，格式为 https://IP:Port，针对本次演示的访问网址为 http://119.3.183.*:8084，读者根据自己实际安装的服务器和端口进行访问。因为服务器本身没有安装可信 CA 颁发的正式 SSL 证书，访问时可能会出现如图 7-1 所示的提示信息。

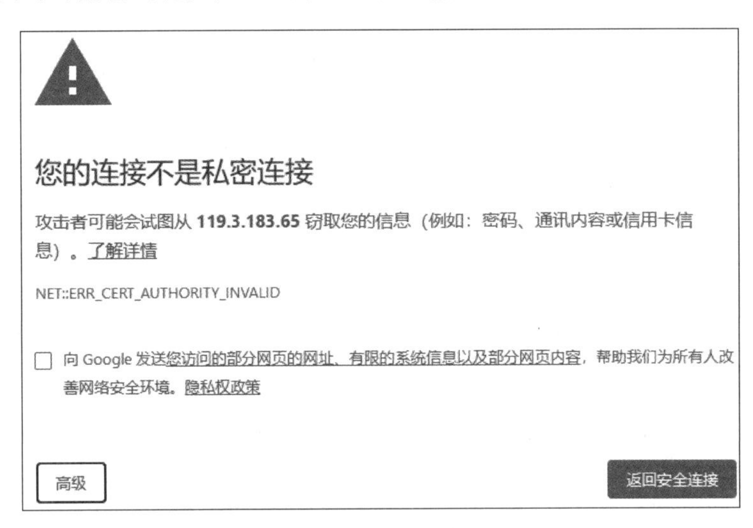

图 7-1 连接提示信息

步骤 2：单击“高级”按钮，此时会出现更多的显示信息，单击“继续前往 119.3.183.*

(不安全)”超链接,如图 7-2 所示。

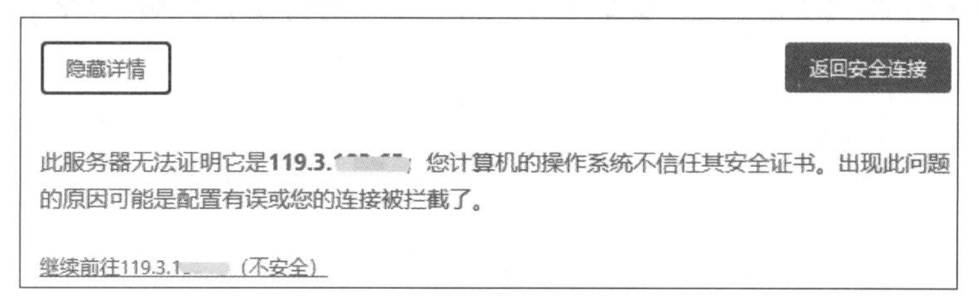

图 7-2 继续前往

然后就会进入登录页面,如图 7-3 所示。因为是首次登录,页面会提示创建管理员密码。

步骤 3：输入管理员密码,并且确认密码,注意密码有复杂度要求,详细要求如下：

- 长度为 8～32 个字符；
- 必须包含大写字母、小写字母、数字及特殊字符('～！ @＃＄%^&＊()－_＝＋\|[{}]；：'",<.>/?)中两种及以上类型的组合；
- 密码不能是用户名；
- 密码不能在弱口令字典中。

密码输入无误后,单击“确认”按钮,就可以创建管理员密码了。

步骤 4：创建管理员密码成功后,系统重新回到登录页面,如图 7-4 所示。

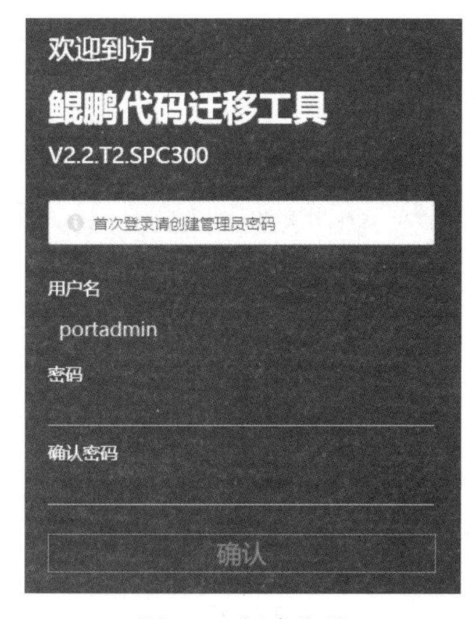

图 7-3 创建密码

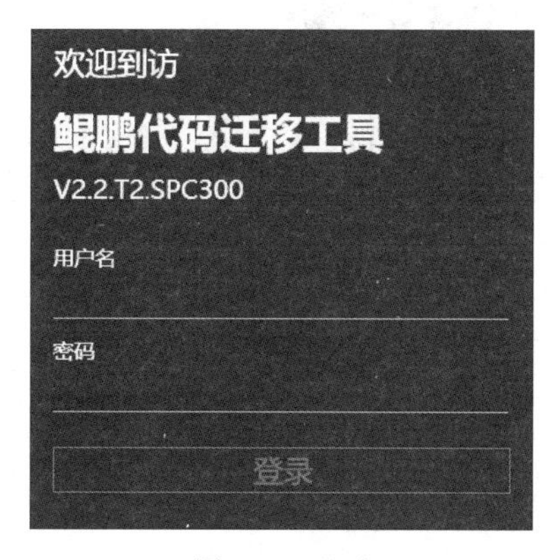

图 7-4 登录

在用户名输入 portadmin,密码输入步骤 3 所创建的密码,单击“登录”按钮,进入鲲鹏代码迁移工具主页面,如图 7-5 所示。

图 7-5　主页面

2. 用户密码修改

单击主页面右上角的登录用户名 portadmin，会出现下拉菜单，如图 7-6 所示。

单击菜单项"修改密码"，会出现修改密码的页面，如图 7-7 所示。

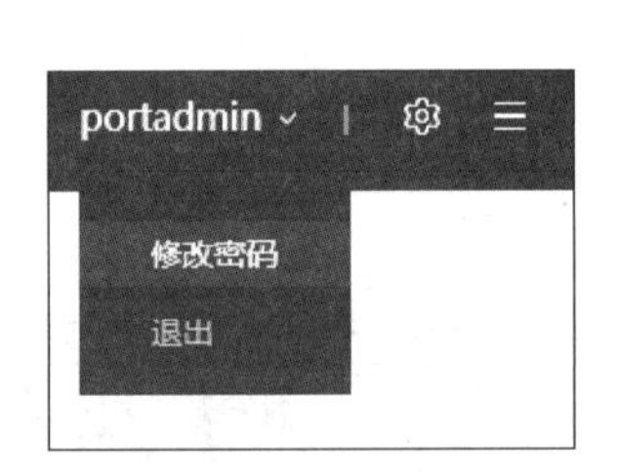

图 7-6　修改密码菜单

图 7-7　修改密码

新密码需要满足以下条件：

■ 密码长度为 8～32 个字符；

■ 必须包含大写字母、小写字母、数字、特殊字符('~! @#$%^&*()-_=+\|[{}];:'",<.>/?)中的两种及以上类型的组合；

■ 密码不能是用户名；

■ 新密码与旧密码必须不同；

■ 新密码不能是旧密码的逆序；

■ 新密码不能在弱口令字典中。

在输入旧密码及正确格式的新密码和确认密码以后，"确认"按钮才会变成有效状态，此时单击"确认"按钮，即可修改密码。修改密码成功后，用户会自动退出登录，重新进入登录页面，这样就可以使用新密码登录了。

3. 用户管理

鲲鹏代码迁移工具支持多用户管理，用户管理功能包括添加用户、重置密码、删除用户等，具体的使用方法可参考6.4.1节的第3个分项“用户管理”功能，鲲鹏代码迁移工具和鲲鹏分析扫描工具在用户管理方面的主要区别是工作空间不同，一个是/opt/portadv/，另一个是/opt/depadv/。

4. 白名单

鲲鹏代码迁移工具维护了已支持的so库和软件的白名单，支持对白名单的备份、升级、恢复功能，最新白名单压缩包下载网址可以从网页https://www.huaweicloud.com/kunpeng/software/portingadvisor.html的软件下载区域获取，本书编写时实际下载网址为https://mirrors.huaweicloud.com/kunpeng/archive/Porting_Dependency/Packages/Whitelist-package_2.2.T2.SPC300_Linux.tar.gz。鲲鹏代码迁移工具的白名单功能和鲲鹏分析扫描工具的白名单功能类似，可以参考6.4.1节的第4个分项“白名单”功能。

5. 软件迁移模板

在专项软件迁移功能中，鲲鹏代码迁移工具提供了一个非常强大又贴心的功能，可以一步步地指导用户针对特定软件、特定版本进行迁移，这种迁移可以随时添加新的可迁移软件，其方式就是对软件迁移模板的升级。

鲲鹏代码迁移工具针对软件迁移模板提供了备份、升级、恢复功能，既可以预先进行备份，也可以在升级失败时用备份数据恢复。软件迁移模板功能只有管理员才可以进行操作。

软件迁移模板的备份、升级、恢复功能都在一个页面内，需要先登录系统，单击主页面右上角的齿轮图标，在下拉菜单列表中单击“软件迁移模板”菜单项，进入软件迁移模板功能页面，如图7-8所示。

图7-8　软件迁移模板

1）备份

单击图 7-8 中的“开始备份”按钮，此时会提示输入管理员密码，如图 7-9 所示，输入密码后单击“确认”按钮，即可开始备份。

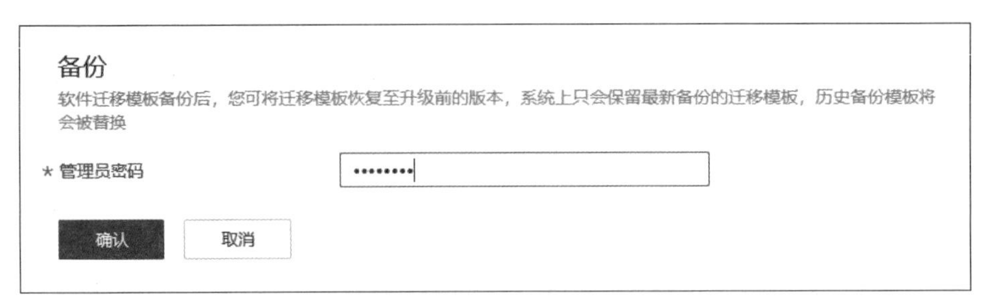

图 7-9 软件迁移模板备份

备份时会显示备份的进度，备份成功后备份文件会存储在用户的 migration 目录下，对于本服务器，备份存储路径为/opt/portadv/portadmin/migration/backup。

2）升级

升级前首先需要下载最新的升级包，从网页 https://www.huaweicloud.com/kunpeng/software/portingadvisor.html 查找“代码迁移工具软件包”的下载网址，然后执行下载。

升级时，单击如图 7-8 所示的“开始升级”按钮，会出现软件迁移模板升级页面，单击“上传软件迁移模板资源包”后输入框中 3 个点的选择文件按钮，此处应选择需要升级的资源包文件，然后单击“上传文件”按钮，在“管理员密码”输入框输入管理员密码。资源包上传成功后，单击“确认”按钮完成升级，如图 7-10 所示。

图 7-10 软件迁移模板升级

如果上传的资源包版本不如已经安装的资源包版本新，系统会停止更新，并提示“当前版本已是最新版本”，如图 7-11 所示。

3）恢复

如果升级失败可以从备份文件进行恢复。单击如图 7-8 所示的“开始恢复”按钮，此时会提示输入管理员密码，输入密码后，单击“确认”按钮即可进行恢复。

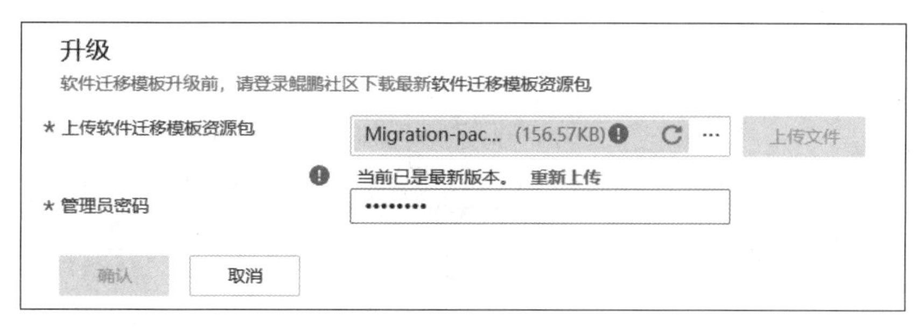

图 7-11　软件迁移模板已是最新版本

6. 扫描参数配置

在鲲鹏代码迁移工具扫描源代码的时候，一般情况下不会扫描到与 ARM 架构相关的关键字，但是如果扫描到了 Arm/Arm64/AArch64 等关键字，需要根据用户的配置决定是否终止扫描。详细扫描参数配置步骤如下：

步骤 1：登录系统，单击主页面右上角的齿轮图标，在下拉菜单列表中单击“扫描参数配置”菜单项，进入扫描参数配置页面，单击“修改配置”按钮，出现如图 7-12 所示的扫描参数配置页面。

扫描参数配置

* 关键字扫描　是

发现Arm/Arm64/AArch64关键字是否继续扫描

* 用户密码

确认　取消

图 7-12　扫描参数配置

步骤 2：根据实际情况修改扫描参数配置，然后输入用户密码。

步骤 3：单击“确认”按钮，保存扫描参数的更改。

7. 阈值设置

如果生成的迁移报告过多，会占用大量的存储空间，鲲鹏代码迁移工具通过设置提示阈值和最大阈值的方式来避免出现空间大量占用的问题。

步骤 1：登录系统，单击主页面右上角的齿轮图标，在下拉菜单列表中单击“阈值设置”菜单项，进入阈值设置页面，然后单击“修改配置”按钮，出现如图 7-13 所示的阈值设置页面。

步骤 2：历史报告提示阈值范围是 1～49，默认为 40，当历史报告数量达到这个设置后会给出提示，但是不禁止新建任务，还可以继续使用。历史报告最大阈值表示历史报告可以存储的最大数量，超过该数量后将无法新建任务。填写好这两个数值后，单击“确认”按钮保

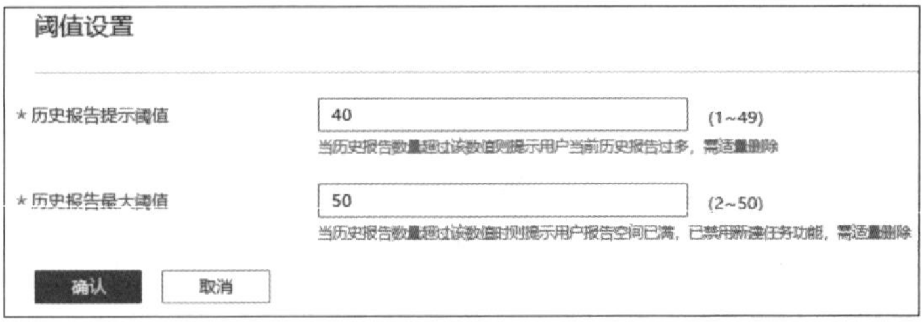

阈值设置

* 历史报告提示阈值 40 (1~49)

当历史报告数量超过该数值则提示用户当前历史报告过多，需适量删除

* 历史报告最大阈值 50 (2~50)

当历史报告数量超过该数值时则提示用户报告空间已满，已禁用新建任务功能，需适量删除

确认 取消

图 7-13 阈值设置

存设置。

8. web 服务端证书

参考 6.4.1 节的第 7 个分项“Web 服务端证书”功能。

9. 日志

参考 6.4.1 节的第 8 个分项“日志”功能。

10. 弱口令字典

参考 6.4.1 节的第 9 个分项“弱口令字典”功能。

11. 系统配置

参考 6.4.1 节的第 10 个分项“系统配置”功能。

12. 修改初始密码

普通用户第一次登录后，会提示修改初始密码，如图 7-14 所示，这个修改是强制性的。

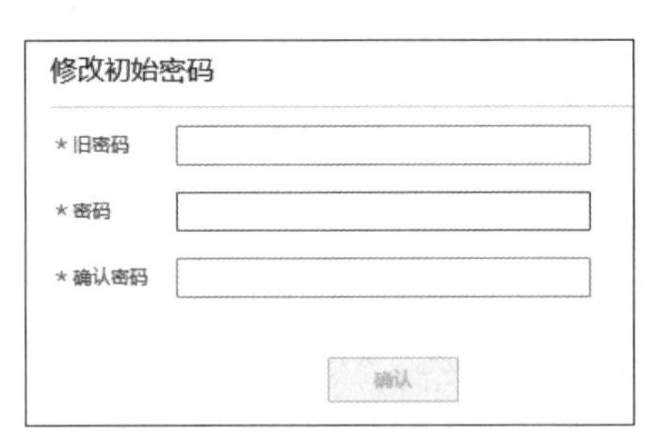

图 7-14 修改初始密码

新的密码也要满足本节第 2 部分“用户密码修改”中对密码的复杂性要求。

7min

7.3.2 Web 模式下的代码迁移

Web 模式下，代码迁移分为 3 种，分别是源码迁移、软件包重构、专项软件迁移。除此之外，还有 64 位运行模式检查和结构体字节对齐检查这两项增强功能。

15min

1. 源码迁移

源码迁移功能支持对 C/C++、Fortran 两种语言的迁移，可以把源码压缩包或者源码文件夹上传到源码分析目录，源码压缩包支持 zip、tar、tar. gz、gz、bz、bz2、tar. bz2 等格式，大小不超过 500MB，解压后不超过 1GB。详细分析源码步骤如下：

步骤 1：登录鲲鹏代码迁移工具，进入主页面，单击“源码迁移”选项，如图 7-15 所示。

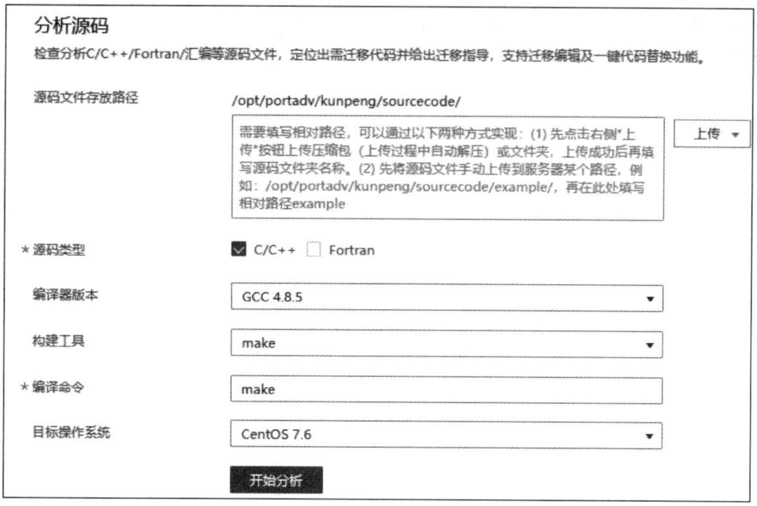

图 7-15　源码迁移

步骤 2：上传要迁移的源码有两种方式，一种是通过右侧“上传”按钮选择要上传的压缩包或者文件夹，另一种是手动上传到工具安装目录下当前用户的 sourcecode 目录中，对于当前登录用户，目录为/opt/portadv/kunpeng/sourcecode/。这里通过右侧“上传”按钮上传压缩包。单击“上传”按钮，然后单击压缩包菜单项，弹出压缩包选择窗口，此处可以选择要上传的压缩包（本例选择的是 redis 的源码压缩包），如图 7-16 所示，单击“打开”按钮即可上传。

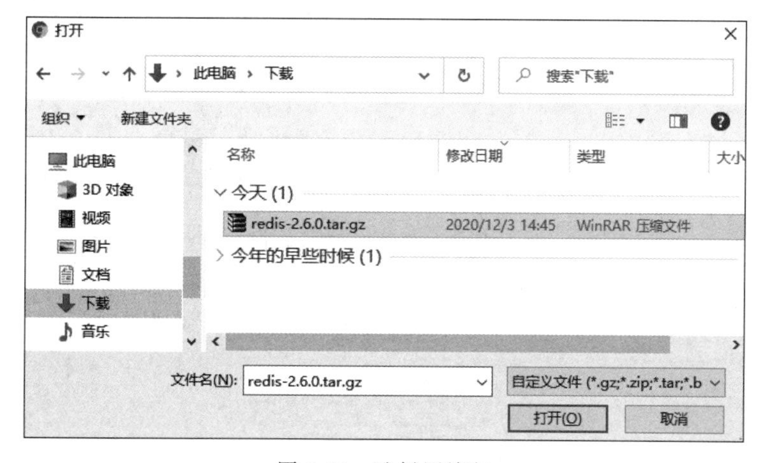

图 7-16　选择压缩包

步骤 3：上传成功后，源码包名称 redis-2.6.0 会自动填写到输入框区域，如图 7-17 所示。选择源码类型为C/C++，然后选择编译器信息及目标环境配置，最后单击“开始分析”按钮开始分析。

分析源码

检查分析C/C++/Fortran/汇编等源码文件，定位出需迁移代码并给出迁移指导，支持迁移编辑及一键代码替换功能。

源码文件存放路径 /opt/portadv/kunpeng/sourcecode/

redis-2.6.0, 上传

*源码类型 C/C++ Fortran

编译器版本 GCC 4.8.5

构建工具 make

*编译命令 make

目标操作系统 CentOS 7.6

开始分析

图 7-17 分析

步骤4：分析成功后进入分析报告页面，查看扫描分析的详细信息，如图7-18所示。

2020/12/09 20:53:25

迁移报告 源码迁移建议

配置信息

源码文件存放路径 /opt/portadv/portadmin/sourcecode/redis-2.6.0

编译器版本 GCC 4.8.5

构建工具 make

编译命令 make

目标操作系统 CentOS 7.6

目标系统内核版本 4.14.0

待迁移：

依赖库文件	源文件	代码行数
4/13	7	91

与架构相关的依赖库文件 总数：13，需要迁移：4

序号	文件名	分析结果	处理建议
1	libhistory.so	兼容鲲鹏平台	下载动态库
2	libpthread.so	兼容鲲鹏平台	下载动态库
3	libnsl.so	兼容鲲鹏平台	下载动态库
4	libtcmalloc.so	兼容鲲鹏平台	下载动态库
5	libtcmalloc_minimal.so	兼容鲲鹏平台	下载动态库

需要迁移的源文件 总数：7 C/C++/Fortran和Makefile源代码：91行；汇编代码：0行

序号	文件名	路径
1	debug.c	/opt/portadv/portadmin/sourcecode/redis-2.6.0/src/debug.c
2	config.h	/opt/portadv/portadmin/sourcecode/redis-2.6.0/src/config.h
3	Makefile	/opt/portadv/portadmin/sourcecode/redis-2.6.0/src/Makefile
4	Makefile	/opt/portadv/portadmin/sourcecode/redis-2.6.0/deps/lua/etc/Makefile
5	Makefile	/opt/portadv/portadmin/sourcecode/redis-2.6.0/deps/hiredis/Makefile

下载报告(.csv) 下载报告(.html)

图 7-18 分析报告

分析报告分为迁移报告和源码迁移建议两个部分，默认显示迁移报告。

1）迁移报告

迁移报告分为5个部分，分别解释如下：

(1) 配置信息：记录被扫描分析的软件包编译器版本、构建工具、编译命令、目标操作系统、目标系统内核版本等信息。

(2) 待迁移：需要迁移的依赖库文件、源文件及代码行数，就本报告来说，有13个依赖库，其中4个需要迁移，另外9个依赖库有已适配的鲲鹏版本，就不用再迁移了，直接下载使用即可。除此之外，还有7个源文件的91行代码需要迁移。

(3) 与架构相关的依赖库文件：显示依赖库文件总数及需要迁移的依赖库文件个数，如图7-19所示。

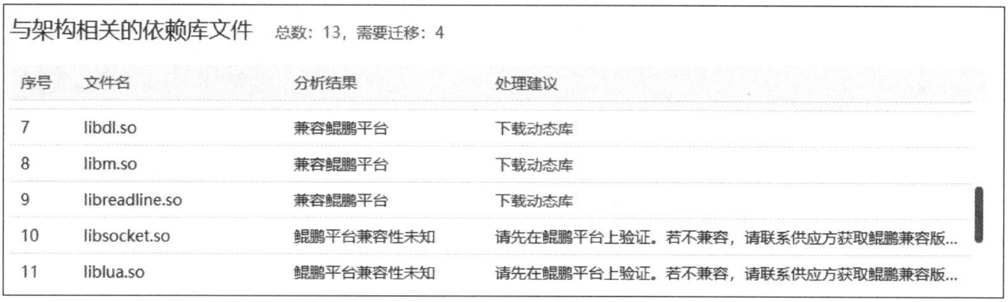

与架构相关的依赖库文件　总数：13，需要迁移：4

序号	文件名	分析结果	处理建议
7	libdl.so	兼容鲲鹏平台	下载动态库
8	libm.so	兼容鲲鹏平台	下载动态库
9	libreadline.so	兼容鲲鹏平台	下载动态库
10	libsocket.so	鲲鹏平台兼容性未知	请先在鲲鹏平台上验证。若不兼容，请联系供应方获取鲲鹏兼容版...
11	liblua.so	鲲鹏平台兼容性未知	请先在鲲鹏平台上验证。若不兼容，请联系供应方获取鲲鹏兼容版...

图7-19　依赖库

在“分析结果”列可以看到是否已经有兼容鲲鹏平台的替换包，如果有则可以在“处理建议”列单击“下载动态库”超链接下载适配好的依赖库文件。

(4) 需要迁移的源文件：显示需要迁移的源文件个数、具体文件信息和需要迁移的代码行数。

(5) 下载报告：可以下载.csv格式和.html格式的报告，单击对应的按钮即可下载。

2）源码迁移建议

单击如图7-18所示最上面的“源码迁移建议”选项卡的时候，会弹出“免责声明”，如图7-20所示。

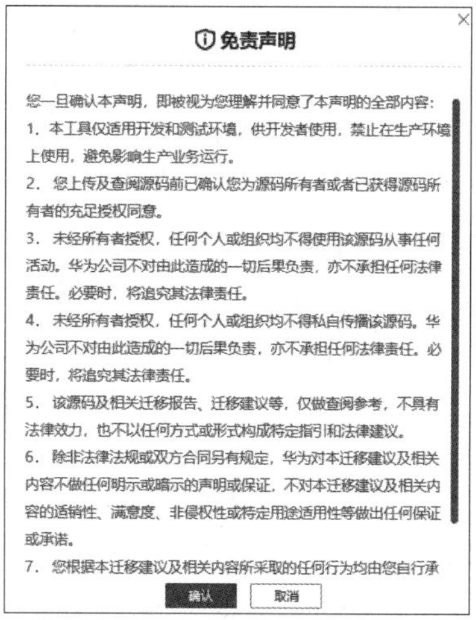

请务必详细阅读该声明，明白迁移过程中的风险，并且自行承担该风险，然后单击声明窗口的“确认”按钮，进入源码迁移建议页面，如图7-21所示。

源码迁移建议页面总体分为左、中、右3部分，左侧是待迁移的文件列表，分为makefile和C/C++ Source File两类，分别列出makefile文件和代码源文件。中间是原始源代码显示区域，右侧

免责声明

您一旦确认本声明，即被视为您理解并同意了本声明的全部内容：

1. 本工具仅适用开发和测试环境，供开发者使用，禁止在生产环境上使用，避免影响生产业务运行。

2. 您上传及查阅源码前已确认您为源码所有者或者已获得源码所有者的充足授权同意。

3. 未经所有者授权，任何个人或组织均不得使用该源码从事任何活动。华为公司不对由此造成的一切后果负责，亦不承担任何法律责任。必要时，将追究其法律责任。

4. 未经所有者授权，任何个人或组织均不得私自传播该源码。华为公司不对由此造成的一切后果负责，亦不承担任何法律责任。必要时，将追究其法律责任。

5. 该源码及相关迁移报告、迁移建议等，仅做查阅参考，不具有法律效力，也不以任何方式或形式构成特定指引和法律建议。

6. 除非法律法规或双方合同另有规定，华为对本迁移建议及相关内容不做任何明示或暗示的声明或保证，不对本迁移建议及相关内容的适销性、满意度、非侵权性或特定用途适用性等做出任何保证或承诺。

7. 您根据本迁移建议及相关内容所采取的任何行为均由您自行承

确认　取消

图7-20　免责声明

是建议源代码显示区域。当选中一个文件的时候，该文件内容会在中间的原始源代码区域显示，同时在右侧会针对每一处需要迁移的代码给出迁移建议，也就是说可以同时对比原始代码和建议的迁移代码。当在原始源代码区域拖动滚动条时建议源代码区域会同步滚动，同样，在建议源代码区域拖动滚动条时原始源代码区域也会同步滚动。

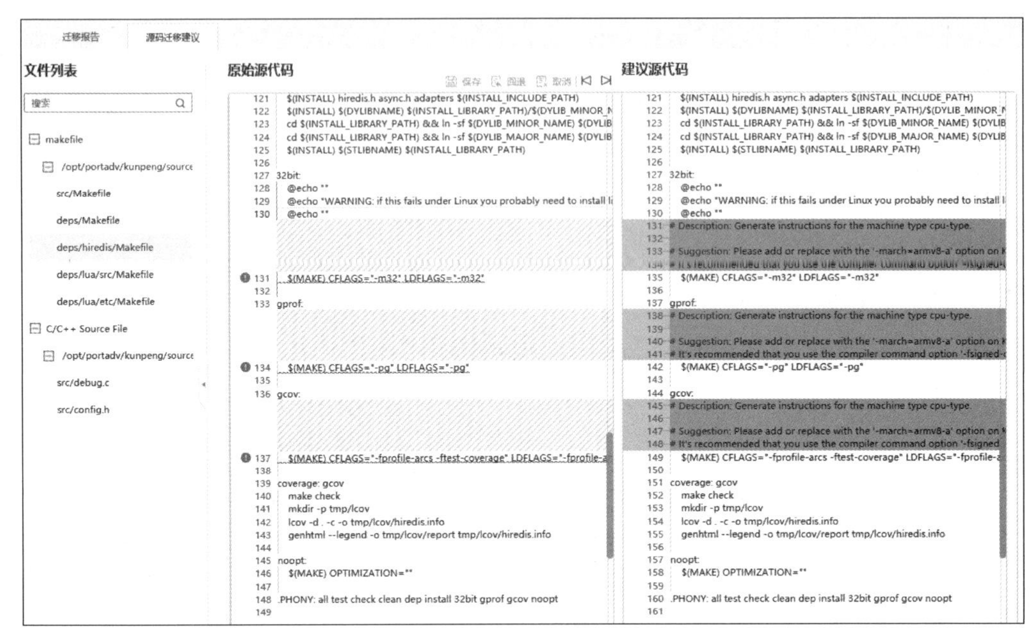

图 7-21　源码迁移建议

下面分别列出一个 makefile 文件原始的代码和建议修改后的代码，可以看出工具给出的迁移建议。

原始代码如下：

```
#makefile for Lua etc

TOP = ..
LIB = $(TOP)/src
INC = $(TOP)/src
BIN = $(TOP)/src
SRC = $(TOP)/src
TST = $(TOP)/test

CC = gcc
CFLAGS = -O2 -Wall -I$(INC) $(MYCFLAGS)
MYCFLAGS =
MYLDFLAGS = -Wl,-E
MYLIBS = -lm
```

```
#MYLIBS= -lm -Wl,-E -ldl -lreadline -lhistory -lncurses
RM= rm -f

default:
	@echo 'Please choose a target: min noparser one strict clean'

min: min.c
	$(CC) $(CFLAGS) $@.c -L$(LIB) -llua $(MYLIBS)
	echo 'print"Hello there!"' | ./a.out

noparser: noparser.o
	$(CC) noparser.o $(SRC)/lua.o -L$(LIB) -llua $(MYLIBS)
	$(BIN)/luac $(TST)/hello.lua
	-./a.out luac.out
	-./a.out -e'a=1'

one:
	$(CC) $(CFLAGS) all.c $(MYLIBS)
	./a.out $(TST)/hello.lua

strict:
	-$(BIN)/lua -e 'print(a);b=2'
	-$(BIN)/lua -lstrict -e 'print(a)'
	-$(BIN)/lua -e 'function f() b=2 end f()'
	-$(BIN)/lua -lstrict -e 'function f() b=2 end f()'

clean:
	$(RM) a.out core core.* *.o luac.out

.PHONY: default min noparser one strict clean
```

修改后的建议代码，其中建议部分使用了注释符号“#”进行了注释，代码如下：

```
#makefile for Lua etc

TOP= ..
LIB= $(TOP)/src
INC= $(TOP)/src
BIN= $(TOP)/src
SRC= $(TOP)/src
TST= $(TOP)/test

CC= gcc
#Description: Generate instructions for the machine type cpu-type.

#Suggestion: Please add or replace with the '-march=armv8-a' option on Kunpeng platform.
```

```
# It's recommended that you use the compiler command option '-fsigned-char' changes the default behaviour of plain char to be a signed char.
CFLAGS= -O2 -Wall -I$(INC) $(MYCFLAGS)
MYCFLAGS=
MYLDFLAGS= -Wl,-E
MYLIBS= -lm
#MYLIBS= -lm -Wl,-E -ldl -lreadline -lhistory -lncurses
RM= rm -f

default:
	@echo 'Please choose a target: min noparser one strict clean'

min: min.c
	$(CC) $(CFLAGS) $@.c -L$(LIB) -llua $(MYLIBS)
	echo 'print"Hello there!"' | ./a.out

noparser: noparser.o
	$(CC) noparser.o $(SRC)/lua.o -L$(LIB) -llua $(MYLIBS)
	$(BIN)/luac $(TST)/hello.lua
	-./a.out luac.out
	-./a.out -e'a=1'

one:
	$(CC) $(CFLAGS) all.c $(MYLIBS)
	./a.out $(TST)/hello.lua

strict:
	-$(BIN)/lua -e 'print(a);b=2'
	-$(BIN)/lua -lstrict -e 'print(a)'
	-$(BIN)/lua -e 'function f() b=2 end f()'
	-$(BIN)/lua -lstrict -e 'function f() b=2 end f()'

clean:
	$(RM) a.out core core.* *.o luac.out

.PHONY: default min noparser one strict clean
```

通过对比可以看出，迁移建议是针对该行代码的：

```
CFLAGS= -O2 -Wall -I$(INC) $(MYCFLAGS)
```

CFLAGS是C编译器的选项，也是从x86架构到鲲鹏架构迁移过程中需要重点关注的部分，对于本行代码的迁移建议如下：

```
#Description: Generate instructions for the machine type cpu-type.

#Suggestion: Please add or replace with the '-march=armv8-a' option on Kunpeng platform.
#It's recommended that you use the compiler command option '-fsigned-char' changes the
default behaviour of plain char to be a signed char.
```

针对编译时传递的参数，建议把 CPU 类型和默认 char 类型定义为有符号的编译选项传给编译器，因为 gcc 编译器内置了对 CPU 类型 armv8-a 的支持，可以针对该类型进行有针对性的优化，同样，指定-fsigned-char 的编译器选项，可以解决鲲鹏架构默认 char 类型被定义为无符号型的问题。可以直接在源文件中修改代码，然后单击源码区域的 保存图标按钮保存更改，也可以把鼠标悬浮在需迁移代码的波浪线上，会弹出修改建议悬浮窗，如图 7-22 所示。

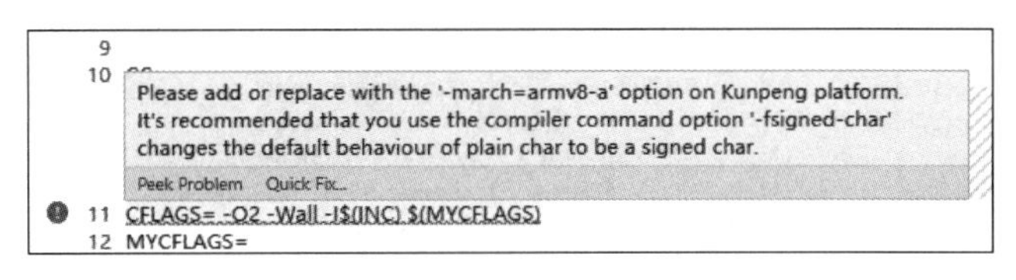

图 7-22 源码波浪线

单击 Quick Fix 超链接，此时会弹出修复建议菜单项，如图 7-23 所示。

```
10
   Please add or replace with the '-march=armv8-a' option on Kunpeng platform.
   It's recommended that you use the compiler command option '-fsigned-char'
   changes the default behaviour of plain char to be a signed char.
   Peek Problem   Quick Fix...
11 CFLAGS= -O2
12 MYCFLAGS=      Fix: Please add or replace with the '-march=armv8-a' option on Kunpeng platform. It's recommended that you
13 MYLDFLAGS= -Wl,-E
```

图 7-23 Quick Fix

单击此菜单项会自动添加修复建议代码到源代码，如图 7-24 所示。

```
9
10 CC= gcc
11+# CFLAGS= -O2 -Wall -I$(INC) $(MYCFLAGS)
12+#  Please add or replace with the '-march=armv8-a' option on Kunpeng platform.
13+#  It's recommended that you use the compiler command option '-fsigned-char' changes the default behaviour
14+
15

16 MYCFLAGS=
17 MYLDFLAGS= -Wl,-E
18 MYLIBS= -lm
19 #MYLIBS= -lm -Wl,-E -ldl -lreadline -lhistory -lncurses
20 RM= rm -f
```

图 7-24 自动添加修复建议代码

当一个文件有多处需要迁移时，可以通过单击“上一个”“下一个”按钮来快速定位需要迁移的代码行位置，如图 7-25 所示。

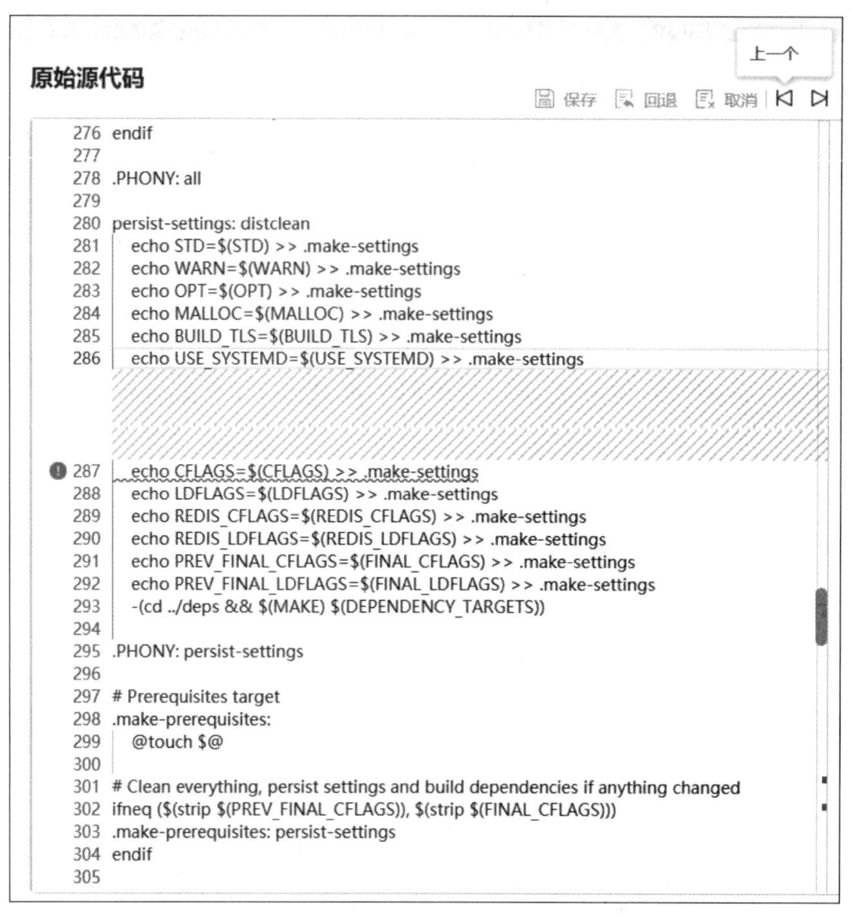

图 7-25 上一个需要迁移代码位置

2. 软件包重构

鲲鹏代码迁移工具支持对软件包的重构，这种重构需要满足一些先决条件：

- 软件包重构功能可能需要鲲鹏平台的一些运行文件，所以只支持在鲲鹏平台环境上运行；
- RPM 包是类 RedHat 系统特有的，所以只能在类 RedHat 系统上执行，重构过程中需要依赖系统组件 rpmrebuild/rpmbuild/rpm2cpio，提前检查系统环境是否已满足；
- DEB 包是类 Debian 系统特有的，只能在类 Debian 系统上执行，重构过程中需要依赖系统组件 ar/dpkg-deb，提前检查系统环境是否已满足；
- 如果 RPM 包或者 DEB 包里面包含 WAR 包，需检查系统是否存在 JAR 命令，如果不存在，则需安装 JDK 工具；
- 软件包重构结果默认保存在"/opt/portadv/登录用户名/(rpms、debs)"路径，执行完成后可以进入该路径查看已重构的软件包，或查看重构失败报告并按建议进行处理。

有这些先决条件的原因是由重构的方式决定的。以 RPM 包为例，对于 RPM 包，使用 rpmrebuild 可以提取关键的 SPEC 文件，使用 rpm2cpio 可以对 RPM 包解压，鲲鹏代码迁移工具分析 SPEC 文件，找出与架构相关的文件，然后从系统中查找是否有这些文件，或者从鲲鹏镜像站查找、下载，准备好所有的文件后，再使用 rpmbuild 重新打包。

软件包重构步骤如下：

步骤 1：登录鲲鹏代码迁移工具，进入主页面，单击“软件包重构”选项，如图 7-26 所示。

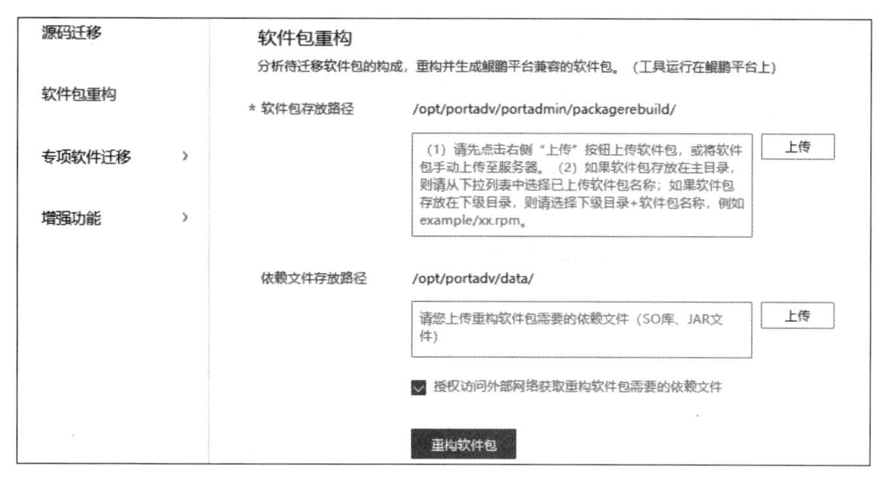

图 7-26 软件包重构

步骤 2：上传要重构的软件包有两种方式，一种是通过右侧“上传”按钮选择要上传的软件包，另一种是已经在主目录里的软件包，可以使用下拉列表选择。这里通过右侧“上传”按钮上传软件包。单击“上传”按钮，弹出软件包选择窗口，此处可以选择要上传的软件包，如图 7-27 所示，单击“打开”按钮即可上传。

图 7-27 软件包上传

步骤 3：上传成功后，软件包名称 knox_3_1_0_0_78-1.0.0.3.1.0.0-78.noarch.rpm 会自动填写到输入框区域，如图 7-28 所示，然后单击“重构软件包”按钮开始重构。

软件包重构
分析待迁移软件包的构成，重构并生成鲲鹏平台兼容的软件包。（工具运行在鲲鹏平台上）
* 软件包存放路径　/opt/portadv/portadmin/packagerebuild/
knox_3_1_0_0_78-1.0.0.3.1.0.0-78.noarch.rpm　上传
依赖文件存放路径　/opt/portadv/data/
请您上传重构软件包需要的依赖文件（SO库、JAR文件）　上传
授权访问外部网络获取重构软件包需要的依赖文件
重构软件包

图 7-28　重构软件包

如果需要重构的软件包在鲲鹏镜像站存在，则会弹出“确认是否继续重构”的窗口，如图 7-29 所示，可以单击“取消”按钮，取消本次重构，也可以单击“重构”按钮，继续重构。

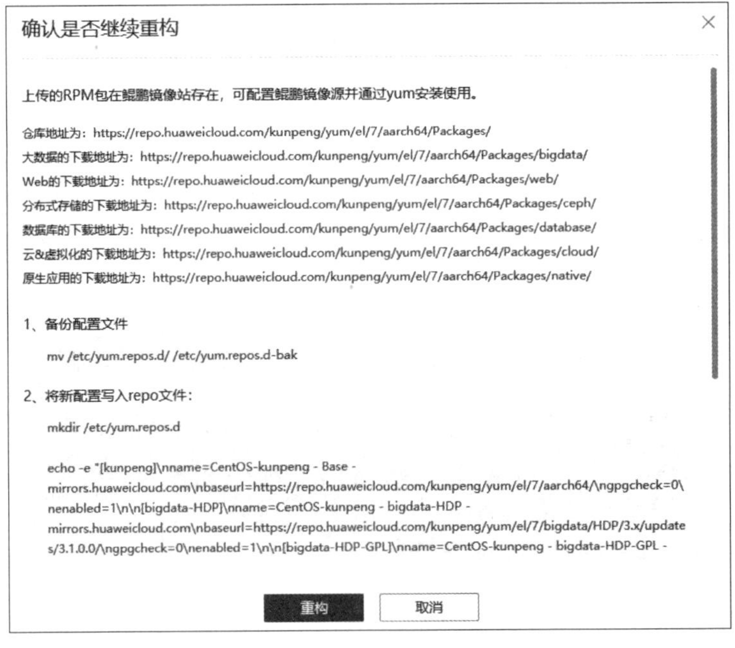

图 7-29　确认是否继续重构

步骤 4：重构结果一般有 4 种情况：

1）上传的 RPM 包在白名单中，并且在 CentOS 7.6 环境中，系统会提示通过 yum 方式从鲲鹏镜像源安装，就像图 7-29 所示的那样。

2）上传的 RPM 包在白名单中，但是不在 CentOS 7.6 环境中，系统会提示下载已构建好的 RPM 包。

3）上传的 RPM 包不在白名单中，系统会继续构建，最后构建成功后可以在/opt/portadv/用户名/rpms 或/opt/portadv/用户名/debs 下载，重构成功的页面如图 7-30 所示。

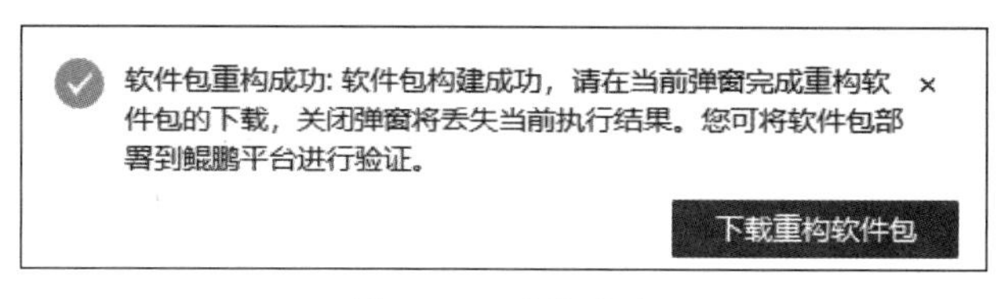

图 7-30 重构成功

4）虽然上传的 RPM 包不在白名单中，但是构建失败，此时系统会提示失败的原因，大部分情况下都是由于缺失文件，解决失败的原因后重新重构即可。

3. 专项软件迁移

专项软件迁移主要针对那些典型的、迁移需求量比较大并且有一定迁移难度的应用，通过一步步的向导式操作，可以简化迁移难度，从而提高成功率。

专项软件迁移在迁移过程中可能会有安装依赖组件、修改系统配置等操作，所以只能在鲲鹏架构系统上运行，这样也存在一定的风险，在正式进入专项软件迁移页面前会弹出“迁移前必读”窗口，勾选“我已阅读以上文字”，然后单击“确认”按钮即可，如图 7-31 所示。

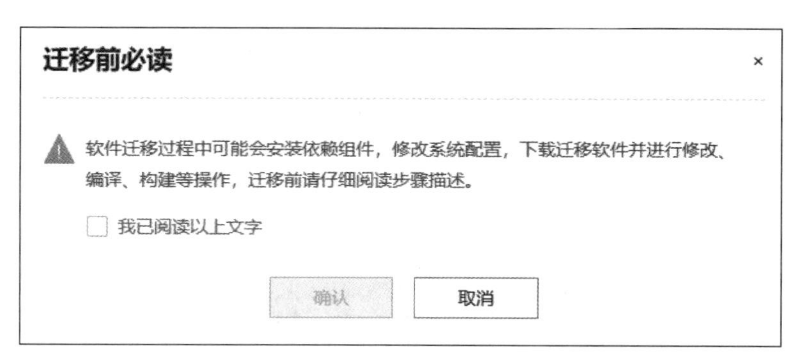

图 7-31 迁移前必读

进入专项软件迁移页面后，可以看到页面被分成了 4 个类别，分别是数据库、大数据、Web、高性能计算，如图 7-32 所示。

每个类别下面都有几个具体的软件迁移模板，详情如表 7-1 所示。

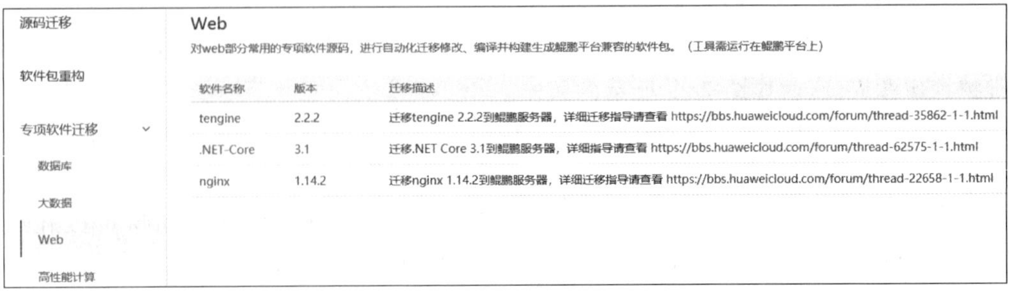

图 7-32　专项迁移

表 7-1　迁移模板

类别	软件名称	版本
高性能计算	OpenFOAM	v1906
大数据	hdp-hbase	2.0.2.3.1.0.0-78
	hdp-spark2	2.3.2.3.1.0.0-78
	cdh-kudu	1.7.0-5.16.1
	hdp-hive	3.1.0.3.1.0.0-78
	hdp-hadoop	3.1.1.3.1.0.0-78
	cdh-impala	5-2.12.0-5.16.1
数据库	MySQL	8.0.17
	MySQL(优化 cacheline 为 128 字节对齐)	8.0.17
Web	tengine	2.2.2
	.NET-Core	3.1
	Nginx	1.14.2

下面就以常用的数据库 MySQL 为例,演示专项软件迁移的过程。

步骤 1:在专项软件迁移页面的“数据库”分类单击第 1 个 MySQL 超链接,如图 7-33 所示。

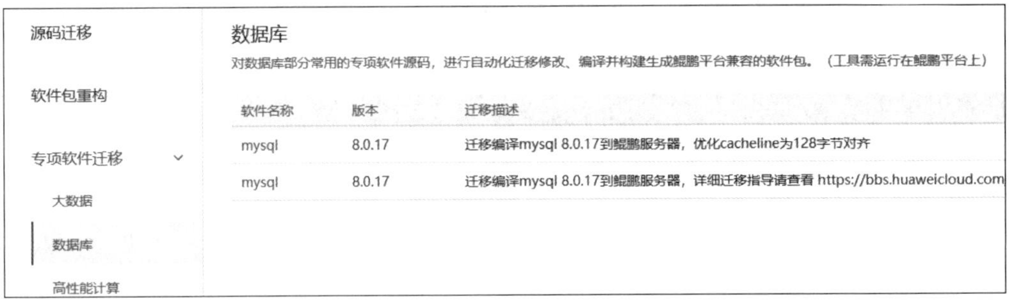

图 7-33　数据库迁移

步骤 2:在 MySQL 的专项迁移页面可以看到“开始执行”按钮不可用,因为不满足前置条件1:"检查当前环境是否存在gcc,且版本不低于7.3.0",如图7-34所示。

图7-34 不满足前置条件

步骤3:登录鲲鹏服务器,检查gcc版本,命令及回显如下:

```
[root@ecs-kunpeng ~]#gcc -v
Using built-in specs.
COLLECT_GCC=gcc
COLLECT_LTO_WRAPPER=/usr/libexec/gcc/aarch64-redhat-Linux/4.8.5/lto-wrapper
Target: aarch64-redhat-Linux
Configured with: ../configure --prefix=/usr --mandir=/usr/share/man --infodir=/usr/
share/info --with-bugURL=http://bugzilla.redhat.com/bugzilla --enable-bootstrap --
enable-shared --enable-threads=posix --enable-checking=release --with-system-
zlib --enable-__cxa_atexit --disable-libunwind-exceptions --enable-gnu-unique-
object --enable-linker-build-id --with-linker-hash-style=gnu --enable-
languages=c,c++,objc,obj-c++,java,fortran,ada,lto --enable-plugin --enable-initfini
-array --disable-libgcj --with-isl=/builddir/build/BUILD/gcc-4.8.5-20150702/obj-
aarch64-redhat-Linux/isl-install --with-cloog=/builddir/build/BUILD/gcc-4.8.5-
20150702/obj-aarch64-redhat-Linux/cloog-install --enable-gnu-indirect-function -
-build=aarch64-redhat-Linux
Thread model: posix
gcc version 4.8.5 20150623 (Red Hat 4.8.5-39) (GCC)
```

可以看到版本是CentOS 7.6默认的4.8.5版本。

步骤 4：进入/home 目录，下载 gcc 7.3 源码包，命令如下：

```
cd /home/
wget https://mirrors.tuna.tsinghua.edu.cn/gnu/gcc/gcc-7.3.0/gcc-7.3.0.tar.gz
```

步骤 5：解压源码包，进入解压后目录，命令如下：

```
tar -zxvf gcc-7.3.0.tar.gz
cd gcc-7.3.0
```

步骤 6：下载依赖包，这个需要时间比较长，可能需要十几分钟到几十分钟，命令及回显如下：

```
[root@ecs-kunpeng gcc-7.3.0]# ./contrib/download_prerequisites
2020-12-03 20:35:29 URL: ftp://gcc.gnu.org/pub/gcc/infrastructure/gmp-6.1.0.tar.bz2
[2383840] -> "./gmp-6.1.0.tar.bz2" [2]
2020-12-03 20:38:16 URL: ftp://gcc.gnu.org/pub/gcc/infrastructure/mpfr-3.1.4.tar.bz2
[1279284] -> "./mpfr-3.1.4.tar.bz2" [1]
2020-12-03 20:42:07 URL: ftp://gcc.gnu.org/pub/gcc/infrastructure/mpc-1.0.3.tar.gz
[669925] -> "./mpc-1.0.3.tar.gz" [1]
2020-12-03 20:49:55 URL: ftp://gcc.gnu.org/pub/gcc/infrastructure/isl-0.16.1.tar.bz2
[1626446] -> "./isl-0.16.1.tar.bz2" [1]
gmp-6.1.0.tar.bz2: OK
mpfr-3.1.4.tar.bz2: OK
mpc-1.0.3.tar.gz: OK
isl-0.16.1.tar.bz2: OK
All prerequisites downloaded successfully.
```

步骤 7：编译安装，命令如下：

```
./configure --prefix=/usr --mandir=/usr/share/man --infodir=/usr/share/info --
enable-bootstrap
make -j4
make install
```

其中第 2 条命令，make -j4 需要根据具体的服务器核心数量进行调整，本机有 4 个 CPU 核心，所以使用-j4 参数。

步骤 8：查看安装后的 gcc 版本号，命令及回显如下：

```
[root@ecs-kunpeng gcc-7.3.0]# gcc -v
Using built-in specs.
COLLECT_GCC=gcc
COLLECT_LTO_WRAPPER=/usr/libexec/gcc/aarch64-unknown-Linux-gnu/7.3.0/lto-wrapper
Target: aarch64-unknown-Linux-gnu
```

```
Configured with: ./configure --prefix=/usr --mandir=/usr/share/man --infodir=/usr/
share/info --enable-bootstrap
Thread model: posix
gcc version 7.3.0 (GCC)
```

可以看到 gcc 已经升级到了 7.3 版本。

步骤 9：重新进入 MySQL 专项迁移页面，刷新，此时可以看到 gcc 已经符合迁移要求了，但是 cmake 还不符合要求，如图 7-35 所示。

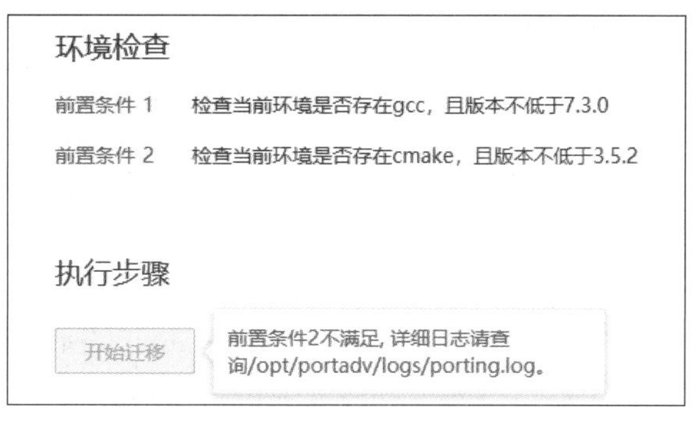

图 7-35　cmake 要求

步骤 10：进入/home 目录，下载 cmake 3.18.0 版本，并解压，命令如下：

```
cd /home
wget https://GitHub.com/Kitware/CMake/archive/v3.18.0.tar.gz
tar - zxvfv3.18.0.tar.gz
```

步骤 11：进入相应目录，执行编译，命令如下：

```
cd CMake-3.18.0/
./bootstrap
gmake
gmake install
```

步骤 12：检查 cmake 版本，命令及回显如下：

```
[root@ecs-kunpeng CMake-3.18.0]# cmake --version
cmake version 3.18.0

CMake suite maintained and supported by Kitware (kitware.com/cmake).
```

可以看到 cmake 版本为 3.18.0，满足了要求。

步骤 13：重新进入 MySQL 专项迁移页面，刷新，此时可以看到已经符合迁移要求了，如图 7-36 所示。

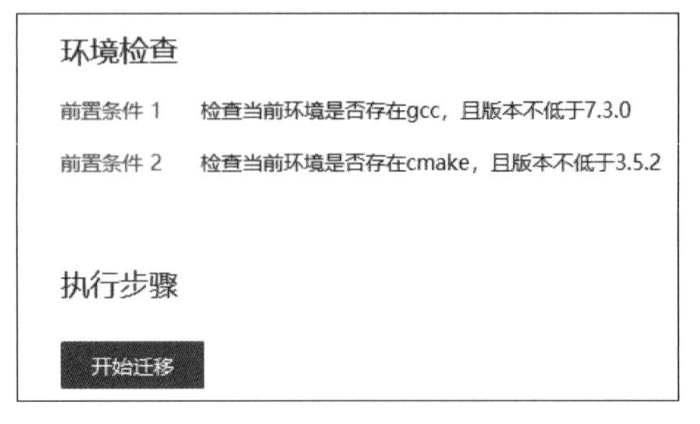

图 7-36 环境检查完毕

步骤 14：单击“开始迁移”按钮，开启迁移任务，迁移工具会按照任务列表逐条执行。因为迁移步骤 1 中要下载的文件 mysql-boost-8.0.17.tar.gz 比较大，大概 180MB 左右，所以“下载 MySQL 源码包”的任务有可能失败，如果失败，则需要取消掉该任务的勾选，通过其他方式下载软件包并上传到目录/opt/portadv/portadmin/migration/DB_mysql_8.0.17_cacheopt/。迁移过程用时比较长，中间可以通过弹出窗口的进度条了解当前的迁移进度，如图 7-37 所示。

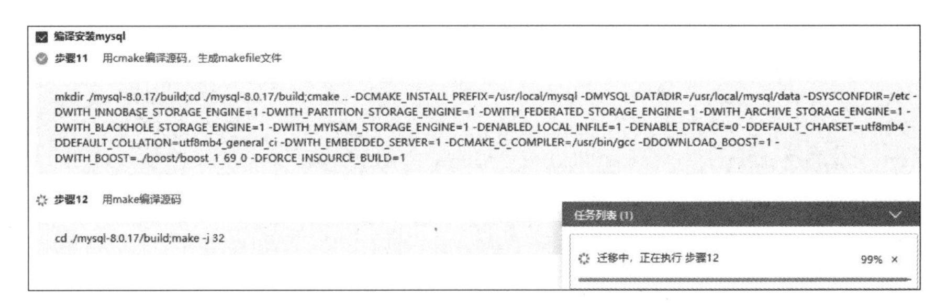

图 7-37 迁移进度

步骤 15：最终编译成功，生成了一个适配鲲鹏架构并且优化 cacheline 为 128 字节对齐的 MySQL 包，如图 7-38 所示。可以单击“下载迁移文件”按钮进行下载，或者手动到/opt/portadv/portadmin/migration/DB_mysql_8.0.17_cacheopt/mysql-8.0.17/build/目录下载打包后的文件 mysql-8.0.17-linux-aarch64.tar.gz。

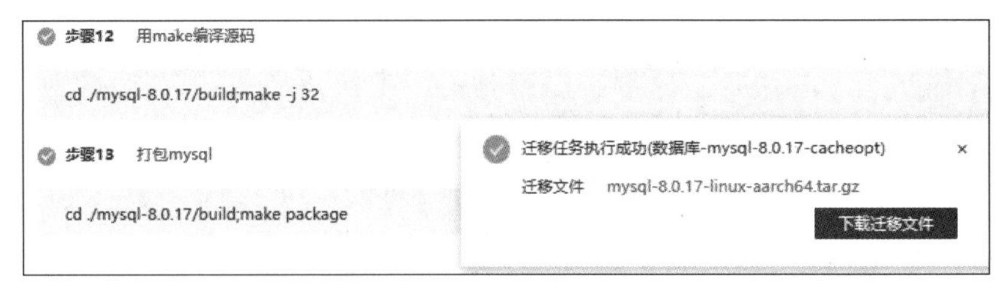

图 7-38 迁移成功

注意：专项软件迁移过程影响因素很多，大部分和系统环境有关，在迁移失败时要仔细检查日志文件，就本演示来说，日志文件为/opt/portadv/logs/porting.log，里面会详细地记录迁移的过程和失败的原因。解决完引起失败的问题后，继续迁移，直到最终完成。

4. 64位运行模式检查

在把原先运行在32位平台上的应用迁移到64位平台上的时候，因为运行环境的变化，可能需要进行一些调整，鲲鹏代码迁移工具的64位运行模式检查功能，可以辅助解决这个问题。本功能只能运行在x86架构上，在鲲鹏架构上为禁用状态。使用步骤如下：

步骤1：登录鲲鹏代码迁移工具，进入主页面，单击“增强功能”选项下的“64位运行模式检查”菜单项，如图7-39所示。

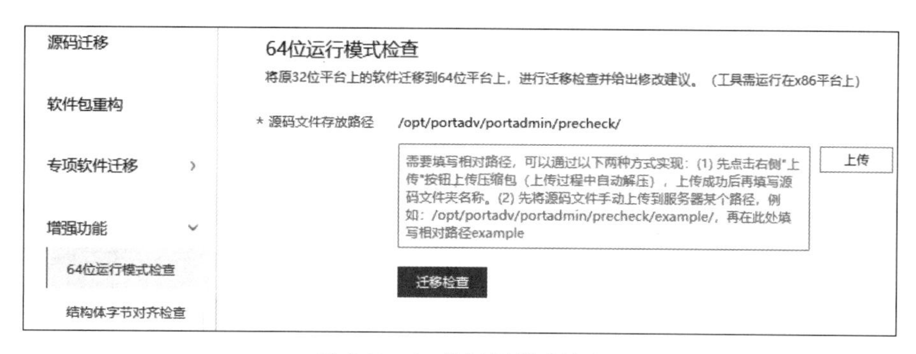

图7-39　64位运行模式检查

步骤2：上传要检查的源代码有两种方式，一种是通过右侧“上传”按钮选择要上传的源码包，另一种是手动上传到服务器，然后在输入框填写相对路径。完成代码上传后，单击“迁移检查”按钮开始代码检查。

步骤3：代码检查结束，如果没有需要更改的代码，则会出现“源代码不需要修改”的提示窗口，如图7-40所示。如果需要修改，则会生成“迁移检查报告”，按照报告修改即可。

图7-40　检查结束

5. 结构体字节对齐检查

结构体对齐检查可以检查源代码中结构体类型变量的字节对齐情况，该功能使用步骤如下：

步骤1：登录鲲鹏代码迁移工具，进入主页面，单击“增强功能”选项下的“结构体字节对齐检查”菜单项，如图7-41所示。

步骤2：上传要检查的源代码有两种方式，一种是通过右侧“上传”按钮选择要上传的源码包，另一种是手动上传到服务器，然后在输入框填写相对路径。完成代码上传后，单击“对齐检查”按钮开始代码检查。检查结束后出现“对齐检查成功”的提示信息，如图7-42所示。

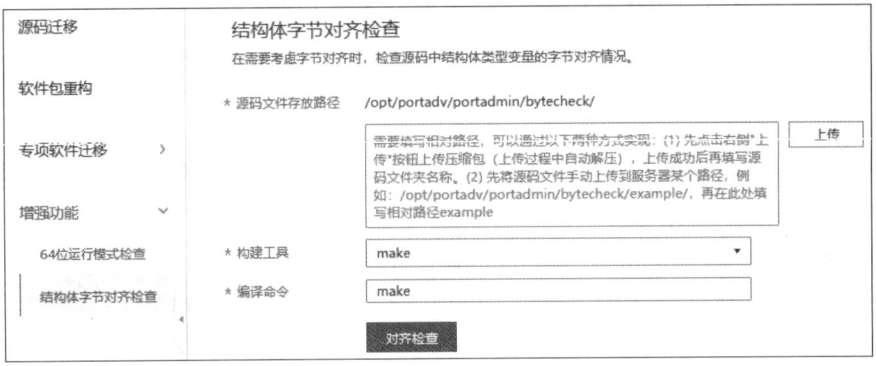

图 7-41 结构体字节对齐检查

图 7-42 检查成功

步骤 3：单击“查看报告”按钮可以查看对齐检查的报告，如图 7-43 所示。报告分为左、中、右 3 个区域，左面是文件列表，单击某一个文件，在中间区域可以显示该文件的原始源代码，在右面显示结构变量内存空间分配图。如果一个代码文件有多个结构体，可以通过中间区域右上方的上下按钮来快速切换。根据检查报告的结构变量内存空间分配情况，可以有针对性地对源码中的结构体进行修改，补足 32 位或者 64 位空间。

7.3.3 CLI 模式下鲲鹏代码迁移工具的使用

鲲鹏代码迁移工具支持命令行模式的使用，就本次演示来说，命令 porting-advisor 所在目录为/opt/portadv/tools/cmd/bin/。

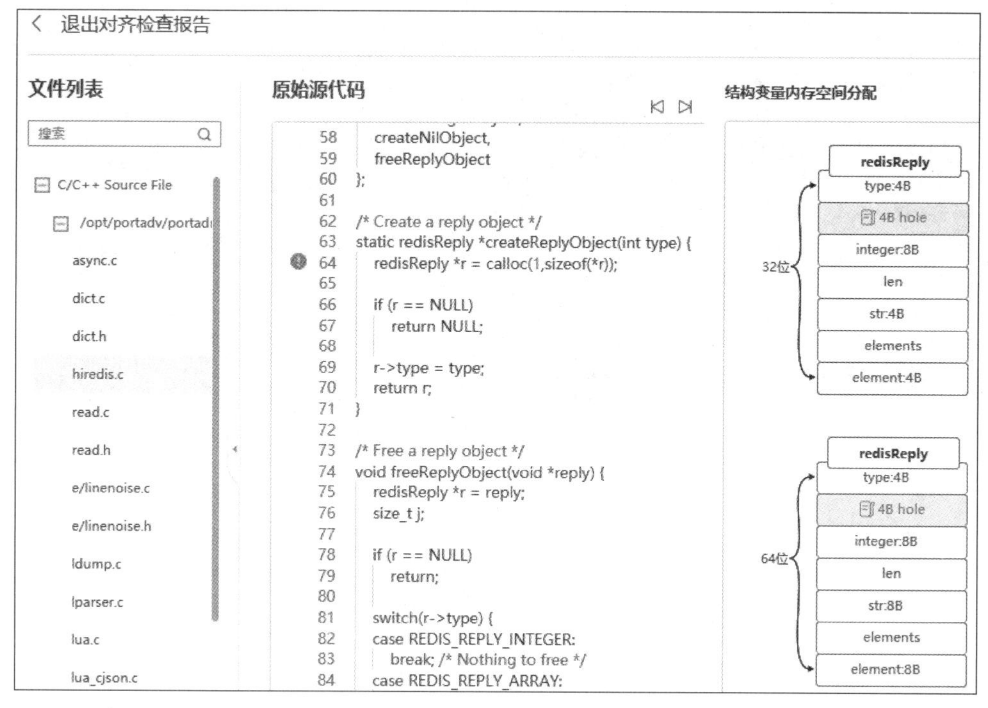

图 7-43　对齐检查报告

1. 查看命令参数

使用命令的-h 参数来列出所有的参数，命令及回显如下：

```
[root@ecs - kunpeng ~]# /opt/portadv/tools/cmd/bin/porting - advisor - h
usage: porting - advisor
          [ - h] - S SOURCE [ - V] [ - C COMPILER] [ -- wi - fortran True or False]
          [ -- gf - ver] [ - O REPORT] [ - D {INFO, WARN, ERR}]
          [ -- timestamp TIMESTAMP] [ - T TOOLS] -- cmd CMD -- tos TARGET_OS
          [ -- tk TARGET_KERNEL] [ -- keep - going True or False]
        porting - advisor mbchecker
          [ - h] - i BINARY_PATH - o REPORT_PATH [ - L LIBRARIES_PATH]

Generate a Kunpeng aarch64 migrating report.

optional arguments:
   - h, -- help show this help message and exit
   - S SOURCE, -- source SOURCE
                              directories of source folder
   - V, -- version show program's version number and exit
   - C COMPILER, -- compiler COMPILER
                              specify compiler type and version using form: type - version.
```

```
  --wi-fortran {True,False}
                    specifies whether to enable Fortran source code scanning.
  --gf-ver GFORTRAN_VERSION
                    specify compiler type and version using form: type-version
  -O OUTPUT, --output OUTPUT
                    specify output report type.default is csv
  -D {INFO,WARN,ERR}, --debug {INFO,WARN,ERR}
                    specify log level.default is INFO.choices from: INFO, WARN, ERR
  --timestamp TIMESTAMP
                    predefined project timestamp(format: time.strftime('%Y%m%d%H%
M%S', time.localtime()), used only when in web deployment)
  -T {make,cmake,automake}, --tools {make,cmake,automake}
                    specify cmake or make for construction. default is make.
  --cmd CMD specify instruction command line.default is empty.
  --tos
 {centos7.6,neokylinv7u5,neokylinv7u6,deepinv15.2,ubuntu18.04.1,linxos6.0.90,debian10,
susesles15.1,euleros2.8,centos7.4,centos7.5,centos7.7,openeuler20.03,centos8.0,centos8.1}
                    specify target os system and os version.
  --tk TARGET_KERNEL specify target Kernel version.
  --keep-going {True,False}
                    The values of Continue scanning with keyword arm/arm64/aarch64.
```

主要命令行参数说明如表 7-2 所示。

表 7-2 命令行参数说明

命令	参数选项	默认值	是否必选	说明
-S/--source	source		是	待扫描的 C/C++源文件所在绝对路径，支持多个路径，用“,”隔开
-C/--compiler	compiler	和操作系统有关	否	指定 GCC 编译器版本，当前版本支持从 GCC 4.8.5 到 GCC 9.1。-C/--compiler 和--wi-fortran 至少选择一个
--wi-fortran	True/False	False	否	是否开启 Fortran 源码扫描。-C/--compiler 和--wi-fortran 至少选择一个
--gf-ver	gfortran_version		条件选择	指定 Gfortran 编译器版本。如果启用了--wi-fortran 参数，该参数必选，当前版本支持 GFORTRAN 7、8、9
-T/--tools	tools	make	否	指定构建工具及命令行，支持 make、cmake、automake
--cmd	cmd		是	提供完整的软件构建命令，构建命令中必须有 make 字段

续表

命令	参数选项	默认值	是否必选	说明
--tos	tos		是	软件需要迁移的目标操作系统的名称和版本
--tk	tk	和操作系统有关	否	软件需要迁移的目标系统内核版本
-D/--debug	debug	INFO	否	工具调试 log 信息，分 INFO、WARN、ERR 三级
-O/--output	output	csv	否	指定输出报告格式，此版本只支持 csv 格式
--keep-going	True/False	True	否	发现 arm/arm64/aarch64 关键字是否继续扫描检查
-V，--version			否	查看工具版本号

2. 内存屏障分析

为了提高性能，编译器可能会将代码打乱顺序执行，即编译生成后的汇编代码的执行顺序可能与原始的高级语言代码中的执行顺序不一致。鲲鹏代码迁移工具可以检索应用的二进制程序反汇编的代码，查找并分析其中的锁，确认锁的实现是否考虑了内存屏障。

内存屏障分析的指令格式如下：

```
porting-advisor mbchecker -i <input> -o <output> -L <libraries>
```

每个参数的作用如表 7-3 所示。

表 7-3　内存屏障分享命令行参数说明

命令	参数选项	是否必选	说明
-i/--input	input	是	待扫描的文件，类型包括二进制、动态库
-o/--output	output	是	指定输出文件名
-L/--libraries	libraries	否	执行待扫描文件所依赖的库路径

7.3.4　插件模式下鲲鹏代码迁移工具的使用

鲲鹏代码迁移工具支持作为 Visual Studio Code 的插件安装，使用起来更方便，该插件使用步骤如下：

步骤 1：安装插件，参考 6.4.4 节“插件模式下鲲鹏分析扫描工具的使用”前 4 个步骤。

步骤 2：插件安装完毕后，单击 VS CODE 左边栏的“鲲鹏代码迁移插件”图标，出现代码迁移工具的窗口，如图 7-44 所示。

步骤 3：单击代码迁移工具的“配置服务器”按钮，出现服务器配置窗口，填写在 7.2.2 节安装的“Web 模式的鲲鹏代码迁移工具”所使用的 IP 地址和端口，如图 7-45 所示。

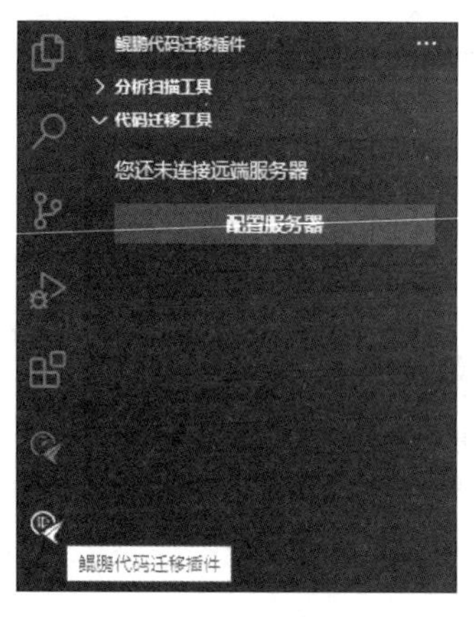

图 7-44 代码迁移工具

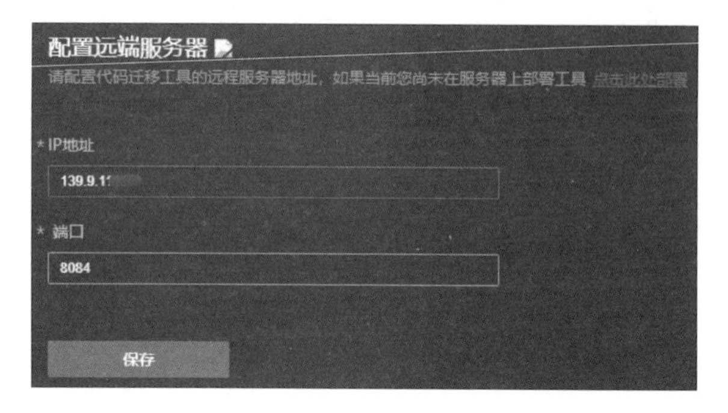

图 7-45 配置服务器

步骤 4：单击“保存”按钮，保存服务器配置后，在代码迁移工具扩展窗口会出现“登录”按钮，如图 7-46 所示。

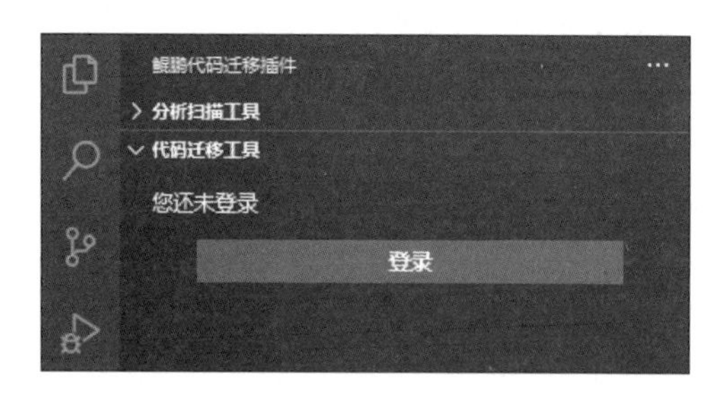

图 7-46 登录

单击“登录”按钮，出现具体的登录窗口，输入用户名和密码，如图 7-47 所示。

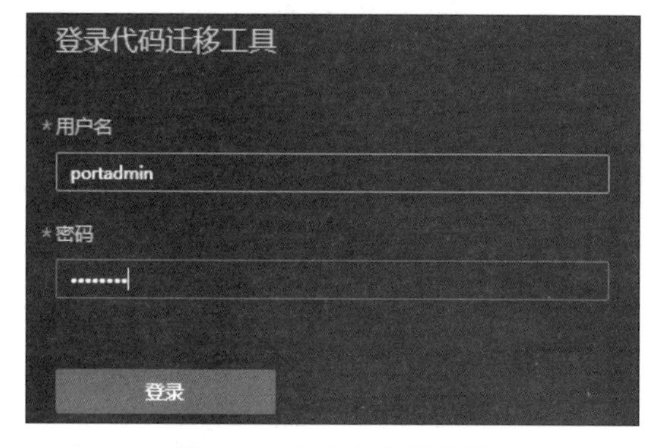

图 7-47 用户名密码登录

步骤 5：再单击“登录”按钮，登录成功后出现软件的分析窗口，如图 7-48 所示。该功能和 7.3.2 节所介绍的功能基本一致，此处不重复介绍。

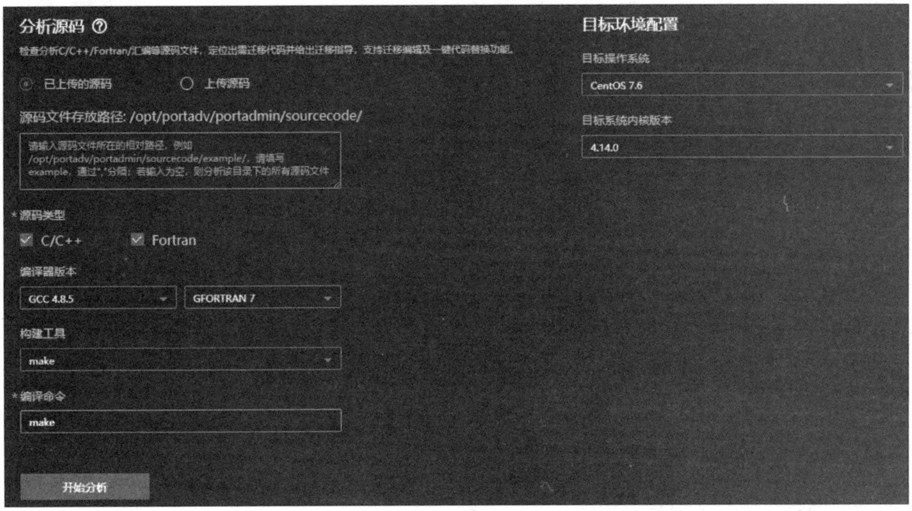

图 7-48　代码迁移工具插件窗口

7.4　卸载鲲鹏代码迁移工具

不需要的时候,也可以卸载鲲鹏代码迁移工具。

1. Web 模式的卸载

步骤 1:进入鲲鹏代码迁移工具 Web 模式的 tools 文件夹,命令如下:

```
cd /opt/portadv/tools/
```

步骤 2:执行工具卸载,命令及回显如下:

```
[root@ecs-x86 tools]#./uninstall.sh
Are you sure you want to uninstall porting advisor?(y/n)y
Removed symlink /etc/systemd/system/multi-user.target.wants/Nginx_port.service.
Removed symlink /etc/systemd/system/multi-user.target.wants/gunicorn_port.service.
Delete porting user.
porting:x:1000:1000::/home/porting:/sbin/nologin
Erasing rsa successfully.
The Kunpeng Porting Advisor is uninstalled successfully..
```

2. CLI 模式的卸载

步骤 1:进入鲲鹏代码迁移工具 CLI 模式的 tools 文件夹,命令如下:

```
cd /opt/portadv/tools/
```

步骤 2：执行工具卸载，命令及回显如下：

```
[root@ecs-x86 tools]#./uninstall.sh
Are you sure you want to uninstall porting advisor?(y/n)y
The Kunpeng Porting Advisor is uninstalled successfully.
```

3. 卸载插件

步骤 1：启动 Visual Studio Code。

步骤 2：在 Visual Studio Code 左边栏单击扩展图标，出现扩展搜索窗口，在输入框输入 kunpeng，可以看到已经安装的插件，如图 7-49 所示。

步骤 3：单击 Kunpeng Porting Advisor Plugin 右侧的齿轮图标，此时会出现下拉菜单，如图 7-50 所示，单击"卸载"菜单项，可以卸载插件。

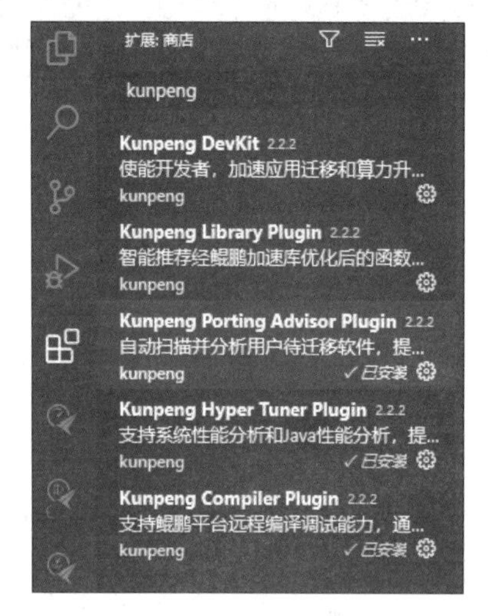

图 7-49　已安装插件

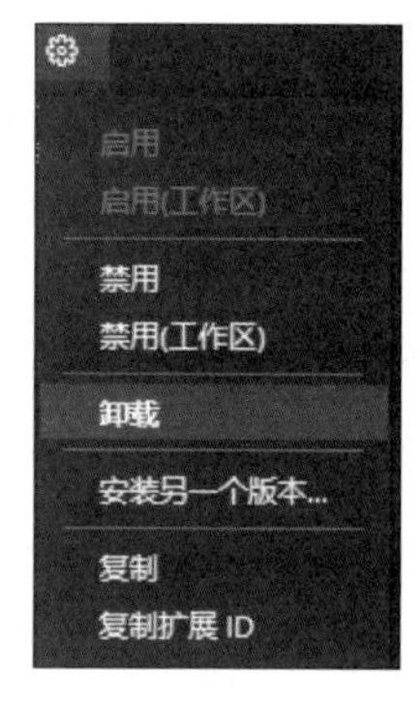

图 7-50　卸载插件

第8章 鲲鹏性能分析工具

性能调优是一项系统性工程，需要对计算机硬件、操作系统、应用程序3个方面进行深入研究，分析互相影响的因素，在总体性能最大化的目标下，协调3者之间的关系。

华为鲲鹏性能分析工具运行在TaiShan服务器上，可以收集服务器的处理器硬件、操作系统、进程/线程、函数等各层次的性能数据，分析性能指标，定位系统瓶颈点及热点函数，从而为系统性能调优提供解决思路和数据支持。

华为鲲鹏性能分析工具包括系统性能分析工具和Java性能分析工具两个子工具，官方网页网址为https://www.huaweicloud.com/kunpeng/software/tuningkit.html。本书编写时，最新版本是2.2.T2版本。

8.1 鲲鹏性能分析工具的获取与安装

10min

8.1.1 安装前环境准备

安装鲲鹏性能分析工具需要具备一定的软硬件环境，硬件环境需要TaiShan 100服务器或者TaiShan 200服务器。如果没有物理服务器，也可以使用基于这些服务器的虚拟机、云服务器ECS、Docker容器等。软件环境需要基于Linux的操作系统，本节使用CentOS 7.6版本来演示安装和使用。

步骤1：登录鲲鹏服务器，检查JDK版本。鲲鹏性能分析工具需要Open JDK 11的环境。默认情况下，CentOS 7.6操作系统安装的是JDK 1.8，所以需要先检查实际的JDK版本，命令及回显如下：

```
[root@ecs-kunpeng ~]# java -version
openjdk version "1.8.0_232"
OpenJDK RunTime Environment (build 1.8.0_232-b09)
OpenJDK 64-Bit Server VM (build 25.232-b09, mixed mode)
```

可以看到JDK版本为"1.8.0_232"，不满足要求。

步骤2：卸载旧版本JDK。检查本地安装的旧版本JDK包，命令及回显如下：

```
[root@ecs-kunpeng ~]# rpm -qa | grep jdk
java-1.8.0-openjdk-headless-1.8.0.232.b09-0.el7_7.aarch64
java-1.8.0-openjdk-devel-1.8.0.232.b09-0.el7_7.aarch64
java-1.8.0-openjdk-1.8.0.232.b09-0.el7_7.aarch64
copy-jdk-configs-3.3-10.el7_5.noarch
```

卸载旧版JDK相关包，命令如下：

```
rpm -e --nodeps java-1.8.0-openjdk-devel-1.8.0.232.b09-0.el7_7.aarch64
rpm -e --nodeps java-1.8.0-openjdk-headless-1.8.0.232.b09-0.el7_7.aarch64
rpm -e --nodeps java-1.8.0-openjdk-1.8.0.232.b09-0.el7_7.aarch64
rpm -e --nodeps copy-jdk-configs-3.3-10.el7_5.noarch
```

步骤3：安装Open JDK 11，命令如下：

```
yum -y install java-11-openjdk
```

安装成功的回显如下：

```
Installed:
  java-11-openjdk.aarch64 1:11.0.9.11-0.el7_9

Dependency Installed:
  copy-jdk-configs.noarch 0:3.3-10.el7_5 java-11-openjdk-headless.aarch64 1:11.0.9.
11-0.el7_9

Dependency Updated:
  tzdata-java.noarch 0:2020d-2.el7

Complete!
```

为后续调试方便，也可以安装上Java的开发、编译环境，命令如下：

```
yum -y install java-11-openjdk-devel
```

步骤4：配置JDK环境。不同服务器或者不同的安装方式下JDK安装路径可能会有所不同，可以通过which java找到Java执行路径，然后通过ls -lrt找到实际的JDK安装目录，命令及回显如下：

```
[root@ecs-kunpeng ~]# which java
/usr/bin/java
[root@ecs-kunpeng ~]# ls -lrt /usr/bin/java
lrwxrwxrwx 1 root root 22 Dec 5 13:10 /usr/bin/java -> /etc/alternatives/java
```

```
[root@ecs-kunpeng ~]# ls -lrt /etc/alternatives/java
lrwxrwxrwx 1 root root 63 Dec 5 13:10 /etc/alternatives/java -> /usr/lib/jvm/java-11-openjdk-11.0.9.11-0.el7_9.aarch64/bin/java
```

通过上述命令最终可以找到本机 JDK 安装目录为/usr/lib/jvm/java-11-openjdk-11.0.9.11-0.el7_9.aarch64。编辑/etc/profile 文件，命令如下：

```
vim /etc/profile
```

在 profile 文件最后录入的命令如下：

```
export JAVA_HOME=/usr/lib/jvm/java-11-openjdk-11.0.9.11-0.el7_9.aarch64
export PATH=$PATH:$JAVA_HOME/bin
```

然后保存并退出。执行如下的命令使 profile 生效：

```
source /etc/profile
```

步骤 5：安装依赖包，命令如下：

```
yum -y install unzip make expect perf gcc-c++ gcc glibc openssl sudo util-Linux binutils bzip2 dmidecode sysstat numactl sqlite libffi-devel pcre pcre-devel zlib zlib-devel libunwind openssl-devel perl
```

根据具体服务器的环境不同，实际安装的依赖包也不同，最后回显如下：

```
Installed:
  bzip2.aarch64 0:1.0.6-13.el7                    expect.aarch64 0:5.45-14.el7
libffi-devel.aarch64 0:3.0.13-19.el7
  libunwind.aarch64 2:1.2-2.el7                   numactl.aarch64 0:2.0.12-5.el7
openssl-devel.aarch64 1:1.0.2k-19.el7
  pcre-devel.aarch64 0:8.32-17.el7                perf.aarch64 0:4.18.0-193.28.1.el7
sysstat.aarch64 0:10.1.5-19.el7
  zlib-devel.aarch64 0:1.2.7-18.el7

Dependency Installed:
  keyutils-libs-devel.aarch64 0:1.5.8-3.el7
krb5-devel.aarch64 0:1.15.1-50.el7
  libbpf.aarch64 0:0.0.4-5.el7
libcom_err-devel.aarch64 0:1.42.9-19.el7
  libkadm5.aarch64 0:1.15.1-50.el7
libseLinux-devel.aarch64 0:2.5-15.el7
  libsepol-devel.aarch64 0:2.5-10.el7
libverto-devel.aarch64 0:0.2.5-4.el7
```

```
  lm_sensors - libs.aarch64 0:3.4.0 - 8.20160601gitf9185e5.el7 tcl.aarch64 1:8.5.13 - 8.el7

Updated:
  binutils.aarch64 0:2.27 - 44.base.el7        dmidecode.aarch64 1:3.2 - 5.el7      gcc.aarch64
0:4.8.5 - 44.el7
  gcc - c++.aarch64 0:4.8.5 - 44.el7       glibc.aarch64 0:2.17 - 317.el7        perl.aarch64
4:5.16.3 - 297.el7
  sqlite.aarch64 0:3.7.17 - 8.el7_7.1       sudo.aarch64 0:1.8.23 - 10.el7      unzip.aarch64
0:6.0 - 21.el7
  util - Linux.aarch64 0:2.23.2 - 65.el7

Dependency Updated:
  cpp.aarch64 0:4.8.5 - 44.el7      e2fsprogs.aarch64 0:1.42.9 - 19.el7         e2fsprogs -
libs.aarch64 0:1.42.9 - 19.el7
  glibc - common.aarch64 0:2.17 - 317.el7        glibc - devel.aarch64 0:2.17 - 317.el7
glibc - headers.aarch64 0:2.17 - 317.el7
  krb5 - libs.aarch64 0:1.15.1 - 50.el7        libblkid.aarch64 0:2.23.2 - 65.el7        libcom
_err.aarch64 0:1.42.9 - 19.el7
  libffi.aarch64 0:3.0.13 - 19.el7        libgcc.aarch64 0:4.8.5 - 44.el7         libgomp.
aarch64 0:4.8.5 - 44.el7
  libmount.aarch64 0:2.23.2 - 65.el7        libseLinux.aarch64 0:2.5 - 15.el7        libseLinux
 - python.aarch64 0:2.5 - 15.el7
  libseLinux - utils.aarch64 0:2.5 - 15.el7        libsmartcols.aarch64 0:2.23.2 - 65.el7
  libss.aarch64 0:1.42.9 - 19.el7
  libstdc++.aarch64 0:4.8.5 - 44.el7        libstdc++ - devel.aarch64 0:4.8.5 - 44.el7
libuuid.aarch64 0:2.23.2 - 65.el7
  perl - libs.aarch64 4:5.16.3 - 297.el7

Complete!
```

8.1.2 获取安装包

登录华为云鲲鹏社区鲲鹏性能分析工具的官方网页，从该网页的软件下载区域获取鲲鹏性能分析工具的实际下载网址，2.2.T2.SPC200 版本的下载网址为 https://mirrors.huaweicloud.com/kunpeng/archive/Tuning_kit/Packages/Hyper-Tuner-2.2.T2.SPC200.tar.gz。

获取安装包步骤如下：

步骤 1：登录鲲鹏服务器。

步骤 2：创建并进入目录/data/soft/，命令如下：

```
mkdir -p /data/soft/
cd /data/soft/
```

步骤3：下载鲲鹏性能分析工具安装包，命令如下：

```
wget
https://mirrors.huaweicloud.com/kunpeng/archive/Tuning_kit/Packages/Hyper-Tuner-2.2.T2.
SPC200.tar.gz
```

步骤4：解压并进入安装包目录，查看文件列表，命令及回显如下：

```
tar -zxvf Hyper-Tuner-2.2.T2.SPC200.tar.gz
cd Hyper_tuner/
[root@ecs-kunpeng Hyper_tuner]# ll
total 389632
-rw-r--r-- 1 root root    7181      Sep  9  2001 crldata.crl
-rw-r--r-- 1 root root    170       Sep  9  2001 file_list.txt
-rw-r--r-- 1 root root    5611      Sep  9  2001 file_list.txt.cms
-rwx------ 1 root root    378       Sep  9  2001 install.sh
-rw-r--r-- 1 root root    398956860 Sep  9  2001 Tuning-Kit-2.2.T2.SPC200.tar.gz
```

Install.sh为安装文件。

8.1.3 安装鲲鹏性能分析工具

鲲鹏性能分析工具有两种典型的安装方式，一种是安装脚本不使用参数，在安装向导一步步指示下安装，比较简单，但是中间需要多次录入。另外一种是给安装脚本提供命令参数，虽然有点复杂，但是安装过程简单，不需要过多干预。下面分别演示这两种安装方式。

1. 向导式安装

步骤1：启动安装脚本，命令及回显如下：

```
[root@ecs-kunpeng Hyper_tuner]# ./install.sh
  Starting install,Please wait!

Tuningkit Config Generate
  os type check
  Check Pre_install Dependent Packages
  The unzip tool cmd check: OK
  lib check success
  Check Pre_install Dependent Packages Success
  tuningkit parameters check
  install tool:
  [1]: sys_perf and java_perf will be install
  [2]: sys_perf will be install
  [3]: java_perf will be install
  Please enter a number as install tool. (The default install tool is all):
```

系统提示选择安装的工具类型：

[1]：同时安装系统性能工具和Java性能工具。

[2]：安装系统性能工具。

[3]：安装Java性能工具。

默认情况下同时安装两个工具，按回车键继续，回显如下：

```
Selected install_tool: all

Enter the installation path. (The default path is /opt):
```

步骤2：系统要求输入安装路径，默认路径为/opt，按回车键继续，系统会列出所有的IP地址，选择一个作为Web服务的IP地址，因为实际只有一个IP地址，这里选择1，还需要选择端口号，默认是8086，使用默认的端口号即可，本步骤回显如下：

```
ip address list:
  sequence_number         ip_address           device
  [1]                     172.16.0.155          eth0
  Please enter the sequence number of listed ip as web server ip:1
  Selected web server ip: 172.16.0.155

  Please enter install port. (The default install port is 8086):
  Selected Nginx_port: 8086

  ip address list:
  sequence_number         ip_address           device
  [1]                     172.16.0.155          eth0
  Please enter the sequence number of listed as sys perf cluster server ip:
```

步骤3：系统会继续列出所有的IP地址，选择一个作为集群服务的IP地址，因为实际只有一个IP地址，这里选择1，还需要选择端口号，默认是50051，使用默认的端口号即可，随后系统会要求选择Java性能工具的IP地址，也是选择第一个，然后是Java性能工具的端口，使用默认的9090即可，最后系统提示安装调试工具，输入Y继续，本步骤回显如下：

```
Please enter the sequence number of listed as sys perf cluster server ip:1
  Selected sysperf cluster server ip: 172.16.0.155

  Please enter sys perf cluster server port. (The default sys perf cluster server port is
50051):
  sys perf cluster server port: 50051

  Java_version is 11.0.9
  ip address list:
  sequence_number         ip_address         device
  [1]                     172.16.0.155       eth0
```

```
   Please enter the sequence number of listed as java perf cluster server ip:1
   Selected java perf cluster server ip: 172.16.0.155

   Please enter java perf cluster server port. (The default java perf cluster server port:
9090):
   Selected java profiler cluster server port: 9090

Check java-perf parameters ..

welcome to Pre-Check Tuning Kit for Java!

checking the minimal requirements before the installation:
The pre-checking as OK.

   Tuningkit Config Generate Success
To install Tuning-kit, you need to install debugging tools such as binutils, strace, etc. from
the operating system image file. Do you want to continue [ Y/[N] ]?Y
```

步骤4：最终，性能分析工具安装完毕，回显如下：

```
Tuning Kit for Java has been installed successfully on your system.

   Install java_perf success

Generate tuningkit service
   Generate tuningkit service Success

Take effect tuningkit conf
no crontab for malluma
add Nginx_log_rotate successful.
add MAILTO successful.
   Take effect tuningkit conf Success

Start tuning-kit service ,please wait...
Created symlink from /etc/systemd/system/multi-user.target.wants/tuning_kit_Nginx.service
to /usr/lib/systemd/system/tuning_kit_Nginx.service.
Created symlink from /etc/systemd/system/multi-user.target.wants/tuning_kit_gunicorn_user.
service to /usr/lib/systemd/system/tuning_kit_gunicorn_user.service.
Created symlink from /etc/systemd/system/multi-user.target.wants/tuning_kit_gunicorn_sys.
service to /usr/lib/systemd/system/tuning_kit_gunicorn_sys.service.
   Start tuning-kit service success

Tuning-kit install Success
   ==================================================================

   The login URL of Tuning-Kit is https://172.16.0.155:8086/user-management/#/login
   ==================================================================
```

2. 命令行安装

安装鲲鹏性能分析工具的命令格式如下：

```
./install.sh -i -s -d = install path -ip = web server IP -p = web server port -mip =
mallumad IP -mp = mallumad port
```

各个命令参数的说明如表 8-1 所示。

表 8-1 安装参数

命令	参数选项	默认值	是否必选	说明
-i/--install -r/--rollback -u/--upgrade		-i/--install	否	选择安装类型，具体命令解释如下： -i/--install：表示选择安装工具 -r/--rollback：表示选择回退工具 -u/--upgrade：表示选择升级工具
-a/--all -j/--java -s/--system		-a/--all	否	选择安装的工具类型，具体命令解释如下： -a/--all：安装系统性能分析工具和 Java 性能分析工具 -j/--java：只安装 Java 性能分析工具 -s/--system：只安装系统性能分析工具
-d/--directory	安装路径	/opt	否	设置安装路径
-ip/--ip	服务器 IP		是	安装工具的服务器 IP 地址
-p/--port	服务器端口	8086	否	鲲鹏性能分析工具的 HTTPS 端口，设置范围为 1024～65535
-mip/--mip	内部使用的 IP	-ip/--ip 参数设置的 IP	否	系统性能分析工具内部使用的 IP
-mp/--mport	通信端口	50051	否	Web 服务器(即安装系统性能分析工具的服务器)和 Agent 节点服务器之间的通信端口，设置范围为 1024～65535
-jip/--jip	Java 性能分析工具内部使用的 IP	-ip/--ip 参数设置的 IP	否	Java 性能分析工具内部使用的 IP
-jp/--jport	Java 性能分析工具内部模块通信端口	9090	否	Java 性能分析工具的内部模块通信端口，设置范围为 1024～65535
-jh/--java_home	JDK 的路径		条件选择	安装 Java 性能分析工具时必选参数，表示服务器中安装 JDK 的路径。 JDK 工具版本要求为 Open JDK 11

根据参数的说明，如果使用默认参数，安装命令非常简单，只需给定服务器的 IP 地址和 JDK 路径就可以了，读者在安装时应使用自己的服务器 IP，如果使用华为云服务器，则应该

使用私有 IP。安装过程中可能会提示安装调试工具，选择 y 即可继续安装，命令及回显如下：

```
[root@ecs-kunpeng Hyper_tuner]#./install.sh -ip=172.16.0.155 -jh=/usr/lib/jvm/java
-11-openjdk-11.0.9.11-0.el7_9.aarch64
  Starting install,Please wait!

Tuningkit Config Generate
  os type check
  Check Pre_install Dependent Packages
  The unzip tool cmd check: OK
  lib check success
  Check Pre_install Dependent Packages Success
  tuningkit parameters check
  Java_version is 11.0.9
Check java-perf parameters ..

welcome to Pre-Check Tuning Kit for Java!

checking the minimal requirements before the installation:
The pre-checking as OK.

  Tuningkit Config Generate Success
To install Tuning-kit, you need to install debugging tools such as binutils, strace, etc. from
the operating system image file. Do you wnt to continue [ Y/[N] ]?y
  The following events will be executed.
```

最后安装成功回显与向导式安装一样，此处就不给出具体信息了。

3. 开放鲲鹏性能分析工具端口

假如是在局域网内服务器中安装的鲲鹏性能分析工具，一般可以直接使用安装命令中的地址和端口访问。

假如使用的是华为云 ECS，需要进行两处特殊处理，一处是访问的 IP 地址应使用弹性公网 IP 地址，这个地址可以从弹性云服务器后台获得，另一处就是分析工具使用的端口 8086、50051 和 9090。具体的处理开放端口方法可参见 6.3.2 节的步骤 3，这里就不详细描述了。

8.2 鲲鹏性能分析工具公共功能的使用

华为鲲鹏性能分析工具包括系统性能分析工具和 Java 性能分析工具两个子工具，这两个子工具共用华为鲲鹏性能分析工具的公共功能，本节专门介绍这些公共功能的使用方法。

8.2.1 登录

步骤 1：在浏览器网址栏输入鲲鹏系统性能分析工具所在服务器的 IP 和访问端口号，格式为 https://IP:Port，针对本次演示的访问网址为 https://139.9.116.*:8086/，读者应根据自己实际安装的服务器和端口进行访问。因为服务器本身没有安装可信 CA 颁发的正式 SSL 证书，访问时可能会出现如图 8-1 所示的提示信息。

图 8-1 连接提示信息

步骤 2：单击“高级”按钮，此时会出现更多的显示信息，单击“继续前往 139.9.116.*（不安全）”超链接，如图 8-2 所示。

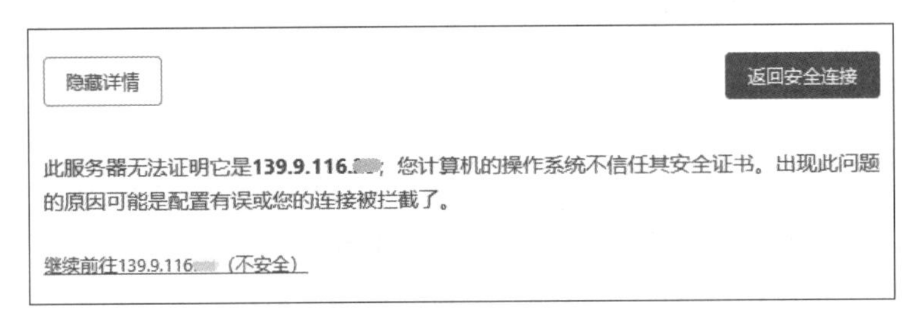

图 8-2 继续前往

然后就会进入“华为鲲鹏性能分析工具”主页面，如图 8-3 所示。

步骤 3：单击首页右上角“登录”菜单，进入登录页面，如图 8-4 所示。因为是首次登录，页面会提示创建管理员密码。

步骤 4：输入管理员密码，并且确认密码，注意密码有复杂度要求，详细要求如下：

■ 长度为 8～32 个字符；

■ 必须包含大写字母、小写字母、数字及特殊字符('～!@#$%^&*()−_=+\|

[{}];:'",<.>/?)中两种及以上类型的组合；

- 密码不能是用户名或用户名的逆序；
- 密码不能在弱口令字典中。

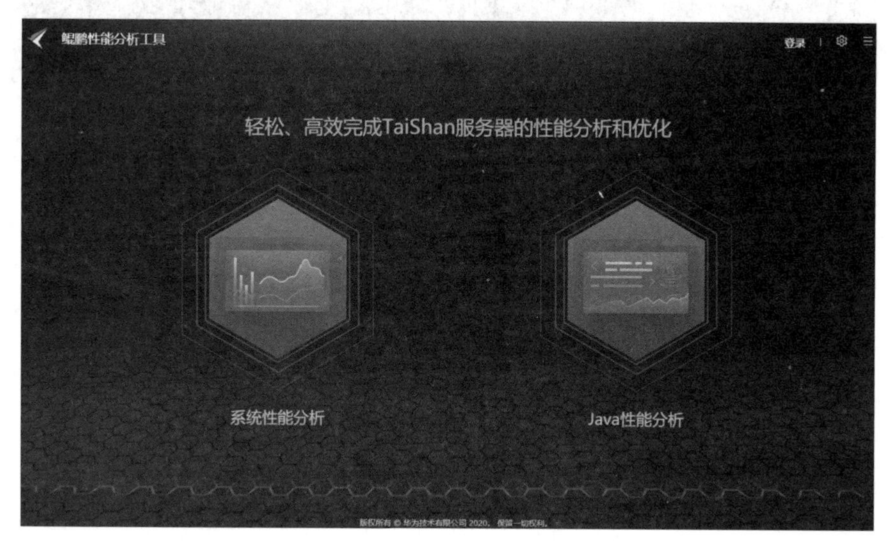

图 8-3 华为鲲鹏性能分析工具主页面

密码输入无误后，单击“确认”按钮，即可创建管理员密码了。

步骤 5：创建管理员密码成功后，系统重新回到登录页面，如图 8-5 所示。

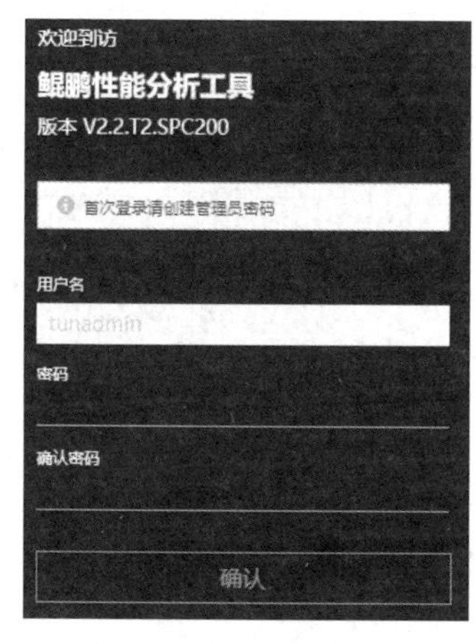

图 8-4 创建密码

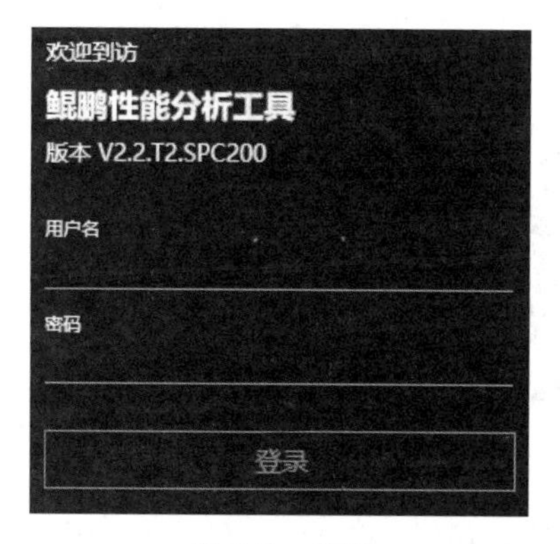

图 8-5 登录

在用户名处输入 tunadmin，密码输入步骤 4 所创建的密码，单击“登录”按钮，进入鲲鹏性能分析工具主页，如图 8-6 所示。

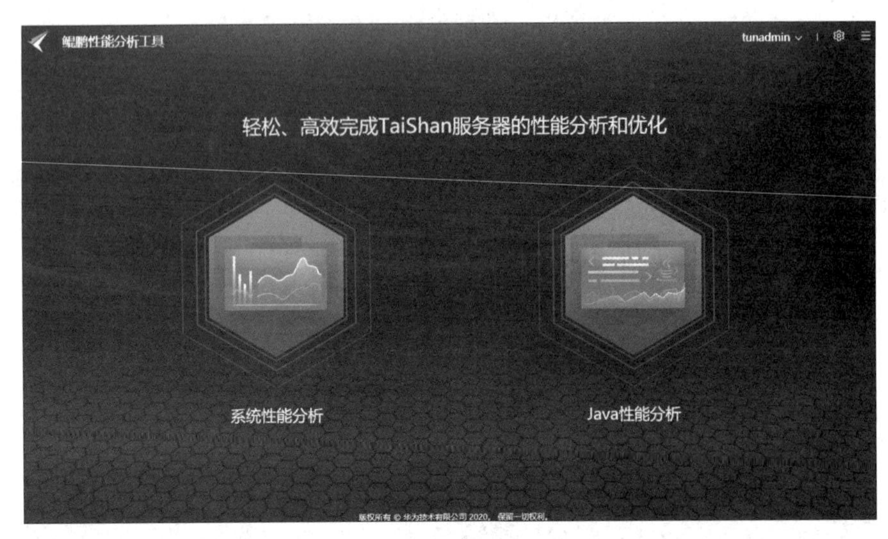

图 8-6　登录后首页

8.2.2　用户密码修改

单击鲲鹏性能分析工具主页右上角的登录用户名 tunadmin，此时会出现下拉菜单，如图 8-7 所示。

单击菜单项“修改密码”，此时会出现修改密码的页面，如图 8-8 所示。

图 8-7　修改密码菜单

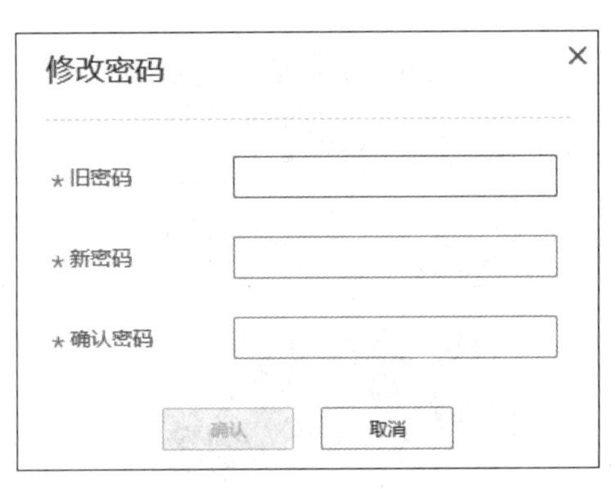

图 8-8　修改密码

新密码需要满足如下条件：

■ 密码长度为 8～32 个字符；

■ 必须包含大写字母、小写字母、数字、特殊字符('~!@#$%^&*()-_=+\|[{}];:'",<.>/?)中的两种及以上类型的组合；

■ 密码不能是用户名或用户名的逆序；

■ 新密码不能是旧密码的逆序；

■ 新密码不能在弱口令字典中。

在输入旧密码及正确格式的新密码和确认密码以后,“确认”按钮才会变成有效状态,此时单击“确认”按钮,即可修改密码。

8.2.3 用户管理

鲲鹏性能分析工具支持用户管理,用户管理功能包括创建用户、修改用户、删除用户等。单击鲲鹏性能分析工具主页右上角的齿轮图标,会出现下拉菜单,如图 8-9 所示。

图 8-9 配置菜单

在下拉菜单里单击“用户管理”菜单项,即可进入“用户管理”页面,如图 8-10 所示。

1. 添加用户

本节演示添加一个用户名为 kunpeng 的普通用户。

图 8-10 用户管理

步骤 1:单击“创建用户”按钮,弹出添加用户页面,输入用户相关信息,如图 8-11 所示。

需要注意的是新的用户名需满足以下要求:

■ 只能由字母、数字、“-”“_”组成;

■ 长度为 6~32 个字符;

■ 以英文字母开头。

密码也需要满足如下要求:

■ 密码长度为 8~32 个字符;

■ 必须包含大写字母、小写字母、数字、特殊字符('~!@#$%^&*()-_=+\|[{}];:'",<.>/?)中的两种及以上类型的组合;

■ 密码不能是用户名或用户名的逆序;

■ 密码不能在弱口令字典中。

图 8-11 新用户

步骤 2:单击“确认”按钮,就可以创建一个新用户了,创建成功后的页面如图 8-12 所示。

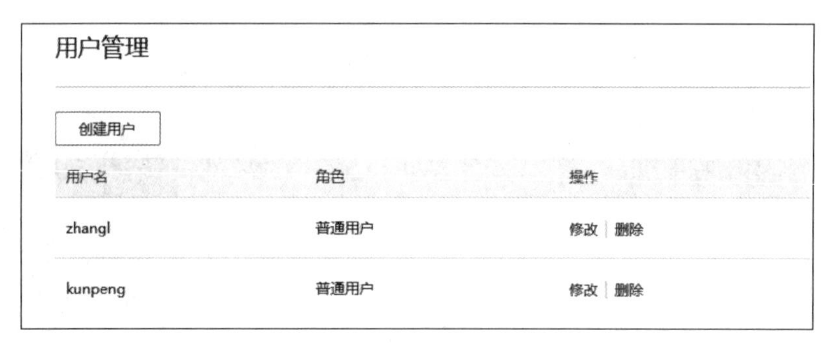

图 8-12　创建用户成功

2. 修改用户

在用户管理页面找到要修改的用户记录，单击“操作”列的“修改”超链接，如图 8-12 所示，进入修改用户页面，如图 8-13 所示。

目前该版本的修改页面只能修改密码。输入管理员密码，然后输入新密码和确认密码，格式符合要求后“确认”按钮变成可用状态，此时单击“确认”按钮即可完成密码的修改。

3. 删除用户

在用户管理页面找到要删除的用户记录，单击“操作”列的“删除”超链接，如图 8-12 所示，会出现删除用户的确认窗口，如图 8-14 所示。

图 8-13　修改用户

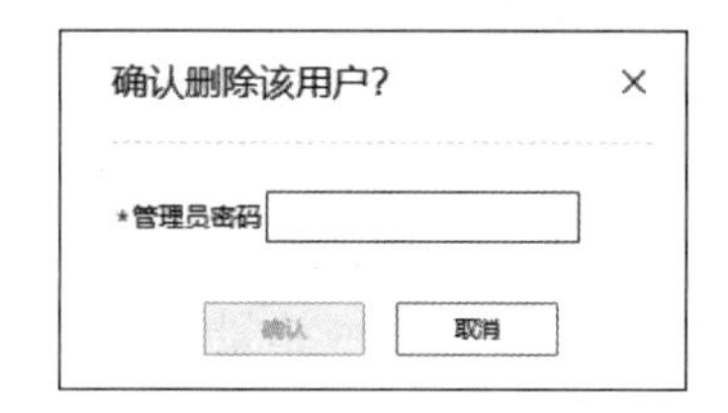

图 8-14　删除用户

输入管理员密码后，单击“确认”按钮即可删除用户。

8.2.4　操作日志

单击鲲鹏性能分析工具主页右上角的齿轮图标，此时会出现下拉菜单，如图 8-9 所示，在下拉菜单里单击“操作日志”菜单项，即可进入“操作日志”页面，如图 8-15 所示。

操作日志

公共日志 系统性能分析日志 Java性能分析日志

下载日志

操作用户	操作名称	操作结果	操作主机IP	操作时间	操作详情
tunadmin	Get install i...	Successful	27.210.52.147	2020-12-05 15:50:33	get install tools info
tunadmin	Get version	Successful	27.210.52.147	2020-12-05 15:50:33	version=2.2.T2.SPC200 upd...
tunadmin	Query log i...	Successful	27.210.52.147	2020-12-05 15:49:00	Query log info successfully.
tunadmin	Get user us...	Successful	27.210.52.147	2020-12-05 15:48:59	user config obtained.
tunadmin	Download t...	Successful	27.210.52.147	2020-12-05 15:46:04	The run log is downloaded ...
tunadmin	Download t...	Successful	27.210.52.147	2020-12-05 15:46:04	Download the run log file.

图 8-15 操作日志

操作日志包括三大类，分别是公共日志、系统性能分析日志和Java性能分析日志，在页面中可以直接查看详细的日志内容，包括操作用户、操作名称、操作结果、操作主机IP、操作时间、操作详情等，单击“下载日志”按钮可以将日志下载到本地，下载后的日志文件为.csv格式。

8.2.5 系统配置

单击鲲鹏性能分析工具主页右上角的齿轮图标，此时会出现下拉菜单，如图8-9所示，在下拉菜单里单击“系统配置”菜单项，即可进入“系统配置”页面，如图8-16所示。

各个配置项说明如表8-2所示。

表 8-2 配置说明

配置项	说明
最大在线普通用户数	普通用户的最大同时登录数，管理员不受限制
会话超时时间/min	如果在给定时间内没有在WebUI页面执行任何操作，系统将自动登出，此时需输入用户名和密码重新登录WebUI页面
证书到期告警阈值/天	服务端证书过期时间距离当前时间的天数，如果超过该天数将给出告警
日志级别	记录日志的级别，日志级别分为5个等级，分别是： DEBUG：调试级别，记录调试信息，便于开发人员或维护人员定位问题。 INFO：信息级别，记录服务正常运行的关键信息。 WARNING：警告级别，记录系统和预期的状态不一致的事件，但这些事件不影响整个系统的运行。 ERROR：一般错误级别，记录错误事件，但应用可能还能继续运行。 CRITICAL：严重错误级别，记录可能会导致系统崩溃的信息。 默认记录WARNING及以上的日志

系统配置

公共配置

*最大在线普通用户数 10 (1~20)

修改配置

*会话超时时间（分钟） 30 (10~240)

修改配置

*Web服务证书过期告警阈值（天） 90 (7~180)

修改配置

*用户管理运行日志级别 WARNING

修改配置

图 8-16　系统配置

单击某一项下面的“修改配置”按钮，配置项变为可修改状态，修改配置后，单击“确认”按钮保存配置，如图 8-17 所示。

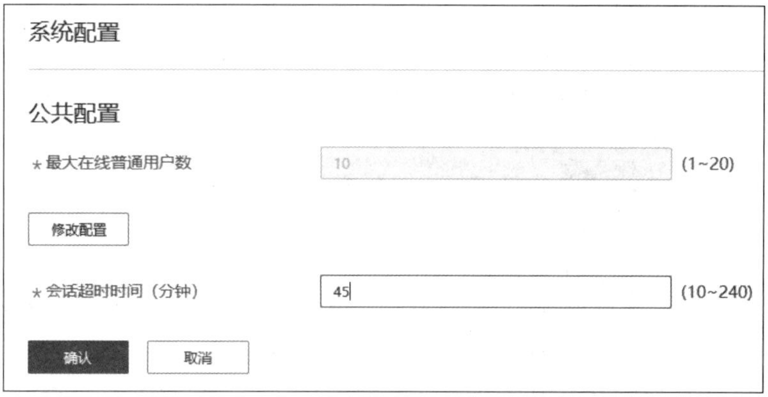

系统配置

公共配置

*最大在线普通用户数 10 (1~20)

修改配置

*会话超时时间（分钟） 45 (10~240)

确认 取消

图 8-17　修改配置

8.2.6　其他功能

1. Web 服务端证书

参考 6.4.1 节第 7 项功能“Web 服务端证书”。

2. 弱口令字典

参考 6.4.1 节第 9 项功能“弱口令字典”。

8.3 系统性能分析工具的使用

在鲲鹏性能分析工具主页面,如图 8-3 所示,单击“系统性能分析”超链接,会转向系统性能分析首页,如图 8-18 所示。

图 8-18 系统性能分析首页

8.3.1 逻辑模型结构图

系统性能分析工具包含两种服务,分别是数据分析服务和数据采集服务,如图 8-19 所示。数据分析服务负责数据的性能分析和分析结果呈现,数据采集服务负责性能数据采集。数据分析服务只有 1 个,而数据采集服务可以有多个,在安装数据分析服务的时候,会默认在同一台服务器上安装一个数据采集服务。

使用者通过浏览器访问数据分析服务,根据需要可以执行各种任务,例如,使用者要分析服务器 B 的性能,可以启动数据分析服务上的分析任务,数据分析服务发送性能数据采集请求到服务器 B 上的数据采集服务,服务器 B 上的数据采集服务获得性能数据后发送给数据分析服务,数据分析服务对数据进行分析并呈现给使用者。

8.3.2 节点管理

在 Web UI 页面中,一个数据采集服务被称为一个节点,系统性能分析工具通过“节点管理”对分布在不同服务器上的节点进行添加、修改、删除操作。在系统性能分析工具主页面,单击右上角的节点图标,此时会弹出下拉菜单,如图 8-20 所示。

单击下拉菜单的“节点管理”菜单项,出现“节点管理”页面,如图 8-21 所示。

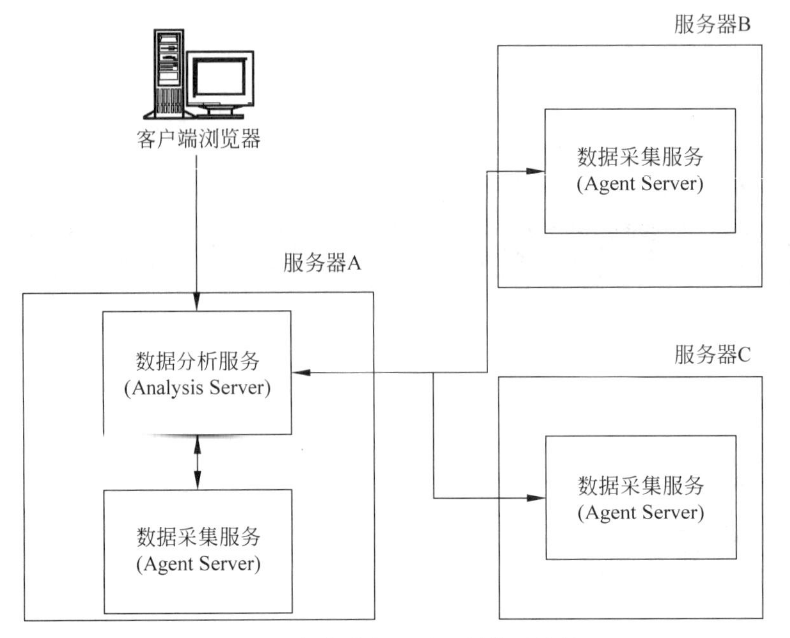

图 8-19 性能分析工具逻辑模型结构

图 8-20 节点管理菜单

图 8-21 节点管理

1. 添加节点

步骤 1：在节点管理页面，单击“添加节点”按钮，系统会弹出“添加节点”窗口，如图 8-22 所示，按照要求填写节点信息。

如果认证方式更改为“密钥认证”，页面会出现变化，如图 8-23 所示。

添加节点
节点名称
kunpeng
* 节点IP
172 . 16 . 0 . 173
* 端口
22
(1-65535)
* 用户名
root
* 认证方式
口令认证
* 口令
••••••••
安装路径
/opt
确认
取消

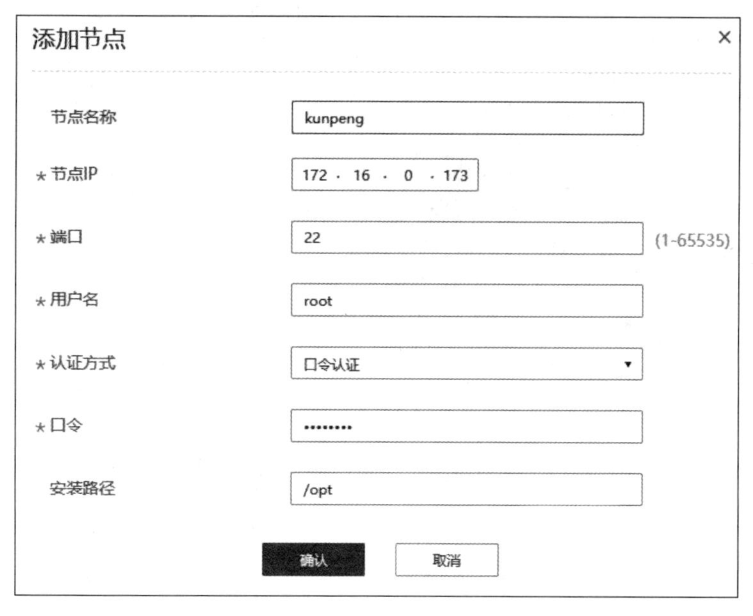

图 8-22　添加口令认证节点

添加节点
节点名称
kunpeng
* 节点IP
172 . 16 . 0 . 173
* 端口
22
(1-65535)
* 用户名
root
* 认证方式
密钥认证
* 私钥文件
密码短语
请输入私钥文件的密码短语
安装路径
/opt
确认
取消

图 8-23　添加密钥认证节点

添加节点各个参数的说明如表 8-3 所示。

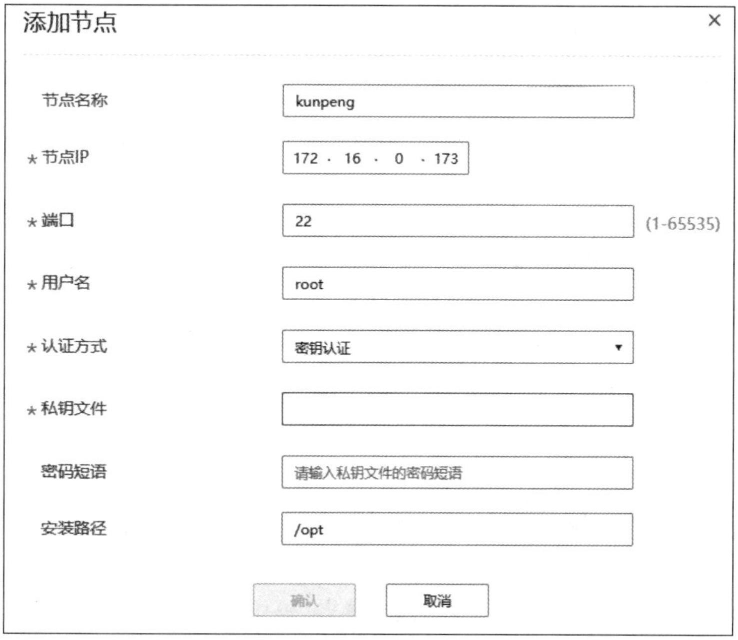

表 8-3 添加节点参数说明

参 数	说 明
节点名称	默认为节点服务器的 IP 地址。名称需要满足以下要求： 以英文字母开头； 长度为 6～32 个字符； 可包含字母、数字、英文点(.)、中横线(—)和下画线(_)
节点 IP	待安装节点的服务器 IP 地址
端口	节点服务器的 SSH 端口，默认为 22
用户名	登录节点服务器的用户名，默认为 root
认证方式	可以选择口令认证或者密钥认证，由具体的节点服务器决定 选择“密钥认证”时需要在安装鲲鹏性能分析工具的服务器上设置 SSH 认证信息
口令	登录节点服务器的用户密码。“认证方式”选择“口令认证”时显示该参数
私钥文件	登录节点服务器的 SSH 私钥文件的绝对路径。“认证方式”选择“密钥认证”时显示该参数
密码短语	登录节点服务器的 SSH 私钥文件的口令。如果未配置 SSH 私钥口令可省略该参数。认证方式”选择“密钥认证”时显示该参数
安装路径	输入安装节点的绝对路径，默认为/opt，输入的路径不能为/home

步骤 2：输入节点信息后，单击“确认”按钮，进入节点管理页面，如图 8-24 所示。

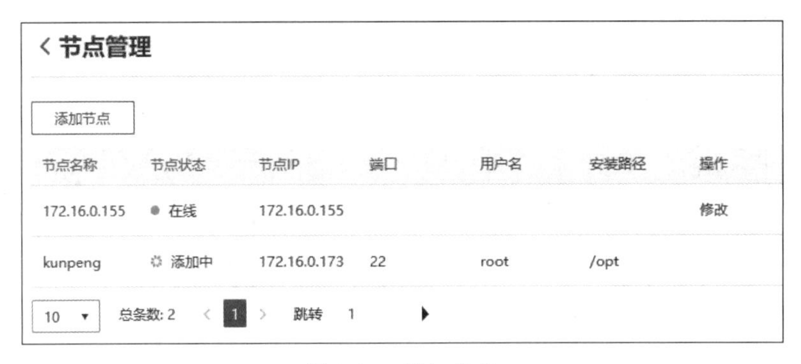

图 8-24 添加节点

新添加节点的节点状态开始是“添加中”，并且“操作”列没有超链接，几分钟后安装成功，就变为了“在线”状态，操作列也出现了“修改”“删除”超链接，如图 8-25 所示。

2. 修改节点

在节点管理页面找到要修改的节点记录，单击“操作”列的“修改”超链接，弹出修改节点信息窗口，如图 8-26 所示。

在节点名称的输入框输入新的节点名称，然后单击“确认”按钮，即可保存新的节点信息。

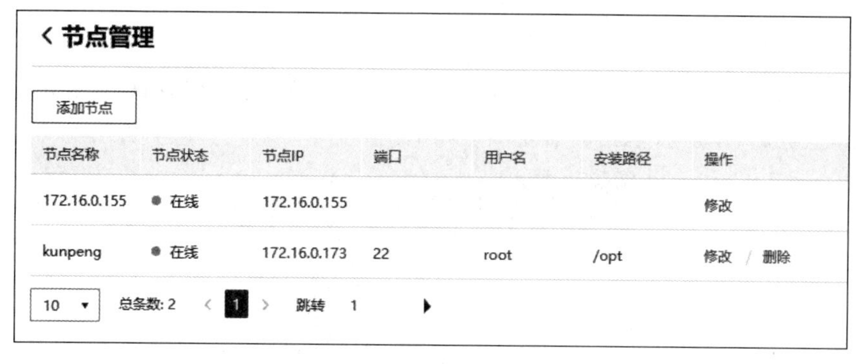

图 8-25　添加节点成功

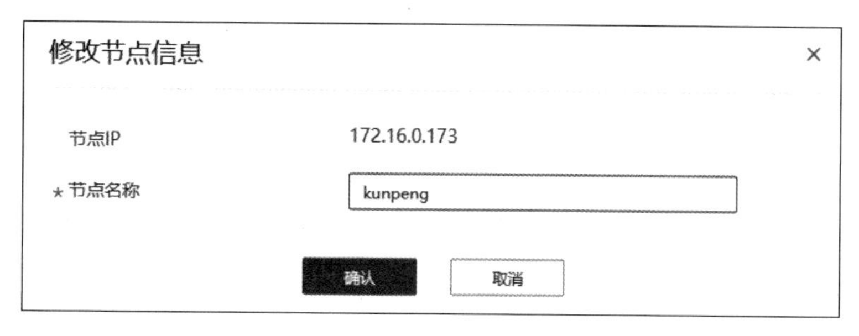

图 8-26　修改节点

3. 删除节点

在节点管理页面找到要删除的节点记录，单击“操作”列的“删除”超链接，此时会弹出删除节点窗口，如图 8-27 所示。

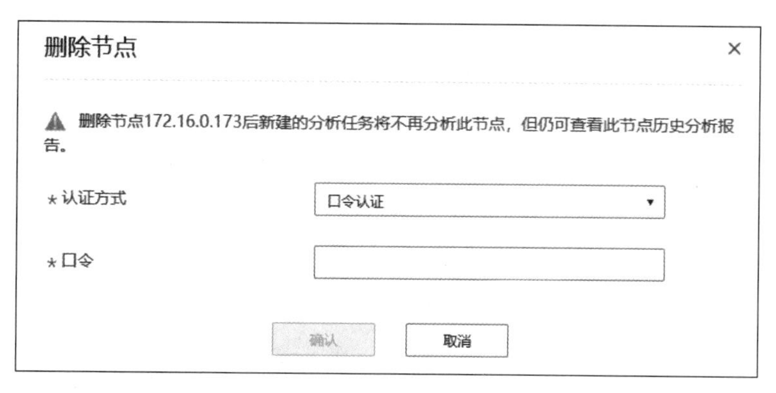

图 8-27　删除节点

选择认证方式，如果采用口令认证，则需要输入口令；如果采用密钥认证，则需要输入私钥文件和密码短语，最后单击“确认”按钮，即可删除节点。

8.3.3 Agent 服务证书管理

Agent 服务证书是鲲鹏性能分析工具的服务端和 Agent 端之间通信的证书。在系统性能分析工具主页面，单击右上角的齿轮图标，弹出下拉菜单，如图 8-28 所示。

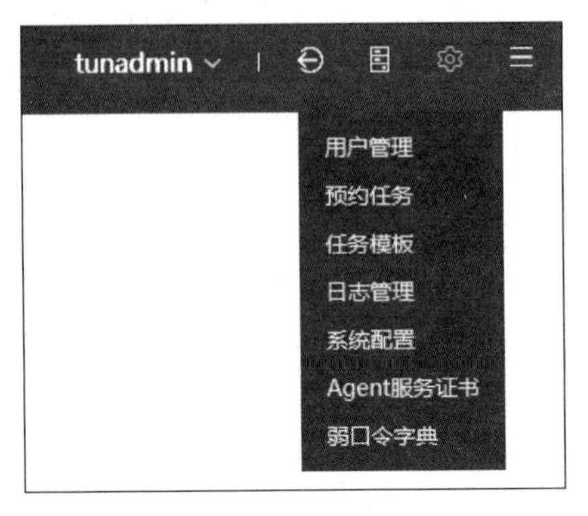

图 8-28 配置菜单

单击下拉菜单的“Agent 服务证书”菜单项，出现 Agent 服务证书页面，如图 8-29 所示。

Agent服务证书

生成证书

节点IP	节点别名	证书名称	证书到期时间	状态	操作
172.16.0.155	server	malluma_cacert.pem	2040-08-22 07:11:45	有效	更换证书 | 更换工作密钥
		malluma_servercert.pem	2030-12-03 07:11:46	有效	
172.16.0.173	agent	malluma_cacert.pem	2040-08-22 07:11:45	有效	更换证书 | 更换工作密钥
		malluma_clientcert.pem	2030-12-03 07:11:46	有效	
172.16.0.155	agent	malluma_cacert.pem	2040-08-22 07:11:45	有效	更换证书 | 更换工作密钥
		malluma_clientcert.pem	2030-12-03 07:11:46	有效	

图 8-29 Agent 服务证书

1. 更换证书

只有管理员用户(tunadmin)才可以执行生成证书、更换证书操作，普通用户只能查看证书信息，下面讲解详细的更换证书过程。

步骤 1：进入 Agent 服务证书页面，如图 8-29 所示，单击“生成证书”按钮，系统会生成一个新的证书。

步骤 2：找到节点别名为 server 的节点，单击操作列的“更换证书”超链接，系统会使用步骤 1 所生成的证书替换 server 节点原先的证书。如果此时查看节点管理页面，会发现所有的节点都处于离线状态，如图 8-30 所示。原因是只有服务端更新了证书，但是 Agent 节点还没有更新证书，两者不匹配，导致无法进行通信。

图 8-30　节点离线

步骤 3：找到节点 IP 为 172.16.0.173 的 Agent 节点，单击操作列的“更换证书”超链接，会弹出更换证书的窗口，提示用户输入登录信息，如图 8-31 所示。

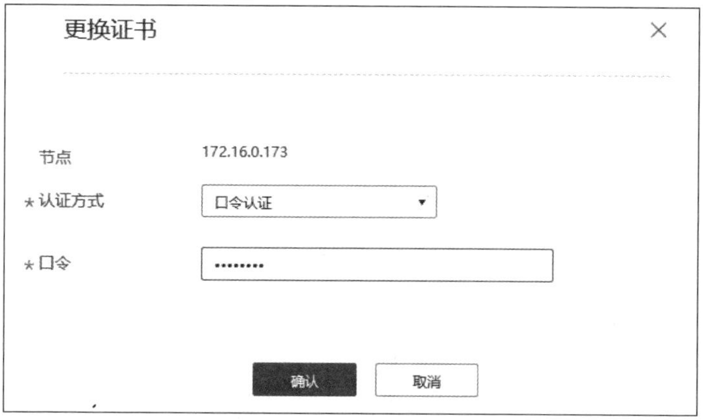

更换证书
节点　172.16.0.173
* 认证方式　口令认证
* 口令　••••••••
确认　取消

图 8-31　更换证书

输入正确信息，单击“确认”按钮，系统会使用步骤 1 所生成的证书替换该节点原先的证书。如果此时查看节点管理页面刚刚更换证书的节点，会发现节点状态已经变成了“在线”，如图 8-32 所示。

步骤 4：依次更换所有 Agent 节点的证书。

2. 更换工作密钥

服务端和 Agent 端的私钥文件本身也需要工作密钥加密，为提高安全性可以定期更换工作密钥，更换步骤也很简单，逐个单击每个节点操作列的“更换工作密钥”超链接即可，如

图 8-29 所示。

图 8-32 节点状态

8.3.4 日志管理

在系统性能分析工具主页面，单击右上角的齿轮图标，弹出下拉菜单，如图 8-28 所示。单击下拉菜单的“日志管理”菜单项，出现日志管理页面，如图 8-33 所示。

日志管理

操作日志 | 运行日志

日志文件名称	操作
用户管理运行日志	下载
Web_Server运行日志	下载

图 8-33 日志管理

日志管理包括操作日志和运行日志两个类别，其中操作日志在 8.2.4 节“操作日志”部分已经介绍过了，运行日志包括用户管理运行日志和 Web_Server 运行日志，单击“操作”列的“下载”超链接可以下载日志压缩包。

8.3.5 系统配置

在系统性能分析工具主页面，单击右上角的齿轮图标，弹出下拉菜单，如图 8-28 所示。单击下拉菜单的“系统配置”菜单项，出现系统配置页面，系统配置包括公共配置和系统性能分析配置两个类别，其中公共配置在 8.2.5 节“系统配置”部分已经介绍过了，系统性能分析配置有 3 个配置项，如图 8-34 所示。

各个配置项的说明如表 8-4 所示。

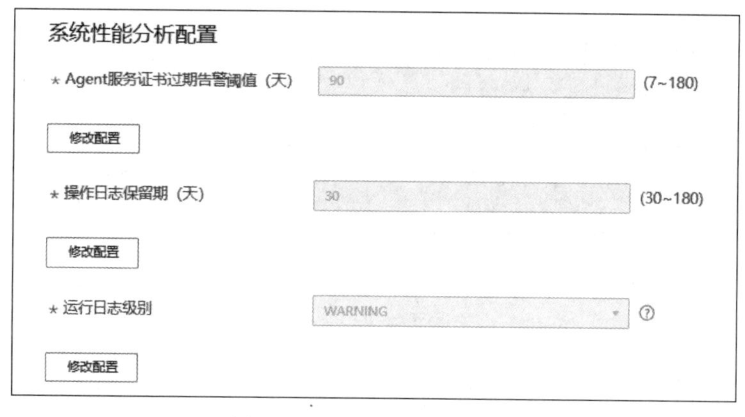

图 8-34 系统性能分析配置

表 8-4 配置说明

配置项	说明
Agent 服务证书过期告警阈值/天	Agent 服务证书过期时间距离当前时间的天数，如果超过该天数将给出告警
操作日志保留期/天	操作日志保留的最长时间，超过该时间将被清理
运行日志级别	记录日志的级别，日志级别分为 5 个等级，分别是： DEBUG：调试级别，记录调试信息，便于开发人员或维护人员定位问题。 INFO：信息级别，记录服务正常运行的关键信息。 WARNING：警告级别，记录系统和预期的状态不一致的事件，但这些事件不影响整个系统的运行。 ERROR：一般错误级别，记录错误事件，但应用可能还能继续运行。 CRITICAL：严重错误级别，记录可能会导致系统崩溃的信息。 默认记录 WARNING 及以上的日志

单击某一项下面的“修改配置”按钮，配置项变为可修改状态，修改配置后，单击“确认”按钮保存配置，如图 8-35 所示。

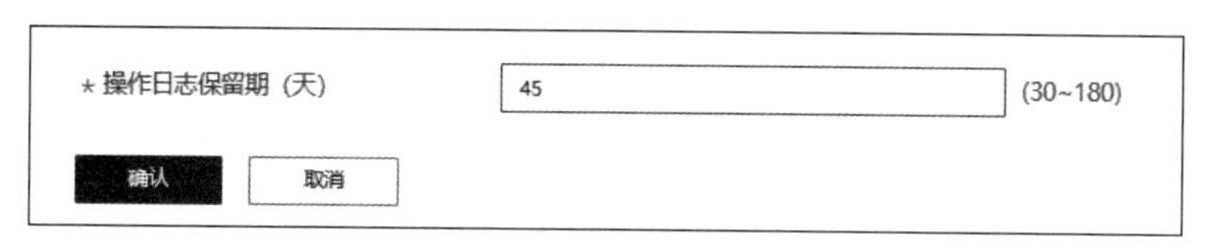

图 8-35 保存配置

8.3.6 工程管理

1. 创建工程

进入系统性能分析工具首页，如图 8-18 所示，单击“新建工程”按钮，弹出“创建工程”窗口，如图 8-36 所示。

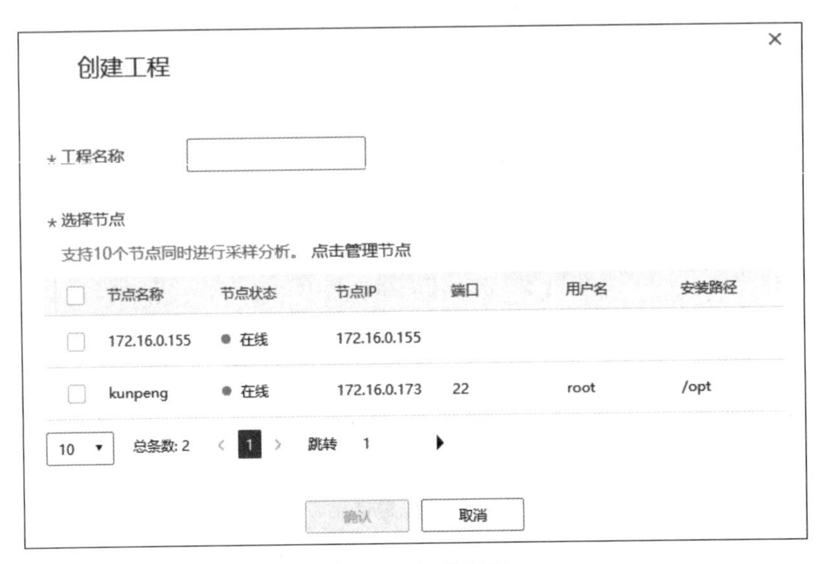

图 8-36 创建工程

创建工程需要输入工程名称并选择节点，在节点列表里列出了所有有效节点，单击节点名称前面的复选框选中某一个或多个节点即可。工程名称需要满足以下要求：

- 由字母、数字、"."" _ "组成；
- 长度为 1～32 个字符；
- 以英文字母开头。

输入符合要求的工程名称，然后选择节点后，单击"确认"按钮，完成工程的创建。

创建好工程后进入工程管理页面，如图 8-37 所示。

2. 修改工程

在工程管理页面，单击工程后面的修改图标，如图 8-38 所示。

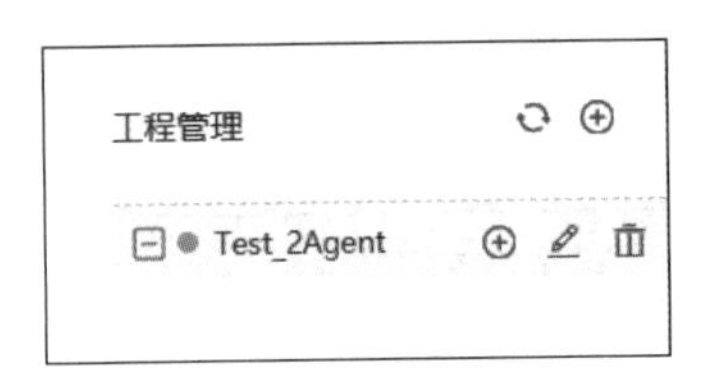

图 8-37 工程管理

图 8-38 修改工程图标

可以弹出修改工程的窗口，如图 8-39 所示。

可以修改工程名称，也可以重新选择节点，然后单击"确认"按钮，完成修改。

3. 删除工程

在工程管理页面，单击工程后面的删除图标，如图 8-40 所示。

系统会弹出删除工程的确认窗口，如图 8-41 所示。

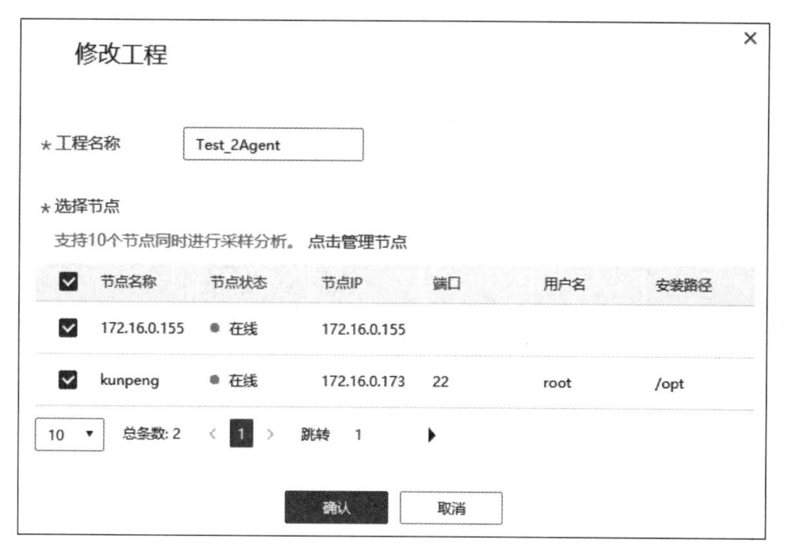

图 8-39　修改工程

图 8-40　删除工程图标

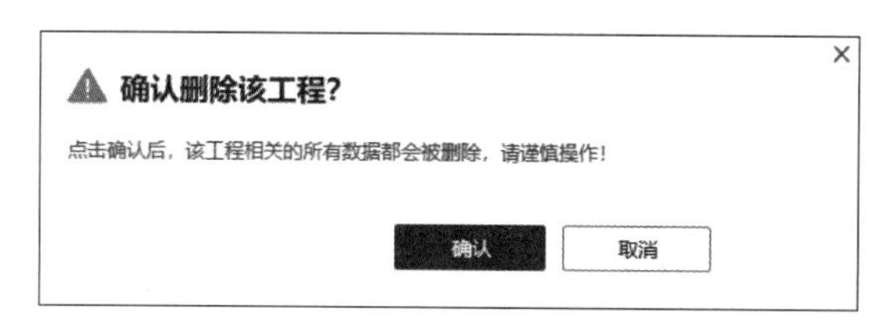

图 8-41　删除工程

单击“确认”按钮，可以删除工程。

8.3.7　任务管理

1. 创建任务

步骤 1：进入工程管理页面，找到需要创建任务的工程项，单击后面的“创建任务”图标，如图 8-42 所示。

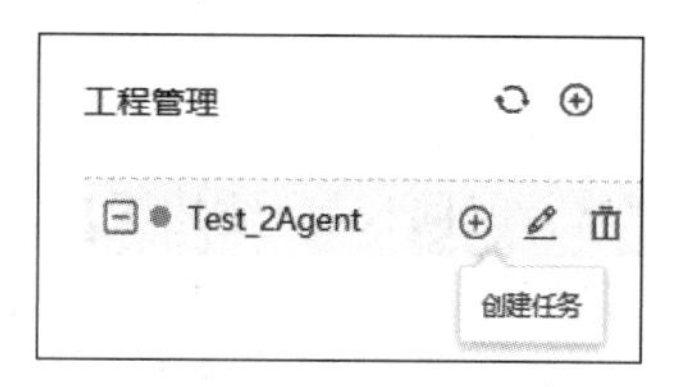

图 8-42　创建任务

步骤 2：在新建分析任务窗口，填写详细的任务信息，如图 8-43 所示。

新建任务页面需要填写的任务信息从上到下可以分为 4 个区域：

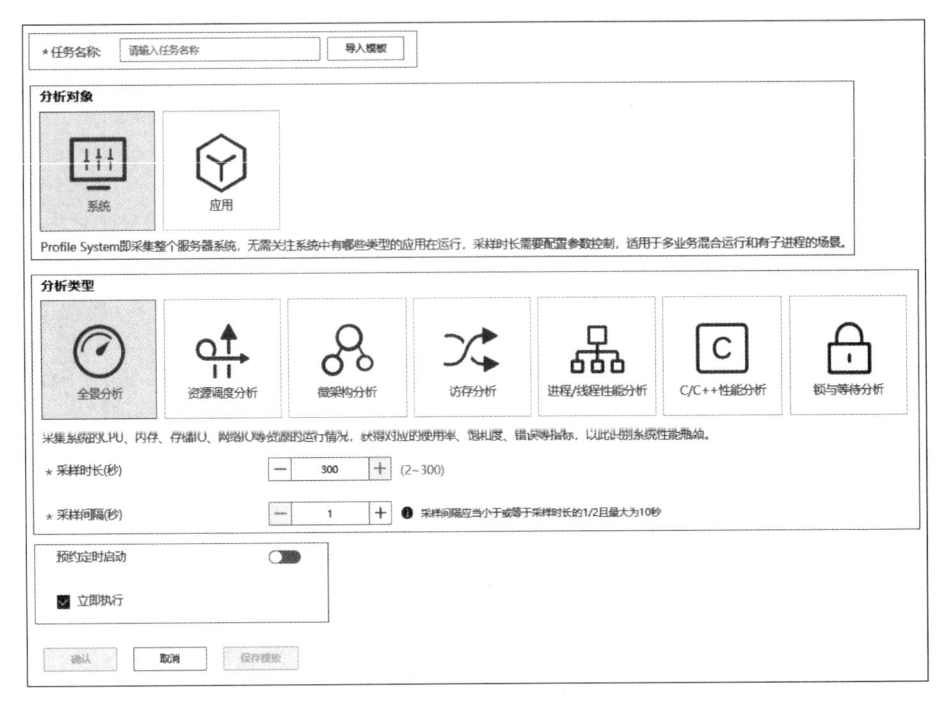

图 8-43 任务页面

1）任务名称

分析任务的名称，需要满足以下条件：

■ 由字母、数字、“.”“_”组成；

■ 长度为 6～32 个字符；

■ 以英文字母开头。

2）分析对象

分析对象分为两类，分别是系统和应用。

分析对象选择系统时，会采集整个服务器的性能数据，而不关注具体运行的应用，采集时长通过参数进行配置，适用于多业务混合运行和有子进程的场景。

分析对象选择应用时，会针对特定的应用进行性能数据的采集，分析模式分为两种，分别是 Launch Application 和 Attach to Proces。Launch Application 模式在采集启动的时候同时启动应用，采集时长受应用的执行时间控制，适用于应用运行时间较短的场景。

Attach to Process 模式不自己启动应用，在启动后根据配置采集给定进程的性能数据，采集时长需要配置参数控制，适用于某些应用需要长时间持续运行的场景。

3）分析类型

针对分析对象的不同，分析类型也不同，具体的分析类型如表 8-5 所示。

表 8-5　分析类型

分析对象	分析类型
系统	全景分析 资源调度分析 微架构分析 访存分析 进程/线程性能分析 C/C++性能分析 锁与等待分析
应用	资源调度分析 微架构分析 访存分析 C/C++性能分析 Java 混合模式分析 锁与等待分析

不同的分析类型参数不同，同一种分析类型不同的分析对象也可能具有不同的参数，具体的细节将在后面章节介绍。

4）启动时间

默认情况下，会立即启动任务，也就是创建任务后会马上执行。除此之外，也支持手动和预约定时启动，单击“预约定时启动”的复选框，使其处于“选中”状态，可以设置预约的采集方式和时间，如图 8-44 所示。

图 8-44　预约定时启动

当采集方式选择周期采集时，需要设置采集时间和采集日期，采集日期是一个区间，在此区间的每一天到了采集时间都会启动该任务，不过需要注意的是，采集时间和实际采集时间并不是绝对一样的，会有小于或等于 10s 的差值。

填写完毕任务信息，单击页面下方的“确认”按钮，即可创建任务了。对于非预约的任务，会在工程管理页面的工程名称下用树状结构显示，如图 8-45 所示。

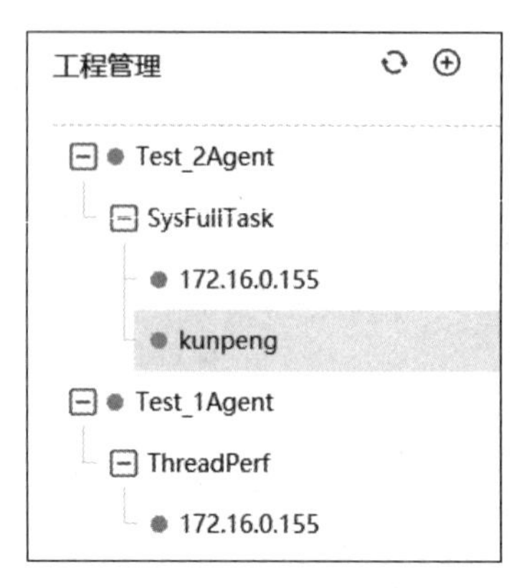

图 8-45　非预约任务

查看预约执行的任务，需要在系统性能分析工具主页面，单击右上角的齿轮图标，弹出下拉菜单，如图 8-28 所示。在下拉菜单中单击“预约任务”菜单项，弹出“预约任务”页面，如图 8-46 所示。

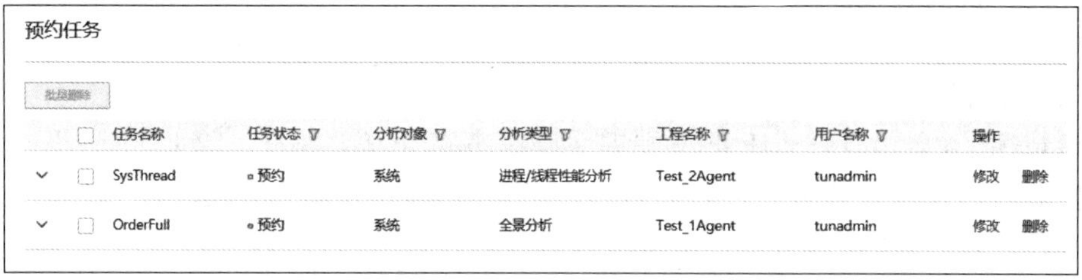

预约任务

批量删除

任务名称	任务状态	分析对象	分析类型	工程名称	用户名称	操作
SysThread	预约	系统	进程/线程性能分析	Test_2Agent	tunadmin	修改 删除
OrderFull	预约	系统	全景分析	Test_1Agent	tunadmin	修改 删除

图 8-46　预约任务

注意：预约任务和立即执行或者手动执行的分析任务是不同的，准确地说，预约任务更像是定时的分析任务生成器，每天在给定的时间按照规则生成一个新的分析任务，这个新生成的分析任务名称格式为“预约任务名称”+“-”+“用短横线分割的当天日期”+“-”+“用短横线分割的时分秒采集时间”，例如一个叫 SysThread 的预约任务，它的执行时间为 15:17:26，那么它在 2020 年 12 月 20 日生成的分析任务名称为“SysThread -2020-12-20-15-17-26”。

2. 修改任务

对于未启动的手动任务，可以单击任务名称后面的“修改任务”图标进行任务的修改，如图 8-47 所示，已经启动的任务不能修改。

修改分析任务信息页面如图 8-48 所示。

修改任务信息时，只能修改分析类型的参数和是否立即执行的复选框，别的信息不能修改。修改预约任务，需要进入预约任务页面，如图 8-46 所示，单击预约任务“操作”列的“修改”超链接，进入修改预约任务，如图 8-49 所示。

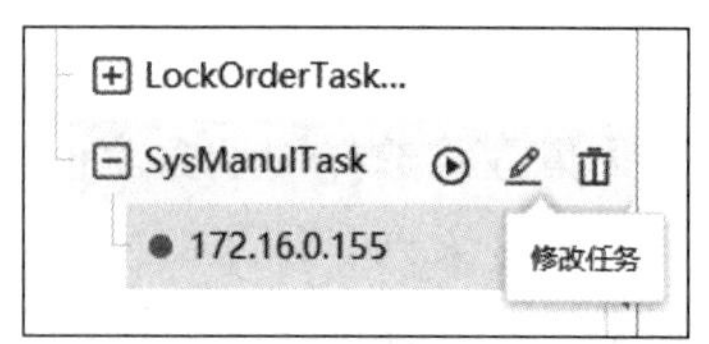

图 8-47　修改任务

修改分析任务 ×
* 任务名称: SysManulTask
导入模板
分析对象
系统
应用
Profile System即采集整个服务器系统，无需关注系统中有哪些类型的应用在运行，采样时长需要配置参数控制，适用于多业务混合运行和有子进程的场景。
分析类型
全景分析
资源调度分析
微架构分析
访存分析
进程/线程性能分析
C/C++性能分析
锁与等待分析
采集系统的CPU、内存、存储IO、网络IO等资源的运行情况，获得对应的使用率、饱和度、错误等指标，以此识别系统性能瓶颈。
* 采样时长(秒)
30
(2~300)
* 采样间隔(秒)
1
采样间隔应当小于或等于采样时长的1/2且最大为10秒
预约定时启动
立即执行
确认
取消
保存模板

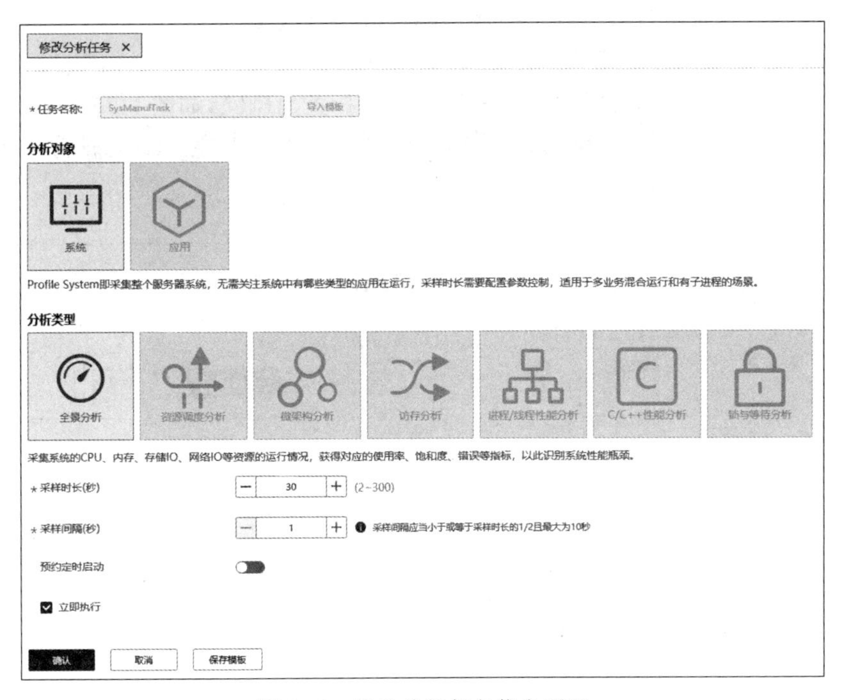

图 8-48 修改分析任务信息页面

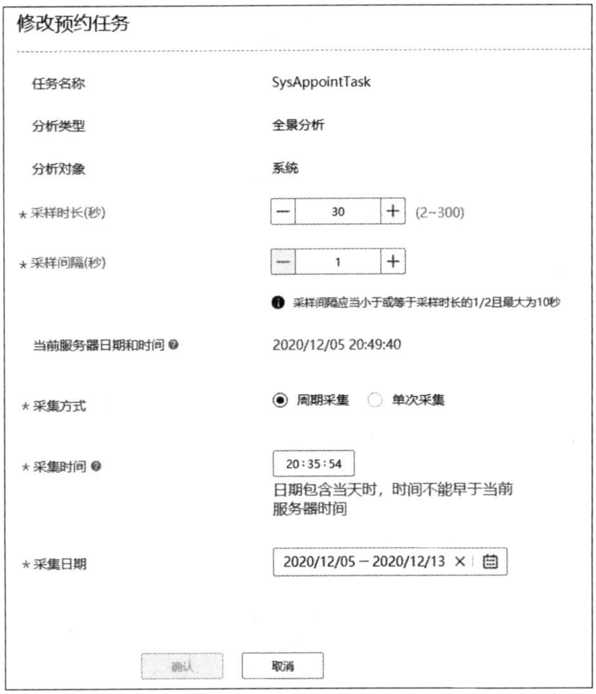

修改预约任务
任务名称
SysAppointTask
分析类型
全景分析
分析对象
系统
* 采样时长(秒)
30
(2~300)
* 采样间隔(秒)
1
采样间隔应当小于或等于采样时长的1/2且最大为10秒
当前服务器日期和时间
2020/12/05 20:49:40
* 采集方式
周期采集
单次采集
* 采集时间
20:35:54
日期包含当天时，时间不能早于当前服务器时间
* 采集日期
2020/12/05 – 2020/12/13
确认
取消

图 8-49 修改预约任务信息页面

修改完毕，单击"确认"按钮，即可完成预约任务的修改。

3. 删除任务

单击分析任务名称后面的"删除任务"图标进行任务的删除，如图 8-50 所示。

删除时，会出现如图 8-51 所示的删除确认窗口，单击"确认"按钮即可删除任务。

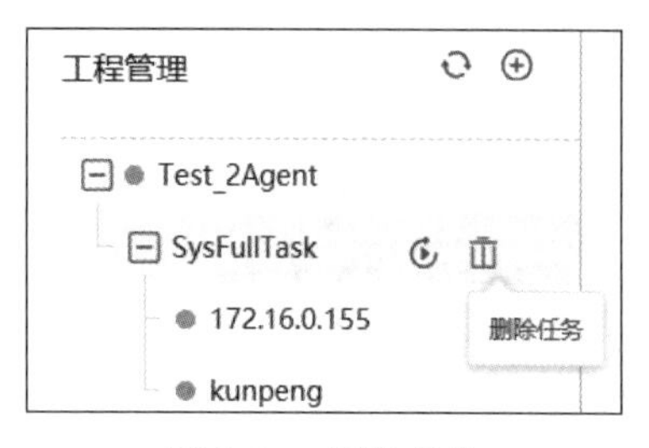

图 8-50　删除任务

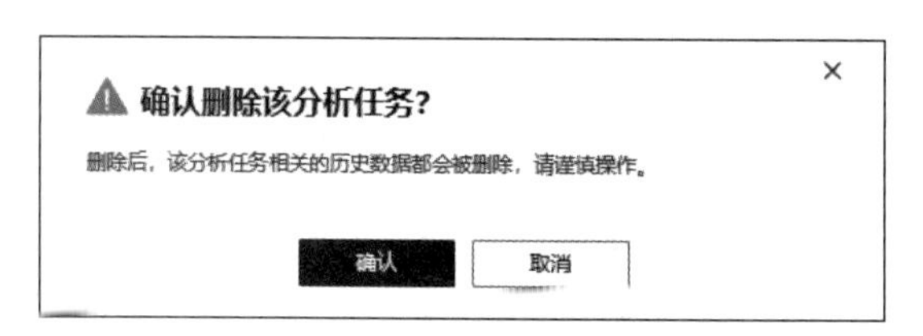

图 8-51　确认删除任务

删除预约任务，需要进入预约任务页面，单击预约任务"操作"列的"删除"超链接，如图 8-46 所示，删除预约任务的确认窗口如图 8-52 所示。

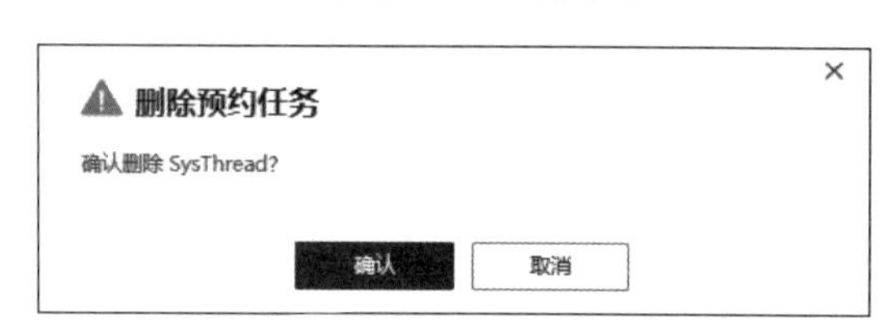

图 8-52　确认删除预约任务

单击"确认"按钮即可删除预约任务。

4. 启动(重启)任务

对于分析任务，如果没有启动过，则可以单击任务名称后面的"启动任务"图标启动此任务，如图 8-53 所示。

如果已经启动过，可以单击任务名称后面的"重启任务"图标，重新启动此任务，如图 8-54 所示。

图 8-53　启动任务

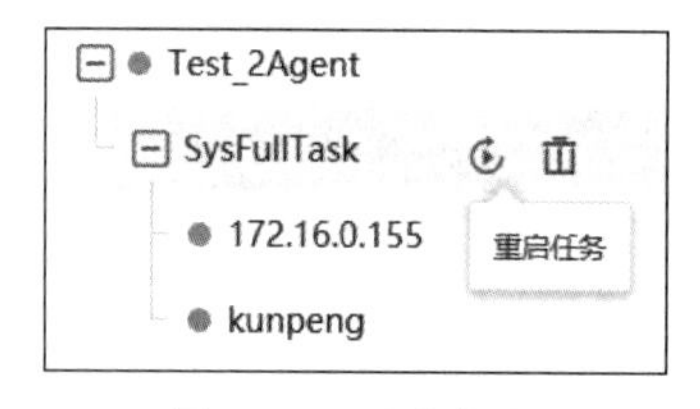

图 8-54　重启任务

对于预约任务生成的每日分析任务，不能重新启动。

8.3.8　任务模板管理

1. 保存任务模板

步骤 1：进入新建分析任务或者修改分析任务的页面，如图 8-55 所示。

步骤 2：单击“保存模板”按钮，此时会弹出“保存模板”窗口，如图 8-56 所示。

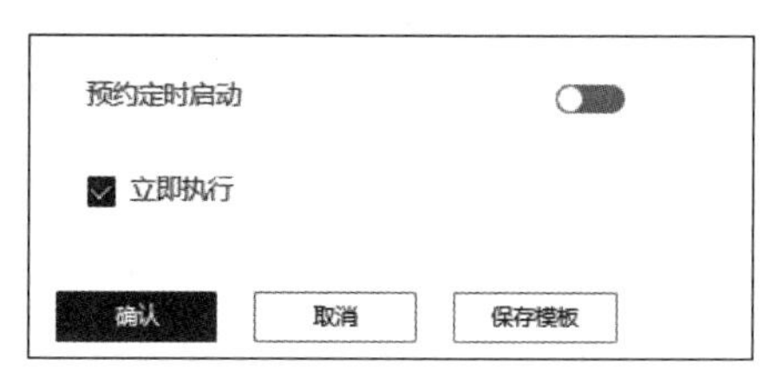

图 8-55　任务页面

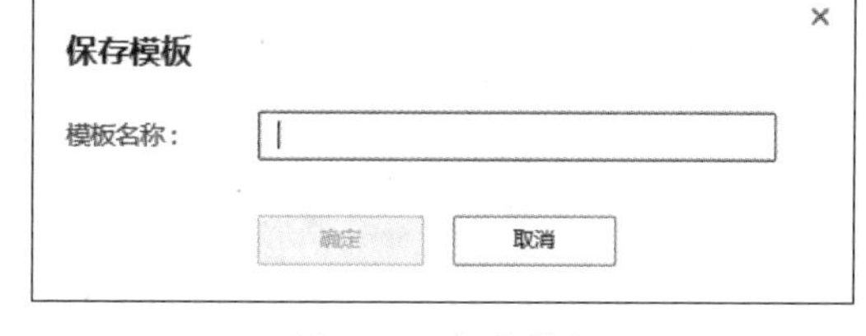

图 8-56　保存模板

输入模板名称，单击“确认”按钮，即可保存模板。

2. 删除任务模板

在系统性能分析工具主页面，单击右上角的齿轮图标，弹出下拉菜单，如图 8-28 所示。单击下拉菜单的“任务模板”菜单项，出现任务模板页面，如图 8-57 所示。

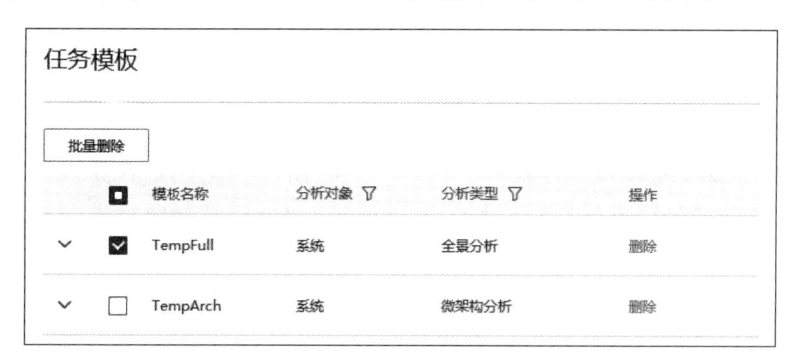

图 8-57　任务模板

删除任务模板有两种方式：

1）单个删除模板

单击模板操作列的“删除”超链接，弹出删除模板确认窗口，如图 8-58 所示。

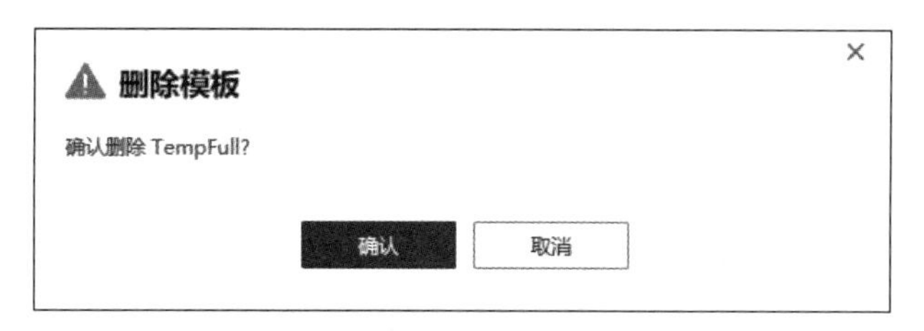

图 8-58　删除任务模板

单击“确认”按钮，即可删除模板。

2）批量删除

单击模板名称前的复选框，使其处于选中状态，可以选中一个或者多个任务模板，然后单击“批量删除”按钮，弹出批量删除确认窗口，如图 8-59 所示。

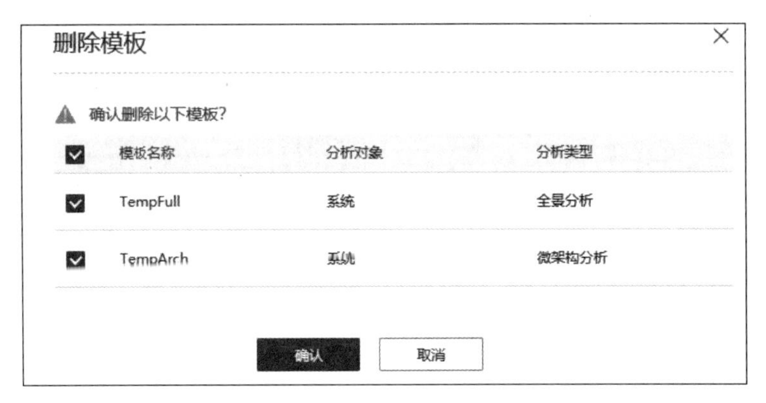

图 8-59　批量删除任务模板

单击“确认”按钮，即可删除选中的模板。

3. 导入模板

步骤 1：进入工程管理页面，找到需要创建任务的工程项，单击后面的“创建任务”图标，如图 8-42 所示。

步骤 2：在新建分析任务页面，如图 8-60 所示，单击“导入模板”按钮。

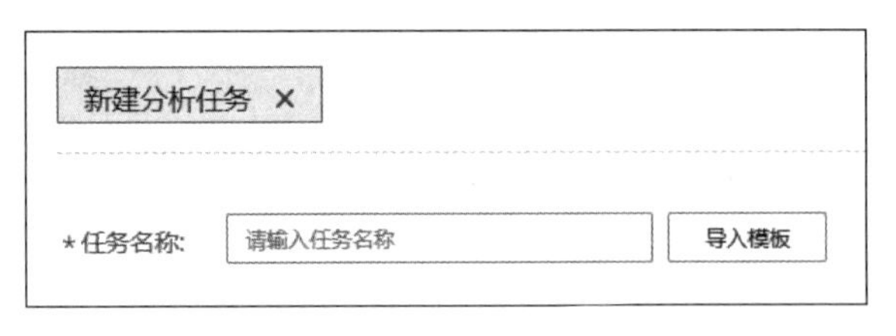

图 8-60　导入任务模板

步骤 3：在弹出的“导入模板”页面，选中要导入的模板，然后单击“确定”按钮，如图 8-61 所示。

这样，就把模板的配置信息应用到了新建的分析任务上。

8.3.9　全景分析

1. 创建全景分析任务

步骤 1：参考本节第 7 个功能模块“任务管理”的“新建任务”步骤，新建分析任务。

步骤 2：配置全景分析任务参数，如图 8-62 所示。

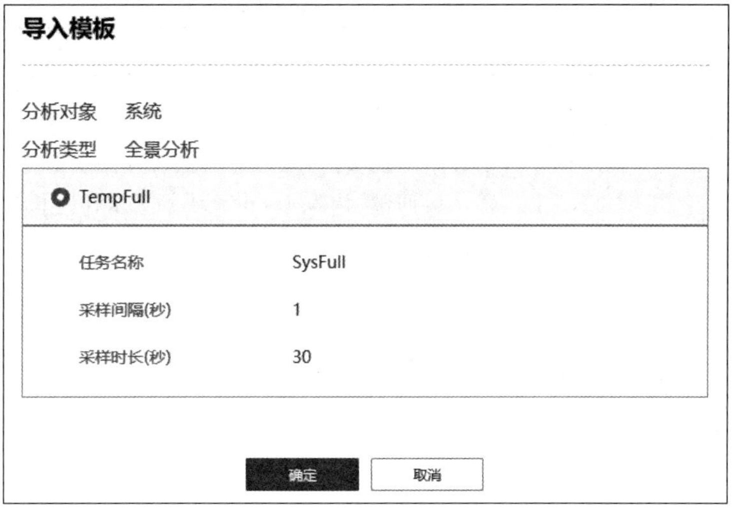

导入模板

分析对象　系统

分析类型　全景分析

TempFull

任务名称　SysFull

采样间隔(秒)　1

采样时长(秒)　30

确定　取消

图 8-61　选择导入模板

图 8-62　全景分析任务

任务名称和启动时间的要求在本节第 7 个功能模块“任务管理”中已做了说明，本功能和后续功能将不再介绍相关参数，其他关键参数说明如表 8-6 所示。

表 8-6 全景分析任务参数

参数	说明
分析对象	系统
分析类型	全景分析
采样时长	分析任务总的采样时间，范围为 2～300s，默认为 300s
采样间隔	每次采样间隔的时间，默认为 1s，小于或等于采样时长的 1/2 且不超过 10s

2. 查看分析结果

在工程管理页面，找到要查看的工程及工程下的任务，单击任务下的节点名称，可以打开分析结果页面，如图 8-63 所示。

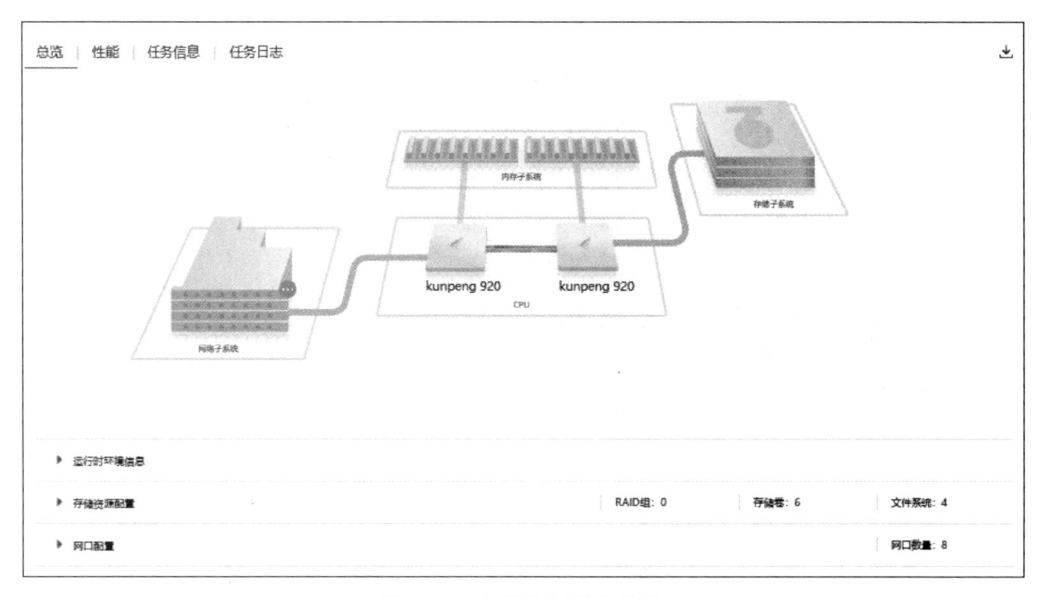

图 8-63 全景分析任务结果

单击分析结果页面顶部最右侧的图标，可以导出全景分析数据的压缩包。

分析结果页面分为 4 部分，分别是总览、性能、任务信息和任务日志，下面分别说明。

1）总览

总览会显示各个配置项的信息，如果是物理机环境还会显示 CPU 及子系统部件图，如果检测到可优化的指标项，则会显示优化建议。

总览的配置项信息分为 7 个大类，各个参数将会以表格形式说明。

① CPU Package 区域

在如图 8-63 所示的某一个 kunpeng 920 CPU 上单击，会显示该 CPU 的 NUMA 节点和 CPU 核心信息，如图 8-64 所示。

CPU Package 区域显示的是和 CPU 相关的参数，详细信息如表 8-7 所示。

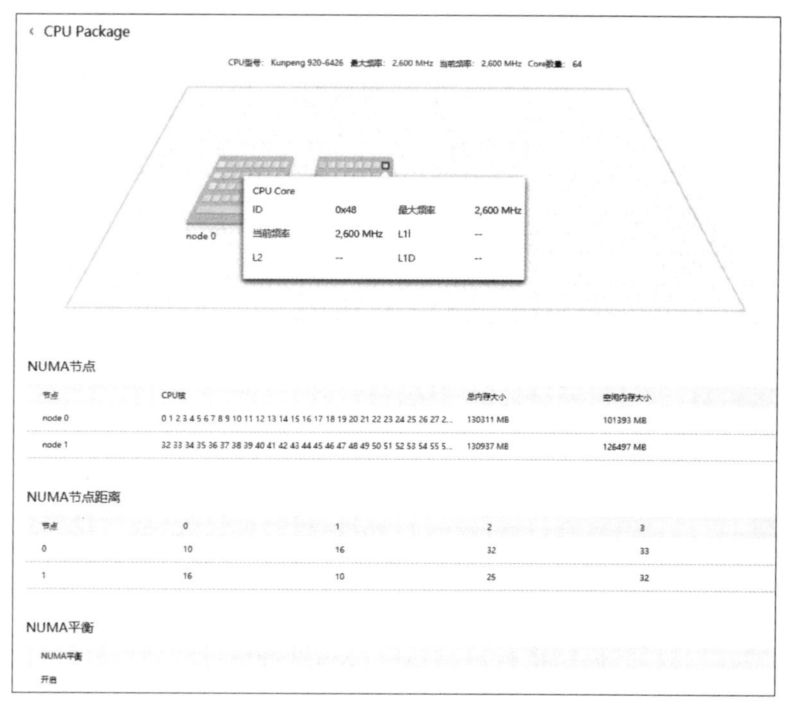

图 8-64　CPU Package

表 8-7　CPU Package 参数

分类	参数	说　明
汇总	CPU 型号	CPU 的具体型号
	Core 数量	CPU 核心数量，对于物理机，这个数量是 CPU 实际核心数量，对 ECS 等虚拟服务器，核心数量是分配的 CPU 核心数量
	最大频率	CPU 最大频率
	当前频率	CPU 当前频率
NUMA 节点	节点	NUMA 节点名称
	CPU 核	一个 NUMA 节点包括多个 CPU 核心，这里列出该节点的 CPU 核编号
	总内存大小	NUMA 节点有自己对应的内存，这里显示该节点对应的总内存大小
	空闲内存大小	NUMA 节点的空闲内存大小
NUMA 节点距离	节点	NUMA 节点名称。 NUMA 节点访问内存有多种方式，最快的一种是访问本节点的本地内存，其次是访问同一 CPU 内不同 NUMA 节点的内存，最慢的是访问另一块 CPU 上 NUMA 节点的内存。不同的访问形式代价不同，也称为距离不同，距离越短，速度越快
NUMA 平衡	NUMA 平衡	NUMA 平衡的开关状态，表示是否启用 NUMA 平衡

表 8-7 中的参数大部分比较容易理解，只有 NUMA 相对复杂一些，下面对 NUMA 做一些简单介绍。

处理器的多核架构是当前重要的 CPU 实现形式，传统上多核方案采用的是 SMP (Symmetric Multi-Processing)技术，即对称多处理器结构，如图 8-65 所示。所有的处理器核心都是平等的，共享相同的内存地址空间，用相同的总线访问内存，在架构设计上也比较容易实现。但是，随着处理器核数快速增加，SMP 结构的缺点也暴露了出来，例如总线的带宽、访问同一块内存的冲突等。

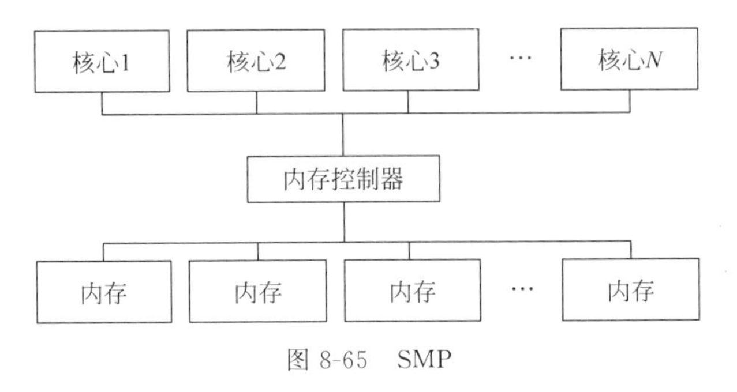

图 8-65　SMP

为了解决这个问题，逐步发展出了 NUMA(Non-Uniform Memory Access)，即非统一内存访问架构，如图 8-66 所示。

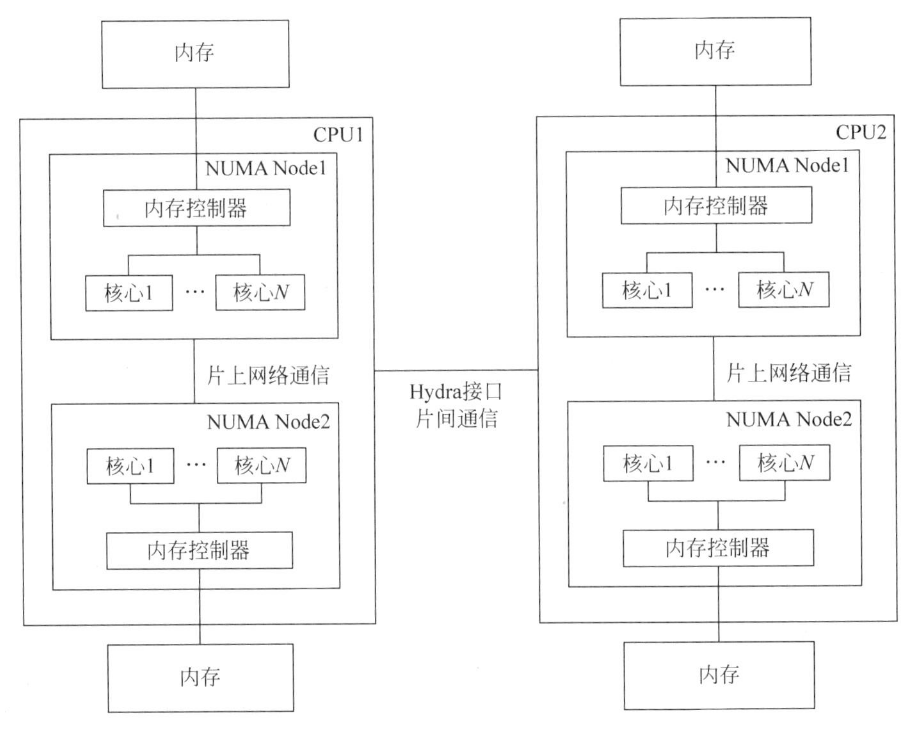

图 8-66　NUMA

在NUMA架构下,多个核心构成一个节点(Node),节点有自己的本地内存,同一个CPU内部的不同节点之间通过片上网络相连,不同CPU之间通过Hydra接口进行片间通信。内存不再是统一的,而是物理上分布的,NUMA节点访问内存也具有多种不同的形式,这些访问形式代价不同,或者称为距离(Distance)不同,距离越小则访问速度越快。查看不同节点之间距离的命令及回显如下:

```
#numactl --hardware
available: 4 nodes (0-3)
node 0 cpus: 0 1 2 3 4 5 6 7 8 9 10 11 12 13 14 15 16 17 18 19 20 21 22 23 24 25 26 27 28 29 30 31
node 0 size: 130068 MB
node 0 free: 128804 MB
node 1 cpus: 32 33 34 35 36 37 38 39 40 41 42 43 44 45 46 47 48 49 50 51 52 53 54 55 56 57 58 59 60
61 62 63
node 1 size: 130937 MB
node 1 free: 128160 MB
node 2 cpus: 64 65 66 67 68 69 70 71 72 73 74 75 76 77 78 79 80 81 82 83 84 85 86 87 88 89 90 91 92
93 94 95
node 2 size: 130937 MB
node 2 free: 129516 MB
node 3 cpus: 96 97 98 99 100 101 102 103 104 105 106 107 108 109 110 111 112 113 114 115 116 117
118 119 120 121 122 123 124 125 126 127
node 3 size: 130935 MB
node 3 free: 130656 MB
node distances:
node   0   1   2   3
  0:  10  16  32  33
  1:  16  10  25  32
  2:  32  25  10  16
  3:  33  32  16  10
```

对于具有两个鲲鹏920 CPU的TaiShan 200物理服务器,每个CPU有两个NUMA节点,该命令的回显中最后是关于节点距离的部分,可以看出node0和node1在同一个CPU,node2和node3在同一个CPU,两个节点交叉部分就是从该节点访问对应节点内存的距离,从中可以清楚地看出不同节点之间距离的差别。

② 内存子系统区域

单击如图8-63所示的“内存子系统”标志,进入内存子系统页面,如图8-67所示:

内存子系统区域显示与内存相关的参数,详细信息如表8-8所示。

根据2.2节的介绍,鲲鹏服务器主板支持最多32个DDR4-2933内存插槽。

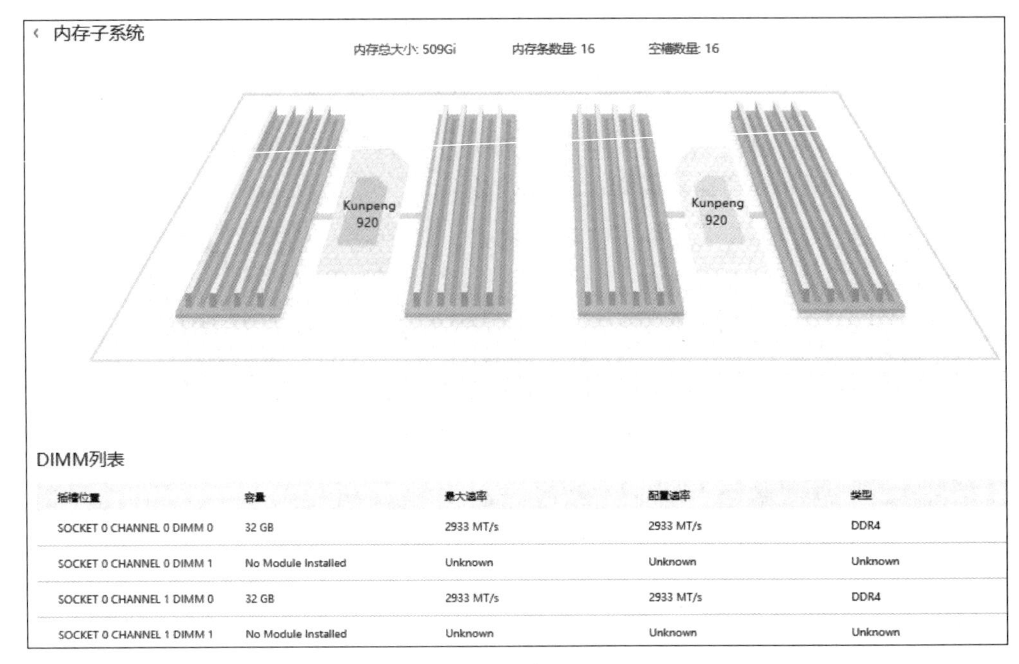

图 8-67　内存子系统

表 8-8　内存子系统参数

分　　类	参　　数	说　　明
汇总	内存总大小	系统总内存容量。对 ECS 等虚拟服务器,内存总大小是分配的内存容量
	内存条数量	内存条数量
	空插槽数量	空内存插槽数量
DIMM 列表	插槽位置	内存插槽位置
	容量	当前插槽位置安装的内存容量大小,对 ECS 等虚拟服务器,该容量不超过分配的内存容量
	最大速率	内存最大速率
	配置速率	配置的内存速率
	类型	内存条类型

③ 存储子系统区域

单击如图 8-63 所示的“存储子系统”标志,进入存储子系统页面,如图 8-68 所示。存储子系统区域显示硬盘和 Raid 控制卡相关的参数,详细信息如表 8-9 所示。

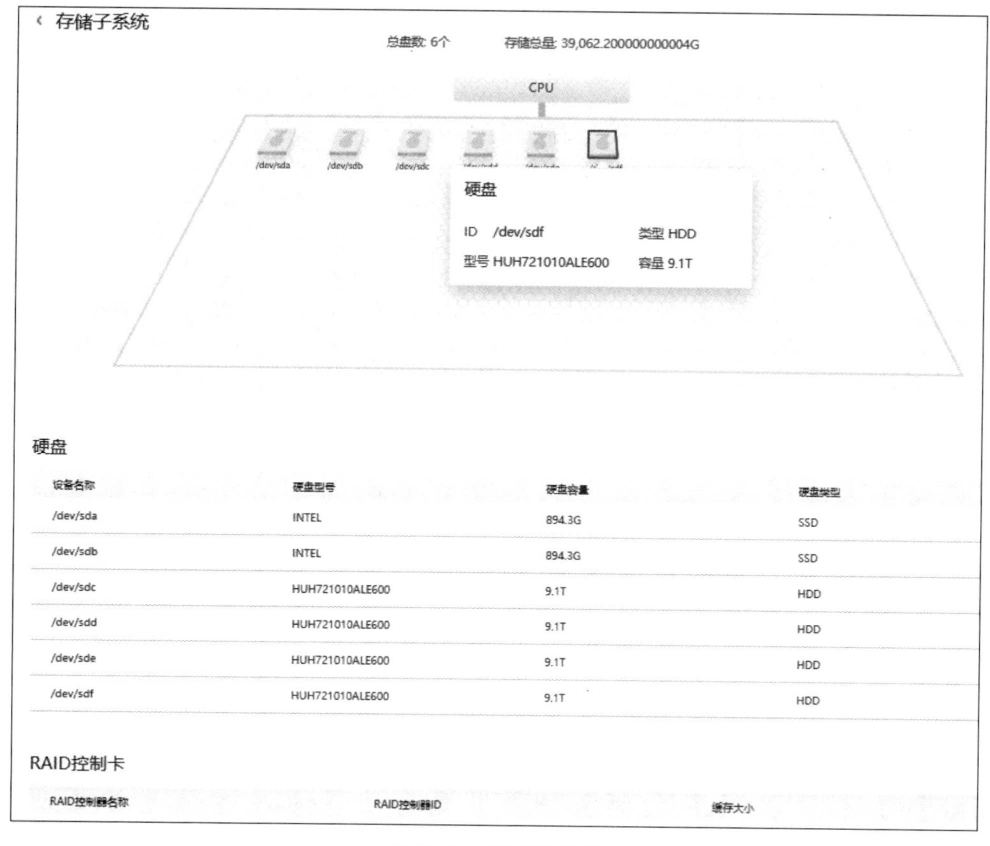

图 8-68　存储子系统

表 8-9　存储子系统参数

分　　类	参　　数	说　　明
汇总	总盘数	硬盘总数。对 ECS 等虚拟服务器，硬盘数量是挂载的云硬盘数量
	存储总量	存储总容量大小
硬盘	设备名称	设备名称
	硬盘型号	硬盘型号
	硬盘容量	硬盘容量，对 ECS 等虚拟服务器，硬盘容量是给挂载的硬盘分配的容量
	硬盘类型	硬盘类型
RAID 控制卡	RAID 控制器名称	RAID 卡型号
	RAID 控制器 ID	RAID 控制器芯片型号
	缓存大小	缓存大小

④ 网络子系统区域

单击如图 8-63 所示的“网络子系统”标志，进入网络子系统页面，如图 8-69 所示。

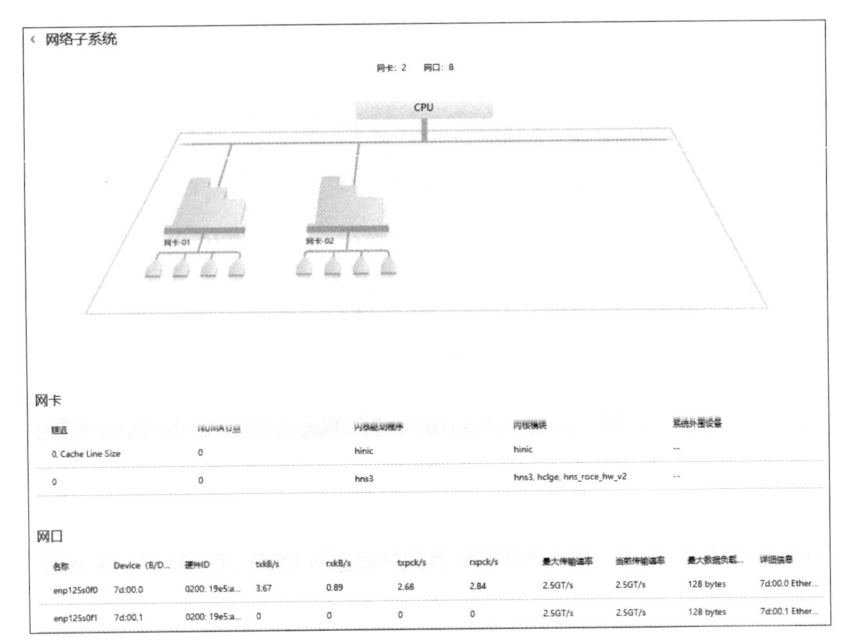

图 8-69 网络子系统

网络子系统区域显示网卡与网口相关的参数，详细信息如表 8-10 所示。

表 8-10 网络子系统参数

分　类	参　数	说　明
汇总	网口数	网口数量
网卡	延迟	延迟时间
	NUMA 节点	网卡绑定到的 NUMA 节点
	内核驱动程序	内核驱动程序
	内核模块	内核模块
	系统外围设备	系统外围设备
网口	名称	网口名称
	Device(B/D/F)	设备的 B/D/F，即 Bus/Device/Function Number
	硬件 ID	硬件 ID
	txkB/s	每秒传输的字节总数，单位为 KB
	rxkB/s	每秒接收的字节总数，单位为 KB
	txpck/s	每秒传输的数据包总数
	rxpck/s	每秒接收的数据包总数
	最大传输速率	最大传输速率
	当前传输速率	当前传输速率
	最大数据负载/B	最大数据负载
	详细信息	设备的详细信息

网卡和NUMA关系的说明：网卡把收到的数据请求放入不同的网卡数据队列，操作系统的Irqbalance服务会指定某一个处理器核心处理某个特定的网卡队列，把网络数据包从网卡复制到内存，同时会有多个处理器核心处理不同的网卡队列。但是，鲲鹏服务器的网卡不管是板载网卡还是PCI-E网卡，与CPU都是存在物理连线的，也就是某一个网卡和某一个特定的NUMA是有物理连接的，如果处理网卡队列的处理器核心与网卡不在同一个NUMA，就会出现跨NUMA的内存访问所带来的额外开销，所以把网卡绑定到特定的NUMA可以提升网络处理性能。

⑤ 运行时环境信息区域

运行时环境信息参数说明如表8-11所示。

表8-11 运行时环境信息参数

分类	参数	说明
基础系统信息	BIOS版本	BIOS版本信息
	OS版本	操作系统版本信息
	Kernel版本	操作系统内核版本
	JDK版本	当前的JDK版本
	glibc版本	GNU C Library版本，glibc是按照GPL许可协议发布的Linux系统中最底层的API，几乎其他任何运行库都会依赖于它
	system_dmesg	当前系统dmesg信息，dmesg是用来处理与开机、启动相关的信息
	docker info	在宿主机上安装Docker容器时显示Docker容器的信息
	sysCtrl	运行时内核参数信息，显示所有sysCtrl配置项
	KernelConfig	内核配置信息
	docker images	在宿主机上安装Docker容器时显示Docker容器镜像信息
	BMC固件版本	BMC(Baseboard Management Controller)，即基板管理控制器，这里显示它的固件版本信息
内存管理系统	SMMU	SMMU(System Memory Management Unit)功能的状态。SMMU为使用DMA的外设提供页表转换，使外设可通过页表转换访问物理地址
	页表大小	页表大小
	透明大页	透明大页功能的状态
	标准大页	标准大页大小
	大页数量	标准大页数量。“0”表示没有配置
	交换分区	当前交换分区配置
	脏数据缓存到期时间(单位0.01s)	脏数据缓存到期时间，内存中数据标识脏一定时间后，下次回刷进程工作时就必须回刷，默认为3000
	脏页面占用总内存最大的比例	脏页面占用总内存最大比率，超过该比例，下次回刷进程工作时就必须回刷
	脏页面缓存占用总内存最大的比例	脏页面缓存占用总内存最大比率

续表

分　类	参　数	说　明
内存管理系统	唤醒 pdflush 进程刷新脏数据间隔	唤醒 pdflush 进程刷新脏数据间隔，单位为 1/100s
	最小保留的空闲内存大小/KB	最小保留的空闲内存大小，单位为 KB
	网卡固件版本	网卡端口和网卡固件版本
虚拟机/容器	虚拟机 Libvirt 版本	虚拟机 Libvirt 版本。Libvirt 用于管理虚拟化平台的开源 API、后台程序和管理工具。它可以用于管理 KVM、Xen、VMware ESX、QEMU 和其他虚拟化技术
	KVM 虚拟机配置参数	KVM(Kernel-Based Virtual Machine)是一个开源的系统虚拟化模块，自 Linux 2.6.20 之后集成在 Linux 的各个主要发行版本中。它使用 Linux 自身的调度器进行管理，相对于 Xen，其核心源码很少。这里显示 KVM 的虚拟机配置参数
	容器版本	容器的版本信息
Kernel 内核相关参数	Hz 值	Linux 核心每秒产生的时钟中断次数
	nohz(定时器机制)	nohz(定时器机制)的状态，当 nohz=on 时，如果 CPU 处于空闲状态，系统将关掉周期性的时钟中断
	cmdline	整个 Kernel 启动脚本

⑥ 存储资源配置区域

存储资源配置参数说明如表 8-12 所示。

表 8-12　存储资源配置参数

分　类	参　数	说　明
汇总	RAID 组	RAID 组数量
	存储卷	存储卷数量
	文件系统	文件系统分区数量
RAID 级别	逻辑盘名称	逻辑盘名称
	逻辑盘 ID	逻辑盘 ID
	RAID 控制器 ID	RAID 控制器 ID
	RAID 级别	RAID 级别，可以细分为 12 个或者更多级别，详细见本表后的 RAID 级别说明部分
	逻辑盘条带大小	条带大小指的是写在每块磁盘上的条带数据块的大小，减小条带大小可以把文件分成更多个更小的数据块。这些数据块会被分散到更多的存储上存储，因此提高了传输的性能，但是由于要多次寻找不同的数据块，磁盘定位的性能就下降了。增加条带大小与减小条带大小相反，会降低传输性能，提高定位性能

续表

分　类	参　数	说　明
RAID 级别	逻辑盘当前读策略	逻辑盘当前读策略，一般分为两种策略，预读取方式和非预读取方式。使用预读取方式策略后，从虚拟磁盘中读取所需数据时，会把后续数据同时读出放在 Cache 中，用户随后访问这些数据时可以直接在 Cache 中命中，将减少磁盘寻道操作，节省响应时间，提高了数据读取速度。 使用非预读取方式策略后，RAID 卡接收到数据读取命令时，才从虚拟磁盘读取数据，不会做预读取的操作
	逻辑盘当前写策略	逻辑盘当前写策略，一般分为两种策略，分别是回写与写通。 回写：使用此策略后，需要向虚拟磁盘写数据时，会直接写入 Cache 中，当写入的数据积累到一定程度，RAID 卡才将数据刷新到虚拟磁盘，这样不但实现了批量写入，而且提升了数据写入的速度。当控制器 Cache 收到所有的传输数据后，将给主机返回数据传输完成信号。 写通：使用此策略后，RAID 卡向虚拟磁盘直接写入数据，不经过 Cache。当磁盘子系统接收到所有传输数据后，控制器将给主机返回数据传输完成信号。这种方式写入速度较慢
	逻辑盘缓存策略	是否启用逻辑盘缓存，一般禁用，防止机房停电时磁盘自带缓存中的数据丢失，磁盘可不带电池
	CacheCadence 标识	CacheCadence 标识
	RAID 配置	RAID 配置
存储信息	设备名称	设备名称
	硬盘文件预读大小(字节)	硬盘文件预读大小
	存储 I/O 调度机制	存储 I/O 调度机制
	磁盘请求亲和设置	磁盘请求亲和设置。"1"表示确保 I/O 完成的动作会由发起该 I/O 请求的 CPU 处理
	磁盘请求队列长度设置	采样间隔时间内，队列中对指定磁盘的读写请求的平均数量
	磁盘队列深度	磁盘队列深度，即当主机发起 I/O 请求时，设备能够支持同时处理的 I/O 数量
	I/O 合并	I/O 合并的设置值。 0：表示启用所有类型的合并尝试。 1：表示复杂合并检查被禁用，但简单地与上一个 I/O 请求合并继续生效。 2：表示禁用所有类型的合并尝试
文件系统信息	分区名称	分区名称
	文件系统类型	当前分区的文件系统类型
	挂载点	当前分区的挂载点
	挂载信息	当前分区的挂载信息

RAID 各个级别的说明如表 8-13 所示。

表 8-13 RAID 级别说明

RAID 级别	说 明
RAID 0	RAID 0 亦称为带区集。它将两个以上的磁盘并联起来，成为一个大容量的磁盘。在存放数据时，分段后分散存储在这些磁盘中，因为读写时都可以并行处理，所以在所有的级别中，RAID 0 的速度是最快的。但是 RAID 0 既没有冗余功能，也不具备容错能力，如果一个磁盘(物理)损坏，所有数据都会丢失
RAID 1	两组以上的 N 个磁盘相互做镜像，在一些多线程操作系统中能有很好的读取速度，理论上读取速度等于硬盘数量的倍数，与 RAID 0 相同。另外写入速度有微小的降低。只要一个磁盘正常即可维持运作，可靠性最高。其原理为在主硬盘上存放数据的同时也在镜像硬盘上写同样的数据。当主硬盘(物理)损坏时，镜像硬盘则代替主硬盘的工作。因为有镜像硬盘做数据备份，所以 RAID 1 的数据安全性在所有的 RAID 级别上来说是最好的。但无论用多少磁盘做 RAID 1，仅算一个磁盘的容量，是所有 RAID 中磁盘利用率最低的一个级别
RAID 2	这是 RAID 0 的改良版，以汉明码(Hamming Code)的方式将数据进行编码后分割为独立的比特，并将数据分别写入硬盘中。因为在数据中加入错误修正码(ECC，Error Correction Code)，所以数据整体的容量会比原始数据大一些。RAID 2 最少要三台磁盘驱动器方能运作
RAID 3	采用 Bit-interleaving(数据交错存储)技术，它需要通过编码再将数据比特分割后分别存在硬盘中，而将同比特检查后单独存在一个硬盘中，但由于数据内的比特分散在不同的硬盘上，因此就算要读取一小段数据资料都可能需要所有的硬盘进行工作，所以这种规格比较适于读取大量数据时使用
RAID 4	它与 RAID 3 不同的是它在分割时是以区块为单位分别存在硬盘中，但每次的数据访问都必须从同比特检查的那个硬盘中取出对应的同比特数据进行核对，由于过于频繁地使用，所以对硬盘的损耗可能会提高。(块交织技术，Block interleaving)
RAID 5	RAID 5 是一种储存性能、数据安全和存储成本兼顾的存储解决方案。它使用的是 Disk Striping(硬盘分割)技术。 RAID 5 至少需要 3 个硬盘，RAID 5 不是对存储的数据进行备份，而是把数据和相对应的奇偶校验信息存储到组成 RAID 5 的每个磁盘上，并且奇偶校验信息和相对应的数据分别存储于不同的磁盘上。当 RAID 5 的一个磁盘数据发生损坏后，可以利用剩下的数据和相应的奇偶校验信息去恢复被损坏的数据。RAID 5 可以理解为是 RAID 0 和 RAID 1 的折中方案。RAID 5 可以为系统提供数据安全保障，但保障程度要比镜像低而磁盘空间利用率要比镜像高。RAID 5 具有和 RAID 0 相近似的数据读取速度，只是因为多了一个奇偶校验信息，写入数据的速度相对单独写入一块硬盘的速度略慢，若使用“回写缓存”可以让性能改善不少。同时由于多个数据对应一个奇偶校验信息，RAID 5 的磁盘空间利用率要比 RAID 1 高，存储成本相对较便宜

续表

RAID 级别	说　明
RAID 6	与 RAID 5 相比,RAID 6 增加第二个独立的奇偶校验信息块。两个独立的奇偶系统使用不同的算法,数据的可靠性非常高,任意两块磁盘同时失效时不会影响数据完整性。RAID 6 需要分配给奇偶校验信息更大的磁盘空间和额外的校验计算,相对于 RAID 5 有更大的 I/O 操作量和计算量,其"写性能"强烈取决于具体的实现方案,因此 RAID 6 通常不会通过软件方式实现,而更可能通过硬件方式实现。 同一数组中最多容许两个磁盘损坏。更换新磁盘后,资料将会重新算出并写入新的磁盘中。 依照设计理论,RAID 6 必须具备 4 个以上的磁盘才能生效。 RAID 6 在硬件磁盘阵列卡的功能中,也是最常见的磁盘阵列等级
RAID 7	RAID 7 并非公开的 RAID 标准,而是 Storage Computer Corporation 的专利硬件产品名称,RAID 7 是以 RAID 3 及 RAID 4 为基础发展而来,但是经过强化以解决原来的一些限制。另外,在实现中使用大量的缓冲存储器及用以实现异步数组管理的专用即时处理器,使得 RAID 7 可以同时处理大量的 I/O 要求,所以性能甚至超越了许多其他 RAID 标准的产品。但也因为如此,在价格方面非常高昂
RAID 10/01	RAID 10 是先分割资料再镜像,再将所有硬盘分为两组,视为以 RAID 1 作为最低组合,然后将每组 RAID 1 视为一个"硬盘"组合为 RAID 0 运作。 RAID 01 则是跟 RAID 10 的程序相反,是先镜像再将资料分割到两组硬盘。它将所有的硬盘分为两组,每组各自构成为 RAID 0 作为最低组合,而将两组硬盘组合为 RAID 1 运作。 当 RAID 10 有一个硬盘受损,其余硬盘会继续运作。RAID 01 只要有一个硬盘受损,同组 RAID 0 的所有硬盘都会停止运作,只剩下其他组的硬盘运作,可靠性较低。如果以 6 个硬盘建 RAID 01,镜像再用 3 个建 RAID 0,那么坏一个硬盘便会有 3 个硬盘离线。因此,RAID 10 远较 RAID 01 常用,零售主板绝大部分支持 RAID 0/1/5/10,但不支持 RAID 01
RAID 50	RAID 5 与 RAID 0 的组合,先作 RAID 5,再作 RAID 0,也就是对多组 RAID 5 彼此构成 Stripe 访问。由于 RAID 50 是以 RAID 5 为基础,而 RAID 5 至少需要 3 个硬盘,因此要以多组 RAID 5 构成 RAID 50,至少需要 6 个硬盘。以 RAID 50 最小的 6 个硬盘配置为例,先把 6 个硬盘分为 2 组,每组 3 个构成 RAID 5,如此就得到两组 RAID 5,然后把两组 RAID 5 构成 RAID 0。 RAID 50 在底层的任一组或多组 RAID 5 中出现 1 个硬盘损坏时,仍能维持运作,不过如果任一组 RAID 5 中出现 2 个或 2 个以上硬盘损毁,整组 RAID 50 就会失效。RAID 50 由于在上层把多组 RAID 5 构成 Stripe,性能比起单纯的 RAID 5 高,容量利用率比 RAID5 要低
RAID 60	RAID 6 与 RAID 0 的组合:先作 RAID 6,再作 RAID 0。换句话说,就是对两组以上的 RAID 6 作 Stripe 访问。RAID 6 至少需具备 4 个硬盘,所以 RAID 60 的最小需求是 8 个硬盘。由于底层是以 RAID 6 组成,所以 RAID 60 可以容许任一组 RAID 6 中损毁最多 2 个硬盘,而系统仍能维持运作。不过只要底层任一组 RAID 6 中损毁 3 个硬盘,整组 RAID 60 就会失效,当然发生这种情况的概率相当低。 比起单纯的 RAID 6,RAID 60 的上层透过结合多组 RAID 6 构成 Stripe 访问,因此性能较高。不过使用门槛高,而且容量利用率低是较大的问题

注意：RAID说明部分内容参考引用了维基百科，网址为 https://zh.wikipedia.org/，依据 CC BY-SA 3.0 许可证进行授权。要查看该许可证，可访问 https://creativecommons.org/licenses/by-sa/3.0/。

⑦ 网口配置

网口配置参数说明如表 8-14 所示。

表 8-14 网口配置参数

分类	参数	说明
汇总	网口数量	网口数量
中断聚合	网口名称	网口名称
	adaptive-rx	接收队列的动态聚合执行功能开关状态
	adaptive-tx	发送队列的动态聚合执行功能开关状态
	rx-usecs	产生一个中断之前至少有一个数据包被发送之后的微秒数
	tx-usecs	产生一个中断之前至少有一个数据包被接收之后的微秒数
	rx-frames	产生中断之前发送的数据包数量
	tx-frames	产生中断之前接收的数据包数量
Offload	网口名称	网口名称
	rx-checksumming	接收包校验和开关状态
	tx-checksumming	发送包校验和开关状态
	scatter-gather	分散/聚集功能开关状态
	TSO	TCP-Segmentation-Offload 开关状态
	UFO	UDP-Fragmentation-Offload 开关状态
	LRO	large-Receive-Offload 开关状态
	GSO	Generic-Segmentation-Offload 开关状态
	GRO	Generic-Receive-Offload 开关状态
	队列	
队列	网口名称 队列数	网口名称 网卡队列数
中断 NUMA 绑核	网口名称	网口名称
	中断号	中断号
	中断 NUMA 绑核信息	中断 NUMA 绑核信息
	xps/rps	发送/接收队列绑核信息

2）性能

性能页面用图形折线形式展示分析对象性能指标在采集过程中的时序数据，具有形式直观、易于对比等特点，如图 8-70 所示。

性能页面具有切换列表视图的功能，单击性能页面右上角的图标进入列表视图，在列表视图中可以查看分析指标的平均值。要回到折线视图，可以单击图标。除此之外，还可以筛选分析指标，单击性能页面左上部的图标，弹出筛选窗口，可以筛选各个性能指标并更新折线图。

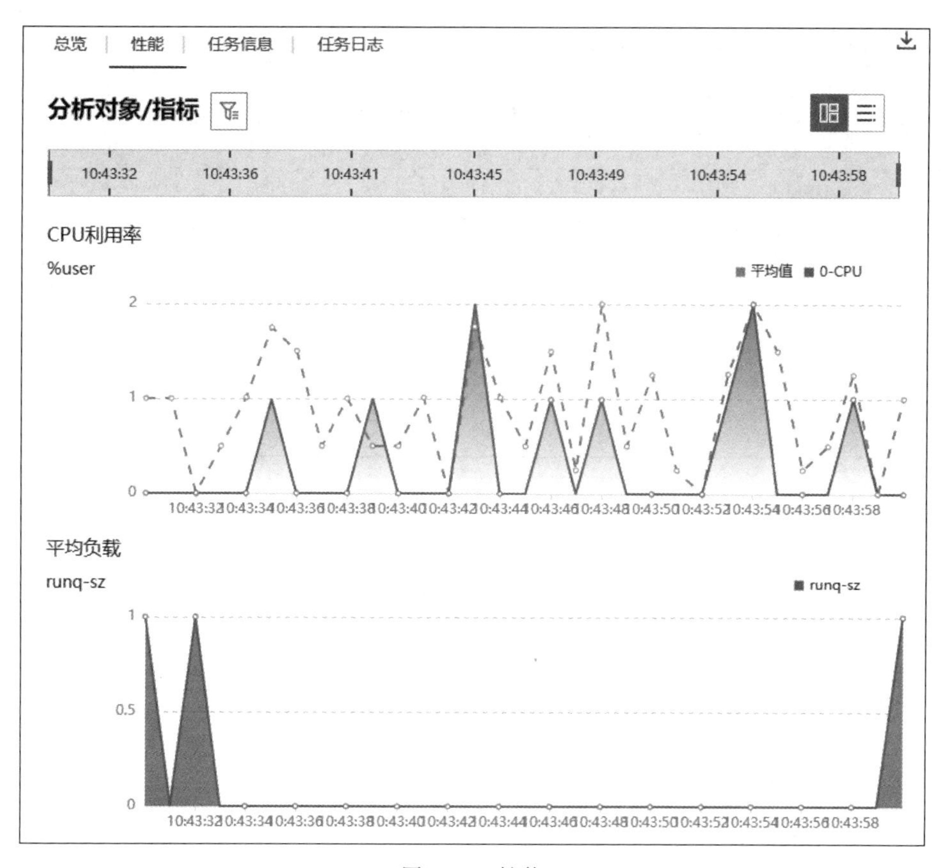

图 8-70　性能

性能指标的参数分为 4 个区域，分别是 CPU、内存、存储 I/O 及网络 I/O，下面分别进行详细参数说明。

① CPU 区域参数

CPU 区域参数说明如表 8-15 所示。

表 8-15　CPU 区域配置参数

分　　类	参　　数	说　　明
CPU 利用率	CPU	CPU 核(all 表示整体)
	%user	在用户态运行时所占用 CPU 总时间的百分比
	%nice	在用户态改变过优先级的进程运行时所占用 CPU 总时间的百分比
	%sys	在内核态运行时所占用 CPU 总时间的百分比。该指标没有包含服务硬件和软件中断所花费的时间
	%iowait	CPU 等待存储 I/O 操作导致空闲状态的时间占 CPU 总时间的百分比
	%irq	CPU 服务硬件中断所花费时间占 CPU 总时间的百分比
	%soft	CPU 服务软件中断所花费时间占 CPU 总时间的百分比

续表

分　　类	参　　数	说　　明
CPU 利用率	%idle	CPU 空闲且系统没有未完成的存储 I/O 请求的时间占总时间的百分比
	max_use	显示采集时段内的最高使用率及时间点
平均负载	runq-sz	运行队列的长度，即等待运行的任务数量
	plist-sz	在任务列表中的任务数量
	ldavg-1	最后 1min 的系统平均负载。平均负载的计算是在指定时间间隔内，正在运行或可运行(R 状态)任务的平均数量与不可中断睡眠状态(D 状态)任务的平均数量之和
	ldavg-5	过去 5min 的系统平均负载
	ldavg-15	过去 15min 的系统平均负载
	blocked	当前阻塞的任务数，正在等待 I/O 完成

② 内存区域参数

内存区域参数说明如表 8-16 所示。

表 8-16　内存区域配置参数

分　　类	参　　数	说　　明
内存利用率	kbmemfree	可用的空闲内存大小，以 KB 为单位。不包括缓冲区和缓存的空间
	kbavail	可用的内存大小，以 KB 为单位。包括缓冲区和缓存的空间
	kbmemused	已使用的内存大小，以 KB 为单位。包括缓冲区和缓存的空间
	%memused	已使用内存的百分比，即 kbmemused/(kbmemused+kbmemfree)
	kbbuffers	内核已用作缓冲区的内存大小，以 KB 为单位
	kbcached	内核已用作缓存的内存大小，以 KB 为单位
	kbactive	活跃内存大小，以 KB 为单位(最近已被使用的内存，除非绝对必要，通常不会被回收)
	kbinact	非活跃内存大小，以 KB 为单位(内存最近很少使用，它更符合回收条件)
	kbdirty	等待写回到磁盘的内存大小，以 KB 为单位
分页统计	pgpgin/s	每秒从磁盘或 SWAP 置换到内存的字节数(KB)
	pgpgout/s	每秒从内存置换到磁盘或 SWAP 的字节数(KB)
	fault/s	每秒系统产生的缺页数，即主缺页与次缺页之和(major+minor)，不是生成 I/O 的页面错误的计数，因为一些页面错误可以在没有 I/O 的情况下解决
	majflt/s	每秒产生的主缺页数，需要从磁盘加载一个内存分页
	pgscank/s	每秒被 kswapd 守护进程扫描的分页数量
	pgscand/s	每秒直接被扫描的分页数量
	%vmeff	分页回收效率的度量指标。如果接近 100%，那么几乎每个分页都可以在非活动列表的底部获取。如果它变得太低(例如，小于 30%)，那么虚拟内存有一些问题。如果在时间间隔内没有分页被扫描，则此字段为 0

续表

分类	参数	说明
交换统计	pswpin/s	系统每秒换入的交换分区页面总数
	pswpout/s	系统每秒换出的交换分区页面总数
NUMA 内存统计	名称	显示 NUMA 节点名称
	interleave_hit	按 interleave 策略成功分配到该 node 上的内存页个数
	local_node	运行在该节点的进程成功在这个节点上分配到的内存页个数
	numa_foreign	进程优选从当前节点分配内存页,但实际上却是从其他节点分配到的内存页个数。与 numa_miss 相对应
	numa_miss	进程优选从其他节点分配内存页,但是实际上却是从当前节点分配到的内存页个数。与 numa_foreign 相对应
	numa_hit	进程优选从当前节点分配并成功分配到的内存页个数
	other_node	运行在其他节点的进程优选从当前节点分配并成功分配到的内存页个数

③ 存储 I/O 区域参数

存储 I/O 区域块设备利用率参数说明如表 8-17 所示。

表 8-17 存储 I/O 区域配置参数

参数	说明
DEV	块设备名称
tps	每秒 I/O 的传输总数。一个传输就是到物理设备的一个 I/O 请求。发送到设备的多个逻辑请求可以合并成单个 I/O 请求,传输大小是不确定的
rd/(KB・s^{-1})	每秒从设备读取的带宽
wr/(KB・s^{-1})	每秒写入设备的带宽
avgrq-sz	平均每次存储 I/O 操作的数据大小(以扇区为单位)
avgqu-sz	磁盘请求队列的平均长度
await	从请求磁盘操作到系统完成处理,每次请求的平均消耗时间,包括请求队列等待时间,单位是毫秒,等于寻道时间+队列时间+服务时间
svctm	系统处理每次请求的平均时间(以毫秒为单位),不包括在请求队列中消耗的时间
%util	在 I/O 请求发送到设备期间所消耗的 CPU 时间百分比(设备的带宽使用率)。当该值接近 100%时说明磁盘读写将近饱和
max_tps	每秒 I/O 传输总数的最大值
max_util	显示消耗 CPU 的最大百分比

④ 网络 I/O 区域参数

网络 I/O 区域参数说明如表 8-18 所示。

表 8-18 网络 I/O 存区域配置参数

分　类	参　数	说　明
网络设备统计	IFACE	网络接口名称
	rxpck/s	每秒接收的数据包总数
	txpck/s	每秒传输的数据包总数
	rxkB/s	每秒接收的字节总数,单位为 KB
	txkB/s	每秒传输的字节总数,单位为 KB
	eth_ge	网口标准速率,100GB、50GB、40GB、10GB 等
网络设备故障统计	IFACE	网络接口名称
	rxerr/s	每秒接收的损坏的数据包数量
	txerr/s	当发送数据包时,每秒发生错误的总数
	coll/s	当发送数据包时,每秒发生冲突的数量
	rxdrop/s	当 Linux 缓冲区满的时候,网卡设备接收端每秒丢弃的数据包的数量
	txdrop/s	当 Linux 缓冲区满的时候,网络设备发送端每秒丢弃的网络包的数量
	txcarr/s	当发送数据包时,每秒发生载波错误的次数
	rxfram/s	当接收数据包时,每秒发生帧同步错误的次数
	rxfifo/s	在接收数据包时,每秒发生 FIFO 溢出错误的次数
	txfifo/s	当发送数据包时,每秒发生 FIFO 溢出错误的次数

3) 任务信息

显示当前任务的基本信息及采集的开始、结束时间、采集数据大小等信息。

4) 任务日志

显示采集过程的开始、结束日志及数据分析过程的日志。

8.3.10 资源调度分析

资源调度分析有 3 种形式,分别是系统资源调度分析、应用的 Launch Application 模式资源调度分析、应用的 Attach to Process 模式资源调度分析。

1. 创建资源调度分析任务(系统)

步骤 1：新建分析任务。

步骤 2：配置资源分析任务参数,如图 8-71 所示。

关键参数说明如表 8-19 所示。

表 8-19 系统资源调度分析任务参数

参　数	说　明
分析对象	系统
分析类型	资源调度分析
采样时长	分析任务总的采样时间,范围为 1～60s,默认为 3s

续表

参　　数	说　　明
二进制/符号文件路径	（可选）输入二进制/符号文件在服务器上的绝对路径。 当开发者需要观察源代码和汇编指令映射后的性能数据时，并且对应的应用程序无符号表信息，该参数用来导入对应应用程序的符号表。 一般情况下，为减少应用程序的大小，应用程序都不带符号表，这时候需要把二进制文件和对应的debuginfo文件放在路径里，如果带了符号表，只需防止二进制文件。 符号文件包含了应用程序二进制文件的调试信息，例如变量、变量类型、函数、标号、源代码行等
C/C++源文件路径	（可选）输入C/C++源文件在服务器上的绝对路径。 当开发者需要观察源代码和汇编指令映射后的性能数据时，该参数用来导入对应应用程序的源代码
采集文件大小（MB）	（可选）设置采集文件大小。默认为10MB，取值范围为1～50MB。 通过设置采集文件大小，防止由于文件过大导致分析时间过长

图 8-71　系统资源调度分析任务

2. 创建应用资源调度分析任务

步骤 1：新建分析任务。

步骤 2：配置应用资源分析任务(Launch Application)参数，如图 8-72 所示。

图 8-72　Launch Application 任务

关键参数说明如表 8-20 所示(重复参数信息如表 8-19 所示)。

表 8-20　Launch Application 任务参数

参　　数	说　　明
分析对象	应用
分析类型	资源调度分析
模式	选择 Launch Application。在该模式下，启动采集的时候同时启动应用，应用结束时采集也结束，采集时长受应用执行时间控制
应用	带绝对路径的待分析目标应用。目前只能放在/opt/或者/home/目录下，malluma 用户对该目录有执行权限，对分析的应用有读、执行权限
应用参数	根据应用的需要决定是否提供应用参数

3. 创建应用资源调度分析任务

步骤 1：新建分析任务。

步骤2：配置应用资源分析任务(Attach to Process)参数，如图8-73所示。

图8-73　Attach to Process任务

对于长时间运行的，或者已经在运行的程序，比较适合采用Attach to Process模式，通过关联应用程序的PID，可以实时跟踪采集该应用程序的性能数据。获取进程PID的命令如下：

```
ps -ef|grep 应用程序名称
```

对于本模式需要配置采样时长，其他参数用法和Launch Application模式类似。

4. 查看分析结果

在工程管理页面，找到要查看的工程及工程下的任务，单击任务下的节点名称，可以打开分析结果页面，如图8-74所示。

分析结果页面分为6个页签，分别是总览、NUMA节点切换、CPU调度、进程/线程调度、任务信息和任务日志，下面分别说明。

图 8-74 资源调度分析结果

1）总览

总览展示本次分析的统计信息，主要参数如表 8-21 所示。

表 8-21 总览参数说明

分类	参数	说明
统计	数据采样时长/s	数据采样总的时间长度
	时钟周期	采集过程的时钟周期数 时钟周期是由 CPU 时钟定义的定长时间间隔，是 CPU 工作的最小时间单位，也称节拍脉冲或 T 周期
	指令数	采集过程的指令个数
	IPC	IPC(Instructions Per Clock)是每个时钟周期执行的单个汇编程序指令的平均数量，IPC＝指令数/时钟周期
平台信息	操作系统	操作系统版本
	主机名	主机名称
进程/线程切换	序号	编号
	任务	任务名称
	切换次数	切换次数 上下文切换会导致额外开销，减少上下文切换次数可以提高多线程程序的运行效率
	平均调度延迟时间/ms	平均调度延迟时间
	最大调度延迟时间/ms	最大调度延迟时间
	最大延迟时间/s	最大延迟时间

2）NUMA 节点切换

NUMA 节点切换页面展示各个进程/线程在不同 NUMA 节点之间的切换次数，如图 8-75 所示。因为处理器核心跨 NUMA 访问的成本较高，如果切换次数大于基准值，则会给出绑核优化建议。

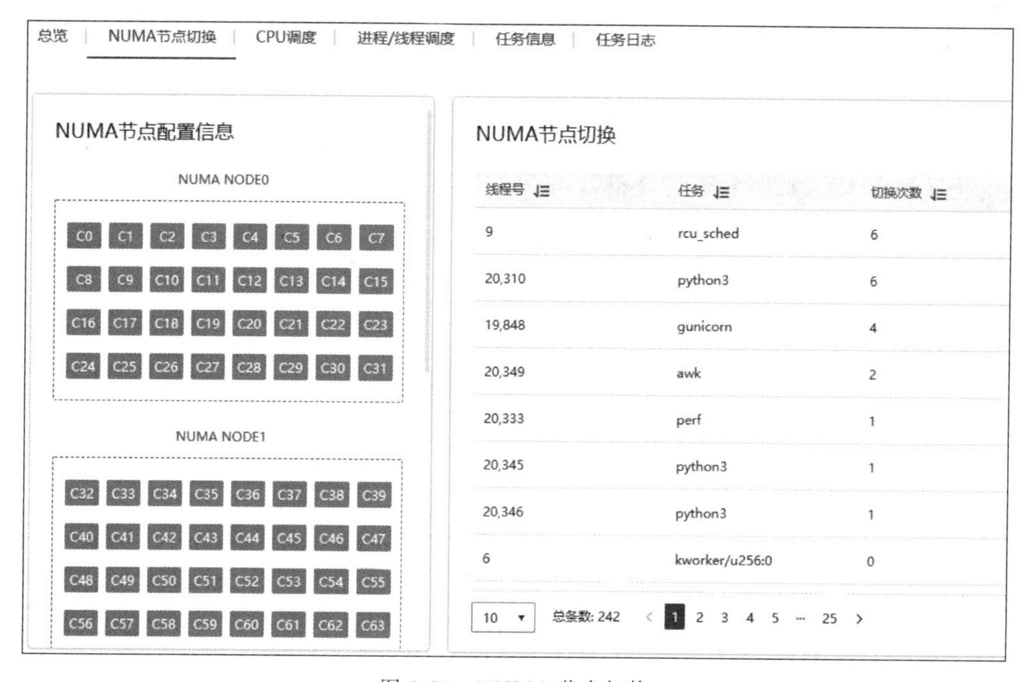

图 8-75　NUMA 节点切换

NUMA 节点配置信息列出了每个 NUMA Node 包括的核心信息，NUMA 节点切换区域列出了每个线程的 NUMA 切换次数，各个字段说明如下：

■ 线程号：线程的 PID；
■ 任务：任务名称，该线程正在执行的命令；
■ 切换次数：该线程在不同 NUMA Node 之间的切换次数。

单击“切换次数”列的数字，可以查看具体的 NUMA 节点切换详情页面，如图 8-76 所示。

其中“切换路径”列显示了原 NUMA 节点和切换到的新 NUMA 节点，切换次数显示了当前路径的切换次数。

3）CPU 调度

CPU 调度页面显示了 CPU 在各个时间点的运行状态，如图 8-77 所示。

通过图形可以直观看到 CPU 核心的运行（Running）和空闲（Idle）状态时间，其中绿色代表运行状态，灰色代表空闲状态，对于运行状态，可以查看关联的 CPU 核心上运行的进程/线程信息及热点函数信息。

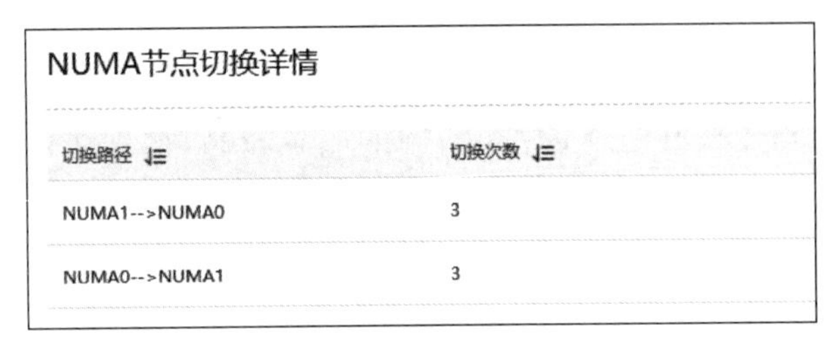

图 8-76　NUMA 节点切换详情

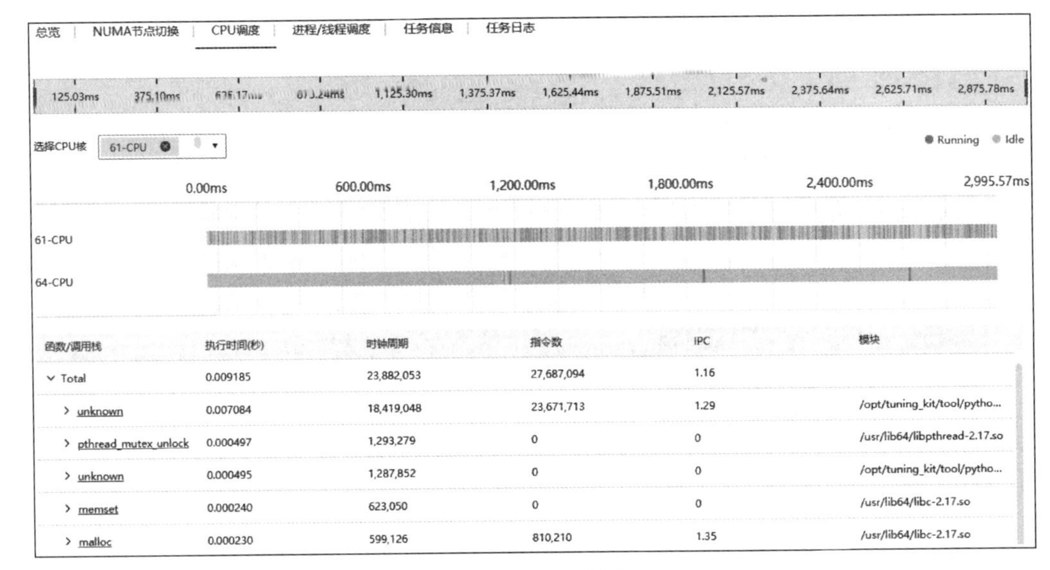

图 8-77　CPU 调度

本页面图形下面的表格记录了每个函数的运行信息，列字段参数说明如表 8-22 所示。

表 8-22　函数运行参数说明

参　　数	说　　明
函数/调用栈	函数/调用栈的名称
执行时间/s	函数运行的时间
时钟周期	函数执行的时钟周期数。 时钟周期是由 CPU 时钟定义的定长时间间隔，是 CPU 工作的最小时间单位，也称节拍脉冲或 T 周期
指令数	函数执行的指令个数
IPC	IPC(Instructions Per Clock)是每个时钟周期执行的单个汇编程序指令的平均数量，IPC=指令数/时钟周期
模块	函数所属模块

单击“函数/调用栈”列要分析的函数名称，可以转到函数分析详情页，如图 8-78 所示。

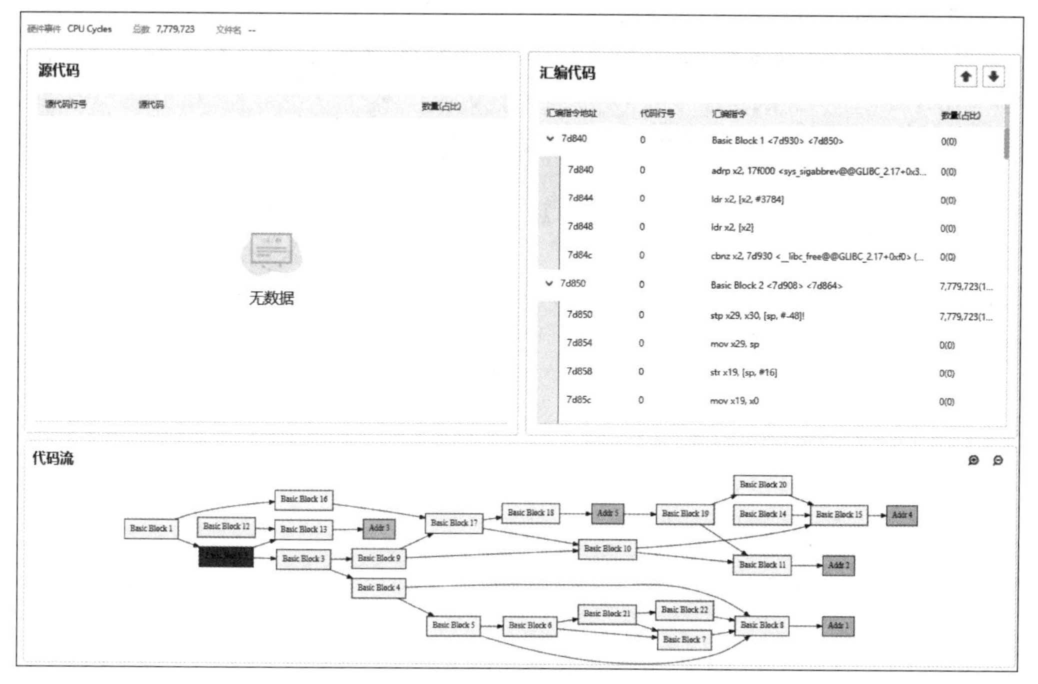

图 8-78 函数分析详情

该页面展示该函数的源代码(若有)和对应的汇编代码,并且在代码流部分展示汇编代码的控制流分析,同时通过颜色表示各个汇编代码块的“热度”。各部分参数说明如表 8-23 所示。

表 8-23 函数分析详情参数说明

分　类	参　数	说　明
汇总	硬件事件	硬件事件类型(目前只有 CPU Cycles)
	总数	硬件事件总数
	文件名	当前函数所在目录及文件名称
源代码	源代码行号	源代码行号
	源代码	源代码
	数量(占比)	数量:该行源代码对应的硬件事件计数值 占比:硬件事件计数值占该事件总数的百分比
汇编代码	汇编指令地址	汇编指令地址
	代码行号	汇编指令对应的源码的行号
	汇编指令	执行的汇编指令
	数量(占比)	数量:该汇编指令对应的硬件事件计数值 占比:硬件事件计数值占该事件总数的百分比

4）进程/线程调度

进程/线程调度是以进程/线程为核心，显示进程/线程在各个时间点的运行状态，如图 8-79 所示。

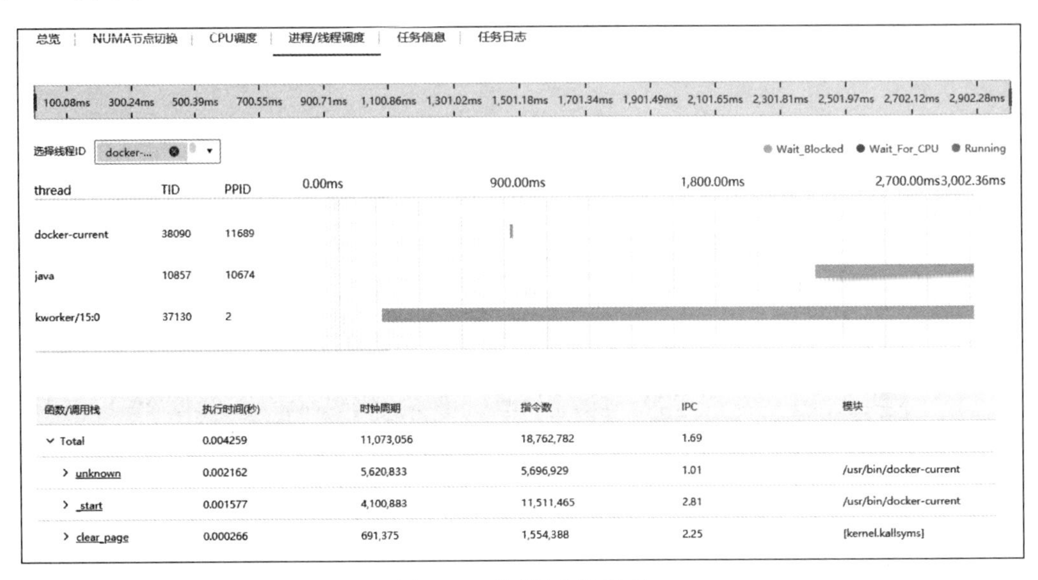

函数/调用栈	执行时间(秒)	时钟周期	指令数	IPC	模块
Total	0.004259	11,073,056	18,762,782	1.69	
unknown	0.002162	5,620,833	5,696,929	1.01	/usr/bin/docker-current
_start	0.001577	4,100,883	11,511,465	2.81	/usr/bin/docker-current
clear_page	0.000266	691,375	1,554,388	2.25	[kernel.kallsyms]

图 8-79　进程/线程调度

进程/线程的状态分为 Wait_Blocked、Wait_For_CPU 和 Running 这 3 种状态，通过图形形式可以直观地看出进程/线程的状态转换关系和时间。第 1 个表格前 3 个列字段参数说明如下：

- Thread：进程名称；
- TID：线程 ID；
- PPID：父进程 ID。

第 2 个表格是函数运行信息表，和第 3 个页签“CPU 调度”中的函数运行信息表使用方式一样，此处就不重复介绍了。

5）任务信息

显示当前任务的基本信息及采集的开始、结束时间、采集数据大小等信息。

6）任务日志

显示采集过程的开始、结束日志及数据分析过程的日志。

8.3.11　微架构分析

鲲鹏处理器实现了 ARMv8 架构中对 PMU(Performance Monitor Unit)性能监视器的支持(PMUv3)，可以以非侵入的方式实现对处理单元运行信息的获取。PMU 提供了时钟周期计数器和事件计数器，可以对特定的事件发生次数进行计数，微架构分析基于这些 PMU 事件，获得处理器流水线上的运行情况，帮助使用者定位处理器上的性能瓶颈，从而解决性能问题。

微架构分析有 3 种形式，分别是系统微架构分析、应用的 Launch Application 模式微架构分析、应用的 Attach to Process 模式微架构分析。

1. 创建微架构分析任务（系统）

步骤 1：新建分析任务。

步骤 2：配置微架构分析任务参数，如图 8-80 所示。

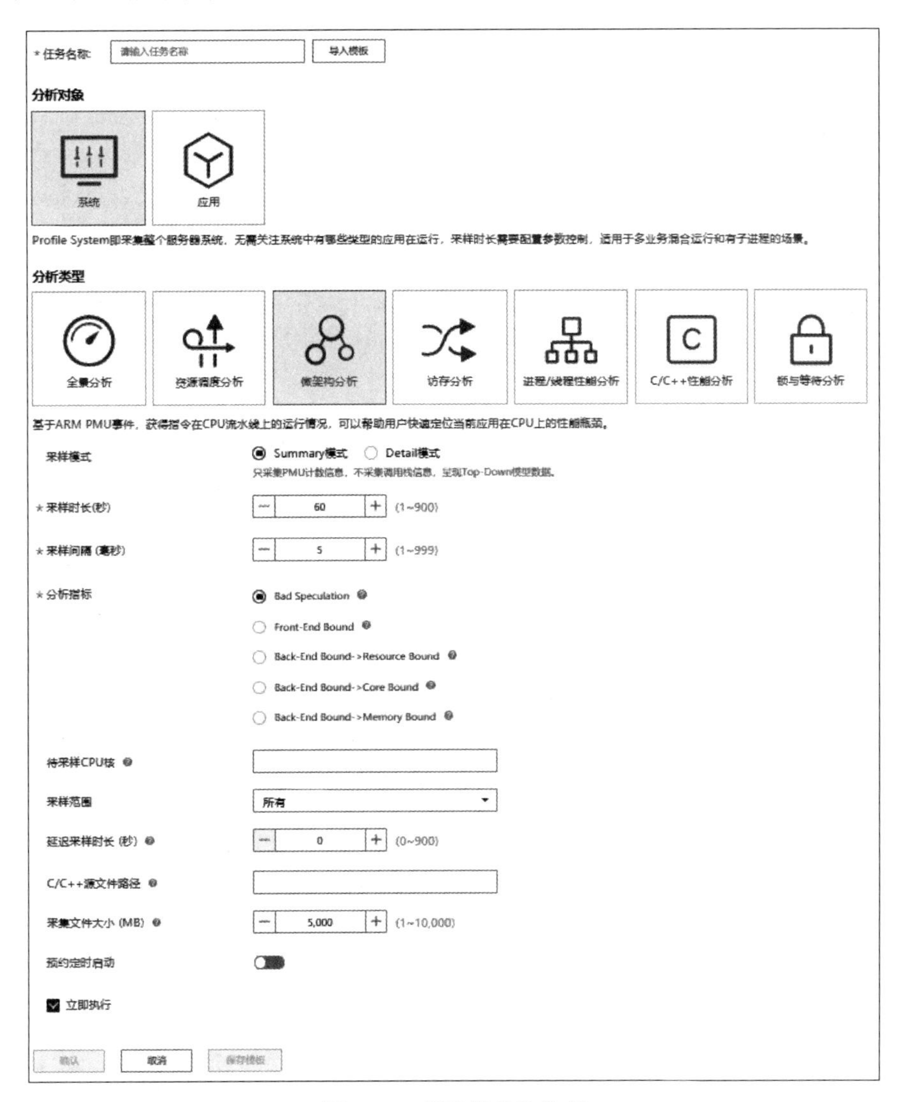

图 8-80　新建微架构分析

关键参数说明如表 8-24 所示。

表 8-24 微架构分析任务参数

参　　数	说　　明
分析对象	系统
分析类型	微架构分析
采样模式	采样模式有两种选择，方别是： Summary 模式：只采集 PMU 计数信息，不采集调用栈信息，呈现 Top-Down 性能分析模型数据。 Detail 模式：同时采集 PMU 计数信息和调用栈信息，呈现详细的分析数据
采样时长/s	设置采样的时间。 Summary 模式：默认为 60s，取值范围为 1～900s。 Detail 模式：默认为 10s，取值范围为 1～30s
采样间隔/ms	设置采样间隔。取值范围为 1～999ms。 Summary 模式：默认为 5ms。 Detail 模式：默认为 2ms
分析指标	按照 TOP-DOWN 性能分析模型进行性能分析，可选择指标如下： Bad Speculation：分支预测错误，该指标能够反映出由于错误的指令预测操作导致的流水线资源浪费情况。 Front-End Bound：前端依赖，该指标代表了处理器处理机制的前置部分，在该部分，指令获取单元负责指令的获取并转化为微指令提供给后置部分的流水线执行。该指标能够反映出处理器前置部分没有被充分利用的比例情况。 Back-End Bound-> Resource Bound：后端依赖中的资源依赖，Back-End 是处理器处理机制的后置部分，它负责微指令的乱序分发和执行，并返回最终结果。Resource Bound 是 Back-End 的子类，该指标能够反映出由于缺乏资源把微指令分发给乱序执行调度器，从而导致的流水线阻塞情况，当前华为鲲鹏 916 处理器不支持该分析指标。 Back-End Bound-> Core Bound：后端依赖中的核心依赖，Back-End 是处理器处理机制的后置部分，它负责微指令的乱序分发和执行，并返回最终结果。Core Bound 是 Back-End Bound 的子类，该指标能够反映出由于处理器执行单元资源不足导致性能瓶颈的比例情况。 Back-End Bound-> Memory Bound：后端依赖中的存储依赖，Back-End 是处理器处理机制的后置部分，它负责微指令的乱序分发和执行，并返回最终结果。Memory Bound 是 Back-End Bound 的子类，该指标能够反映出由于等待数据读/写导致的流水线阻塞
待采样 CPU 核	默认采集所有的 CPU 核心，如果要采集特定的核心，可以在此输入。例如 32 核心的 CPU，核心编号是 0～31，如果采集第 5、6、7、8、12、13、20 核心，可以输入：4,5,6,7,11,12,19，或者使用核心编号范围输入：4-7,11-12,19
采样范围	采样范围，可选择： 所有采集应用层和 OS 内核的性能数据。 用户态：采集应用层的性能数据。 内核态：采集 OS 内核的性能数据。 默认采集“所有”

续表

参　　数	说　　明
延迟采样时长/s	设置延迟采样时长。默认为0，取值范围为0～900s。 采样将在启动给定时间后再开始采集，因为采集程序或者被采集程序在刚启动时受环境影响较大，稳定运行后再采集更能反映程序的实际执行情况
C/C++源文件路径	（可选）输入C/C++源文件在服务器上的绝对路径。 当开发者需要观察源代码和汇编指令映射后的性能数据时，该参数用来导入对应应用程序的源代码
采集文件大小/MB	（可选）设置采集文件大小。默认为10MB，取值范围为1～50MB。 通过设置采集文件大小，防止由于文件过大导致分析时间过长

2. 创建应用微架构分析任务（Launch Application）

步骤1：新建分析任务。

步骤2：配置应用微架构分析任务参数，如图8-81所示。

关键参数说明如表8-25所示，其他参数如表8-24所示。

表8-25　应用微架构分析（Launch Application）任务参数

参　　数	说　　明
分析对象	应用
分析类型	微架构分析
模式	选择Launch Application。在该模式下，启动采集的时候同时启动应用，应用结束时采集也结束，采集时长受应用执行时间控制
应用	带绝对路径的待分析目标应用。目前只能放在/opt/或者/home/目录下，malluma用户对该目录有执行权限，对分析的应用有读、执行权限
应用参数	根据应用的需要决定是否提供应用参数

3. 创建应用微架构分析任务（Attach to Process）

步骤1：新建分析任务。

步骤2：配置应用微架构分析任务参数，如图8-82所示。

对于长时间运行的，或者已经在运行的程序，比较适合选择Attach to Process模式，通过关联应用程序的PID，可以实时跟踪采集该应用程序的性能数据。其他参数用法和Launch Application模式类似。

4. 查看分析结果

在工程管理页面，找到要查看的工程及工程下的任务，单击任务下的节点名称，可以打开分析结果页面，如图8-83所示。

分析结果页面根据采用模式不同而不同，如果采样模式选择“Summary模式”，页面为4个页签，分别是总览、时序信息、任务信息和任务日志。如果采样模式选择“Detail模式”，则在“时序信息”页签后面会多出一个“详细信息”页签。下面对这些页签分别说明。

* 任务名称： 请输入任务名称 导入模板

分析对象

系统 应用

采集指定应用或进程的数据进行分析。

模式 Launch Application Attach to Process

Launch Application即采集启动的时候同时启动Application，采样时长受Application的执行时间来控制，适用于Application运行时间较短的场景。

* 应用 请输入/opt/或者/home/目录中的应用。

应用参数 请输入应用参数

分析类型

资源调度分析 微架构分析 访存分析 C/C++性能分析 Java混合模式分析 锁与等待分析

基于ARM PMU事件，获得指令在CPU流水线上的运行情况，可以帮助用户快速定位当前应用在CPU上的性能瓶颈。

采样模式 Summary模式 Detail模式

只采集PMU计数信息，不采集调用栈信息，呈现Top-Down模型数据。

* 采样时长(秒) 60 (1~900)

* 采样间隔（毫秒） 5 (1~999)

* 分析指标

Bad Speculation

Front-End Bound

Back-End Bound->Resource Bound

Back-End Bound->Core Bound

Back-End Bound->Memory Bound

采样范围 所有

延迟采样时长（秒） 0 (0~900)

C/C++源文件路径

采集文件大小 (MB) 5,000 (1~10,000)

预约定时启动

立即执行

确认 取消 保存模板

图 8-81 应用微架构分析任务(Launch Application)

图 8-82 应用微架构分析任务(Attach to Process)

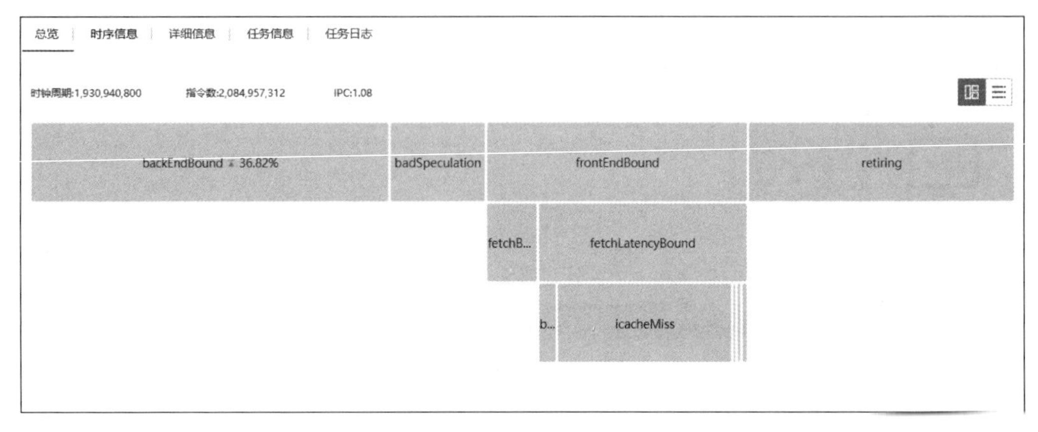

图 8-83　微架构分析报告

1）总览

根据对 Top-Down 性能分析模型数据的分析，在总览页给出统计数据和优化建议，如图 8-84 所示。

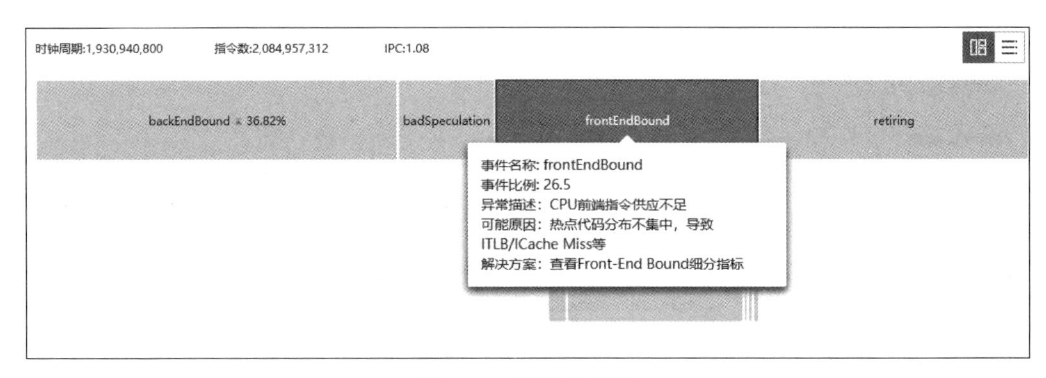

图 8-84　微架构总览

总览页签主要参数如表 8-26 所示。

表 8-26　总览参数说明

参　数	说　明
时钟周期数	采集过程的时钟周期数
指令数	采集过程的指令个数
IPC	IPC(Instructions Per Clock)是每个时钟周期执行的单个汇编程序指令的平均数量，IPC＝指令数/时钟周期
事件名称	事件名称
事件比例	当前事件所占的比率

2）时序信息

时序信息页面可以提供基于时间轴的 Top-Down 关联指标描述，这些指标按照 CPU、进程、线程、模块 4 个不同维度来展示，如图 8-85 所示。

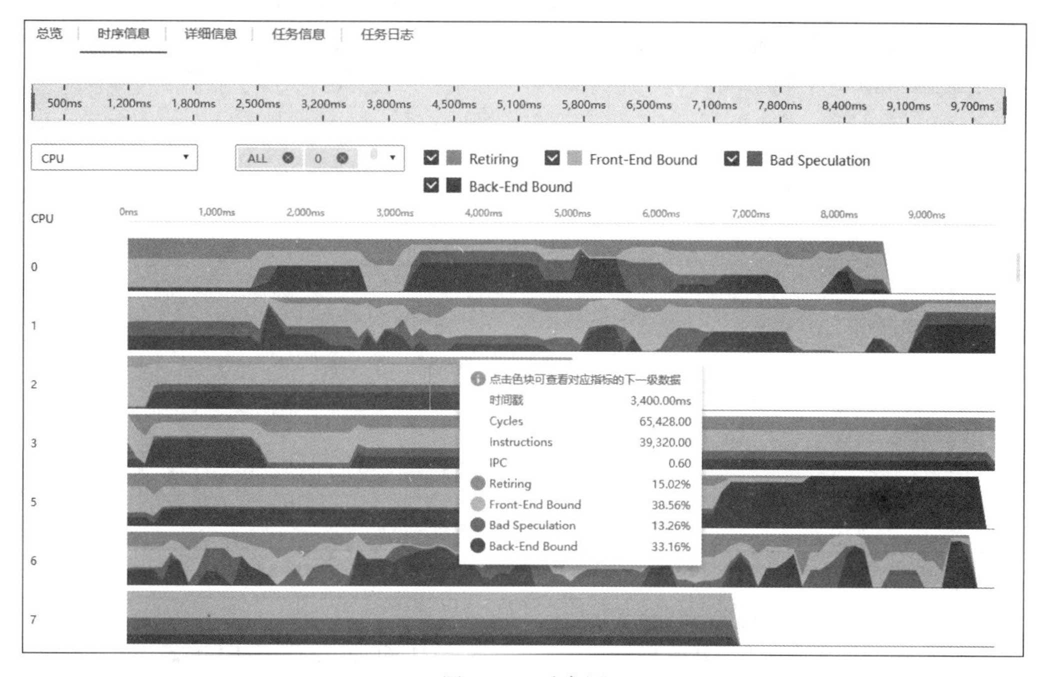

图 8-85 时序图

在采集的任意时刻，可以看到各个指标的直观对比关系，单击色块可以查看该指标的下一级数据。

3）详细信息

只有采样模式选择“Detail 模式”时才会出现“详细信息”页签，“详细信息”页面提供进程/线程/模块/函数对应的微观指标，如图 8-86 所示。

下拉列表里可以选择分析的维度，分别是：

- 函数/调用栈；
- 模块/函数/调用栈；
- 线程/函数/调用栈；
- 核/线程/函数/调用栈；
- 进程/函数/线程/调用栈；
- 进程/线程/模块/函数/调用栈；
- 进程/模块/线程/函数/调用栈；
- 进程/模块/函数/线程/调用栈。

分析表格各列信息说明如表 8-27 所示。

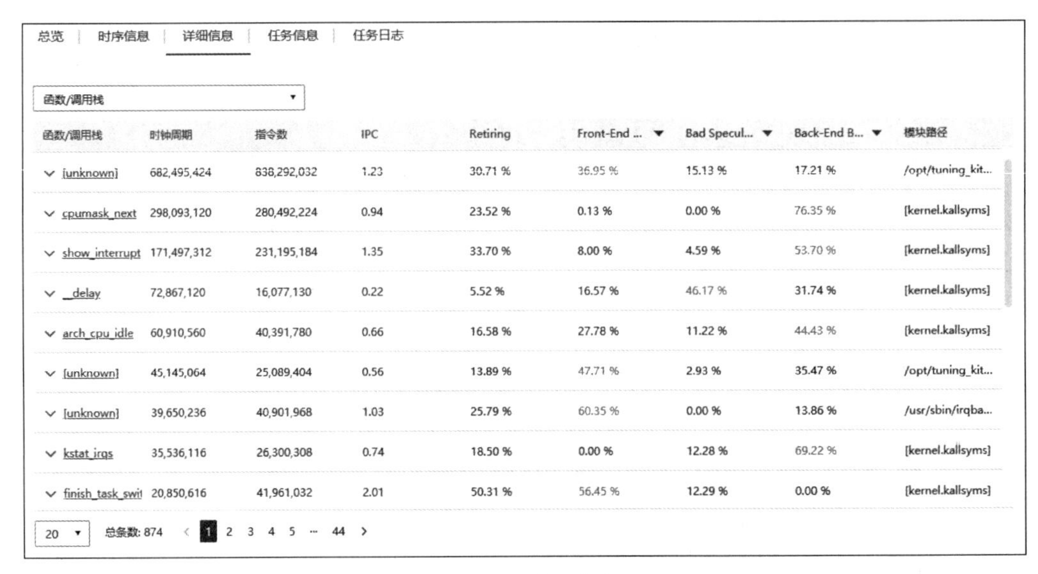
总览 | 时序信息 | 详细信息 | 任务信息 | 任务日志

函数/调用栈

函数/调用栈	时钟周期	指令数	IPC	Retiring	Front-End ...	Bad Specul...	Back-End B...	模块路径
[unknown]	682,495,424	838,292,032	1.23	30.71 %	36.95 %	15.13 %	17.21 %	/opt/tuning_kit...
cpumask_next	298,093,120	280,492,224	0.94	23.52 %	0.13 %	0.00 %	76.35 %	[kernel.kallsyms]
show_interrupt	171,497,312	231,195,184	1.35	33.70 %	8.00 %	4.59 %	53.70 %	[kernel.kallsyms]
__delay	72,867,120	16,077,130	0.22	5.52 %	16.57 %	46.17 %	31.74 %	[kernel.kallsyms]
arch_cpu_idle	60,910,560	40,391,780	0.66	16.58 %	27.78 %	11.22 %	44.43 %	[kernel.kallsyms]
[unknown]	45,145,064	25,089,404	0.56	13.89 %	47.71 %	2.93 %	35.47 %	/opt/tuning_kit...
[unknown]	39,650,236	40,901,968	1.03	25.79 %	60.35 %	0.00 %	13.86 %	/usr/sbin/irqba...
kstat_irqs	35,536,116	26,300,308	0.74	18.50 %	0.00 %	12.28 %	69.22 %	[kernel.kallsyms]
finish_task_swi	20,850,616	41,961,032	2.01	50.31 %	56.45 %	12.29 %	0.00 %	[kernel.kallsyms]

20 总条数: 874 < 1 2 3 4 5 ··· 44 >

图 8-86 详细信息

表 8-27 详细信息参数说明

参数	说明
时钟周期	函数执行的时钟周期数。 时钟周期是由 CPU 时钟定义的定长时间间隔，是 CPU 工作的最小时间单位，也称节拍脉冲或 T 周期
指令数	函数执行的指令个数
IPC	IPC(Instructions Per Clock)是每个时钟周期执行的单个汇编程序指令的平均数量，IPC＝指令数/时钟周期
Retiring	拆卸，等待指令切换，模块重新初始化的开销
Front-End Bound	前端依赖，通过 CPU 预加载、乱序执行技术获得的额外性能
Bad Speculation	分支预测错误，由于 CPU 乱序执行预测错误导致额外的系统开销
Back-End Bound	后端依赖，CPU 负责处理事务的能力
模块路径	模块的绝对路径
时钟周期百分比	当前调用栈占用的时钟周期百分比
指令数百分比	当前调用栈占用的指令数百分比

单击指定函数名称查看函数源代码和汇编代码分析详情，如图 8-87 所示。

具体参数说明如表 8-23 所示。

4）任务信息

显示当前任务的基本信息及采集的开始、结束时间、采集数据大小等信息。

5）任务日志

显示采集过程的开始、结束日志及数据分析过程的日志。

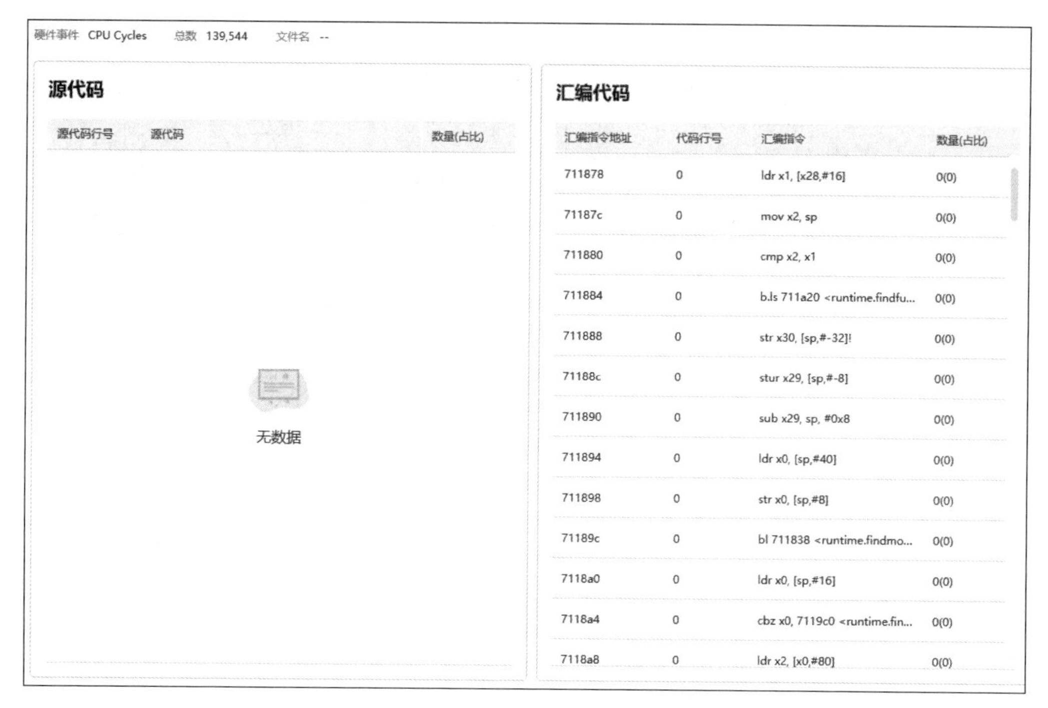

图 8-87 函数详情

8.3.12 访存分析

1. 鲲鹏架构下的缓存简介

在程序正常运行过程中，CPU 核心需要频繁地从缓存或者主存(一般是内存)中查找、读写数据，鲲鹏 CPU 缓存和主存逻辑结构如图 8-88 所示。从图上可以看出，鲲鹏 920 CPU 分为 3 级缓存，每个内核有独立的 L1、L2 缓存及共享的 L3 缓存。从速度上来说，访问最快的是片上的 L1 缓存，其次是 L2，然后是 L3，最慢的是片外的主存。虽然从缓存访问数据非常快，但是缓存空间毕竟是有限的，存在不能命中缓存的情况，以 L3 为例，如果访问 L3 缓存发生数据缺失并且数据在主存中，这个时候就要从主存读取数据到 CPU，同时把数据写入 L3 缓存。

缓存空间是以缓存行(Cacheline)的形式组成的，在 x86 架构里一般一个 L3 Cache 的缓存行是 64 字节(64B)，在鲲鹏 920 架构中，一个缓存行是 128 字节。鲲鹏 920 架构每次更新 L3 缓存时会从主存连续加载 128 字节，如图 8-89 所示，假如要加载变量 a，同时把变量 b 等数据一次性加载到缓存中，这会带来一些性能的提升。缓存数据失效也是以缓存行为单位的，如果内核 1 更改了变量 a，那么变量 a 所在的整个缓存行都会是无效状态，也就是说虽然没有更改变量 b，但是这个时候变量 b 也是无效状态，如果内核 2 这个时候要求读取变量 b，也会导致从内存重新加载变量 b 到缓存，也就是说当多个内核修改互相独立的变量时，如果这些变量共享同一个缓存行，就会无意中影响彼此的性能，这就是伪共享。

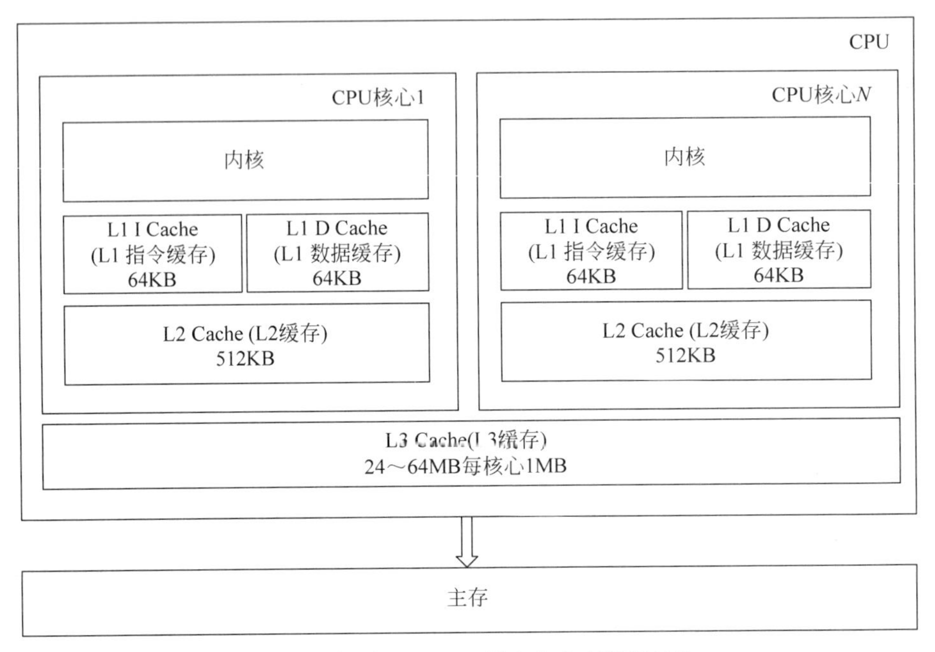

图 8-88　鲲鹏 920 CPU 缓存和主存逻辑结构

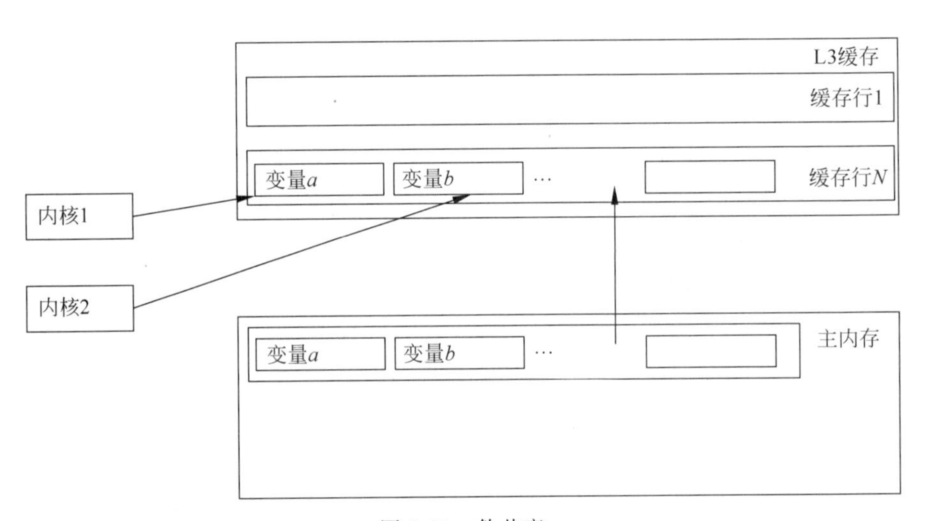

图 8-89　伪共享

因为 x86 和鲲鹏架构下缓存行的大小不同，这也有可能出现在 x86 架构下优化好的程序在鲲鹏 920 架构下性能降低的情况。

访存分析基于 CPU 访问缓存和内存的事件，分析存储中可能的性能瓶颈，给出造成这些性能问题的原因，可以细分为访存统计分析、Miss 事件分析、伪共享分析 3 种类型，下面分别说明。

2. 创建访存统计分析任务(系统)

步骤1：新建分析任务。

步骤2：配置访存统计分析任务参数，如图8-90所示。

图8-90 新建访存统计分析(系统)

关键参数说明如表8-28所示。

表8-28 访存统计分析(系统)任务参数

参数	说明
分析对象	系统
分析类型	访存分析
访存分析类型	访存统计分析
采样时长/s	设置采样的时间，默认为30s，取值范围为1～300s
采样间隔/ms	设置采样间隔。默认为100ms，可选择100ms或1000ms
采样类型	需要采样的类型。可选择缓存访问或者DDR访问，也可以两项都选

3. 创建 Miss 事件分析任务(系统)

SPE(Statistical Profiling Extension)被称为统计性能分析扩展,是 ARMv8.2-A 架构中的一个可选扩展特性,它可以以很低的代价利用 CPU 流水线中的硬件对 PC 值进行周期性采样,而不会造成性能负担。因为 SPE 构建在处理器流水线里面,它可以直接采集与每条指令相关的附加信息,方便后续进一步分析执行代码。

Miss 事件分析基于 ARM SPE 的能力实现。SPE 针对指令进行采样,同时记录一些触发事件的信息,包括精确的 PC 指针信息。利用 SPE 能力可以对业务进行 LLC Miss、TLB Miss、Remote Access、Long Latency Load 等 Miss 类事件分析,并精确地关联到造成该事件的代码。目前 Miss 事件统计只支持 openEuler 操作系统,要求内核版本为 4.19 及以上并确认开启 SPE 支持。

创建 Miss 事件分析任务步骤如下:

步骤 1:新建分析任务。

步骤 2:配置 Miss 事件分析任务参数,如图 8-91 所示。

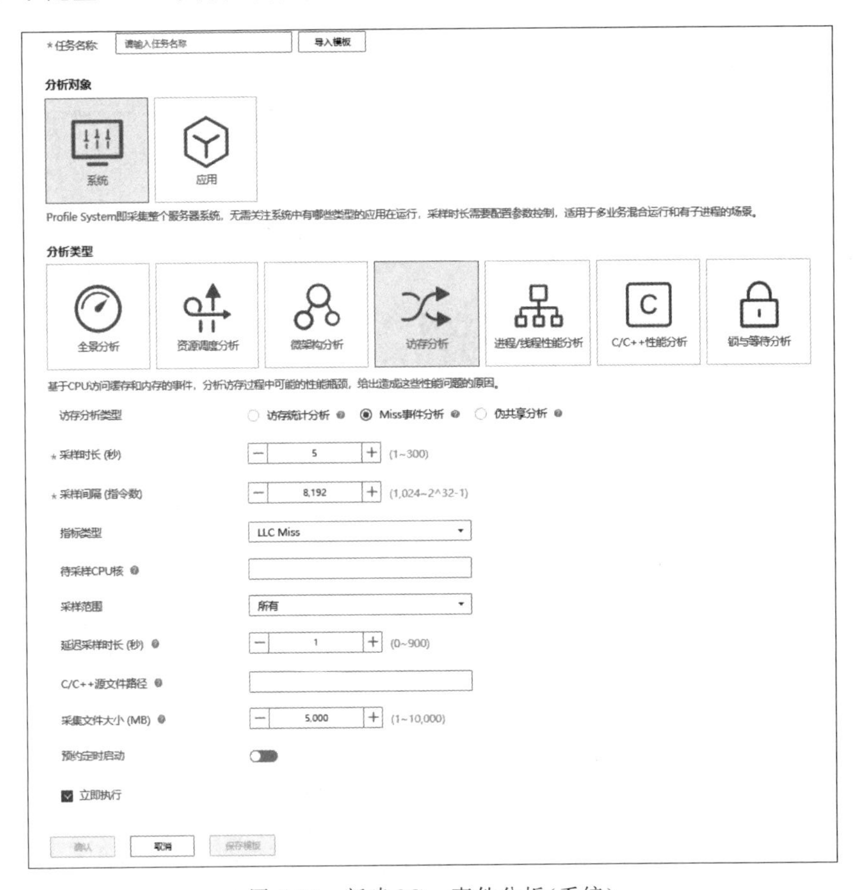

图 8-91 新建 Miss 事件分析(系统)

关键参数说明如表 8-29 所示。

表 8-29　Miss 事件分析(系统)任务参数

参　　数	说　　明
分析对象	系统
分析类型	访存分析
访存分析类型	Miss 事件分析
采样时长/s	设置采样的时间,默认为 5s,取值范围为 1～300s
采样间隔(指令数)	设置采样间隔。默认为 8192,取值范围为 $1024\sim2^{32}-1$
指标类型	选择指标类型。可选择下列选项之一: LLC Miss:即 Last Level Cache Miss,内存请求在最后一级 Cache 中未命中次数的比率。 TLB Miss:即 Translation Lookaside Buffer Miss,CPU 在内存访问或取指过程中,在 TLB 中没有找到虚拟地址到物理地址映射次数的比率。 Remote Access:跨 CPU 访问远程 DRAM 的次数。 Long Latency Load:跨 CPU 访问远程 DRAM,并且访问时延超过设定的最小时延次数的比率
最小延迟(时钟周期)	设置最小延迟。默认为 100,取值范围为 1～4095。当"指标类型"选择 Long Latency Load 时需要设置该参数
待采样 CPU 核	默认采集所有的 CPU 核心,如果要采集特定的核心,可以在此输入。例如 32 核心的 CPU,核心编号是 0～31,如果采集第 5、6、7、8、12、13、20 核心,可以这么输入:4,5,6,7,11,12,19,或者使用核心编号范围这样输入:4-7,11-12,19
采样范围	采样范围,可选择: 所有采集应用层和 OS 内核的性能数据。 用户态:采集应用层的性能数据。 内核态:采集 OS 内核的性能数据。 默认采集"所有"
延迟采样时长/s	设置延迟采样时长。默认为 1,取值范围为 0～900s。 采样将在启动给定时间后再开始采集,因为采集程序或者被采集程序在刚启动时受环境影响较大,稳定运行后再采集更能反映程序的实际执行情况
C/C++源文件路径	(可选)输入 C/C++源文件在服务器上的绝对路径。 当开发者需要观察源代码和汇编指令映射后的性能数据时,该参数用来导入对应应用程序的源代码

4. 创建伪共享分析任务(系统)

基于 ARM SPE 的能力实现。SPE 针对指令进行采样,同时记录一些触发事件的信息,包括精确的 PC 指针信息。利用 SPE 能力可以对业务进行伪共享分析,并精确地关联到造成该事件的代码。

目前伪共享分析只支持 openEuler 操作系统,要求内核版本为 4.19 及以上并确认开启 SPE 支持。

创建伪共享分析任务步骤如下:

步骤 1：新建分析任务。

步骤 2：配置伪共享分析任务参数，如图 8-92 所示。

图 8-92　新建伪共享分析(系统)

关键参数说明如表 8-30 所示。

表 8-30　伪共享分析(系统)任务参数

参　　数	说　　明
分析对象	系统
分析类型	访存分析
访存分析类型	伪共享分析
采样时长/s	设置采样的时间，默认为 3s，取值范围为 1～10s
采样间隔（指令数）	设置采样间隔。默认为 1024，取值范围为 $1024\sim2^{32}-1$

续表

参　数	说　明
待采样 CPU 核	默认采集所有的 CPU 核心,如果要采集特定的核心,可以在此输入。例如 32 核心的 CPU,核心编号是 0～31,如果采集第 5、6、7、8、12、13、20 核心,可以输入:4,5,6,7,11,12,19,或者使用核心编号范围输入:4-7,11-12,19
采样范围	采样范围,可选择: 所有采集应用层和 OS 内核的性能数据。 用户态:采集应用层的性能数据。 内核态:采集 OS 内核的性能数据。 默认采集"用户态"
延迟采样时长/ms	设置延迟采样时长。默认为 0,取值范围为 0～900000ms。 采样将在启动给定时间后再开始采集,因为采集程序或者被采集程序在刚启动时受环境影响较大,稳定运行后再采集更能反映程序的实际执行情况
符号文件路径	(可选)输入符号文件在服务器上的绝对路径
C/C++源文件路径	(可选)输入 C/C++源文件在服务器上的绝对路径。 当开发者需要观察源代码和汇编指令映射后的性能数据时,该参数用来导入对应应用程序的源代码

5. 创建 Miss 事件分析任务(Launch Application)

页面和参数与本节第 3 个功能点"创建 Miss 事件分析任务(系统)"类似,重复的部分就不介绍了,需要注意的不同参数如表 8-31 所示。

表 8-31　Miss 事件分析(Launch Application)任务参数

参　数	说　明
分析对象	应用
模式	选择 Launch Application。在该模式下,启动采集的时候同时启动应用,应用结束时采集也结束,采集时长受应用执行时间控制
应用	带绝对路径的待分析目标应用。目前只能放在/opt/或者/home/目录下,malluma 用户对该目录有执行权限,对分析的应用有读、执行权限
应用参数	根据应用的需要决定是否提供应用参数
分析类型	访存分析
访存分析类型	Miss 事件分析

6. 创建 Miss 事件分析任务(Attach to Process)

页面和参数与本节第 5 个功能点"创建 Miss 事件分析任务(Launch Application)"类似,重复的部分就不介绍了,对于长时间运行的,或者已经在运行的程序,比较适合选择 Attach to Process 模式,通过关联应用程序的 PID,可以跟踪采集该应用程序的性能数据。

7. 创建伪共享分析任务(Launch Application)

页面和参数与本节第 4 个功能点"创建伪共享分析任务(系统)"类似,重复的部分就不介绍了,需要注意的不同参数如表 8-32 所示。

表 8-32 伪共享分析(Launch Application)任务参数

参数	说明
分析对象	应用
模式	选择 Launch Application。在该模式下,启动采集的时候同时启动应用,应用结束时采集也结束,采集时长受应用执行时间控制
应用	带绝对路径的待分析目标应用。目前只能放在/opt/或者/home/目录下,malluma 用户对该目录有执行权限,对分析的应用有读、执行权限
应用参数	根据应用的需要决定是否提供应用参数
分析类型	访存分析
访存分析类型	伪共享分析

8. 创建伪共享分析任务(Attach to Process)

页面和参数与本节第 7 个功能点“创建伪共享分析任务(Launch Application)”类似,重复的部分就不介绍了,对于长时间运行的,或者已经在运行的程序,比较适合选择 Attach to Process 模式,通过关联应用程序的 PID,可以跟踪采集该应用程序的性能数据。

9. 查看访存统计分析结果

在工程管理页面,找到要查看的工程及工程下的任务,单击任务下的节点名称,可以打开分析结果页面,如图 8-93 所示。

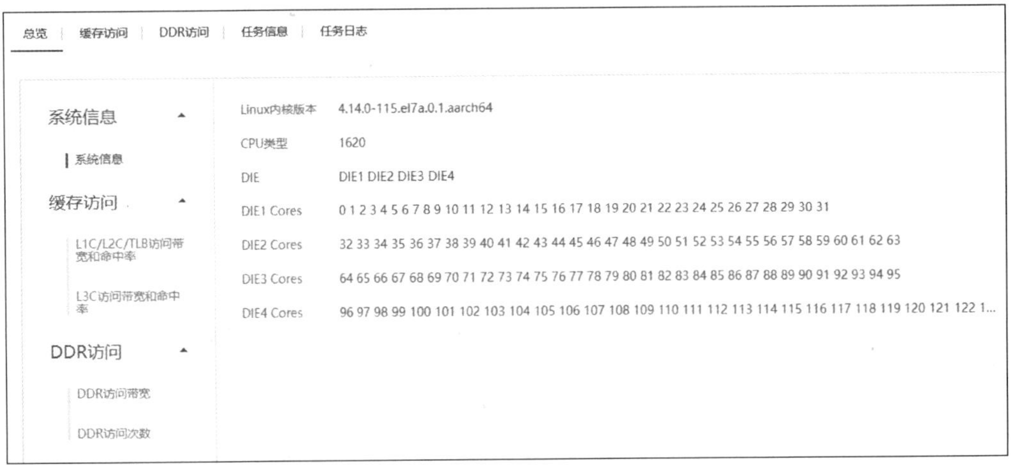

图 8-93 访存分析结果

分析结果最多包含 5 个页签,分别是总览、缓存访问、DDR 访问、任务信息、任务日志,如果在采样类型里不包括缓存访问或 DDR 访问,则在分析结果页里将不显示对应的页签。

1) 总览

总览显示各个分析指标的汇总数据,包括 L1 Cache(L1C)、L2 Cache(L2C)、L3 Cache(L3C)、TLB 的访问带宽和命中率及 DDR 的访问带宽和次数。

总览各个区域参数说明如表 8-33 所示。

表 8-33　总览参数说明

分　　类	参　　数	说　　明
系统信息	Linux 内核版本	Linux 内核版本
	CPU 类型	CPU 类型
	DIE	CPU 上的 DIE，鲲鹏 CPU 一般包括 4 个 DIE
	DIE1 Cores	DIE1 上的 CPU 核编号
	DIE2 Cores	DIE2 上的 CPU 核编号
	DIE3 Cores	DIE3 上的 CPU 核编号
	DIE4 Cores	DIE4 上的 CPU 核编号
L1C/L2C/TLB 访问带宽和命中率	DIE	所在 CPU DIE
	类型	访问类型
	带宽($MB \cdot s^{-1}$)	访问带宽
	命中率	访问命中率
L3C 访问带宽和命中率	DIE	所在 CPU DIE
	类型	访问类型
	访问命中带宽($MB \cdot s^{-1}$)	访问命中带宽
	访问带宽($MB \cdot s^{-1}$)	访问带宽
	访问命中率	访问命中率
DDR 访问带宽	DIE	所在 CPU DIE
	DDR 通道 ID	DDR 通道编号
	类型	DDR 访问类型
	带宽($MB \cdot s^{-1}$)	DDR 访问带宽
DDR 访问次数	DIE	所在 CPU DIE
	类型	DDR 访问类型
	每秒访存总次数	每秒 DDR 访问总次数
	每秒本地访问 DDR 次数	每秒本地访问 DDR 次数
	每秒跨 DIE 访问 DDR 次数	每秒跨 DIE 访问 DDR 次数
	每秒跨芯片访问 DDR 次数	每秒跨芯片访问 DDR 次数

2）缓存访问

缓存访问页签使用时序图折线显示各级缓存及 TLB 的带宽和命中率，如图 8-94 所示，在 DIE 列表里可以选择某一个特定的 DIE，在类型列表里可以选择缓存类型，例如 L1D 为 1 级数据缓存，L1I 为 1 级指令缓存。

3）DDR 访问

DDR 访问页签使用时序图折线展示 DDR 带宽和访问次数，如图 8-95 所示，其中 DDR 带宽可以选择 DIE、DDR 通道 ID、类型进行查看。访问次数可以选择 DIE、类型进行查看。

4）任务信息

显示当前任务的基本信息及采集的开始、结束时间、采集数据大小等信息。

5）任务日志

显示采集过程的开始、结束日志及数据分析过程的日志。

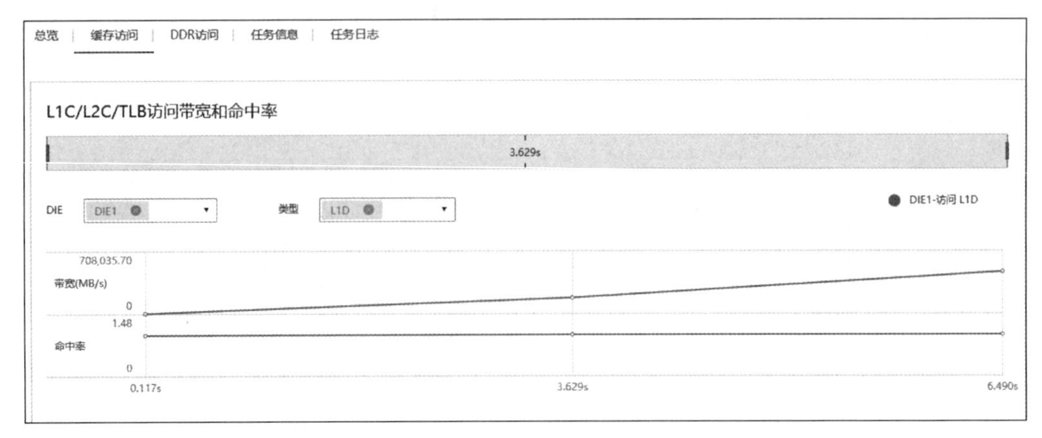

图 8-94 缓存分析结果

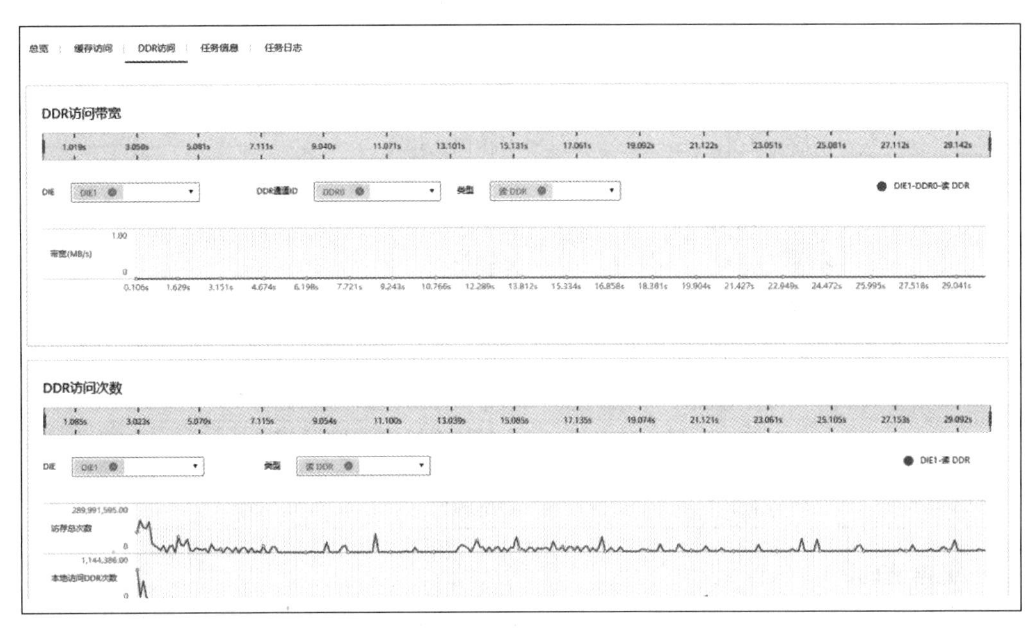

图 8-95 DDR 分析结果

10. 查看 Miss 事件分析结果

在工程管理页面，找到要查看的工程及工程下的任务，单击任务下的节点名称，可以打开分析结果页面，如图 8-96 所示。

Miss 事件统计页签包括时序视图和详细视图，在时序视图里可以分别按照 CPU、进程、线程、模块 4 个维度分别查看基于时间轴的分析指标。

详细视图里可以查看具体函数的 Miss 次数，如图 8-97 所示，在下拉列表里可以选择具体的查看维度：

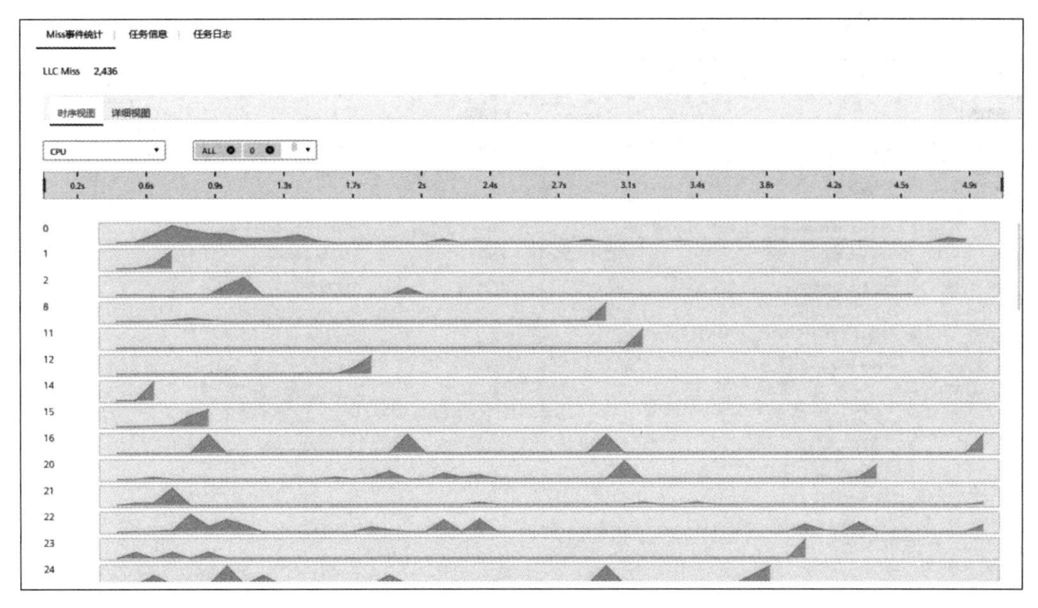

图 8-96　Miss 事件分析结果

- 函数/调用栈；
- 模块/函数/调用栈；
- 线程/函数/调用栈；
- 核/线程/函数/调用栈；
- 进程/函数/线程/调用栈；
- 进程/线程/模块/函数/调用栈；
- 进程/模块/线程/函数/调用栈；
- 进程/模块/函数/线程/调用栈。

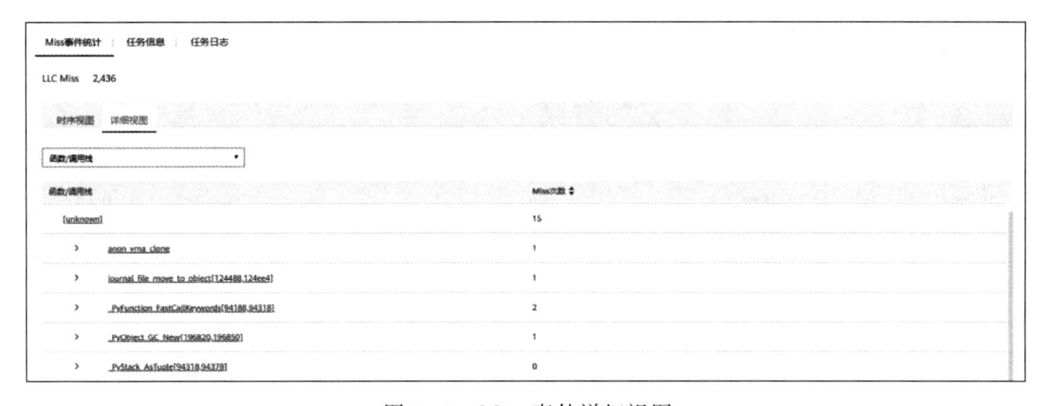

图 8-97　Miss 事件详细视图

单击指定函数的名称，进入函数详情页面，在函数详情页可以查看函数源代码和汇编代码分析详情，如图 8-98 所示。

硬件事件 LLC Miss　总数 49,439　文件名 /opt/testdemo/pthread_mutex.c

源代码

源代码行号	源代码	数量(占比)
16	{	0(0)
17	int i, j;	0(0)
18	int *p = (int*) malloc(sizeof(int) * N);	0(0)
19	double msecs = 0;	0(0)
20	struct timeval before, after;	0(0)
21		0(0)
22		0(0)
23	gettimeofday(&before, NULL);	0(0)
24		0(0)
25	for (i=0; i<COL; i++)	0(0)
26	{	0(0)
27	for (j=0; j<ROW; j++)	22(0.044%)
28	{	0(0)
29	p[i + j*COL]++;	49,417(99.956%)
30	}	0(0)
31	}	0(0)
32		0(0)

汇编代码

汇编指令地址	代码行号	汇编指令	数量(占比)
4006b4	16	stp x29, x30, [sp, #-80]!	0(0)
4006b8	16	mov x29, sp	0(0)
4006bc	18	mov x0, #0x19000000 // #419430400	0(0)
4006c0	18	bl 400560 <malloc@plt>	0(0)
4006c4	18	str x0, [x29, #64]	0(0)
4006c8	19	str xzr, [x29, #56]	0(0)
4006cc	23	add x0, x29, #0x28	0(0)
4006d0	23	mov x1, #0x0 // #0	0(0)
4006d4	23	bl 400580 <gettimeofday@plt>	0(0)
4006d8	25	str wzr, [x29, #76]	0(0)
4006dc	25	b 40074c <main+0x98>	0(0)
4006e0	27	str wzr, [x29, #72]	0(0)
4006e4	27	b 400730 <main+0x7c>	0(0)
4006e8	29	ldr w1, [x29, #72]	2(0.004%)
4006ec	29	mov w0, w1	0(0)
4006f0	29	lsl w0, w0, #2	0(0)
4006f4	29	add w0, w0, w1	0(0)

图 8-98　函数详情

具体参数说明如表 8-23 所示。

11. 查看伪共享分析结果

在工程管理页面，找到要查看的工程及工程下的任务，单击任务下的节点名称，可以打开分析结果页面，如图 8-99 所示。

总览　任务信息　任务日志

优化建议

1) 对于使用频繁的变量应该分配独立的Cache Line，以此减少冲突使得程序运行速度更快，同时也让其它共享了该Cache Line的变量不受影响。
2) 跨越了多个Cache Line的热点Lock或Mutex，需要考虑Cache Line对齐。
3) 读多写少的变量，可以将这些变量组合到相同或相邻的Cache Line中。
4) 不在某一行Cache Line上竞争严重，却在很多Cache Line上竞争的代码段也需要优化。
5) 多进程程序访问共享内存时，同样需要关注Cache Line上的竞争。

缓存行地址	伪共享访问次数	伪共享访问占比
0x420040	1,504	100.00%

缓存行地址	伪共享访问次数	伪共享访问占比	缓存行地址偏移量	指令地址	符号名	目标文件名	源文件：行号	NUMA节点
0x420040	377	25.07%	0x28	0x400d08	sum_a	falsesharing	falsesharing.c:86	0
0x420040	752	50.00%	0x2c	0x400ecc	inc_b	falsesharing	falsesharing.c:107	0
0x420040	375	24.93%	0x30	0x400b50	sum_a1	falsesharing	falsesharing.c:64	0

图 8-99　伪共享分析结果

总览页签上部显示优化建议，下面是缓存行的列表，点开缓存行，可以看到该缓存行内伪共享数据的表格。表格各个列说明如表 8-34 所示。

表 8-34　缓存行参数

列　　名	说　　明
缓存行地址	缓存行地址，每个缓存行占有 128 字节
伪共享访问次数	出现伪共享访问的次数
伪共享访问占比	出现伪共享访问次数的比率
缓存行地址偏移量	访问的内存在当前缓存行地址中的偏移量，相当于高级语言中变量的地址
指令地址	访问的指令地址
符号名	发生伪共享的函数名
目标文件名	发生伪共享的目标文件名
源文件：行号	发生伪共享的源文件名和代码行数
NUMA 节点	访问的 NUMA 节点

单击“符号名”列指定函数的名称，进入函数详情页面，在函数详情页可以查看函数源代码和汇编代码分析详情，如图 8-100 所示。

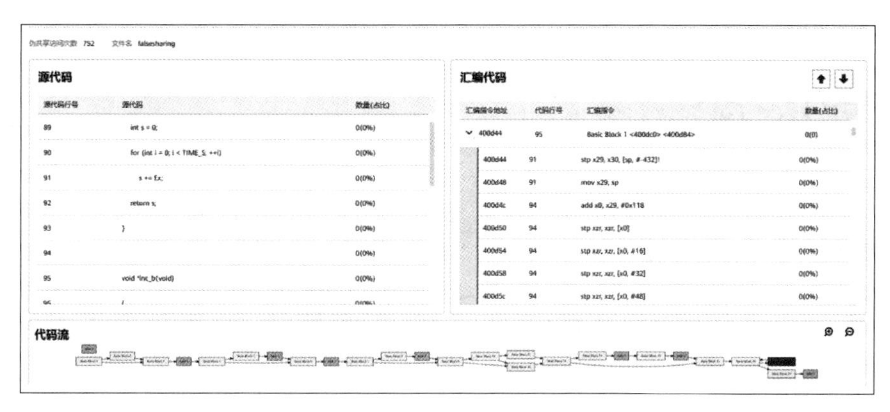

图 8-100　伪共享函数详情

在源代码区域，可以看到某个代码行的伪共享次数和占比情况，也可以看到对应的高级语言及代码行号。在代码流区域，可以直观分析汇编代码的控制流，通过代码块的划分和跳转，可以看到各个汇编代码块的热度。

该页签各个参数说明如表 8-35 所示。

表 8-35　函数详情参数说明

分　　类	参　　数	说　　明
汇总	伪共享访问次数	伪共享总的访问次数
	文件名	当前函数所在文件名称
源代码	源代码行号	源代码行号
	源代码	具体的高级语言源代码
	数量(占比)	数量：该行源代码对应的伪共享访问次数。 占比：伪共享访问次数占伪共享访问总次数的百分比

续表

分　类	参　数	说　明
汇编代码	汇编指令地址	汇编指令地址
	代码行号	汇编指令对应的源码的行号
	汇编指令	执行的汇编指令
	数量(占比)	数量：该行汇编指令对应的伪共享访问次数。 占比：伪共享访问次数占伪共享访问总次数的百分比

8.3.13　进程/线程性能分析

1. 创建进程/线程性能分析任务

步骤 1：新建分析任务。

步骤 2：配置进程/线程性能分析任务参数，如图 8-101 所示。

图 8-101　进程/线程性能分析任务

关键参数说明如表 8-36 所示。

表 8-36　进程/线程性能分析任务参数

参　　数	说　　明
分析对象	系统
分析类型	进程/线程性能分析
采样时长	分析任务总的采样时间，范围为 2～300s，默认为 60s
采样间隔	每次采样间隔的时间，默认 1s，小于或等于采样时长的 1/2 且不超过 10s
采样类型	选择需要采集的类型。可以选择以下类型中的一种或多种： ■　CPU ■　内存 ■　存储 I/O ■　上下文切换
指定进程 ID	指定采集的目标进程。默认为 All。可选择： All：采集当前工程下所有服务器节点系统中运行的所有进程的信息。 指定：采集服务器节点指定进程的信息。在“进程 ID”列的文本框中输入当前节点需采集的进程 ID
跟踪系统调用	是否采集应用程序在 Linux 系统下系统函数调用的信息。 在“指定进程 ID”项选择“指定”选项时显示此参数，默认关闭。 对于某些系统调用频繁的应用程序，开启跟踪系统调用会导致系统性能大幅度下降，不建议在生产环境使用
采集线程信息	是否采集线程信息。默认打开

2. 查看分析结果

在工程管理页面，找到要查看的工程及工程下的任务，单击任务下的节点名称，可以打开分析结果页面，如图 8-102 所示。

分析结果最多包含 7 个页签，分别是总览、CPU、内存、存储 I/O、上下文切换、任务信息、任务日志，其中 CPU、内存、存储 I/O、上下文切换 4 个页签对应采样类型的 4 种类型，如果在任务里选择了某一种类型，就会在分析结果页显示，否则就不显示，下面分别说明。

1）总览

总览页签显示优化建议（如果有）和各个指标的平均值。

① CPU 区域

CPU 区域显示每个进程的 CPU 占用情况，单击进程行首的三角符号，可以列出该进程所属的所有线程，同时也显示出线程的 CPU 占用信息。

CPU 区域列表的各个列说明如表 8-37 所示。

表 8-37　CPU 区域列说明

参　　数	说　　明
PID/TID	进程 ID/线程 ID
%user	任务在用户空间占用 CPU 的百分比
%system	任务在内核空间占用 CPU 的百分比

续表

参　数	说　明
%wait	任务在 I/O 等待占用 CPU 的百分比。如果该值较高，可能表示外部设备有问题
%CPU	任务占用 CPU 的百分比
Command	当前任务对应的命令名称

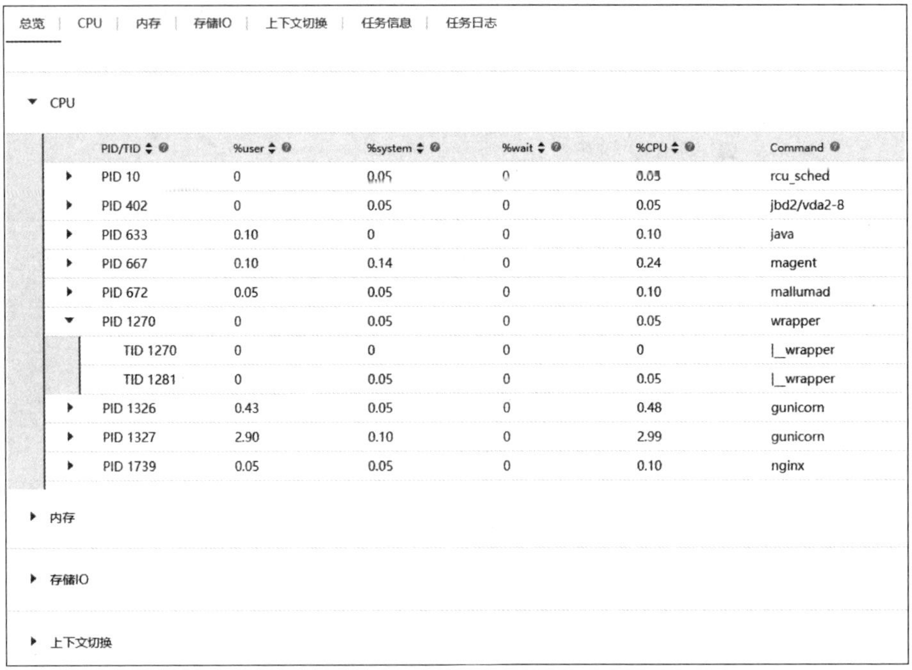

总览 | CPU | 内存 | 存储IO | 上下文切换 | 任务信息 | 任务日志

▼ CPU

	PID/TID	%user	%system	%wait	%CPU	Command
▸	PID 10	0	0.05	0	0.05	rcu_sched
▸	PID 402	0	0.05	0	0.05	jbd2/vda2-8
▸	PID 633	0.10	0	0	0.10	java
▸	PID 667	0.10	0.14	0	0.24	magent
▸	PID 672	0.05	0.05	0	0.10	mallumad
▾	PID 1270	0	0.05	0	0.05	wrapper
	TID 1270	0	0	0	0	|_wrapper
	TID 1281	0	0.05	0	0.05	|_wrapper
▸	PID 1326	0.43	0.05	0	0.48	gunicorn
▸	PID 1327	2.90	0.10	0	2.99	gunicorn
▸	PID 1739	0.05	0.05	0	0.10	nginx

▸ 内存

▸ 存储IO

▸ 上下文切换

图 8-102　进程/线程性能分析结果

② 内存区域

内存区域显示每个进程/线程的内存使用信息，如图 8-103 所示。

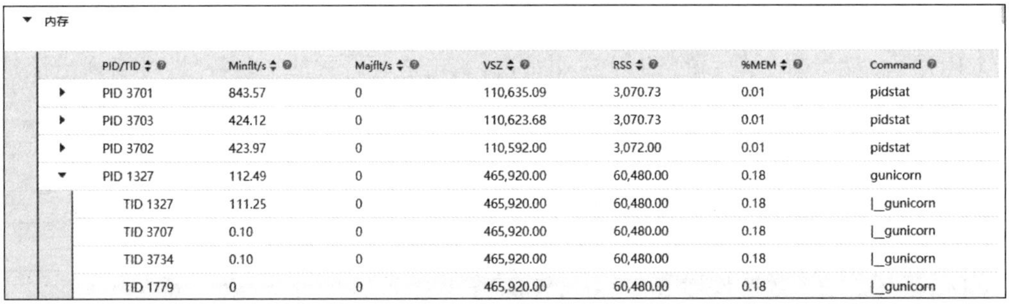

▼ 内存

	PID/TID	Minflt/s	Majflt/s	VSZ	RSS	%MEM	Command
▸	PID 3701	843.57	0	110,635.09	3,070.73	0.01	pidstat
▸	PID 3703	424.12	0	110,623.68	3,070.73	0.01	pidstat
▸	PID 3702	423.97	0	110,592.00	3,072.00	0.01	pidstat
▾	PID 1327	112.49	0	465,920.00	60,480.00	0.18	gunicorn
	TID 1327	111.25	0	465,920.00	60,480.00	0.18	|_gunicorn
	TID 3707	0.10	0	465,920.00	60,480.00	0.18	|_gunicorn
	TID 3734	0.10	0	465,920.00	60,480.00	0.18	|_gunicorn
	TID 1779	0	0	465,920.00	60,480.00	0.18	|_gunicorn

图 8-103　内存分析结果

内存区域列表的各个列说明如表 8-38 所示。

表 8-38 内存区域列说明

参 数	说 明
PID/TID	进程 ID/线程 ID
Minflt/s	每秒次缺页错误次数，即虚拟内存地址映射成物理内存地址产生的缺页次数，不需要从硬盘中加载页
Majflt/s	每秒主缺页错误次数，当虚拟内存地址映射成物理内存地址时，相应的页在交换内存中，这样的缺页为主缺页(Major Page Faults)，一般在内存使用紧张时产生，需要从硬盘中加载页
VSZ	任务使用的虚拟内存大小(以 KB 为单位)
RSS	常驻内存集(Resident Set Size)，表示该任务使用的物理内存大小(以 KB 为单位)
%MEM	任务占用内存的百分比
Command	当前任务对应的命令名称

③ 存储 I/O 区域

存储 I/O 区域显示每个进程/线程的硬盘读写信息，如图 8-104 所示。

存储IO

PID/TID	%kB_rd/s	%kB_wr/s	%iodelay	Command
PID 402	0	44.36	0	jbd2/vda2-8
PID 633	0	1.90	0	java
PID 672	0	128.63	0	mallumad
TID 672	0	0	0	|_mallumad
TID 709	0	0	0	|_mallumad
TID 711	0	31.05	0	|_mallumad

图 8-104 存储 I/O 分析结果

存储 I/O 区域列表的各个列说明如表 8-39 所示。

表 8-39 存储 I/O 区域列说明

参 数	说 明
PID/TID	进程 ID/线程 ID
kB_rd/s	任务每秒从硬盘读取的数据量(以 KB 为单位)
kB_wr/s	任务每秒向硬盘写入的数据量(以 KB 为单位)
iodelay	I/O 的延迟(单位是时钟周期)，包括等待同步块 I/O 和换入块 I/O 结束的时间
Command	当前任务对应的命令名称

④ 上下文切换

上下文切换区域显示每个进程/线程主动或被动的上下文切换次数，如图 8-105 所示。上下文切换区域列表的各个列说明如表 8-40 所示。

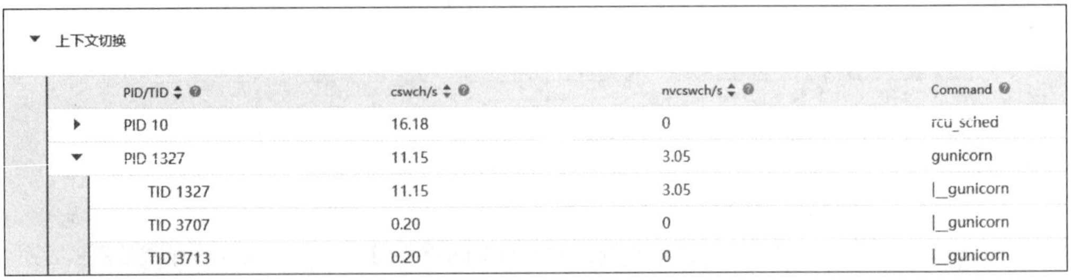

▼ 上下文切换

	PID/TID	cswch/s	nvcswch/s	Command
▶	PID 10	16.18	0	rcu_sched
▼	PID 1327	11.15	3.05	gunicorn
	TID 1327	11.15	3.05	|_gunicorn
	TID 3707	0.20	0	|_gunicorn
	TID 3713	0.20	0	|_gunicorn

图 8-105　上下文切换分析结果

表 8-40　上下文切换区域列说明

参　　数	说　　明
PID/TID	显示进程 ID/线程 ID
cswch/s	每秒主动任务上下文切换次数，通常指任务无法获取所需资源，导致的上下文切换。例如 I/O、内存等系统资源不足时，就会发生主动任务上下文切换
nvcswch/s	每秒被动任务上下文切换次数，通常任务由于时间片已到、被高优先级进程抢占等原因，被系统强制调度，进而发生上下文切换。例如大量进程都在争抢 CPU 时，容易发生被动任务上下文切换
Command	当前进程对应的命令名称

2）CPU

CPU 页签使用时序图折线展示进程/线程在整个采集期间的 CPU 指标时序数据，如图 8-106 所示，在进程/线程下拉列表里可以选择 1～3 个进程在折线图里显示，显示的时候会同时显示进程所属的线程折线图。把鼠标放在某一个时间点上，会自动显示该时间点每个选中线程和进程的 CPU 使用信息。

如果线程太多，则可以单击进程/线程下拉列表后面的漏斗按钮，在弹出的窗口里选择要查看的线程，没被选中的线程将不在图形页面显示。

CPU 页签各个参数说明参考表 8-37，其中 CPU ID 表示处理该进程的 CPU 核心编号。

3）内存

内存页签查看方式和 CPU 页签类似，参数说明参考表 8-38。

4）存储 I/O

存储 I/O 页签查看方式和 CPU 页签类似，参数说明参考表 8-39。

5）上下午切换

上下文切换页签查看方式和 CPU 页签类似，参数说明参考表 8-40。

8.3.14　C/C++性能分析

C/C++性能分析可以分析 C/C++程序代码，获得性能瓶颈点，给出对应的热点函数及其源码和汇编指令。可以通过火焰图展示函数调用关系，可以直观地通过火焰图找到“平顶”(plateaus)，从而发现该函数可能存在的性能问题。

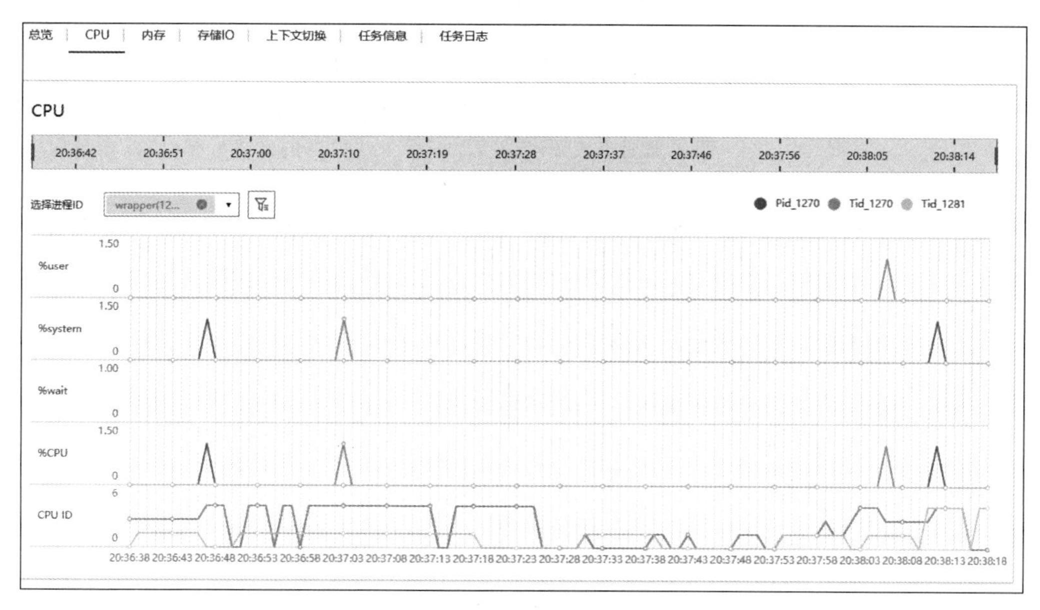

图 8-106 CPU 页签

1. 创建 C/C++性能分析任务(系统)

步骤 1：新建分析任务。

步骤 2：配置 C/C++性能分析任务参数，如图 8-107 所示。

关键参数说明如表 8-41 所示。

表 8-41 C/C++性能分析任务参数

参 数	说 明
分析对象	系统
分析类型	C/C++性能分析
采样时长/s	设置采集的时间，默认为 30s。取值范围为 1～300s
采样间隔/ms	设置采样间隔，默认为“自定义”。可选择： 自定义：默认为 1ms，取值范围为 1～1000ms。 高精度：710μs
待采样 CPU 核	默认采集所有的 CPU 核心，如果要采集特定的核心，可以在此输入。例如 32 核心的 CPU，核心编号是 0～31，如果采集第 5、6、7、8、12、13、20 核心，可以输入：4,5,6,7,11,12,19，或者使用核心编号范围输入：4-7,11-12,19
采样范围	采样范围，可选择： 所有采集应用层和 OS 内核的性能数据。 用户态：采集应用层的性能数据。 内核态：采集 OS 内核的性能数据。 默认采集“所有”
二进制/符号文件路径	(可选) 输入二进制/符号文件在服务器上的绝对路径

续表

参　数	说　明
C/C++源文件路径	（可选）输入 C/C++源文件在服务器上的绝对路径。 当开发者需要观察源代码和汇编指令映射后的性能数据时，该参数用来导入对应应用程序的源代码
采集文件大小/MB	（可选）设置采集文件大小。默认为 100MB，取值范围为 1～100MB。 通过设置采集文件大小，防止由于文件过大导致分析时间过长

图 8-107　新建 C/C++性能分析任务（系统）

2. 创建 C/C++性能分析任务（Launch Application）

步骤 1：新建分析任务。

步骤 2：配置 C/C++性能分析任务参数，如图 8-108 所示。

关键参数说明如表 8-42 所示，其他参数如表 8-41 所示。

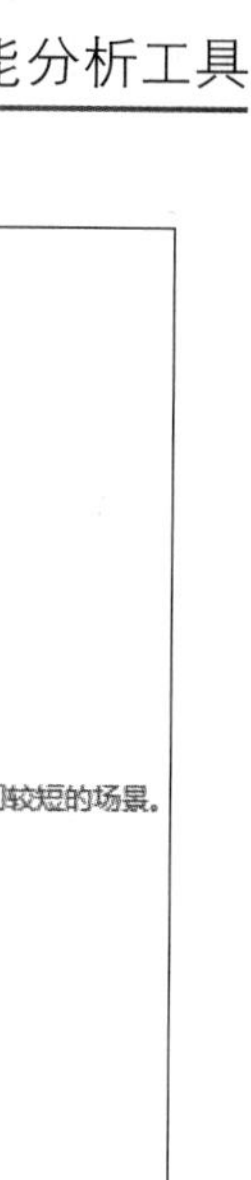

图 8-108　新建 C/C++性能分析任务(Launch Application)

表 8-42　C/C++性能分析任务参数(Launch Application)

参　　数	说　　明
分析对象	应用
模式	选择 Launch Application。在该模式下，启动采集的时候同时启动应用，应用结束时采集也结束，采集时长受应用执行时间控制
应用	带绝对路径的待分析目标应用。目前只能放在/opt/或者/home/目录下，malluma 用户对该目录有执行权限，对分析的应用有读、执行权限
应用参数	根据应用的需要决定是否提供应用参数
分析类型	C/C++性能分析

3. 创建 C/C++性能分析任务(Launch Application)

步骤 1：新建分析任务。

步骤 2：配置 C/C++性能分析任务参数，如图 8-109 所示。

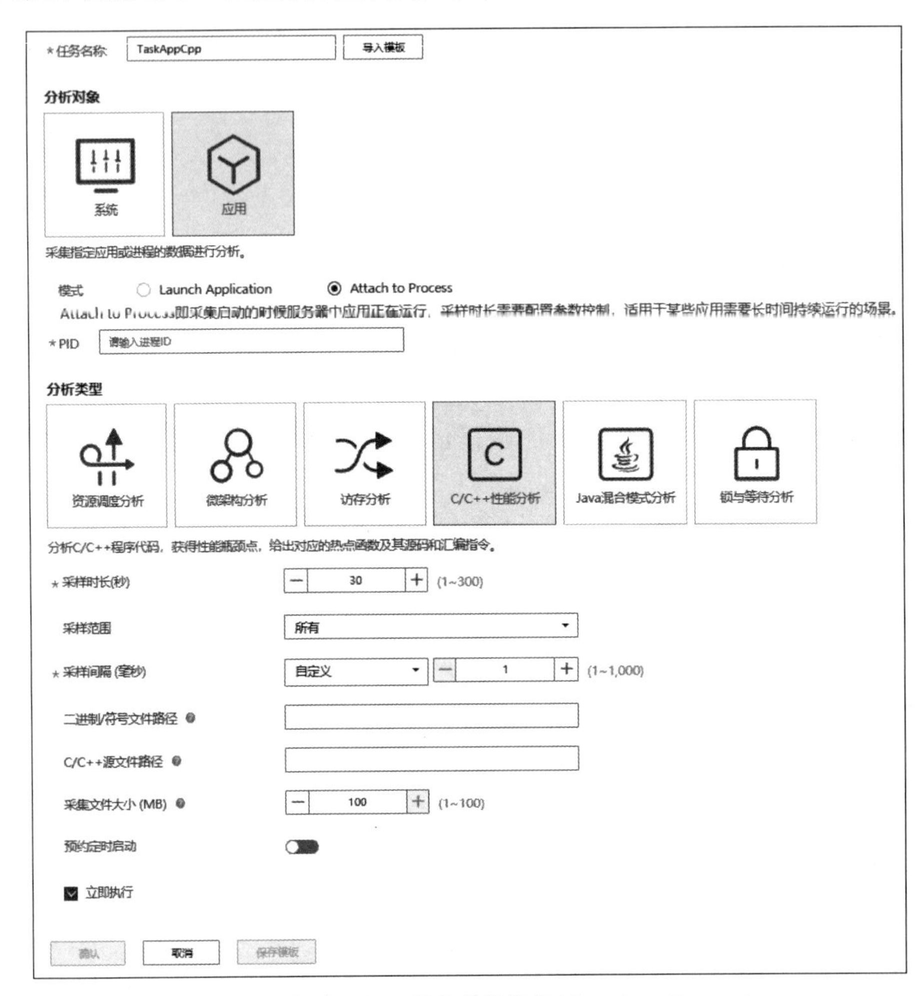

图 8-109 新建 C/C++性能分析任务(Attach to Process)

对于长时间运行的，或者已经在运行的程序，比较适合选择 Attach to Process 模式，通过关联应用程序的 PID，可以实时跟踪采集该应用程序的性能数据。对于本模式需要配置采样时长，其他参数用法和 Launch Application 模式类似。

4. 查看分析结果

在工程管理页面，找到要查看的工程及工程下的任务，单击任务下的节点名称，可以打开分析结果页面，如图 8-110 所示。

分析结果页面包括 5 个页签，分别是总览、函数、火焰图、任务信息和任务日志，下面分别说明。

图 8-110 C/C++性能分析结果

1）总览

总览页签显示本次优化的汇总信息，分为 3 部分，分别是统计、平台信息和 Top 10 热点函数，针对每个参数的说明如表 8-43 所示。

表 8-43 总览参数说明

分　类	参　数	说　明
统计	运行时长/s	当应用的“模式”选择 Launch Application 时，任务采集的运行时长由被采集程序的运行时间决定，该时间为程序运行时间
	数据采样时长/s	当应用的“模式”选择 Attach to Process 或“分析对象”选择“系统”时显示该参数，该时间等于创建分析任务时设置的“采样时长”
	时钟周期	采集过程的总时钟周期数
	指令数	采集过程的总指令个数
	IPC	IPC(Instructions Per Clock)是每个时钟周期执行的单个汇编程序指令的平均数量，IPC＝指令数/时钟周期
平台信息	操作系统	操作系统版本
	主机名	主机名称
Top 10 热点函数	函数	函数名称
	模块	函数所属模块
	时钟周期	函数执行所需的时钟周期数
	时钟周期百分比	函数执行的时钟周期百分比
	执行时间/s	函数运行时间

通过总览页面可以找到对系统性能影响最大的函数列表，从而为后续优化指明方向。在 Top 10 热点函数区域列出了可能需要优化的函数，如果工具认为该函数可以优化，就会用小火箭图标 标在该函数旁边，把鼠标放在小火箭上可以查看优化建议。以第一个函数

为例，优化建议如图 8-111 所示。

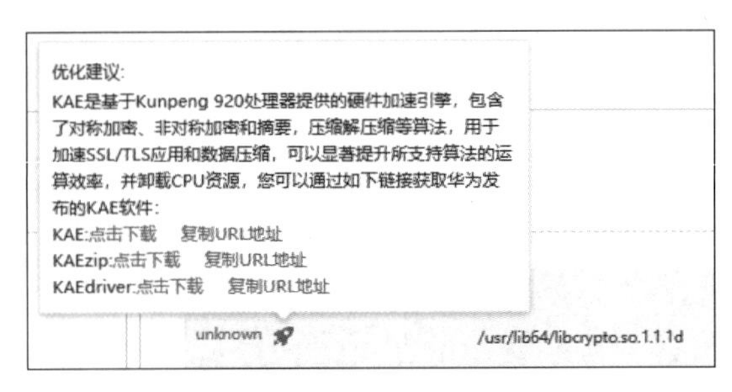

图 8-111 优化建议

优化建议给出了优化的原理及需要下载的软件包网址，可以尝试使用该方法对应用进行优化。

2）函数

函数页签显示了不同维度下的函数执行信息及调用栈信息，如图 8-112 所示。

总览 | 函数 | 火焰图 | 任务信息 | 任务日志

函数/调用栈

函数/调用栈	执行时间(秒)	时钟周期	时钟周期百分比	指令数	指令数百分比	IPC	模块
Total	4.988512	12,970,131,005	100.00%	21,173,227,502	100.00%	1.63	
unknown	4.924008	12,802,419,713	98.71%	20,872,531,919	98.58%	1.63	/usr/lib64/libcrypto.so....
malloc@@GLIB...	0.013698	35,614,680	0.27%	42,349,584	0.20%	1.19	/usr/lib64/libc-2.28.so
OPENSSL_clean...	0.008977	23,339,943	0.18%	33,871,308	0.16%	1.45	/usr/lib64/libcrypto.so....
EVP_MD_CTX_re...	0.007979	20,744,585	0.16%	12,696,527	0.06%	0.61	/usr/lib64/libcrypto.so....
unknown	0.006983	18,154,599	0.14%	12,705,522	0.06%	0.70	/home/hc/openssl
unknown	0.005984	15,557,880	0.12%	46,482,481	0.22%	2.99	/usr/lib64/libc-2.28.so
MD5_Final@@...	0.002992	7,780,463	0.06%	16,928,538	0.08%	2.18	/usr/lib64/libcrypto.so....
free@@GLIBC_2...	0.002992	7,779,723	0.06%	21,175,892	0.10%	2.72	/usr/lib64/libc-2.28.so
EVP_Digest@@...	0.002992	7,778,708	0.06%	8,468,478	0.04%	1.09	/usr/lib64/libcrypto.so....
CRYPTO_zalloc...	0.001995	5,186,865	0.04%	4,233,988	0.02%	0.82	/usr/lib64/libcrypto.so....

20 总条数: 31 < 1 2 >

图 8-112 函数页签

在下拉列表里，可以选择的维度如下：

- 函数/调用栈；
- 模块/函数/调用栈；
- 线程/函数/调用栈。

其中，核/函数/调用栈在分析对象选择“系统”时显示，可以按照 CPU 核心来查看函数信息。

函数页签表格各列的说明如表 8-44 所示。

表 8-44 函数页签参数

列 名	说 明
执行时间/s	函数运行时间
时钟周期	函数执行所需的时钟周期数
时钟周期百分比	函数执行的时钟周期百分比
指令数	函数执行的指令个数
指令数百分比	函数执行的指令数百分比
IPC	IPC(Instructions Per Clock)是每个时钟周期执行的单个汇编程序指令的平均数量,IPC=指令数/时钟周期
模块	函数所属模块

单击函数名称列的函数名称超链接,可以进入函数详情页面,函数详情页面已经介绍过几次,此处就不详细介绍了。

3) 火焰图

火焰图页签如图 8-113 所示,火焰图是性能分析非常重要的工具,在抽样分析阶段,工具记录每个抽样时刻 CPU 正在运行的函数及调用栈,这样最后会形成一个非常庞大的调用栈记录。工具把这些调用栈记录都合并起来,统计每个函数出现的百分比,并且通过火焰图 X 轴的宽度表示这个比例,越宽说明被命中的次数越多,占用的 CPU 时间也越长。Y 轴显示函数的调用关系,每一层都是被它的下一层函数即父函数调用的,调用栈越深则火焰图越高。

如果某个函数占用的宽度较宽,也不代表它耗费资源就一定很高,有可能是被它的上层函数占用的,但是,如果处于顶层的函数比较宽,那么一般情况下这个函数是有性能问题的,也就是通过观察火焰图的"小平顶"可以快速定位有性能问题的函数。

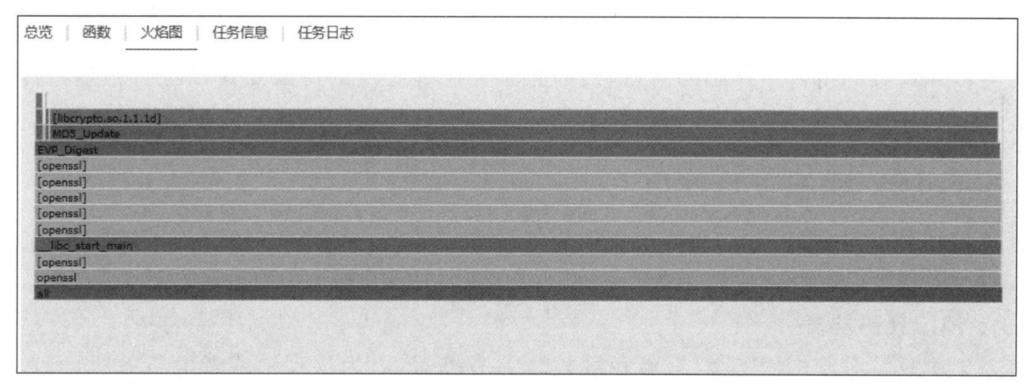

图 8-113 火焰图

从图 8-113 可以看出有两个明显的"小平顶",把鼠标放在"小平顶"上可以看到详细的函数信息,第一个"小平顶"信息如图 8-114 所示。

该调用抽样命中 35 次,命中率为 0.702%,在模块 libcrypto.so.1.1.1d 中。第二个信息如图 8-115 所示。

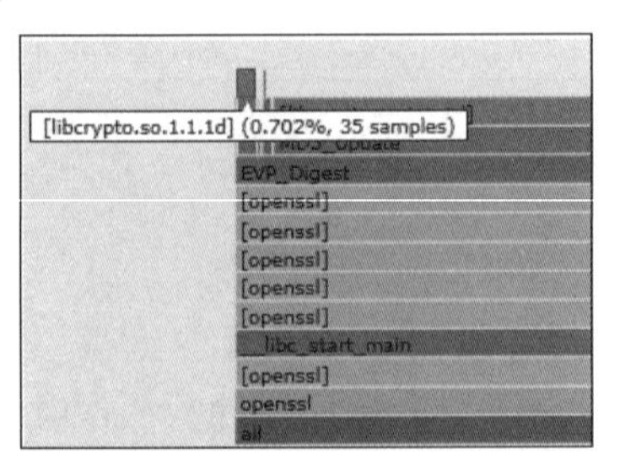

图 8-114 小平顶 1

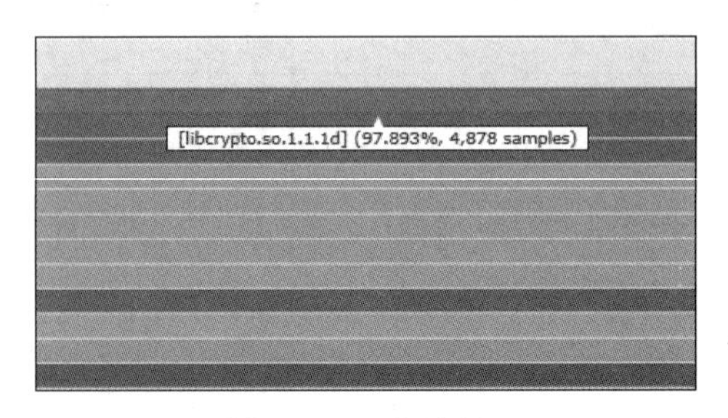

图 8-115 小平顶 2

这个命中率更高，达到了 97.893%，也在模块 libcrypto.so.1.1.1d 中。结合总览页的 Top 10 函数，可以推断出该应用的性能点在 unknown 函数中，重新打开函数页签，展开 unknown 函数，如图 8-116 所示。

总览 | 函数 | 火焰图 | 任务信息 | 任务日志

函数/调用栈

函数/调用栈	执行时间(秒)	时钟周期	时钟周期百分比	指令数	指令数百分比	IPC
∨ Total				21,173,227,502	100.00%	1.63
∨ unknown				20,872,531,919	98.58%	1.63
fffd895c0234...				20,692,836,845	97.73%	1.63
fffd895c02ec ...				165,049,519	0.78%	1.79
aaac7d132d7...				12,705,522	0.06%	0.70
fffd8959df14 ...	0.002992	7,778,629	0.06%	21,072,366	0.10%	2.71

fffd895c0234 MD5_Update+0x13c (/usr/lib64/libcrypto.so.1.1.1d)
fffd8959df60 EVP_Digest+0xb0 (/usr/lib64/libcrypto.so.1.1.1d)
aaac7d1317c0 [unknown] (/home/hc/openssl)
aaac7d132d70 [unknown] (/home/hc/openssl)
aaac7d1371a0 [unknown] (/home/hc/openssl)
aaac7d117d3c [unknown] (/home/hc/openssl)
aaac7d105080 [unknown] (/home/hc/openssl)
fffd89243f60 __libc_start_main+0xe0 (/usr/lib64/libc-2.28.so)
aaac7d105108 [unknown] (/home/hc/openssl)

图 8-116 unknown 函数

可以在此页面得到更详细的信息，根据此信息找到对应的源码就可以进行精确性能分析了。

8.3.15 锁与等待分析

10min

分析工具可以分析 glibc 和开源软件的锁与等待函数，关联到其归属的进程和调用点，并根据当前已有的优化经验给出优化建议。

1. 演示代码准备

对于刚重装系统的服务器，或者负载较轻的服务器，因为出现锁或者等待的机会较少，在演示锁与等待分析时很可能获得不了分析数据，为此准备了下面的演示代码，使用该代码编译的程序可以获取有效分析数据。演示程序准备步骤如下：

步骤 1：登录要分析的鲲鹏服务器，创建/opt/code/目录，命令如下：

```
mkdir -p /opt/code/
```

步骤 2：进入 code 目录，使用 vim 创建 locktest.c 文件，命令如下：

```
cd /opt/code/
vim locktest.c
```

步骤 3：在 locktest.c 文件中输入代码，保存并退出，代码如下：

```
//Chapter8/locktest.c

#include <stdlib.h>
#include <stdio.h>
#include <pthread.h>

/* global variable */
int gnum = 0;
/* mutex */
pthread_mutex_t mutex;

void * dowork(void * arg)
{
  int i = 0;
  int sleepTime = 0;
  for (i = 0; i < 100000; i++) {

     /* Get lock */
    pthread_mutex_lock(&mutex);

    gnum++;

    /* Release the lock */
    pthread_mutex_unlock(&mutex);

  }

  pthread_exit(NULL);
}


int main(void)
{
    int threadCount = 20;
    int i = 0;
    pthread_t threads[threadCount];
    int thread_id[threadCount];
```

```
    /* Initialization lock */
    pthread_mutex_init(&mutex, NULL);

    /* Create thread */
    for(i = 0; i < threadCount; ++i){
        thread_id[i] = i;
        pthread_create(&threads[i], NULL, (void *)dowork, (void *)&thread_id[i]);
    }

    /* Wait for the thread to end */
    for(i = 0; i < threadCount; ++i)
    {
        pthread_join(threads[i], NULL);
    }

    /* Destroy lock */
    pthread_mutex_destroy(&mutex);
    return 0;
}
```

步骤4：编译 locktest.c，命令如下：

```
gcc -pthread -g -o locktest locktest.c
```

注意：在编译时使用了-g，这样可以生成调试信息。

2. 创建锁与等待分析任务（系统）

步骤1：新建分析任务。

步骤2：配置锁与等待分析任务参数，如图8-117所示。

关键参数说明如表8-45所示。

表8-45 锁与等待分析任务参数

参 数	说 明
分析对象	系统
分析类型	锁与等待分析
采样时长/s	设置采集的时间，默认为30s。取值范围为1～300s
采样间隔/ms	设置采样间隔，默认为“自定义”。可选择： 自定义：默认为1ms，取值范围为1～1000ms。 高精度：710μs
采样范围	采样范围，可选择： 采集所有应用层和OS内核的性能数据。 用户态：采集应用层的性能数据。 内核态：采集OS内核的性能数据。 默认采集“所有”

续表

参 数	说 明
标准函数	(可选)选择预置的 glibc 的锁与等待函数名。默认为全选以下函数(All 表示全选): ■ All ■ pthread_mutex_lock ■ pthread_mutex_trylock ■ pthread_mutex_unlock ■ pthread_cond_wait ■ pthread_cond_timedwait ■ pthread_cond_reltimedwait_np ■ pthread_cond_signal ■ pthread_cond_broadcast ■ pthread_rwlock_rdlock ■ pthread_rwlock_tryrdlock ■ pthread_rwlock_wrlock ■ pthread_rwlock_trywrlock ■ pthread_rwlock_unlock ■ sem_post ■ sem_wait ■ sem_trywait ■ pthread_spin_lock ■ pthread_spin_trylock ■ pthread_spin_unlock ■ sleep ■ usleep
自定义函数	(可选) 输入待分析的锁与等待函数名称。支持输入多个函数名,两个函数名之间用英文逗号","分隔。支持通配符"*"(函数名的值不能为"*")
符号文件路径	(可选) 符号文件在服务器上的绝对路径
C/C++源文件路径	(可选) 输入 C/C++源文件在服务器上的绝对路径。 当开发者需要观察源代码和汇编指令映射后的性能数据时,该参数用来导入对应应用程序的源代码
采集文件大小/MB	(可选) 设置采集文件大小。默认为 1024MB,取值范围为 1~4096MB。 通过设置采集文件大小,防止由于文件过大而导致分析时间过长

3. 创建锁与等待分析任务(Launch Application)

步骤 1:新建分析任务。

步骤 2:配置锁与等待分析任务参数,如图 8-118 所示。

关键参数说明如表 8-46 所示,其他参数如表 8-45 所示。

图 8-117　新建锁与等待分析任务(系统)

表 8-46　锁与等待分析任务参数(Launch Application)

参　　数	说　　明
分析对象	应用
模式	选择 Launch Application。在该模式下，启动采集的时候同时启动应用，应用结束时采集也结束，采集时长受应用执行时间控制
应用	带绝对路径的待分析目标应用。目前只能放在/opt/或者/home/目录下，malluma 用户对该目录有执行权限，对分析的应用有读、执行权限。这里可以使用本节第 1 部分编译的/opt/code/locktest 程序
应用参数	根据应用的需要决定是否提供应用参数
分析类型	锁与等待分析
C/C++源文件路径	(可选) 输入 C/C++源文件在服务器上的绝对路径。 当开发者需要观察源代码和汇编指令映射后的性能数据时，该参数用来导入相应应用程序的源代码。 这里可以使用本节第 1 部分编写的 C 程序源代码/opt/code/locktest. c

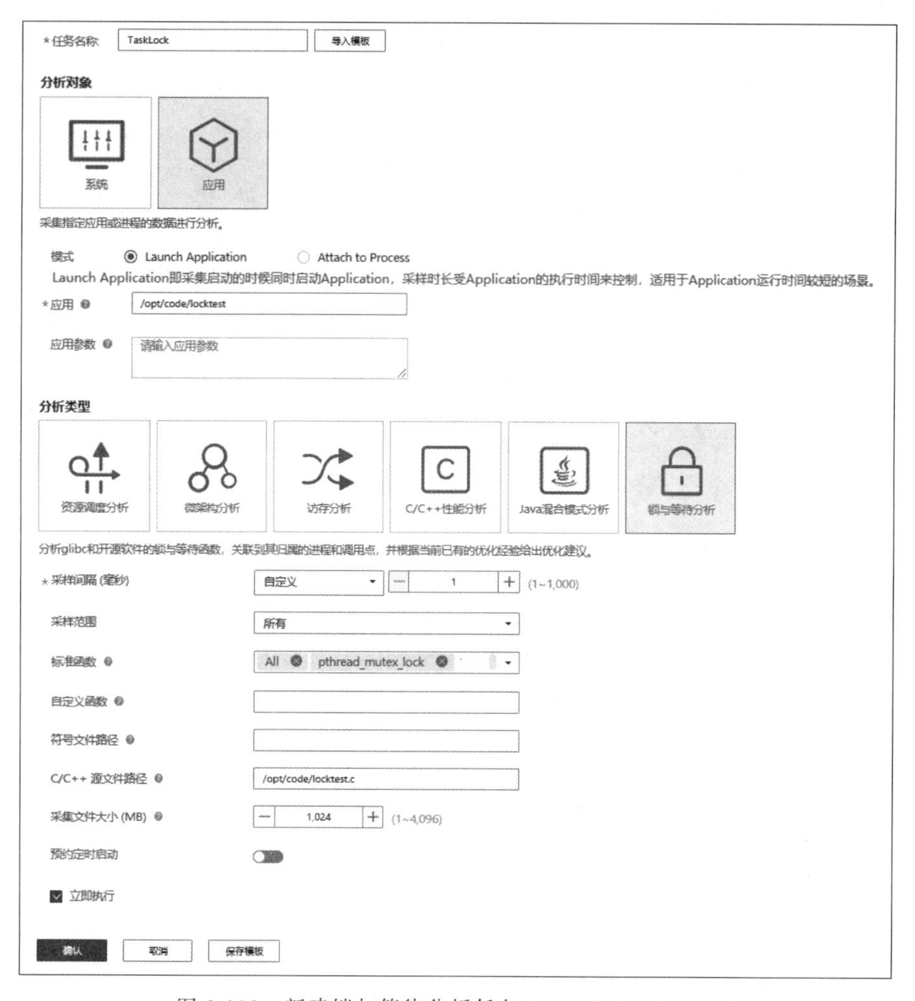

图 8-118　新建锁与等待分析任务(Launch Application)

4. 创建锁与等待分析任务(Attach to Process)

步骤 1：新建分析任务。

步骤 2：配置锁与等待分析任务参数，如图 8-119 所示。

对于长时间运行的，或者已经在运行的程序，比较适合选择 Attach to Process 模式，通过关联应用程序的 PID，可以实时跟踪采集该应用程序的性能数据。本模式需要配置采样时长，其他参数用法和 Launch Application 模式类似。

5. 查看分析结果

在工程管理页面，找到要查看的工程及工程下的任务，单击任务下的节点名称，可以打开分析结果页面，如图 8-120 所示。

分析结果页面包括 4 个页签，分别是总览、详细调用信息、任务信息、任务日志，下面分别说明。

图 8-119　新建锁与等待分析任务(Attach to Process)

1）总览

总览页签显示锁及等待函数的调用关系，并且支持查看详细的关联调用点信息，本页签两个表格的列名称说明如表 8-47 所示。

表 8-47　总览参数说明

分　类	参　数	说　明
锁与等待信息	任务名称	任务名称，一般对应一个特定的线程
	模块名称	任务对应的模块名称
	函数名称	任务对应的函数名称
	操作	单击“查看”查看函数源码、汇编代码和代码流图
	调用次数	任务对应的调用次数

续表

分　类	参　数	说　明
调用点信息	时间戳	调用栈调用的时间点
	调用点模块名称	调用点对应的模块名称，图 8-120 显示的是运行的 locktest 应用
	调用点函数名称	调用点对应的函数名称，图 8-120 显示的是在本节第 1 部分提供的 locktest.c 代码中的 dowork 函数
	操作	单击“查看”，查看函数源码、汇编代码和代码流图
	调用点源码文件名称	调用点对应的源码文件名称
	调用点行号	调用点对应的源码行号

图 8-120　锁与等待分析结果

单击某个特定函数“操作”列的“查看”超链接，转向源代码和汇编代码详情页面，如图 8-121 所示，在此页面可以查看源代码及对应的汇编代码，同时在页面下部显示汇编代码块的跳转关系。

2）详细调用信息

详细调用信息页签可以按照任务（线程）的维度查看任务调用锁和等待函数的时序数据，如图 8-122 所示。

单击“高级搜索”下拉列表，可以显示出所有的任务（线程），从中选择一个或者多个任务，此时会在下面的表格里展示该任务的时序数据。

表格各列名称说明如表 8-48 所示。

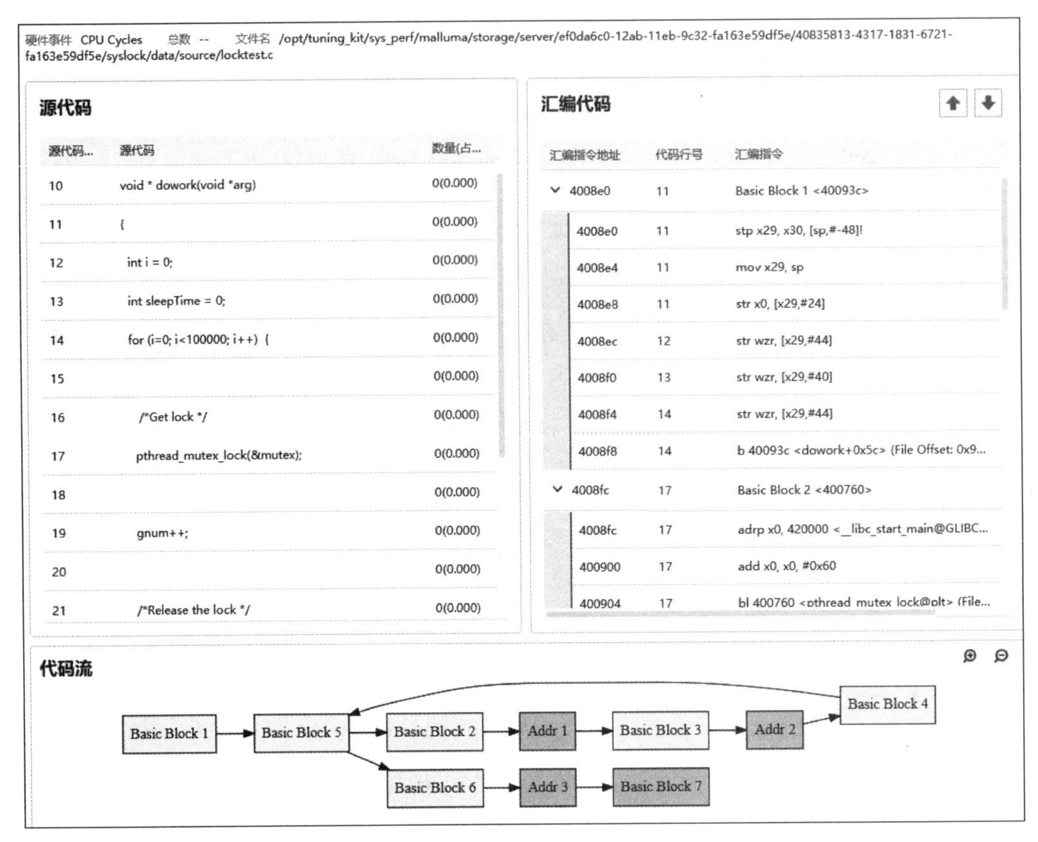

图 8-121 源代码和汇编代码详情

图 8-122 详细调用信息

表 8-48　详细调用信息参数说明

列　　名	说　　明
任务时间	调用点时间，一个任务里有多行，每行一个函数，按照调用时间顺序排列
模块名称	模块名称
函数名称	函数名称
调用点模块名称	调用点模块名称
调用点函数名称	调用点函数名称
调用点源码文件名称	调用点源码文件名称，没有提供的显示 not found
调用点行号	调用点行号，没有提供源代码时显示 not found

8.3.16　Java 混合模式分析

分析工具可以针对特定的 Java 应用进行分析，找出热点函数，分析性能瓶颈，支持火焰图形式的函数调用展示，在分析 Java 方法的时候支持关联 Java 代码。

1. 演示代码准备

为方便演示火焰图的调用关系，本节提供了 Java 演示代码，下面演示 Java 应用的编译过程。

步骤 1：登录要分析的鲲鹏服务器，创建/opt/code/目录，命令如下：

```
mkdir -p /opt/code/
```

步骤 2：进入 code 目录，使用 vim 创建 FireMapTest.java 文件，命令如下：

```
cd /opt/code/
vim FireMapTest.java
```

步骤 3：在 FireMapTest.java 文件中输入代码，保存并退出，代码如下：

```
//Chapter8/FireMapTest.java

package com.kunpeng;

public class FireMapTest {

    public static void main(String[] args) {

        int threadCount = 100;

        if(args.length > 0)
        {
            threadCount = Integer.parseInt(args[0]);
        }
```

```
        for(int i = 0;i < threadCount;i++)
        {
            Thread thread = new Thread(() -> doWork());
            thread.start();
        }

    }

    private static void doWork()
    {
        int RunTimes = getRandomIntValue(150) + 50;
        for(int i = 0;i < RunTimes;i++)
        {
            doSmallWork();
            doBigWork();
        }
    }

    private static void doSmallWork()
    {

      long waitTime = getRandomIntValue(50);
        try {
            System.out.println("doSmallWork ");
            Thread.sleep(waitTime);
        } catch (InterruptedException e) {
            e.printStackTrace();
        }
    }

    private static void doBigWork()
    {

        long waitTime = getRandomIntValue(100) + 50;
        try {
            System.out.println("doBigWork ");
            Thread.sleep(waitTime);
        } catch (InterruptedException e) {
            e.printStackTrace();
        }
    }

    private static int getRandomIntValue(int maxValue)
    {
        double random = Math.random() * maxValue + 1;
        return (int)random;
    }
}
```

步骤 4：编译 FireMapTest.java，命令如下：

```
javac FireMapTest.java
```

此命令可以生成 FireMapTest.class 文件。

步骤 5：创建/opt/code/com/kunpneg/目录，把文件 FireMapTest.class 复制到该目录，命令如下：

```
mkdir -p /opt/code/com/kunpeng/
cd /opt/code/com/kunpeng/
cp /opt/code/FireMapTest.class /opt/code/com/kunpeng/
```

步骤 6：测试运行效果，检查是否能正常执行，命令如下：

```
java -cp /opt/code/ com.kunpeng.FireMapTest
```

如果运行成功，会打印一系列的 doSmallWork、doBigWork 等字符串，如图 8-123 所示。

```
[root@ecs-kunpeng kunpeng]# java -cp /opt/code/ com.kunpeng.FireMapTest
doSmallWork
doSmallWork
doSmallWork
doBigWork
doBigWork
doBigWork
doSmallWork
doBigWork
doSmallWork
doBigWork
doSmallWork
doBigWork
doSmallWork
doSmallWork
doSmallWork
```

图 8-123　FireMapTest 执行效果

2. 创建 Java 混合模式分析任务(Launch Application)

步骤 1：新建分析任务。

步骤 2：配置 Java 混合模式分析任务参数，如图 8-124 所示。

关键参数说明如表 8-49 所示。

表 8-49　Java 混合模式分析任务参数(Launch Application)

参　数	说　明
分析对象	应用
模式	选择 Launch Application。在该模式下，启动采集的时候同时启动应用，应用结束时采集也结束，采集时长受应用执行时间控制
应用	Java 命令行工具的全路径名，一般为/usr/bin/java，可以在服务器命令行通过 which java 来查看具体路径

续表

参　数	说　明
应用参数	Java 命令行工具的参数、Java 应用的绝对路径、Java 应用的名称，就本节的示例来说，参数可以为-cp /opt/code/ com. kunpeng. FireMapTest
分析类型	Java 混合模式分析
采样间隔/ms	设置采样间隔，默认为“自定义”。可选择： 自定义：默认为 1ms，取值范围为 1～1000ms。 高精度：710μs
采样范围	采样范围，可选择： 采集所有应用层和 OS 内核的性能数据。 用户态：采集应用层的性能数据。 内核态：采集 OS 内核的性能数据。 默认采集“所有”
Java 源文件路径	（可选）输入 Java 源文件在服务器上的绝对路径，就本节的示例来说，源文件路径为/opt/code/FireMapTest. java
采集文件大小/MB	（可选）设置采集文件大小。默认为 100MB，取值范围为 1～100MB。 通过设置采集文件大小，防止由于文件过大导致分析时间过长

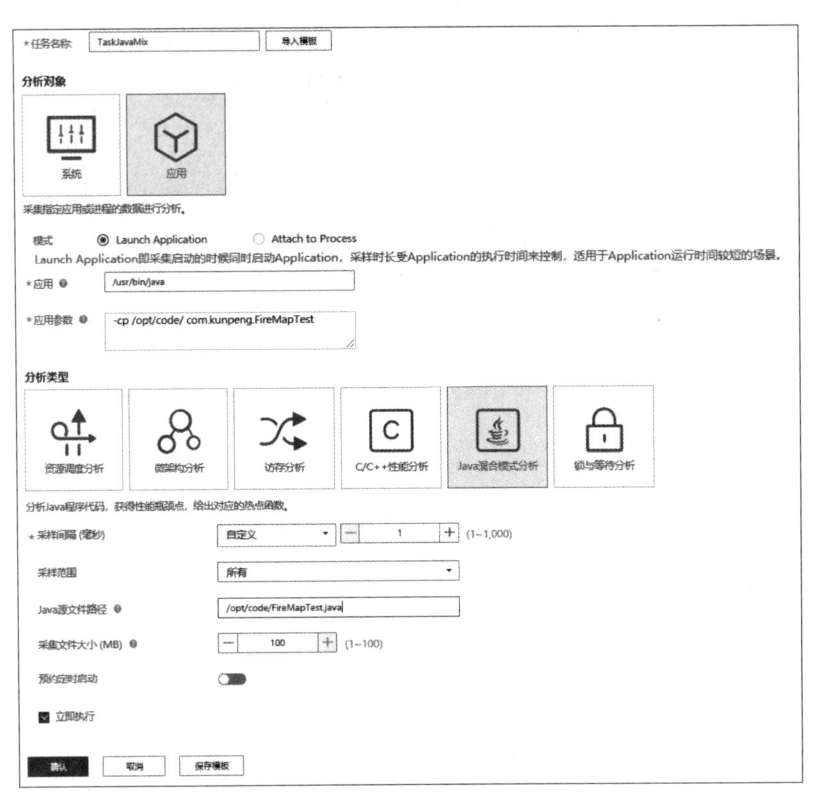

图 8-124　新建 Java 混合模式分析任务（Launch Application）

3. 创建 Java 混合模式分析任务(Attach to Process)

步骤 1:新建分析任务。

步骤 2:配置 Java 混合模式分析任务参数,如图 8-125 所示。

图 8-125 新建 Java 混合模式分析任务(Attach to Process)

对于长时间运行的,或者已经在运行的程序,比较适合选择 Attach to Process 模式,通过关联应用程序的 PID,可以实时跟踪采集该应用程序的性能数据。对于本模式需要配置采样时长,其他参数用法和 Launch Application 模式类似。

4. 查看分析结果

在工程管理页面,找到要查看的工程及工程下的任务,单击任务下的节点名称,可以打开分析结果页面,如图 8-126 所示。

分析结果页面包括 5 个页签,分别是总览、函数、火焰图、任务信息、任务日志,下面分别说明。

图 8-126　Java 混合模式分析结果

1）总览

总览页签显示本次优化的汇总信息，分为 3 部分，分别是统计、平台信息和 Top 10 热点函数，针对每个参数的说明如表 8-43 所示。

2）函数

函数页签显示了不同维度下的函数执行信息及调用栈信息，如图 8-127 所示。

总览 | 函数 | 火焰图 | 任务信息 | 任务日志

函数/调用栈

函数/调用栈	执行时间(秒)	时钟周期	时钟周期百分比	指令数	指令数百分比	IPC	模块
Total	0.078093	203,042,932	100.00%	187,700,019	100.00%	0.92	
check_matc...	0.011418	29,685,846	14.62%	0	0%	0	/usr/lib64/ld-2.17.so
Interpreter	0.009285	24,140,877	11.89%	41,779,802	22.26%	1.73	/tmp/perf-20591....
memset	0.009210	23,946,293	11.79%	0	0%	0	[kernel.kallsyms]
unknown	0.007261	18,878,021	9.30%	0	0%	0	/usr/lib64/libgcc_s...
AbstractAss...	0.006928	18,012,037	8.87%	0	0%	0	/usr/lib/jvm/java-1...
mutex_unlock	0.005765	14,988,701	7.38%	0	0%	0	[kernel.kallsyms]
_dl_tlsdesc_r...	0.003778	9,822,749	4.84%	0	0%	0	/usr/lib64/ld-2.17.so
cpumask_next	0.003630	9,438,525	4.65%	18,427,204	9.82%	1.95	[kernel.kallsyms]
Assembler::l...	0.003033	7,887,072	3.88%	0	0%	0	/usr/lib/jvm/java-1...
LIR_Assembl...	0.003033	7,887,072	3.88%	0	0%	0	/usr/lib/jvm/java-1...

20　总条数: 94　‹ 1 2 3 4 5 ›

图 8-127　函数页签

在下拉列表里，可以选择的维度如下：

- 函数/调用栈；
- 模块/函数/调用栈；
- 线程/函数/调用栈；
- 类/方法/调用栈。

函数页签表格各列的说明如表 8-44 所示。

单击函数名称列的函数名称超链接，可以进入函数详情页面，函数详情页面已经介绍过几次，此处就不详细介绍了。

3）火焰图

火焰图可以直观发现可能有问题的函数，如图 8-128 所示。

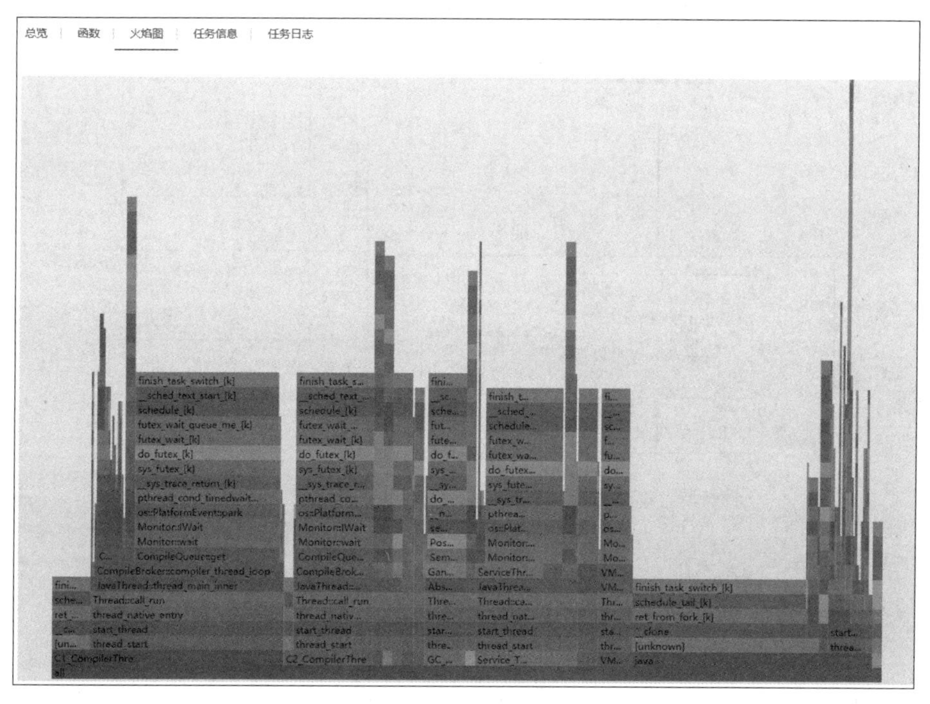

图 8-128　火焰图

8.4　Java 性能分析工具的使用

8.4.1　逻辑模型结构图

Java 性能分析工具逻辑结构与性能分析工具类似，也具有两个服务，分别是数据分析服务(Analysis Server)和数据采集服务(Guardian)，如图 8-129 所示。数据分析服务负责数据的性能分析和分析结果呈现，数据采集服务负责性能数据采集。数据分析服务只有一个，而数据采集服务可以具有多个，在安装数据分析服务的时候，会默认在同一台服务器上安装一个数据采集服务。

在具体的性能数据采集实现上，Java 性能分析工具和系统性能分析工具差别很大，一个是通过 JVMTI 收集数据，另一个是根据分析功能不同启用不同的数据采集插件收集数据，但是在对外的表现形式上是一致的，使用者可以不用关心具体的实现细节。

使用者通过浏览器访问数据分析服务，根据需要可以执行各种任务，例如，使用者要分析服务器 B 的性能，可以启动数据分析服务上的分析任务，数据分析服务根据需要给服务器 B 上的数据采集服务发送性能数据采集请求，服务器 B 上的数据采集服务获得性能数据后发送给数据分析服务，数据分析服务对数据进行分析并呈现给使用者。

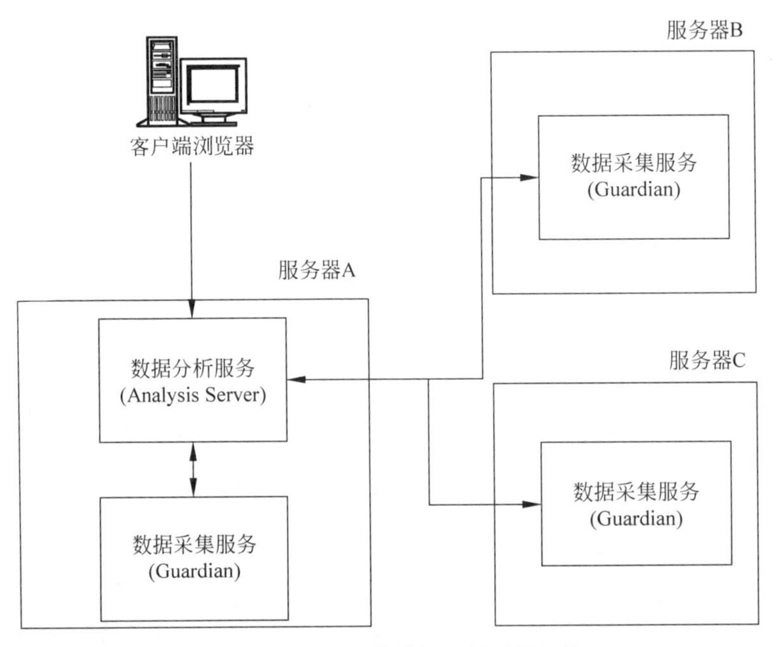

图 8-129 Java 性能分析工具逻辑架构

8.4.2 日志管理

在 Java 性能分析工具主页面，单击右上角的齿轮图标，弹出下拉菜单，如图 8-130 所示。

单击下拉菜单的“日志管理”菜单项，出现日志管理页面，如图 8-131 所示。

日志管理包括操作日志和运行日志两个类别，其中操作日志在 8.2.4 节“操作日志”部分已经介绍过了，运行日志包括用户管理运行日志和 Java 性能分析运行日志，单击操作列的“下载”超链接可以下载日志压缩包。

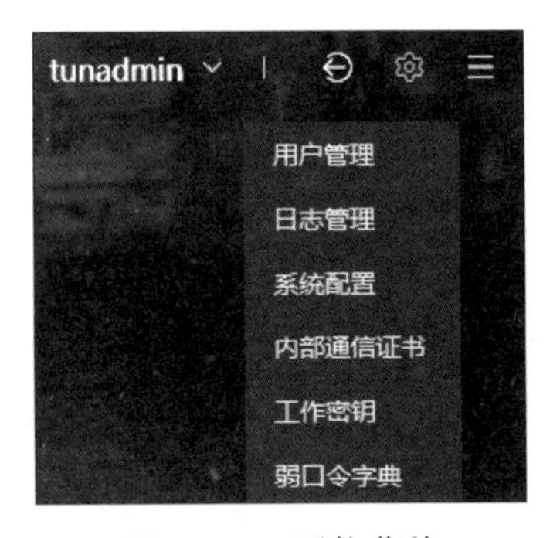

图 8-130 下拉菜单

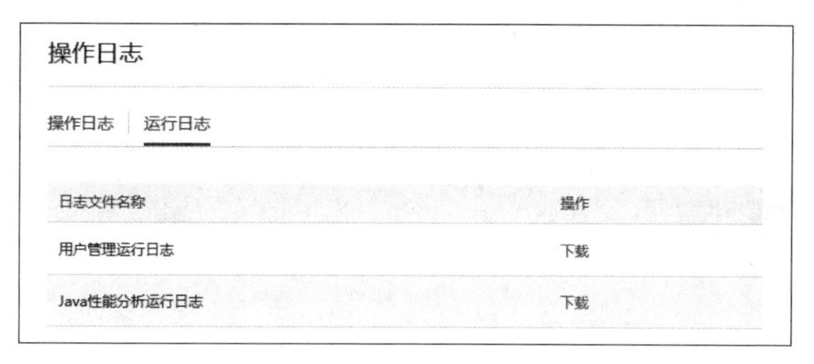

图 8-131 日志管理

8.4.3 系统配置

在 Java 性能分析工具主页面，单击右上角的齿轮图标，弹出下拉菜单，如图 8-130 所示。单击下拉菜单中的“系统配置”菜单项，出现系统配置页面，系统配置包括公共配置和系统性能分析配置两个类别，其中公共配置在 8.2.5 节“系统配置”部分已经介绍过了，Java 性能分析配置有 2 个配置项，如图 8-132 所示。

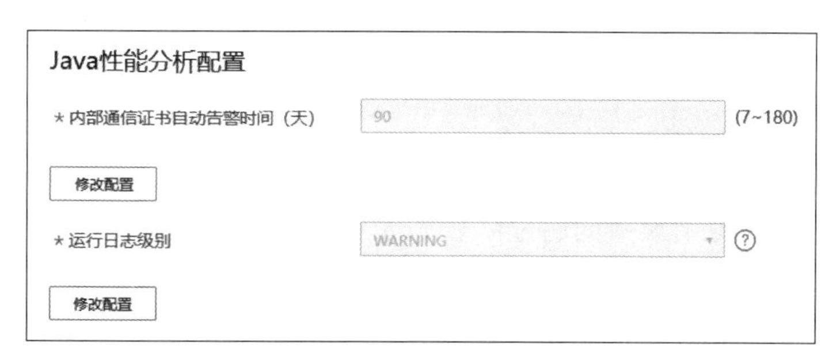

图 8-132 Java 性能分析配置

各个配置项的说明如表 8-50 所示。

表 8-50 配置说明

配置项	说 明
内部通信证书自动告警时间/天	内部通信证书过期时间距离当前时间的天数，如果超过该天数将给出告警
运行日志级别	记录日志的级别，日志级别分为 4 个等级，分别是： DEBUG：调试级别，记录调试信息，便于开发人员或维护人员定位问题。 INFO：信息级别，记录服务正常运行的关键信息。 WARNING：告警级别，记录系统和预期的状态不一致的事件，但这些事件不影响整个系统的运行。 ERROR：一般错误级别，记录错误事件，但应用可能还能继续运行。 默认记录 WARNING 及以上的日志

单击某一项下面的“修改配置”按钮，配置项变为可修改状态，修改配置后，单击“确认”按钮保存配置，如图 8-133 所示。

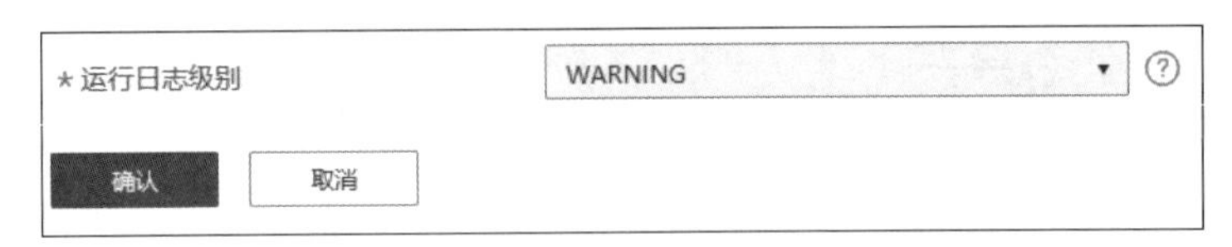

图 8-133 保存配置

8.4.4 内部通信证书

内部证书用于服务器与 Guardian 及服务器与 Agent 之间 TLS 通信。在 Java 性能分析工具主页面，单击右上角的齿轮图标，弹出下拉菜单，如图 8-130 所示。单击下拉菜单中的“内部通信证书”菜单项，出现内部通信证书页面，如图 8-134 所示。

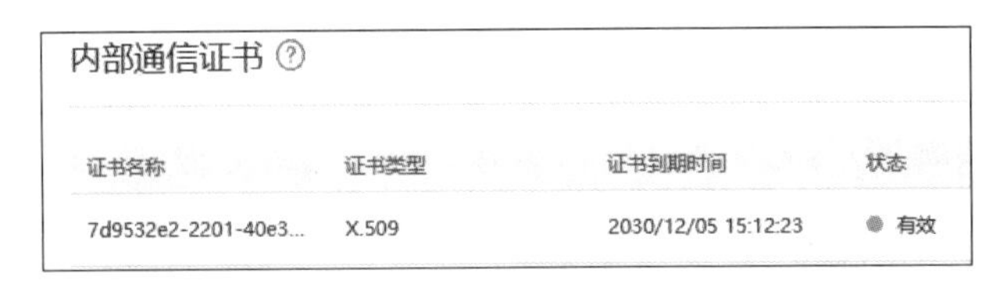

图 8-134 内部通信证书

可以查看证书名称、类型、到期时间和状态，其中证书状态有 3 种：

- 有效：证书剩余有效时间超过证书自动告警时间；
- 即将过期：证书剩余有效时间小于或等于证书自动告警时间；
- 已过期：已过证书到期时间。

8.4.5 工作密钥

工作密钥用于对软件内需要保护的数据进行加密保护。在 Java 性能分析工具主页面，单击右上角的齿轮图标，弹出下拉菜单，如图 8-130 所示。单击下拉菜单中的“工作密钥”菜单项，出现工作密钥页面，如图 8-135 所示。

图 8-135 工作密钥

单击“刷新工作密钥”按钮，可以更换新的工作密钥，为安全起见，建议定期更换工作密钥。

8.4.6 Guardian 管理

1. 添加 Guardian

步骤 1：在 Java 性能分析主页面，单击左上角 Guardian 区域的添加图标按钮，如图 8-136 所示。

步骤 2：在弹出的添加 Guardian 窗口填写 Guardian 信息，如图 8-137 所示。

图 8-136　添加 Guardian

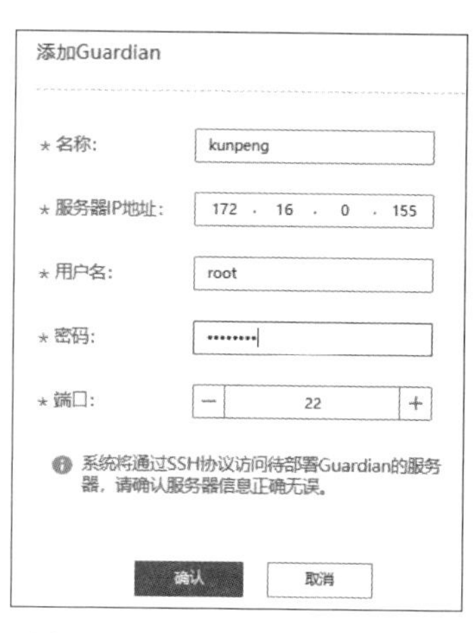

图 8-137　添加 Guardian 窗口

步骤 3：填写完毕 Guardian 信息，单击"确认"按钮，弹出添加 Guardian 指纹信息，如图 8-138 所示。

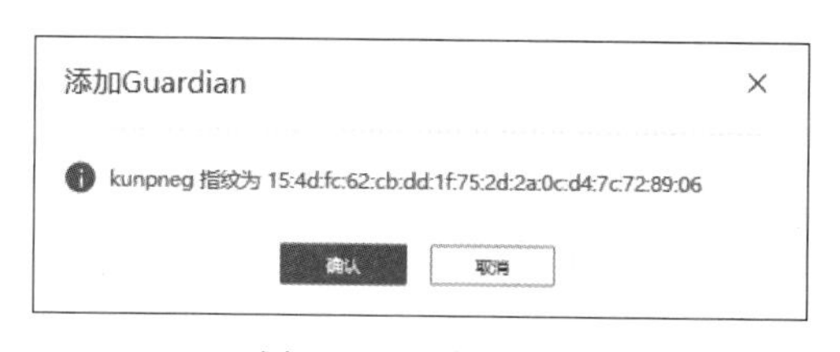

图 8-138　确认指纹

单击"确认"按钮，完成 Guardian 的添加，最终成功页面如图 8-139 所示。

2. 修改 Guardian

步骤 1：在 Java 性能分析主页面，单击左上角 Guardian 区域要修改的 Guardian 项，确保选中，然后单击修改图标按钮，如图 8-140 所示。

图 8-139　Guardian 添加成功

图 8-140　Guardian 修改

步骤 2：在弹出的 Guardian 修改窗口可以修改 Guardian 名称，如图 8-141 所示，单击“确认”按钮，保存修改。

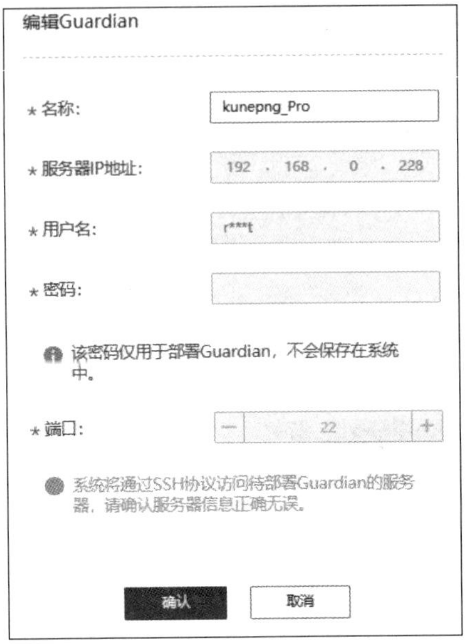

编辑Guardian

* 名称： kunepng_Pro

* 服务器IP地址： 192 . 168 . 0 . 228

* 用户名： r***t

* 密码：

该密码仅用于部署Guardian，不会保存在系统中。

* 端口： 22

系统将通过SSH协议访问待部署Guardian的服务器，请确认服务器信息正确无误。

确认 取消

图 8-141 Guardian 修改窗口

3. 删除 Guardian

步骤 1：在 Java 性能分析主页面，单击左上角 Guardian 区域要修改的 Guardian 项，确保选中，然后单击删除图标按钮，如图 8-142 所示。

图 8-142 删除 Guardian

步骤 2：如果 Guardian 状态为“正常”，则会弹出删除确认窗口，在该窗口单击“确认”按钮，即可删除 Guardian，如图 8-143 所示。

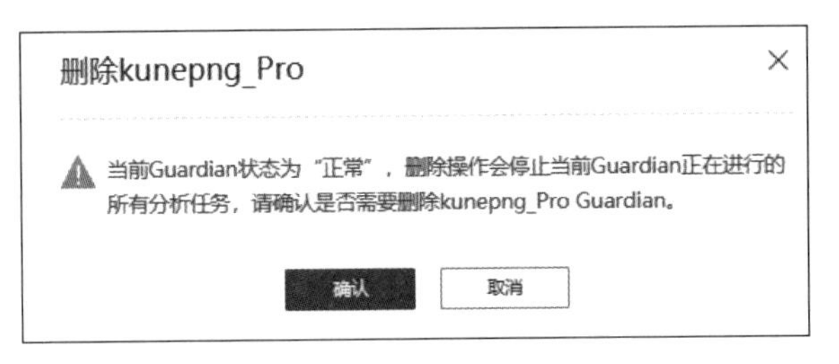

图 8-143 确认删除 Guardian

如果 Guardian 状态为“连接超时”，则会出现要求输入用户登录信息的删除确认窗口，如图 8-144 所示。

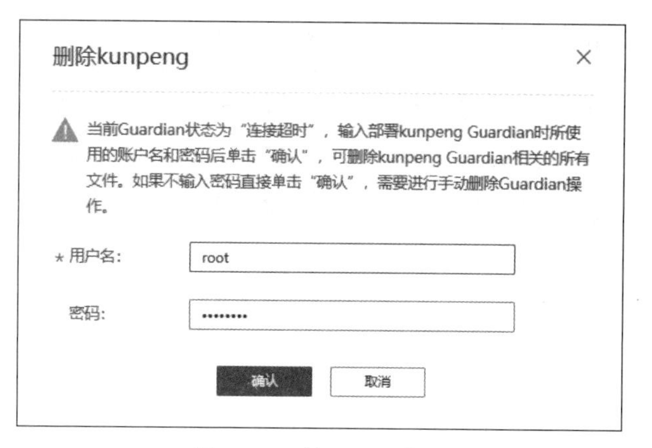

图 8-144　输入登录信息

输入登录信息后，单击"确认"按钮，即可删除 Guardian。

4. 重新连接 Guardian

当 Guardian 所在服务器重新启动或者鲲鹏性能分析工具所在服务器重新启动后，Guardian 节点处于连接超时状态，此时不可以进行性能分析，如图 8-145 所示。

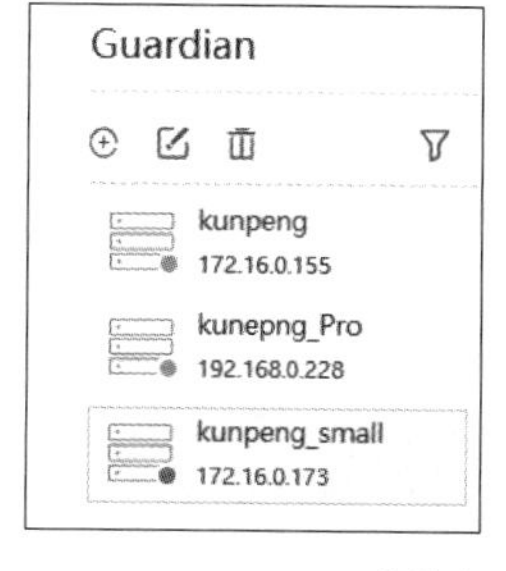

图 8-145　Guardian 连接超时

此时可以单击"修改"图标按钮，如图 8-140 所示，弹出编辑 Guardian 页面，如图 8-146 所示。

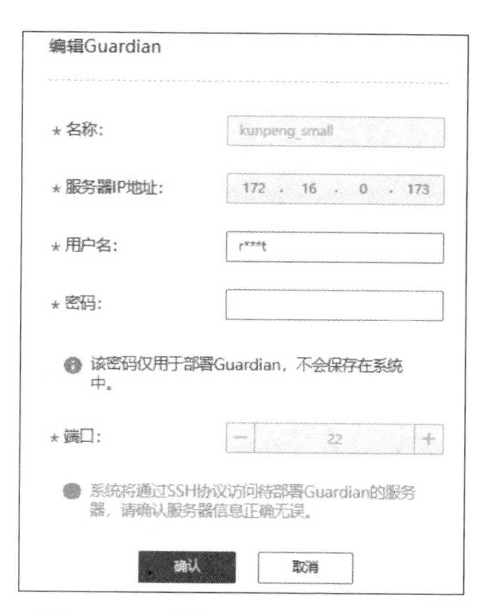

图 8-146　编辑 Guardian 登录信息

重新输入用户名和密码，单击"确认"按钮，即可重新连接 Guardian 所在服务器。

8.4.7 创建 Profiling 分析任务

15min

Profiling 分析任务可以实时分析正在运行的 Java 程序，获取 JVM 的详细信息，创建步骤如下：

步骤 1：在 Java 性能分析主页面 Guardian 区域，单击要分析的 Guardian 节点，如图 8-147 所示。

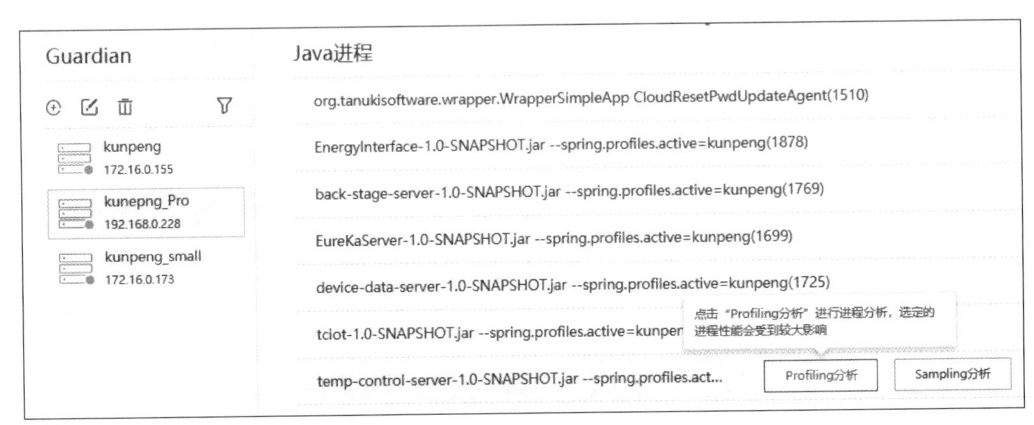

图 8-147 新建 Profiling 分析任务

步骤 2：在 Java 进程列表，将鼠标移动到要分析的进程上面，此时会出现“Profiling 分析”按钮，单击该按钮，可以启动分析，如图 8-148 所示。

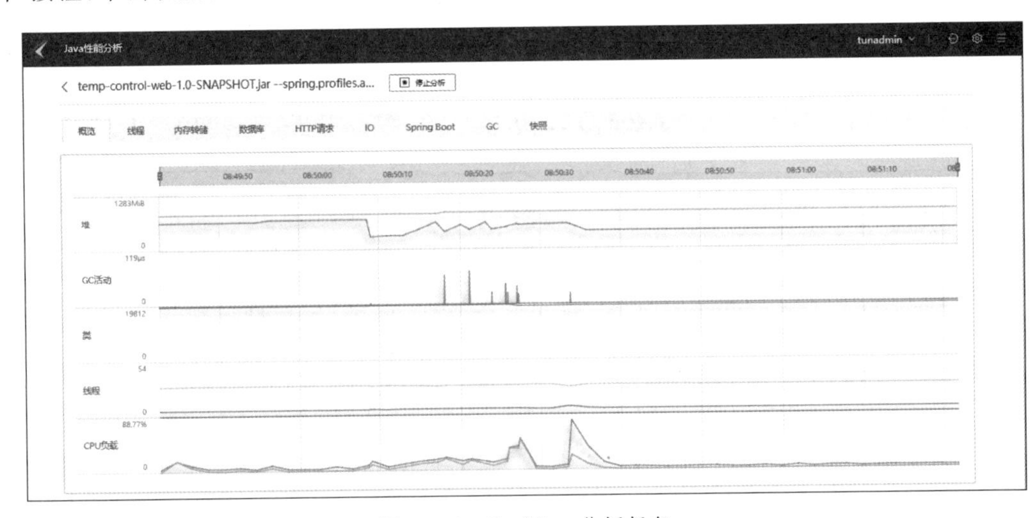

图 8-148 Profiling 分析任务

在分析过程中要停止分析，可以随时单击“停止分析”按钮，此时会弹出停止分析确认窗口，如图 8-149 所示，单击“确认”按钮，即可停止分析。

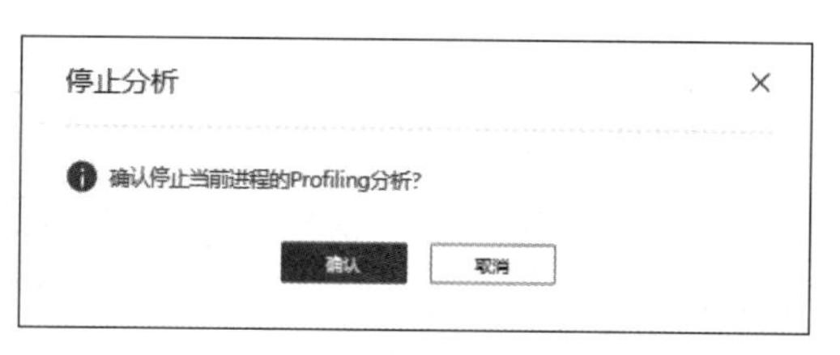

图 8-149　确认停止分析任务

8.4.8　查看 Profiling 分析结果

Profiling 分析是实时分析，在分析进行中可以查看实时的分析结果，分析结果分为 9 个页签，如图 8-148 所示，下面分别说明。

1. 概览

概览页签显示系统总体运行情况，其中上部的曲线图显示堆、GC 活动、类、线程、CPU 负载的时序图，当把鼠标放到某一个时间点上时，会显示该时间点的详细信息，如图 8-150 所示。

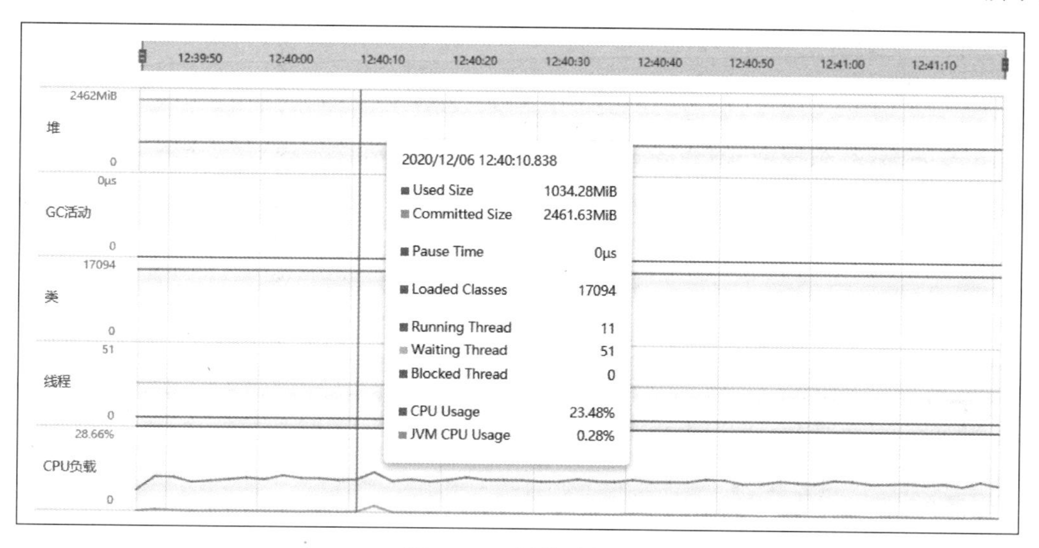

图 8-150　概览时序图

时序图各个参数的说明如表 8-51 所示。

表 8-51　总览时序图参数说明

分　类	参　数	说　明
堆	Used Size	目标 Java 应用，已使用的堆内存大小
	Committed Size	目标 JVM 已预留的堆内存大小
GC 活动	Pause Time	GC 引起的应用暂停执行时间
类	Loaded Classes	已加载 Java 类总数量

续表

分　类	参　数	说　明
线程	Running Thread	处于运行态线程数量
	Waiting Thread	处于等待态线程数量
	Blocked Thread	处于阻塞态线程数量
CPU 负载	CPU Usage	CPU 使用率
	JVM CPU Usage	JVM 进程占用的 CPU 使用率

在概览的下部是环境信息和参数，如图 8-151 所示。

图 8-151　环境信息

环境信息详细列出了 Java 程序的运行环境，在参数区域，会列出 Java 程序启动时的参数，最下面的表格列出了环境变量的名称和值。环境信息各参数说明如表 8-52 所示。

表 8-52　配置说明

参　数	说　明
PID	进程编号
Host	主机信息
Main Class	Java 程序的入口类名称
Arguments	命令行参数
JVM	JVM 版本信息
Java	JDK 版本信息

2. 线程

线程页签分为 3 个子页签，分别是线程列表、线程转储和锁分析图。

在线程列表页签里列出了该程序所有的线程，并且按照线程的状态分成 3 个类别，分别是 Runable、Waiting、Blocked（严格来说，Java 线程具有 6 种状态，但是如果只考虑稳定的状态，也可以分类为 Runable、Waiting、Blocked 3 种），如图 8-152 所示。

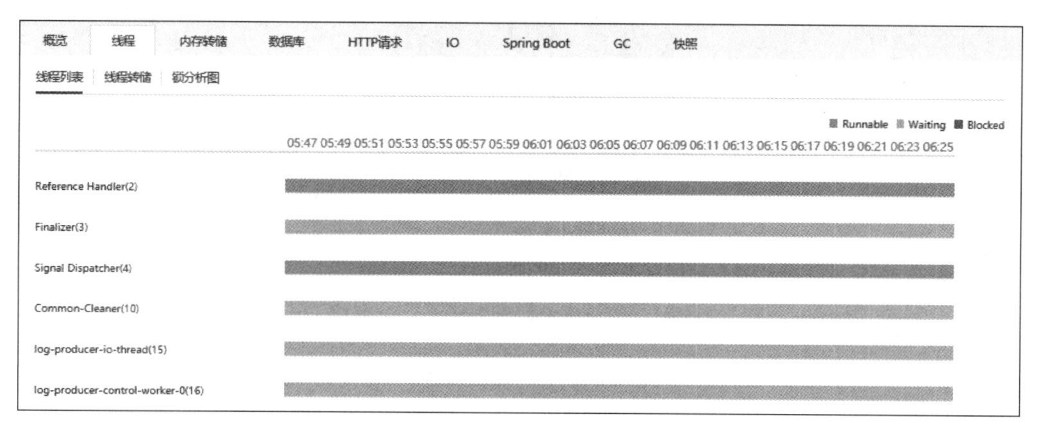

图 8-152　线程列表

线程转储页签可以查看某个特定时间点的所有运行线程的快照，单击“执行线程转储”按钮，便可以生成当前时间的线程快照，如图 8-153 所示。

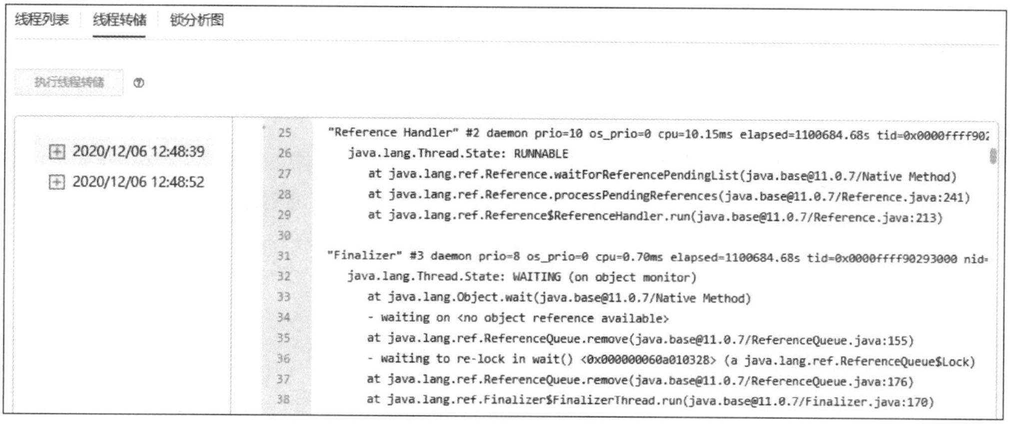

线程列表　线程转储　锁分析图

执行线程转储

2020/12/06 12:48:39

2020/12/06 12:48:52

```
25  "Reference Handler" #2 daemon prio=10 os_prio=0 cpu=10.15ms elapsed=1100684.68s tid=0x0000ffff90
26    java.lang.Thread.State: RUNNABLE
27      at java.lang.ref.Reference.waitForReferencePendingList(java.base@11.0.7/Native Method)
28      at java.lang.ref.Reference.processPendingReferences(java.base@11.0.7/Reference.java:241)
29      at java.lang.ref.Reference$ReferenceHandler.run(java.base@11.0.7/Reference.java:213)
30
31  "Finalizer" #3 daemon prio=8 os_prio=0 cpu=0.70ms elapsed=1100684.68s tid=0x0000ffff90293000 nid=
32    java.lang.Thread.State: WAITING (on object monitor)
33      at java.lang.Object.wait(java.base@11.0.7/Native Method)
34      - waiting on <no object reference available>
35      at java.lang.ref.ReferenceQueue.remove(java.base@11.0.7/ReferenceQueue.java:155)
36      - waiting to re-lock in wait() <0x000000060a010328> (a java.lang.ref.ReferenceQueue$Lock)
37      at java.lang.ref.ReferenceQueue.remove(java.base@11.0.7/ReferenceQueue.java:176)
38      at java.lang.ref.Finalizer$FinalizerThread.run(java.base@11.0.7/Finalizer.java:170)
```

图 8-153　线程转储

单击转储时间前面的⊞图标，可以打开该时间点所有线程的列表，单击现场列表的某一个线程名称，可以在右侧区域看到该线程的信息。

锁分析图可以按照现场转储时间点分析线程对锁的持有情况，如图 8-154 所示。

其中，左侧矩形表示线程，右侧矩形表示锁，虚线代表请求锁，实线代表持有锁。

单击左侧区域转储时间，右侧便会显示该时间点线程与锁的分析图。单击“观察模式”

复选框，确保其被选中，可以高亮显示要分析的线程及请求或持有的锁，也可以切换锁与线程的观察视角。单击“对比模式”复选框，可以在后面的下拉列表选择对比的时间点，如图 8-155 所示。

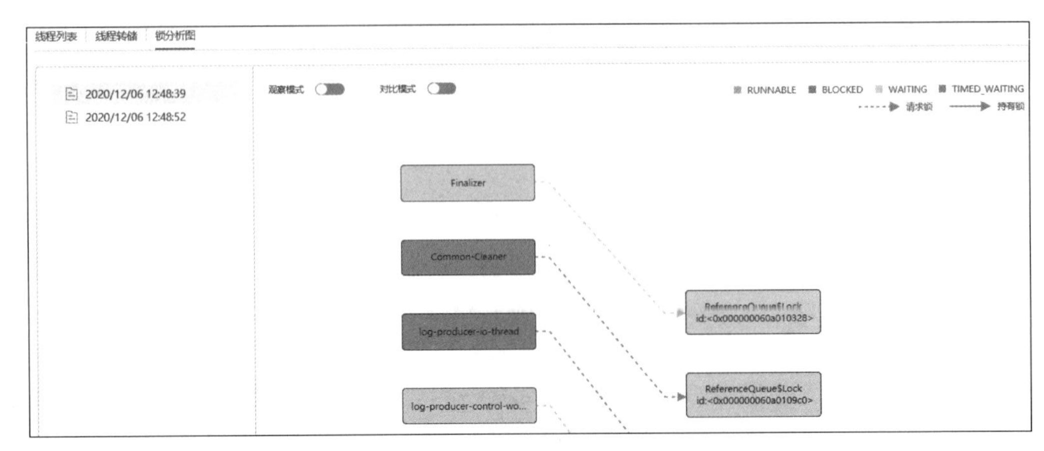

图 8-154　锁分析图

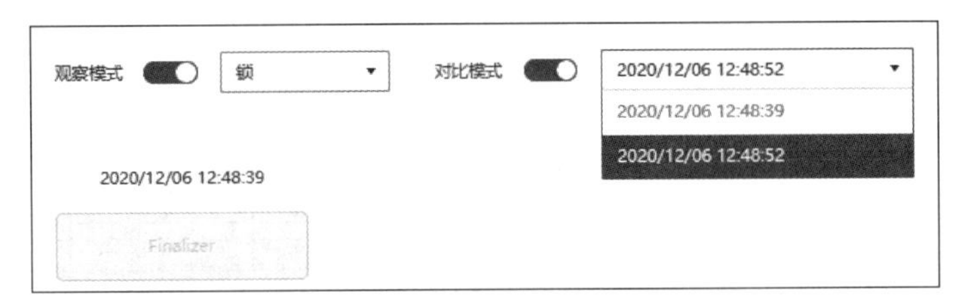

图 8-155　选择对比时间

在对比模式下，可以直观对比不同时间点的线程和锁的关系，如图 8-156 所示，对于线程“https-jsse-nio-8183-exec-9”来讲，它在不同的时间点请求或者持有的锁是不同的。

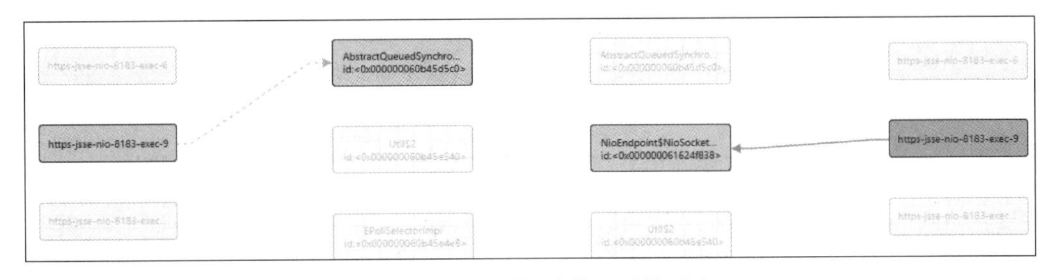

图 8-156　不同时间点线程及锁对比

3. 内存转储

内存转储页签显示 JVM 内存信息，如图 8-157 所示，单击“执行内存转储”按钮，便会生成当前 JVM 的内存快照，内存快照可以按照直方图或者支配树的形式展示。

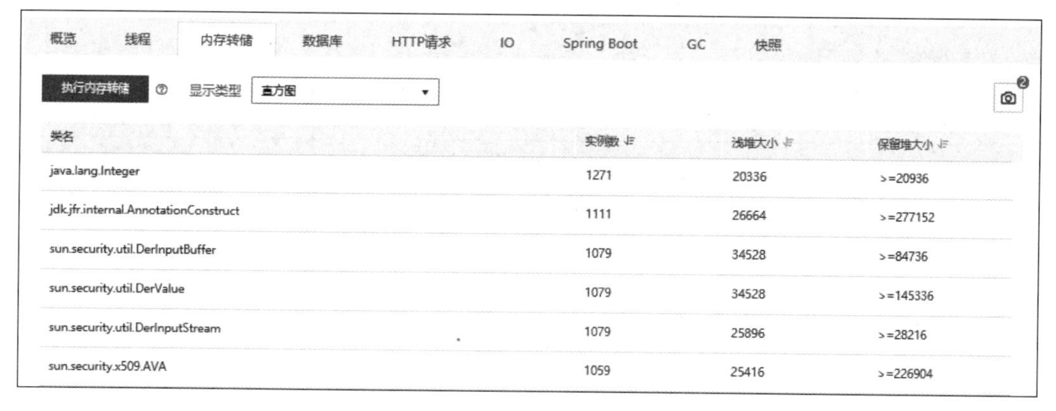

图 8-157　内存转储

1）直方图

对于直方图类型的内存快照表格，各列说明如表 8-53 所示。

表 8-53　直方图列说明

列　　名	说　　明
类名	类名称
实例数	类实例数量
浅堆大小	所有类实例的浅堆大小
保留堆大小	类实例的保留堆大小

表 8-53 中有浅堆和保留堆的信息，关于 Java 的堆，下面是简要解释。

对象浅堆的大小计算方法如下：

```
浅堆大小 = 对象头 + 实例数据 + 对齐填充
对象头 = 标记部分 + 原始对象引用
```

标记部分记录了对象的运行时数据，如 hashCode、GC 分代年龄、锁状态标志、线程持有的锁、偏向线程 ID、偏向时间戳等，标记部分的大小在 32 位机器上为 4 字节，在 64 位机器上为 8 字节。原始对象引用即对象的指针，可据此找到对象的实例，这部分大小在 32 位机器上为 4 字节，在 64 位机器上为 8 字节，如果开启了压缩则为 4 字节。

以 Integer 对象类型为例，因为鲲鹏架构为 64 位，并且 JDK 开启了原始对象引用的压缩，所以对象头大小为 12 字节。Integer 对象是对 int 的封装，int 为 4 字节，所以对象头+实例数据是 16 字节。对齐填充的目的是保证大小为 8 的倍数，这样就不用对其填充了，也就是说 Integer 对象的浅堆大小也是 16 字节。根据图 8-157，java. lang. Integer 有 1271 个实例，浅堆大小为 16 字节，可以得到总的浅堆大小为 20336 字节，和“浅堆大小”列的数值一致。

对象的保留堆表示对象本身的浅堆和所有只能通过该对象访问的对象浅堆之和，也就是对象被 GC 回收后肯定释放的所有内存。

2）支配树

单击显示类型下拉列表，选择“支配树”选项，会出现如图 8-158 所示表格。

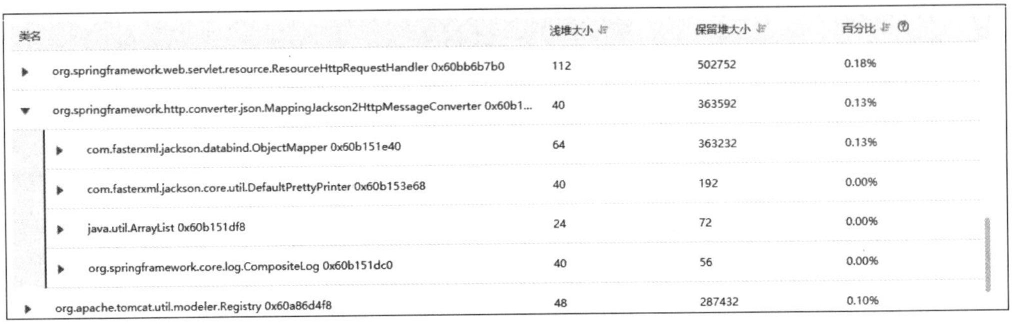

类名	浅堆大小	保留堆大小	百分比
▸ org.springframework.web.servlet.resource.ResourceHttpRequestHandler 0x60bb6b7b0	112	502752	0.18%
▾ org.springframework.http.converter.json.MappingJackson2HttpMessageConverter 0x60b1...	40	363592	0.13%
▸ com.fasterxml.jackson.databind.ObjectMapper 0x60b151e40	64	363232	0.13%
▸ com.fasterxml.jackson.core.util.DefaultPrettyPrinter 0x60b153e68	40	192	0.00%
▸ java.util.ArrayList 0x60b151df8	24	72	0.00%
▸ org.springframework.core.log.CompositeLog 0x60b151dc0	40	56	0.00%
▸ org.apache.tomcat.util.modeler.Registry 0x60a86d4f8	48	287432	0.10%

图 8-158　支配树

支配树体现了对象之间的引用关系，子树所代表的对象只能被父节点所代表的对象直接引用，如果父节点被 GC 回收，那么它的所有子孙节点也肯定会被回收。通过图 8-158 可以看出，每个对象的保留堆大小等于它本身浅堆大小与所有直接子节点的保留堆大小之和。

对于支配树类型的内存快照表格，各个列说明如表 8-54 所示。

表 8-54　支配树列说明

列　名	说　明
类名	类名称
浅堆大小	该类实例的浅堆大小
保留堆大小	该类实例的保留堆大小
百分比	该类实例的保留堆与总堆的百分比

3）快照

单击内存转储页面右上角的相机图标可以保存当前页的内存转储快照，该快照可以在“快照”页签看到。需要注意的是，只保存当前页的快照，当前页的排序方式、每页多少记录都会被保存，保存的快照数量不超过 2 个。

4. 数据库

在第一次进入数据库页签的时候，会出现授权显示窗口，如图 8-159 所示。

单击“显示 SQL/NoSQL 语句或操作”复选框，确保选中，然后单击“确认”按钮，就可以进入具体的数据库页签，如图 8-160 所示。

输入合适的阈值，然后单击“启动分析 JDBC”按钮即可开始分析 JDBC，如图 8-161 所示。

也可以在启动前单击“同时分析数据库连接池”的复选框，确保选中，然后开始分析，此时会同时监控 JDBC 数据库连接池，如图 8-162 所示。

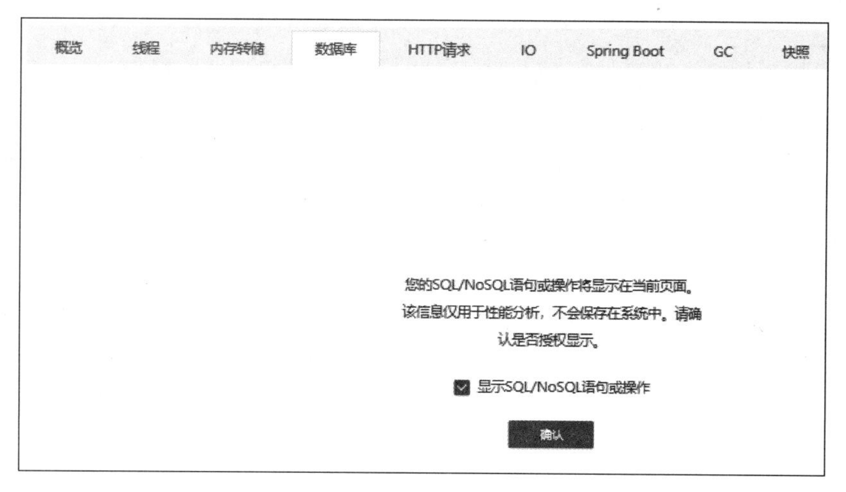

图 8-159　授权显示

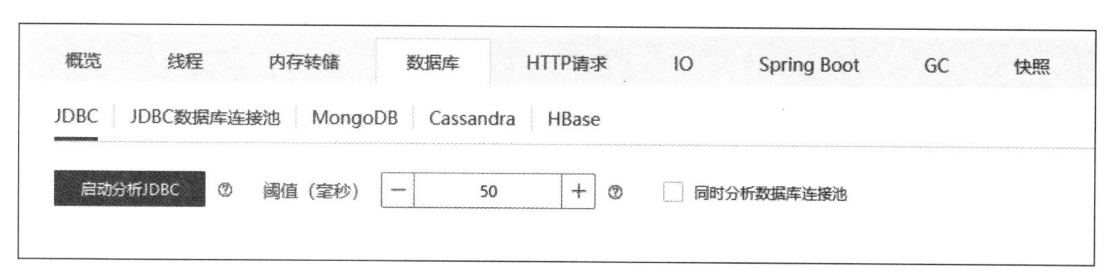

图 8-160　数据库

JDBC 分析页面分为上下两个部分，上部是热点语句列表，下部是实时数据监控折线图，各个参数说明如表 8-55 所示。

表 8-55　JDBC 参数说明

分　　类	参　　数	说　　明
热点语句表格	热点语句	监控到的热点 SQL 语句
	总耗时/ms	执行该 SQL 语句总的耗时
	平均执行时间/ms	热点语句平均每次的执行时间
	执行次数	热点 SQL 语句执行的次数
实时数据监控	执行语句数	特定时刻执行的 SQL 语句数量
	语句平均执行时间	特定时刻 SQL 语句平均执行时间

要停止对 JDBC 的分析，单击“停止分析 JDBC”按钮即可。JDBC 数据库连接池页面的表格参数说明如表 8-56 所示。

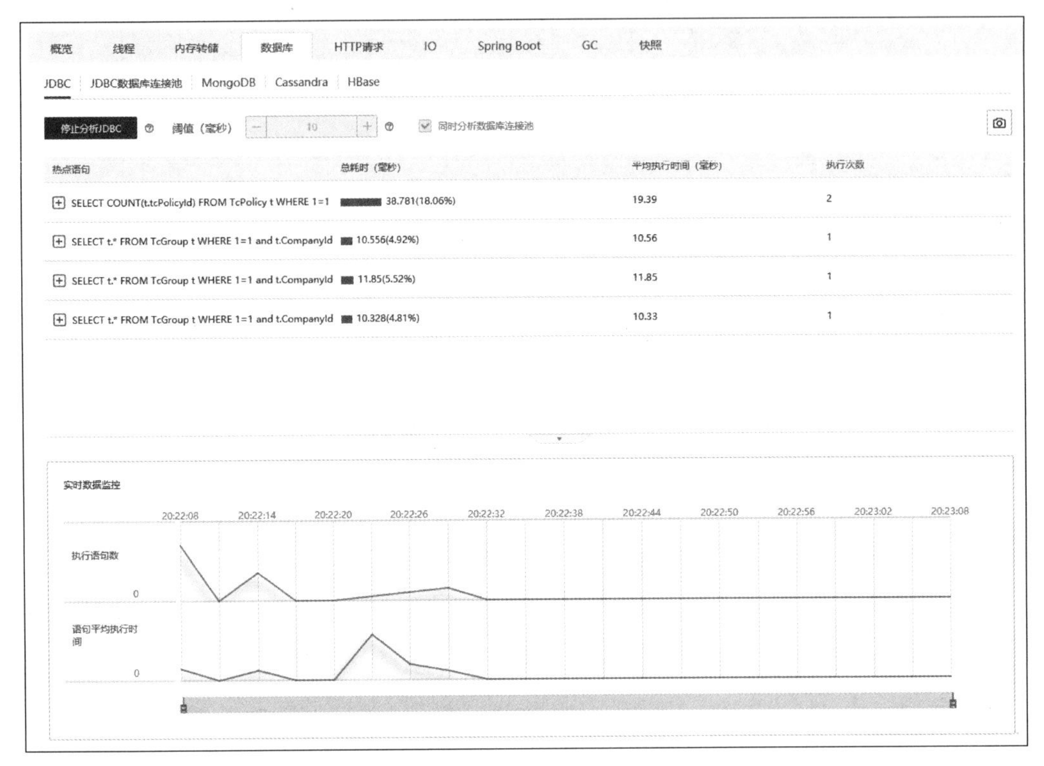

图 8-161　分析 JDBC

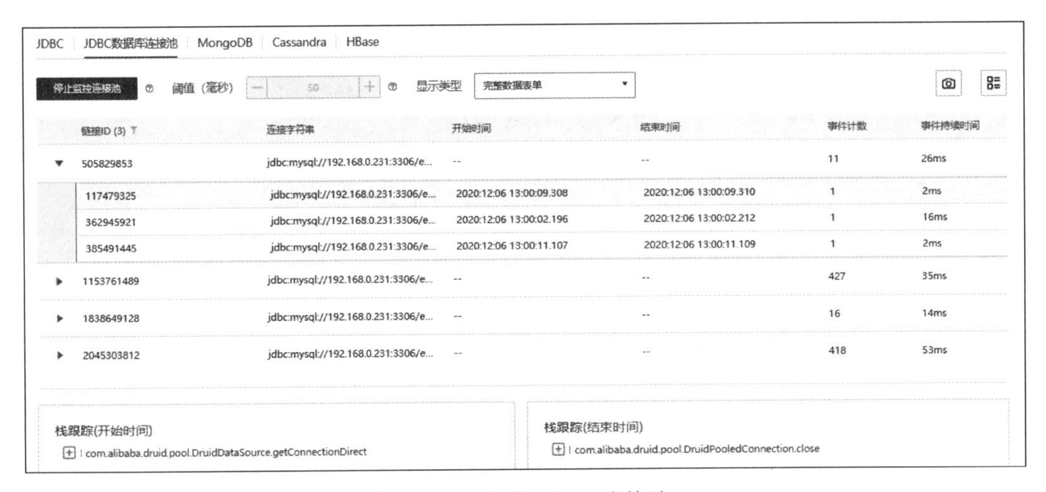

图 8-162　监控 JDBC 连接池

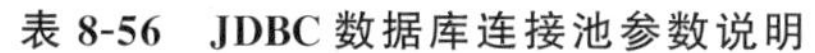

表 8-56　JDBC 数据库连接池参数说明

参　　数	说　　明
链接 ID	链接 ID
连接字符串	数据库连接字符串
开始时间	连接开始时间
结束时间	连接结束时间
事件计数	连接期间执行的事件数量
事件持续时间	事件持续时间

单击右上角的图标显示 druid 连接池配置参数，如图 8-163 所示。

图 8-163　druid 连接池

druid 连接池配置参数说明如表 8-57 所示。

表 8-57　druid 连接池配置参数说明

参　　数	说　　明
initialSize	应用程序启动时在连接池中初始化的连接数量
keepAlive	是否执行 keepAlive 操作
maxActive	连接池中最大的连接数量
maxPoolPreparedStatementPerConnectionSize	每个连接最大缓存的 SQL 语句数量
maxWait	获取连接的最大等待时间，单位为毫秒
minEvictableIdleTimeMillis	连接在连接池中的最小空闲时间，单位为毫秒
minIdle	连接池中最小空闲的连接数量
poolPreparedStatements	是否缓存 SQL 语句
testOnBorrow	连接建立时，是否进行连接有效性检查，如果配置值为 true，则执行 validationQuery 以便检测连接是否有效，该检测会降低性能

续表

参　数	说　明
testOnReturn	连接释放时，是否进行连接有效性检查，如果配置值为 true，则执行 validationQuery 以便检测连接是否有效，该检测会降低性能
testWhileIdle	是否进行现有连接有效性检查，检查不影响性能，并且保证安全性。申请连接的时候检测，如果空闲时间大于 timeBetweenEvictionRunsMillis，执行 validationQuery 以便检测连接是否有效
timeBetweenEvictionRunsMillis	检查连接池中空闲连接的频率，单位为毫秒
URL	连接数据库的网址
validationQuery	用于检查连接是否有效的 SQL 查询语句，如果 validationQuery 为 null，则 testOnBorrow、testOnReturn、testWhileIdle 都不起作用
validationQueryTimeout	连接有效性检查的超时时间

单击“显示类型”下拉列表框，在下拉列表里选择“实时监控视图”可以实时监控连接池的使用情况，如图 8-164 所示。

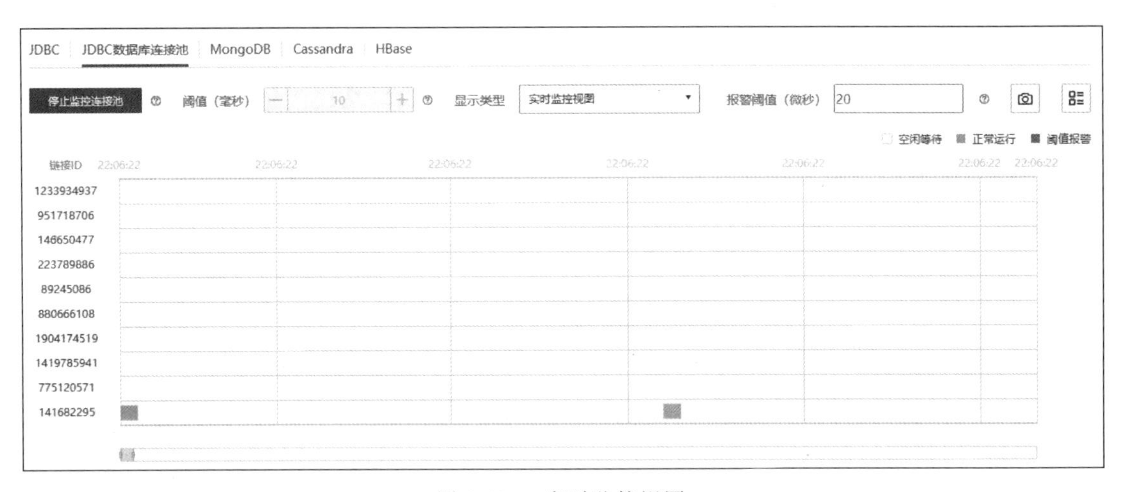

图 8-164　实时监控视图

要停止监控连接池，单击“停止监控连接池”即可。

后面的 MongoDB、Cassandra、HBase 页签与具体的数据库相关，此处就不详细演示了。

5. HTTP 请求

HTTP 请求页签显示执行时间超过阈值的 HTTP 请求信息，如图 8-165 所示，单击“启动分析 HTTP 请求”按钮，开始监听 HTTP 请求，并记录执行时间超过阈值的请求记录。

页签上部的 Hot URL 树形结构显示分析后的热点 URL，并且按照请求方法的不同分类进行显示。针对特定的 URL，记录中的 Count 表示这段时间的总请求次数，Average 表示平均的请求执行时间。如果某一个网址的平均请求执行时间比较高，例如超过了 3000ms，可以重点检查一下该网址对应的后台处理，找出是否有可以优化的方法。

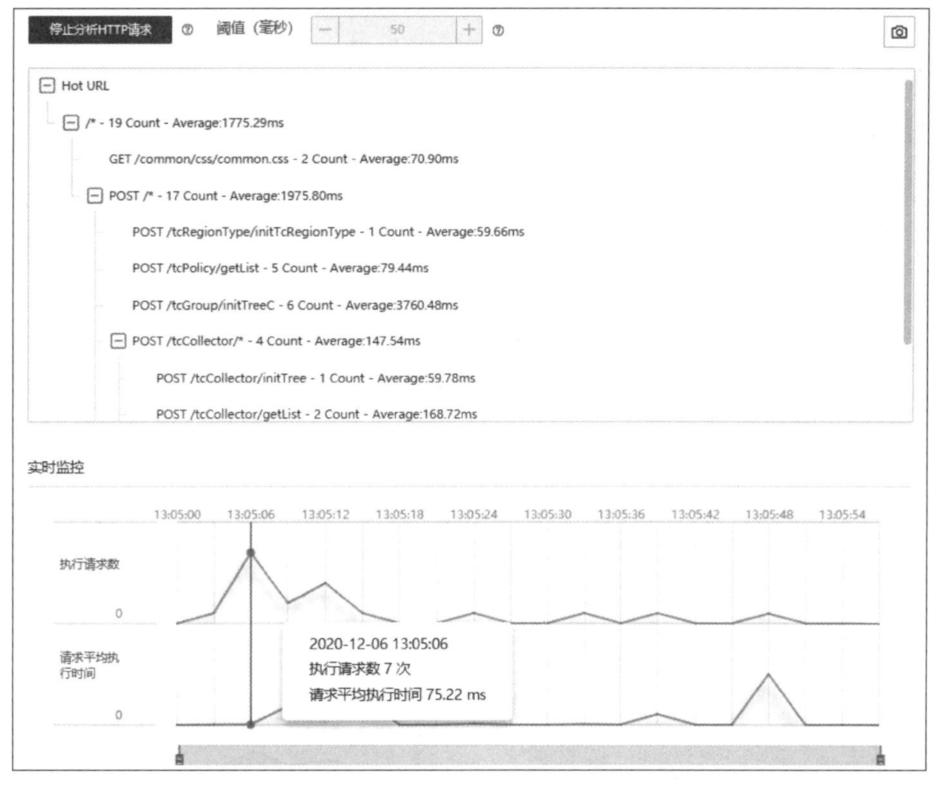

图 8-165 HTTP 请求

页签下部的实时监控区域按照时间点显示执行请求数和平均请求执行时间的折线，把鼠标放到某一个时间点上就可以显示该时间点的详细信息。

单击页面右上角的相机图标可以保存当前页的 HTTP 请求分析快照，该快照可以在“快照”页签查看。

6. IO

IO 页签可以查看文件 IO 和 Socket IO，如图 8-166 所示。

图 8-166 IO 页签

现代企业级开发中直接对文件操作的业务比较少，大部分是网络、数据等操作，下面先给出一个简单的多线程读写文件的示例，方便后面演示文件 IO 的功能。

1）多线程读写文件实例

生成并编译、运行读写文件的 Java 程序步骤如下：

步骤 1：进入要执行分析的鲲鹏服务器。

步骤 2：创建/opt/code/目录并进入，命令如下：

```
mkdir -p /opt/code/
cd /opt/code/
```

步骤 3：创建 IOTest.java 文件，命令如下：

```
vim IOTest.java
```

步骤 4：在 IOTest.java 文件中录入代码，保存并退出，代码如下：

```
//Chapter8/IOTest.java


package com.kunpeng;

import java.io.*;
import java.util.ArrayList;
import java.util.Date;
import java.util.concurrent.atomic.AtomicBoolean;
import java.util.concurrent.locks.ReentrantReadWriteLock;

public class IOTest {

    //是否需要退出
    static AtomicBoolean needExit = new AtomicBoolean(false);

    //文件读写锁
    static ReentrantReadWriteLock readWriteLock = new ReentrantReadWriteLock();

    //临时文件路径
    static String filePath ;

    public static void main(String[] args) {
        //保存所有线程的列表,方便退出
        ArrayList<Thread> threadList = new ArrayList<>();

        //默认 3 个写文件线程
        int threadCount = 3;
```

```
        System.out.println("Please enter the number of writing file thread (The default value
is 3):");

        //获取写文件线程数量
        String line = System.console().readLine();

        if(line!= null&&!line.isEmpty())
        {
            try {
                threadCount = Integer.parseInt(line);
            }
            catch ( Exception e)
            {
                e.printStackTrace();
            }
        }

        Date now = new Date();

        //临时文件名称
        filePath = "/tmp/kunpeng" + now.getTime() + ".log";

        //启动写文件线程
        for(int i = 0;i < threadCount;i++)
        {
            Thread thread = new Thread(IOTest::doWriteFile);
            thread.start();
            threadList.add(thread);
        }

        //启动读文件线程
        Thread readThread = new Thread(IOTest::doReadFile);
        readThread.start();
        threadList.add(readThread);

        //循环接收输入,0:退出,1:显示写了多少行
        while(!needExit.get()) {
            System.out.println("Please enter 0 to exit and enter 1 to display the number of log
file lines: ");
            String cmd = System.console().readLine();
            if(cmd.equals("0"))
            {
                needExit.set(true);
            }
            else if(cmd.equals("1"))
            {
```

```
                readFile(filePath,true);
            }
        }

        //等待线程结束
        threadList.forEach(thread -> {
            try {
                thread.join();
            } catch (InterruptedException e) {
                e.printStackTrace();
            }
        });

        //删除临时文件
        File file = new File(filePath);
        file.delete();
    }


    /**
     * 循环读文件
     */
    private static void doReadFile() {
        while (!needExit.get())
        {
            readFile(filePath,false);

            int sleepTime = getRandomIntValue(100) + 100;

            try {
                Thread.sleep(sleepTime);
            } catch (InterruptedException e) {
                e.printStackTrace();
            }
        }

        System.out.printf("File reading thread %d exit %n",Thread.currentThread().
getId());
    }

    /**
     * 读给定的文件
     * @param filePath 文件路径
     * @param displayLinesCount 是否打印文件行数
     */
```

```
    private static void readFile(String filePath,boolean displayLinesCount) {
        int totalLineCount = 0;
        readWriteLock.readLock().lock();
        FileReader fileReader;
        try {
            fileReader = new FileReader(filePath);
            BufferedReader bufferedReader = new BufferedReader(fileReader);
            String line = bufferedReader.readLine();

            while (line != null) {
                totalLineCount++;
                line = bufferedReader.readLine();
            }
            if(displayLinesCount) {
                System.out.printf("The file contains %d lines %n", totalLineCount);
            }
            bufferedReader.close();
            fileReader.close();
        } catch (IOException e) {
            e.printStackTrace();
        } finally {
            readWriteLock.readLock().unlock();
        }
    }

    /**
     * 循环写文件
     */
    private static void doWriteFile() {
        while (!needExit.get())
        {
            writeFile(filePath);

            int sleepTime = getRandomIntValue(100) + 50;

            try {
                Thread.sleep(sleepTime);
            } catch (InterruptedException e) {
                e.printStackTrace();
            }
        }

        System.out.printf("File writing thread %d exit %n",Thread.currentThread().
getId());
    }
```

```
    /**
     * 写给定的文件
     * @param filePath 文件路径
     */
    private static void writeFile(String filePath)
    {
        readWriteLock.writeLock().lock();
        FileWriter fileWriter ;
        try {
            fileWriter = new FileWriter(filePath,true);
            BufferedWriter bufferedWriter = new BufferedWriter(fileWriter);
            Date now = new Date();
             String line = String.format("%1$tF %1$tT %1$tL:Thread %2$d write
file! %n",now,Thread.currentThread().getId());
            bufferedWriter.write(line);
            bufferedWriter.flush();
            bufferedWriter.close();
            fileWriter.close();
        } catch (IOException e) {
            e.printStackTrace();
        } finally {
            readWriteLock.writeLock().unlock();
        }
    }

    /**
     * 获取随机数
     * @param maxValue 随机数最大值
     * @return 随机数
     */
    private static int getRandomIntValue(int maxValue)
    {
        double random = Math.random() * maxValue + 1;
        return (int)random;
    }
}
```

步骤 5：编译 IOTest.Java，命令如下：

```
javac IOTest.java
```

编译后可以得到 IOTest.class 文件。

步骤 6：创建/opt/code/com/kunpeng/目录，并且把 IOTest.class 文件移动到该目录，命令如下：

```
mkdir -p /opt/code/com/kunpeng/
mv IOTest.class /opt/code/com/kunpeng/
```

步骤 7：运行 IOTest 程序，命令如下：

```
java com.kunpeng.IOTest
```

步骤 8：程序运行后首先需要录入线程数量，然后输入 1 查看已经生成的文件行数，如果要退出，则需要输入 0，如图 8-167 所示。

```
[root@ecs-kunpeng code]# java com.kunpeng.IOTest
Please enter the number of writing file thread (The default value is 3):
5
Please enter 0 to exit and  enter 1 to display the number of log file lines:
1
The file contains 400 lines
Please enter 0 to exit and  enter 1 to display the number of log file lines:
0
File reading thread 16 exit
File writing thread 15 exit
File writing thread 12 exit
File writing thread 14 exit
File writing thread 11 exit
File writing thread 13 exit
[root@ecs-kunpeng code]# 
```

图 8-167　IOTest 运行页面

2）文件 IO

单击文件 IO 页签中的“启动分析 IO”按钮，即可启动 IO 分析，如图 8-168 所示，如果使用 IOTest 实例演示，因为每次读写的字节数较少，读写速率可能超过 1024KB/s 的默认阈值，所以需要把阈值调高一些。要停止文件 IO 分析可以单击“停止分析 IO”按钮，即可停止分析。单击右上角的相机图标可以保存当前的文件 IO 分析快照，快照数量不超过 2 个。

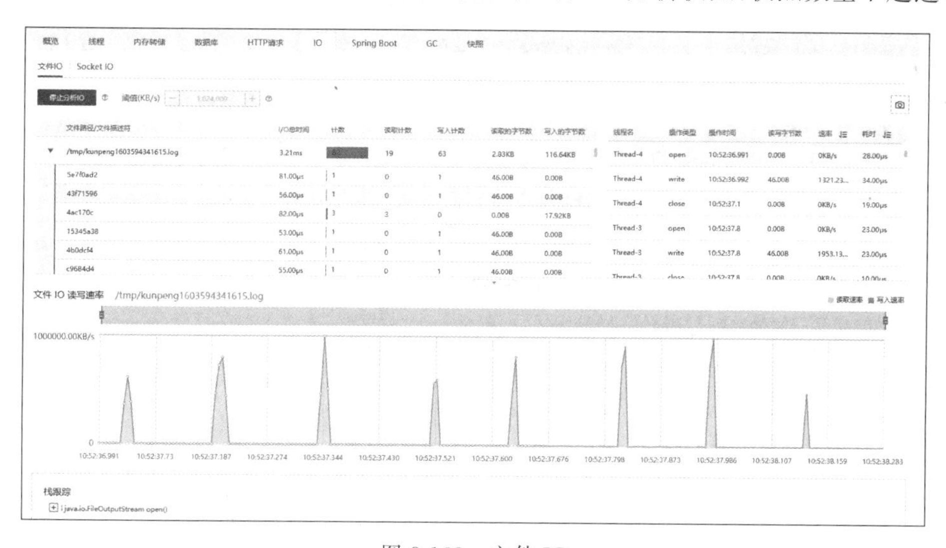

图 8-168　文件 IO

文件 IO 页签表格列名说明如表 8-58 所示。

表 8-58 文件 IO 列说明

列名	说明
文件路径/文件描述符	文件路径表示要读写的文件，文件描述符为一个非负整数，对应了一个打开的文件，所有文件 IO 操作的系统调用都通过文件描述符实现
IO 总时间	文件 IO 读写的总时间
计数	文件 IO 读写的总次数
读取计数	文件 IO 读取的次数
写入计数	文件 IO 写入的次数
读取的字节数	文件 IO 读取的字节数
写入的字节数	文件 IO 写入的字节数
线程名	当前文件 IO 调用的线程名称
操作类型	文件 IO 操作的类型，有 open、read、write、close 等多种类型
操作时间	文件 IO 操作的时间
读写字节数	文件 IO 读取或写入字节数
速率	文件 IO 读取或写入的速率
耗时	文件 IO 操作的耗时

文件 IO 读写速率区域显示了文件在一段时间内的读写速率折线图，可以查看特定时间点的读写速率，也易于发现读写速率峰值所在的时间点。栈跟踪区域显示文件操作的堆栈调用信息。

3）Socket IO

单击 Socket IO 页签中的"启动分析 IO"按钮，即可启动 IO 分析，如图 8-169 所示。要停止 Socket IO 分析可以单击"停止分析 IO"按钮，即可停止分析。单击右上角的相机图标 📷 可以保存当前的 Socket IO 分析快照，快照数量不超过 2 个。

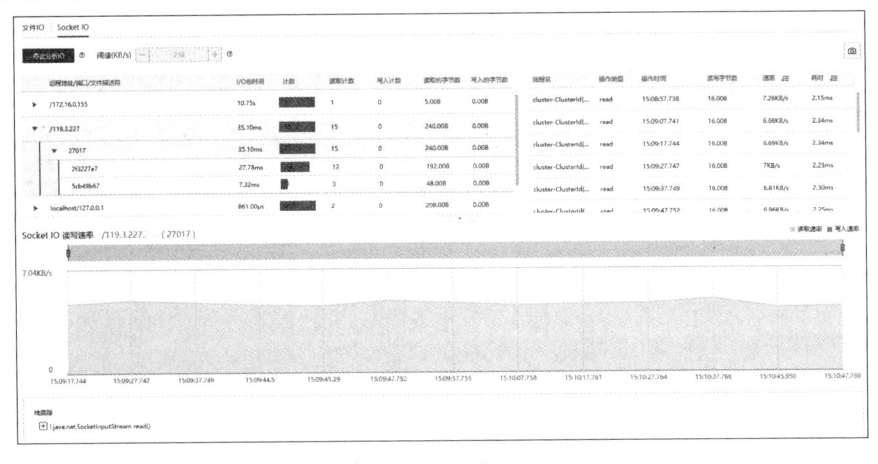

图 8-169 Socket IO

Socket IO 页签表格列名说明如表 8-59 所示。

表 8-59　Socket IO 列说明

列　名	说　明
远程地址/端口/文件描述符	远程地址：该网络连接的远端 IP 地址。 端口：连接监听的端口。 文件描述符：Linux 中把 Socket 套接字也看作一个文件，Socket 创建好后会返回一个代表它的文件描述符
IO 总时间	Socket IO 读写的总时间
计数	Socket IO 读写的总次数
读取计数	Socket IO 读取的次数
写入计数	Socket IO 写入的次数
读取的字节数	Socket IO 读取的字节数
写入的字节数	Socket IO 写入的字节数
线程名	当前 Socket IO 调用的线程名称
操作类型	Socket IO 操作的类型
操作时间	Socket IO 操作的时间
读写字节数	Socket IO 读取或写入字节数
速率	Socket IO 读取或写入的速率
耗时	Socket IO 操作的耗时

Socket IO 读写速率区域显示了特定 Socket 在一段时间内的读写速率折线图，可以查看特定时间点的读写速率，也易于发现读写速率峰值所在的时间点。栈跟踪区域显示 Socket IO 操作的堆栈调用信息。

7. Spring Boot

在 Spring Boot 页签可以查看与 Spring Boot 相关的信息，如图 8-170 所示。

图 8-170　Spring Boot

单击“启动分析 Spring Boot”按钮，启动针对 Spring Boot 的分析，下面分项说明。

1）应用健康状态

Spring Boot 分析的第 1 个页签是应用健康状态，如图 8-171 所示。

应用健康状态显示该 Spring Boot 应用实例的健康状况，UP 表示正常，Down 表示宕机。实例会根据配置检查多种服务的健康状况，只有全部被检查项的健康状态都是 UP，实例的健康状态才是 UP。本页面只检查磁盘的健康状态，包括以下 3 种信息：

图 8-171 健康状态

- 总容量：服务器的磁盘总空间大小，对于 ECS 显示分配的虚拟磁盘总容量；
- 可用容量：服务器的磁盘可用空间大小；
- 阈值容量：磁盘空间阈值大小。

2）Benans 组件信息

第 2 个页签是 Beans 组件信息，如图 8-172 所示，列出了各个 Bean 的来源、依存关系及创建的模式。Spring 创建 Bean 有单例模式（singleton）和原始模型模式（prototype）两种，默认是单例模式。一般情况下，有状态的 Bean 使用原始模型模式，而对于无状态的 Bean 一般采用单例模式。

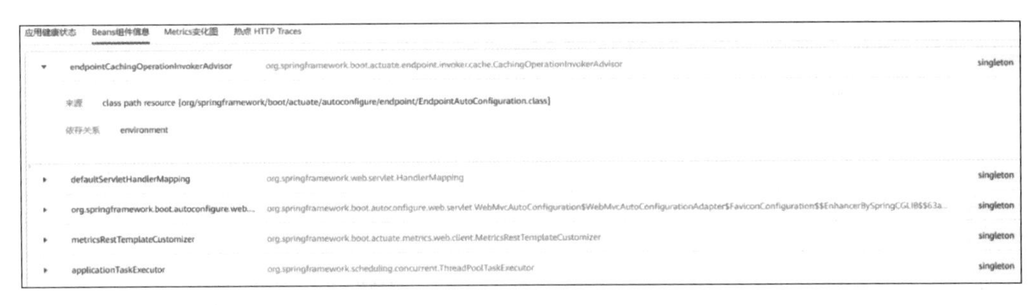

图 8-172 Beans 组件信息

3）Metrics 变化图

第 3 个页签是 Metrics 变化图，如图 8-173 所示，Metrics 是指标度量工具，它的变化可以反映当前 Spring Boot 应用的运行情况。

Metrics 变化图各个参数的说明如表 8-60 所示。

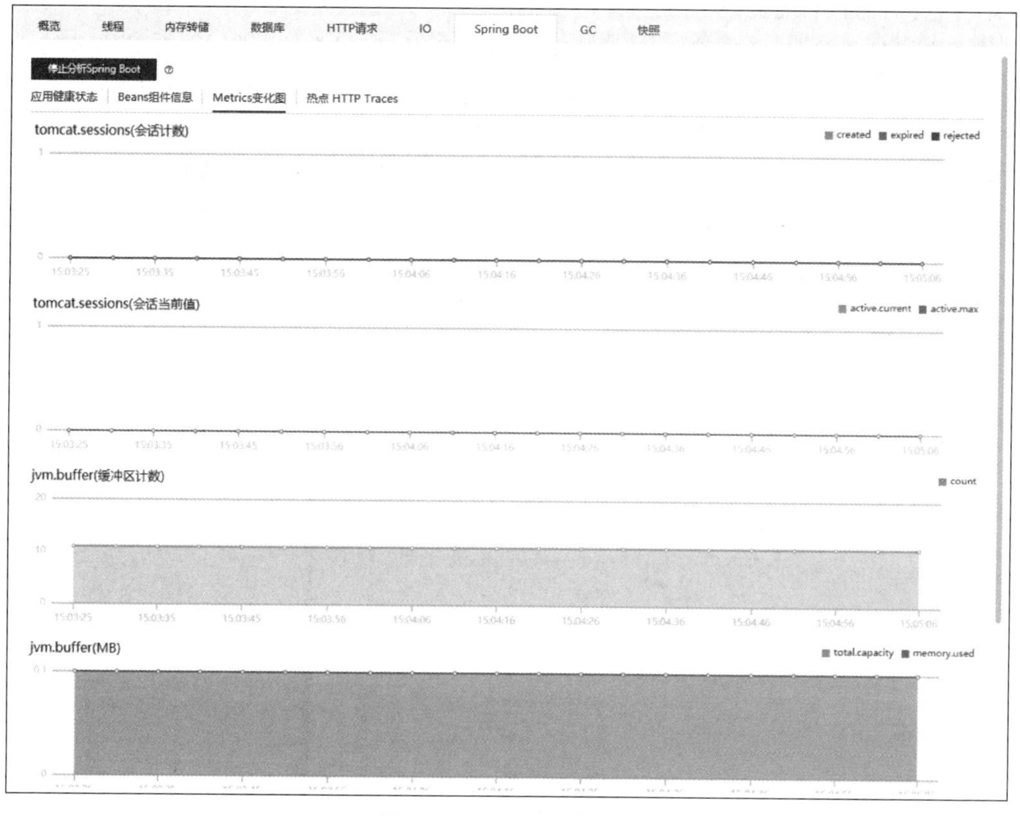

图 8-173　Metrics 变化图

表 8-60　Metrics 变化图参数说明

分　类	参　数	说　明
tomcat. sessions（会话计数）	created	Tomcat 容器中创建的会话数量
	expired	Tomcat 容器中过期的会话数量
	rejected	Tomcat 容器中拒绝的会话数量
tomcat. sessions（会话当前值）	active. current	Tomcat 容器中当前活跃的会话数量
	active. max	Tomcat 容器中最大活跃的会话数量
jvm. buffer（缓冲区计数）	count	JVM 中缓冲区计数
jvm. buffer(MB)	total. capacity	JVM 中缓冲区总容量
	memory. used	JVM 中缓冲区已使用的内存容量
logback. events. level（事件计数）	info	记录到日志中的 info 级别的事件数量
	warn	记录到日志中的 warn 级别的事件数量
	trace	记录到日志中的 trace 级别的事件数量
	debug	记录到日志中的 debug 级别的事件数量
	error	记录到日志中的 error 级别事件数

4）热点 HTTP Traces

第 4 个页签是热点 HTTP Traces，如图 8-174 所示，可以在输入框/path 处输入关键字筛选特定的路径。中间的折线图显示特定时刻的分类请求数量，分类有以下 3 种：

- 成功的：一般指的是状态码为 2XX 的请求；
- 状态 4XX：状态码为 4XX，表示请求可能出错，会妨碍服务器的处理；
- 状态 5XX：状态码为 5XX，表示服务器在尝试处理请求时发生内部错误，这些错误可能是服务器本身的错误，而不是请求出错。

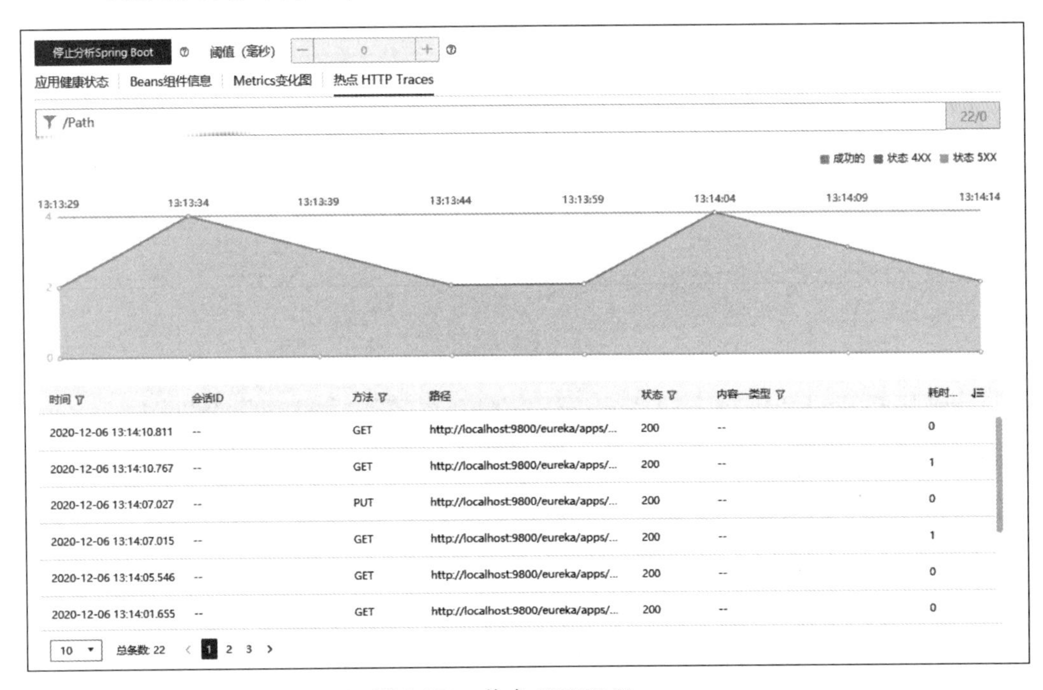

图 8-174　热点 HTTP Traces

折线图下面的表格显示了详细的请求信息，各个列说明如表 8-61 所示。

表 8-61　HTTP Trace 列说明

列　　名	说　　明
时间	当前会话发生的时间
会话 ID	会话 ID
方法	HTTP 请求方法，可能为 GET、POST、HEAD、PUT、DELETE、CONNECT、OPTIONS、TRACE 中的一种
路径	HTTP 请求访问路径
状态	HTTP 请求的状态码，状态码的详细信息见表后的说明
内容-类型	HTTP 请求的内容和类型
耗时/ms	当前 HTTP 请求持续时间

2XX、4XX、5XX 状态码说明：

- 200 OK(成功)：服务器已成功处理了请求；
- 201 Created(已创建)：请求成功并且服务器创建了新的资源；
- 202 Accepted(已接受)：服务器已接受请求，但尚未处理；
- 203 Non-Authoritative Information(非授权信息)：服务器已成功处理了请求，但返回的信息可能来自另一来源；
- 204 No Content(无内容)：服务器成功处理了请求，但没有返回任何内容；
- 205 Reset Content(重置内容)：服务器成功处理了请求，但没有返回任何内容；
- 206 Partial Content(部分内容)：部分请求成功；
- 400 Bad Request(错误请求)：服务器不理解请求的语法；
- 401 Unauthorized(未授权)：请求要求身份验证。对于需要登录的网页，服务器可能返回此响应；
- 402 Payment Required(要求付款)：该状态码是为了将来可能的需求而预留的；
- 403 Forbidden(禁止)：服务器拒绝请求；
- 404 Not Found(未找到)：服务器找不到请求的网页；
- 405 Method Not Allowed(方法禁用)：禁用请求中指定的方法；
- 406 Not Acceptable(不接受)：无法使用请求的内容特性响应请求的网页；
- 407 Proxy Authentication Required(要求进行代理认证)：此状态代码与 401(未授权)类似，但指定请求者应当授权使用代理；
- 408 Request Timeout(请求超时)：服务器等候请求时发生超时；
- 409 Conflict(冲突)：服务器在完成请求时发生冲突。服务器必须在响应中包含有关冲突的信息；
- 410 Gone(已删除)：如果请求的资源已永久删除，服务器就会返回此响应；
- 411 Length Required(需要有效长度)：服务器不接受不含有效内容长度标头字段的请求；
- 412 Precondition Failed(未满足前提条件)：服务器未满足请求者在请求中设置的其中一个前提条件；
- 413 Request Entity Too Large(请求实体过大)：服务器无法处理请求，因为请求实体过大，超出服务器的处理能力；
- 414 Request URI Too Long(请求的 URI 过长)：客户端发送的请求所携带的 URL 超过了服务器能够或者希望处理的长度；
- 415 Unsupported Media Type(不支持的媒体类型)：请求的格式不受请求页面的支持；
- 416 Requested Range Not Satisfiable(请求范围不符合要求)：如果页面无法提供请求的范围，则服务器会返回此状态代码；
- 417 Expectation Failed(未满足期望值)：服务器未满足“期望”请求标头字段的要求；

- 500 Internal Server Error(服务器内部错误)：服务器遇到错误，无法完成请求；
- 501 Not Implemented(尚未实施)：服务器不具备完成请求的功能。例如，服务器无法识别请求方法时可能会返回此代码；
- 502 Bad Gateway(错误网关)：服务器作为网关或代理，从上游服务器收到无效响应；
- 503 Service Unavailable(服务不可用)：服务器目前无法使用(由于超载或停机维护)。通常，这只是暂时状态；
- 504 Gateway Timeout(网关超时)：服务器作为网关或代理，但是没有及时从上游服务器收到请求；
- 505 HTTP Version Not Supported(HTTP 版本不受支持)：服务器不支持请求中所用的 HTTP 协议版本。

8. GC

在 GC(Garbage Collection)页签可以看到监控期间的 GC 事件信息，如图 8-175 所示。

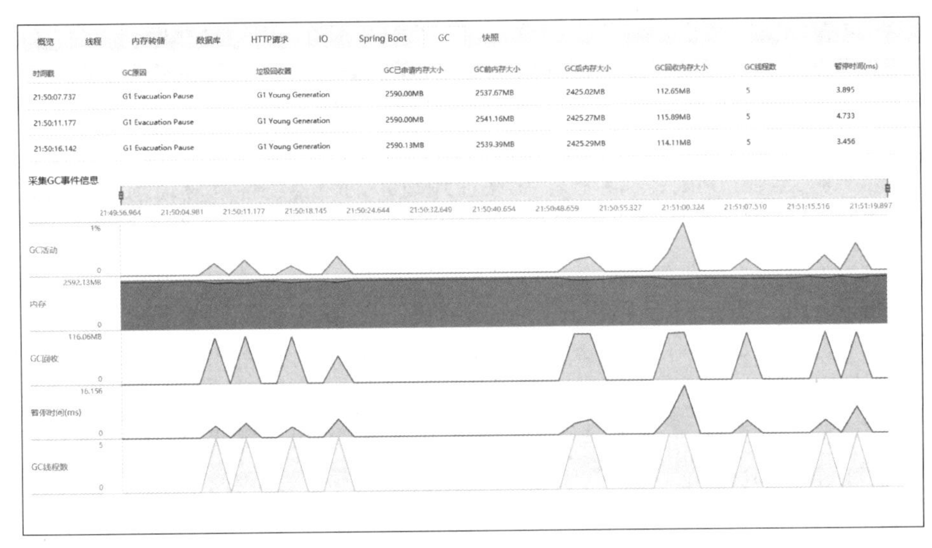

图 8-175 GC

在页面的上部是 GC 事件发生的表格，记录了每次垃圾收集的详细信息，各个列的说明如表 8-62 所示。

表 8-62 GC 事件列说明

列　　名	说　　明
时间戳	GC 事件发生的时间
GC 原因	触发本次 GC 的原因
垃圾回收器	执行 GC 的垃圾收集器名称
GC 已申请内存大小	GC 已申请内存大小
GC 前内存大小	执行 GC 前内存大小

续表

列　　名	说　　明
GC 后内存大小	执行 GC 后内存大小
GC 回收内存大小	GC 回收的内存大小
GC 线程数	GC 进行过程中使用到的线程数，GC 操作会暂停所有的应用程序线程，为了尽量缩短停顿时间 JVM 会尽可能利用更多的 CPU 资源，这里使用多个线程可以加速 GC 的执行
暂停时间(ms)	GC 引起的应用暂停执行的时间

在页面的下部是采集 GC 事件信息的折线图，按照时间顺序显示每个特定时间点上的 GC 活动、内存、GC 回收、暂停时间、GC 线程数信息。

9. 快照

为方便对系统数据进行不同时间点的对比分析，工具提供了快照功能，对于支持快照的页面，单击页面右上角的图标按钮，可以保存当前页面的快照，每个页面支持最多两个快照。所有的快照最终都可以在快照页签查看，如图 8-176 所示。

图 8-176　快照

页面分为两个部分，左侧是树形结构的快照列表，右侧显示快照的详细信息，单击代表每个快照的快照时间，可以查看该快照的信息。

8.4.9　Profiling 分析记录管理

1. 导出记录

在执行 Profiling 分析的时候，在 Java 性能分析主页面右侧 Profiling 分析记录区域可以看到该分析任务，如图 8-177 所示。

单击分析记录右侧的“导出记录”图标按钮，可以导出该记录，导出的记录会以 json 的格式存储到本地。

2. 导入记录

在 Java 性能分析主页面右侧 Profiling 分析记录区域，单击右侧的“导入记录”图标按钮，如图 8-178 所示，会提示选择要导入的本地记录，选择本地记录后，即可查看该记录的分析数据。

图 8-177 导出

图 8-178 导入

8.4.10 创建 Sampling 分析任务

Profiling 分析是实时分析，需要一直关注任务的运行情况，对被分析的应用程序性能影响较大，而 Sampling 分析可以根据配置自行执行分析和记录，期间可选择不需要人工干预，在分析结束后可以随时查看分析报告，对被分析应用性能影响较小。创建 Sampling 分析任务步骤如下：

步骤 1：在 Java 性能分析主页面 Guardian 区域，单击要分析的 Guardian 节点，然后在 Java 进程区域把鼠标放到要分析的进程上面，此时会出现“Sampling 分析”按钮，如图 8-179 所示。

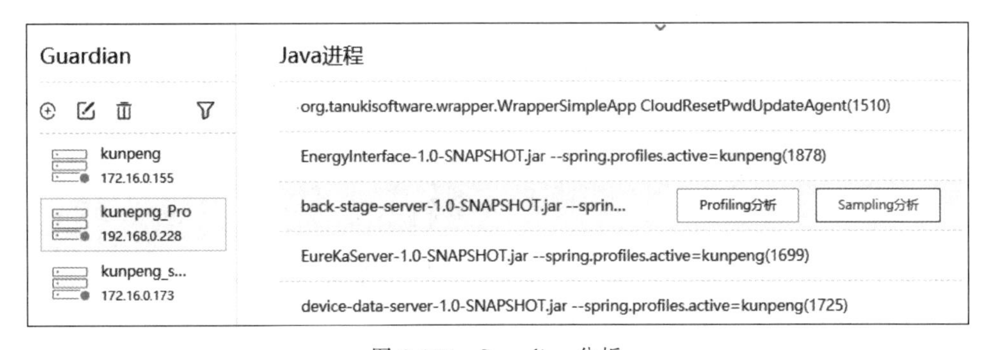

图 8-179 Sampling 分析

步骤 2：单击“Sampling 分析”按钮，弹出“新建 Sampling 分析记录”窗口，如图 8-180 所示。

新建 Sampling 分析记录参数说明如表 8-63 所示。

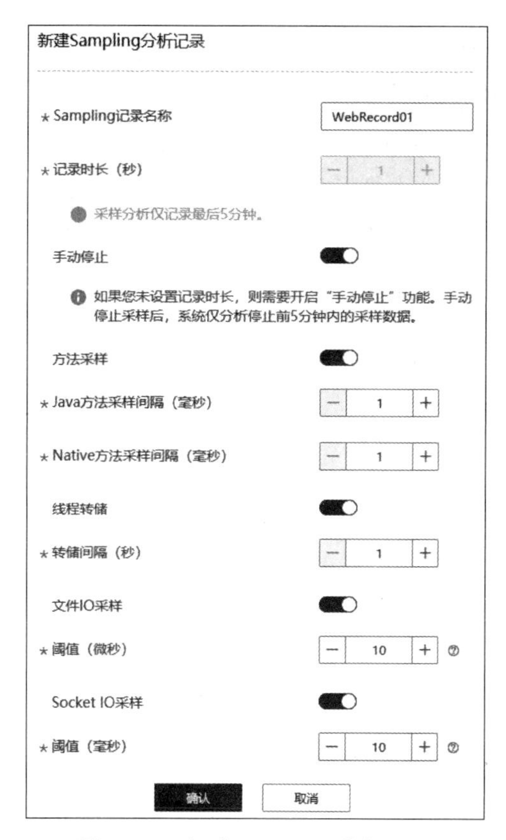

图 8-180　新建 Sampling 分析记录

表 8-63　新建 Sampling 分析记录参数说明

参　　数	说　　明
Sampling 记录名称	新建分析记录任务的名称。名称要求如下： ■　以英文字母开头； ■　长度为 6～32 个字符； ■　可以包含字母、数字、“.”和“_”
记录时长/s	设置记录的时间。默认为 60s，取值范围为 1～300s。如果“手动停止”复选框是选中状态，此参数不可设置
手动停止	表示采集过程不会自动结束，需要操作者手动停止，默认关闭。手动停止采样后，系统仅分析停止前 5 分钟内的采样数据
方法采样	是否对 Java 方法和 Native 方法采样，默认打开
Java 方法采样间隔/ms	设置 Java 方法采样间隔。默认为 1ms，取值范围为 1～1000ms。如果关闭“方法采样”，此参数不可设置
Native 方法采样间隔/ms	设置 Native 方法采样间隔。默认为 1ms，取值范围为 1～1000ms。如果关闭“方法采样”，此参数不可设置
线程转储	是否启用线程转储。默认打开

续表

参　　数	说　　明
转储间隔/s	设置线程转储的间隔时间。默认为 1s，取值范围为 1～60s。如果关闭“线程转储”，此参数不可设置
文件 IO 采样	是否启用文件 IO 采样。默认关闭
阈值(微秒)	设置文件 IO 采样阈值。默认为 10μm，取值范围为 1～1000μm。系统只会抓取耗时超过阈值的文件 IO 来分析
Socket IO 采样	是否启用 Socket IO 采样。默认关闭
阈值/ms	设置 Socket IO 采样阈值。默认为 10ms，取值范围为 1～1000ms。系统只会抓取耗时超过阈值的 Socket IO 来分析

步骤 3：新建 Sampling 分析记录参数填写完毕，单击“确认”按钮，即可开启任务，如图 8-181 所示。

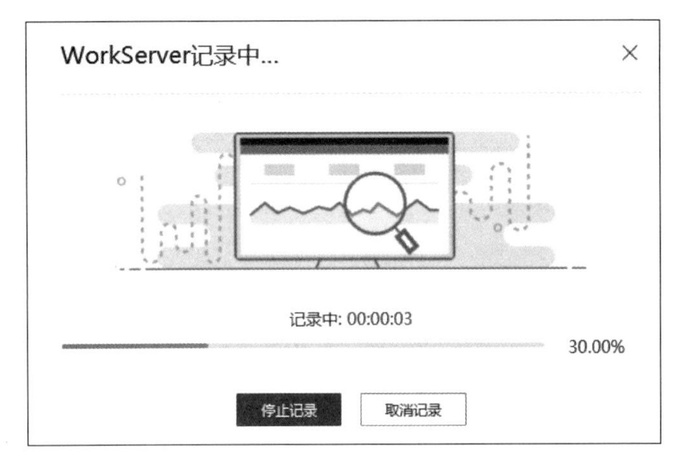

图 8-181　执行记录

可以随时单击“停止记录”按钮停止记录，或者单击“取消记录”按钮取消记录。如果没有设置手动停止，任务会在记录时长达到后结束。

8.4.11　查看 Sampling 分析结果

Sampling 分析任务完成后会自动进入分析结果查看页面，该页面分为环境信息、GC、锁、线程转储、方法采样、内存、IO 7 个页签，下面分别说明。

1. 环境信息

环境信息页签的上部是 CPU 利用率曲线图，如图 8-182 所示。

该折线图显示了机器总计、JVM 用户态、JVM 内核态的 CPU 利用率数据，把鼠标放在折线图上，可以查看某一个时间点的 CPU 利用率信息。

页签下部是 3 个表格，分别是 Java 系统属性、系统环境信息、环境变量，如图 8-183 所示。

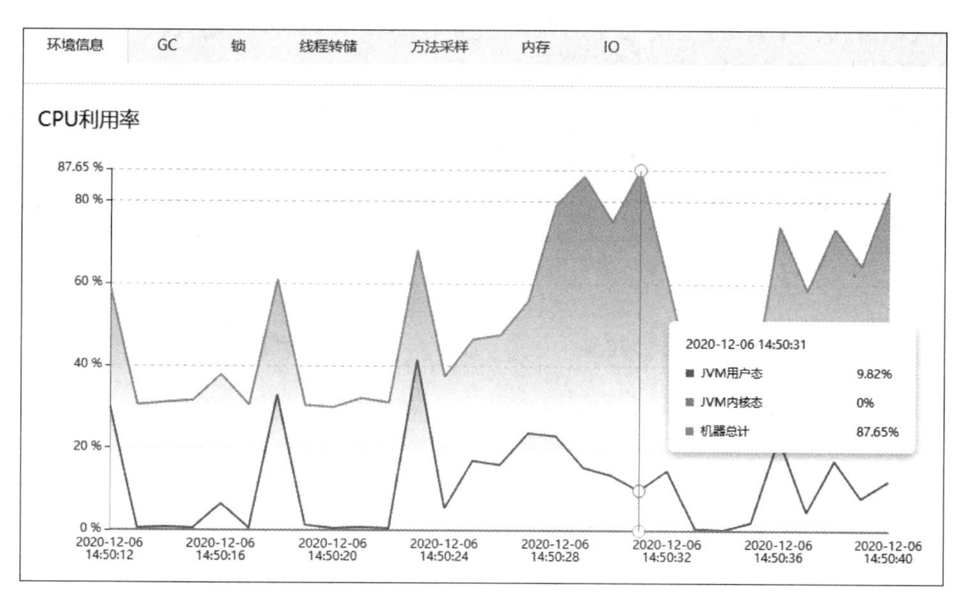

图 8-182 CPU 利用率

图 8-183 环境信息

Java 系统属性表格显示了系统属性的键值对列表，在输入框中输入系统属性的名称，可以快速定位该键值对。系统环境信息区域显示 CPU 的架构、内核数量、内存容量和操作系统的版本信息。环境变量表格显示了环境变量的键值对列表，在输入框里输入环境变量的名称，可以快速定位该键值对。

2．GC

GC 页签分为上、中、下 3 部分，上部显示了与 GC 配置、堆配置和年轻代配置相关的信息，如图 8-184 所示。

图 8-184　GC

各个参数的说明如表 8-64 所示。

表 8-64　GC 配置

分　类	参　数	说　明
GC 配置	年轻代垃圾收集器	年轻代垃圾收集器名称
	年老代垃圾收集器	年老代垃圾收集器名称
	并发 GC 线程	并发 GC 线程数
	并行 GC 线程	并行 GC 线程数
	System. gc()并发执行	System. gc()是否为并发执行
	已禁用 System. gc()	是否禁用 System. gc()触发 GC。可以通过设置 JVM 参数来禁用 System. gc()，方法为开启设置：-XX：+DisableExplicitGC
	使用动态 GC 线程	是否动态调节 GC 线程数
	GC 时间比率	目标运行时间和 GC 执行时间比率
堆配置	初始堆大小	初始堆大小
	最小堆大小	最小堆大小
	最大堆大小	最大堆大小

续表

分 类	参 数	说 明
堆配置	是否使用压缩 Oops	是否启用压缩 Oops。对于 64 位系统,启动对象指针压缩可以节省一部分内存,提高一定的性能,在 JDK 中默认是开启的。启用 Oops 压缩有一定的条件,就是堆内存要在 32GB 以内
	压缩 Oops 模式	使用的压缩 Oops 模式
	堆地址大小	堆地址大小
	对象对齐	堆中对象对齐位数
年轻代配置	最小年轻代大小	最小年轻代大小
	最大年轻代大小	最大年轻代大小
	新比率	年轻代和年老代大小比率
	初始终身代阈值	对象由年轻代转至年老代的初始阈值
	最大终身代阈值	对象由年轻代转至老年代的最大阈值
	使用 TLAB	是否使用 TLAB(Thread Local Allocation Buffer),即线程本地分配缓存区,这是一个线程专用的内存分配区域。当对象分配在堆上时,因为堆是全局共享的,存在多个线程同时在堆上申请空间的情况,因此每次对象分配都必须进行同步,这会导致效率下降。使用 TLAB 可以避免多线程冲突,在给对象分配内存时,每个线程使用自己的 TLAB 区域,这样可以避免线程同步,从而提高了对象分配的效率
	最小 TLAB 大小	最小 TLAB 大小
	TLAB 重新填充浪费限制	TLAB 重新填充浪费限制大小

GC 页签中间是 GC 活动折线图,显示特定时间点的 GC 活动信息,如图 8-185 所示。

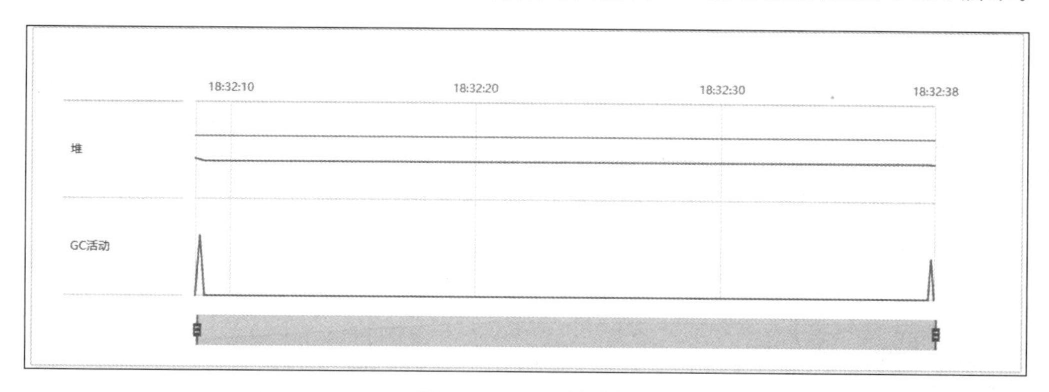

图 8-185 GC 活动图

GC 页签最下部是 GC 活动的表格,记录每次 GC 活动的详细信息及每个阶段的信息,如图 8-186 所示。

GC 活动列表的各个列说明如表 8-65 所示。

GC活动

GC活动	原因	收集器名称	最长暂停时间...
381	Heap Inspection Initiated ...	G1Full	433.631
382	G1 Evacuation Pause	G1New	5.132
383	G1 Evacuation Pause	G1Old	23.623
384	Heap Inspection Initiated ...	G1Full	301.416

暂停阶段

事件类型	名称	暂停时间 (μs)	开始时间
GC Pause Phase Leve...	Phase 1: Mark live ob...	374596.86	2020/12/06 ...
GC Pause Phase Leve...	Phase 2: Prepare for ...	6951.45	2020/12/06 ...
GC Pause Phase Leve...	Phase 3: Adjust point...	37886.01	2020/12/06 ...
GC Pause Phase Leve...	Phase 4: Compact he...	9337.17	2020/12/06 ...
GC Pause Phase Leve...	Phase 1: Reference Pr...	723.08	2020/12/06 ...
GC Pause Phase Leve...	Phase 1: Weak Proce...	86.04	2020/12/06 ...
GC Pause Phase Leve...	Phase 1: Class Unloa...	33906.04	2020/12/06 ...

图 8-186　GC 活动列表

表 8-65　GC 活动列说明

分　类	列　名	说　明
GC 活动	GC 活动	GC 活动编号
	原因	触发 GC 的原因
	收集器名称	垃圾收集器名称
	最长暂停时间/ms	此次 GC 的最长暂停时间
暂停阶段	事件类型	暂停阶段的事件类型
	名称	阶段名称
	暂停时间/μs	暂停时间
	开始时间	暂停阶段开始时间

3. 锁

为方便锁页签功能的演示，下面先给出一个简单的使用锁的示例，然后对锁页签的功能进行说明。

1）Java 锁的实例

生成并编译、运行读写文件的 Java 程序步骤如下：

步骤 1：进入要执行分析的鲲鹏服务器。

步骤 2：创建/opt/code/目录并进入，命令如下：

```
mkdir -p /data/code/
cd /data/code/
```

步骤 3：创建 JavaLockTest.java 文件，命令如下：

```
vim JavaLockTest.java
```

步骤 4：在 JavaLockTest.java 文件中录入代码，保存并退出，代码如下：

```java
//Chapter8/JavaLockTest.java

package com.kunpeng;
import java.util.ArrayList;
import java.util.concurrent.atomic.AtomicBoolean;

public class JavaLockTest {

    //是否需要退出
    static AtomicBoolean needExit = new AtomicBoolean(false);

    //总数量
    static public int globalTotCount;

    public static void main(String[] args) {
        //保存所有线程的列表,方便退出
        ArrayList<Thread> threadList = new ArrayList<>();

        //默认 50 个线程
        int threadCount = 50;

        System.out.println("Please enter the number of thread (The default value is 50):");

        //获取线程数量
        String line = System.console().readLine();

        if(line!= null&&!line.isEmpty())
        {
            try {
                threadCount = Integer.parseInt(line);
            }
            catch ( Exception e)
            {
                e.printStackTrace();
            }
        }

        //启动线程
        for(int i = 0;i < threadCount;i++)
        {
            Thread thread = new Thread(JavaLockTest::doIncCount);
            thread.start();
            threadList.add(thread);
        }
```

```
        //循环接收输入,0:退出,1:显示全局数量值
        while(!needExit.get()) {
            System.out.println("Please enter 0 to exit and enter 1 to display globalTotCount: ");
            String cmd = System.console().readLine();
            if(cmd.equals("0"))
            {
                needExit.set(true);
            }
            else if(cmd.equals("1"))
            {
                synchronized(JavaLockTest.class) {
                    System.out.printf("The globalTotCount is %d %n", globalTotCount);
                }
            }
        }

        //等待线程结束
        threadList.forEach(thread -> {
            try {
                thread.join();
            } catch (InterruptedException e) {
                e.printStackTrace();
            }
        });

    }

    /**
     * 循环给全局总数量加 1
     */
    private static void doIncCount() {
        int i = 0;
        while (!needExit.get()&&i < 5000)
        {
            int waitTime = getRandomIntValue(10);
            synchronized(JavaLockTest.class) {
                globalTotCount++;
                try {
                    Thread.sleep(waitTime);
                } catch (InterruptedException e) {
                    e.printStackTrace();
                }
            }
            try {
                Thread.sleep(waitTime);
```

```
            } catch (InterruptedException e) {
                e.printStackTrace();
            }
            i++;
        }
        System.out.printf("File writing thread %d exit %n",Thread.currentThread().getId());
    }


    /**
     * 获取随机数
     * @param maxValue 随机数最大值
     * @return 随机数
     */
    private static int getRandomIntValue(int maxValue)
    {
        double random = Math.random() * maxValue + 1;
        return (int)random;
    }
}
```

步骤5：编译JavaLockTest.Java，命令如下：

```
javac JavaLockTest.java
```

编译后可以得到JavaLockTest.class文件。

步骤6：创建/data/code/com/kunpeng/目录，并且把JavaLockTest.class文件移动到该目录，命令如下：

```
mkdir -p /data/code/com/kunpeng/
mv JavaLockTest.class /data/code/com/kunpeng/
```

步骤7：运行JavaLockTest程序，程序运行后首先需要录入线程数量，然后输入1查看全局数量，如果要退出，则输入0，命令及输入和输出如下：

```
[root@ecs-kunpeng code]# java com.kunpeng.JavaLockTest
Please enter the number of thread (The default value is 50):
100
Please enter 0 to exit and enter 1 to display globalTotCount:
1
The globalTotCount is 954
Please enter 0 to exit and enter 1 to display globalTotCount:
```

2）锁页签

锁页签分为监视器、线程、栈跟踪 3 部分，如图 8-187 所示。

图 8-187 锁

监视器区域列出了锁定对象的信息，线程区域显示在监视器上阻塞的线程信息，这两个表格的列说明如表 8-66 所示。

表 8-66 锁页签列说明

分类	列名	说明
监视器	类名称	监视器对应的类名称
	总阻塞时间/ms	线程在该监视器上阻塞的总时间，优化时可以优先关注总阻塞时间比较大的监视器
	阻塞线程数	阻塞在监视器上的线程数
	采样次数	对应的采样次数
线程	线程名称	阻塞在选定监视器上的线程名称
	总阻塞时间/ms	线程在该监视器上阻塞的时间
	采样次数	对应的采样次数

栈跟踪区域显示了线程阻塞的位置，通过分析具体的调用关系，可以找到具体引起阻塞的代码位置。

4. 线程转储

默认情况下，分析工具每隔一秒执行一次线程转储，在线程转储页签，会按照时间顺序列出所有的转储信息，如图 8-188 所示。

线程转储的显示类型分为两种，默认为原始数据，单击某个时间点的线程名称，在右侧区域会显示出该线程的调用栈信息。单击“显示类型”的下拉列表，在下拉列表中选择“锁图”，然后单击左侧列表的转储时间，可以查看锁分析图，如图 8-189 所示。

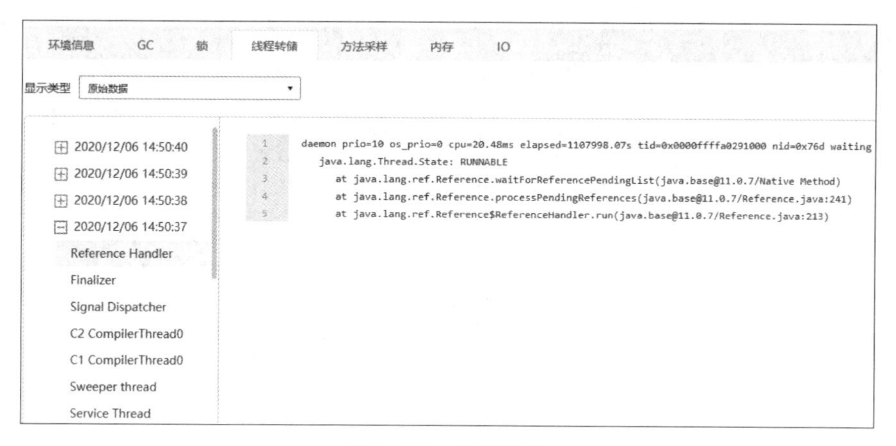

图 8-188 线程转储

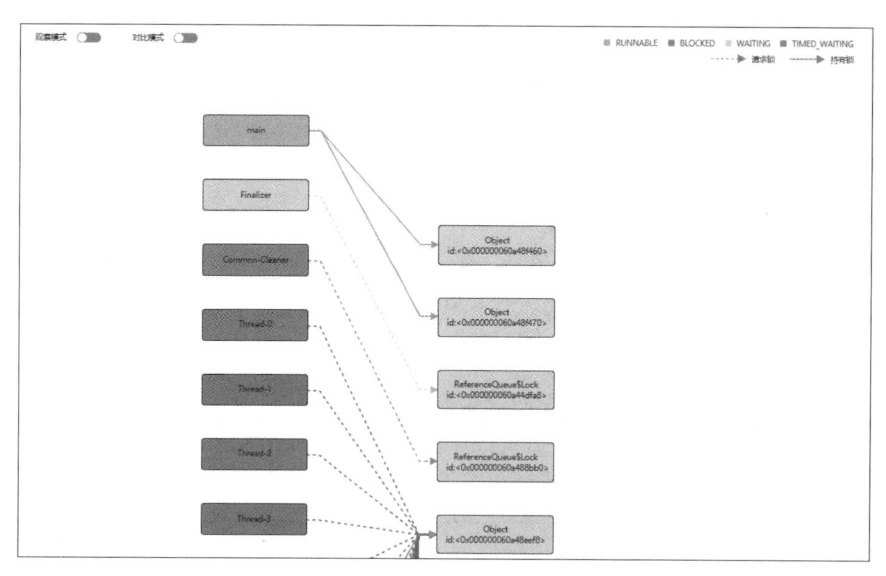

图 8-189 线程锁分析图

锁分析图显示了线程对锁的占用情况，其中实线表示已经持有锁，虚线表示此锁阻塞，请求其他线程释放该锁后再持有该锁。颜色表示线程的状态，其中绿色表示 RUNNABLE 运行状态，红色为 BLOCKED 阻塞状态，黄色为 WAITING 等待状态，橙色为 TIMED_WAITING 限时等待状态。锁分析图还可以按照观察模式和对比模式进行查看分析，详细的解释可以参考 8.4.8 节第 2 功能模块“线程”的说明。

5. 方法采样

在方法采样页签，可以查看方法采样分析信息，默认按照火焰图的方式显示 Java 方法采样数据，如图 8-190 所示。

单击“采样数据”下拉列表框，选中下拉列表中的“Native 方法采样”，可以显示 Native

方法的火焰图。单击“图类型”下拉列表框，选中下拉列表中的“调用树”，可以使用树形结构分析函数的调用关系，如图8-191所示。

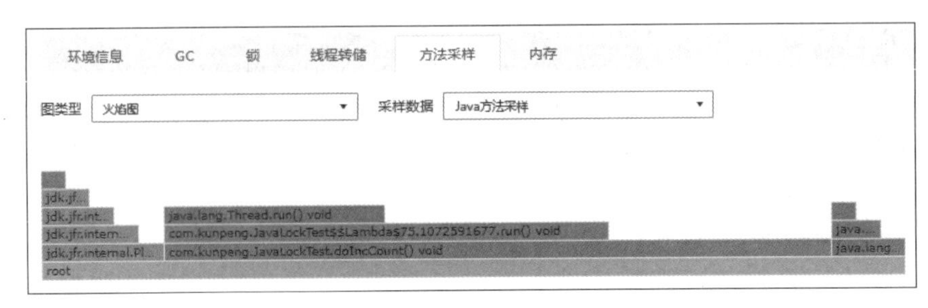

图8-190　火焰图

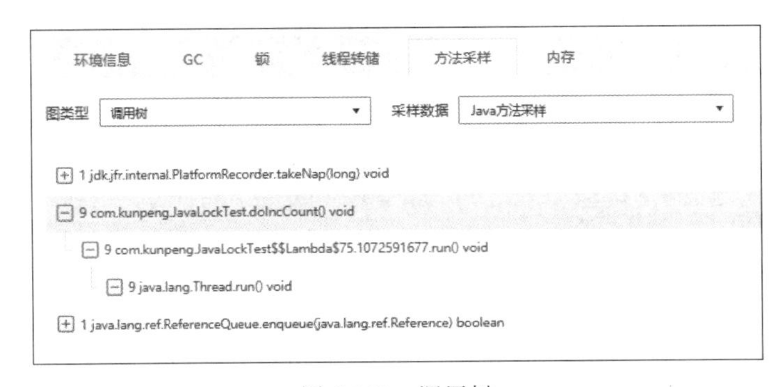

图8-191　调用树

6. 内存

内存页签可以查看特定类在堆中的分配情况，如图8-192所示。

在类表格区域，列出了所有的类信息，各个字段说明如表8-67所示。

表8-67　类表格列说明

列　名	说　明
类名称	类的名称
最大实时计数	该类实例的最大实时计数数量
最大实时大小	该类实例占用内存的最大实时大小
总内存分配/MiB	该类实例的总内存分配大小

单击类表格的特定一行，也就是选中某一个特定类，在右侧内存分配区域会显示该类在不同时刻的内存分配柱状图，在下方的调用栈区域，可以查看使用了该类的函数调用信息。

7. IO

在新建Sampling分析记录的时候，如果选择了文件IO采样或者Socket IO采样，则在分析结果里会出现IO页签，如图8-193所示。

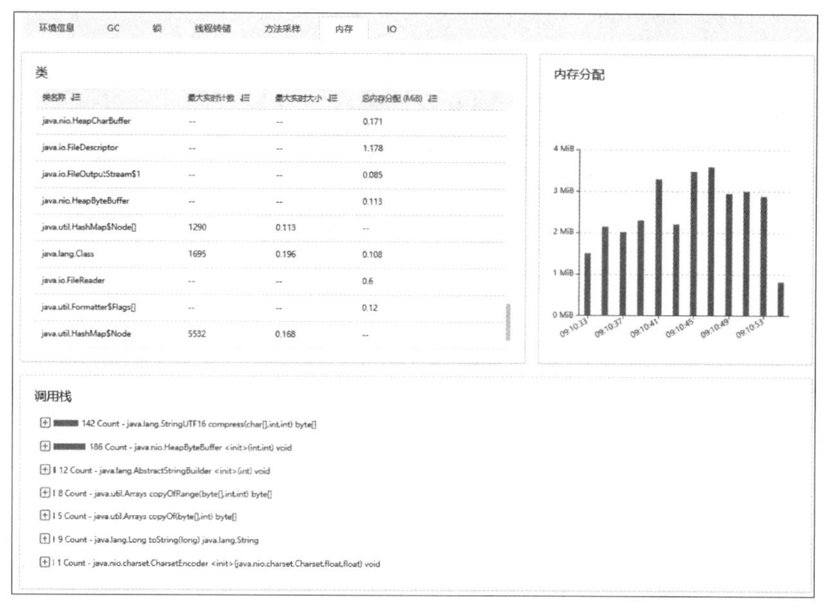

图 8-192 内存

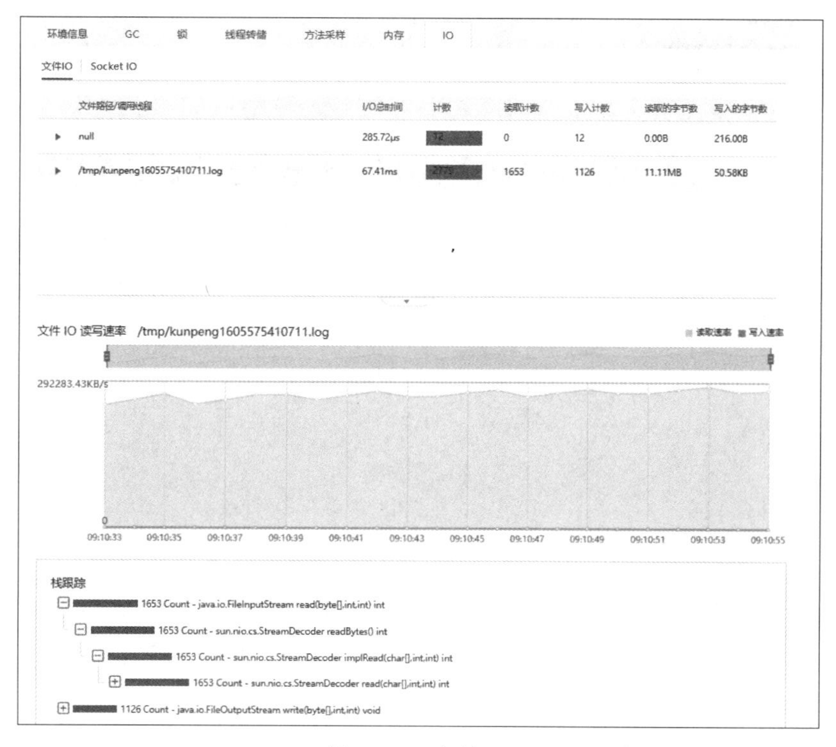

图 8-193 文件 IO

Socket IO 的页面如图 8-194 所示。

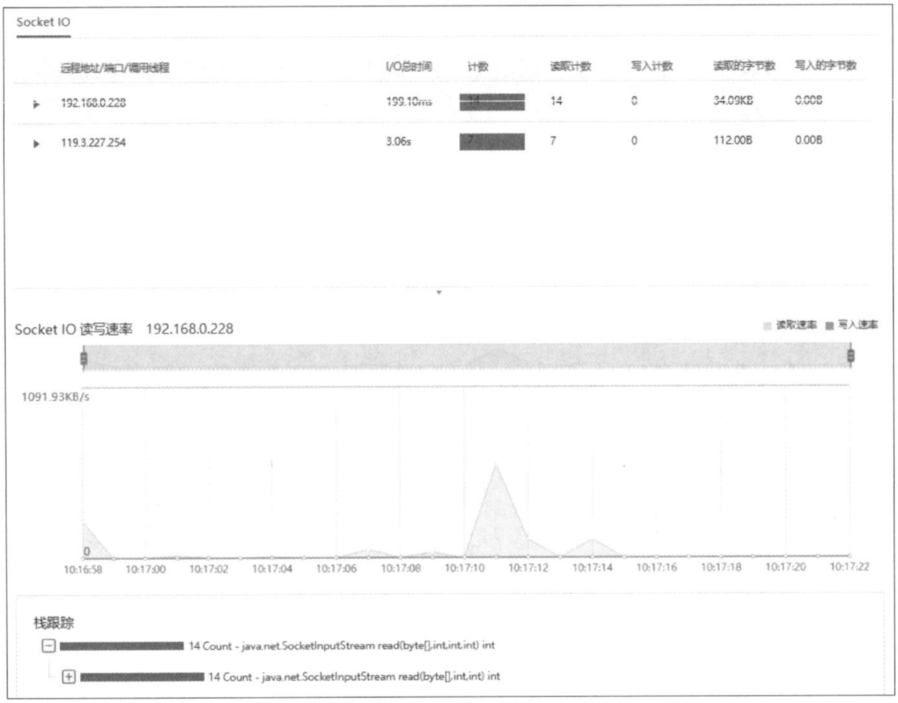

图 8-194　Socket IO

对于文件 IO 和 Socket IO 的详细解释可以参考 8.4.8 节第 6 功能模块 IO。

8.4.12　Sampling 分析记录管理

在 Java 性能分析主页面右侧是 Sampling 分析记录区域，可以在此管理 Sampling 分析记录，如图 8-195 所示。

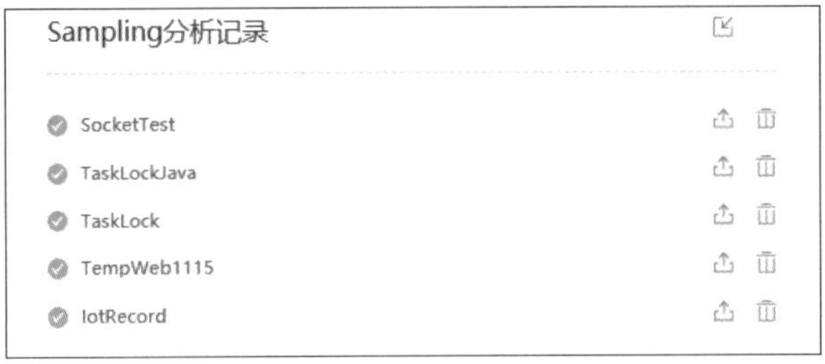

图 8-195　Sampling 分析记录

1. 导出记录

单击分析记录右侧的导出图标按钮，导出的记录会被保存到本地。

2. 导入记录

单击 Sampling 分析记录区域右上角的导入图标按钮，导入工具会提示选择要导入的本地记录，选择本地记录后，即可上传到服务器，并在本区域显示。

3. 删除记录

单击分析记录右侧的删除图标按钮，会弹出确认删除的窗口，在窗口里单击“确认”按钮即可完成记录的删除。

8.5　性能分析工具插件的使用

1. 安装性能分析工具插件

步骤 1：在 Visual Studio Code 左边栏单击扩展图标，出现扩展搜索窗口，在搜索窗口输入 kunpeng，如图 8-196 所示。

图 8-196　查找插件

步骤 2：单击 Kunpeng Hyper Tuner Plugin 插件，如图 8-197 所示。

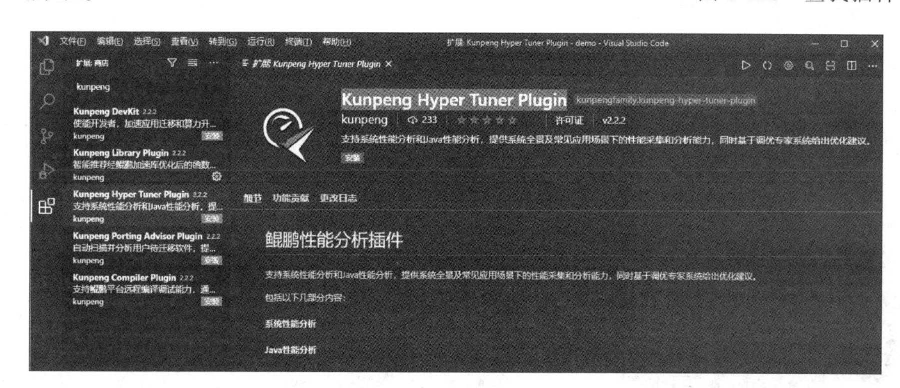

图 8-197　安装插件

单击“安装”按钮，即可完成安装。

2. 配置性能分析工具插件

步骤 1：单击 Visual Studio Code 左边栏的“鲲鹏性能分析插件”图标，出现性能分析工具的窗口，如图 8-198 所示。

步骤 2：单击“配置服务器”按钮，弹出配置远端服务器页面，如图 8-199 所示。

在此输入远端服务器的 IP 地址和端口，然后单击“保存”按钮，即可完成配置。

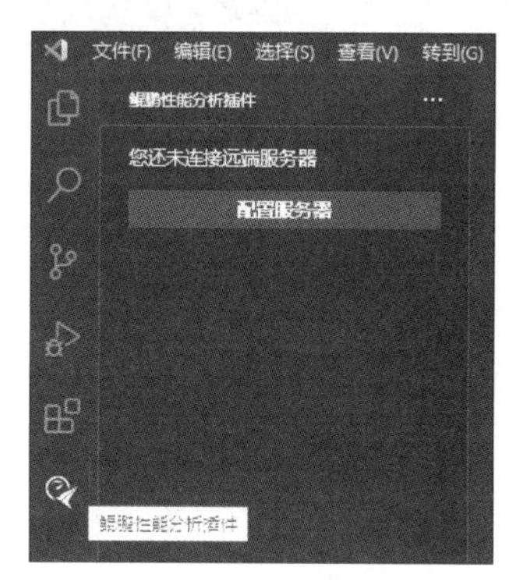

图 8-198　配置插件

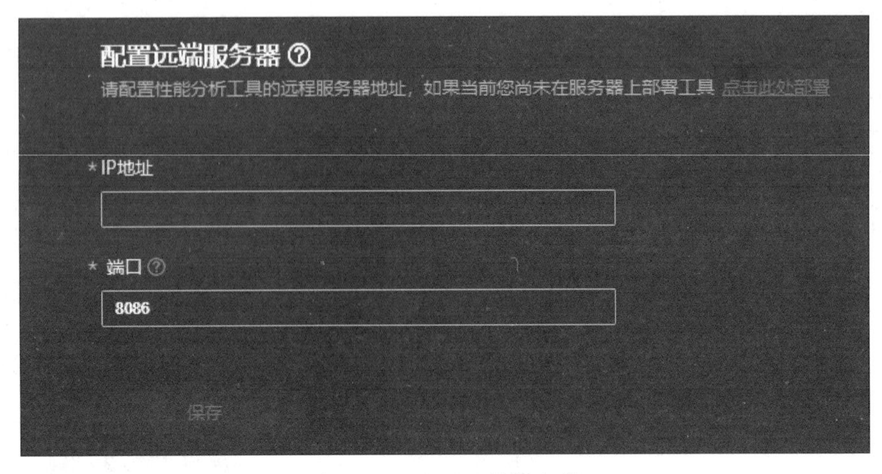

图 8-199 配置远端服务器

3. 使用性能分析工具插件

步骤 1：单击 Visual Studio Code 左边栏的“鲲鹏性能分析插件”图标，出现性能分析工具的窗口，因为还没有登录，所以会出现未登录的提示，如图 8-200 所示。

步骤 2：单击“登录”按钮，弹出登录窗口，如图 8-201 所示。

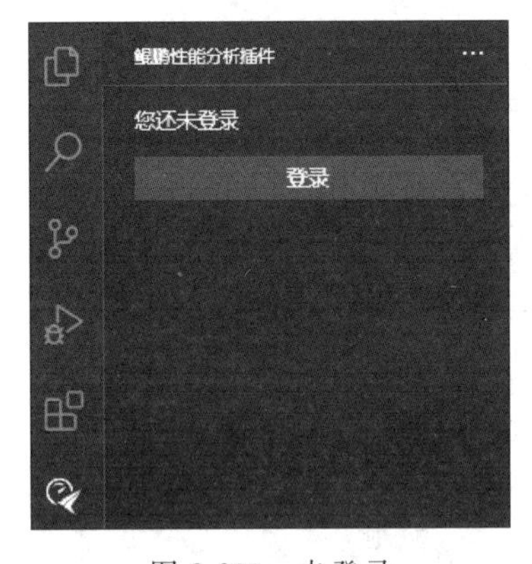

图 8-200 未登录

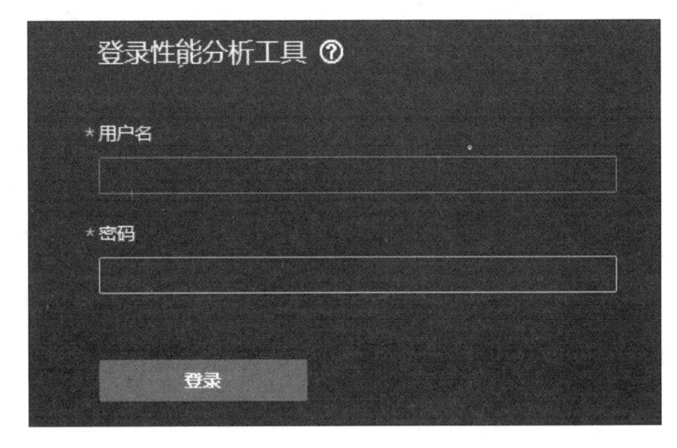

图 8-201 登录

输入用户名和密码，单击“登录”按钮，即可完成登录。

步骤 3：登录成功后，显示系统性能分析流程和 Java 性能分析流程页面，如图 8-202 所示。

该页面的实际操作流程和浏览器端基本一致，此处就不详细说明了。

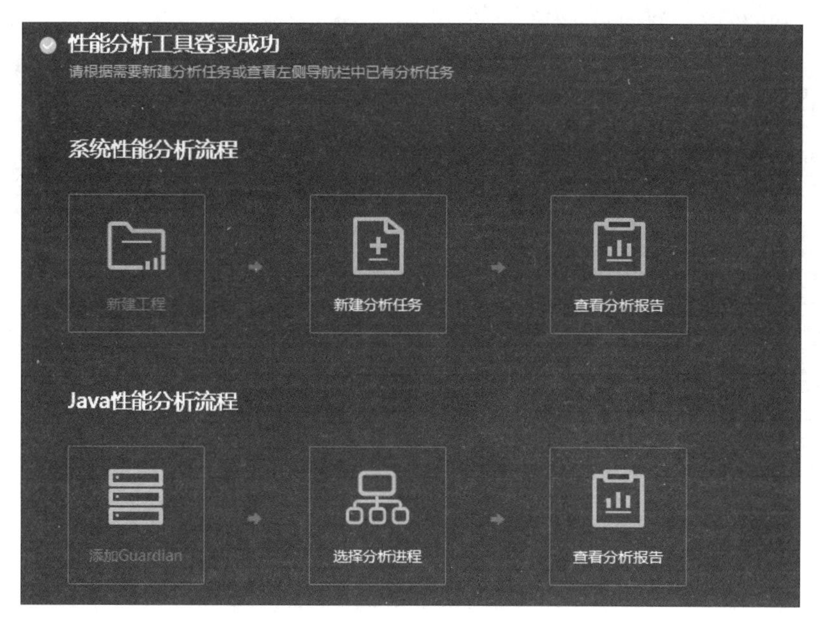

图 8-202　性能分析流程

8.6　卸载鲲鹏性能分析工具

1. 卸载鲲鹏性能分析工具

步骤 1：登录鲲鹏性能分析工具所在服务器。

步骤 2：进入鲲鹏性能分析工具安装目录，命令如下：

```
cd /opt/tuning_kit/
```

步骤 3：执行卸载命令 tuning_kit_uninstall.sh，默认情况下全部卸载，也可以选择只卸载系统性能分析工具或 Java 性能分析工具，命令及回显如下：

```
[root@ecs-kunpeng tuning_kit]#./tuning_kit_uninstall.sh
  uninstall tool:
  [1] : sys_perf and java_perf will be uninstall
  [2] : sys_perf will be uninstall
  [3] : java_perf will be uninstall
  Please enter a number as uninstall tool. (The default uninstall tool is all):1
  Selected install_tool: all
  get tuningkit config
You will remove Tuning-Kit from your operating system, do you want to continue [ Y/[N] ]?y
  The following events will be executed.
```

最后全部卸载成功的回显如下：

```
    remove remove malluma_v2 success!
    malluma_v2 uninstall success.
    Uninstall sys_perf success

  Remove tuningkit conf
    Remove tuningkit conf Success

  Uninstall user_managerment
    delete web ssl service certificates
    delete web ssl service certificates success
    Uninstall user_managerment success
    Execute uninstall success.
```

2. 卸载插件

步骤1：启动 Visual Studio Code。

步骤2：在 Visual Studio Code 左边栏单击扩展图标，出现扩展搜索窗口，在输入框输入 kunpeng，可以看到已经安装的插件，如图 8-203 所示。

步骤3：单击 Kunpeng Hyper Tuner Plugin 插件右侧的齿轮图标，弹出菜单，如图 8-204 所示。

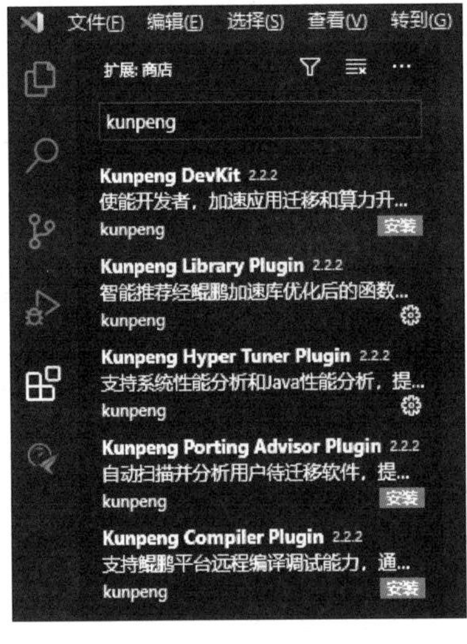

图 8-203 已安装插件

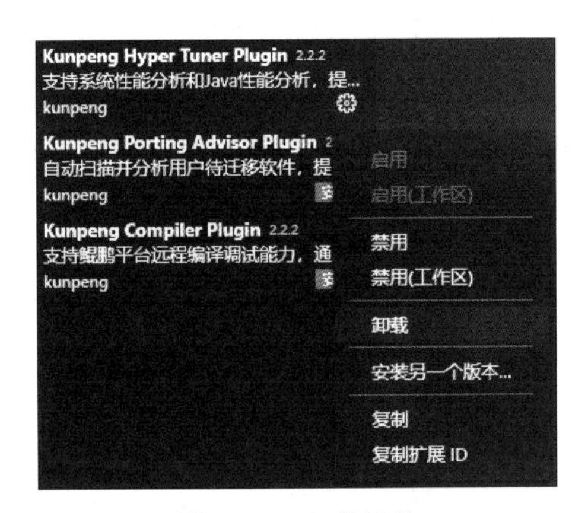

图 8-204 卸载插件

单击“卸载”菜单，即可完成插件的卸载。

第 9 章

鲲鹏加速库

9.1 鲲鹏加速库简介

为了充分发挥鲲鹏 CPU 硬件设计的优良性能及鲲鹏指令集本身的优势，华为推出了一系列基于硬件加速和软件指令加速的鲲鹏加速库，这些加速库以基础库的形式提供，兼容开放的接口，在保证上层应用基本不需要更改代码的前提下，为鲲鹏平台的应用提供更强的能力。

TaiShan 200 系列服务器基于鲲鹏 920 CPU 片上加速硬件，提供了鲲鹏加速引擎(Kunpeng Acceleration Engine，KAE)，鲲鹏加速库通过 KAE 实现基于硬件的加速。KAE 不是开箱即用的，除了 TaiShan K 系列服务器默认开启硬件加速引擎外，其他服务器都需要安装商业 License，通过关联硬件序列号才可以开启硬件加速。具体的 License 获取方式可以联系服务器提供商。

鲲鹏加速库目前可以分为 5 个大类 16 个加速库。

9.1.1 压缩库

使用鲲鹏硬件加速模块或鲲鹏指令对业界主流的开源压缩库(zlib、gzip、zstd、snappy 等)进行性能优化，优化后压缩库通过鲲鹏社区发布。

1. gzip

gzip(GNU zip)是一款发布较早并已广泛应用的压缩软件。其优化版本在官网发布的 gzip-1.10 Release 版本基础上，通过数据预取、循环展开、CRC 指令替换等方法，提升其在鲲鹏计算平台上的压缩和解压缩速率，尤其对文本类型文件的压缩及解压具有更明显的性能优势。

下载网址：https://github.com/kunpengcompute/gzip。

2. zstd

zstandard，即 zstd 压缩库，是 2016 年开源的一款快速无损压缩算法，基于 C 语言开发，旨在提供 zlib 库对应级别的压缩解压速度和更高的压缩比。其补丁版本在官网发布的

zstd-1.4.4 Release 版本上，通过使用 NEON 指令、内联汇编、代码结构调整、内存预取、指令流水线排布优化等方法，实现 zstd 在鲲鹏计算平台上压缩和解压性能的提升。

下载网址：https://github.com/kunpengcompute/zstd。

3. snappy

snappy 是一款基于 C++语言开发的压缩算法，旨在提供较高的压缩解压速率和相对合理的压缩比。其优化版本在官网发布的 snappy-1.1.7 Release 版本上，同样利用内联汇编、宽位指令、优化 CPU 流水线、内存预取等方法，实现 snappy 在鲲鹏计算平台上的压缩和解压速率提升。

下载网址：https://github.com/kunpengcompute/snappy。

4. KAEzip

KAEzip 是鲲鹏加速引擎的压缩模块，使用鲲鹏硬加速模块实现 deflate 算法，结合无损用户态驱动框架，提供高性能 gzip/zlib 格式压缩接口。

- 支持 zlib/gzip 数据格式，符合 RFC1950/RFC1952 标准规范；
- 支持 deflate 算法；
- 支持同步模式；
- 单处理器(Kunpeng 920)最大压缩带宽 7GB/s，最大解压带宽 8GB/s；
- 支持的压缩比大约为 2；
- 与 zlib1.2.11 接口保持一致。

下载网址：https://github.com/kunpengcompute/KAEzip。

9.1.2 加解密库

使用鲲鹏硬件加速模块及鲲鹏指令对 openssl 库进行性能优化，支持硬加速与指令加速的自动协同，应用逻辑无须修改即可使用加解密加速库。

鲲鹏加速引擎的加解密模块，提供高性能的加解密算法，目前支持算法如下：

- 摘要算法 SM3/MD5，支持异步模型；
- 对称加密算法 SM4，支持异步模型，支持 CTR/XTS/CBC/ECB/OFB 模式；
- 对称加密算法 AES，支持异步模型，支持 ECB/CTR/XTS/CBC 模式；
- 非对称算法 RSA，支持异步模型，支持 Key Sizes 1024/2048/3072/4096；
- 密钥协商算法 DH，支持异步模型，支持 Key Sizes 768/1024/1536/2048/3072/4096。

下载网址：https://github.com/kunpengcompute/KAE。

9.1.3 系统库

基于鲲鹏微架构特点，使用鲲鹏指令对系统通用的基础库进行性能优化，以及传统平台的指令函数映射到鲲鹏平台的公共模块。

1. glibc-patch

glibc-patch 主要对内存、字符串、锁等接口基于华为鲲鹏 920 处理器微架构特点进行了加速优化，memcmp/memset/memcpy/memrchr/strcpy/strlen/strnlen 已合入 GNU 社区，随 glibc2.31 主干版本发布，同步推送 openEuler 社区，已随 openEuler 1.0 发布。

glibc-patch 加速优化策略：

■ 遵循原 glibc CPU Feature 设计，将加速代码与华为鲲鹏处理器进行绑定优化，确保与其他友商代码相互兼容不冲突；

■ 充分利用鲲鹏指令及鲲鹏处理器架构优势提高执行效率。

下载网址：http://ftp.jaist.ac.jp/pub/GNU/libc/。

2. hyperscan

hyperscan 是一款高性能的正则表达式匹配库，它遵循 libpcre 库通用的正则表达式语法，拥有独立的 C 语言接口。它在 hyperscan 正式发布的 5.2.1 版本的基础上，参考华为鲲鹏微架构特征，重新设计核心接口的实现机制，并完成了开发和性能优化，推出适合鲲鹏计算平台的软件包。使用鲲鹏计算平台的用户可以根据自己的业务需求下载本软件包，用来提升业务在鲲鹏平台上的稳定性和性能。

hyperscan 鲲鹏计算平台软件版本主要增加了以下功能：

■ 增加鲲鹏计算平台分支，且完全兼容 ARM v8-a，同时确保 x86 平台使用不受影响；

■ 通过使用 NEON 指令、内联汇编、数据对齐、指令对齐、内存数据预取、静态分支预测、代码结构优化等方法，实现在鲲鹏计算平台的性能提升。

下载网址：https://github.com/kunpengcompute/hyperscan。

3. AvxToNeon

AvxToNeon 是一款接口集合库。当使用 Intrinsics 接口的应用程序从传统平台迁移到鲲鹏计算平台时，由于各个平台的 Intrinsic 函数定义不同，需要逐一对 Intrinsic 函数重新进行适配开发。针对该问题，华为提供了 AVX2Neon 模块，将传统平台的 Intrinsic 接口集合使用鲲鹏指令重新实现，并封装为独立的接口模块(C 语言头文件方式)，以减少大量迁移项目重复开发的工作量。用户将头文件导入应用程序即可继续使用传统平台的 Intrinsic 函数。

下载网址：https://github.com/kunpengcompute/AvxToNeon。

9.1.4　媒体库

基于鲲鹏的加速指令提供高性能媒体原语库及视频编解码库。

1. x265-patch

针对 ffmpeg 视频转码场景，该补丁对 x265 的转码底层算子使用鲲鹏向量指令进行加速优化，提高整体性能。补丁已经回馈 x265 官网社区，将在 x265 3.4 版本正式发布。

x265-patch 提供以下功能：

■ 基于 x265 现有架构增加 AArch64 分支，提供平台分支的构建适配、汇编优化适配；

■ 新增 AArch64 汇编源码目录，完成部分函数的汇编优化。

下载网址：http://x265.org/blog/。

2. HW265

HW265 视频编码器是符合 H.265/HEVC 视频编码标准、基于鲲鹏处理器 Neon 指令加速的华为自研 H.265 视频编码器。HW265 支持 4 个预设编码可选挡位，对应不同编码速度的应用场景，码率控制支持平均比特率模式(ABR)和恒定 QP 模式(CQP)，功能涵盖直播、点播等各个场景，整体性能优于目前的主流开源软件。目前实现对 8bit YUV420 视频的编码。HW265 提供 2 个版本：

■ 标准版：支持 CQP 码控模式的基础 H.265 编码；
■ 高清低码版：支持 CQP/ABR 码控模式，支持 PVC 感知编码，在主观质量不下降的情况下降低码率。

下载网址需联系华为技术支持获取。

3. HMPP

鲲鹏超媒体性能库 HMPP(Hyper Media Performance Primitives)包括向量缓冲区的分配与释放、向量初始化、向量数学运算与统计学运算、向量采样与向量变换、滤波函数、变换函数(快速傅里叶变换)，支持 IEEE 754 浮点数运算标准，支持鲲鹏平台。

下载网址需联系华为技术支持获取。

9.1.5 数学库

鲲鹏加速库基于鲲鹏微架构特点及鲲鹏加速指令，提供 5 个常用高性能基础数学库，包括 HML_BLAS、HML_SPBLAS、HML_FFT、HML_VML、HML_LIBM。

1. HML_BLAS

HML_BLAS 是一个基础线性代数运算数学库，基于鲲鹏架构提供了 3 个层级的高性能向量运算：向量-向量运算、向量-矩阵运算和矩阵-矩阵运算，是计算机数值计算的基石，在制造、机器学习、大数据等领域应用广泛。

HML_BLAS 基于鲲鹏架构，通过向量化、数据预取、编译优化、数据重排等手段，对 BLAS 的计算效率进行了深度挖掘，使得 BLAS 接口函数的性能逼近理论峰值。

下载网址需联系华为技术支持获取。

2. HML_SPBLAS

HML_SPBLAS 是稀疏矩阵的基础线性代数运算库，基于鲲鹏架构为压缩格式的稀疏矩阵提供了高性能向量、矩阵运算。

HML_SPBLAS 基于鲲鹏架构，充分利用了鲲鹏的指令集和架构特点，开发了高性能稀疏矩阵运算库，提升了 HPC 和大数据解决方案业务性能。

下载网址需联系华为技术支持获取。

3. HML_LIBM

HML_LIBM 是数学计算的基础库，主要实现基本的数学运算、三角函数、双曲函数、指数函数、对数函数等，广泛应用于科学计算，如气象、制造、化学等行业。

HML_LIBM 通过周期函数规约、算法改进等手段，提供了基于鲲鹏芯片性能提升较大的函数实现。

下载网址需联系华为技术支持获取。

4. HML_VML

HML_VML 是向量运算数学库，主要提供基本的数学运算、三角函数、双曲函数、指数函数、对数函数等数学接口的向量化实现。

HML_VML 通过 neon 指令优化、内联汇编等方法，对输入数据进行向量化处理，充分利用了鲲鹏架构下的寄存器特点，实现了在鲲鹏服务器上的性能提升。

下载网址需联系华为技术支持获取。

5. HML_FFT

HML_FFT 是快速傅里叶变换数学库，快速傅里叶变换（英语：Fast Fourier Transform，FFT），是快速计算序列的离散傅里叶变换(DFT)或其逆变换的方法，广泛地应用于工程、科学和数学领域，将傅里叶变换计算需要的复杂度从 $O(n^2)$ 降到了 $O(n \log n)$，被 IEEE 科学与工程计算期刊列入 20 世纪十大算法。

HML_FFT 基于鲲鹏架构，通过向量化、算法改进，对快速离散傅里叶变换进行了深度优化，使得快速傅里叶变换接口函数的性能有大幅度提升。

下载网址需联系华为技术支持获取。

说明：本节(9.1 节鲲鹏加速库简介)内容引用自华为云鲲鹏加速库首页，网址为 https://www.huaweicloud.com/kunpeng/developer/acceleration-library.html。

9.2 加速引擎的安装

加速引擎为基于硬件的加速提供了支持。下面演示在 CentOS 7.6 系统中通过源码安装加速引擎的步骤。

步骤 1：确保 KAE 的商业 License 已安装并开启了硬件加速。具体的获取方式可联系服务器提供商。

步骤 2：安装需要的软件包，命令如下：

```
yum install -y perl bzip2 make automake autoconf libtool Kernel-devel
```

步骤 3：创建/data/soft/目录，进入目录，下载 gcc 9.0.1 源码(其他版本也可以，建议下载 4.7.1 以上版本)并解压，命令如下：

```
mkdir -p /data/soft
cd /data/soft/
wget https://mirrors.tuna.tsinghua.edu.cn/gnu/gcc/gcc-9.1.0/gcc-9.1.0.tar.gz
tar -zxvf gcc-9.1.0.tar.gz
```

步骤 4：进入 gcc-9.1.0 目录，下载需要的文件，命令如下：

```
cd gcc-9.1.0
./contrib/download_prerequisites
```

步骤 5：编译并安装 gcc，命令如下：

```
./configure --prefix=/usr --mandir=/usr/share/man --infodir=/usr/share/info --
enable-bootstrap
Make -j96
make install
```

其中 make -j 后的数字为服务器核心数，按照实际的服务器核心数修改即可。

步骤 6：安装成功后，检查 gcc 版本，命令及回显如下：

```
[root@ecs-small gcc-9.1.0]# gcc --version
gcc (GCC) 9.1.0
Copyright (C) 2019 Free Software Foundation, Inc.
This is free software; see the source for copying conditions. There is NO
warranty; not even for MERCHANTABILITY or FITNESS FOR A PARTICULAR PURPOSE.
```

步骤 7：进入/data/soft/目录下载 openssl 1.1.1a 版本源码并解压，命令如下：

```
cd /data/soft/
wget https://www.openssl.org/source/old/1.1.1/openssl-1.1.1a.tar.gz
tar -zxvf openssl-1.1.1a.tar.gz
```

步骤 8：进入 openssl-1.1.1a 目录，编译并安装 openssl，命令如下：

```
cd openssl-1.1.1a
./config -Wl,-rpath,/usr/local/lib
make
make install
```

步骤 9：安装成功后，检查 openssl 版本，命令及回显如下：

```
[root@ecs-small openssl-1.1.1a]# openssl version
OpenSSL 1.1.1a 20 Nov 2018
```

步骤 10：进入/data/soft/目录下载 KAEdriver 1.3.6 版本源码并解压，命令如下：

```
cd /data/soft/
wget https://github.com/kunpengcompute/KAEdriver/archive/v1.3.6.tar.gz
tar -zxvf v1.3.6.tar.gz
```

步骤 11：进入/data/soft/KAEdriver-1.3.6/kae_driver/目录，编译并安装 kae_driver，命令如下：

```
cd /data/soft/KAEdriver-1.3.6/kae_driver/
make
make install
```

针对本次演示，可以在目录/lib/modules/4.19.90-2003.4.0.0036.oe1.aarch64/extra/查看安装的加速库驱动，命令如下：

```
ll/lib/modules/4.19.90-2003.4.0.0036.oe1.aarch64/extra/
```

回显如图 9-1 所示。

```
[root@ecs-small kae_driver]# ll /lib/modules/4.19.90-2003.4.0.0036.oe1.aarch64/extra/
total 4.6M
-rw------- 1 root root 806K Oct 27 11:51 hisi_hpre.ko
-rw------- 1 root root 916K Oct 27 11:51 hisi_qm.ko
-rw------- 1 root root 965K Oct 27 11:51 hisi_rde.ko
-rw------- 1 root root 785K Oct 27 11:51 hisi_sec2.ko
-rw------- 1 root root 713K Oct 27 11:51 hisi_zip.ko
-rw------- 1 root root 433K Oct 27 11:51 uacce.ko
```

图 9-1　KAE 驱动

步骤 12：安装用户态驱动，进入/data/soft/KAEdriver-1.3.6/warpdrive/目录，编译并安装，命令如下：

```
cd /data/soft/KAEdriver-1.3.6/warpdrive/
sh autogen.sh
./configure
make
make install
```

步骤 13：加载驱动到内核，命令如下：

```
modprobe uacce
modprobe hisi_sec2
modprobe hisi_hpre
modprobe hisi_rde
modprobe hisi_qm
modprobe hisi_zip
```

这样就完成了驱动的安装和加载，下面继续进行 KAE 引擎的安装。

步骤 14：进入/data/soft/目录下载 KAE 1.3.6 版本源码并解压，命令如下：

```
cd /data/soft/
wget https://github.com/kunpengcompute/KAE/archive/1.3.6.tar.gz
tar -zxvf 1.3.6.tar.gz
```

步骤 15：进入 KAE-1.3.6/目录，编译并安装 KAE 引擎，命令如下：

```
cd KAE-1.3.6/
chmod +x configure
./configure
make clean && make
make install
```

安装成功回显如图 9-2 所示。

```
[root@ecs-small KAE-1.3.6]# make install
mkdir -p /usr/local/lib/engines-1.1
install -m 755 libkae.so.1.3.6 /usr/local/lib/engines-1.1
ln -sf /usr/local/lib/engines-1.1/libkae.so.1.3.6 /usr/local/lib/engines-1.1/kae.so
ln -sf /usr/local/lib/engines-1.1/libkae.so.1.3.6 /usr/local/lib/engines-1.1/kae.so.0
```

图 9-2 KAE 引擎

最后进行 KAEzip 的安装（不需要该库可以不安装）。

步骤 16：进入/data/soft/目录下载 KAEzip 1.3.6 版本源码并解压，命令如下：

```
cd /data/soft/
wget https://GitHub.com/kunpengcompute/KAEzip/archive/v1.3.6.tar.gz
tar -zxvfv1.3.6.tar.gz
```

步骤 17：进入 KAEzip-1.3.6/目录，安装 KAEzip，命令如下：

```
cd KAEzip-1.3.6/
sh setup.sh install
```

这样就安装好了 KAEzip。

9.3 加速库插件

为充分利用加速库的能力，减小开发者使用加速库的难度，华为公司提供了支持 Visual Studio Code 的鲲鹏加速库插件，可以智能推荐经鲲鹏加速库优化后的函数信息，进一步提升软件性能。

9.3.1 加速库插件的安装

步骤 1：单击 Visual Studio Code 侧边栏的扩展按钮，在输入框输入 kunpeng，如图 9-3 所示。

步骤 2：单击 Kunpeng Library Plugin 插件的“安装”按钮，即可安装成功。

图 9-3　插件安装

9.3.2　加速库插件的使用

1. 加速函数扫描分析

本节通过一个简单的C语言压缩解压程序来演示加速函数扫描分析功能的使用。

步骤1：打开Visual Studio Code，新建zlibtest.c文件。

步骤2：在zlibtest.c文件中输入代码如下：

```
//Chapter9/zlibtest.c

#include <string.h>
#include <stdio.h>
#include <stdlib.h>
#include "zlib.h"

int main()
{
  signed char * content = "This is the string to be compressed. This is the string to be
compressed.This is the string to be compressed.";
  /* 要压缩的字符串长度,+1是为了加上最后的结束符 */
  uLong contentLen = strlen(content) + 1;

  /* 压缩后数据长度的上限 */
  uLong compressBufLen = compressBound(contentLen);

  /* 分配压缩缓冲区,缓冲区大小不超过 compressBufLen */
  unsigned char* compressBufStream = (unsigned char*)malloc(compressBufLen);

  /* 执行压缩 */
```

```
    int compressResult = compress(compressBufStream, &compressBufLen, (const unsigned char * )
content, contentLen);

    /* 缓冲区不够大 */
    if(compressResult == Z_BUF_ERROR){
      printf("Buffer is too small for compression!\n");
      return 1;
    }

    /* 内存不够用 */
    if(compressResult == Z_MEM_ERROR){
      printf("Not enough memory for compression!\n");
      return 2;
    }

    /*压缩率*/
    float ratio = (float)compressBufLen/contentLen;
    printf("Source length is %d ,target length is %d, the compression ratio is %.2f!\n",
contentLen,compressBufLen,ratio);

    unsigned char *compressedStream = compressBufStream;
    signed char* decompressBufStream = (signed char *)malloc(contentLen);

    int decompressResult = uncompress((unsigned char *)decompressBufStream, &contentLen,
compressedStream, compressBufLen);

    /* 缓冲区不够大 */
    if(decompressResult == Z_BUF_ERROR){
      printf("Buffer is too small for decompression!\n");
      return 1;
    }

    /* 内存不够用 */
    if(decompressResult == Z_MEM_ERROR){
      printf("Not enough memory for decompression!\n");
      return 2;
    }

    printf("%s\n", decompressBufStream);
    return 0;
}
```

这是一段对给定字符串压缩，计算压缩率，然后解压、输入字符串的C代码。

步骤3：加速库插件自动高亮显示可以通过鲲鹏加速库优化的函数，如图9-4所示。

对于函数compress，高亮显示表示它是可以优化的。把鼠标放到该函数上面，此时会出现优化的说明窗口，如图 9-5 所示。

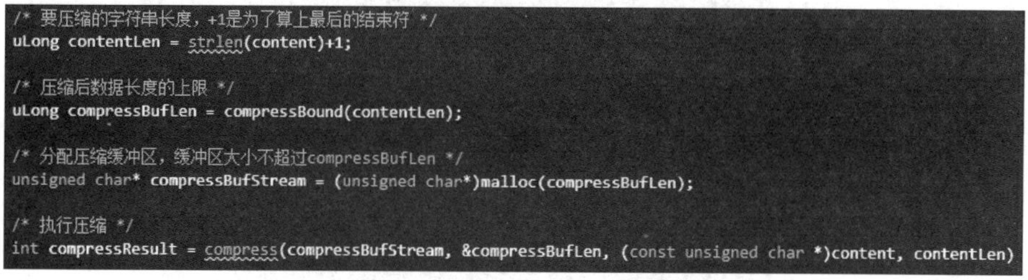

```
/* 要压缩的字符串长度，+1是为了算上最后的结束符 */
uLong contentLen = strlen(content)+1;

/* 压缩后数据长度的上限 */
uLong compressBufLen = compressBound(contentLen);

/* 分配压缩缓冲区，缓冲区大小不超过compressBufLen */
unsigned char* compressBufStream = (unsigned char*)malloc(compressBufLen);

/* 执行压缩 */
int compressResult = compress(compressBufStream, &compressBufLen, (const unsigned char *)content, contentLen)
```

图 9-4 高亮显示可以优化函数

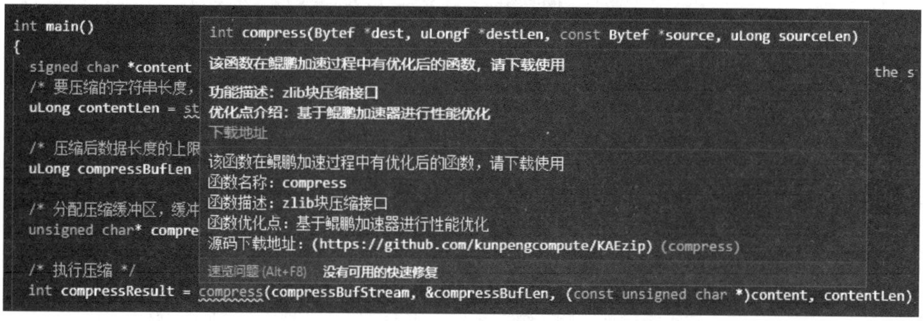

```
int main()
{
  signed char *content
  /* 要压缩的字符串长度，
  uLong contentLen = st

  /* 压缩后数据长度的上限
  uLong compressBufLen

  /* 分配压缩缓冲区，缓冲
  unsigned char* compre

  /* 执行压缩 */
  int compressResult = compress(compressBufStream, &compressBufLen, (const unsigned char *)content, contentLen)

int compress(Bytef *dest, uLongf *destLen, const Bytef *source, uLong sourceLen)
该函数在鲲鹏加速过程中有优化后的函数，请下载使用
功能描述：zlib块压缩接口
优化点介绍：基于鲲鹏加速器进行性能优化
下载地址
该函数在鲲鹏加速过程中有优化后的函数，请下载使用
函数名称：compress
函数描述：zlib块压缩接口
函数优化点：基于鲲鹏加速器进行性能优化
源码下载地址：(https://github.com/kunpengcompute/KAEzip) (compress)
速览问题 (Alt+F8)  没有可用的快速修复
```

图 9-5 函数优化说明

优化说明窗口会显示函数的功能描述、优化点介绍、下载地址等信息，单击“下载地址”超链接，会打开该模块的源码网址。

步骤 4：在代码行数比较多的时候，可以通过“鲲鹏加速分析”功能生成分析报告，从而直观地查看所有函数的鲲鹏加速情况。打开 Visual Studio Code 的资源管理器面板，在要分析的源文件上右击，如图 9-6 所示。

步骤 5：单击“鲲鹏加速分析”菜单项，弹出选择加速分析类型的窗口，如图 9-7 所示。

加速库插件目前支持压缩库、系统库、加解密库、媒体库的分析，可以选择一个或多个分析类型，然后单击“确认分析”按钮。

步骤 6：分析结果会在“最近扫描结果”页签列出，如图 9-8 所示。

对于可以加速的函数，在推荐加速库列表里显示加速信息。单击操作列的“查看”超链接，会定位到源代码中该函数的位置。单击“下载”超链接，会转向加速库的源码下载网址。

步骤 7：要清除加速分析报告，可参考图 9-6，单击“清除加速分析报告”菜单，即可清除。

2. 代码辅助

加速插件支持代码的语法高亮显示、自动补全等功能，如图 9-9 所示，当输入一部分函数名称后，代码会自动补全，并显示优化函数信息。

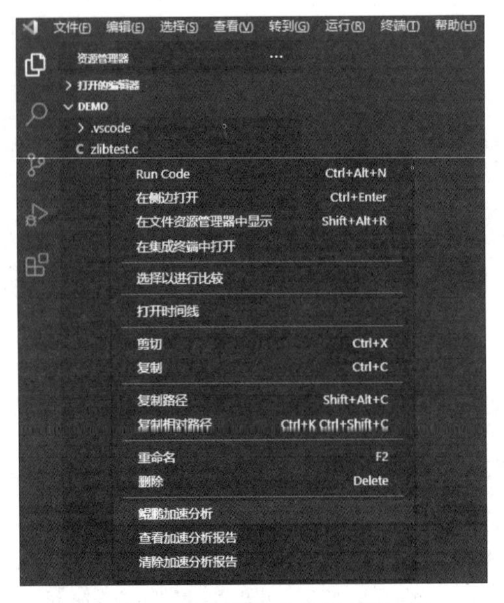

图 9-6 鲲鹏加速分析菜单

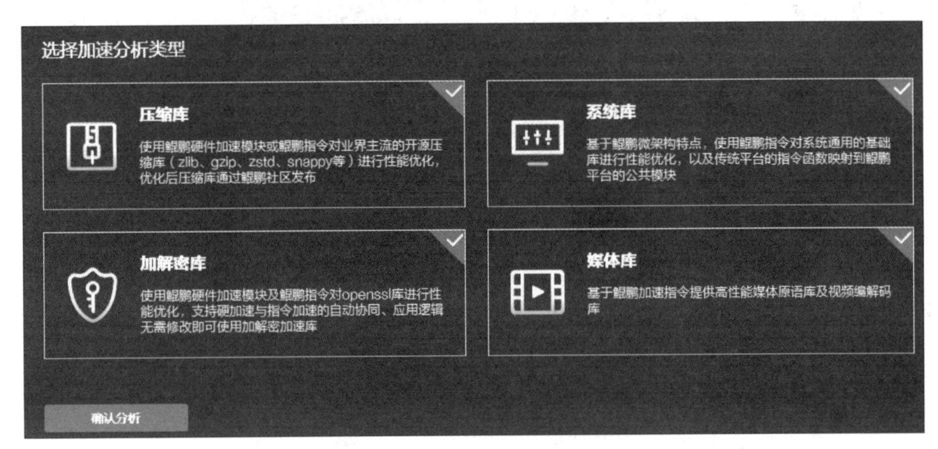

图 9-7 选择加速分析类型

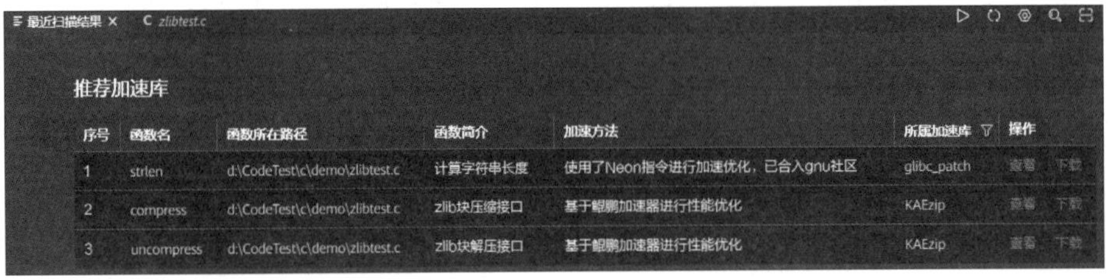

最近扫描结果 × C zlibtest.c

推荐加速库

序号	函数名	函数所在路径	函数简介	加速方法	所属加速库	操作
1	strlen	d:\CodeTest\c\demo\zlibtest.c	计算字符串长度	使用了Neon指令进行加速优化，已合入gnu社区	glibc_patch	查看 下载
2	compress	d:\CodeTest\c\demo\zlibtest.c	zlib块压缩接口	基于鲲鹏加速器进行性能优化	KAEzip	查看 下载
3	uncompress	d:\CodeTest\c\demo\zlibtest.c	zlib块解压接口	基于鲲鹏加速器进行性能优化	KAEzip	查看 下载

图 9-8 最近扫描结果

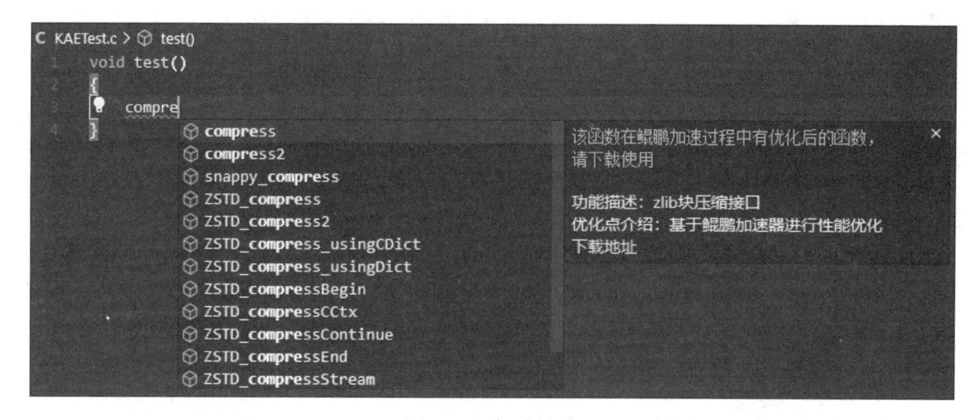

图 9-9 自动补全

3. 函数搜索

插件支持加速函数搜索功能，单击工具类上的“搜索函数”图标，显示函数搜索输入页面，如图 9-10 所示。

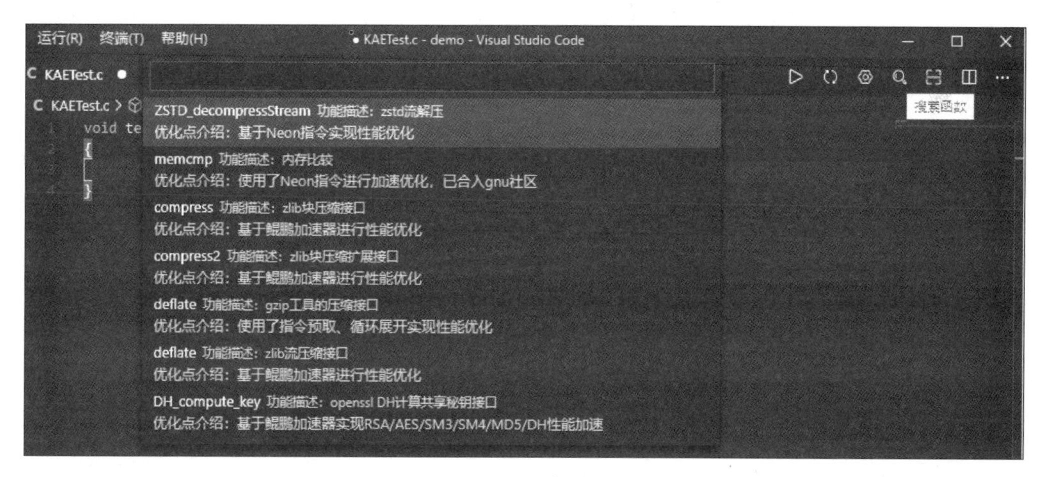

图 9-10 函数搜索

对于 function 函数，可以按照函数名称、功能描述、优化点介绍等进行搜索。对于 Intrinsic 函数，可以按照函数名称、功能描述、函数详细定义、Intel 对应的 Intrinsic 功能函数名称、Intel 对应的汇编指令名称、ARM 对应的汇编指令名称等进行搜索。

9.3.3 加速库插件的卸载

步骤 1：启动 Visual Studio Code。

步骤 2：在 Visual Studio Code 左边栏单击扩展图标，出现扩展搜索窗口，在输入框输入 kunpeng，可以看到已经安装的插件，如图 9-11 所示。

步骤 3：单击 Kunpeng Library Plugin 右侧的齿轮图标，此时会出现下拉菜单，如图 9-12 所示，单击“卸载”菜单项，可以卸载插件。

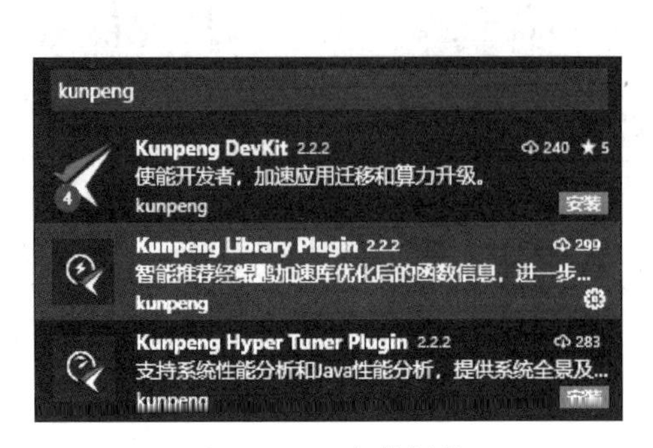

图 9-11 已安装插件

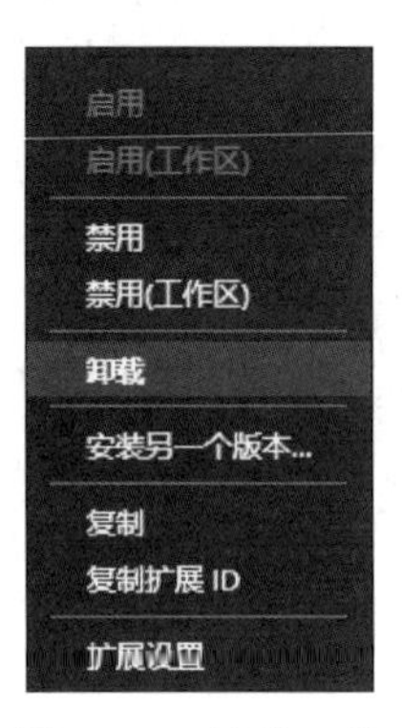

图 9-12 插件卸载

第10章 鲲鹏编译器

鲲鹏架构下经过优化的专用编译器有毕昇编译器和鲲鹏GCC,除此之外,还有Java环境下的毕昇JDK,从广义来说,毕昇JDK也可以被称为编译器,这3种编译器虽然实现方式、应用场景各不相同,但是都针对鲲鹏处理器进行了优化,和通用编译器相比,具有更好的性能,可以最大限度发挥鲲鹏平台的优势。

10.1 毕昇编译器

10.1.1 LLVM

在介绍毕昇编译器以前,先简单介绍一下LLVM。LLVM是Low Level Virtual Machine的简称,字面意思就是底层虚拟机,LLVM开源项目最初由美国UIUC大学Chris Lattner博士主持开发,其目的是开发一款底层虚拟机,但是LLVM实际上从来没有被当作虚拟机使用,而是成为构架编译器的框架系统,LLVM也不再被认为是项目的缩写,而是项目的全称。

LLVM编译器和传统编译器有着非常大的区别,在传统上,编译大体分为3个阶段,分别是前端(Frontend)、优化器(Optimizer)和后端(Backend)。前端负责分析源代码,进行词法分析、语法分析、语义分析,最终生成中间代码,优化器负责对中间代码进行优化,后端负责生成目标代码,架构如图10-1所示。

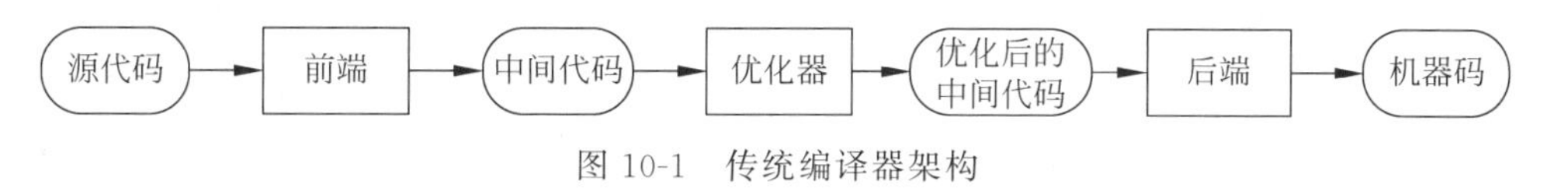

图10-1 传统编译器架构

LLVM编译器采用模块化设计,把前端、优化器、后端解耦,引入了统一的中间代码LLVM Intermediate Representation (LLVM IR),不同的语言经过前端处理后都可以生成统一的IR,优化器也只对IR进行优化,后端把优化好的IR解释成不同平台的机器码,LLVM架构如图10-2所示。

LLVM架构的优势主要体现在以下方面:

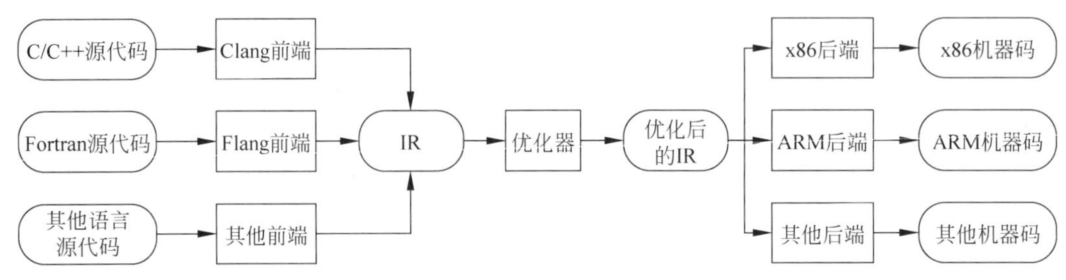

图 10-2 LLVM 编译器架构

- 中间表达 IR 的引入、模块化设计，简化了前端、优化器和后端每一部分的开发；
- 支持新的一种语言只需实现对应的前端，同样，支持一种新的硬件设备，也只需实现对应的后端。

10.1.2 毕昇编译器简介

毕昇编译器基于 LLVM 开发，针对鲲鹏平台进行了关键技术点的优化，支持 C/C++ 和 Fortran 语言，其中 C/C++ 前端使用 Clang 实现，Fortran 前端使用 Flang 实现。毕昇编译器还集成了自动调优工具 Autotuner，可以配合编译器进行自动迭代调优。

自动调优大致流程如图 10-3 所示，首先 Autotuner 会让编译器执行一次初始编译，编译时会生成包含所有可调优区间的 yaml 文件，然后进入调优阶段。

在调优阶段，Autotuner 读取调优区间文件，生成具体的编译可调参数和范围，并根据特定的算法得到一组参数，生成一个编译配置文件，并根据此配置文件编译源代码得到二进制文件。

Autotuner 根据用户的配置运行二进制文件，并记录性能数据，同时把性能数据反馈给 Autotuner 用来生成新的编译配置文件。

经过多次迭代后，可以为选定的调优区间文件生成多个编译配置文件和运行的性能数据，最后 Autotuner 根据性能数据等因素，得到最优的编译配置文件。

10.1.3 毕昇编译器的安装

截止到本书编写时，毕昇编译器的最新版本为 1.0 版本，下面演示该版本的安装过程。

步骤 1：登录鲲鹏服务器，创建/data/soft/目录，并进入该目录，命令如下：

```
mkdir -p /data/soft/
cd /data/soft/
```

步骤 2：下载毕昇编译器 1.0 并解压，命令如下：

```
wget
https://mirrors.huaweicloud.com/kunpeng/archive/compiler/bisheng_compiler/bisheng-compiler-1.0-aarch64-Linux.tar.gz
tar -zxvf bisheng-compiler-1.0-aarch64-Linux.tar.gz
```

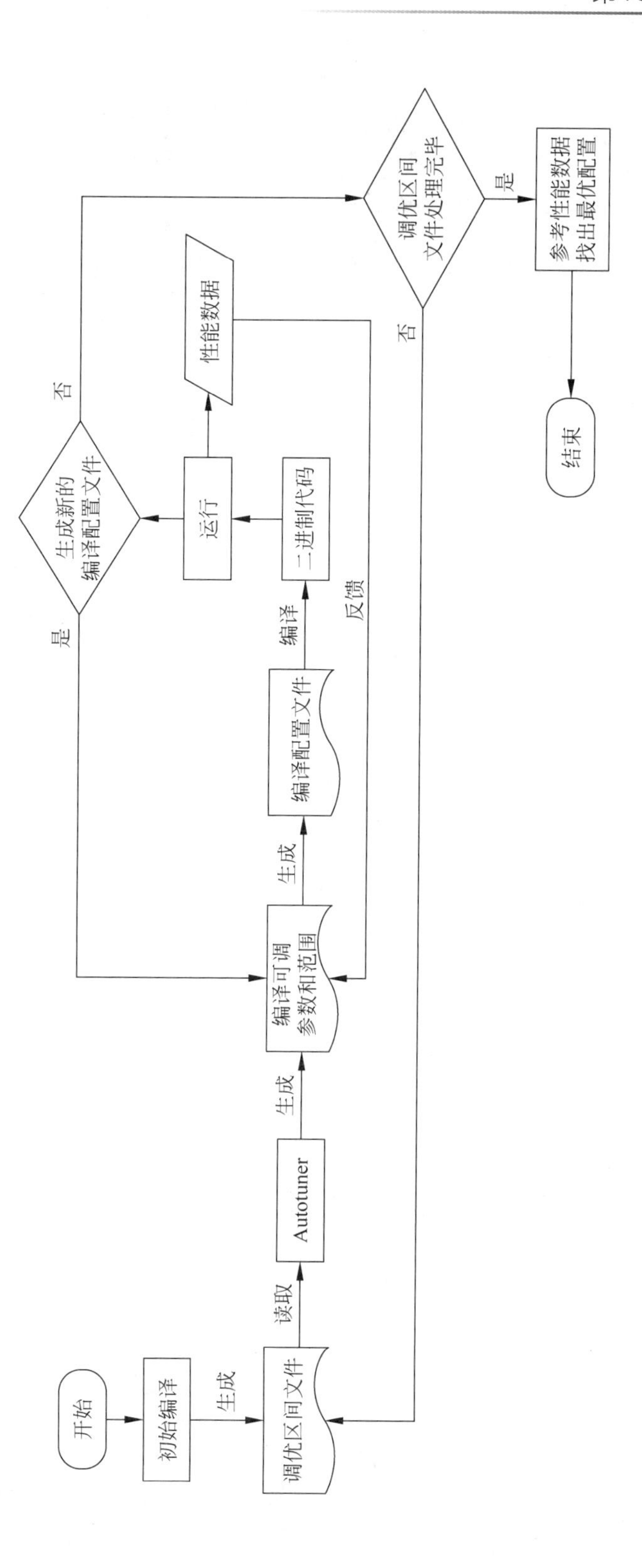

图 10-3 自动编译调优流程

步骤 3：配置环境变量，编辑/etc/profile，命令如下：

```
vim /etc/profile
```

在 profile 文件最后加上如下的配置保存并退出：

```
export PATH=/data/soft/bisheng-compiler-1.0-aarch64-Linux/bin:$PATH
export LD_LIBRARY_PATH=/data/soft/bisheng-compiler-1.0-aarch64-Linux/lib:$LD_
LIBRARY_PATH
```

步骤 4：执行如下命令，使配置生效：

```
source /etc/profile
```

步骤 5：检查 clang 版本，确认毕昇编译器是否成功安装，命令及成功的回显如下：

```
[root@ecs-kunpeng soft]#clang -v
bisheng compiler 1.0 clang version 10.0.0 (clang-954e1c1ac96e flang-7e00dea1acb4)
Target: aarch64-unknown-Linux-gnu
Thread model: posix
InstalledDir: /data/soft/bisheng-compiler-1.0-aarch64-Linux/bin
Found candidate GCC installation: /usr/lib/gcc/aarch64-redhat-Linux/4.8.2
Found candidate GCC installation: /usr/lib/gcc/aarch64-redhat-Linux/4.8.5
Selected GCC installation: /usr/lib/gcc/aarch64-redhat-Linux/4.8.5
Candidate multilib: .;@m64
Selected multilib: .;@m64
```

10.1.4 毕昇编译器的使用

毕昇编译器基于 LVMM，命令 clang、clang++、flang 的使用方式和 LVMM 相同，下面通过一个实例演示使用方式。

步骤 1：创建/data/code/目录并进入，命令如下：

```
mkdir -p /data/code/
cd /data/code/
```

步骤 2：创建 compileTest.c 文件，录入代码如下：

```
//Chapter10/compileTest.c

#include <stdio.h>
int main( ) {

    signed char str[100];
```

```
    printf( "Enter a string:");
    scanf(" % s", str);

    printf( "You entered: % s ", str);
    printf("\n");
    return 0;
}
```

步骤 3：使用 clang 编译该文件(为方便后续不同编译器编译比较，这里加入了-g 选项，用来生成符号表)，命令如下：

```
clang -g -o test_clang compileTest.c
```

这样便可以编译生成 test_clang 应用程序。

10.1.5　编译器机器码对比

本节演示一下同一段代码在不同编译器下生成机器码的不同，还是使用 10.1.4 节 compileTest.c 源代码文件。

步骤 1：进入/data/code/，使用 gcc 编译 compileTest.c，命令如下：

```
cd /data/code/
gcc -g -o test_gcc compileTest.c
```

这样便可以编译生成 test_gcc 应用程序。

步骤 2：安装包含反汇编工具 objdump 的工具包 binutils，命令如下：

```
yum install -y binutils
```

步骤 3：反汇编 test_gcc，命令如下：

```
objdump -S test_gcc
```

可以得到反汇编后的代码，只截取与 main 方法直接相关的一段，反汇编后的代码如下：

```
#include <stdio.h>
int main( ) {
  400634:     a9b87bfd      stp     x29, x30, [sp, # -128]!
  400638:     910003fd      mov     x29, sp

    signed char str[100];
```

```
    printf( "Enter a string:");
  40063c:     90000000      adrp     x0, 400000 <_init - 0x4a8>
  400640:     911ce000      add      x0, x0, #0x738
  400644:     97ffffb7      bl       400520 <printf@plt>
    scanf("%s", str);
  400648:     910063e0      add      x0, sp, #0x18
  40064c:     aa0003e1      mov      x1, x0
  400650:     90000000      adrp     x0, 400000 <_init - 0x4a8>
  400654:     911d2000      add      x0, x0, #0x748
  400658:     97ffffae      bl       400510 <__isoc99_scanf@plt>

        printf( "You entered: %s ", str);
  40065c:     910063e0      add      x0, sp, #0x18
  400660:     aa0003e1      mov      x1, x0
  400664:     90000000      adrp     x0, 400000 <_init - 0x4a8>
  400668:     911d4000      add      x0, x0, #0x750
  40066c:     97ffffad      bl       400520 <printf@plt>
        printf("\n");
  400670:     52800140      mov      w0, #0xa                  //#10
  400674:     97ffffaf      bl       400530 <putchar@plt>
        return 0;
  400678:     52800000      mov      w0, #0x0                  //#0
}
  40067c:     a8c87bfd      ldp      x29, x30, [sp], #128
  400680:     d65f03c0      ret
  400684:     d503201f      nop
```

步骤 4：反汇编 test_clang，命令如下：

```
objdump -S test_clang
```

可以得到反汇编后的代码，也只截取与 main 方法直接相关的一段，反汇编后的代码如下：

```
#include <stdio.h>
int main( ) {
  4005e4:     d10283ff      sub      sp, sp, #0xa0
  4005e8:     a9097bfd      stp      x29, x30, [sp, #144]
  4005ec:     910243fd      add      x29, sp, #0x90
  4005f0:     2a1f03e8      mov      w8, wzr
  4005f4:     90000000      adrp     x0, 400000 <_init - 0x468>
  4005f8:     911ca000      add      x0, x0, #0x728
  4005fc:     90000009      adrp     x9, 400000 <_init - 0x468>
  400600:     911ce129      add      x9, x9, #0x738
```

```
400604:    9000000a    adrp    x10, 400000 <_init-0x468>
400608:    911ced4a    add     x10, x10, #0x73b
40060c:    9000000b    adrp    x11, 400000 <_init-0x468>
400610:    911d316b    add     x11, x11, #0x74c
400614:    9100a3ec    add     x12, sp, #0x28
400618:    b81fc3bf    stur    wzr, [x29, #-4]
40061c:    b90027e8    str     w8, [sp, #36]
400620:    f9000fe9    str     x9, [sp, #24]
400624:    f9000bea    str     x10, [sp, #16]
400628:    f90007eb    str     x11, [sp, #8]
40062c:    f90003ec    str     x12, [sp]

  signed char str[100];

  printf( "Enter a string:");
400630:    97ffffac    bl      4004e0 <printf@plt>
400634:    f9400fe9    ldr     x9, [sp, #24]
  scanf(" %s", str);
400638:    aa0903e0    mov     x0, x9
40063c:    f94003e1    ldr     x1, [sp]
400640:    97ffffa4    bl      4004d0 <__isoc99_scanf@plt>
400644:    f9400be9    ldr     x9, [sp, #16]

      printf( "You entered: %s ", str);
400648:    aa0903e0    mov     x0, x9
40064c:    f94003e1    ldr     x1, [sp]
400650:    97ffffa4    bl      4004e0 <printf@plt>
400654:    f94007e9    ldr     x9, [sp, #8]
      printf("\n");
400658:    aa0903e0    mov     x0, x9
40065c:    97ffffa1    bl      4004e0 <printf@plt>
400660:    b94027e8    ldr     w8, [sp, #36]
      return 0;
400664:    2a0803e0    mov     w0, w8
400668:    a9497bfd    ldp     x29, x30, [sp, #144]
40066c:    910283ff    add     sp, sp, #0xa0
400670:    d65f03c0    ret
400674:    d503201f    nop
```

对两段反编译后的代码进行对比，可以明显看出来，不同编译器对同一段代码进行编译，编译结果有较大差异，不但编译后的文件大小不同，得到的机器码差别也很大。

10.2 鲲鹏 GCC

鲲鹏 GCC 是华为基于开源的 GCC 开发的编译器工具链，针对鲲鹏平台进行了深度优化，可以提供更好的运行性能、更安全的质量加固，目前支持的语言有 C、C++、Fortran。

鲲鹏 GCC 也是开源的，开源代码仓库网址为 https://gitee.com/src-openeuler/gcc。

10.2.1 鲲鹏 GCC 的安装

截止本书编写时，鲲鹏 GCC 最新版本是基于 GCC 9.3 版本发布的，下面演示该版本的安装过程。

步骤 1：登录鲲鹏服务器，进入/data/soft/目录，命令如下：

```
cd /data/soft/
```

步骤 2：下载鲲鹏 GCC 并解压，命令如下：

```
wget
https://mirrors.huaweicloud.com/kunpeng/archive/compiler/kunpeng_gcc/gcc-9.3.1-2020.09
-aarch64-Linux.tar.gz
tar -zxvf gcc-9.3.1-2020.09-aarch64-Linux.tar.gz
```

步骤 3：配置环境变量，编辑/etc/profile，命令如下：

```
vim /etc/profile
```

在 profile 文件最后加上以下配置，保存并退出：

```
export PATH=/data/soft/gcc-9.3.1-2020.09-aarch64-Linux/bin:$PATH
export INCLUDE=/data/soft/gcc-9.3.1-2020.09-aarch64-Linux/include:$INCLUDE
export LD_LIBRARY_PATH=/data/soft/gcc-9.3.1-2020.09-aarch64-Linux/lib64:$LD_LIBRARY
_PATH
```

步骤 4：执行以下命令，使配置生效：

```
source /etc/profile
```

步骤 5：检查 clang 版本，确认毕昇编译器是否成功安装，命令及成功的回显如下：

```
[root@ecs-kunpeng soft]#gcc -v
Using built-in specs.
COLLECT_GCC=gcc
COLLECT_LTO_WRAPPER=/data/soft/gcc-9.3.1-2020.09-aarch64-Linux/bin/../libexec/gcc/
aarch64-target-Linux-gnu/9.3.1/lto-wrapper
Target: aarch64-target-Linux-gnu
Configured with: /usr1/cloud_compiler_hcc/build/hcc_arm64le_native/../../open_source/hcc_
arm64le_native_build_src/gcc-9.3.0/configure --build=aarch64-Linux-gnu --host=
aarch64-target-Linux-gnu --target=aarch64-target-Linux-gnu --with-arch=armv8-
a --prefix=/usr1/cloud_compiler_hcc/build/hcc_arm64le_native/arm64le_build_dir/gcc-
9.3.1-2020.09-aarch64-Linux --enable-shared --enable-threads=posix --enable-
```

```
checking = release --enable-__cxa_atexit --enable-gnu-unique-object --enable-linker-build-id --with-linker-hash-style=gnu --enable-languages=c,c++,fortran,lto --enable-initfini-array --enable-gnu-indirect-function --with-multilib-list=lp64 --enable-multiarch --with-gnu-as --with-gnu-ld --enable-libquadmath --with-pkgversion='build 300b011' --with-sysroot=/ --with-build-sysroot=/usr1/cloud_compiler_hcc/build/hcc_arm64le_native/arm64le_build_dir/hcc_arm64le/sysroot --with-gmp=/usr1/cloud_compiler_hcc/build/hcc_arm64le_native/arm64le_build_dir/gcc-9.3.1-2020.09-aarch64-Linux --with-mpfr=/usr1/cloud_compiler_hcc/build/hcc_arm64le_native/arm64le_build_dir/gcc-9.3.1-2020.09-aarch64-Linux --with-mpc=/usr1/cloud_compiler_hcc/build/hcc_arm64le_native/arm64le_build_dir/gcc-9.3.1-2020.09-aarch64-Linux --with-isl=/usr1/cloud_compiler_hcc/build/hcc_arm64le_native/arm64le_build_dir/gcc-9.3.1-2020.09-aarch64-Linux --with-build-time-tools=/usr1/cloud_compiler_hcc/build/hcc_arm64le_native/arm64le_build_dir/hcc_arm64le/aarch64-target-Linux-gnu/bin --libdir=/usr1/cloud_compiler_hcc/build/hcc_arm64le_native/arm64le_build_dir/gcc-9.3.1-2020.09-aarch64-Linux/lib64
Thread model: posix
gcc version 9.3.1 (build 300b011)
```

10.2.2 鲲鹏GCC的使用

鲲鹏GCC基于GCC开发，它的gcc、g++、gfortran命令和GCC相同，如果要编译10.1.4节compileTest.c源代码文件，命令如下：

```
cd /data/code/
gcc -g -o test_kunpeng compileTest.c
```

可以生成test_kunpeng应用程序。

反编译test_kunpeng，查看机器码是否和默认的GCC编译的机器码一致，因为compileTest.c非常简单，里面并没有显著体现鲲鹏架构特点的地方，反编译后的机器码应该和原始GCC编译器编译的机器码类似。反编译命令如下：

```
objdump -S test_kunpeng
```

可以得到反汇编后的代码，只截取与main方法直接相关的一段，反汇编后的代码如下：

```
#include <stdio.h>
int main( ) {
  400634:    a9b87bfd     stp    x29, x30, [sp, # -128]!
  400638:    910003fd     mov    x29, sp

    signed char str[100];
```

```
    printf( "Enter a string:");
40063c:     90000000        adrp     x0, 400000 <_init - 0x4a0 >
400640:     911ce000        add      x0, x0, #0x738
400644:     97ffffb7        bl       400520 < printf@plt >
    scanf(" % s", str);
400648:     910063e0        add      x0, sp, #0x18
40064c:     aa0003e1        mov      x1, x0
400650:     90000000        adrp     x0, 400000 <_init - 0x4a0 >
400654:     911d2000        add      x0, x0, #0x748
400658:     97ffffae        bl       400510 <__isoc99_scanf@plt >

        printf( "You entered: % s ", str);
40065c:     910063e0        add      x0, sp, #0x18
400660:     aa0003e1        mov      x1, x0
400664:     90000000        adrp     x0, 400000 <_init - 0x4a0 >
400668:     911d4000        add      x0, x0, #0x750
40066c:     97ffffad        bl       400520 < printf@plt >
        printf("\n");
400670:     52800140        mov      w0, #0xa                  //#10
400674:     97ffffaf        bl       400530 < putchar@plt >
        return 0;
400678:     52800000        mov      w0, #0x0                  //#0
}
40067c:     a8c87bfd        ldp      x29, x30, [sp], #128
400680:     d65f03c0        ret
400684:     d503201f        nop
```

可以看到和10.1.5节通过原始GCC编译后反编译的结果完全一致。

10.3 毕昇JDK

为了在Java环境下也可以发挥出鲲鹏架构的优良性能，华为推出了毕昇JDK。毕昇JDK基于OpenJDK定制，解决了业务实际运行中遇到的多个问题，在ARM架构上进行了性能优化，目前推出的版本包括毕昇JDK 8和毕昇JDK 11。作为开源的项目，毕昇JDK 8的开源代码仓库网址为https://gitee.com/openeuler/bishengjdk-8，毕昇JDK 11的开源代码仓库网址为https://gitee.com/openeuler/bishengjdk-11。

1. 卸载旧版JDK

安装新版JDK以前需要先卸载旧版的JDK，步骤如下：

步骤1：登录鲲鹏服务器，检查本地安装的旧版本JDK包，命令及回显如下：

```
[root@ecs - kunpeng ~]# rpm - qa | grep jdk
java - 1.8.0 - openjdk - headless - 1.8.0.232.b09 - 0.el7_7.aarch64
```

```
java-1.8.0-openjdk-devel-1.8.0.232.b09-0.el7_7.aarch64
java-1.8.0-openjdk-1.8.0.232.b09-0.el7_7.aarch64
copy-jdk-configs-3.3-10.el7_5.noarch
```

步骤 2：卸载旧版 JDK 相关包，命令如下：

```
rpm -e --nodeps java-1.8.0-openjdk-devel-1.8.0.232.b09-0.el7_7.aarch64
rpm -e --nodeps java-1.8.0-openjdk-headless-1.8.0.232.b09-0.el7_7.aarch64
rpm -e --nodeps java-1.8.0-openjdk-1.8.0.232.b09-0.el7_7.aarch64
rpm -e --nodeps copy-jdk-configs-3.3-10.el7_5.noarch
```

2. 毕昇 JDK 8 的安装

步骤 1：登录鲲鹏服务器，创建并进入/data/soft/目录，命令如下：

```
mkdir -p /data/soft/
cd /data/soft/
```

步骤 2：下载毕昇 JDK 8 并解压，命令如下：

```
wget
https://mirrors.huaweicloud.com/kunpeng/archive/compiler/bisheng_jdk/bisheng-jdk-8u262
-Linux-aarch64.tar.gz
tar -zxvf bisheng-jdk-8u262-Linux-aarch64.tar.gz
```

步骤 3：配置环境变量，编辑/etc/profile，命令如下：

```
vim /etc/profile
```

在 profile 文件最后加上以下配置，保存并退出：

```
export JAVA_HOME=/data/soft/bisheng-jdk1.8.0_262
export PATH=$PATH:$JAVA_HOME/bin
export CLASSPATH=.:$JAVA_HOME/lib
```

步骤 4：执行以下命令，使配置生效：

```
source /etc/profile
```

步骤 5：检查 JDK 版本，确认毕昇 JDK 8 是否成功安装，命令及成功回显如下：

```
[root@ecs-kunpeng ~]# java -version
openjdk version "1.8.0_262"
OpenJDK RunTime Environment Bisheng (build 1.8.0_262-b13)
OpenJDK 64-Bit Server VM Bisheng (build 25.262-b13, mixed mode)
```

如果原先已经安装了 JDK 并且没有删除，这里有可能还会显示原先的 JDK 版本，可以通过重新启动系统来解决。

3. 毕昇 JDK 11 的安装

步骤 1：登录鲲鹏服务器，创建并进入/data/soft/目录，命令如下：

```
mkdir -p /data/soft/
cd /data/soft/
```

步骤 2：下载毕昇 JDK 11 并解压，命令如下：

```
wget
https://mirrors.huaweicloud.com/kunpeng/archive/compiler/bisheng_jdk/bisheng-jdk-11.0.8
-Linux-aarch64.tar.gz
tar -zxvf bisheng-jdk-11.0.8-Linux-aarch64.tar.gz
```

步骤 3：配置环境变量，编辑/etc/profile，命令如下：

```
vim /etc/profile
```

在 profile 文件最后加上以下配置，保存并退出：

```
export JAVA_HOME=/data/soft/bisheng-jdk-11.0.8
export PATH=$PATH:$JAVA_HOME/bin
export CLASSPATH=.:$JAVA_HOME/lib
```

步骤 4：执行以下命令，使配置生效：

```
source /etc/profile
```

步骤 5：检查 JDK 版本，确认毕昇 JDK 11 是否成功安装，命令及成功回显如下：

```
[root@ecs-kunpeng soft]# java -version
openjdk version "11.0.8" 2020-09-16
OpenJDK RunTime Environment Bisheng (build 11.0.8+13)
OpenJDK 64-Bit Server VM Bisheng (build 11.0.8+13, mixed mode)
```

如果原先已经安装了 JDK 并且没有删除，这里有可能还会显示原先的 JDK 版本，可以通过重新启动系统来解决。

10min

10.4 编译器插件

10.4.1 编译器插件的安装

14min

步骤 1：单击 Visual Studio Code 侧边栏的扩展按钮，在输入框输入 kunpeng，如图 10-4 所示。

图 10-4 插件安装

步骤 2：单击 Kunpeng Compiler Plugin 插件的“安装”按钮，即可安装成功。

10.4.2 编译器插件的 SSH 配置

步骤 1：配置远程调试的鲲鹏主机环境信息，单击 Visual Studio Code 的“文件”→“首选项”→“设置”菜单，如图 10-5 所示。

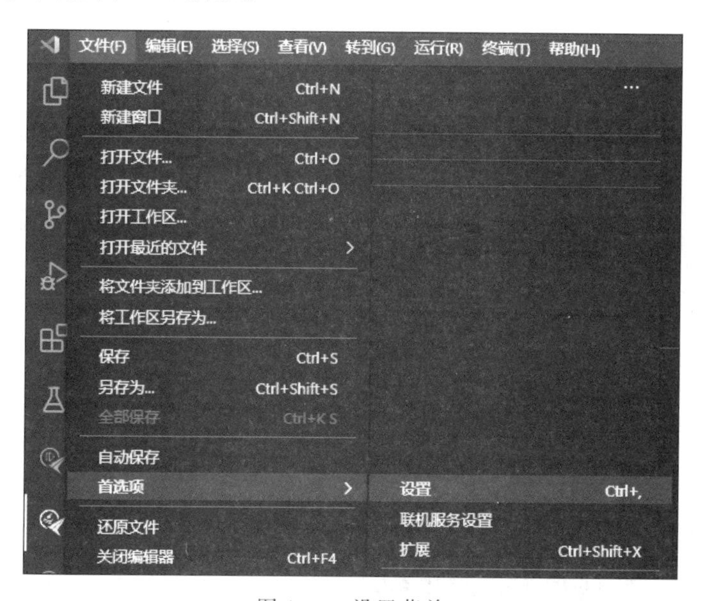

图 10-5 设置菜单

步骤 2：在设置窗口选择“工作区”，然后在搜索框输入 kunpeng. remote. ssh. vmachineinfo，这样便会找到匹配的配置项，如图 10-6 所示。

图 10-6 搜索设置项

步骤 3：单击“在 settings. json 中编辑”超链接，此时会打开 settings. json 的编辑页面，如图 10-7 所示。

```
{} settings.json > [ø] kunpeng.remote.ssh.vmachineinfo
        ]
    },
    "kp-plugin.scan.types": [
        "1",
        "4",
        "2",
        "3"
    ],
    "kunpeng.remote.ssh.vmachineinfo": null
}
```

图 10-7 settings. json

步骤 4：编辑 kunpeng. remote. ssh. vmachineinfo 的配置项，示例代码如下：

```
"kunpeng.remote.ssh.vmachineinfo": [
        {
            "label": "kunpengRemoteDebug",
            "ip": "139.9.116.29",
            "port": "22",
            "user": "duser",
            "workspace": "/home/duser"
        }
    ]
```

各个配置项的说明见表 10-1。

表 10-1 远程环境配置项说明

配置项	说　　明
label	该配置节的标签，一个 kunpeng. remote. ssh. vmachineinfo 可以包含多个配置节
ip	要远程调试的鲲鹏主机 IP 地址
port	远程主机访问端口，一般是 22
user	远程调试的用户，不能是 root，这里使用 duser 用户
workspace	远程调试的工作区

步骤5：要远程编译，还需要配置本地登录的ssh公钥信息，在本机打开命令行工具，输入ssh-keygen，随后需要输入的地方直接回车即可，具体的命令及回显如下（演示使用的用户名是wanwan）：

```
C:\Users\wanwan>ssh-keygen
Generating public/private rsa key pair.
Enter file in which to save the key (C:\Users\wanwan/.ssh/id_rsa):
Created directory 'C:\Users\wanwan/.ssh'.
Enter passphrase (empty for no passphrase):
Enter same passphrase again:
Your identification has been saved in C:\Users\wanwan/.ssh/id_rsa.
Your public key has been saved in C:\Users\wanwan/.ssh/id_rsa.pub.
The key fingerprint is:
SHA256:M+7rFkJd5SvuUfPr/36cVq4SM1sRUfJ7F9xleyrxv1c wanwan@DESKTOP-Q87L7O3
The key's randomart image is:
+---[RSA 2048]----+
|        ..oo+|
|       ..   o++|
|     ..o   =+|
|      ..+..+|
|     .S.  =ooo|
|    ...+ o++..E|
|    ...o   *.o=|
|    ....o    +*|
|    o+..   o==B|
+----[SHA256]-----+
```

就本机而言，生成的公钥和私钥都保存在C:\Users\wanwan\.ssh\文件夹，其中公钥为id_rsa.pub，私钥为id_rsa。

步骤6：将步骤5生成的公钥上传到远程服务器，假如将id_rsa.pub上传到/data/soft/目录，这时需要使用管理员账号登录远程服务器，在duser的home目录创建.ssh目录，并在该目录创建authorized_keys文件，最后把公钥导入该文件中，命令如下：

```
mkdir /home/duser/.ssh/
touch /home/duser/.ssh/authorized_keys
cd /data/soft/
cat id_rsa.pub >> /home/duser/.ssh/authorized_keys
```

步骤7：配置目录权限，命令如下：

```
cd /home/
chmod 700 duser/
chmod 700 duser/.ssh/
chmod 600 duser/.ssh/authorized_keys
chown -R duser duser/.ssh/
```

步骤 8：重启 ssh 服务，命令如下：

```
systemctl restart sshd
```

这样就配置好了服务端的 ssh 登录配置。

步骤 9：配置本地 SSH 客户端地址，单击 Visual Studio Code 的“文件”→“首选项”→“设置”菜单，如图 10-5 所示，在设置窗口选择“工作区”，然后在搜索框输入 kunpeng. remote. ssh. clientpath，这样便会找到匹配的配置项，如图 10-8 所示。

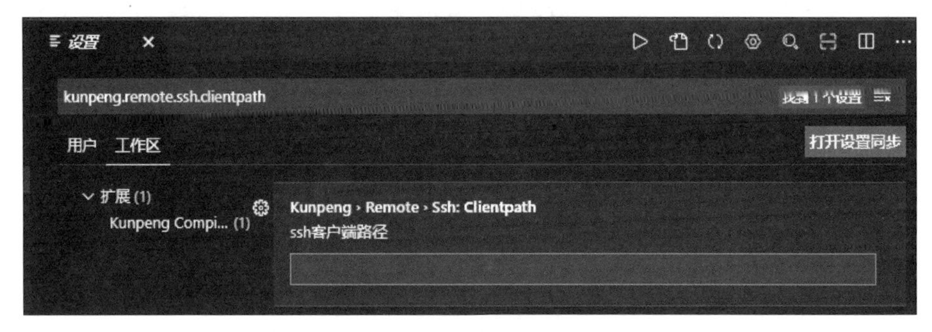

图 10-8 SSH 客户端配置

在 Windows 10 操作系统里，默认安装了 OpenSSH 的客户端，一般在 C:\Windows\WinSxS\ 文件夹内，就本机而言，SSH 客户端地址为 C:\Windows\WinSxS\amd64_openssh-client-components-onecore_31bf3856ad364e35_10. 0. 19041. 1_none_b5ee49ccbbfbfddb\ssh. exe。也可以使用其他的 SSH 客户端，但是所使用的客户端必须支持命令行方式运行。

步骤 10：配置本地 SSH 私钥文件 id_rsa 的路径，单击 Visual Studio Code 的“文件”→“首选项”→“设置”菜单，如图 10-5 所示，在设置窗口选择“工作区”，然后在搜索框输入 kunpeng. remote. ssh. privatekeypath，这样便会找到匹配的配置项，如图 10-9 所示。

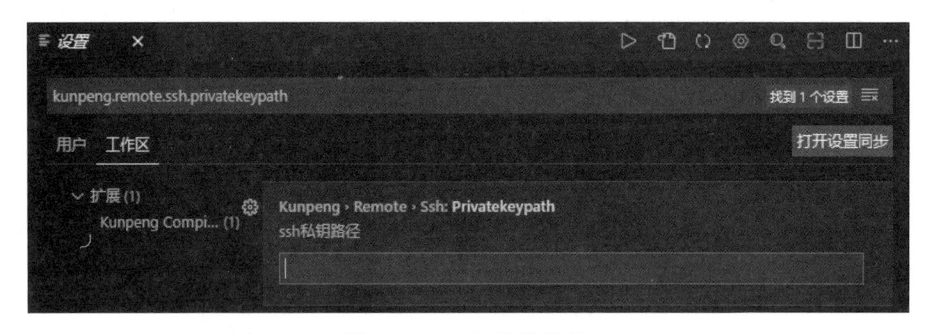

图 10-9 SSH 私钥路径

这里输入步骤 5 生成的私钥路径，本机是 C:\Users\wanwan\. ssh\id_rsa。

这样就基本完成了 settings. json 的配置，最终的配置信息类似这样：

```
//Chapter10/settings.json
{
    "editor.tokenColorCustomizations": {
        "textMateRules": [
            {
                "scope": "kunpeng.func",
                "settings": {
                    "foreground": "#28a745"
                }
            },
            {
                "scope": "kunpeng.intrinsics",
                "settings": {
                    "foreground": "#28a745"
                }
            }
        ]
    },
    "kp-plugin.scan.types": [
        "1",
        "4",
        "2",
        "3"
    ],
    "kunpeng.remote.ssh.privatekeypath": "C:\Users\wanwan\.ssh\id_rsa",
    "kunpeng.remote.ssh.vmachineinfo": [
        {
            "label": "kunpengRemoteDebug",
            "ip": " 139.9.116.29",
            "port": "22",
            "user": "duser",
            "workspace": "/home/duser"
        }
    ],
    "kunpeng.remote.ssh.clientpath": "C:\Windows\WinSxS\amd64_openssh-client-components
-onecore_31bf3856ad364e35_10.0.19041.1_none_b5ee49ccbbfbfddb\ssh.exe"

}
```

10.4.3 编译器插件的编译配置

下面使用一个简单的C程序演示编译器插件的编译配置，步骤如下：

步骤1：在Visual Studio Code工作区（本次演示工作区名称为demo）添加compileTest.c代码文件，代码内容和10.1.4创建的compileTest.c文件内容一样即可，也可以使用其他的代码。

步骤 2：在 Visual Studio Code 工作区 .vscode 文件夹添加 tasks.json 配置文件，文件内容如下：

```
//Chapter10/tasks.json

{
    "version": "2.0.0",
    "presentation": {
        "echo": true,
        "reveal": "always",
        "focus": false,
        "panel": "shared"
    },
    "tasks": [
        {
            "type": "shell",
            "group": {
                "kind": "build",
                "isDefault": true
            },
            "options": {
                "env": {
                    "LD_LIBRARY_PATH": "/usr/local/lib"
                }
            },
            "presentation": {
                "echo": true,
                "reveal": "always",
                "focus": false,
                "panel": "shared"
            },
            "label": "c_compile",
            "command": "gcc -o compileTest compileTest.c",
            "problemMatcher": {
                "owner": "cpp",
                "fileLocation": [
                    "relative",
                    "${workspaceRoot}"
                ],
                "pattern": {
                    "regexp": "^([^:]*):(\\d+):(\\d+):\\s+(warning|error):\\s+
(.*)$",
                    "file": 1,
```

```
                    "line": 2,
                    "column": 3,
                    "severity": 4,
                    "message": 5
                }
            }
        }
    ]
}
```

需要注意两个配置项，一个是 label，它是任务的页面标签，另一个是 command，表明要执行的编译命令，可以是外部程序或者 shell 命令。

步骤 3：登录远程服务器，安装编译环境，输入命令如下：

```
yum install -y make cmake gcc-c++ git gdb
```

步骤 4：使用 duser 用户在远端服务器的/home/duser/目录下创建 demo 目录，命令如下：

```
cd /home/duser/
mkdir demo
```

步骤 5：把 compileTest.c 上传到/home/duser/demo/目录。

这样，就完成了 compileTest.c 代码文件的远程编译配置工作。

10.4.4 编译器插件的使用

编译器插件配置好后，可以在 Visual Studio Code 左侧工具类显示对应的视图，如图 10-10 所示。

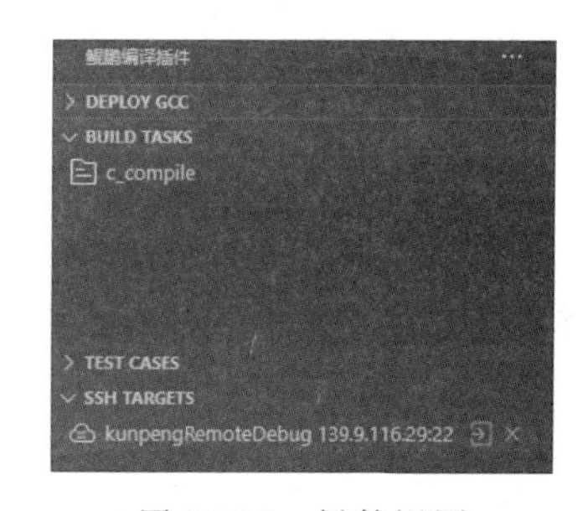

图 10-10 插件视图

首先看一下 SSH TARGETS 插件视图，里面列出了可用的远程服务器，单击右侧的图标可以进行远程自动登录，登录信息如下：

```
PS D:\CodeTest\c\demo> C:\Windows\WinSxS\amd64_openssh-client-components-onecore_
31bf3856ad364e35_10.0.19041.1_none_b5ee49ccbbfbfddb\ssh.exe -p 22 duser@139.9.116.29
Last login: Wed Dec 9 08:19:15 2020 from 112.226.162.188


       Welcome to Huawei Cloud Service


[duser@ecs-kunpeng ~]$
```

这样可以非常方便地在远程服务器上进行操作，直接输入需要的命令即可。

再看一下 BUILD TASKS 视图，如图 10-11 所示，单击右侧的启动图标可以启动编译。

图 10-11 编译视图

编译时在“终端”页签输出信息如下：

```
> Executing task: C:\Windows\WinSxS\amd64_openssh-client-components-onecore_
31bf3856ad364e35_10.0.19041.1_none_b5ee49ccbbfbfddb\ssh.exe -p 33 duser@139.9.116.29
                    bash -lc 'source /etc/profile; cd /home/duser/demo; gcc -o compileTest
compileTest.c'<

y
/etc/profile: line 0: source: filename argument required
source: usage: source filename [arguments]

终端将被任务重用,按任意键关闭.
```

在“输出”页签输出信息如下：

```
[warn] get build status failed:Key not found in Database [d:\CodeTest\c\demo_c_compile_
kunpengRemoteDebug 139.9.116.29:22]
[info] 编译成功
```

可以看到最终编译成功，如果编译期间需要终止编译，可以单击停止图标。在终端页签查看远程服务器编译后的文件，命令及回显如下：

```
[duser@ecs-kunpeng ~]$ ll demo/
total 20
-rwxrwxr-x 1 duser duser 71128 Dec 9 08:28 compileTest
-rw-rw-r-- 1 duser duser 184 Dec 9 08:08 compileTest.c
```

compileTest 是刚编译成功的文件。

本插件也同时具有远程调试功能，在本书编写期间尚没有提供完整的官方调试文档，这里就不介绍了。

第 11 章

华为动态二进制指令翻译工具(ExaGear)

11.1 ExaGear 简介

在应用从 x86 架构迁移到鲲鹏架构的时候,除了纯解释型语言,其他编译型语言的应用或者解释型语言混合了编译型语言的应用,都需要有源代码才可以进行迁移。对于没有源代码的 x86 架构应用,就不能通过修改代码、重新编译的方式进行迁移了。

还有一些应用,虽然有源代码,但是迁移成本较高,或者迁移周期较长,这类应用也不适合按照通常的迁移方式进行迁移。

为了解决这个问题,华为提供了动态二进制指令翻译工具 ExaGear,对于大部分运行在 x86 架构下的 Linux 应用,可以直接运行在 ARM64 服务器上,ExaGear 把运行中的 x86 指令动态翻译成 ARM64 指令,从而避免了重新编译的要求,可以达到快速、低成本的应用迁移。

使用 ExaGear 的指令动态翻译功能的确很方便,但是需要满足一些前提条件,具体的前提条件如表 11-1 所示。

表 11-1　ExaGear 的前提条件

类　　别	支　　持	不　支　持
应用类型	Linux 上的 x86 应用	Windows 应用、Linux 驱动、虚拟化平台
指令	x86 通用指令、SSE、AVX 扩展指令	AVX-2 和 AVX 512 指令
操作系统	openEuler、CentOS 7、Ubuntu	其他

因为 ExaGear 是动态翻译指令执行的,所以在性能上有一定的损失,根据 SPEC CPU 2006 工具的测试,CPU 性能损失大约 20%。

11.2 ExaGear 的安装

ExaGear 支持安装在物理机、虚拟机或者容器里,下面演示在华为云 ECS 上安装的过程。本次安装选择的是 ExaGear V100R002C00 版本。

步骤 1：登录鲲鹏服务器，创建/data/soft/目录，并进入该目录，命令如下：

```
mkdir -p /data/soft/
cd /data/soft/
```

步骤 2：下载 ExaGear 并解压，命令如下：

```
wget
https://mirrors.huaweicloud.com/kunpeng/archive/ExaGear/ExaGear_V100R002C00.tar.gz
tar -zxvf ExaGear_V100R002C00.tar.gz
```

步骤 3：进入安装包目录，命令如下：

```
cd /data/soft/ExaGear_V100R002C00/CentOS/release/
```

步骤 4：检查当前操作系统的页大小，命令如下：

```
getconf PAGE_SIZE
```

如果返回值是 65536，则表明是 64KB 的页；如果返回值是 4096，则表明是 4KB 的页。
步骤 5：安装 ExaGear，如果是 64KB 的页，命令如下：

```
rpm -ivh exagear-core-x64a64-p64k-1169-1.aarch64.rpm exagear-guest-centos-7-x86
_64-1169-1.noarch.rpm exagear-integration-1169-1.noarch.rpm exagear-utils-1169-1.
noarch.rpm
```

如果是 4KB 的页，命令如下：

```
rpm -ivh exagear-core-x32a64-1169-1.aarch64.rpm exagear-core-x64a64-1169-1.
aarch64.rpm exagear-guest-centos-7-x86_64-1169-1.noarch.rpm exagear-integration-
1169-1.noarch.rpm exagear-utils-1169-1.noarch.rpm
```

本次演示的操作系统是 64KB 的页，安装成功回显如下：

```
Preparing...                          ###############################
#######[100%]
Updating / installing...
   1:exagear-utils-1169-1
#########################################[ 25%]
   2:exagear-core-x64a64-p64k-1169-1
#########################################[ 50%]
Created symlink from /etc/systemd/system/multi-user.target.wants/exagear-x86_64.service
to /usr/lib/systemd/system/exagear-x86_64.service.
```

```
    3:exagear - guest - centos - 7 - x86_64 -
116################################[ 75%]
Unpacking archive with guest image: /opt/exagear/images/centos-7-x86_64.tar.gz ...
...done.
    4:exagear - integration - 1169 - 1
################################[100%]
```

ExaGear 默认安装在/opt/exagear/目录。

11.3 运行 ExaGear

运行 ExaGear 相当于在鲲鹏服务器上启动了一个 x86 架构的 CentOS Shell，ExaGear 官方文档称其为 Guest 系统，与之对应的鲲鹏服务器上的系统称其为 Host 系统，运行 ExaGear 的命令及回显如下：

```
[root@kunpeng - small ~]# exagear
Starting /bin/bash in the guest image /opt/exagear/images/centos-7-x86_64
```

查看 Guest 系统版本信息的命令及回显如下：

```
[root@kunpeng - small ~]# uname -a
Linux kunpeng - small 4.18.0 - 193.28.1.el7.aarch64 #1 SMP Wed Oct 21 16:25:35 UTC 2020 x86_64
x86_64 x86_64 GNU/Linux
```

可以看到 Guest 系统运行的是 x86_64 的 Linux。

要退出 Guest 系统的 Shell，需要输入 exit，以便重新进入 Host 系统。

11.4 ExaGear 结构

ExaGear 可以运行 x86 架构的 CentOS 7，因为在 ExaGear 安装目录里面有基本的 x86 运行环境，通过 Tree 命令查看 ExaGear 的目录结构，如果没有安装 Tree 命令，可以通过如下命令安装：

```
yum install -y tree
```

要进入/opt/exagear/目录，查看该目录的 3 级子目录，命令如下：

```
cd /opt/exagear/
tree -L 3
```

可以看到 exagear 目录的结构如下：

```
├── bin
│   ├── killall-ubt.sh
│   ├── ubt_binfmt_misc_wrapper_x86_64 -> /opt/exagear/bin/ubt_x64a64_al
│   ├── ubt-wrapper
│   ├── ubt_x64a64_al
│   └── ubt_x64a64_opt
├── cmcversion
├── images
│   ├── centos-7-x86_64
│   │   ├── bin -> usr/bin
│   │   ├── boot
│   │   ├── dev
│   │   ├── etc
│   │   ├── home
│   │   ├── lib -> usr/lib
│   │   ├── lib64 -> usr/lib64
│   │   ├── media
│   │   ├── mnt
│   │   ├── opt
│   │   ├── proc
│   │   ├── root
│   │   ├── run
│   │   ├── sbin -> usr/sbin
│   │   ├── srv
│   │   ├── sys
│   │   ├── tmp
│   │   ├── usr
│   │   └── var
│   └── centos-7-x86_64.tar.gz
├── integration
│   ├── converter.sh
│   ├── generator.sh
│   ├── service-hooks
│   │   └── cron
│   ├── stop-all-guest-systemd-units.sh
│   └── systemctl
└── shared
    ├── exagear-x86_64.conf
    ├── ubt-make-opt-cmdline
    └── ubt-print-aux-cmdline-options
```

需要关注的是images下的centos-7-x86_64目录，它包含了完整的x86架构CentOS运行环境。

对于Host系统来说，整个/opt/exagear/目录下所有的子目录和文件都是可见的，但是对于Guest系统来说，只有/opt/exagear/ images/ centos-7-x86_64/目录下的子目录和文件是可见的,/opt/exagear/ images/ centos-7-x86_64/目录就相当于它的根目录,如果需要Guest系统访问某些应用或文件,这些应用或文件也必须放在/opt/exagear/ images/ centos-7-x86_64/目录或者它的子目录中。

11.5 Guest 系统中安装运行应用

在Guest系统中安装应用有多种方式,这里演示常用的两种,一种是把现有的已编译好的x86应用上传到Host系统,然后从Host系统复制到Guest系统的运行环境中。另一种使用Yum方式从Yum源安装。安装好后,就可以在Guest系统运行环境中直接运行应用了,类似在x86系统中运行。

11.5.1 Host 系统复制到 Guest 系统

为了模拟整个过程,这里使用一台x86服务器编译C源码为x86架构应用,然后将该应用上传到鲲鹏服务器,最后在鲲鹏服务器里把该应用复制到Guest系统运行环境,具体步骤如下:

步骤1:登录x86架构服务器,创建/data/code/目录并进入,然后创建x86app.c文件,命令如下:

```
mkdir -p /data/code/
cd /data/code/
vim x86app.c
```

步骤2:在x86app.c文件中录入代码如下:

```
//Chapter11/x86app.c

#include <stdio.h>
int main(void)
{
    char a = -1;
    printf("The variable a is -1,the actual output is %d\n", a);

    char str[100];

    printf("Enter a string:");
    scanf("%s", str);

    printf("You entered: %s ", str);
    printf("\n");

    return 0;
}
```

这段代码使用了在迁移过程中经常需要特别注意的char类型，并且把其中变量a的值设置成-1，这段代码如果在鲲鹏架构下直接编译运行，不进行特殊处理，应用执行结果和期望的结果是不一致的，代码后面部分演示了基本的输入和输出。

步骤3：编译x86app.c，命令如下：

```
gcc -o x86app x86app.c
```

编译后可以得到应用x86app。

步骤4：运行x86app，然后输入字符串"x86"，命令及反馈如下：

```
[root@ecs-x86 code]# ./x86app
The variable a is -1,the actual output is -1
Enter a string:x86
You entered: x86
```

在x86架构下是可以正常运行的，输出和期望值也是一致的。

步骤5：上传x86app到鲲鹏服务器，这里使用SCP命令

```
[root@ecs-x86 code]# scp x86app root@172.16.0.155:/data/soft/
```

根据需要输入鲲鹏服务器的密码，最后x86app会被复制到鲲鹏服务器的/data/soft/目录。

步骤6：登录鲲鹏服务器，进入/data/soft/目录，命令如下：

```
cd /data/soft/
```

步骤7：先在Host系统下试着运行x86app，命令及反馈如下：

```
[root@ecs-kunpeng soft]# ./x86app

UBT: assertion "fd >= 0" failed.
The file '/data/soft/x86app' does not belong to the guest image '/opt/exagear/images/centos-7
-x86_64' and is not visible in the guest FS.
Move it to a location visible in the guest FS or reconfigure the guest FS to make the current
location visible.

[Pid 3035] ubt_Error at ubt_al.cc:730

Backtrace:
   0x800800113cf0
   0x8008000f3ba8
   0x80080011123c
   Backtrace end (frame 0xffffff766a10 is out of current stack)
```

应用不能正常运行,系统提示把 x86app 移动到 Guest 系统的运行环境,即/opt/exagear/images/centos-7-x86_64 目录下。

步骤 8:把 x86app 移动到 Guest 系统的/opt/目录下,命令如下:

```
mv x86app /opt/exagear/images/centos-7-x86_64/opt/
```

步骤 9:启动 ExaGear,查看 Guest 系统的/opt/目录,命令及反馈如下:

```
[root@ecs-kunpeng soft]# exagear
Starting /bin/bash in the guest image /opt/exagear/images/centos-7-x86_64
[root@ecs-kunpeng /]# cd /opt/
[root@ecs-kunpeng opt]# ll
total 12
-rwxr-xr-x 1 root root 8472 Oct 31 00:42 x86app
```

可以看到 x86app 已经复制到了 Guest 系统的/opt/目录,这样就完成了从 Host 系统到 Guest 系统的文件复制。

步骤 10:在 Guest 系统中运行应用 x86app,命令及回显如下:

```
[root@ecs-kunpeng opt]# ./x86app
The variable a is -1,the actual output is -1
Enter a string:x86
You entered: x86
```

可以看到和真正在 x86 架构服务器运行效果一样。

11.5.2 Yum 方式安装应用并运行

本节通过在 Guest 系统中安装 Redis 服务来演示如何以 Yum 方式安装应用并使其运行。

步骤 1:启动 ExaGear,命令如下:

```
exagear
```

步骤 2:更新系统,安装 epel 源,安装 redis 服务,命令如下:

```
yum -y update
yum install -y epel-release
yum install -y redis
```

Redis 安装成功回显如下:

```
Installed:
  redis.x86_64 0:3.2.12-2.el7

Dependency Installed:
  jemalloc.x86_64 0:3.6.0-1.el7
logrotate.x86_64 0:3.8.6-19.el7

Complete!
```

步骤 3：启动 Redis 服务，并设置为开机自启动，命令如下：

```
systemctl start redis
systemctl enable redis
```

步骤 4：启动 redis-cli，输入 ping，查看反馈是不是 PONG，确定服务正常启动，命令及回显如下：

```
[root@ecs-kunpeng /]# redis-cli
127.0.0.1:6379> ping
PONG
127.0.0.1:6379>
```

步骤 5：设置 redis 的 key 为 arch，value 为 x86，然后查看该 key 对应的 value，命令如下：

```
127.0.0.1:6379> set arch x86
OK
127.0.0.1:6379> get arch
"x86"
```

这样就表明在鲲鹏服务器下 x86 架构的 Redis 服务正常工作了。

步骤 6：退出 Redis-cli，再退出 Guest 系统，重新启动鲲鹏服务器，命令及回显如下：

```
127.0.0.1:6379> exit
[root@ecs-kunpeng ~]# exit
exit
[root@ecs-kunpeng ~]# reboot
```

这样可以确保 Host 系统和 Guest 系统都彻底退出。

步骤 7：在重新启动后的鲲鹏服务器启动 ExaGear，然后进入 Redis 客户端，查看键 arch 的值，命令及回显如下：

```
[root@ecs-kunpeng ~]# exagear
Starting /bin/bash in the guest image /opt/exagear/images/centos-7-x86_64
[root@ecs-kunpeng ~]# redis-cli
127.0.0.1:6379> get arch
"x86"
```

可以看到，重启后 Guest 系统仍然保持了重启前的状态。

11.5.3 Host 系统会话中运行 Guest 系统应用

除了可以在 Guest 系统中直接启动 x86 应用，也可以在 Host 系统中直接启动 x86 应用，具体启动方式有两种：

1. 全路径启动 Guest 系统中的应用

以 11.5.1 节将 x86app 复制到 Guest 系统中为例，启动它的命令及回显如下：

```
[root@ecs-kunpeng ~]# /opt/exagear/images/centos-7-x86_64/opt/x86app
The variable a is -1,the actual output is -1
Enter a string:x86
You entered: x86
```

这种方式可以直接运行应用，不用显式调用 ExaGear。

2. 使用 ExaGear 命令启动相对路径应用

这种方式需要 ExaGear 命令，只需传递给它要执行的命令或者应用在 Guest 系统中的相对路径就可以了，格式如下：

```
exagear -- 命令或应用
```

同样以 11.5.1 节将 x86app 复制到 Guest 系统中为例，启动它的命令及回显如下：

```
[root@ecs-kunpeng ~]# exagear -- /opt/x86app
The variable a is -1,the actual output is -1
Enter a string:x86
You entered: x86
```

11.6 卸载 ExaGear

要卸载 ExaGear，需要先确保 Guest 系统中安装的 x86 应用都已停止，然后输入命令如下：

```
rpm -qa |grep exagear |xargs rpm -e
rm -rf /opt/exagear
```

这样便可以删除 ExaGear 及 Guest 系统的目录。

第 12 章 应用编译与发布

12.1 应用编译

8min

在本书第 4 章讲解了标准 C 开发环境的安装，以及如何在鲲鹏架构下进行编译。在 5.1 节演示了在 x86 架构下编译的程序不能直接在鲲鹏架构下运行，在鲲鹏架构下编译的程序不能直接在 x86 架构下运行。但是，在实际开发中，大部分时候还是使用 x86 架构作为开发环境，如果每次代码编写完毕都要到鲲鹏架构去编译，会带来极大不便，为了解决这个问题，非营利组织 Linaro 推出了支持不同架构之间交叉编译的编译器。

12.1.1 交叉编译器的安装

下面演示如何在 x86 架构的 CentOS 7 操作系统上安装交叉编译器，步骤如下：

步骤 1：登录 x86 服务器，建立/usr/local/toolchain/目录，并进入该目录，命令行如下：

```
mkdir /usr/local/toolchain/
cd /usr/local/toolchain/
```

步骤 2：使用 wget 下载交叉编译器，下载的是 7.5 版本，命令如下：

```
wget https://releases.linaro.org/components/toolchain/binaries/latest-7/aarch64-Linux-gnu/gcc-linaro-7.5.0-2019.12-x86_64_aarch64-Linux-gnu.tar.xz
```

7.5 版本的这个网址是官网网址，下载速度较慢，可能需要一个多小时，也可以从国内的镜像下载 7.4 版本，命令如下：

```
wget https://mirrors.tuna.tsinghua.edu.cn/armbian-releases/_toolchain/gcc-linaro-7.4.1-2019.02-x86_64_aarch64-Linux-gnu.tar.xz
```

如果下载 7.4 版本，则后续步骤的包名称也需要同步修改。

步骤 3：解压下载的压缩包，命令如下：

```
tar - Jxvf gcc - linaro - 7.5.0 - 2019.12 - x86_64_aarch64 - Linux - gnu.tar.xz
```

步骤 4：修改编译器目录名称为 gcc-linaro，命令如下：

```
mv gcc - linaro - 7.5.0 - 2019.12 - x86_64_aarch64 - Linux - gnu gcc - linaro
```

步骤 5：配置环境变量，修改/etc/profile，命令如下：

```
vi /etc/profile
```

在 profile 文件的最后将交叉编译器所在目录添加到 PATH 变量，内容如下：

```
export PATH = /usr/local/toolchain/gcc - linaro/bin/: $ PATH
```

步骤 6：使环境变量生效，命令如下：

```
source /etc/profile
```

步骤 7：检查编译器配置是否正确，命令及成功的回显如下：

```
[root@ecs - x86 toolchain]# aarch64 - Linux - gnu - gcc  - v
Using built - in specs.
COLLECT_GCC = aarch64 - Linux - gnu - gcc
COLLECT_LTO_WRAPPER = /usr/local/toolchain/gcc - linaro/bin/../libexec/gcc/aarch64 - Linux -
gnu/7.4.1/lto - wrapper
Target: aarch64 - Linux - gnu
Configured with: '/home/tcwg - buildslave/workspace/tcwg - make - release_1/snapshots/gcc.git
~linaro - 7.4 - 2019.02/configure' SHELL = /bin/bash  -- with - mpc = /home/tcwg - buildslave/
workspace/tcwg - make - release_1/_build/builds/destdir/x86_64 - unknown - Linux - gnu  -- with
- mpfr = /home/tcwg - buildslave/workspace/tcwg - make - release_1/_build/builds/destdir/x86_
64 - unknown - Linux - gnu  -- with - gmp = /home/tcwg - buildslave/workspace/tcwg - make -
release_1/_build/builds/destdir/x86_64 - unknown - Linux - gnu  -- with - gnu - as  -- with - gnu
- ld  -- disable - libmudflap  -- enable - lto  -- enable - shared  -- without - included - gettext
-- enable - nls  -- with - system - zlib  -- disable - sjlj - exceptions  -- enable - gnu - unique
- object  -- enable - linker - build - id  -- disable - libstdcxx - pch  -- enable - c99  -- enable
- clocale = gnu  -- enable - libstdcxx - debug  -- enable - long - long  -- with - cloog = no  --
with - ppl = no  -- with - isl = no  -- disable - multilib  -- enable - fix - cortex - a53 - 835769
-- enable - fix - cortex - a53 - 843419  -- with - arch = armv8 - a  -- enable - threads = posix  -
- enable - multiarch  -- enable - libstdcxx - time = yes  -- enable - gnu - indirect - function  --
with - build - sysroot = /home/tcwg - buildslave/workspace/tcwg - make - release_1/_build/
sysroots/aarch64 - Linux - gnu  -- with - sysroot = /home/tcwg - buildslave/workspace/tcwg -
make - release_1/_build/builds/destdir/x86_64 - unknown - Linux - gnu/aarch64 - Linux - gnu/
libc  -- enable - checking = release  -- disable - bootstrap  -- enable - languages = c,c++,
fortran,lto  -- build = x86_64 - unknown - Linux - gnu  -- host = x86_64 - unknown - Linux - gnu  --
```

```
target = aarch64 - Linux - gnu  -- prefix = /home/tcwg - buildslave/workspace/tcwg - make -
release_1/_build/builds/destdir/x86_64 - unknown - Linux - gnu
Thread model: posix
gcc version 7.4.1 20181213 [linaro - 7.4 - 2019.02 revision 56ec6f6b99cc167ff0c2f8e1a2eed33b
1edc85d4] (Linaro GCC 7.4 - 2019.02)
```

12.1.2 交叉编译器的使用

下面使用交叉编译器编译一个简单的C程序，然后分别在x86架构和鲲鹏架构下运行，演示交叉编译的效果。

步骤1：在x86服务器上创建/data/code/目录，并进入该目录，命令如下：

```
mkdir -p /data/code/
cd /data/code/
```

步骤2：创建linaro.c文件，命令如下：

```
vim linaro.c
```

在linaro.c中录入代码，然后保存并退出，代码如下：

```
//Chapter12/linaro.c
#include <stdio.h>
int main(void)
{
printf("hello linaro!\n");
return 0;
}
```

步骤3：执行交叉编译，命令如下：

```
aarch64 - Linux - gnu - gcc  -o linaro linaro.c
```

步骤4：执行编译后的文件linaro，命令及回显如下：

```
[root@ecs - x86 code]#./linaro
-bash: ./linaro: cannot execute binary file
```

回显信息清楚地表明二进制文件不能执行。

步骤5：复制linaro文件到鲲鹏架构的服务器，中间根据提示输入yes和root用户的密码，命令及回显如下：

```
[root@ecs - x86 code] # scp linaro root@172.16.0.173:/data/soft/
The authenticity of host '172.16.0.173 (172.16.0.173)' can't be established.
ECDSA key fingerprint is SHA256:B3QoAJc5IOzrIbqAINayWTBNIM60Oc4cgwTYXgV70xw.
ECDSA key fingerprint is MD5:e0:73:3a:14:22:53:e9:ec:44:a6:49:50:39:e4:e6:1f.
Are you sure you want to continue connecting (yes/no)? yes
Warning: Permanently added '172.16.0.173' (ECDSA) to the list of known hosts.
root@172.16.0.173's password:
linaro
100 %   14KB   8.8MB/s   00:00
```

步骤 6：登录鲲鹏服务器，进入/data/soft/目录，命令如下：

```
cd /data/soft/
```

步骤 7：执行 linaro，命令如下：

```
[root@kunpeng - small soft] # ./linaro
hello linaro!
```

可以看到应用成功执行了。

12.2　应用发布

16min

Linux 下安装应用最方便的方式是使用 Yum 工具进行安装，除此之外还有源码安装和 RPM(Red-Hat Package Manager)包安装。源码安装灵活性最强，不过需要预先做好配置和编译，复杂度较高。Yum 安装本身也是基于 RPM 包的，所以本节重点介绍一下 RPM 安装包的制作。

RPM 是一个基于命令行的软件包管理工具，用来安装、卸载、校验、查询和更新 Linux 系统上的软件包，RPM 包制作的首选工具是 RPMbuild。

12.2.1　RPMbuild 简介

RPMbuild 是用于创建 RPM 的二进制软件包和源码软件包的命令行工具，它的文件夹目录结构如下所示，一共包含了 6 个子目录：

```
└─── rpmbuild
     ├─── BUILD
     ├─── BUILDROOT
     ├─── RPMS
     ├─── SOURCES
     ├─── SPECS
     └─── SRPMS
```

针对每个子目录的说明如表 12-1 所示。

表 12-1 RPMbuild 目录说明

目　录	说　明
BUILD	工作区域，源代码解压以后存放的位置，在此目录进行编译安装
BUILDROOT	编译之后的存放目录，在 BUILD 目录中执行完 make install 之后生成的目录，里面存放的是编译安装好的文件
RPMS	制作完成后 RPM 包存放目录，为特定平台指定子目录，例如 x86-64、aarch64 等
SOURCES	收集的源文件、源材料、补丁文件等存放位置
SPECS	存放 spec 文件，作为制作 RPM 包的核心文件，以 RPM 名.spec 命名
SRPMS	源码 RPM 包位置

12.2.2 SPEC 文件简介

使用 RPMbuild 制作 RPM 包时，最核心的部分就是 SPEC 配置文件的编写，下面介绍 SPEC 文件的基本用法。

1. SPEC 的语法

SPEC 的语法如下：

```
TagName: value
```

示例代码如下：

```
Name: redis
```

其中 TagName 大小写不敏感。

2. 宏

SPEC 支持定义宏，例如定义一个名称为 myMacro，值为 1 的宏，可以这样定义：

```
%define myMacro 1
```

要使用这个宏，可以使用%{myMacro}或者%myMacro。

系统内置了一些宏定义，这些宏定义可以从文件/usr/lib/rpm/macros 中找到。在 SPEC 文件中常见的宏如表 12-2 所示。

表 12-2 常用宏定义

宏名称	值
%{_sysconfdir}	/etc
%{_prefix}	/usr
%{_exec_prefix}	%{_prefix}

续表

宏名称	值
%{_bindir}	%{_exec_prefix}/bin
%{_lib}	lib (lib64 on 64bit systems)
%{_libdir}	%{_exec_prefix}/%{_lib}
%{_libexecdir}	%{_exec_prefix}/libexec
%{_sbindir}	%{_exec_prefix}/sbin
%{_sharedstatedir}	/var/lib
%{_datadir}	%{_prefix}/share
%{_includedir}	%{_prefix}/include
%{_oldincludedir}	/usr/include
%{_infodir}	/usr/share/info
%{_mandir}	/usr/share/man
%{_localstatedir}	/var
%{_initddir}	%{_sysconfdir}/rc.d/init.d
%{_topdir}	%{getenv:HOME}/rpmbuild
%{_builddir}	%{_topdir}/BUILD
%{_rpmdir}	%{_topdir}/RPMS
%{_sourcedir}	%{_topdir}/SOURCES
%{_specdir}	%{_topdir}/SPECS
%{_srcrpmdir}	%{_topdir}/SRPMS
%{_buildrootdir}	%{_topdir}/BUILDROOT
%{_var}	/var
%{_tmppath}	%{_var}/tmp
%{_usr}	/usr
%{_usrsrc}	%{_usr}/src
%{_docdir}	%{_datadir}/doc
%{buildroot}	%{_buildrootdir}/%{name}-%{version}-%{release}.%{_arch}

3. 注释

注释使用#开头，如果注释里面出现了%，需要转义，使用%%表示%。

4. 文件结构

SPEC文件结构一般分为以下几个部分：

1）文件头

文件头包含表12-3所示的一些字段。

表12-3　文件头字段

字　段	说　明
Name	软件包的名字，最终RPM软件包是用该名字与版本号(Version)、释出号(Release)及体系号来命名软件包的，后面可使用%{name}的方式引用

续表

字段	说明
Version	软件版本号。仅当软件包比以前有较大改变时才增加版本号，后面可使用%{version}引用
Release	软件包释出号/发行号。一般我们对软件包做了一些小的补丁的时候应该把释出号加 1，后面可使用 %{release} 引用
Summary	用一句话概括该软件包的信息
License	软件授权方式，通常是 GPL(自由软件)或 GPLv2、BSD
Source	源程序软件包的名字/源代码包的名字，如 redis-6.0.8.tar.gz。可以带多个 Source1、Source2 等名字，后面也可以用%{source1}、%{source2} 引用
URL	软件的主页
BuildRequires	制作过程中用到的软件包，构建依赖
Requires	安装时所需软件包
%description	软件包详细说明，可写在多行上

2）%prep 段

预处理段，通常用来执行一些解开源程序包的命令，为下一步的编译及安装做准备。可以执行 RPM 定义的宏命令(以%开头)及 SHELL 命令。

3）%build 段

建立段，执行生成软件包服务，如 make 命令，也可以执行 SHELL 命令。

4）%install 段

安装段，其中的命令在安装软件包时被执行，如 make install 命令，也可以执行 SHELL 命令。

5）%files 段

文件段，用于定义软件包所包含的文件，分为说明文档(doc)、配置文件(config)及执行程序 3 类，还可定义文件存取权限，拥有者及组别。

6）%changelog 段

修改日志段，可以将软件的修改记录到这里，保存到发布的软件包中，以便查询。修改日志格式如下：

第 1 行是：* 星期 月 日 年 修改人 电子信箱。其中，星期、月份均用英文形式的前 3 个字母，不能用中文。接下来的行写修改内容，可写多行。一般以减号开始，便于后续查阅。

12.2.3 RPMbuild 实战

下面使用 RPMbuild 对 Redis 6.0.8 的源码进行制作以便生成 RPM 安装包，演示鲲鹏架构下通常的 RPM 包生成方式，步骤如下：

步骤 1：登录鲲鹏服务器。

步骤 2：安装后续操作需要的工具，命令如下：

```
yum -y install wget rpm-build
```

步骤3：Redis 6.0.8编译时需要gcc 5及以上的版本，而CentOS默认安装的是4.8.5版，这里安装gcc 7.3来满足编译的要求，命令如下：

```
yum -y install centos-release-scl
yum -y install devtoolset-7-gcc devtoolset-7-gcc-c++ devtoolset-7-binutils
scl enable devtoolset-7 bash
```

步骤4：生成RPMbuild目录，命令如下：

```
rpmbuild -ba redis.spec
```

该命令会报错，不过不用理会，会生成/root/rpmbuild/目录。

步骤5：进入/root/rpmbuild/ SOURCES目录，下载Redis 6.0.8源码包，命令如下：

```
cd /root/rpmbuild/SOURCES/
wget https://GitHub.com/redis/redis/archive/6.0.8.tar.gz
```

步骤6：进入/root/rpmbuild/SPECS/目录，新建redis.spec配置文件，命令如下：

```
cd /root/rpmbuild/SPECS/
vim redis.spec
```

步骤7：在redis.spec配置文件录入内容如下：

```
#Chapter12/redis.spec
Name: redis
Version: 6.0.8
Release: 1%{?dist}
Summary: 6.0.8.tar.gz to redis-6.0.8.rpm

Group: Applications/Databases
License: BSD
URL: https://redis.io
Source0: 6.0.8.tar.gz
BuildRequires: gcc

%description
An open source, in-memory data structure store, used as a Database, cache and message broker.
%prep
%setup -q
%build
make %{?_smp_mflags}
```

```
%install
make install PREFIX=%{buildroot}%{_prefix}
install -p -D -m 644 %{name}.conf %{buildroot}%{_sysconfdir}/%{name}.conf
chmod 755 %{buildroot}%{_bindir}/%{name}-*
mkdir -p %{buildroot}%{_sbindir}
mv %{buildroot}%{_bindir}/%{name}-server %{buildroot}%{_sbindir}/%{name}-server
%clean
rm -rf %{buildroot}
%files
%defattr(-,root,root,-)
%{_bindir}/%{name}-*
%{_sbindir}/%{name}-*
%config(noreplace) %{_sysconfdir}/%{name}.conf
%changelog
```

该配置文件的文件头部分比较容易理解，后续各个阶段主要操作解释如下(假定是CentOS环境)：

1) %setup -q

切换到构建所在的目录，然后解压源文件，使用以包名命令的子目录。

2) make %{? _smp_mflags}

使用多核加速编译，后面的变量_smp_mflags会根据核心数量生成对应的参数，例如对于4核心的CPU会生成j4。

3) make install PREFIX=%{buildroot}%{_prefix}

执行安装，指定安装目录。

4) install -p -D-m 644 %{name}.conf %{buildroot}%{_sysconfdir}/%{name}.conf

复制redis.conf文件到临时安装目录下配置文件目录，复制时指定文件属性。

5) chmod 755 %{buildroot}%{_bindir}/%{name}-*

设置临时安装目录下bin目录中所有以redis-为起始文件名的文件权限，该权限为

- 文件所有者可读、可写、可执行；
- 与文件所有者同属一个用户组的其他用户可读、可执行；
- 其他用户组可读、可执行。

6) mkdir -p %{buildroot}%{_sbindir}

创建临时安装目录下的sbin目录。

7) mv %{buildroot}%{_bindir}/%{name}-server %{buildroot}%{_sbindir}/%{name}-server

把redis-server从bin目录移动到sbin目录。

8) rm -rf %{buildroot}

清空临时安装目录，避免对下次构建造成影响。

9）%defattr(-,root,root,-)

设置文件、目录权限，格式为%defattr(文件权限,用户名,组名,目录权限)，如果不需要改变只是使用默认的权限，使用"%defattr(-,root,root,-) "即可。

步骤 8：生成二进制包，命令如下：

```
rpmbuild -bb redis.spec
```

最后成功生成二进制的回显如下：

```
Wrote: /root/rpmbuild/RPMS/aarch64/redis-6.0.8-1.el7.aarch64.rpm
Wrote: /root/rpmbuild/RPMS/aarch64/redis-debuginfo-6.0.8-1.el7.aarch64.rpm
Executing(%clean): /bin/sh -e /var/tmp/rpm-tmp.G0nHSo
+ umask 022
+ cd /root/rpmbuild/BUILD
+ cd redis-6.0.8
+ rm -rf /root/rpmbuild/BUILDROOT/redis-6.0.8-1.el7.aarch64
+ exit 0
```

可以到 RPMS 文件夹查看 RPM 包，命令及回显如下：

```
[root@kunpeng-small SPECS]# cd /root/rpmbuild/RPMS/aarch64/
[root@kunpeng-small aarch64]# ll
total 8184
-rw-r--r-- 1 root root 1581920 Dec 7 21:42 redis-6.0.8-1.el7.aarch64.rpm
-rw-r--r-- 1 root root 6792560 Dec 7 21:42 redis-debuginfo-6.0.8-1.el7.aarch64.rpm
```

redis-6.0.8-1.el7.aarch64.rpm 就是打包好的文件。

步骤 9：安装 Redis，命令如下：

```
rpm -ivh /root/rpmbuild/RPMS/aarch64/redis-6.0.8-1.el7.aarch64.rpm
```

步骤 10：验证安装，查看 Redis 服务端版本，命令及回显如下：

```
[root@kunpeng-small ~]# redis-server -v
Redis server v=6.0.8 sha=00000000:0 malloc=jemalloc-5.1.0 bits=64 build
=f070b08c38bf32f1
```

在执行步骤 8 的命令 rpmbuild -bb redis.spec 的时候，有可能生成 RPM 包出错，提示 cannot find -latomic，如图 12-1 所示。

出现该问题可以这样解决：

安装 libatomic，命令如下：

```
yum -y install libatomic
```

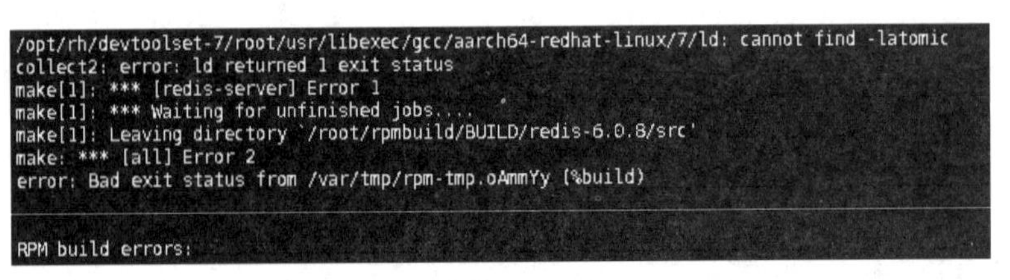

图 12-1 生成 RPM 包出错

然后重新执行 rpmbuild -bb redis. spec 看是否可以成功生成 RPM 包。

如果不成功,则执行以下命令:

```
ln - s /usr/lib64/libatomic.so.1.2.0 /usr/lib/libatomic.so
```

再重新执行 rpmbuild-bb redis. spec,一般就可以成功生成 RPM 包了。

第13章

鲲鹏实验解析

13.1 华为云沙箱实验室简介

华为云沙箱实验室是华为云官方的实验平台，可以在线通过华为云服务，对特定的应用进行实验，实验主题分为云计算、人工智能、鲲鹏、软件开发、云安全5个方向，本书主要关注的主题是鲲鹏。

华为云沙箱实验室网址为 https://lab.huaweicloud.com/，在实际的实验操作中，可以一键创建真实的实验环境，并且提供详细的实验指导文档，总体来说，主题鲲鹏的沙箱实验室(本章简称鲲鹏沙箱实验室)具有如下特点：

- 实验难度适中，适合有一定基础的初学者；
- 实验指导手册采用向导式设计，非常适合试验时使用；
- 实验选题具有针对性，瞄准实际工作中的需要；
- 实验形式采用云端实验室方式，适合随时远程访问，打破了时空的局限性；
- 提供大量的免费实验机会，主题鲲鹏每天提供几百个免费实验名额，基本上做到了按需免费实验；
- 难得的鲲鹏架构主机实际操作机会，因为鲲鹏架构主机还远不够普及，大部分初学者获得鲲鹏主机比较困难，沙箱实验室是一个非常重要的渠道。

从以上特点可以得出这样一个结论：鲲鹏沙箱实验室是本书主题，即鲲鹏架构从入门到实战的完美体现，也是编者最为推荐的一个适合初学者学以致用的网站。如果有条件，最好每个实验都实际操作一下，争取都成功完成。

鲲鹏沙箱实验室网址为 https://lab.huaweicloud.com/testList.html?type=34&level=0，本书编写时提供了18个实验课题，如表13-1所示。

表13-1 鲲鹏实验主题列表

实验名称	难度等级	实验时长	实验简介
通过鲲鹏开发套件实现 Java 代码迁移	初级	1.5h	本实验指导用户基于华为云鲲鹏服务器构建编译 Netty

续表

实验名称	难度等级	实验时长	实验简介
通过鲲鹏开发套件实现软件包迁移	初级	1.5h	本实验通过 knox 开源软件的迁移来介绍开源 RPM 包迁移的一般过程
华为 5G MEC ARM 迁移工具体验	初级	2h	本实验指导用户通过华为云 MEC ARM 迁移工具打包制作镜像迁移部署到鲲鹏云服务器
通过鲲鹏开发套件实现 C/C++ 代码迁移	初级	2h	本实验指导学生使用 crcutil 组件进行源码迁移
在鲲鹏 BMS 上进行 WRF 部署与性能优化	初级	2h	本实验指导用户通过多核多线程进行 WRF 计算性能优化
华为云鲲鹏弹性云服务器高可用性架构实践	初级	1h	使用华为云弹性负载均衡 ELB 和弹性伸缩 AS 服务实现鲲鹏云服务器的高可用性
基于华为云鲲鹏弹性云服务器及软件开发平台进行开发	初级	2h	使用华为云 CentOS 系统的鲲鹏弹性云服务器 ECS 结合华为云软件开发平台 DevCloud 进行软件开发
基于华为云鲲鹏弹性云服务器部署 Web 应用	初级	1h	利用鲲鹏云服务器，在 CentOS 系统上部署 Java Web 项目
基于 Kubernetes 的容器自动化部署最佳实践	中级	1h	实验指导用户搭建一套基本功能完整的容器自动化部署 K8S 系统
基于鲲鹏 BMS 的 Hadoop 调优实践	中级	2h	利用 BMS 体验鲲鹏大数据调优基本思路
鲲鹏软件性能调优实践	中级	2h	通过华为鲲鹏性能优化工具 Tuning Kit 对裸金属服务器(BMS)进行系统性能、微架构及函数分析
通过鲲鹏 Maven 仓库进行 Maven 软件构建	中级	2h	通过配置华为鲲鹏 Maven 镜像仓库重新编译 Hive 源码并迁移到鲲鹏云服务器
基于华为云鲲鹏弹性云服务器发布地图服务	中级	2h	利用鲲鹏云服务器，基于 EulerOS 系统安装、部署、发布 iServer 地图服务
使用华为云鲲鹏弹性云服务器部署 PostgreSQL	中级	2h	利用鲲鹏云服务器，在 CentOS 系统上安装、部署、测试 PostgreSQL 项目
使用华为云鲲鹏弹性云服务器部署 Discuz!	中级	2h	在鲲鹏云服务器实例上安装 Discuz!，并部署项目进行测试
使用华为云鲲鹏弹性云服务器部署 Node.js	中级	2h	在鲲鹏云服务器实例上安装 Node.js，部署项目
使用华为云鲲鹏弹性云服务器部署文字识别 Tesseract	中级	2h	体验基于鲲鹏云服务器部署测试文字识别项目
基于鲲鹏应用使能套件进行 MySQL 性能调优	中级	1h	指导用户短时间内了解 MySQL 数据库编译流程及 MySQL 数据库参数对性能的影响

13.2 鲲鹏沙箱实验室的使用

13.2.1 实验列表

鲲鹏沙箱实验室页面如图 13-1 所示，默认列出了全部 18 个实验，单击难易等级栏的"初级""中级""高级"超链接，可以只查看该级别的实验（本书编写时尚没有提供高级级别的鲲鹏实验）。

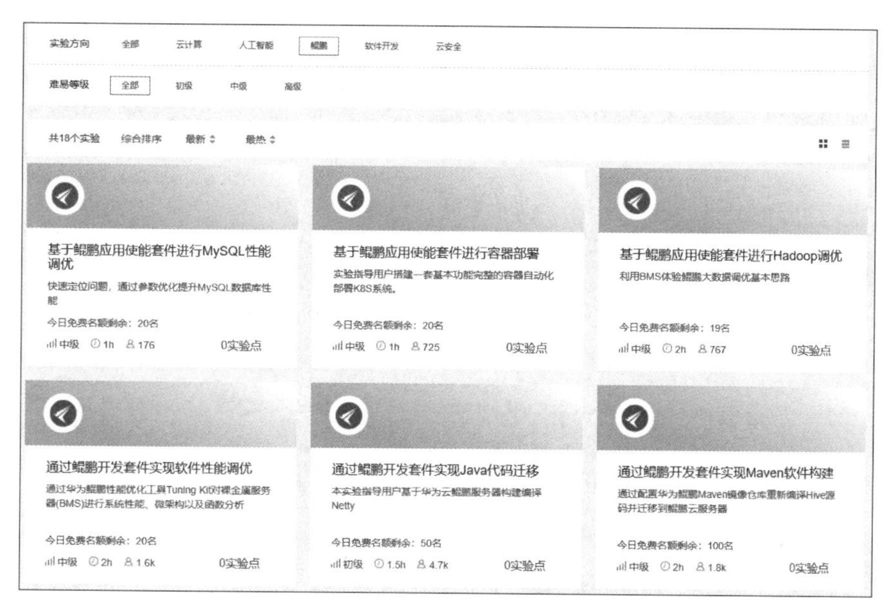

图 13-1　鲲鹏沙箱实验室

图片的下部是具体的实验项目，每个实验项目都包含了简要的实验信息，具体的说明如表 13-2 所示。

表 13-2　实验信息说明

实验信息	说　　明
实验标题	实验的主题
实验说明	实验主题的解释，说明了实验的目的
今日免费名额剩余	一般情况下，每个实验每天大概提供 50 个免费名额，这里显示还剩下多少个免费名额
难易程度	实验难度级别，可以根据每个实验者的个人情况选择合适的级别
实验时长	做这个实验大概需要的时长，超过这个时长系统会收回实验环境
实验人次	这个实验被做过的次数
实验点	做这个实验需要的实验点数，可以根据需要购买实验点（目前大部分实验都是 0 实验点，也就是免费提供）

13.2.2 实验主页

在实验列表页单击任一实验，进入该实验的主页，如图13-2所示。

图13-2 实验主页

该页面显示了关于本次实验的所有相关信息，大部分都已在表13-2进行了说明，其他信息如表13-3所示。

表13-3 实验主页信息说明

实验信息	说明
实验评分	参加实验者对该实验的评分
实验目标与基本要求	本次实验要达到的目标及对实验者的基本要求
实验摘要	简略的实验步骤
相关实验	与本实验相关的实验，通过本实验后可以继续进行的相关实验，可以深入地学习本次实验要掌握的技能

续表

实验信息	说　　明
实验所用产品	本次实验使用的华为云产品，可以预先了解这些产品的使用说明，有助于实验的顺利进行
相关课程	与本次实验相关的技能培训课程，预先学习相关课程有助于实验的顺利进行
实验评价	对本次实验的评价，可以评分，也可以给出意见或者建议

做好准备后，就可以单击“开始实验”按钮进行实验了，具体的实验说明见13.2.3节。

13.2.3　实验说明

一个典型的鲲鹏实验操作页面如图13-3所示。

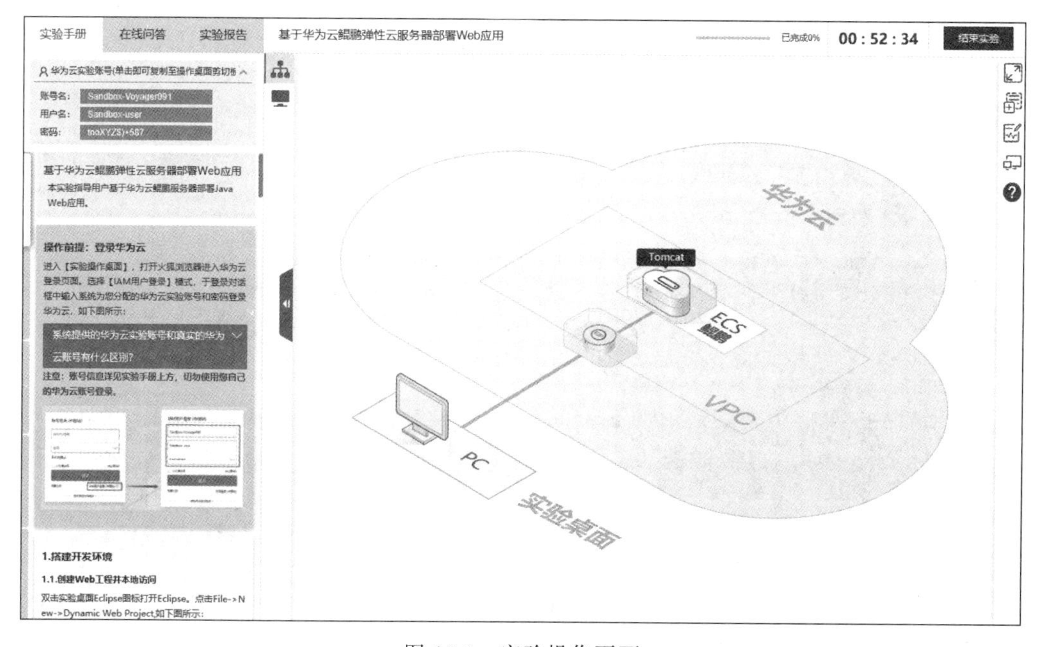

图13-3　实验操作页面

页面总体分为左右两个大的区域，其中左侧包括3个页签，分别是实验手册、在线问答和实验报告，右侧是主操作页面，也分为两个页签，分别是实验拓扑图和实验桌面，分别通过图标和图标进行切换。右上角是实验倒计时和结束实验的按钮，要提前结束实验可以通过单击“结束实验”按钮来终止实验，下面分别对每部分进行说明。

1．实验手册

实验手册总体分为两个部分，上面是华为云实验账号，下面是操作步骤，如图13-4所示。

华为云实验账号是临时生成的，每次实验都不一样，可以使用该账号登录华为云购买使用所需的资源，在实验结束后，这些资源会被释放。操作步骤部分会详细列出每一步的具体操作，并且在关键步骤有操作的演示截图，严格按照操作步骤进行实验，一般最后可以成功完成。

2. 在线问答

在做实验的时候，有可能会遇到一些问题，或者对某些概念不清楚，这时候可以使用在线问答来获得帮助，如图 13-5 所示。在问题描述区域输入自己的问题，然后单击“发送”按钮，便会得到反馈问题的解答或者给出相关问题的链接。

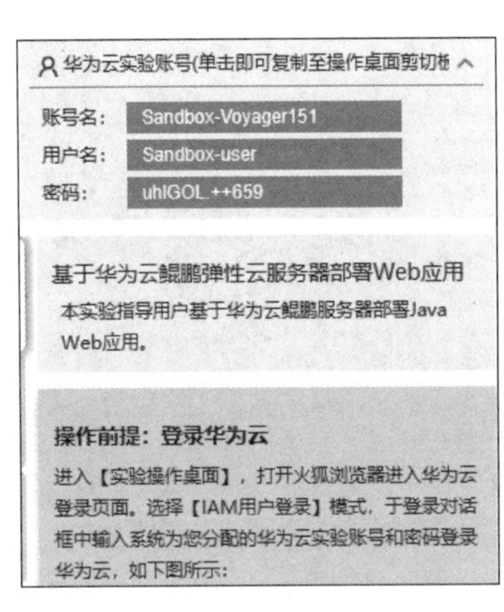

图 13-4 实验手册

图 13-5 在线问答

3. 实验报告

实验报告记录了本次实验的进展情况，在完成状态区域，会自动检测实验每部分的完成情况，如果监测到已完成该步骤，会标为“已完成”状态，如图 13-6 所示。当然，只有严格按照实验步骤进行实验，才有可能判断每部分是否完成，某部分如果和实验手册要求不一样，例如实验手册要求某一步骤创建的文件名叫 a，但是你创建的是 b，有可能会判断该步骤没有完成，但是不影响你继续进行实验。

实验过程中在线问答页签的问题及实验过程中的记录也会显示在实验报告中。实验结束后，也可以随时登录华为云，单击“个人中心”→“我的实验”菜单项，如图 13-7 所示，进入实验报告列表，查看每次实验的实验报告。

4. 实验拓扑

实验拓扑页面显示该实验的拓扑图，如图 13-8 所示。

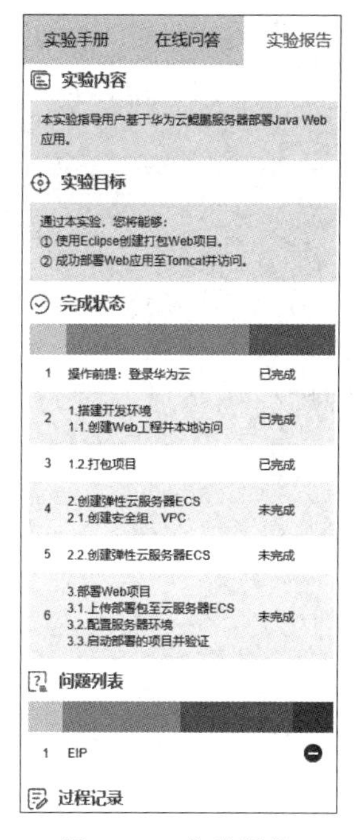

图 13-6 实验报告

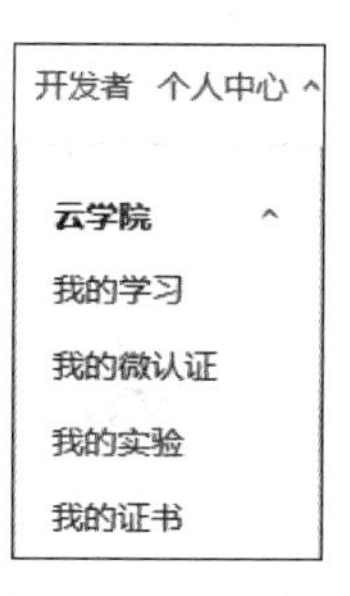

图 13-7 我的实验

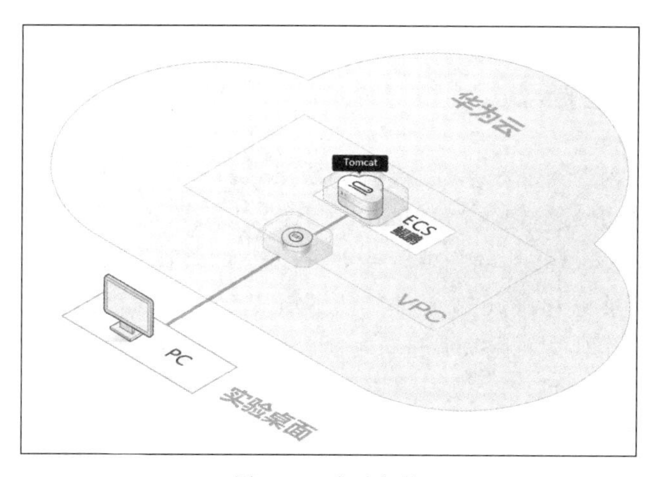

图 13-8 实验拓扑

实验拓扑图直观地展示了与实验相关资源的关系，有助于了解整个实验的设计。单击拓扑图上某一个华为云资源标志，会弹出该资源的说明，单击“实验桌面”则会进入实验操作桌面页面。

5. 实验操作桌面

实验操作桌面提供该实验需要的各种工具，一般会提供火狐浏览器和终端访问工具，如图 13-9 所示。

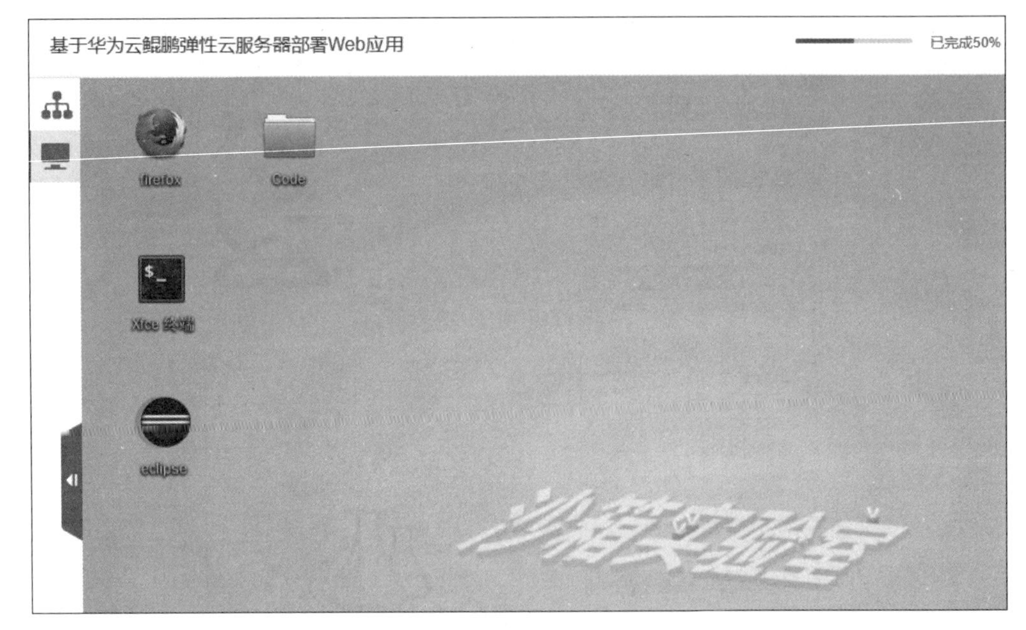

图 13-9 实验操作桌面

双击某个工具图标即可打开该工具。

13.3 鲲鹏实验解析

鲲鹏沙箱实验室对于有一定基础,特别是对 Linux 操作、C 和 Java 开发、网络架构都比较熟悉的开发者来说,比较容易入门,但是对于其他初学者,确实有一定的难度。初学者在做鲲鹏实验的时候,应严格按照实验手册一步一步操作,最终得出正确的结果,但是有时会有些步骤不知道为什么这样做,也就是知其然不知其所以然,说明没有真正理解实验。

下面章节会对 6 个典型鲲鹏实验进行解析,其中既有初级难度也有中级难度,解析时只对实验中的关键点着重说明,希望实验者在理解了整个步骤的情况下顺利完成实验。实验解析需要结合实验本身进行,建议先了解一下实验的背景,或者先自行做一下实验,然后看实验解析。

13.3.1 基于华为云鲲鹏弹性云服务器及软件开发平台进行开发

鲲鹏沙箱实验在华为云软件开发平台(DevCloud)上建立开发项目,然后在鲲鹏弹性云服务器 ECS 实例上进行软件开发,并且把开发的代码提交到 DevCloud 上进行代码托管。随后在 DevCloud 上进行编译构建,把构建生成的软件包存储到对象存储服务(OBS)的桶中。该实验难度等级属于初级难度,实验主页网址为 https://lab.huaweicloud.com/testdetail.html?testId=416。下面会列出所有的实验步骤标题,并对其中的关键点进行逐个解析，具体的实验步骤内容，可以到本实验所在的网页查看。

1. 实验环境准备

2. DevCloud 部署

1）新建项目

解析：新建项目本身比较简单，按照提示操作即可，需要注意的是，实验步骤中项目管理所在的菜单项和实际的华为云菜单项可能会有细微区别，因为华为云的菜单结构也在逐步调整，所以不一致也在所难免，本书编写时的菜单如图 13-10 所示。

在其他实验中也有类似的情况，就不一一说明了，读者稍微注意一下就能找到对应的菜单。

图 13-10　项目管理菜单

2）创建代码托管仓库

解析：本步骤需要注意的是代码托管的仓库名称，以后多个步骤需要用到，这里假设仓库名称为 devTestLib，以下的解析按照这个名称来使用。

3）创建并添加 SSH 密钥

解析：本步骤需要注意的是生成 SSH 密钥的命令

```
ssh-keygen -t rsa -C "hellokunpeng@huawei.com"
```

该命令生成的是密钥对，包含一个公钥和一个私钥，公钥会保存在代码托管仓库，私钥会保存在鲲鹏弹性服务器 ECS 上，当在 ECS 上对托管的代码仓库执行 clone、commit 等操作的时候，托管服务器会要求出示该私钥，并把该私钥和托管服务器上的公钥进行配对，匹配成功了就代表通过了身份验证，可以免密执行这些操作。

另外需要注意的一点是复制 SSH 密钥命令，命令如下：

```
vi /root/.ssh/id_rsa.pub
```

其实也可以使用 cat 命令代替，更方便，命令如下：

```
cat /root/.ssh/id_rsa.pub
```

4）准备代码并上传

解析：本步骤需要注意的是 clone 代码命令，命令如下：

```
git clone SSHURL
```

该命令会在/root 目录下生成以代码仓库名称命名的子目录，这个名称在第 2 步已确定，本书假设的目录名称为 devTestLib。

还要注意如下的指令如下：

```
ll target; tar -zxf HelloKunpeng.gz; mv HelloKunpeng-*/* target; ll target; cd target
```

该指令会解压源码包 HelloKunpeng.gz，并且把解压后的源码包中的所有文件复制到代码仓库名称对应的目录中，针对本演示，把 target 替换为 devTestLib，替换后的命令如下：

```
ll devTestLib; tar -zxf HelloKunpeng.gz; mv HelloKunpeng-*/* devTestLib; ll devTestLib; cd
devTestLib
```

该命令较长，可以在别的地方编辑好，然后复制到沙箱实验室的桌面剪切板上。具体操作可以单击桌面右上角的复制粘贴图标，如图 13-11 所示。

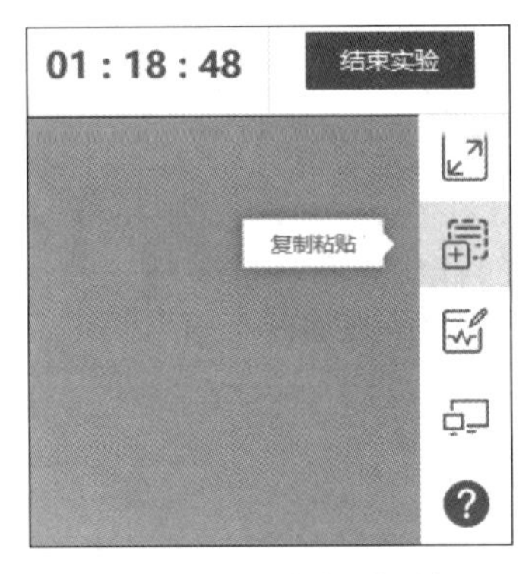

图 13-11　复制粘贴图标

在弹出的复制粘贴窗口中粘贴编辑好的命令，如图 13-12 所示：

然后关闭该窗口，刚才的命令就保存在沙箱实验室桌面的剪切板中，可以在终端模拟器或者其他应用中使用。

3. OBS 准备

1）创建 OBS

解析：本节要理解可用区 AZ 的概念，AZ 是 Available Zone 的简称，可以简单认为是一个独立的机房，不同 AZ 之间是隔离的，一个 AZ 发生灾难不会影响另一个 AZ，多 AZ 的部署可以大大提高系统的容灾能力，但是费用会显著上升。

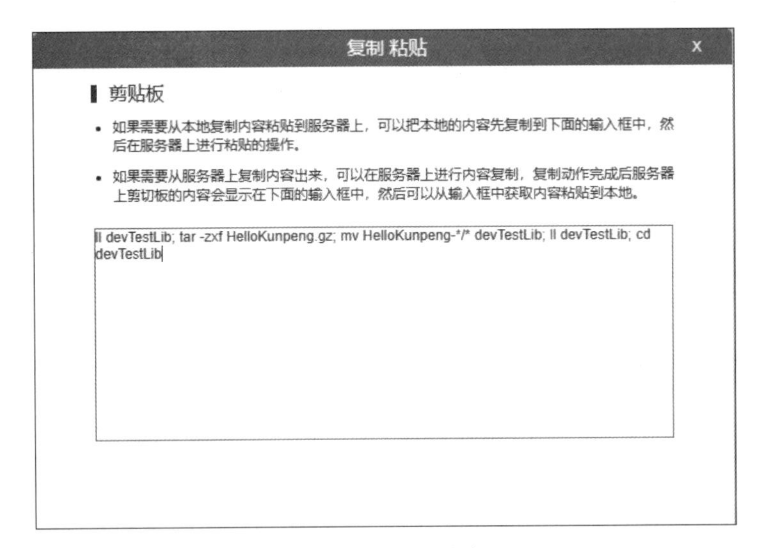

图 13-12　复制粘贴窗口

本节要记住创建的桶名称,后面也会在多个地方使用,这里假设桶名称为 devobs。

2) 密钥准备

解析:本节要理解 AK/SK(Access Key ID/Secret Access Key)的概念,AK 指的是访问密钥 ID,被用来识别访问者的身份。SK 指的是秘密访问密钥,用来对请求的数据进行签名认证,两者结合才可以实现安全认证。访问密钥在创建成功后只能下载一次,一定要妥善保存,以后不能再下载,确实找不到了就只能重新创建访问密钥了。

本节另一个需要注意的点是 AK/SK 的查看方式,因为密钥文件被下载到实验桌面本地的服务器,而不是所创建的 ECS 云服务器,所以需要在实验操作桌面双击图标"Xfce 终端"重新打开一个命令行页面,并且通过输入命令来查看本地的密钥文件内容,命令如下:

```
vi Downloads/credentials.csv
```

3) 配置 OBS 工具

obsutil 是管理对象存储服务的命令行工具,需要配置访问的 AK/SK 来验证身份,还需要配置要连接的终结点,步骤中对应的命令如下:

```
cd ./obsutil_Linux_arm64_*; ./obsutil config -i=AK -k=SK -e=obs.cn-north-4.
myhuaweicloud.com
```

把其中的 AK/SK 替换为实际的密钥即可。

查看桶的命令如下:

```
./obsutil ls
```

此命令可以列出该终结点下所有的桶。

4. 编译构建并测试

在该步骤中,给出了编译构建命令,命令如下:

```
yum -y install wget
yum provides '*/applydeltarpm'
yum -y install deltarpm
yum -y install gcc
yum -y install rpm-build
mkdir -p /root/rpmbuild/SPECS
mkdir -p /root/rpmbuild/SOURCES
mv ./SPECS/hello.spec /root/rpmbuild/SPECS/hello.spec
mv ./SOURCES/hello-0.1.tar.gz /root/rpmbuild/SOURCES/hello-0.1.tar.gz
rpmbuild -bb /root/rpmbuild/SPECS/hello.spec
```

```
#Download OBS util
cd ..
wget https://obs-community.obs.cn-north-1.myhuaweicloud.com/obsutil/current/obsutil_
Linux_arm64.tar.gz
tar -zxvf obsutil_Linux_arm64.tar.gz
cd -
#environment variable
cd ../obsutil_Linux_arm64_*
OBSUTIL_PATH='pwd'
export PATH=$PATH:$OBSUTIL_PATH
cd -

#config
obsutil config -i=AK -k=SK -e=obs.cn-north-4.myhuaweicloud.com
ls -al /root/rpmbuild/RPMS/aarch64/
obsutil cp /root/rpmbuild/RPMS/aarch64/hello-0.1-1.aarch64.rpm obs://OBJECT
```

该命令是本实验中最复杂的难点，实际执行该命令前已经完成了从DevCloud的源代码下载，并从dockerHub获取了CentOS 7的官方镜像，最终进入了该容器，下面对每行指令分别注释说明：

```
//安装wget工具，方便后续下载需要的软件包
yum -y install wget
//该指令查找applydeltarpm命令所在的安装包，可以删除，不影响后续执行
yum provides '*/applydeltarpm'
//安装deltarpm工具
yum -y install deltarpm
//安装gcc编译工具
yum -y install gcc
//安装rpm包打包工具
yum -y install rpm-build
//创建rpmbuild打包工具的spec文件所在的目录
mkdir -p /root/rpmbuild/SPECS
//创建rpmbuild打包工具的源码存放目录
mkdir -p /root/rpmbuild/SOURCES
//把DevCloud代码托管仓库获取的hello.spec文件移动到rpmbuild打包工具的SPECS目录
mv ./SPECS/hello.spec /root/rpmbuild/SPECS/hello.spec
//把DevCloud代码托管仓库获取的源码包文件移动到rpmbuild打包工具的SOURCES目录
mv ./SOURCES/hello-0.1.tar.gz /root/rpmbuild/SOURCES/hello-0.1.tar.gz
//根据hello.spec的配置生成rpm包(详细的rpmbuild使用说明见12.2节)
rpmbuild -bb /root/rpmbuild/SPECS/hello.spec

#Download OBS util
cd ..
//下载obsutil工具
```

```
wget https://obs-community.obs.cn-north-1.myhuaweicloud.com/obsutil/current/obsutil_
Linux_arm64.tar.gz
//解压 obsutil 工具
tar -zxvf obsutil_Linux_arm64.tar.gz
cd -
#environment variable
cd ../obsutil_Linux_arm64_*
//设置 obsutil 的环境变量
OBSUTIL_PATH='pwd'
export PATH=$PATH:$OBSUTIL_PATH
cd -

#config
//配置 obsutil,修改 AK/SK 为自己的值
obsutil config -i=AK -k=SK -e=obs.cn-north-4.myhuaweicloud.com
//列出打包后的文件,该目录为 rpmbuild 存放生成后的 rpm 包的目录
ls -al /root/rpmbuild/RPMS/aarch64/
//把生成的 rpm 包上传到对象存储服务 OBS 的桶中
obsutil cp /root/rpmbuild/RPMS/aarch64/hello-0.1-1.aarch64.rpm obs://OBJECT
```

在上述编译命令中，rpmbuild 打包的关键配置文件是 hello.spec，下面对其关键部分注释说明：

```
Summary:  Hello Kunpeng
Name:     hello
Version:  0.1
Release:  1
//源代码包的名字,如果是多个,则需要用 Source1、Source2 等列出
Source:   hello-0.1.tar.gz
License:  GPL
Packager: HelloKunpeng
Group:    Application

%Description
This is a 'hello world' program for Kunpeng!
//预处理段
%prep
//安静解压源文件包并放好
%setup -q
//开始编译构建包
%build
gcc -o hello hello.c
//安装段,把软件包安装到虚拟的目录
%install
mkdir -p %{buildroot}/usr/local/bin
```

```
install -m 755 hello %{buildroot}/usr/local/bin/hello
//文件段,定义构成软件包的文件列表,即哪些文件或目录会放入 rpm 包中
$files
/usr/local/bin/hello
```

13.3.2 基于华为云鲲鹏弹性云服务器部署 Web 应用

该实验操作步骤比较清晰，先使用 Eclipse 创建一个动态网页，并且确保运行正常，打包成 war 包，然后在华为云创建安全组和 VPC，并购买一台弹性云服务器 ECS，随后把 war 包上传到 ECS 并配置 Tomcat 运行环境，最后启动 Tomcat 并访问该网页进行验证。该实验难度等级属于初级难度，在所有的鲲鹏实验里也是最简单的，实验主页网址为 https://lab.huaweicloud.com/testdetail.html?testId=402。下面会列出所有的实验步骤标题，并对其中的关键点进行解析，具体的实验步骤内容，可以到本实验所在的网页查看。

1. 搭建开发环境

1）创建 Web 工程并本地访问

2）打包项目

2. 创建弹性云服务器 ECS

1）创建安全组、VPC

解析：本节需要理解安全组的用途，因为在互联网上直接开放所有端口风险非常大，所以华为云对于默认的服务器只开放了 22 和 3389 端口，这两个分别是 Linux 和 Windows 系统的远程登录端口，其他的所有入方向端口都是禁止的。但是只开放这两个端口是不够的，服务器上的其他应用可能会使用别的端口，例如本节的实验需要使用 8080 端口，因此，需要在安全组添加 8080 端口的开通规则。

2）创建弹性云服务器 ECS

3. 部署 Web 项目

1）上传部署包至云服务器 ECS

解析：本节需要注意的是 scp 命令，在不同的主机直接复制文件，命令如下：

```
scp Desktop/test.war root@EIP:/root/
```

该命令会把本机桌面上的 test.war 文件复制到 ECS 主机的 root 目录下，复制过程中可能需要输入 root 的密码。

2）配置服务器环境

解析：本节需要了解 Tomcat 的目录结构：

- bin：存放可执行脚本文件，如 startup.bat/startup.sh 等；
- conf：存放与 Tomcat 相关的配置文件；
- lib：Tomcat 的类库，该目录中的 jar 包所有项目共享；

- logs：存放 Tomcat 日志记录；
- temp：存放 Tomcat 临时文件；
- webapps：存放 Web 应用，其每个子目录都是一个项目；
- work：Tomcat 把 jsp 转换为 class 文件的工作目录。

因此，在把上传的 test.war 包作为 Tomcat 的应用，需要复制到 webapps 目录中，命令如下：

```
cp /root/test.war /usr/local/src/apache-tomcat-9.0.33/webapps/
```

3）启动部署的项目并验证

解析：从 3.2 节可以知道，Tomcat 的可执行脚本在 bin 目录，启动 Tomcat 的脚本是 bin 目录下的 startup.sh，所以通过命令可以启动 Tomcat，命令如下：

```
sh /usr/local/src/apache-tomcat-9.0.33/bin/startup.sh
```

13.3.3 通过鲲鹏开发套件实现 C/C++代码迁移

该实验是一个典型的利用鲲鹏开发套件进行 C/C++代码迁移的实验，虽然操作步骤比较清晰，但是因为有大量的代码需要修改，其中还涉及了鲲鹏架构的汇编指令，理解起来有一定难度。在本实验里，首先获取 crcutil 的源代码，再使用代码迁移工具分析源代码并给出迁移建议，然后根据建议修改代码，随后重新编译代码，最后进行安装测试。该实验难度等级虽然属于初级难度，但是对相关知识有一定的要求，操作起来还是比较复杂的。实验主页网址为 https://lab.huaweicloud.com/testdetail.html?testId=434。下面会列出所有的实验步骤标题，并对其中的关键点进行解析，具体的实验步骤内容，可以到本实验所在的网页查看。

1. 预置实验环境

解析：预置实验环境操作大大简化了实验的进行，本操作主要是申请 ECS 并下载 crcutil 源代码，最重要的是还安装了鲲鹏代码迁移工具 Porting Advisor。

2. 登录华为云

3. 登录弹性云服务器

4. 代码扫描工具使用

1）解压源码包，执行生成 MakeFile

2）代码扫描工具使用

解析：本节通过命令行的形式执行代码扫描和分析，虽然操作比较简单，但是不太易于查看结果，在实际的业务中，建议自己安装 Porting Advisor 并使用浏览器进行操作，更直观方便。

5. Crcutil 组件迁移

1）编译脚本修改

① 切换到组件目录下

② 修改 crcutil 目录下的编译脚本 autogen. sh

解析：本节要注意的代码修改片段如下：

```
fi

if[" $ ARCH_NAME" == "aarch64"];then
    crcutil_flags = " - DCRCUTIL_USE_MM_CRC32 = 1 - Wall - Icode - Iexamples - Itests - march
= ARMV8 - a + crc"
fi
```

和 x86 架构相比，主要增加了-march＝ARMv8-a＋crc 的编译参数，该参数指明了 ARMv8-a 的架构及启用循环冗余检验指令，在后续的源码修改部分会用到 CRC 指令。

2）源码部分修改

① 修改 code/platform. h 文件（编译宏修改）

② 修改 code/crc32c_sse4. h 文件

解析：本节要关注的是 AARCH64 架构下的宏替换部分，代码如下：

```
# if HAVE_AARCH64
# define CRC_UPDATE_WORD(crc, value) (crc = _mm_crc32_u64(crc, (value)))
# define CRC_UPDATE_BYTE(crc, value) (crc = _mm_crc32_u8(static_cast < uint32 >(crc), static
_cast < uint8 >(value)))
# endif
# if ! HAVE_AARCH64
```

这段代码把 UPDATE_WORD(crc, value)和 UPDATE_BYTE(crc, value)通过函数 mm_crc32_u64、mm_crc32_u8 来完成，这两个函数在后续的代码里会直接调用内联汇编。

③ 修改 code/crc32c_sse4. cc 文件

④ 修改 code/crc32c_simd_intrin. h 文件

解析：本节的重点是修改代码，代码如下：

```
# if HAVE_AARCH64
namespace crcutil
{
    __forceinline uint64 _mm_crc32_u64(uint64 crc, uint64 value)
    {
        __asm__("crc32cx w[c], w[c], x[v]": [ c ] " + r"(crc): [ v ] "r"(value));
        return crc;
    }
    __forceinline uint32 _mm_crc32_u32(uint32 crc, uint64 value)
```

```
    {
        __asm__("crc32cw w[c], w[c], w[v]": [ c ] "+r"(crc): [ v ] "r"(value));
        return crc;
    }

    __forceinline uint32 _mm_crc32_u8(uint32 crc, uint8 value)
    {
        __asm__("crc32cb w[c], w[c], w[v]": [ c ] "+r"(crc): [ v ] "r"(value));
        return crc;
    }
} //namespace crcutil
#else
```

这里定义了本实验5.2.2节宏替换需要的函数，即_mm_crc32_u64、_mm_crc32_u32、_mm_crc32_u8，这些函数都是通过内联汇编实现的。内联汇编调用的格式一般如下：

```
__asm__("指令":"操作约束"(输出参数):(输入参数):寄存器约束);
```

在ARM v8架构中定义了以下几个CRC校验指令：

- crc32cb
- crc32ch
- crc32cw
- crc32cx

这些指令在ARM v8-a架构中是可选实现的，在ARM v8.1是必须实现的，鲲鹏处理器兼容ARM v8.2架构，也实现了这些指令。本实验最核心的部分其实就是这几个内联汇编指令，它们体现了和x86架构的主要差异。

⑤ 修改examples/interface.cc文件

3）源码编译安装

4）组件测试

13.3.4 通过鲲鹏开发套件实现Java代码迁移

虽然单纯的Java代码不需要进行迁移，但是，当Java项目中使用了C或者C++编译的依赖项时，就可能需要迁移了。本实验演示了对Java项目的迁移。该实验本来是一个非常复杂的实验，需要对多处配置进行修改，但是沙箱实验室极大地简化了实验操作步骤，直接使用修改后的配置文件替换原始的配置文件，使实验可以非常容易进行下去。不过，如果要彻底从根本上理解该迁移，就需要深入查看各个修改后的文件，理清这样修改的原因。

在本实验里，首先安装鲲鹏分析扫描工具，对文件netty-all-4.1.34.Final.jar进行解压扫描，得出需要迁移的结论，然后安装对netty-all-4.1.34.Final源码进行编译需要的依赖项，最后进行编译验证。该实验难度等级属于初级难度，操作比较简单，但是要理解迁移的过程还是非常困难的。实验主页网址为 https://lab.huaweicloud.com/testdetail.html?testId=439。下面会列出所有的实验步骤标题，并对其中的关键点进行解析，具体的实验步骤内容，可以到本实验所在的网页查看。

1. 准备环境

1）预置环境

解析：为了简化实验过程，本节预置了实验环境，创建了需要的弹性云服务器 ECS，并放开了安全组所有的入方向规则，实验环境可以这样处理，但是生产环境一定要重新配置安全组规则，否则有一定的网络风险。

2）登录华为云

2. 配置环境

1）安装依赖

解析：本节的重点是下面这条指令：

```
tar zxvf Dependency-advisor-Kunpeng-Linux-1.1.3.tar.gz && cd Dependency-advisor-Kunpeng-Linux-1.1.3 && bash install.sh web
```

也就是安装鲲鹏扫描工具，该工具是鲲鹏开发套件的早期版本，如果是生产环境最好使用最新的版本。

2）安装 OpenJDK

3）安装 Maven

解析：本节需要注意的是下面的指令：

```
wget https://sandbox-experiment-resource-north-4.obs.cn-north-4.myhuaweicloud.com/netty-praxis/settings.xml && rm -rf /opt/tools/installed/apache-maven-3.6.3/conf/settings.xml &&cp settings.xml /opt/tools/installed/apache-maven-3.6.3/conf/
```

该指令会用沙箱实验室预先配置好的 settings.xml 文件替换默认的 Maven 配置文件，配置的变化体现在配置文件的第 159 行开始的部分，设置了 Maven 的镜像网址，这里选择了华为云的镜像，编译时可以更快地下载需要的 jar 包，新的 settings.xml 文件镜像列表配置如下：

```
<mirrors>
    <!-- mirror
     | Specifies a repository mirror site to use instead of a given repository. The
repository that
     | this mirror serves has an ID that matches the mirrorOf element of this mirror. IDs
are used
     | for inheritance and direct lookup purposes, and must be unique across the set of mirrors.
     |
```

```
    <mirror>
      <id>mirrorId</id>
      <mirrorOf>repositoryId</mirrorOf>
      <name>Human Readable Name for this Mirror.</name>
      <URL>http://my.repository.com/repo/path</URL>
    </mirror>
     -->
    <mirror>
      <id>huaweicloud</id>
      <mirrorOf>*</mirrorOf>
      <name>Huawei Cloud</name>
      <URL>https://mirrors.huaweicloud.com/repository/maven</URL>
    </mirror>
  </mirrors>
```

本节另外要注意的一点是下面的指令：

```
source /etc/profile
```

在本节配置了 Maven 的环境变量，本实验 2.2 节配置了 Java 的环境变量，但是这些配置都没有生效，通过 source /etc/profile 指令可以使这些配置立刻生效。

4）安装 apr-1.6.5

解析：本节安装 apr 的依赖，需要注意的是最后的编译安装命令，代码如下：

```
make -j20 && make install
```

因为沙箱实验室给的 ECS 是 2 个核心的，没有必要对 make 使用-j20 参数，可以改成的命令如下：

```
make -j2 && make install
```

3. 编译及验证

1）配置编译环境

解析：本节是整个实验顺利完成的核心所在，在本节有这样一行命令：

```
cd /root/netty-4.1.34/ && wget https://sandbox-experiment-resource-north-4.obs.cn-north-4.myhuaweicloud.com/netty-praxis/set_netty_conf.sh
```

该命令下载了 set_netty_conf.sh 文件，然后后面执行了该文件：

```
sh set_netty_conf.sh
```

之所以实验操作者感觉实验简单，是因为大量的细节隐藏在 set_netty_conf.sh 文件中，理解了该文件，才能真正明白实验成功的原因所在。该文件的内容如下：

```
#!/bin/sh
CurrPath="/root"
WorkPath="$CurrPath/netty-4.1.34"
cd $WorkPath
wget --no-check-certificate https://sandbox-experiment-resource-north-4.obs.cn-north-4.myhuaweicloud.com/netty-praxis/netty-tcnative-parent-2.0.22.Final.tar.gz
wget --no-check-certificate https://sandbox-experiment-resource-north-4.obs.cn-north-4.myhuaweicloud.com/netty-praxis/libressl-2.8.3.tar.gz
wget --no-check-certificate https://sandbox-experiment-resource-north-4.obs.cn-north-4.myhuaweicloud.com/netty-praxis/openssl-1.1.1b.tar.gz
wget --no-check-certificate https://sandbox-experiment-resource-north-4.obs.cn-north-4.myhuaweicloud.com/netty-praxis/netty-netty-4.1.34.Final.tar.gz

if test -f "netty-tcnative-parent-2.0.22.Final.tar.gz"
then
    tar -zxvf netty-tcnative-parent-2.0.22.Final.tar.gz
fi
NettySourcePath="netty-tcnative-netty-tcnative-parent-2.0.22.Final"
wget --no-check-certificate https://sandbox-experiment-resource-north-4.obs.cn-north-4.myhuaweicloud.com/netty-praxis/netty-tcnative.zip
if test -f "netty-tcnative.zip"
then
    unzip netty-tcnative.zip
fi
ConfPath="netty-tcnative"
if test -d $ConfPath
then
    rm -rf $NettySourcePath/openssl-static/pom.xml $NettySourcePath/libressl-static/pom.xml
    cp -rfv $ConfPath/pom.xml $NettySourcePath/
    cp -rfv $ConfPath/openssl-static/pom.xml $NettySourcePath/openssl-static/
    cp -rfv $ConfPath/openssl-static/target/ $NettySourcePath/openssl-static/target/
    cp -rfv $ConfPath/libressl-static/pom.xml $NettySourcePath/libressl-static/
    cp -rfv $ConfPath/libressl-static/target/ $NettySourcePath/libressl-static/target/
fi
```

下面对该文件的重点命令进行详细解析。

```
wget --no-check-certificate https://sandbox-experiment-resource-north-4.obs.cn-north-4.myhuaweicloud.com/netty-praxis/netty-tcnative-parent-2.0.22.Final.tar.gz
```

该命令下载 netty-tcnative-parent-2.0.22.Final.tar.gz 源码包，供后续编译使用。

```
wget --no-check-certificate https://sandbox-experiment-resource-north-4.obs.cn-north-4.myhuaweicloud.com/netty-praxis/libressl-2.8.3.tar.gz
wget --no-check-certificate https://sandbox-experiment-resource-north-4.obs.cn-north-4.myhuaweicloud.com/netty-praxis/openssl-1.1.1b.tar.gz
```

这两条命令下载编译需要 libressl-2.8.3.tar.gz 包和 openssl-1.1.1b.tar.gz 包，不过这两个包在后面下载的 netty-tcnative.zip 文件中已经存在了，而且在编译中也没有使用，完全可以删除这两条命令，对成功编译没有任何影响。

```
wget --no-check-certificate https://sandbox-experiment-resource-north-4.obs.cn-north-4.myhuaweicloud.com/netty-praxis/netty-netty-4.1.34.Final.tar.gz
```

下载 netty-netty-4.1.34.Final.tar.gz 源码包。

```
if test -f "netty-tcnative-parent-2.0.22.Final.tar.gz"
then
    tar -zxvf netty-tcnative-parent-2.0.22.Final.tar.gz
fi
```

如果 netty-tcnative-parent-2.0.22.Final.tar.gz 文件存在就解压。

```
wget --no-check-certificate https://sandbox-experiment-resource-north-4.obs.cn-north-4.myhuaweicloud.com/netty-praxis/netty-tcnative.zip
if test -f "netty-tcnative.zip"
then
    unzip netty-tcnative.zip
fi
```

下载 netty-tcnative.zip 压缩包并解压。netty-tcnative 解压后的目录结构如下所示：

```
#tree -L 3
.
├── libressl-static
│   ├── pom.xml
│   └── target
│       ├── apr-1.6.5.tar.gz
│       └── libressl-2.8.3.tar.gz
├── openssl-static
│   ├── pom.xml
│   └── target
│       ├── apr-1.6.5.tar.gz
│       └── openssl-1.1.1b.tar.gz
└── pom.xml

4 directories, 7 files
```

netty-tcnative 目录里的文件不是 Netty 源码项目提供的，而是华为沙箱实验室为简化该实验制作的，后续步骤会用到里面的文件。

```
rm -rf $NettySourcePath/openssl-static/pom.xml $NettySourcePath/libressl-static/pom.xml
```

删除 netty-tcnative-netty-tcnative-parent-2.0.22.Final 源码目录里 openssl-static 模块和 libressl-static 模块的 pom 文件，后续会用修改后的文件代替。

```
cp -rfv $ConfPath/pom.xml $NettySourcePath/
```

该命令复制 netty-tcnative 目录中的 pom 文件到 netty-tcnative-netty-tcnative-parent-2.0.22.Final 源码目录替换原先的 pom 文件。两个 pom 文件的差别如下所示(使用 diff 命令比较的结果)：

```
379c379
<                 <get src="http://archive.apache.org/dist/apr/${aprArchiveFile}" dest="${project.build.directory}/${aprArchiveFile}" verbose="on" />
---
>                 <!--<get src="http://archive.apache.org/dist/apr/${aprArchiveFile}" dest="${project.build.directory}/${aprArchiveFile}" verbose="on" />-->
470c470
<                 <get src="http://archive.apache.org/dist/apr/${aprTarGzFile}" dest="${project.build.directory}/${aprTarGzFile}" verbose="on" />
---
>                 <!--<get src="http://archive.apache.org/dist/apr/${aprTarGzFile}" dest="${project.build.directory}/${aprTarGzFile}" verbose="on" />-->
581c581
<         <module>boringssl-static</module>
---
>         <!--<module>boringssl-static</module>-->
599c599
<         <module>boringssl-static</module>
---
>         <!--<module>boringssl-static</module>-->
```

其区别主要有两个：一个是注释掉了对 apr 文件包的下载，该文件在后面的操作中会预先被复制到各个项目的 target 目录。另一个是注释掉了 boringssl-static 模块，该模块下载源码的服务器不可用，并且对后续的编译来说不是必需的，因此被注释掉。

```
cp -rfv $ConfPath/openssl-static/pom.xml $NettySourcePath/openssl-static/
```

该命令复制 netty-tcnative/openssl-static/目录下的 pom 文件到 netty-tcnative-netty-tcnative-parent-2.0.22.Final /openssl-static/目录下。新的 pom 文件和 openssl-static 模块初始的 pom 文件差别如下(使用 diff 命令比较的结果):

```
180c180
<                     <ftp action = "get" server = "ftp.openssl.org" remotedir = "source" userid
= "anonymous" password = "anonymous" passive = "yes" verbose = "yes">
---
>                     <!--<ftp action = "get" server = "ftp.openssl.org" remotedir = "source"
userid = "anonymous" password = "anonymous" passive = "yes" verbose = "yes">
184c184
<                     </ftp>
---
>                     </ftp>-->
287c287
<                     <ftp action = "get" server = "ftp.openssl.org" remotedir = "source" userid
= "anonymous" password = "anonymous" passive = "yes" verbose = "yes">
---
>                     <!--<ftp action = "get" server = "ftp.openssl.org" remotedir = "source"
userid = "anonymous" password = "anonymous" passive = "yes" verbose = "yes">
291c291
<                     </ftp>
---
>                     </ftp>-->
381c381
<                     <ftp action = "get" server = "ftp.openssl.org" remotedir = "source" userid
= "anonymous" password = "anonymous" passive = "yes" verbose = "yes">
---
>                     <!--<ftp action = "get" server = "ftp.openssl.org" remotedir = "source"
userid = "anonymous" password = "anonymous" passive = "yes" verbose = "yes">
385c385
<                     </ftp>
---
>                     </ftp>-->
```

主要的差别也是注释掉了对 openssl-1.1.1b.tar.gz 文件的下载,该下载时间较长,并且有可能会失败。

```
cp -rfv $ConfPath/openssl-static/target/ $NettySourcePath/openssl-static/target/
```

该命令复制 netty-tcnative/openssl-static/目录下的 apr-1.6.5.tar.gz 文件和 openssl-1.1.1b.tar.gz 文件到 netty-tcnative-netty-tcnative-parent-2.0.22.Final /openssl-static/target 目录,新的 pom 文件不会下载 openssl-1.1.1b.tar.gz 文件,所以这里需要直接复制过去。

```
cp -rfv $ConfPath/libressl-static/pom.xml $NettySourcePath/libressl-static/
    cp -rfv $ConfPath/libressl-static/target/ $NettySourcePath/libressl-static/
target/
```

这两条命令和上两条命令类似，也是把新的文件复制到 libressl-static 对应的目录。libressl-static 的 pom 文件修改前后对比如下：

```
178c178
<                         <get src="http://ftp.openbsd.org/pub/OpenBSD/LibreSSL/
${libresslWindowsZip}" dest="${project.build.directory}/${libresslWindowsZip}" verbose
="on" />
---
>                         <!--<get src="https://ftp.openbsd.org/pub/OpenBSD/LibreSSL/
${libresslWindowsZip}" dest="${project.build.directory}/${libresslWindowsZip}" verbose
="on" />-->
222,223c222,223
<                           <get src="http://ftp.openbsd.org/pub/OpenBSD/LibreSSL/
${libresslArchive}" dest="${project.build.directory}/${libresslArchive}" verbose="on"
/>
<                         <checksum file="${project.build.directory}/${libresslArchive}"
algorithm="SHA-256" property="${libresslSha256}" verifyProperty="isEqual" />
---
>                         <!--<get src="https://ftp.openbsd.org/pub/OpenBSD/LibreSSL/
${libresslArchive}" dest="${project.build.directory}/${libresslArchive}" verbose="on"
/>
>                         <checksum file="${project.build.directory}/${libresslArchive}"
algorithm="SHA-256" property="${libresslSha256}" verifyProperty="isEqual" />-->
```

可以看到注释掉了对文件 libressl-2.8.3.tar.gz 的下载，原因也是因为下载时间过长或者可能下载失败。

2）编译 netty-tcnative-parent-2.0.22.Final

解析：本节需要注意的是 maven install 命令的参数：

```
mvn install -DskipTests
```

该命令使用了-DskipTests 参数，使用该参数后将不会进行编译前测试，从而减少编译时间。

3）编译 netty-4.1.34-Final

4）验证编译结果

13.3.5 使用华为云鲲鹏弹性云服务器部署 PostgreSQL

PostgreSQL 是著名的开源数据库，也是企业级开发中常用的业务数据库之一，本实验首先下载源码安装包并编译、安装，随后对数据库的运行环境进行配置，最后初始化数据库并运行、验证。该实验难度等级属于中级难度，操作相对比较简单。实验主页网址为https://lab.huaweicloud.com/testdetail.html?testId=399。下面会列出所有的实验步骤标题，并对其中的关键点进行解析，具体的实验步骤内容，可以到本实验所在的网页查看。

1. 准备环境

1）预置环境

2）登录华为云账号

2. 部署开始

1）登录到弹性云服务器

2）安装 PostgreSQL 数据库依赖

解析：本节要关注的命令如下：

```
yum -y install readline-devel zlib-devel gcc gcc-c++ zlib readline
```

该命令安装了 PostgreSQL 编译和运行所需要的各种软件包，大部分软件包都是常用的，其中 readline 应用得相对少一些，但是 readline 也是一个著名的开源库，在 PostgreSQL 里用来处理命令行的上翻、下翻、命令自动补全等操作。

3）安装 PostgreSQL 数据库

解析：本节需要关注的命令如下：

```
./configure -build=arm-Linux -host=arm-Linux --prefix=/usr/local/pgsql
```

在此命令中，参数--build 指的是编译环境，--host 指的是运行环境，这两个参数对于交叉编译来说是必需的，本实验只是本机编译本机运行，可以不用特意设置这两个参数，也就是说使用下面的命令也是可以的：

```
./configure --prefix=/usr/local/pgsql
```

3. 配置运行环境

1）授权用户

2）配置环境变量

解析：本节要关注的命令如下：

```
vim ~/.bash_profile
```

该命令会打开配置文件进行后续的修改，文件.bash_profile 只对当前用户有效，而/etc/profile 对所有用户有效。

3）检验配置结果

4. 运行数据库服务

1）初始化数据库

2）启动数据库服务

解析：本节要关注的命令如下：

```
pg_ctl -D $PGDATA  -l  $PGHOME/log/pg_server.log start
```

该命令会启动 PostgreSQL 服务。pg_ctl 是 PostgreSQL 的管理工具，用来初始化、启动、停止或控制一个 PostgreSQL 服务器，启动服务器的命令格式如下：

```
pg_ctl start [-D datadir] [-l filename] [-W] [-t seconds] [-s] [-o options] [-p path]
[-c]
```

各个选项说明如下：

-D datadir

指定数据库配置文件的文件系统位置，如果忽略该选项，将使用环境变量 PGDATA。

-l filename

追加服务器日志输出到 filename，如果该文件不存在，则它会被创建。

-W

不等待操作完成。

-t seconds

指定等待操作完成的最大秒数，默认值是环境变量 PGCTLTIMEOUT 的值，如果该环境变量未设置，则默认值为 60。

-s

只打印错误，不打印信息性的消息。

-o options

指定被直接传递给 postgres 命令的选项。

-p path

指定 postgres 可执行程序的位置。

-c

在可行的平台上尝试允许服务器崩溃产生核心文件。

3）检查启动结果

解析：本节要关注的命令如下：

```
netstat -nlp | grep "postgres"
```

该命令用来查看 postgres 监听的相关端口，从而判断是否启动正常。Netstat 是一个监控网络套接字连接的工具，本命令使用的选项说明如下：

-n

直接使用 IP 地址，而不通过域名服务器。

-l

显示监控中的服务器的 Socket。

-p

显示正在使用 Socket 的程序识别码和程序名称。

5. 修改数据库配置

1）设置数据库密码

2）修改数据库配置为远程访问

解析：默认情况下 PostgreSQL 只监听 localhost 连接，而 localhost 通常情况下都指向 127.0.0.1(ipv4)和 ::1(ipv6)，如果想从本机以外访问数据库是访问不到的，该配置在 postgresql.conf 配置文件中，默认的配置如下：

```
#listen_addresses = 'localhost'        #what IP address(es) to listen on;
```

listen_addresses 用来配置监听的 IP 地址，如果要监听本机绑定的其他 IP 地址，可以把该配置的 localhost 改成那个 IP 地址，如果要监听本机所有绑定的 IP 地址，可以把 localhost 改成通配符 *，代码如下：

```
listen_addresses = '*'        #what IP address(es) to listen on;
```

3）修改访问地址控制设置

解析：本节要关注的是 PostgreSQL 的访问策略配置文件 pg_hba.conf。该配置文件有 5 个参数，分别为 TYPE、DATABASE、USER、ADDRESS、METHOD，每个参数的说明如表 13-4 所示。

表 13-4　访问策略配置文件说明

参　数	说　明
TYPE	主机类型，有 4 种类型： local：使用 UNIX-domainsocket。 host：使用 TCP/IP 连接，可以是 SSL 的，也可以不是。 hostssl：必须是 SSL 的。 hostnossl：必须是非 SSL 的
DATABASE	声明记录所匹配的数据库名称。值 all 表明该记录匹配所有数据库，值 sameuser 表示如果被请求的数据库和请求的用户同名，则匹配。值 samerole 表示请求的用户必须是一个与数据库同名的角色中的成员。对 samerole 来说，不认为超级用户是角色的一个成员，除非它们明确是角色的成员，直接的或间接的，并且不只是由于超级用户。值 replication 表示如果请求一个复制链接，则匹配（注意复制链接不表示任何特定的数据库）。在其他情况下，这就是一个特定的 PostgreSQL 数据库名字。可以通过用逗号分隔的方法声明多个数据库，也可以通过前缀@声明一个包含数据库名的文件

续表

参　　数	说　　明
USER	用户名，可以为 all，表示所有，也可以具体指定一个用户。多个用户用“，”隔开。和 DATABASE 一样，也可以将配置放到文件中，文件名加上前缀@
ADDRESS	IP 地址和掩码，可以是为一个主机名，或者由 IP 地址和 CIDR 掩码组成。掩码可以为 0～32（IPv4）或者 0～128（IPv6）间的一个整数，32 表示子网掩码为 255.255.255.255，24 表示子网掩码为 255.255.255.0。主机名以“.”开头。也可以写 all 来匹配所有 IP 地址，samehost 来匹配任意服务器 IP 地址，或 samenet 来匹配任何服务器直接连接到的子网的任意地址。 典型的以这种方式指定的 IPv4 地址范围举例：172.20.143.89/32 表示一个主机，172.20.143.0/24 表示一个小子网，10.6.0.0/16 表示一个大子网，0.0.0.0/0 代表所有 IPv4 地址
METHOD	声明连接匹配这条记录的时候使用的认证方法，可能的选项如下所示： trust：无条件地允许连接。 reject：无条件地拒绝连接。 md5：要求客户端提供一个双重 MD5 散列的口令进行认证。 password：要求客户端提供一个未加密的口令进行认证。 gss：使用 GSSAPI 认证用户，这只能用于 TCP/IP 连接。 sspi：使用 SSPI 认证用户，这只能在 Windows 系统使用。 ident：获取客户的操作系统名，然后检查该用户是否有匹配要求的数据库用户名，方法是用户的身份通过与运行在客户端上的 ident 服务器连接并进行判断。Ident 认证只在进行 TCP/IP 连接的时候才能用。当指定本地连接时，将使用 peer 认证。 peer：为操作系统获取客户端操作系统用户名，并检查该用户是否有匹配要求的数据库用户名。该方法只适用于本地连接。 ldap：使用 LDAP 服务器进行认证。 radius：使用 RADIUS 服务器进行认证。 cert：使用 SSL 客户端证书进行认证。 pam：使用操作系统提供的可插入认证模块服务（PAM）来认证

在默认情况下，PostgreSQL 只允许本地访问，配置信息如下：

```
# IPv4 local connections:
host    all         all         127.0.0.1/32        trust
```

如果要允许所有地址访问，可以增加一条新的配置，修改后的配置如下：

```
# IPv4 local connections:
host    all         all         127.0.0.1/32        trust
host    all         all         0.0.0.0/0           md5
```

4）开放安全组（5432）端口

6. 访问数据库服务

检测数据库服务

13.3.6 鲲鹏软件性能调优实践

在通常的软件开发中，为增强通用性，一般会通过与架构无关的方式来编写程序，但是，如果要体验极致的性能，就要充分利用架构本身的特点，对特定的功能进行优化，使用架构特有的指令进行程序的编写，从而达到高效执行的目的。本实验先对通用的矩阵运算进行性能分析，找到性能瓶颈点，然后使用鲲鹏特有指令对瓶颈点函数进行优化，最终编译后重新进行性能分析，验证优化的效果。该实验难度等级属于中级难度，操作相对比较复杂。实验主页网址为 https://lab.huaweicloud.com/testdetail.html?testId=444。下面会列出所有的实验步骤标题，并对其中的关键点进行解析，具体的实验步骤内容，可以到本实验所在的网页查看。

1. 准备环境

1）预置环境

2）登录华为云

3）登录裸金属服务器 BMS

2. 工具安装

1）安装依赖的工具

解析：本节的一个关注点是“设置 SSH 超时断开时间，防止服务器断连”，代码如下：

```
sed -i '112a ClientAliveInterval 600nClientAliveCountMax 10'
/etc/ssh/sshd_config && systemctl restart sshd
```

sed(Stream Editor)是一个文本流编辑工具，可依照脚本的指令来处理、编辑文本文件。该命令分为两个部分，第一部分的作用是在文件/etc/ssh/sshd_config 的第 112 行之后添加字符串 ClientAliveInterval 600nClientAliveCountMax 10。命令的第二部分是重新启动 SSHD 服务。

对于配置文件 sshd_config，其中的配置项 ClientAliveInterval 和 ClientAliveCountMax 的说明如下：

ClientAliveInterval：SSHD 服务端每隔多少秒给客户端发送一次保活信息包，本例的配置是 600，表示每隔 600s 发送一次。

ClientAliveCountMax：SSHD 服务端发出的请求，客户端没有回应的次数达到多少次的时候就断开连接，本例是 10 次。

本节另一个关注点是用来“安装 sysstat 和 numactl 并创建 sar 相关的目录”的命令：

```
yum install sysstat numactl -y && mkdir -p /var/log/sa && cd /var/log/sa && sar -o 31 > /dev/
null 2>&1 &
```

该命令安装了系统性能优化工具所需要的依赖包,其中包含监测工具包 sar,并安装了 Numactl。Numactl 是一个手工对 NUMA 调优的工具,用于控制进程与共享存储的 NUMA 技术机制,后续操作会用到。

2) 安装系统性能优化工具

解析:安装系统性能优化工具的命令如下:

```
cd /home/Tuning_kit; mkdir -p /home/tools; ./tuning_kit_install.sh -i -s -d=/home/tools
-ip=BMS IP -p=8086
```

具体执行安装的脚本文件是 tuning_kit_install.sh,它使用的选项说明如表 13-5 所示。

表 13-5 安装选项说明

选　　项	说　　明
-i/--install -r/--rollback -u/--upgrade	选择安装类型,具体命令解释如下: -i/--install:表示选择安装工具。 -r/--rollback:表示选择回退工具。 -u/--upgrade:表示选择升级工具
-a/--all -j/--java -s/--system	选择安装的工具类型,具体命令解释如下: -a/--all:安装系统性能分析工具和 Java 性能分析工具。 -j/--java:只安装 Java 性能分析工具。 -s/--system:只安装系统性能分析工具
-d/--directory	设置安装路径
-ip/--ip	安装工具的服务器 IP 地址,这里需要注意是私有 IP,而不是公网 IP
-p/--port	鲲鹏性能分析工具的 HTTPS 端口,设置范围为 1024～65535

3. 一维矩阵运算热点函数检测优化

1) 编译运行"矩阵内存访问"代码

解析:本节的关注点的命令如下:

```
numactl -C 0 ./multiply
```

numactl 的-C 选项会把进程与 CPU 绑定并运行,本例中就是把 multiply 绑定到了 0 号 CPU 内核,这样在后续的分析任务中比较容易观察执行的效果。

2) 在系统性能优化工具上创建系统性能全景分析任务

解析:系统性能全景分析任务会对系统的整体情况进行综合采集分析,在启动该任务时需要确保 multiply 应用处于运行状态,最好在最后单击新建任务的"确认"按钮时启动 multiply,使其运行。

3) 查看系统性能全景分析任务结果

4) 在系统性能优化工具上创建函数分析任务

解析:在创建任务时注意选择分析类型为 Launch Application,该分析类型的分析任务采集时长由被启动应用的运行时间决定，其他两种分析类型都需要手动输入采集时长。

5）查看热点函数分析任务结果

解析：本节要关注的是总运行时长和 Top 10 热点函数中的 multiply，该函数是瓶颈所在。当然，也可以通过火焰图观察，如图 13-13 所示，可以看到火焰图中最大的“平顶”就是 multiply 函数。

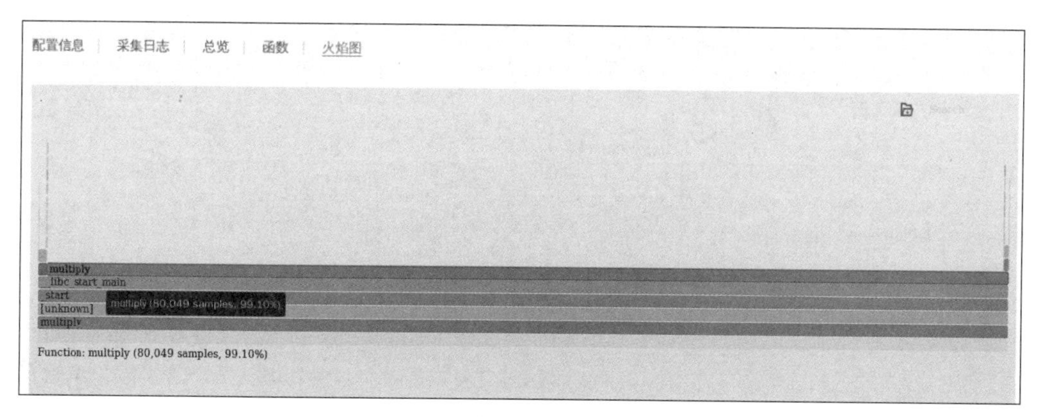

图 13-13　火焰图

6）修改代码降低 CPU 消耗

解析：本实验优化的关键代码如下：

```
for (i = 0; i < N; i += 16)
{
    vst1q_f32(c + i, vmulq_f32(vld1q_f32(a + i), vld1q_f32(b + i)));
    vst1q_f32(c + i + 4, vmulq_f32(vld1q_f32(a + i + 4), vld1q_f32(b + i + 4)));
    vst1q_f32(c + i + 8, vmulq_f32(vld1q_f32(a + i + 8), vld1q_f32(b + i + 8)));
    vst1q_f32(c + i + 12, vmulq_f32(vld1q_f32(a + i + 12), vld1q_f32(b + i + 12)));
    d[i] = c[i] / 2.0;
}
```

因为使用了鲲鹏架构原生的 128 位 SIMD（Single Instruction，Multiple Data，单指令、多数据）扩展结构，本段代码的循环次数是原先代码的 1/16。其中关键的 Neon 函数及说明如下：

■　vld1q_f32

float32x4_t q0 = vld1q_f32(d0);

加载 d0 地址起始的 4 个 float 数据到 q0。

■　vmulq_f32

float32x4_t v4 = vmulq_f32(v1, v2);

只需 1 次运算，就能得到 v1 和 v2 对应元素相乘的结果。

■　vst1q_f32

vst1q_f32(d1, q0);

将 q0 中 4 个 float32,赋值给以 d1 为起始地址的 4 个 float32。

7）重新编译代码

8）在系统性能优化工具上创建新的热点函数分析任务

9）查看热点函数分析任务结果

解析：重点观察总运行时长和 multiply 函数执行时间,可以明显感受到优化的效果。

第 14 章

QEMU 模拟器

14.1 QEMU 简介

QEMU(Quick Emulator)是一套由法布里斯·贝拉(Fabrice Bellard)等人所编写的开源模拟处理器,具有跨平台、处理速度快(配合 KVM)的特点,它通过动态的二进制转换,模拟 CPU,并且提供一组设备模型,使它能够运行多种未修改的客户机 OS。

QEMU 主页网址为 https://www.qemu.org/,可以在网址: https://www.qemu.org/download/找到适合 Linux、macOS、Windows 等操作系统的安装指令、安装包、源代码下载网址,本书编写时最新的稳定版本为 5.1.0。

QEMU 可以用来在 x86 架构主机上模拟 AArch64 架构的运行环境,在不方便取得鲲鹏主机的时候,可以考虑采取这种解决方法。

14.2 Windows 环境下的安装

QEMU 支持 Windows 操作系统,提供了 32 位和 64 位两种安装包,本次将演示在 64 位 Windows 10 操作系统下的安装。

步骤 1: 下载支持 Windows 操作系统的 64 位 QEMU 安装包,5.1.0 版本下载网址为 https://qemu.weilnetz.de/w64/qemu-w64-setup-20200814.exe。

步骤 2: 双击下载的安装文件,弹出安装语言选择窗口,默认选择 English 即可,如图 14-1 所示。

单击 OK 按钮继续。

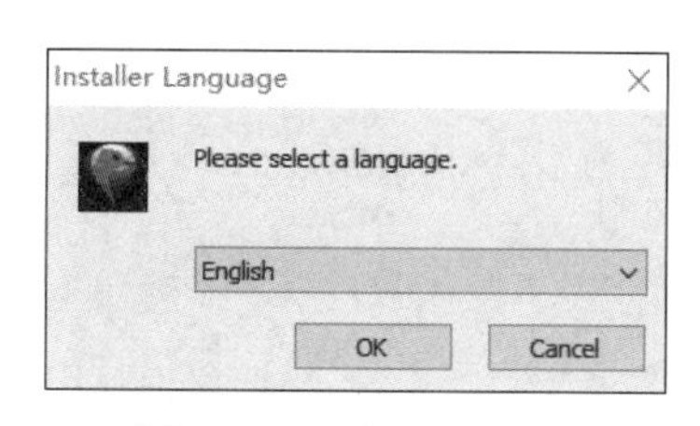

图 14-1 选择安装语言

步骤 3: 后续一直选择默认,直到出现选择组件的窗口,如图 14-2 所示,默认安装所有的组件,本次演示只是为了创建鲲鹏运行环境,所以也可以只选择 aarch64 组件。

步骤 4: 单击 Next 按钮继续,后续一直选择默认，直到安装完毕。

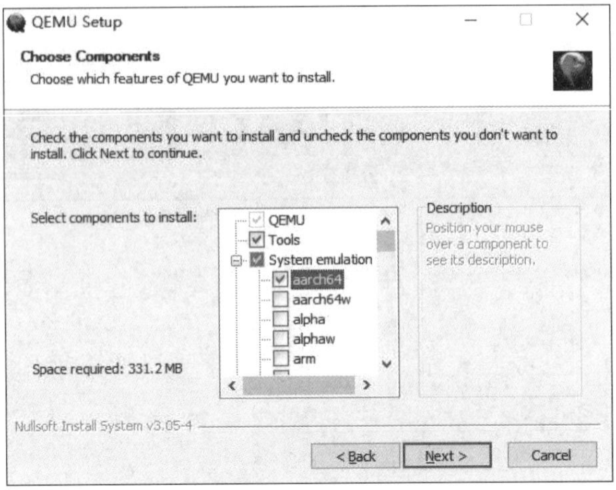

图 14-2　选择安装的组件

本次演示安装的路径为 d:\qemu。

步骤 5：下载 BIOS bin 文件，网址为 http://releases.linaro.org/components/Kernel/uefi-linaro/latest/release/qemu64/QEMU_EFI.fd，本演示保存路径为 d:\qemu \bios\QEMU_EFI.fd。

步骤 6：下载 ubuntu-20.04 server 的 ISO 文件，下载网址为 https://cdimage.ubuntu.com/releases/20.04/release/ubuntu-20.04.1-live-server-arm64.iso，本演示保存路径为 d:\soft \ ubuntu-20.04.1-live-server-arm64.iso。

步骤 7：使用管理员身份运行命令提示符程序，如图 14-3 所示。

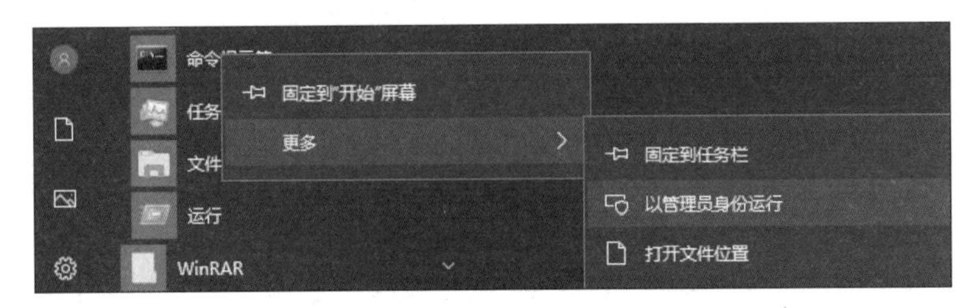

图 14-3　启动命令提示符

步骤 8：使用 qemu-img 命令创建虚拟磁盘，磁盘格式为 qcow2，磁盘大小为 50GB，磁盘路径为 d:\kunpeng.qcow2，在命令行程序里输入命令如下：

```
C:\WINDOWS\system32 > cd d:\qemu
C:\WINDOWS\system32 > d:
d:\qemu > qemu - img create  - f qcow2 d:\kunpeng.qcow2 50G
```

反馈如图 14-4 所示。

```
C:\WINDOWS\system32>cd d:\qemu

C:\WINDOWS\system32>d:

d:\qemu>qemu-img create -f qcow2 d:\kunpeng.qcow2 50G
Formatting 'd:\kunpeng.qcow2', fmt=qcow2 cluster_size=65536 compression_type=zlib size=53687091200
lazy_refcounts=off refcount_bits=16
```

图 14-4　创建虚拟磁盘

步骤 9：启动 Ubuntu 操作系统的安装，命令如下：

```
qemu - system - aarch64.exe  - M virt  - cpu cortex - a72  - bios d:\qemu\bios\QEMU_EFI.fd  - m
2048  - device VGA  - drive if = none, file = d:\soft\ ubuntu - 20.04.1 - live - server - arm64.
iso, id = cdrom, media = cdrom  - device virtio - scsi - device  - device scsi - cd, drive = cdrom  -
drive if = none, file = d:\kunpeng.qcow2, id = hd0  - device virtio - blk - device, drive = hd0
```

此时会启动 QEMU，如图 14-5 所示。

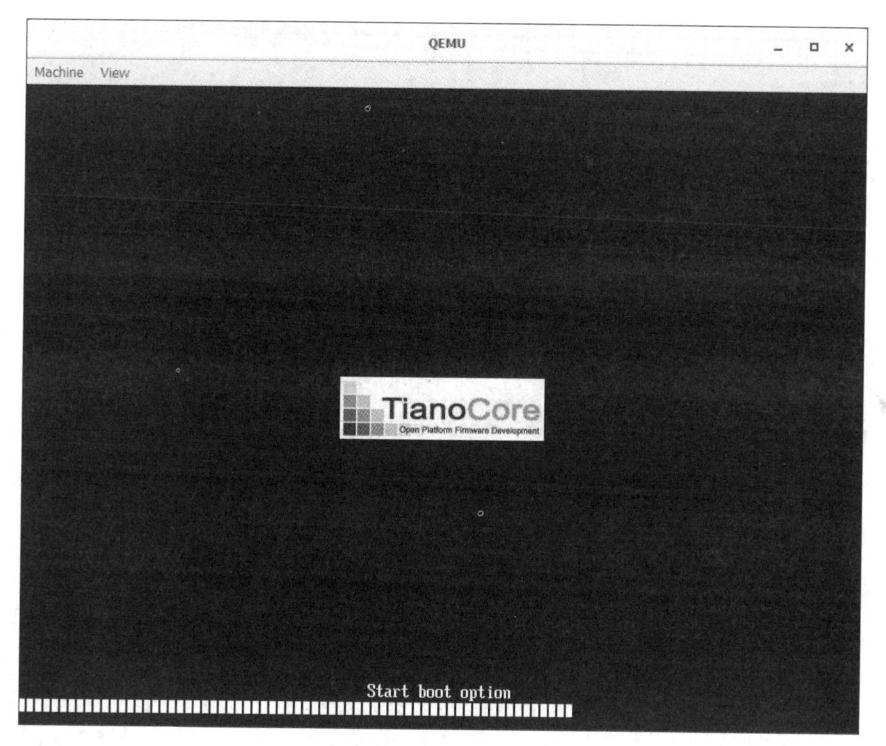

图 14-5　启动 QEMU

步骤 10：单击 View 菜单，在下拉菜单中单击 serial0，确保选中，如图 14-6 所示，然后就可以在 QEMU 的操作系统安装页面使用键盘了。

步骤 11：按照通常的方法安装 Ubuntu，如图 14-7 所示。

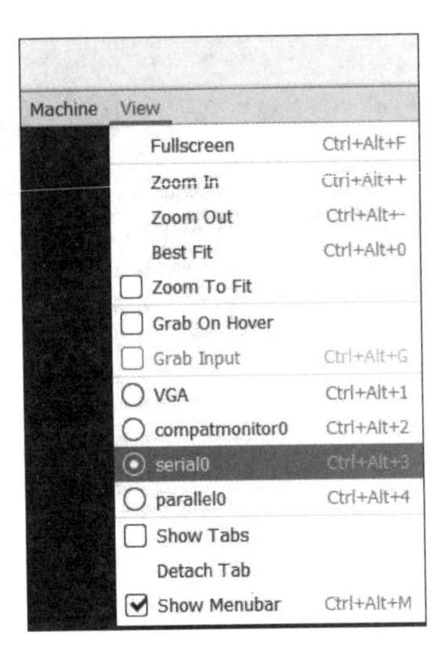

图 14-6 选择串口

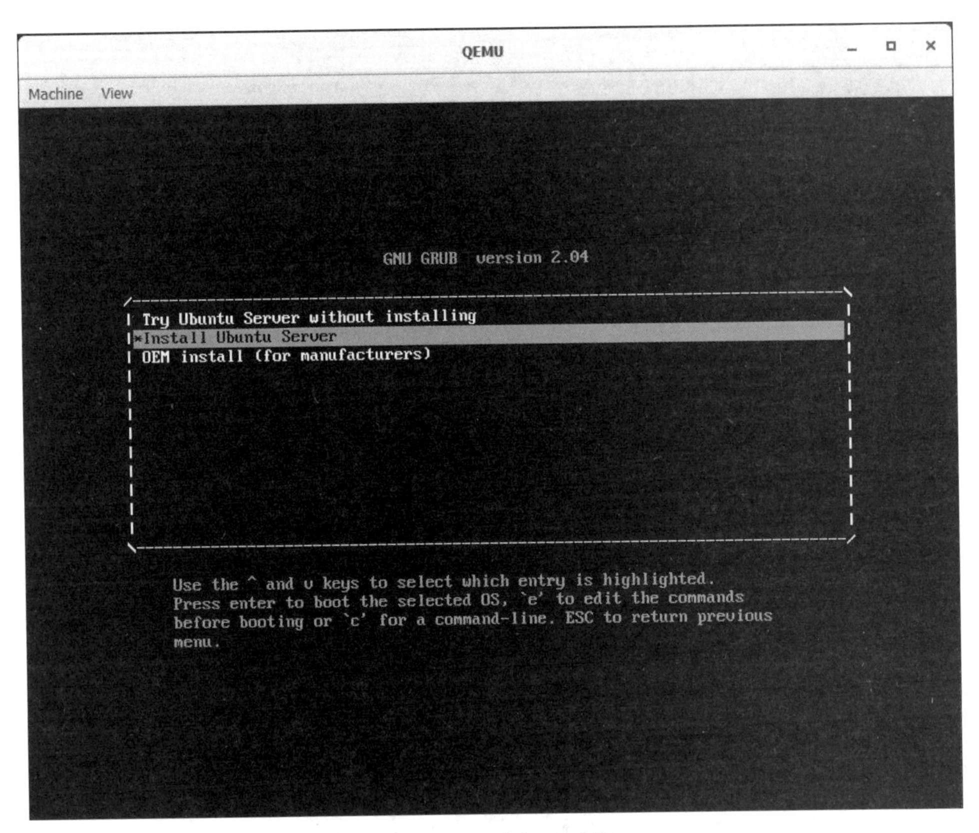

图 14-7 安装操作系统

经过一段比较长的时间，Ubuntu 就安装成功了，如图 14-8 所示。

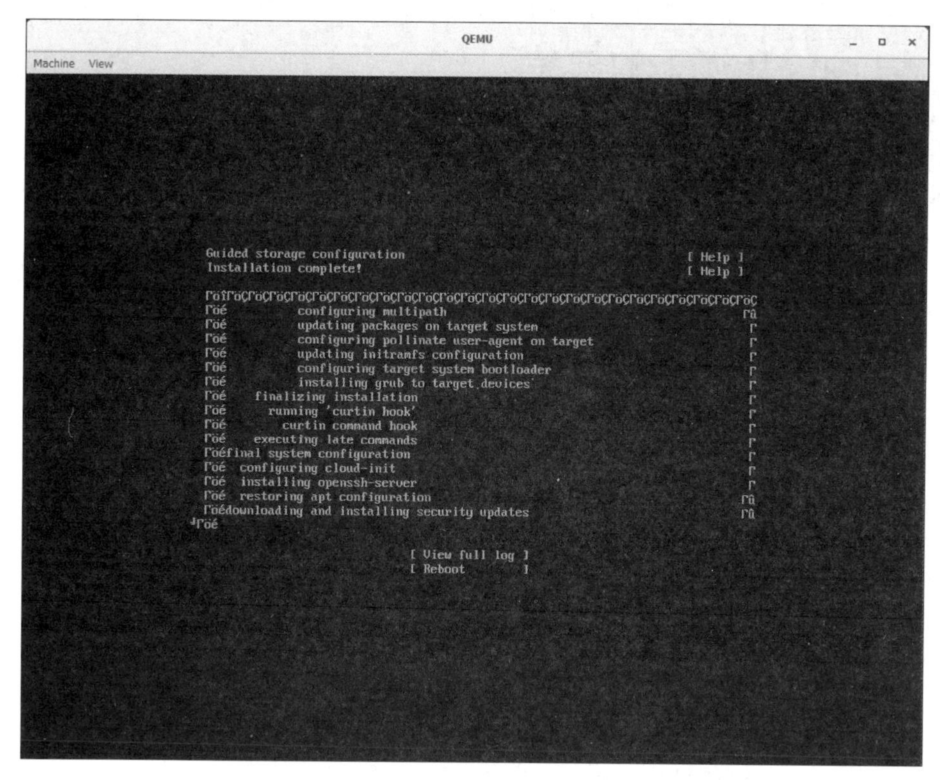

图 14-8 安装成功

步骤 12：退出安装后，重新启动 Ubuntu，这时就不能从虚拟光驱启动了，新的启动命令如下：

```
qemu-system-aarch64.exe -m 2048 -cpu cortex-a72 -smp 2,cores=2,threads=1,sockets=1
-M virt -bios d:\qemu\bios\QEMU_EFI.fd -device VGA -drive if=none,file=d:\kunpeng.
qcow2,id=hd0 -device virtio-blk-device,drive=hd0
```

启动后登录系统，然后查看操作系统版本信息，命令如下：

```
uname -a
```

可以看到已经是 aarch64 架构的内核了，如图 14-9 所示。

```
Last login: Tue Nov  3 23:20:24 UTC 2020 on ttyAMA0
zl@kunpeng:~$ uname -a
Linux kunpeng 5.4.0-52-generic #57-Ubuntu SMP Thu Oct 15 11:33:25 UTC 2020 aarch
64 aarch64 aarch64 GNU/Linux
```

图 14-9 OS 架构

这样就完成了 Windows 环境下的 ARM 64 架构 Ubuntu 操作系统的安装。

14.3 Linux 环境下的安装

本节演示在 x86 架构的 CentOS 7.6 系统上安装 AArch64 架构的 Ubuntu 操作系统。

步骤 1：登录 x86 架构服务器，创建/data/soft/文件夹并进入，命令如下：

```
mkdir -p /data/soft/
cd /data/soft/
```

步骤 2：安装可能需要的依赖包，命令如下：

```
yum install -y gtk2-devel python36 gcc gcc-c++
```

步骤 3：下载 QEMU 5.1.0 源码包并解压，命令如下：

```
wget https://download.qemu.org/qemu-5.1.0.tar.xz
tar -Jxvf qemu-5.1.0.tar.xz
```

步骤 4：进入 QEMU 5.1.0 目录，执行 configure 编译检查。QEMU 支持的架构比较多，详细列表如下：

```
aarch64-softmmu alpha-softmmu arm-softmmu avr-softmmu cris-softmmu hppa-softmmu i386-
softmmu lm32-softmmu m68k-softmmu microblazeel-softmmu microblaze-softmmu mips64el-
softmmu mips64-softmmu mipsel-softmmu mips-softmmu moxie-softmmu nios2-softmmu or1k-
softmmu ppc64-softmmu ppc-softmmu riscv32-softmmu riscv64-softmmu rx-softmmu s390x-
softmmu sh4eb-softmmu sh4-softmmu sparc64-softmmu sparc-softmmu tricore-softmmu
unicore32-softmmu x86_64-softmmu xtensaeb-softmmu xtensa-softmmu aarch64_be-Linux-
user aarch64-Linux-user alpha-Linux-user armeb-Linux-user arm-Linux-user cris-
Linux-user hppa-Linux-user i386-Linux-user m68k-Linux-user microblazeel-Linux-user
microblaze-Linux-user mips64el-Linux-user mips64-Linux-user mipsel-Linux-user mips
-Linux-user mipsn32el-Linux-user mipsn32-Linux-user nios2-Linux-user or1k-Linux-
user ppc64abi32-Linux-user ppc64le-Linux-user ppc64-Linux-user ppc-Linux-user
riscv32-Linux-user riscv64-Linux-user s390x-Linux-user sh4eb-Linux-user sh4-Linux
-user sparc32plus-Linux-user sparc64-Linux-user sparc-Linux-user tilegx-Linux-user
x86_64-Linux-user xtensaeb-Linux-user xtensa-Linux-user
```

configure 默认会编译所有支持的架构，这样耗时很长，本次演示只需支持 AArch64 架构即可，可以通过--target-list 参数设置要编译的架构，要执行的命令如下：

```
cd qemu-5.1.0
./configure --target-list=aarch64-softmmu
```

命令执行完毕后会列出编译条件是否满足，例如某些依赖包没有安装等，如果满足了编译条件，则会列出编译的选项，选项非常多，有几百个选项，这里只列出部分选项如下：

```
Install prefix          /usr/local
BIOS directory          /usr/local/share/qemu
firmware path           /usr/local/share/qemu-firmware
binary directory        /usr/local/bin
include directory       /usr/local/include
config directory        /usr/local/etc
local state directory   /usr/local/var
Manual directory        /usr/local/share/man
ELF interp prefix       /usr/gnemul/qemu-%M
Build directory         /data/soft/qemu-5.1.0
Source path             /data/soft/qemu-5.1.0
GIT binary              git
GIT submodules
C compiler              cc
Host C compiler         cc
C++compiler             c++
Objective-C compiler cc
ARFLAGS                 rv
CFLAGS                  -O2 -U_FORTIFY_SOURCE -D_FORTIFY_SOURCE=2 -g
QEMU_LDFLAGS            -L$(BUILD_DIR)/dtc/libfdt -Wl,--warn-common -Wl,-z,relro
-Wl,-z,now -pie -m64 -fstack-protector-strong
make                    make
install                 install
python                  /usr/bin/python3 -B (3.6.8)
cross containers   no
```

通过上述选项可以确认详细的架构配置情况，如果某些配置和预期不一致，可以再次通过向configure添加参数的方式来修改配置，configure具体的参数用法可以通过如下指令查找：

```
./configure --help
```

步骤5：执行编译和安装，命令如下：

```
make -j2
make install
```

步骤6：下载BIOS bin文件，命令如下：

```
wget http://releases.linaro.org/components/Kernel/uefi-linaro/latest/release/qemu64/QEMU_
EFI.fd
```

步骤 7：创建虚拟硬盘，硬盘路径为/data/soft/kunpeng.qcow2，命令及回显如下：

```
[root@ecs-x86 soft]#qemu-img create -f qcow2 /data/soft/kunpeng.qcow2 50G
Formatting '/data/soft/kunpeng.qcow2', fmt=qcow2 cluster_size=65536 compression_type=zlib
size=53687091200 lazy_refcounts=off refcount_bits=16
```

步骤 8：下载 Ubuntu 20.04 Server 版本的 ISO 文件，命令如下：

```
wget https://cdimage.ubuntu.com/releases/20.04/release/ubuntu-20.04.1-live-server-
arm64.iso
```

步骤 9：执行 qemu-system-aarch64，启动 Ubuntu 操作系统的安装，命令如下：

```
qemu-system-aarch64 -M virt -cpu cortex-a72 -bios /data/soft/QEMU_EFI.fd -m 2048 -
cdrom /data/soft/ubuntu-20.04.1-live-server-arm64.iso -hda /data/soft/kunpeng.qcow2
-serial stdio
```

安装页面和 Windows 系统下安装方式基本类似，如图 14-10 所示。

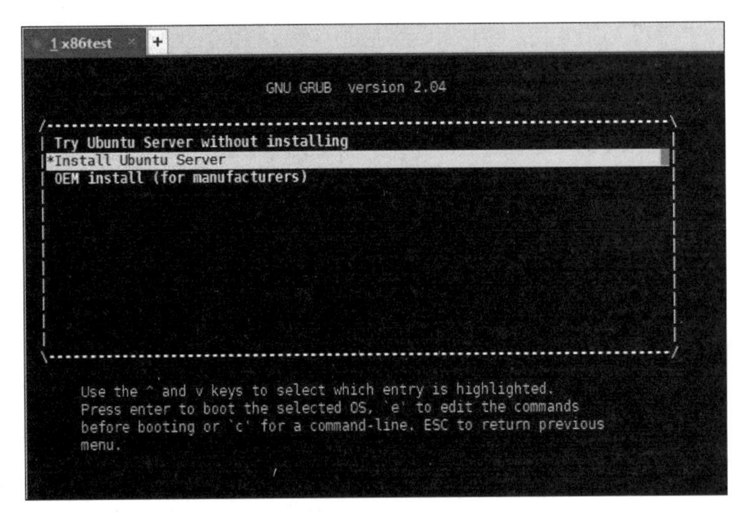

图 14-10 启动安装

按照通常的安装方式一步一步安装即可。

步骤 10：安装成功后，退出模拟器，重新启动，命令如下：

```
qemu-system-aarch64 -M virt -cpu cortex-a72 -bios /data/soft/QEMU_EFI.fd -m 2048 -
hda /data/soft/kunpeng.qcow2 -serial stdio
```

重启后的最终回显如下，本例使用用户名 zl 登录：

```
[  OK  ] Finished Execute cloud user/final scripts.
[  OK  ] Reached target Cloud-init target.

kunpeng login: zl
Password:
Welcome to Ubuntu 20.04.1 LTS (GNU/Linux 5.4.0-56-generic aarch64)

 * Documentation: https://help.ubuntu.com
 * Management:    https://landscape.canonical.com
 * Support:       https://ubuntu.com/advantage

  System information as of Tue Dec 8 06:46:52 UTC 2020

  System load:              0.09
  Usage of /:               17.7% of 23.74GB
  Memory usage:             8%
  Swap usage:               0%
  Processes:                80
  Users logged in:          0
  IPv4 address for enp0s1: 10.0.2.15
  IPv6 address for enp0s1: fec0::5054:ff:fe12:3456

125 updates can be installed immediately.
60 of these updates are security updates.
To see these additional updates run: apt list --upgradable

The programs included with the Ubuntu system are free software;
the exact distribution terms for each program are described in the
individual files in /usr/share/doc/*/copyright.

Ubuntu comes with ABSOLUTELY NO WARRANTY, to the extent permitted by
applicable law.

To run a command as administrator (user "root"), use "sudo <command>".
See "man sudo_root" for details.
```

14.4 鲲鹏开发环境的搭建

完成了 Aarch64 架构模拟器操作系统的安装，就可以在上面部署鲲鹏开发环境了，下面以 14.3 节安装好的虚拟机为例，演示鲲鹏开发环境的搭建。

步骤 1：登录模拟器操作系统，输入命令安装 C 开发环境，命令如下：

```
sudo apt-get install build-essential
```

最后安装成功的回显如下：

```
Setting up cpp - 9 (9.3.0 - 17ubuntu1～20.04) ...
Setting up libc6 - dev:arm64 (2.31 - 0ubuntu9.1) ...
Setting up libgcc - 9 - dev:arm64 (9.3.0 - 17ubuntu1～20.04) ...
Setting up cpp (4:9.3.0 - 1ubuntu2) ...
Setting up gcc - 9 (9.3.0 - 17ubuntu1～20.04) ...
Setting up libstdc++ - 9 - dev:arm64 (9.3.0 - 17ubuntu1～20.04) ...
Setting up gcc (4:9.3.0 - 1ubuntu2) ...
Setting up g++ - 9 (9.3.0 - 17ubuntu1～20.04) ...
Setting up g++(4:9.3.0 - 1ubuntu2) ...
update - alternatives: using /usr/bin/g++to provide /usr/bin/c++(c++) in auto mode
Setting up build - essential (12.8ubuntu1.1) ...
Processing triggers for man - db (2.9.1 - 1) ...
Processing triggers for libc - bin (2.31 - 0ubuntu9) ...
```

步骤 2：创建/data/code/目录并进入该目录，命令如下：

```
sudo mkdir - p /data/code/
cd /data/code/
```

步骤 3：创建文件 arm64test.c，命令如下：

```
sudo vim arm64test.c
```

在此文件录入代码，然后保存并退出，代码如下：

```
//Chapter14/arm64test.c

#include <stdio.h>
int main(void)
{
    char a = - 1;
    printf("The variable a is - 1,In arm architecture, 255 will be output.\n");
    printf("the actual output is %d\n", a);
    return 0;
}
```

这段代码会打印变量 a 的值，在 x86 架构下打印出的是−1，在 ARM/鲲鹏架构下，打印出的值为 255。

步骤 4：编译并执行 arm64test.c，命令及回显如下：

```
zl@kunpeng:/data/code$ sudo gcc - o arm64test arm64test.c
zl@kunpeng:/data/code$ ./arm64test
The variable a is - 1,In arm architecture, 255 will be output.
the actual output is 255
```

程序执行的结果和 ARM 架构的预期一致，这样就完成了开发环境的搭建并进行了初步的验证。

第 15 章

鲲 鹏 认 证

15.1 鲲鹏认证简介

鲲鹏架构是一个相对比较新的架构，从事鲲鹏架构研发的人员和企业还远没有 x86 架构那么多，为更好地推广鲲鹏架构，华为提供了一系列标准化鲲鹏认证服务，包括针对开发人员的鲲鹏微认证和鲲鹏应用开发工程师认证（HCIA-Kunpeng Application Developer），针对企业的鲲鹏凌云伙伴计划、鲲鹏展翅伙伴计划、解决方案伙伴计划，针对产品的鲲鹏云服务兼容性认证、泰山服务器兼容性认证等。在下面的章节，将会对这些认证进行详细说明。

15.2 鲲鹏微认证

15.2.1 鲲鹏微认证简介

华为云微认证是基于线上学习与在线实践，快速获得场景化技能提升的认证。华为云微认证官网网址为 https://edu.huaweicloud.com/certifications，目前华为云微认证分为 6 个领域 3 个级别，其中 6 个领域分别是云计算、鲲鹏、大数据、人工智能、物联网、软件开发，3 个级别按照难度分为初级、中级、高级。本书关注的是鲲鹏领域的微认证，简称鲲鹏微认证。鲲鹏微认证的官网网址为 https://edu.huaweicloud.com/certifications?kunpeng，本书编写时共有 8 个鲲鹏微认证，具体认证信息如表 15-1 所示。

表 15-1 鲲鹏微认证

认证名称	级别	说　明
鲲鹏软件迁移实践	中级	借助鲲鹏开发套件，快速将软件迁移至鲲鹏平台
基于鲲鹏架构的 Redis 搭建高性能网盘	初级	探索云上搭建网盘的秘密，体验云上搭建高性能网盘的便捷
基于鲲鹏搭建 zabbix 分布式监控系统	初级	云上运维特点剖析，基于鲲鹏搭建 zabbix 监控系统，轻松完成网络设备性能监控

续表

认证名称	级别	说　明
通过鲲鹏 ECS 搭建免费个人书库	初级	通过鲲鹏 ECS 构建宝塔 Linux，通过宝塔 Linux 构建个人书库一站式部署
鲲鹏计算平台软件移植初体验	初级	将云上应用从 x86 架构平台迁移至鲲鹏平台，进行鲲鹏计算平台软件移植初体验
华为云鲲鹏弹性云服务器高可用性架构实践	初级	借助 ELB 和 AS 服务实现华为云鲲鹏弹性云服务器的高可用性
鲲鹏云服务搭建 BCManager 存储灾备系统	中级	华为存储灾备方案 BCManager，基于华为云搭建灾备系统，演示数据保护过程
鲲鹏软件性能调优实践	中级	借助鲲鹏性能调优工具，对软件性能进行全景分析，找到瓶颈点，并针对性实施优化

15.2.2 鲲鹏微认证流程

鲲鹏微认证流程包括 5 个步骤，分别是购买认证、在线学习、动手实验、在线考试、获取证书，下面以“基于鲲鹏搭建 zabbix 分布式监控系统”为例分别说明。

1. 购买认证

步骤 1：首先使用华为云个人或者企业主账号登录华为云，然后进入“基于鲲鹏搭建 zabbix 分布式监控系统”的微认证页面，该页面的网址为 https://edu.huaweicloud.com/certifications/f4e893d0c7344c5385835f7af6f30888，页面会显示详细的认证步骤，如图 15-1 所示。

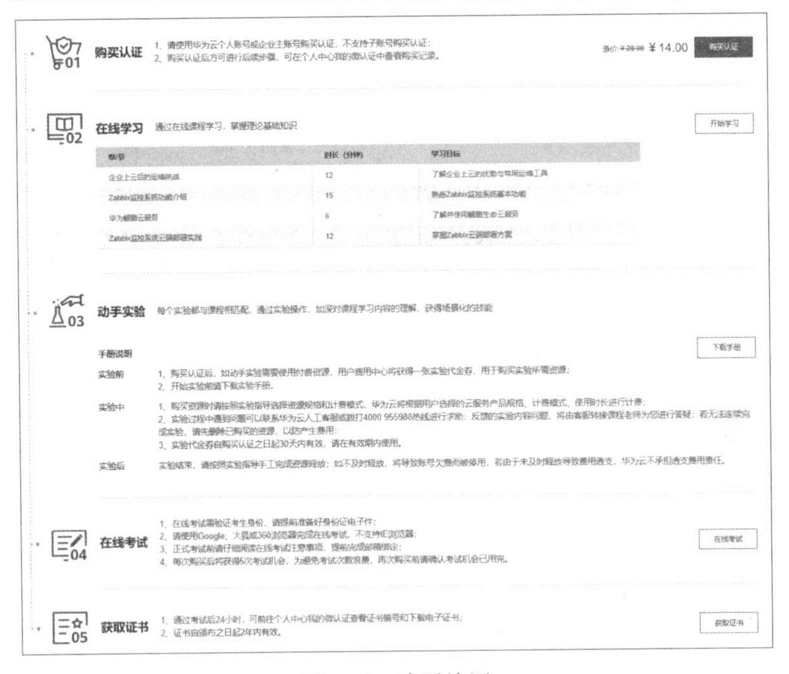

图 15-1　购买认证

步骤 2：单击“购买认证”按钮，此时会进入立即购买页面，如图 15-2 所示。

图 15-2　立即购买

单击“立即购买”按钮，进入订单确认页面，如图 15-3 所示。

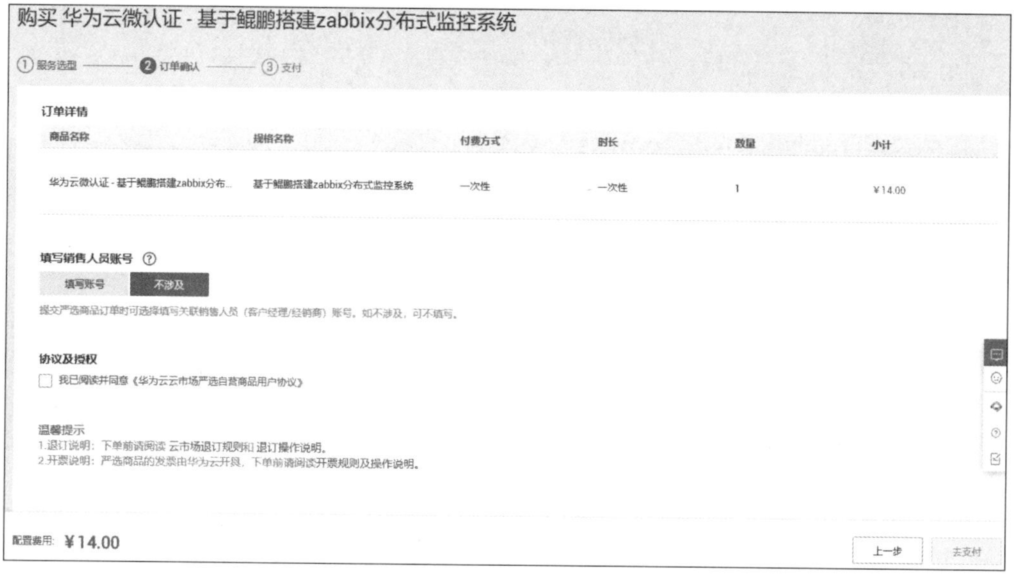

图 15-3　订单确认

步骤 3：单击“我已阅读并同意《华为云云市场严选自营商品用户协议》”前的复选框，确保选中，此时“去支付”按钮变为可用状态，单击“去支付”按钮，转到订单支付页面，如图 15-4 所示。

步骤 4：选择合适的支付方式，单击“下一步”按钮，进入收银台页面，如图 15-5 所示。

单击“确认支付”按钮，在弹出的窗口完成支付，进入订单支付成功页面，如图 15-6 所示。

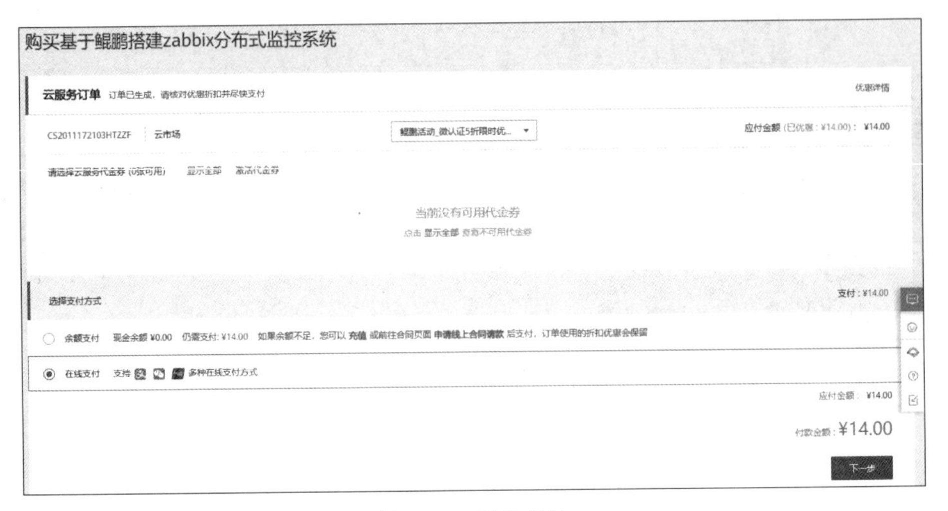

图 15-4 订单支付

图 15-5 收银台

图 15-6 支付成功

这样就完成了认证的购买。

2. 在线学习

进入该微认证首页，如图 15-1 所示，单击“开始学习”按钮，进入学习页面，如图 15-7 所示。

图 15-7　学习页面

学习页面分为 3 个页签，分别是课程、成绩和进度，下面分别说明。

1）课程

课程页签左面是课程大纲，列出了该门认证需要学习的内容，单击某一个章节，右侧区域会显示该章节需要学习的视频或者课件内容，如果是视频，将需要单击视频中间的播放按钮以便观看授课内容，视频播放页面如图 15-8 所示。

图 15-8　学习视频

视频下部是播放控制条，单击按钮可以暂停播放，暂停播放时单击按钮可以恢复播放。控制条同时显示视频的当前已播放时间和总时间，方便学习者了解学习进度，合理安排时间。在播放控制条右侧有一排控制图标，左边的是播放速度选择图标，单击或者把鼠标放在该图标上会显示可选的播放速度，如图 15-9 所示。

学习者可以根据需要选择合适的播放速度。中间的声音控制图标可以控制播放的声音音量，把鼠标放在该图标上可以显示音量控制条，如图 15-10 所示。

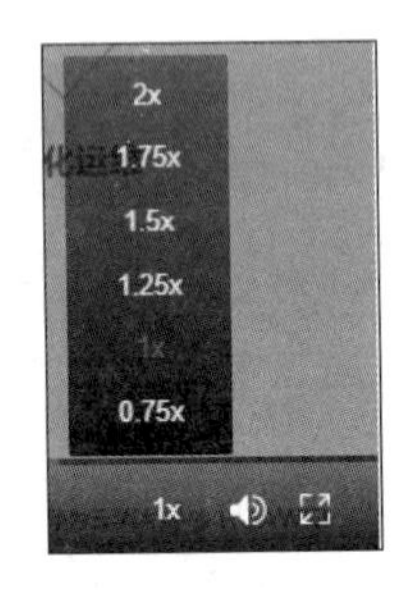

图 15-9　播放速度选择

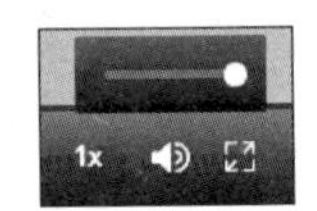

图 15-10　音量控制条

也可以通过单击该图标静音或者取消静音。最右侧的是全屏图标，单击该图标可以切换全屏和取消全屏。

在课程大纲里，一般在最后的部分有自测题章节，单击该章节标题，在右侧区域会显示答题页面，如图 15-11 所示。

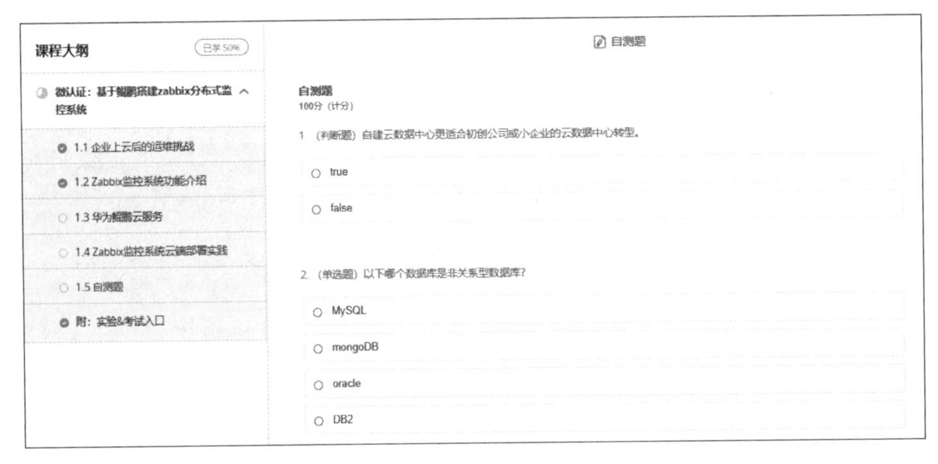

图 15-11　自测

自测题一般有 5 道题，每题 20 分，总计 100 分，全部是客观题，包括判断题、单选和多选题。答完所有的题目后，单击最下方的“提交”按钮，可以查看成绩，如图 15-12 所示。

系统会自动判断提交的答案是否正确，并在每个题目下方使用 ✔ 符号或者 ✖ 符号标记对错，答题者可以重复多次答题。

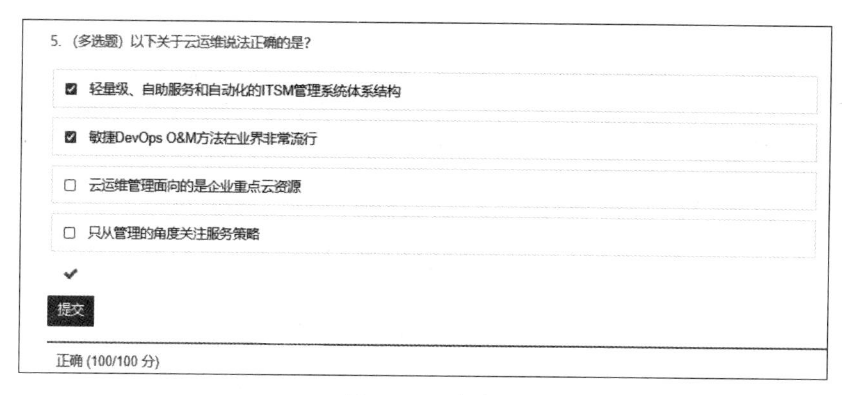

图 15-12 提交

2）成绩

在成绩页签可以查看自测的考试情况，如图 15-13 所示。

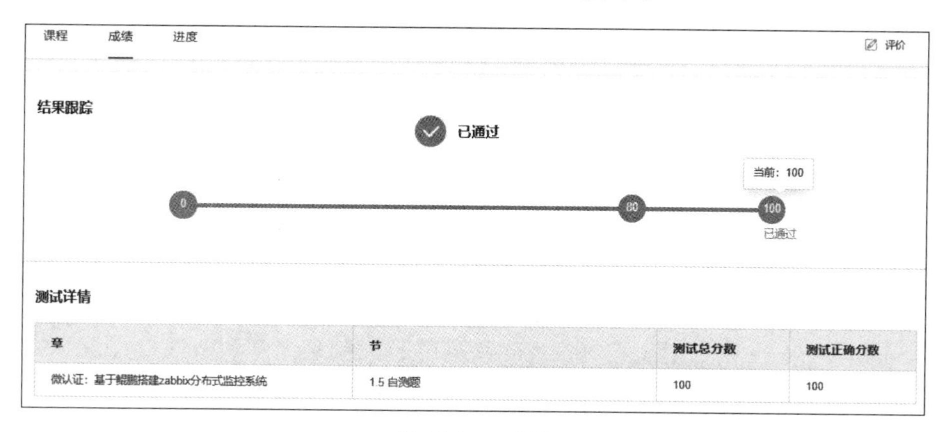

图 15-13 成绩

成绩达到 80 分或以上才算已通过，否则就是未通过。

3）进度

在进度页签可以查看学习的进度，如图 15-14 所示。

进度页签显示整体进度及每个章节的进度信息，方便学习者了解整体学习情况。

3. 动手实验

动手实验分为两种，一种是自行搭建实验环境，根据下载的实验手册完成实验，另一种是使用沙箱实验室，根据沙箱实验室提供的实验环境来做实验，不同的微认证项目实验方式不同，本示例使用的是自行搭建实验环境的方式。

1）自行搭建实验环境进行实验

步骤 1：在微认证项目首页，单击“下载手册”按钮，可以下载需要的实验指导手册，如图 15-1 所示。

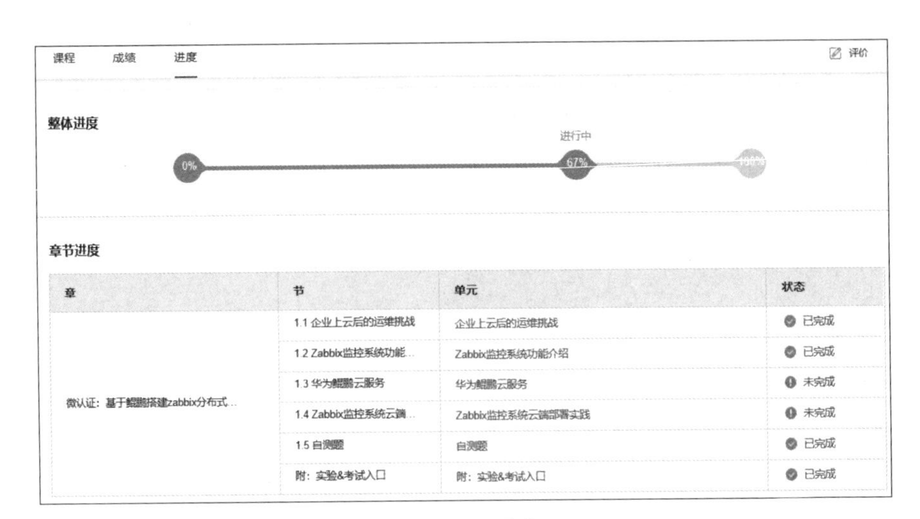

章	节	单元	状态
微认证：基于鲲鹏搭建zabbix分布式...	1.1 企业上云后的运维挑战	企业上云后的运维挑战	已完成
	1.2 Zabbix监控系统功能...	Zabbix监控系统功能介绍	已完成
	1.3 华为鲲鹏云服务	华为鲲鹏云服务	未完成
	1.4 Zabbix监控系统云端...	Zabbix监控系统云端部署实践	未完成
	1.5 自测题	自测题	已完成
	附：实验&考试入口	附：实验&考试入口	已完成

图 15-14 进度

步骤 2：学习实验指导手册的内容，如图 15-15 所示。

目录

图 15-15 实验手册

步骤 3：根据实验指导手册内容做实验，如果需要购买华为云上的资源，可以使用购买微认证时附带的代金券，代金券在费用中心→优惠与折扣→优惠券下可以看到，如图 15-16 所示。

2）使用沙箱实验室做实验

对于一些特定的微认证，例如鲲鹏软件迁移实践，动手实验环节是沙箱实验室，如图 15-17 所示。

单击实验列表后面的“开始实验”按钮即可转到对应的沙箱实验页面，可以参考第 13 章对沙箱实验室的解析进行实验。

图 15-16　代金券

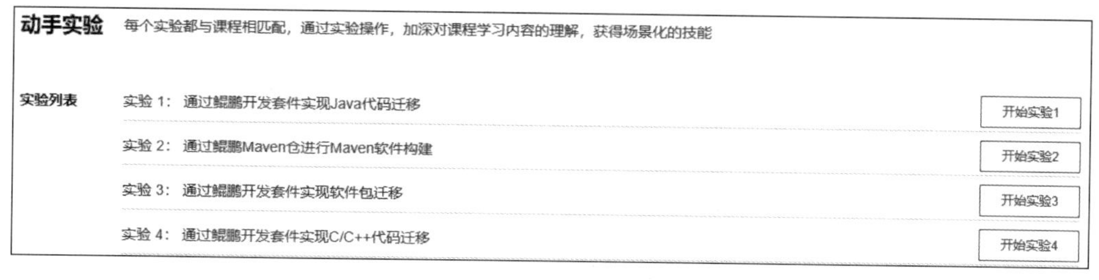

图 15-17　沙箱实验

4. 在线考试

在进行在线考试以前，需要确保账号已经绑定了邮箱，否则是不能进行考试的。

步骤 1：在微认证项目首页，单击“在线考试”按钮，转向考试须知页面，如图 15-18 所示。

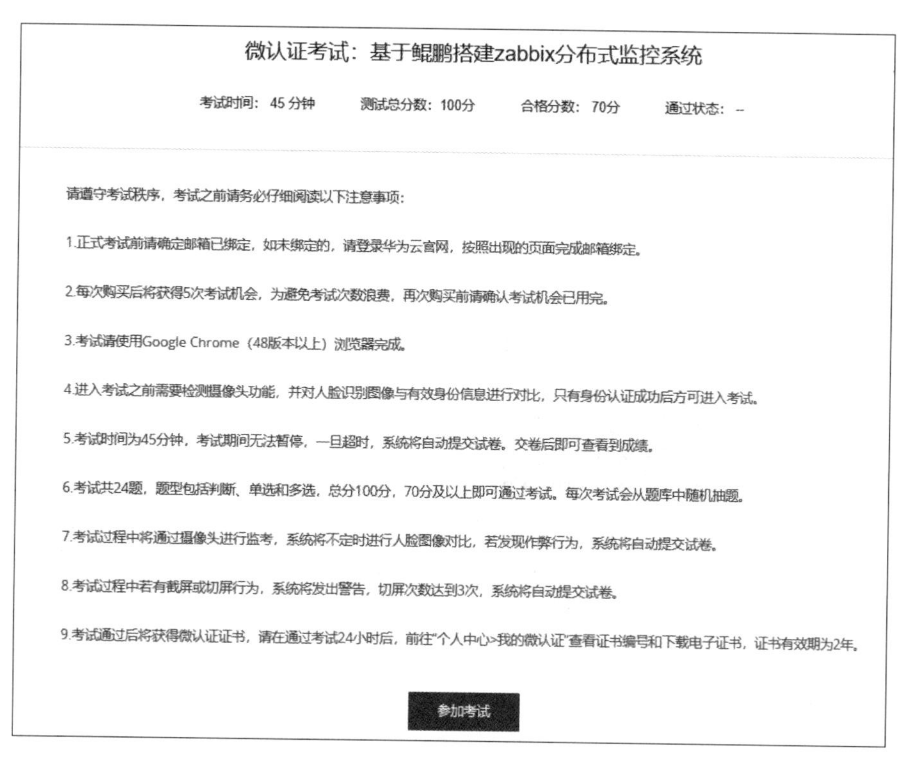

图 15-18　考试须知

考试须知页面会给出考试的时间、总分数、合格分数及考试要求。

步骤 2：单击“参加考试”按钮，进入摄像头检测页面，如图 15-19 所示。

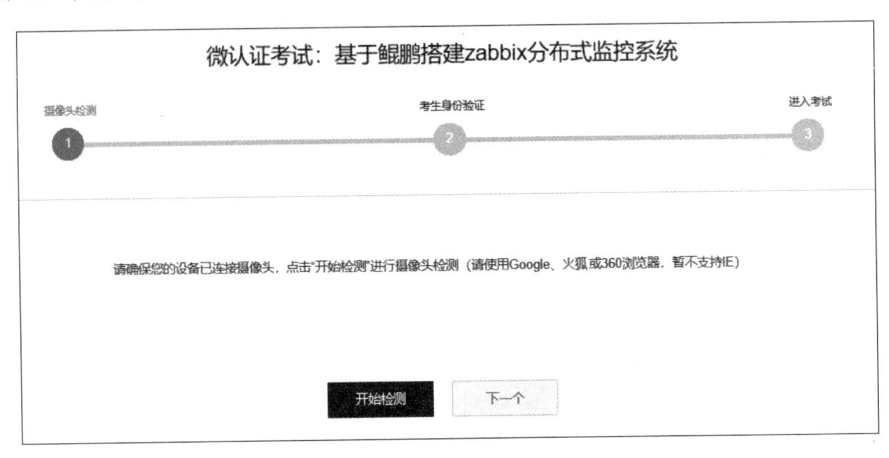

图 15-19　摄像头检测

准备好后，单击“开始检测”按钮，开始进行摄像头检测，确定有摄像头且摄像头工作正常。检测通过后，“下一个”按钮变成可用状态。

步骤 3：单击“下一个”按钮，进入考生身份验证页面，如图 15-20 所示。

图 15-20　身份验证

在本页面会验证考生的身份，通过摄像头扫描考生面部信息和上传的身份证进行比对，单击“开始扫描”按钮即可开始验证。验证通过后勾选“我已经阅读并同意《隐私政策说明》,考试过程中允许开启摄像头”前的复选框并确保选中,“下一个”按钮变成可用状态。

步骤4:单击“下一个”按钮,出现进入考试的页面,如图15-21所示。

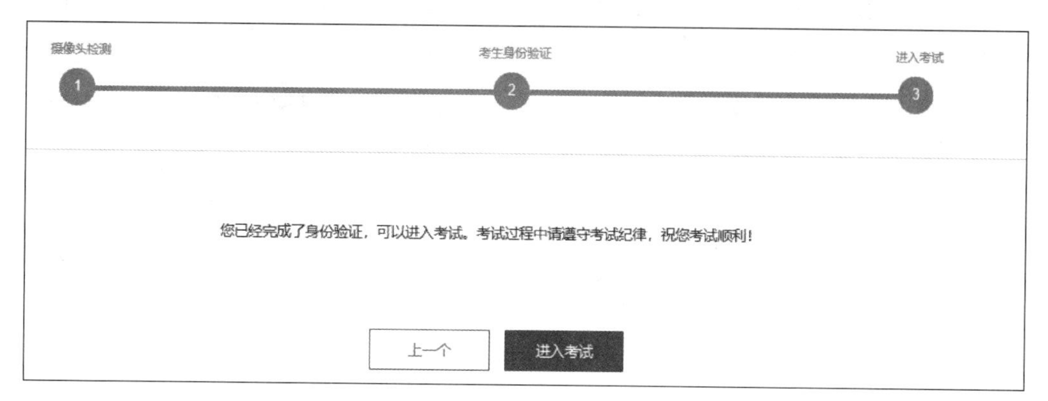

图15-21 进入考试

单击“进入考试”按钮,即可进入正式的考试页面,如图15-22所示。

图15-22 考试页面

在考试页面的右上角显示考试剩余时间,在页面右下角显示考生的实时面部视频,如果考试系统发现考生不是本人,会给出提示信息,累计4次将自动交卷,如图15-23所示。

在考试期间,如果切换屏幕超过3次,也会自动交卷,如图15-24所示。

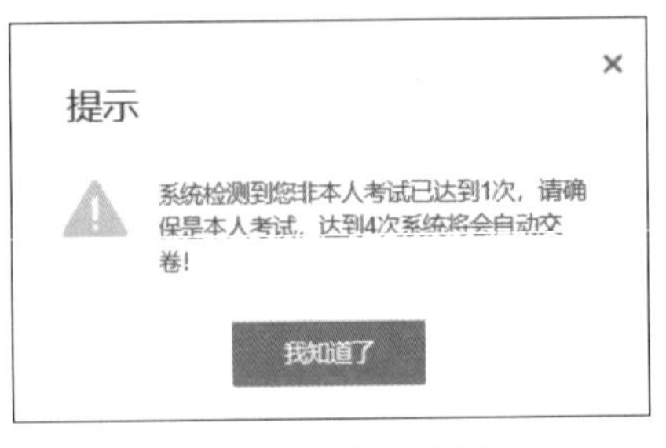

图 15-23 考试检测

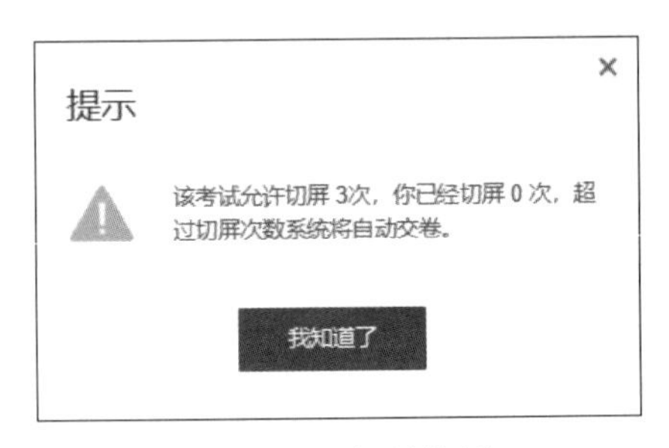

图 15-24 切屏检测

步骤 5：答题完毕，单击右上角的"交卷"按钮，即可结束考试，系统会立刻给出成绩，如图 15-25 所示。

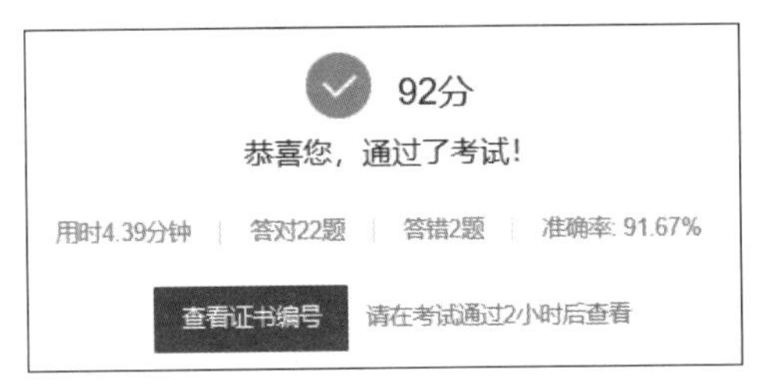

图 15-25 考试成绩

5. 获取证书

考试后不能马上生成证书，一般需要几个小时。在个人中心→我的微认证→已完成页面可以看到所有通过的微认证信息，如图 15-26 所示。

我的微认证

进行中(1) 已完成(8)

购买时间	微认证名称	成绩	通过状态	证书编号	电子证书
2020/11/04 16:17:19	华为云鲲鹏弹性云服务器高可用性…	87	已通过	0105633	下载
2020/10/17 10:09:06	鲲鹏云服务搭建BCManager存储灾…	92	已通过	010563	下载
2020/10/16 10:48:08	鲲鹏计算平台软件移植初体验	87	已通过	010563528080	下载
2020/09/27 15:31:06	基于鲲鹏架构的Redis搭建高性能…	81	已通过	0105636480	下载
2020/09/26 09:05:25	鲲鹏软件性能调优实践	86	已通过	01056356808	下载
2020/09/02 21:22:58	通过鲲鹏ECS搭建免费个人书库	78	已通过	0105635	下载
2020/09/02 15:59:22	基于鲲鹏搭建zabbix分布式监控系统	76	已通过	010563628	下载
2020/09/02 15:52:22	鲲鹏软件迁移实践	72	已通过	01056347	下载

图 15-26 我的微认证

在电子证书列，单击“下载”超链接，即可下载微认证证书，如图 15-27 所示。

图 15-27 微认证证书

15.2.3 鲲鹏微认证权益

通过鲲鹏微认证后，除了可以持有官方微认证证书外，还可以优先享受以下权益：

■ 华为云产品优惠使用权；

■ 华为云新产品体验权；

■ 沙箱实验室免费体验权；

■ 华为全连接大会嘉宾名额；

■ 华为云面试推荐。

鲲鹏社区不定期提供大量免费、优惠购买微认证的机会，并且对通过的认证进行奖励，可以经常关注鲲鹏社区，获取最新鲲鹏微认证信息。

15.3 鲲鹏应用开发工程师认证

15.3.1 鲲鹏应用开发工程师认证简介

华为认证鲲鹏应用开发工程师（HCIA-Kunpeng Application Developer）是华为职业认证体系中针对鲲鹏方向的职业认证，其目的是培养与认证能够在鲲鹏计算平台上进行业务应用的部署与迁移、性能测试与调优，且具备处理部署过程中常见问题能力的工程师，课程内容包括鲲鹏生态、应用迁移原理、迁移工具使用方法、应用快速部署和发布方法、华为鲲鹏解决方案等。和微认证的完全线上学习、考试不同，华为认证鲲鹏应用开发工程师需要参加线下考试。

在本书编写时，华为认证鲲鹏应用开发工程师最新的课程是 2020 年 6 月正式发布的 HCIA-Kunpeng Application Developer V1.5 系列课程，该系列课程包括 9 门课程，官网网址为 https://edu.huaweicloud.com/training/kpad.html。

15.3.2 鲲鹏应用开发工程师认证流程

本认证包括5个流程，分别是学习培训、在线实验、查看考纲及样题、预约考试、获取证书。

1. 学习培训

步骤1：登录华为云，进入HCIA-Kunpeng Application Developer认证首页，如图15-28所示。

图15-28 鲲鹏应用开发工程师认证首页

步骤2：单击“在线学习”按钮，进入HCIA-Kunpeng Application Developer V1.5系列课程首页，如图15-29所示。

该系列课程的9门课程分别是：

- 职业认证在线课程学习导读；
- 鲲鹏体系介绍；
- 鲲鹏应用移植；
- 鲲鹏应用性能测试及调优；
- 鲲鹏应用部署与发布；
- 鲲鹏平台应用软件移植调优综合实验；
- 华为鲲鹏解决方案；
- 鲲鹏社区介绍；
- HCIA-Kunpeng Application Developer V1.5考试大纲及样题。

步骤3：单击要学习的课程后面的“现在报名”按钮，进入报名学习页面，如图15-30所示。

图 15-29 系列课程首页

图 15-30 报名学习

步骤 4：单击“报名学习”按钮，进入课程学习页面，如图 15-31 所示。

该页面操作和 15.2.2 节的第 2 功能模块“在线学习”类似，此处就不详细介绍了，两者的区别主要在自测上，鲲鹏微认证叫自测题，本认证叫测一测，实际操作方式类似。

以上是在线学习的方法，除此之外，也可以参加社会培训机构的培训班，可以在培训老师的指导下学习。

2. 在线实验

进入认证首页，如图 15-28 所示，单击“下载手册”，可以下载该认证的实验指导手册。实验手册包括 5 个实验，分别是：

- openEuler 基础操作实验手册；
- 应用迁移实验手册；

图 15-31 课程学习

- 应用性能测试实验手册；
- 应用部署与发布实验手册；
- 鲲鹏平台应用软件移植调优综合实验。

这些实验既可以在华为云上进行，也可以在服务器上进行，实验手册分别给出了详细的实验步骤。

3. 查看考纲及样题

HCIA-Kunpeng Application Developer V1.5 的考试包含鲲鹏计算平台整体介绍、应用迁移、应用性能测试及调优、应用部署与发布、鲲鹏解决方案、鲲鹏社区等内容，各个部分的知识点及占比如表 15-2 所示。

表 15-2 培训知识点

知识点	占比/%	内 容
鲲鹏生态介绍	20	华为鲲鹏处理器介绍、TaiShan 服务器介绍、操作系统 openEuler 介绍、华为云及鲲鹏云服务介绍
应用移植	25	应用迁移原理、华为鲲鹏分析扫描工具、华为鲲鹏代码移植工具、容器迁移指导、迁移常见问题及解决思路
应用性能测试与优化	20	性能测试方法、Linux 性能测试工具、常见应用性能测试方法、性能调优
应用部署与发布	10	应用部署及发布概述、开发环境搭建、应用发布及部署、华为镜像站介绍及使用
鲲鹏平台应用软件移植调优综合实验	15	鲲鹏平台实验环境搭建、软件移植、性能测试和调优、软件打包
鲲鹏解决方案	5	华为鲲鹏解决方案全景、华为鲲鹏通用解决方案
鲲鹏社区	5	鲲鹏社区整体介绍、鲲鹏社区模块介绍

在线培训课程提供了 20 道样题，全部是客观题，下面是其中的 5 道题，涵盖了单选、多选、判断对错等题型。

(1) 下列选项中，关于 ARM 芯片相比于 x86 架构芯片的优势，说法正确的有哪些？

☐ A. 同样的芯片尺寸下，ARM 的核数比 x86 的核数多

☐ B. 单位芯片面积算力更强

☐ C. 众核架构更符合分布式业务需求

☐ D. ARM 芯片工艺相对 x86 更先进

(2) 下列场景中，华为云鲲鹏云服务支持的有哪些？

☐ A. 大数据分析

☐ B. 科学计算

☐ C. 移动原生应用

☐ D. Windows 应用

(3) 鲲鹏计算产业生态包含哪些？

☐ A. 鲲鹏处理器

☐ B. 服务器

☐ C. 操作系统

☐ D. 中间件

☐ E. 行业应用

☐ F. 云服务

(4) 华为拥有 ARM v8 架构的永久授权。

○ A. TRUE

○ B. FALSE

(5) 以下哪项不是 TaiShan 200 机架式服务器的优点？

○ A. 超强算力：高性能鲲鹏 920 处理器

○ B. 大内存容量：8 通道内存技术，支持 32 个 DDR4 内存插槽

○ C. 全系列服务器支持液冷技术，超强散热

○ D. 分级存储：支持大容量存储硬盘和 ES3000 v5 NVMe SSD

4. 预约考试

HCIA-Kunpeng Application Developer 需要参加线下考试，华为将该考试的组织委托给了培生(Pearson)公司，这个考试是收费的，费用是 200 美元，也可以通过考试券来支付考试费用，下面是详细的预约考试流程。

步骤 1：打开考试中心网站，网址为 https://www.pearsonvue.com.cn/huawei，页面如图 15-32 所示。

步骤 2：单击“登录”按钮，此时会转向华为的登录验证页面，如图 15-33 所示。

在此输入邮箱账号和密码，单击“登录”按钮完成登录，此时会转向华为人才在线页面，如图 15-34 所示。

步骤 3：单击“同意”按钮进入人才在线的确认考试信息页面，如图 15-35 所示。

仔细核对个人信息，如果有错误单击“编辑”按钮进行编辑，目前只能直接编辑邮箱。确

认信息后勾选“＊我已经阅读并同意华为隐私声明，知道并同意涉及的个人数据存储在中国的服务器上。”前面的复选框，确保选中，然后单击“提交”按钮重新进入考试预约页面，如图 15-36 所示。

图 15-32　考试预约网站

HUAWEI
登录
联系我们 | 帮助 | 简体中文（中国）
账号/邮箱登录　手机号码登录　短信登录
账号/邮箱
密码
忘记密码　修改密码
登录
欢迎注册华为网站
您可以免费注册一个账号，以获取更多的便利，例如下载或浏览更有价值的信息，获取针对您的内容推送等。
注册

图 15-33　登录

华为人才在线
华为人才在线隐私声明更新通知
尊敬的用户，您好
华为人才生态数字化平台网站隐私声明内容更新，新增包括HCIE实验及面试考试、参与华为ICT学院、参加华为ICT大赛活动、报名华为授权培训合作伙伴课程、作为华为授权培训合作伙伴员工进行组织关联场景提交个人数据。详细内容请查看 隐私声明。
同意
取消
联系我们

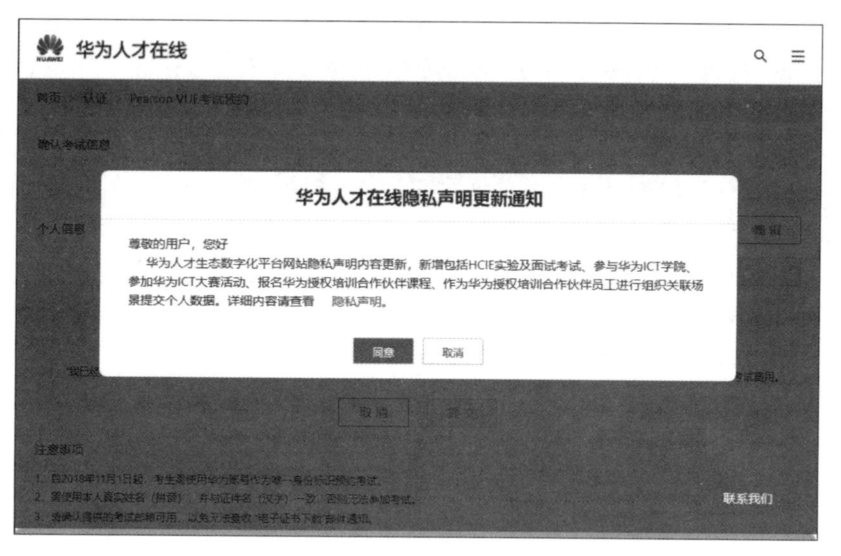

图 15-34 通知

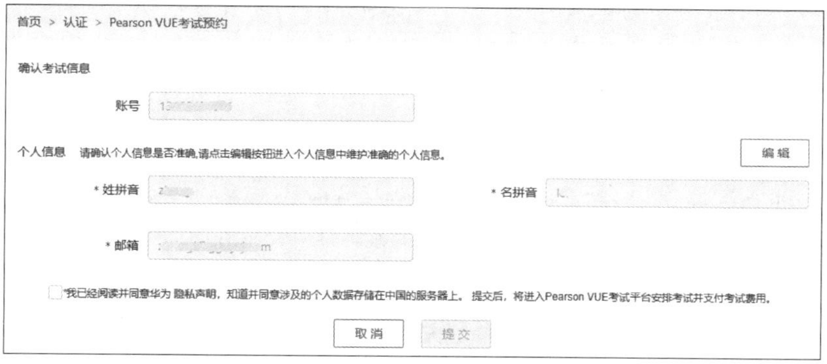

首页 > 认证 > Pearson VUE考试预约
确认考试信息
账号
个人信息 请确认个人信息是否准确，请点击编辑按钮进入个人信息中维护准确的个人信息。
编 辑
* 姓拼音
* 名拼音
* 邮箱
我已经阅读并同意华为 隐私声明，知道并同意涉及的个人数据存储在中国的服务器上。 提交后，将进入Pearson VUE考试平台安排考试并支付考试费用。
取 消
提 交

图 15-35 确认考试新

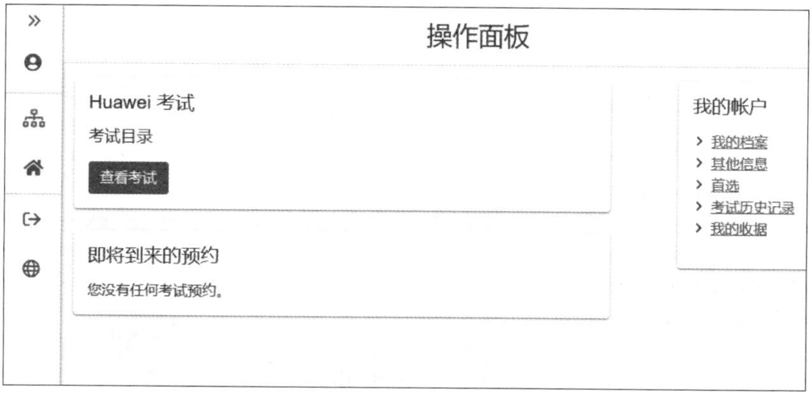

操作面板
Huawei 考试
考试目录
查看考试
即将到来的预约
您没有任何考试预约。
我的帐户
我的档案
其他信息
首选
考试历史记录
我的收据

图 15-36 考试预约操作面板

步骤 4：如果需要修改个人信息，可以单击“我的档案”超链接，进入“我的档案”页面，修改具体的信息，例如联系方式等，如图 15-37 所示。

步骤 5：完成个人信息修改后重新回到操作面板页面，单击“查看考试”按钮，进入查找考试页面，在输入框输入 kunpeng，如图 15-38 所示。

步骤 6：在下拉列表中单击要参加的考试，例如 H13-111_V1.5：HCIA-Kunpeng Application Developer V1.5，单击“跳转至”按钮，此时会转到考试详细信息页面，如图 15-39 所示。

图 15-37 我的档案

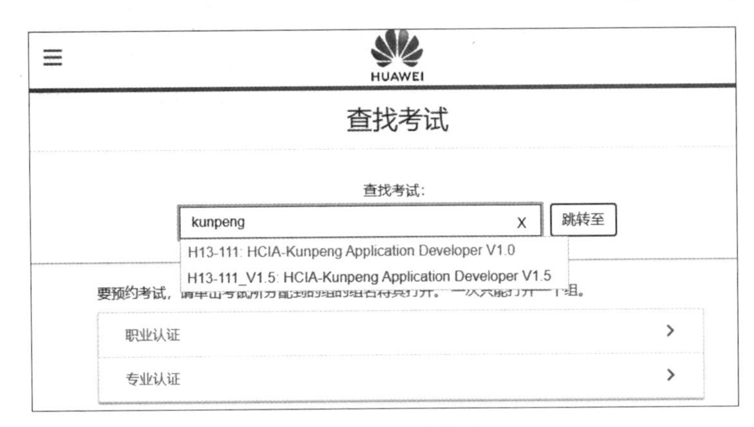

图 15-38 查找考试

图 15-39 考试详细信息

步骤 7：考试详细信息页面列出了考试的名称、价格、语言等信息，确认无误，单击“下一步”按钮，转到确认考试选择页面，如图 15-40 所示。

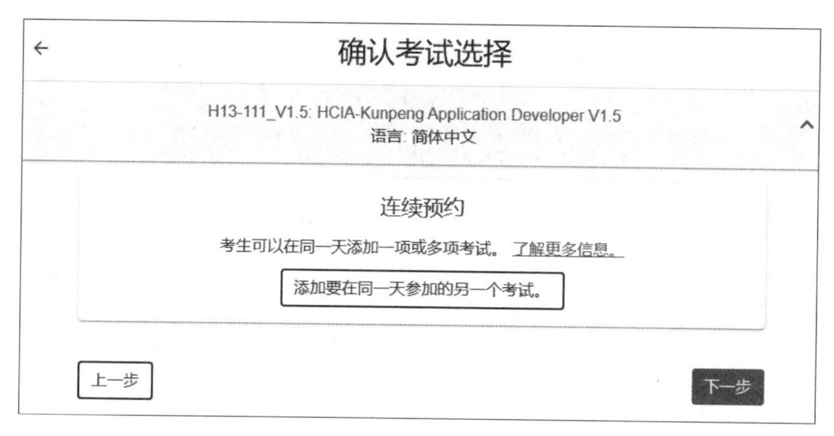

图 15-40 确认考试选择

如果要在同一天参加多个考试，可以单击“添加要在同一天参加的另一个考试。”按钮，添加其他考试进来，否则直接单击“下一步”按钮，转向查找考试中心页面，如图 15-41 所示。

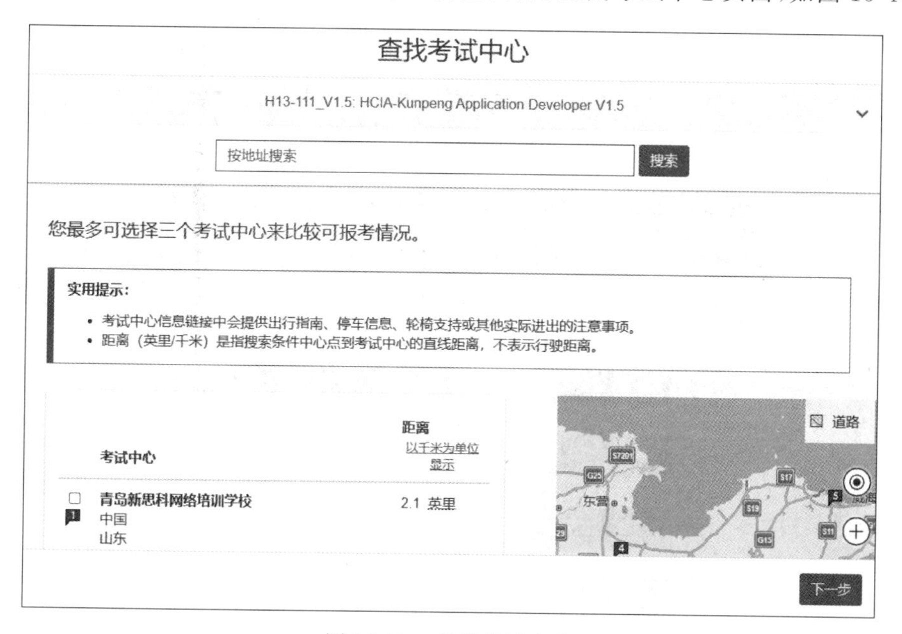

图 15-41 查找考试中心

步骤 8：选择好考试中心后，单击“下一步”按钮，进入查找考试预约页面，如图 15-42 所示。

在选择日期区域列出了可以考试的日期，单击选中的日期，会列出该日期可以选择的具体时间，如图 15-43 所示(图片只列出了几场考试时间，实际上有 20 多场可以选择)。

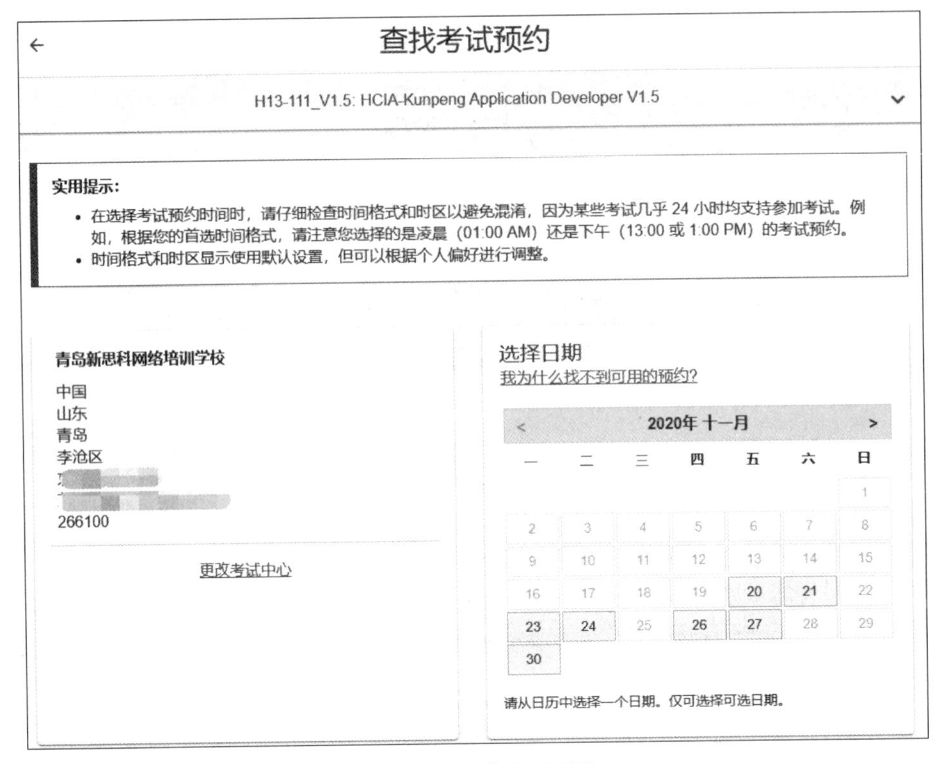

图 15-42　查找考试预约

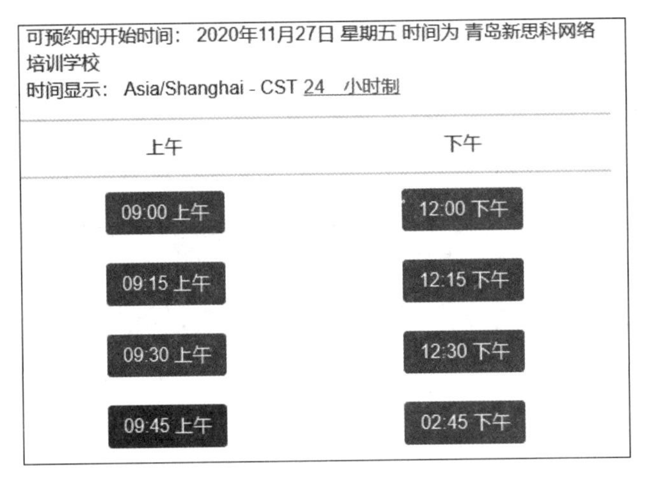

图 15-43　预约时间

步骤 9：单击选中的时间，进入购物车页面，如图 15-44 所示。

确认预约无误后，单击“去结账”按钮，进入同意政策页面，如图 15-45 所示。

需要特别注意的是准考规定中的这句话“你需要提供两种有效身份证件，证件均须为原件且在有效期内(不接受影印件)”,和其他考试不同,参加 HCIA-Kunpeng Application Developer 考试需要同时准备两种证件,一般可以用身份证和驾驶证或者带签名的银行卡,也可以使用上面说明的其他证件,确认无误后单击“接受”按钮,进入输入支付款项和账单页面。

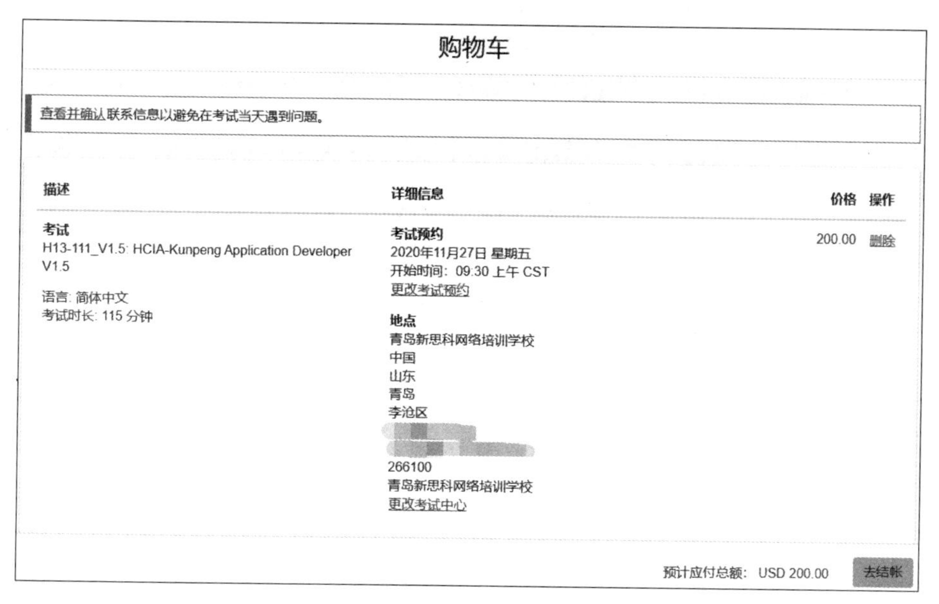

图 15-44　购物车

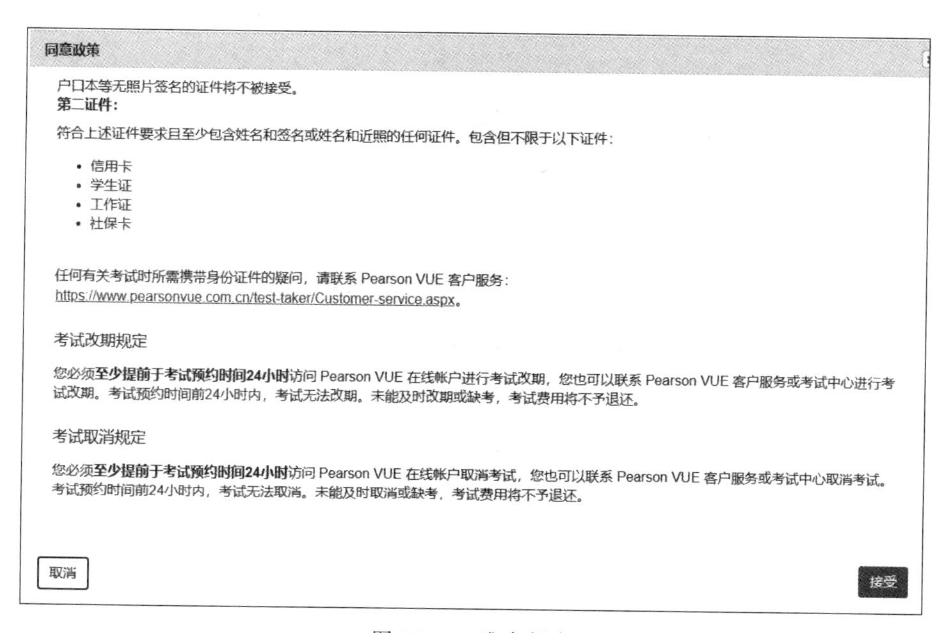

图 15-45　准考规定

步骤 10：输入支付款项和账单页面，如图 15-46 所示。

图 15-46 支付

如果有考试券或者促销代码，就单击“添加考试券/促销代码”超链接，出现添加窗口，如图 15-47 所示。

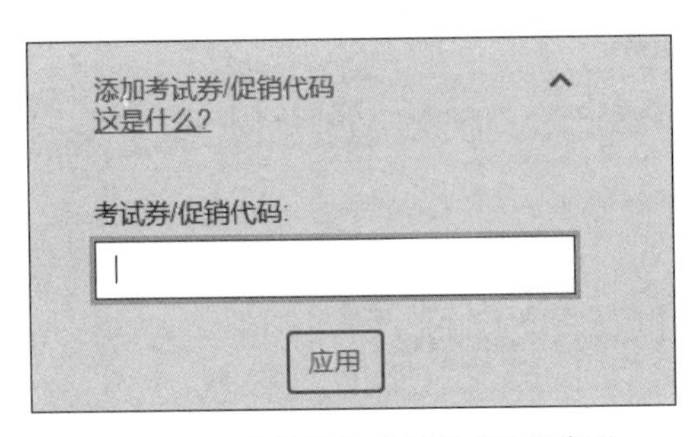

图 15-47 支付添加考试券/促销代码

可以在此输入考试券/促销代码，然后单击“应用”按钮。如果没有考试券或者促销代码，需要按照提示支付考试费用。（通过 15.4 节介绍的鲲鹏凌云计划后，每通过一个鲲鹏解决方案的兼容性认证，华为云会免费提供两张 HCIA 考试券。）

步骤 11：约考成功后，邮箱会收到确认信息，按照确认信息进行现场考试。现场考试不是严格按照约定的时间点考试的，到现场后，考试机构确认完信息会给考试者安排考场，考试时间从考试者进入考场算起。考试题目全部是客观题，考试完毕提交试卷会马上给出考试分数，也就是当场就知道是否通过考试。

5. 获取证书

考试通过后，几天内会收到通过 HCIA-Kunpeng Application Developer 认证考试的邮件，提示下载电子证书，按照给定的链接（https://e. huawei. com/cn/talent/#/personal/mycert）即可下载，证书样式如图 15-48 所示。

图 15-48　证书

15.3.3　鲲鹏应用开发工程师认证权益

通过 HCIA-Kunpeng Application Developer 认证后，除了可以持有官方认证证书外，还可以优先享受如下权益：

- 获得华为云面试优先推荐；
- 成为华为云云享专家；
- 成为华为云合作伙伴；
- 沙箱实验室免费体验权；
- 华为云产品优惠使用权；
- 华为云新产品体验权；
- 华为全连接大会嘉宾名额。

15.4 鲲鹏凌云伙伴计划

鲲鹏凌云伙伴计划是华为云围绕鲲鹏云服务推出的一项合作伙伴计划，该计划针对已注册华为云并且完成实名认证的企业账号，在鲲鹏凌云伙伴计划下，华为云为合作伙伴提供培训、技术、营销、业务等方面的支持，和伙伴一起进行鲲鹏生态建设。鲲鹏凌云伙伴计划是一个比较基础的华为伙伴计划，申请该计划后才可以申请鲲鹏云服务兼容性认证服务，通过该计划后才可以申请华为云解决方案伙伴计划。

15.4.1 鲲鹏凌云伙伴计划申请条件

申请鲲鹏凌云伙伴计划的前提是已经通过了企业的实名认证，否则不能开始申请流程。要申请通过鲲鹏凌云伙伴计划还要满足以下两个条件：

- 至少一个方案通过鲲鹏兼容性认证；
- 至少 2 人通过华为鲲鹏应用开发者 HCIA 认证。

第一个条件，可以先申请鲲鹏凌云伙伴计划，然后开始鲲鹏方案的兼容性认证申请。第二个条件，可以在申请鲲鹏凌云伙伴计划的时候先承诺 6 个月内通过两个认证，然后在鲲鹏方案的兼容性认证通过后，使用华为云提供的两个考试券参加 HCIA 考试。

15.4.2 鲲鹏凌云伙伴计划申请步骤

鲲鹏凌云伙伴计划的申请步骤如下：

步骤 1：打开华为云鲲鹏凌云伙伴计划首页，网址为 https://www.huaweicloud.com/partners/kunPeng/，页面如图 15-49 所示。

图 15-49 鲲鹏凌云计划首页

步骤 2：单击“立即加入”按钮，转向商业基本信息页面，按照提示填写基本信息（如图 15-50 所示）和联系人信息（如图 15-51 所示）。

步骤 3：信息填写完毕，单击“我已阅读并同意《华为云合作伙伴认证协议》”前面的复选框，确保选中，然后单击“下一步”按钮，进入申请信息填写页面，如图 15-52 所示。

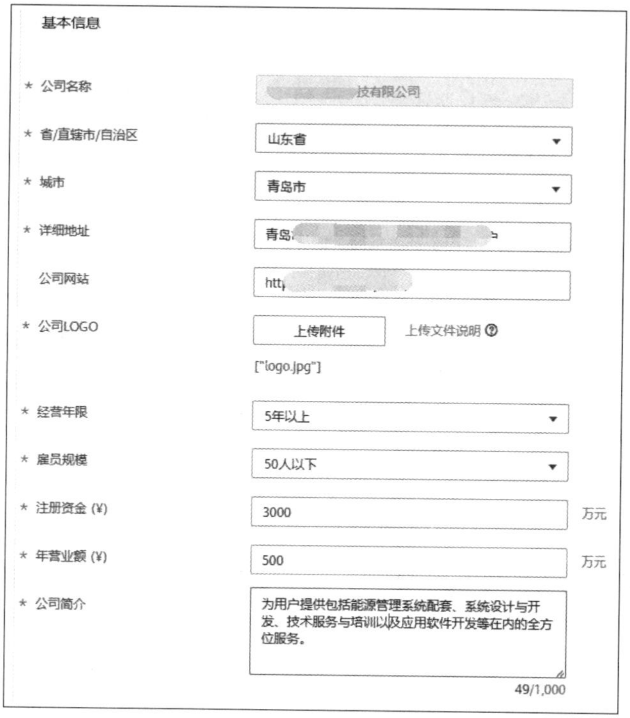

基本信息

* 公司名称　　技有限公司

* 省/直辖市/自治区　　山东省

* 城市　　青岛市

* 详细地址　　青岛

公司网站　　htt

* 公司LOGO　　上传附件　　上传文件说明

["logo.jpg"]

* 经营年限　　5年以上

* 雇员规模　　50人以下

* 注册资金（¥）　　3000　　万元

* 年营业额（¥）　　500　　万元

* 公司简介　　为用户提供包括能源管理系统配套、系统设计与开发、技术服务与培训以及应用软件开发等在内的全方位服务。

49/1,000

图 15-50　基本信息

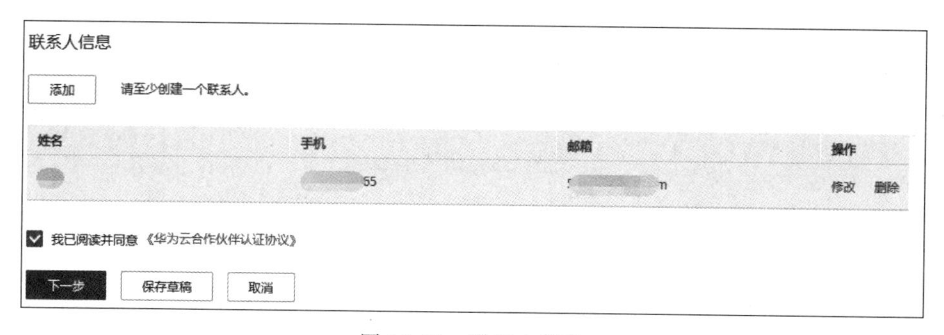

图 15-51　联系人信息

步骤 4：单击“承诺”前的复选框，确保选中，单击“提交申请”按钮，即可提交鲲鹏凌云计划申请，一般几天内可以完成审核。关于承诺的 6 个月内通过 2 个 HCIA 认证的问题，可以参考 15.3 节的内容。

15.4.3　鲲鹏方案认证

加入鲲鹏凌云伙伴计划的一项主要条件就是至少一个方案通过鲲鹏云服务器的兼容性

认证，该认证是免费的，也是华为云鲲鹏凌云伙伴计划最重要的权益之一，下面给出主要的操作步骤。

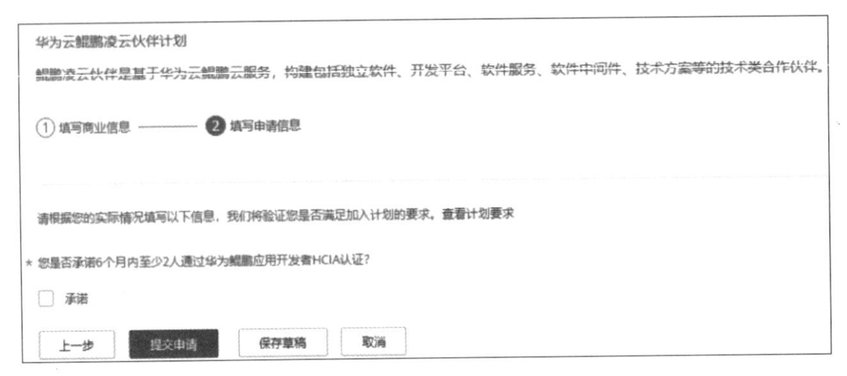

图 15-52 申请信息

步骤 1：登录华为云伙伴中心，单击“方案管理”菜单，在展开的子菜单里单击“鲲鹏方案”，进入鲲鹏方案页面，如图 15-53 所示。

图 15-53 伙伴中心

步骤 2：单击“创建鲲鹏方案”按钮，进入认证选项页面，如图 15-54 所示。

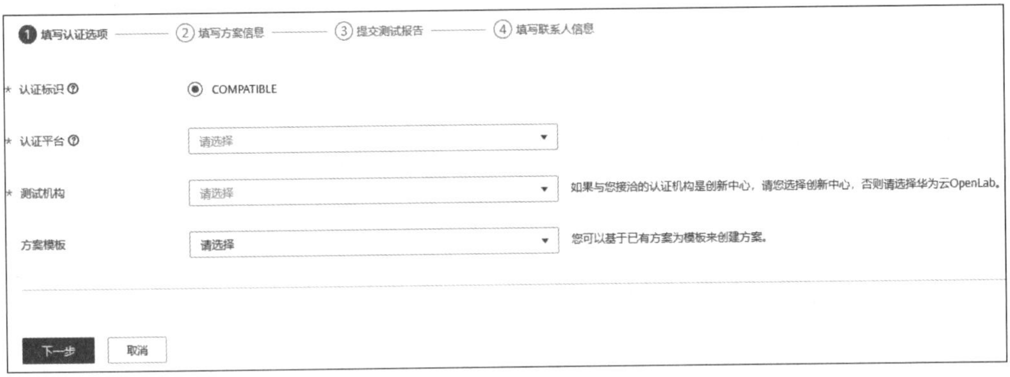

① 填写认证选项 ② 填写方案信息 ③ 提交测试报告 ④ 填写联系人信息

* 认证标识 COMPATIBLE

* 认证平台 请选择

* 测试机构 请选择 如果与您接洽的认证机构是创新中心，请您选择创新中心，否则请选择华为云OpenLab。

方案模板 请选择 您可以基于已有方案为模板来创建方案。

下一步 取消

图 15-54 认证选项

目前认证标识只支持 COMPATIBLE 认证，即兼容性认证。认证平台和申请认证的产品有关，分别是华为云鲲鹏云服务、FusionAccess 鲲鹏桌面云 v8、华为云 Stack 8.0(鲲鹏)3 种。测试机构这里按照实际测试的机构选择，如果不是各地的创新中心，就直接选择华为云 OpenLab。如果以前已经申请过鲲鹏认证，在方案模板下拉列表里可以选择以前的方案，基于已有方案为模板来快速创建方案。各选项选择好后，单击“下一步”按钮，进入方案信息页面。

步骤 3：方案信息页面包括方案信息填写和方案材料提供两个部分，其中方案信息填写如图 15-55 所示。

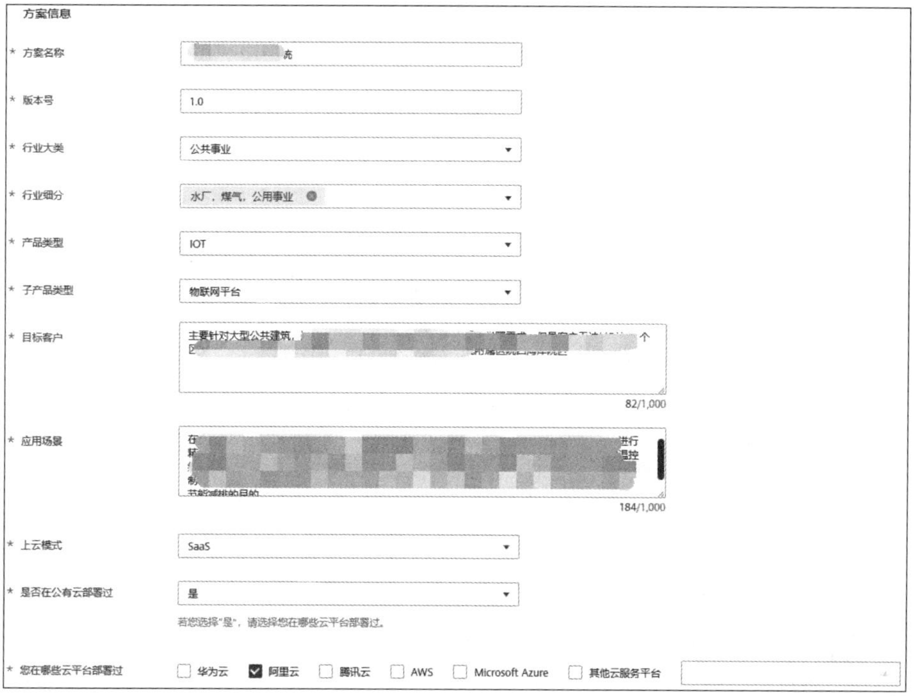

方案信息

* 方案名称
* 版本号 1.0
* 行业大类 公共事业
* 行业细分 水厂，煤气，公用事业
* 产品类型 IOT
* 子产品类型 物联网平台
* 目标客户 主要针对大型公共建筑 82/1,000
* 应用场景 184/1,000
* 上云模式 SaaS
* 是否在公有云部署过 是

若您选择“是”，请选择您在哪些云平台部署过。

* 您在哪些云平台部署过 华为云 阿里云 腾讯云 AWS Microsoft Azure 其他云服务平台

图 15-55 方案信息

方案信息按照产品实际情况填写即可。方案材料提供页面如图 15-56 所示。

如果已经申请并下发了对应的软件著作权证书，可以直接上传证书，否则按照软件著作权声明的格式上传声明。认证申请表需要按照在线工具生成，单击“在线工具”超链接，进入申请表生成页面，按照提示填写信息，如图 15-57 所示。

填写信息时，注意鲲鹏虚机/裸机的填写，根据测试计划，估计实际需要的测试资源，这里对后期测试券的申请有一定的影响。填写过程中，可以随时单击“保存信息”按钮保存填写的信息，填写完毕，单击“填写组件表”按钮，进入组件信息表页面，如图 15-58 所示。

在组件信息表页面列出了详细的常用组件，如果里面没有需要的组件，也可以自行添加，最后，单击“下载表格”按钮，把认证申请表下载到本地。再回到如图 15-56 提供方案材料页面，单击认证申请表后面的“上传附件”按钮，把下载的认证申请表上传到伙伴中心。方案介绍材料也有给定的模板，参考模板制作针对申请认证产品的方案介绍材料，同样上传到伙伴中心。

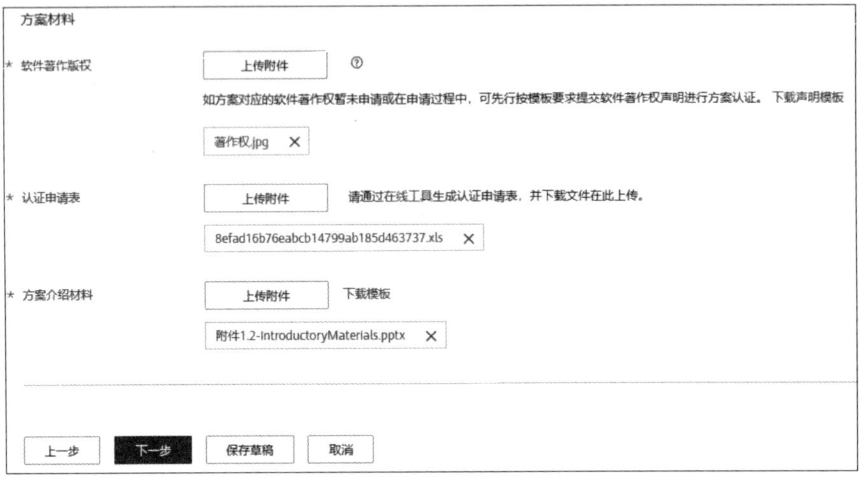

方案材料
* 软件著作版权
上传附件
如方案对应的软件著作权暂未申请或在申请过程中，可先行按模板要求提交软件著作权声明进行方案认证。下载声明模板
著作权.jpg
* 认证申请表
上传附件
请通过在线工具生成认证申请表，并下载文件在此上传。
8efad16b76eabcb14799ab185d463737.xls
* 方案介绍材料
上传附件
下载模板
附件1.2-IntroductoryMaterials.pptx
上一步
下一步
保存草稿
取消

图 15-56　方案材料

解决方案信息表
组件信息表
*公司全称
*拟认证解决方案名称
解决方案简介
*方案接口人姓名
*电话号码
*邮箱
行业属性
互联网
零售
教育
金融
政府
医疗
建筑
制造
媒资
能源
服务业
电信
交通
公共事业
业务类型
ERP
CRM
OA
财务系统
BI
监控
灾备
SAP
添加
如未找到相应业务类型请手动添加
测试资源需求
业务部署模式*
SaaS
鲲鹏虚机/裸机*
规格
系统盘
数据盘
台数
带宽
业务组件
8C32G
100
100
1
5M
Mongodb
删除
添加机器+
开放端口
21,22,3389,8180
其他云资源需求
鲲鹏云Redis服务、鲲鹏云MySql服务
保存信息
填写组件表

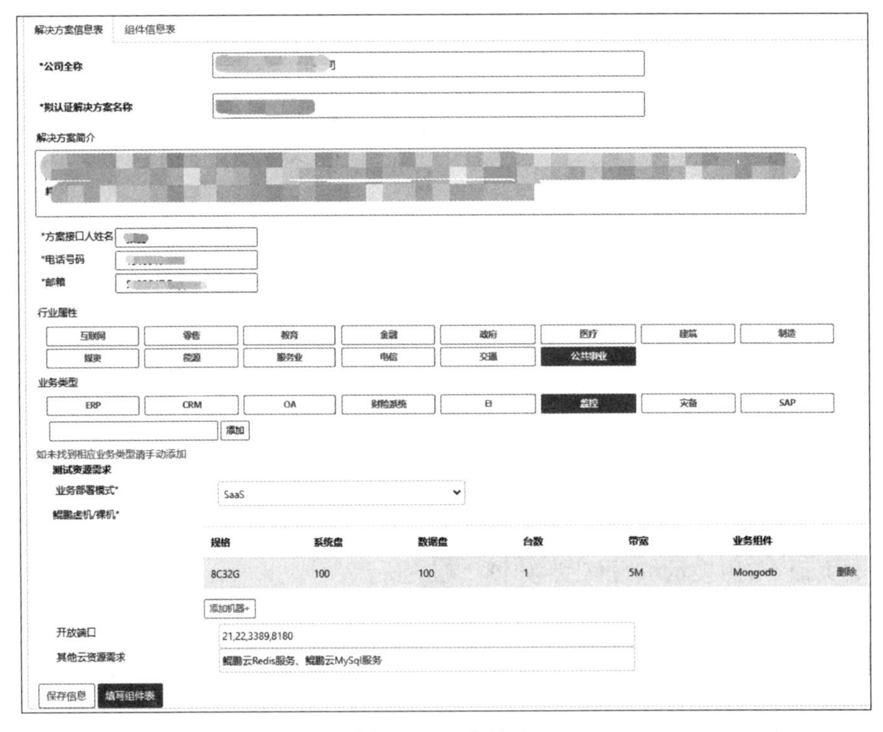

图 15-57　申请表

步骤 4：材料准备好后，单击“下一步”按钮，进入提交测试报告页面，如图 15-59 所示。

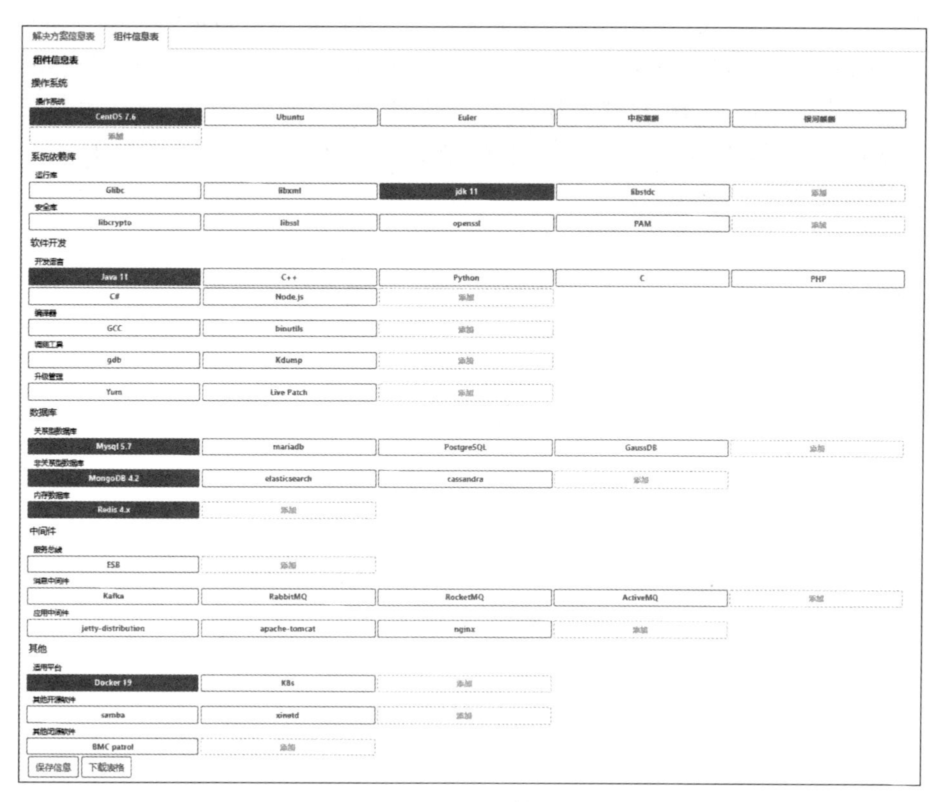

图 15-58 组件信息表

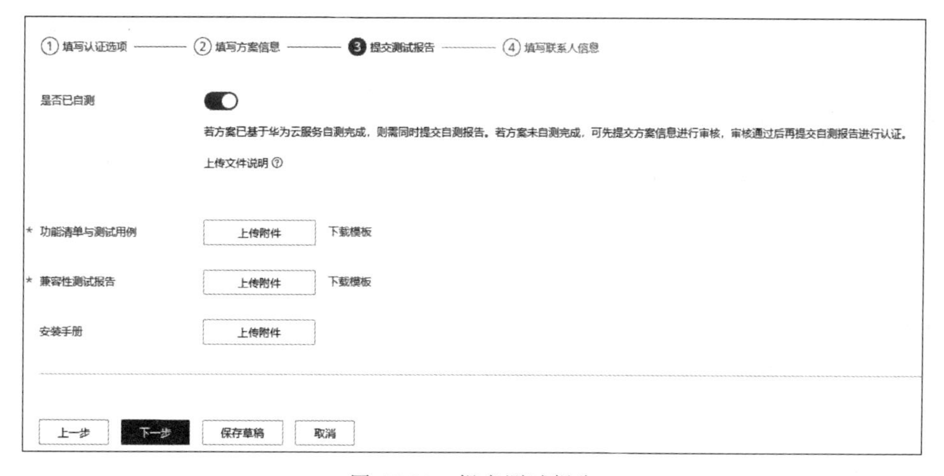

图 15-59 提交测试报告

如果准备好了测试报告，单击各个报告类型后面的“上传附件”按钮，把报告上传到伙伴中心。如果没有准备好，可以单击“功能清单与测试用例”后面的“下载模板”超链接，下载功能清单与测试用例模板，然后单击“兼容性测试报告”后面的“下载模板”超链接，会下载一个压缩包，解压该压缩包，可以得到兼容性自测试报告模板、安全自测试报告模板、性能自测试报告模板 3 个模板文件。获得这些模板后，可以在后期进行测试，并根据测试过程按照模板格式生成报告。详细的鲲鹏云服务兼容性测试报告生成过程参考第 16 章“鲲鹏云服务兼容性认证实战”。根据是否完成自测，选择“是否已自测”的复选框状态，然后单击“下一步”按钮，进入填写联系人信息的页面，如图 15-60 所示。

图 15-60　联系人

步骤 5：在联系人信息填写页面，最好填写有一定技术背景的联系人信息，方便后期的沟通。华为接口人是华为和申请公司之间对接的人员，如果没有可以不用填写，后期华为会指派专人进行沟通。信息填写完毕，单击“提交认证”按钮，华为会在几天内进行审核。

15.4.4　鲲鹏凌云伙伴证书

鲲鹏凌云伙伴计划审核通过后，华为云会颁发鲲鹏凌云伙伴证书。登录华为云，进入伙伴中心，单击“伙伴计划”菜单，在子菜单列表里单击“已加入伙伴计划”后会展示已加入的伙伴计划列表，如图 15-61 所示。

单击“华为云鲲鹏凌云伙伴计划”后面的“下载证书”超链接，即可下载电子版的证书，如图 15-62 所示。

15.4.5　伙伴权益

鲲鹏凌云伙伴享有丰富的伙伴权益，本书编写时可获得以下权益：

- 免费参加鲲鹏在线培训课程；
- 访问华为云学院，获得沙箱实验室实验资格；

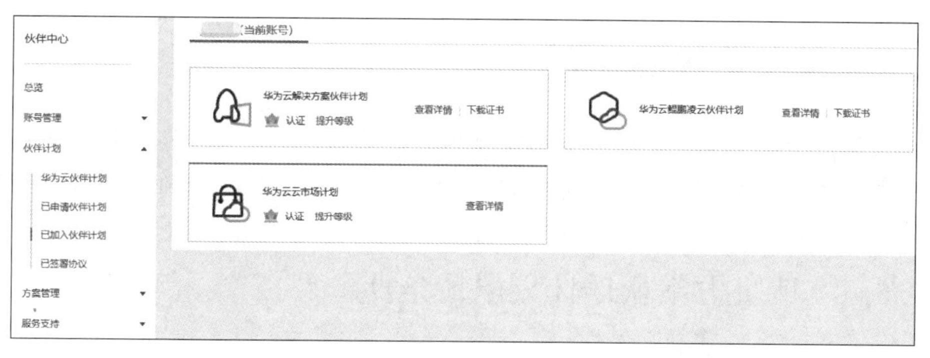

图 15-61　已加入伙伴计划

- 受邀参加鲲鹏云服务专题伙伴培训；
- 访问华为云鲲鹏社区资源；
- 应用移植开发文档工具包；
- 华为云应用移植专家线上支持；
- 华为云在线实验室技术支持；
- 通过认证发放鲲鹏云服务兼容性认证书；
- 鲲鹏云商机优先共享；
- 联合拓展客户优先支持。

除此之外，还可以申请以下权益：

- 华为认证考试券(鲲鹏 HCIA)，每个方案 2 张，封顶 5 张(价值 1400 元/张)；
- 鲲鹏应用移植华为云测试券，按需申请，封顶 5 万元；
- 鲲鹏应用研发投入现金补贴(NRE)；
- 免费提供华为云技术认证服务，最多可申请 5 个方案；
- 华为云市场优先推广；
- 优先推荐上华为云严选商城；
- 联合解决方案发布；
- 获得华为云生态活动品牌露出的机会；
- 华为云专家参加伙伴市场营销活动支持；
- 华为专属生态经理；
- 鲲鹏 SaaS 伙伴专项扶持，封顶 20 万元代金券；
- 鲲鹏行业生态专项激励，封顶 20 万元大礼包。

图 15-62　鲲鹏凌云伙伴证书

15.5 解决方案伙伴计划

解决方案伙伴基于华为云服务，构建包括独立软件、开发平台、软件服务、软件中间件、技术方案等的技术类合作伙伴，华为云推出了解决方案伙伴计划，为企业申请成为解决方案伙伴提供了渠道。

15.5.1 解决方案伙伴计划申请条件

解决方案伙伴计划对于加入的企业有一定的要求，本书编写时，基础的认证级要求如下：

- 合作伙伴加入华为鲲鹏凌云伙伴计划；
- 通过华为认证鲲鹏应用开发者（HCIA-Kunpeng Application Developer）人数不少于 2 人；
- 合作伙伴产品在华为云托管或与华为云集成；
- 年度销售额不少于 4 万元。

对于通过了鲲鹏方案的兼容性认证的企业来说，这些条件还是比较容易达到的。

15.5.2 解决方案伙伴计划申请步骤

步骤 1：登录华为云，打开解决方案伙伴计划网页：https://www.huaweicloud.com/partners/solution/，页面如图 15-63 所示。

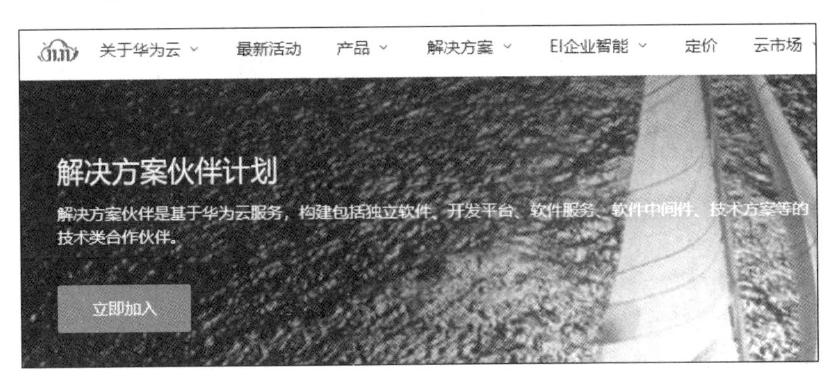

图 15-63 解决方案伙伴计划

步骤 2：单击“立即加入”按钮，进入商业信息填写页面，页面和 15.4.2 节的步骤 2 类似，此处就不详细介绍了，完成后单击“下一步”，进入计划等级选择页面，如图 15-64 所示。

步骤 3：第一次申请只能选择“认证”等级，其他信息根据实际情况填写，最后单击“提交申请”按钮，提交解决方案申请，后期可以随时登录查看申请状态。

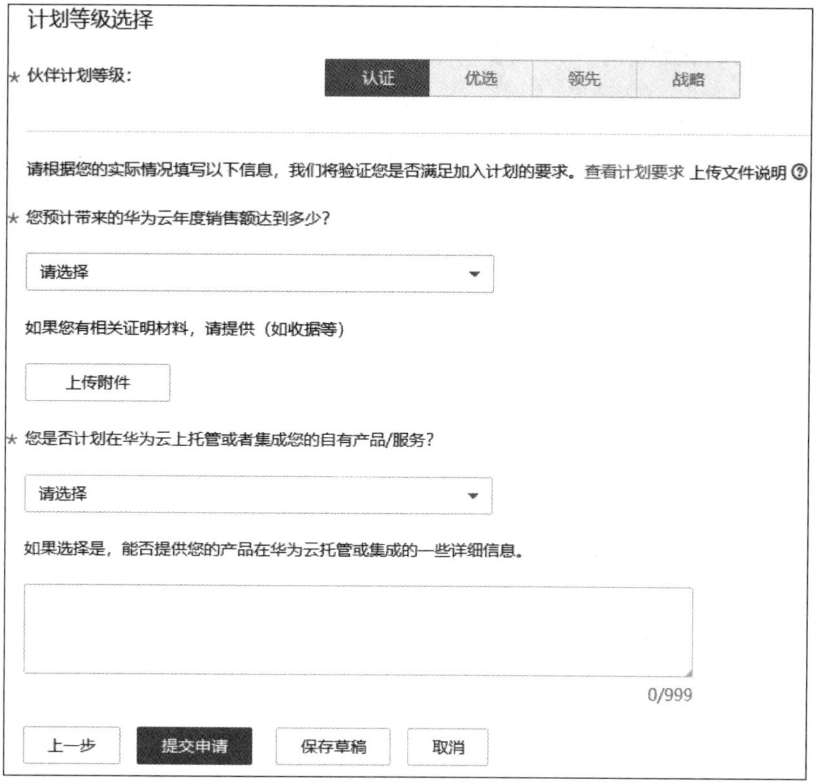

计划等级选择
* 伙伴计划等级:
认证
优选
领先
战略
请根据您的实际情况填写以下信息，我们将验证您是否满足加入计划的要求。查看计划要求 上传文件说明
* 您预计带来的华为云年度销售额达到多少?
请选择
如果您有相关证明材料，请提供（如收据等）
上传附件
* 您是否计划在华为云上托管或者集成您的自有产品/服务?
请选择
如果选择是，能否提供您的产品在华为云托管或集成的一些详细信息。
0/999
上一步
提交申请
保存草稿
取消

图 15-64　计划等级选择

15.5.3　解决方案伙伴证书

解决方案伙伴计划审核通过后，华为云会颁发解决方案伙伴证书。登录华为云，进入伙伴中心，单击“伙伴计划”菜单，在子菜单列表里单击“已加入伙伴计划”后会展示已加入的伙伴计划列表，如图 15-61 所示。单击“华为云解决方案伙伴计划”后面的“下载证书”超链接，即可下载电子版的证书，如图 15-65 所示。

HUAWEI
华为云解决方案伙伴
认证级
有效期：2020年6月30日—2021年6月29日
华为技术有限公司
Cloud BU

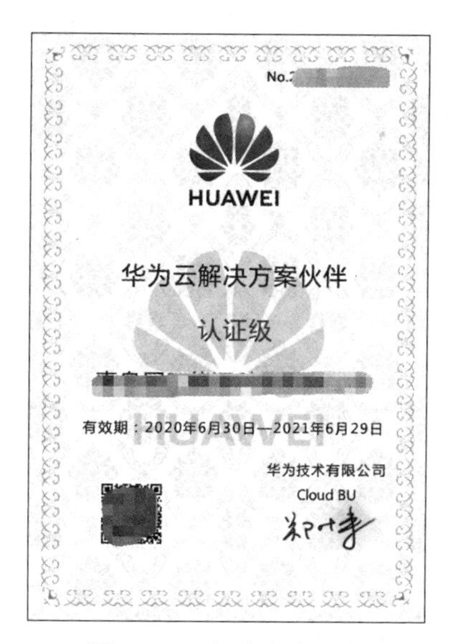

图 15-65　解决方案证书

15.5.4　伙伴权益

解决方案伙伴的权益非常丰富，并且和伙伴级别密切相关，详情可以到官网查看。

15.6 鲲鹏展翅伙伴计划

鲲鹏展翅伙伴计划是华为围绕鲲鹏系列产品(含鲲鹏部件、TaiShan 服务器,openEuler 等)推出的一项合作伙伴计划,将向合作伙伴提供培训、技术、营销、销售的全面支持,帮助伙伴基于鲲鹏系列产品进行开发、应用移植等,使能伙伴商业成功。

与华为云主导的鲲鹏凌云伙伴计划及解决方案伙伴计划不同,鲲鹏展翅伙伴计划是由华为鲲鹏计算部门负责的,在华为云注册的账号不能直接用于申请鲲鹏展翅伙伴计划,需要先注册伙伴账号。

15.6.1 申请解决方案伙伴身份

要申请成为华为解决方案伙伴,需要先注册华为账号,详细的华为账号注册流程参考本书 4.1.3 节的内容。

注册成功华为账号后,再申请解决方案伙伴身份,步骤如下:

步骤 1:登录合作伙伴网站首页:https://partner.huawei.com/,登录成功后的页面如图 15-66 所示。

图 15-66 我的华为

步骤 2:单击“我的华为”菜单项,弹出下拉菜单,如图 15-67 所示。

步骤 3:单击“成为解决方案伙伴”,转向协议和解决方案资质信息页面,如图 15-68 所示。

按照页面提示操作,最后即可提交解决方案伙伴申请。

15.6.2 鲲鹏展翅解决方案申请

步骤 1:登录解决方案工作台,网址为 https://partner.huawei.com/eplus/#/cn/

group/solutionpartnerworkspace,登录后的页面如图 15-69 所示。

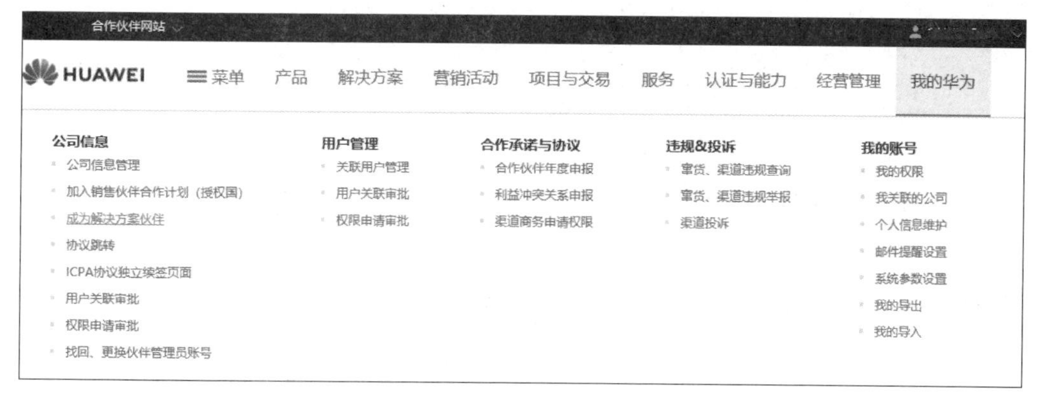

图 15-67 下拉菜单

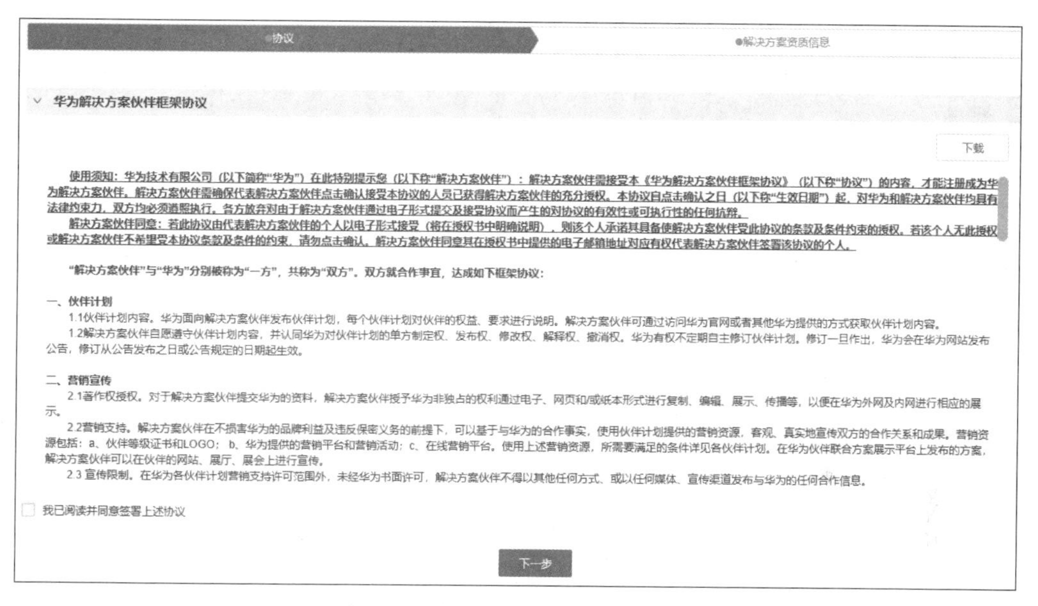

图 15-68 协议与解决方案资质信息

步骤 2：单击“鲲鹏展翅伙伴计划”卡片下的“申请技术认证”超链接，转向可合作业务领域页面，如图 15-70 所示。

认证区域选择“总部”，技术选择“智能计算”，最下面的列表会列出可选择的方案场景。

步骤 3：单击“TaiShan 服务器”解决方案“操作”列中的申请方案认证图标，转到方案认证申请页面，如图 15-71 所示。

按照提示填写方案介绍内容，其中要注意的是方案主打胶片，需要根据下载的模板制作针对该方案的 PPT，然后上传。必要内容全部填写完毕，单击最下面声明前的复选框，确保选中，如图 15-72 所示。

图 15-69 解放方案工作台

可合作业务领域

认证区域 总部(仅限邀请) 中国

技术 全选 智能计算

操作	认证区域	解决方案	方案场景	方案场景描述	方案合作代表
	总部(仅限邀请)	TaiShan服务器	TaiShan服务器	华为经过十五年在核心芯片领域的持续研...	

图 15-70 可合作业务领域

步骤 4：单击“下一步”按钮，进入方案架构填写页面，如图 15-73 所示。

按照要求填写好架构说明并上传架构图，华为产品这里可以选择 TaiShan 服务器。方案架构页面最下面是技术证书信息填写页面，如图 15-74 所示。

在证书类型选择上，因为申请的目的是获得兼容性证书，所以可以选择 Compatible 或者 Mutual Compatible 中的一个。其他信息务必按照要求认真填写，这些信息会出现在最后的证书上。

步骤 5：方案架构信息填写完毕，单击“下一步”按钮，进入联系人信息填写页面，如图 15-75 所示。

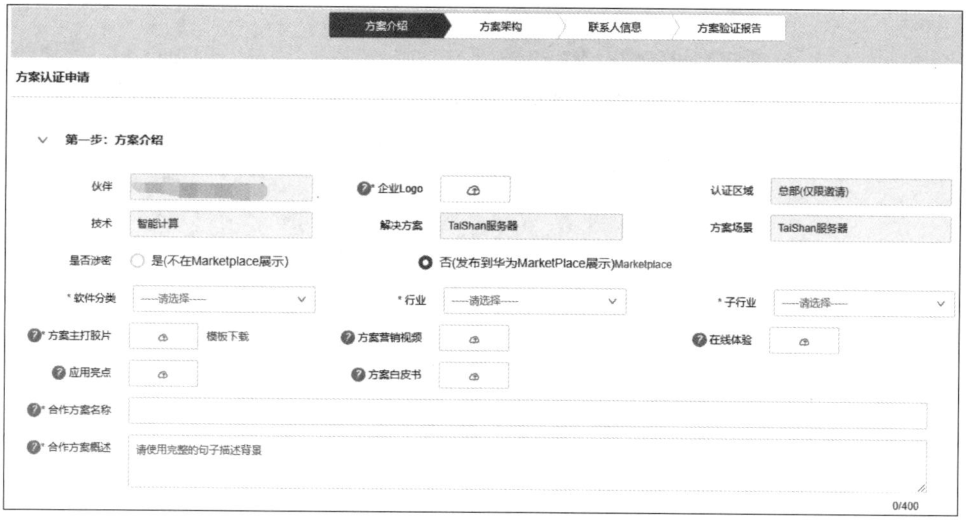

方案介绍
方案架构
联系人信息
方案验证报告
方案认证申请
第一步：方案介绍
伙伴
企业Logo
认证区域
总部(仅限邀请)
技术
智能计算
解决方案
TaiShan服务器
方案场景
TaiShan服务器
是否涉密
是(不在Marketplace展示)
否(发布到华为MarketPlace展示)Marketplace
* 软件分类
----请选择----
* 行业
----请选择----
* 子行业
----请选择----
方案主打胶片
模板下载
方案营销视频
在线体验
应用亮点
方案白皮书
* 合作方案名称
* 合作方案概述
请使用完整的句子描述背景
0/400

图 15-71　方案认证申请

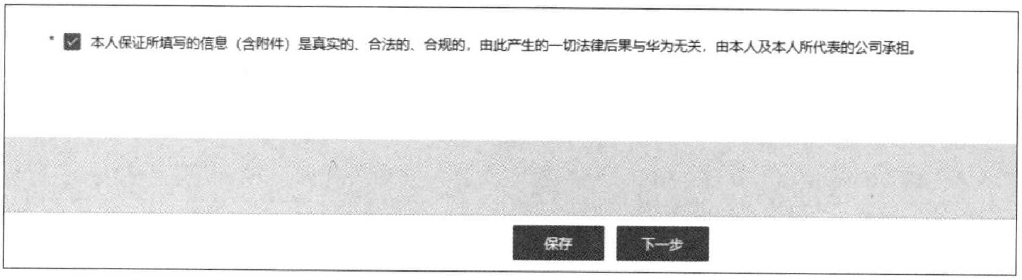

本人保证所填写的信息（含附件）是真实的、合法的、合规的，由此产生的一切法律后果与华为无关，由本人及本人所代表的公司承担。
保存
下一步

图 15-72　声明

第二步：方案架构
* 架构说明
* 架构图
要求图片格式JPG或PNG，大小不能超过10M
华为产品
选择华为产品
删除
*产品大类
*产品小类
*产品族
*产品系列

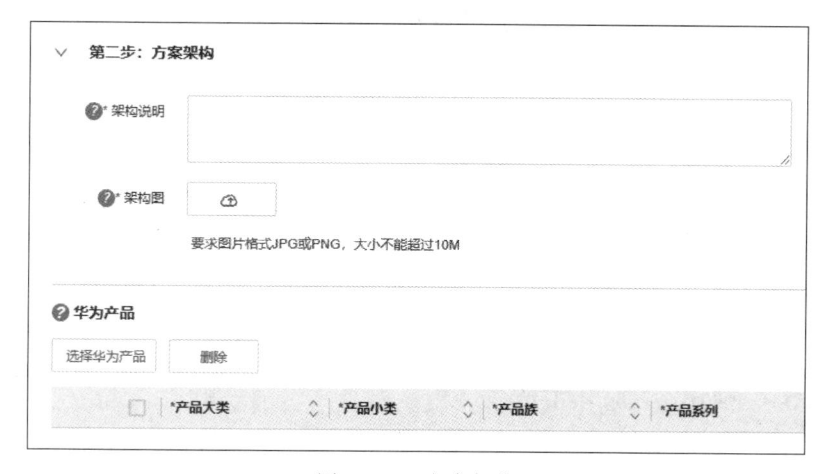

图 15-73　方案架构

图 15-74 技术证书

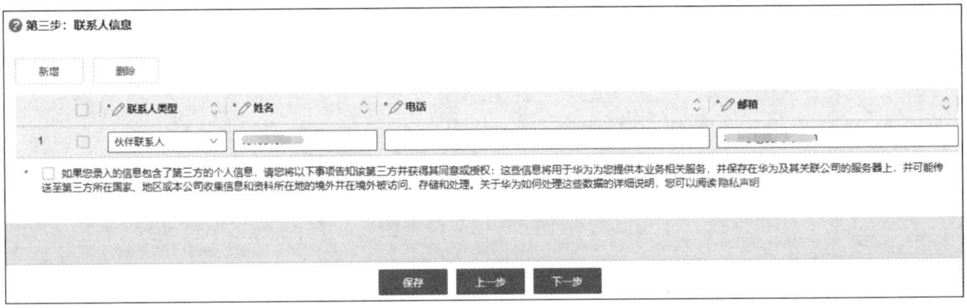

图 15-75 联系人信息

联系人信息一定要填写直接负责本次认证的技术人员,认证期间会和华为对接人员进行大量沟通。填写完毕,单击“下一步”按钮,进入方案验证报告页面,如图 15-76 所示。

步骤 6:申请前期,方案验证报告一般还没有准备好,可以以后在审核流程中添加。单击“提交”按钮,完成方案的提交。后期可以随时登录查看方案状态,华为对接人员也会及时通过邮件发送方案的进度信息,企业的申请负责人需要关注邮件,及时补充资料,推进审核的进度。从方案申请到最后技术证书发放的整个流程大体如图 15-77 所示。

15.6.3 测试资源申请

在解决方案的测试阶段,需要使用 TaiShan 服务器进行测试,这个时候可以从华为计算开放实验室申请需要的资源,具体的申请流程参考 4.1.3 节“华为计算开放实验室申请”的第 2 部分“申请鲲鹏资源”。

图 15-76　方案验证报告

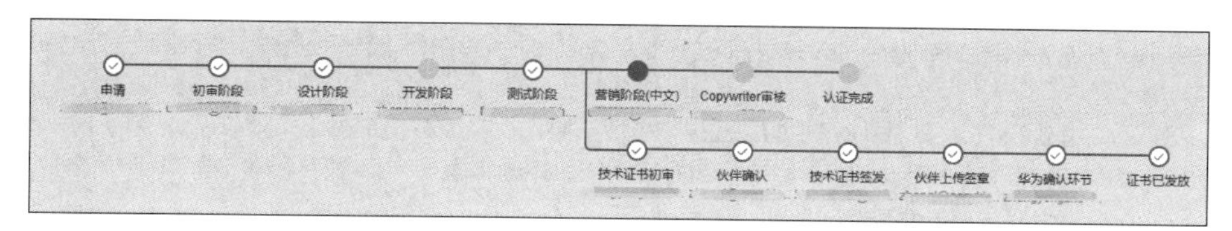

图 15-77　审核流程

15.6.4　兼容性测试

为测试申请企业提交的软件产品和鲲鹏服务器的兼容性，华为提供了自动化的兼容性测试工具，该工具覆盖兼容性、功耗、稳定性和安全共 4 个维度的测试用例，下载网址为 https://mirrors.huaweicloud.com/kunpeng/archive/compatibility_testing/，可以下载其中的 compatibility_testing.tar.gz 或 compatibility_testing.zip 文件，解压后得到两个文件夹 Chinese 和 English，分别表示中文版本和英文版本，进入中文版后，可以看到以下 3 个文件：

- compatibility_testing.conf：配置文件；
- compatibility_testing.sh：执行测试的文件；
- README：使用说明。

详细测试步骤如下(操作系统以 CentOS 7.6 版本为例)：

步骤 1：登录到裸金属服务器，安装并配置好需要进行兼容性测试的软件。

步骤 2：下载自动化测试工具，并解压，命令如下：

```
wget
https://mirrors.huaweicloud.com/kunpeng/archive/compatibility_testing/compatibility_testing.tar.gz
tar -zxvf compatibility_testing.tar.gz
```

步骤 3：进入中文版目录，并编辑配置文件，命令如下：

```
cd compatibility_testing/Chinese/
vim compatibility_testing.conf
```

compatibility_testing.conf 配置文件可配置的项目有 4 个，分别是：

- application_names：待测试应用软件进程名称，多个应用名称以逗号隔开；
- start_app_commands：待测试应用软件启动命令，多个应用的启动命令以逗号隔开；
- stop_app_commands：待测试应用软件停止命令，多个应用的停止命令以逗号隔开；
- start_performance_scripts：被测应用软件的压力测试工具启动命令。

根据实际情况配置上述项目，然后保存并退出。一个典型的 compatibility_testing.conf 文件配置如下：

```
#Chapter15/compatibility_testing.conf

#待测试应用软件进程名称,多个应用名称以逗号隔开
#可通过 ps 或者 docker top 命令 CMD 所在列查找后台进程名称
application_names = app4test
#待测试应用软件启动命令,多个应用的启动命令以逗号隔开
start_app_commands = sh /opt/code/start.sh
#待测试应用软件停止命令,多个应用的停止命令以逗号隔开
stop_app_commands = sh /opt/code/stop.sh
#被测应用软件的压力测试工具启动命令
start_performance_scripts = sh /opt/code/load.sh
```

步骤 4：修改 compatibility_testing.sh 文件属性为可执行，然后执行兼容性测试，命令如下：

```
chmod +x compatibility_testing.sh
./compatibility_testing.sh -d
```

执行过程如下：

```
./compatibility_testing.sh -d
自动化采集开始前,请用户先配置 compatibility_testing.conf,填写应用名称 application_names,
应用启动命令 start_app_commands,应用停止命令 stop_app_commands 和压力测试启动命令
start_performance_scripts,确认填写后,执行 sh compatibility_testing.sh [-d] 执行采集工具
自动化测试采集工具开始执行,脚本分为 10 个步骤,运行时间约 50 分钟,请耐心等待
自动化测试采集工具开始执行
第 1 步: 软件依赖检查,开始
创建目录
```

```
请用户确保安装业务应用软件、测试工具及其依赖软件
当前的操作系统版本是 CentOS Linux 7 (AltArch)
漏洞扫描软件已安装
功耗测试软件已安装
查看硬件信息软件已安装
查看 PCI 总线软件已安装
查看 CPU 信息软件已安装
查看硬盘分区软件已安装
查看网络接口软件已安装
网络连接数软件已安装
性能分析软件已安装
浮点计算软件已安装
第 1 步: 软件依赖检查,完成
第 2 步: 配置文件检查, 开始
第 2 步: 配置文件检查, 完成
第 3 步: 测试环境自检, 开始
环境自检开始
环境自检,检测到应用 CPU 利用率为 0.0
环境自检,检测到应用内存利用率为 0.0
环境自检,检测到硬盘的带宽利用率为 0.00
检测到网络连接数:2
环境自检结束
第 3 步: 测试环境自检, 完成
第 4 步: 应用启动前 CPU、内存、硬盘、网卡和功耗系统资源采集
调用命令 dmidecode 获取服务器型号完成
调用命令 lspci -tv 获取 pci 信息完成
调用命令 lscpu 获取 CPU 信息完成
调用命令 lsblk 获取硬盘分区完成
调用命令 cat /proc/version 获取内核信息完成
进程 app4test 不存在
兼容性测试前采集: 调用 sar -u 5 24 命令采集 CPU 指标
兼容性测试前采集: 调用 sar -r 5 24 命令采集内存指标
兼容性测试前采集: 调用 sar -n DEV 5 24 命令采集网卡指标
兼容性测试前采集: 调用 sar -d -p 5 24 命令采集硬盘指标
兼容性测试前采集: 调用 ipmitool 采集功耗指标
功耗测试已完成.0:1
兼容性测试前采集已完成
第 4 步: 应用启动前采集结束
第 5 步: 启动业务应用
进程 app4test 不存在
业务应用 app4test 启动完成
第 5 步: 启动业务应用完成
第 6 步: 安全测试,进行应用端口扫描,可通过./log 目录的 nmap.log 查看进度
现在进行端口安全测试
安全测试采集:执行 172.16.0.155 的 TCP 端口扫描
```

```
安全测试采集: 执行 172.16.0.155 的 UCP 端口扫描
安全测试采集: 执行 172.16.0.155 的 protocol 扫描
端口安全测试结束
第 6 步: 安全测试结束
第 7 步: 进行业务压力下 CPU、内存、硬盘和网卡系统资源采集
启动压力测试工具
调用命令 sh /opt/code/load.sh 启动测试工具失败,请手动启动测试工具
请手动启动压力测试工具,确认启动,请回复 Y|N ? :
Y
你输入的是 Y
性能测试采集: 调用 sar -u 5 60 命令采集 CPU 指标
性能测试采集: 调用 sar -r 5 60 命令采集内存指标
性能测试采集: 调用 sar -n DEV 5 60 命令采集网卡指标
性能测试采集: 调用 sar -d -p 5 60 命令采集硬盘指标
性能测试采集已完成
第 7 步: 压力测试采集结束
第 8 步: 进行可靠性测试,强制 KILL 应用后正常启动测试
可靠性测试,压力测试工具为用户手动启动的,现在已经结束压力测试
请停止压力测试工具,确认请回复任意键继续 ? :

你回复的是
可靠性测试前检查,业务应用进程 app4test 存在
可靠性测试,执行强制杀死进程 app4test
业务应用 app4test 启动完成
可靠性测试,业务应用 app4test 启动完成.可靠性测试成功
第 8 步: 可靠性测试结束
第 9 步: 应用停止后 CPU、内存、硬盘、网卡和功耗系统资源采集
进程 app4test 存在
进程 app4test 不存在
兼容性测试后采集: 调用 sar -u 5 24 命令采集 CPU 指标
兼容性测试后采集: 调用 sar -r 5 24 命令采集内存指标
兼容性测试后采集: 调用 sar -n DEV 5 24 命令采集网卡指标
兼容性测试后采集: 调用 sar -d -p 5 24 命令采集硬盘指标
兼容性测试后采集: 调用 ipmitool 采集功耗指标
Could not open device at /dev/ipmi0 or /dev/ipmi/0 or /dev/ipmidev/0: No such file or directory
功耗测试已完成.0:1
兼容性测试后采集已完成
第 9 步: 应用停止后资源采集结束
第 10 步: 测试采集数据打包
采集结束,日志打包完成,压缩包 log_20201127114608.tar.gz 存放在/data/soft/compatibility_
testing/Chinese
```

步骤 5:执行完毕,会生成日志文件压缩包,格式为 log_yyyymmddHHMMSS.tar.gz,该日志压缩包文件需要妥善保存,供后续在线生成测试报告使用。

15.6.5　功能 & 性能测试用例

兼容性测试可以通过工具进行，但是功能、性能测试用例需要申请企业自行完成，并且按照在线生成测试报告时给定的模板，把测试用例执行结果整理成文档。

1．功能测试用例

功能测试用例的模板如表 15-3 所示。

表 15-3　功能测试用例

用例模块＊：	功能测试	子模块：	无
用例名称或编号：	温控采集器管理的下发配置		
用例目的＊：	确保功能运行正常		
预置条件＊：	登录系统		
测试步骤＊：	单击左侧采集器分组选中温控采集器数据，单击“下发配置”，在弹出页中单击“下发第一页数据”，单击 OK 按钮		
预期结果＊：	温控采集器下发配置成功		
测试结果＊：(测试日志或截图)	温控采集器下发配置成功截图\温控采集器-下发数据.png		
测试结论＊	通过/		
备　　注：			

该模板中，用例模块的测试类型为“功能测试”，不能修改成其他类型。测试结论只能是通过、有条件通过、不通过三者之一，不能是其他文字。在测试结果区域，需要填写测试日志或者截图，如果是截图，就写上截图的相对路径，并且把截图存放到该路径，本测试用例的截图如图 15-78 所示。

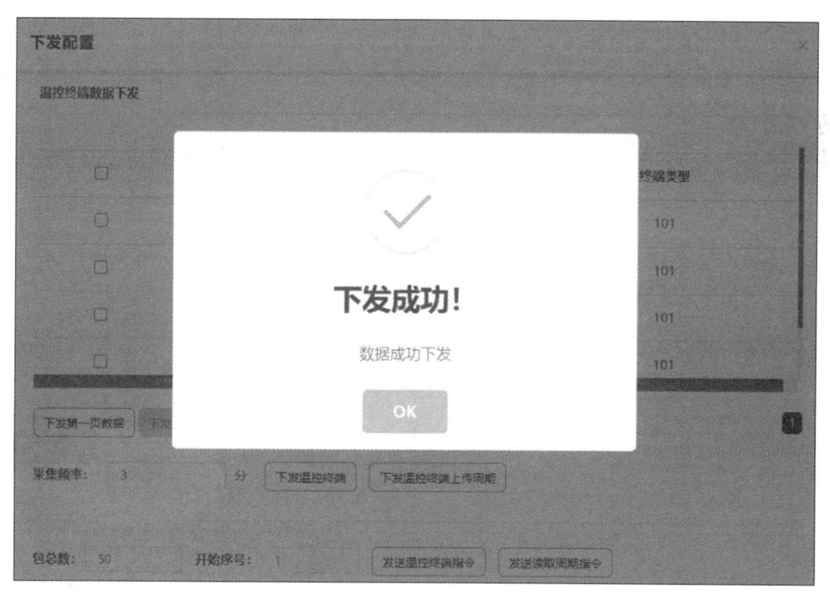

图 15-78　测试用例截图

2. 性能测试用例

性能测试用例和功能测试用例类似,模板如表 15-4 所示。

表 15-4 性能测试用例

用例模块*:	性能测试	子模块:	无
用例名称或编号:	温控终端管理-下发/查询		
用例目的*:	在大用户量及数据量的超负荷情况下,通过该测试用例,获得服务器运行时的相关数据,从而进行分析,找出系统瓶颈,提高系统稳定性		
预置条件*:	温控平台已正常部署访问 测试软件 JMeter 已准备		
测试步骤*:	确保温控平台正常工作 在 JMeter 中配置好线程组及 HTTP 请求等信息 运行该测试计划 20 分钟 通过聚合报告查看该次测试结果		
预期结果*:	平均响应时间在 3s 内,错误率在 0.1%以内		
测试结果*: (测试日志或截图)	截图\性能-下发.jpg		
测试结论*	通过		
备　注:	若不涉及性能,可在此备注说明		

该模板中,用例模块的测试类型为"性能测试",也不能修改。测试结论也只能是通过、有条件通过、不通过三者之一。

15.6.6 在线生成测试报告

进行兼容性测试及功能和性能测试可以生成对应的执行结果,这些结果用来在线生成测试报告。生成测试报告的网址为 http://ic-openlabs.huawei.com/openlab/#/testreportstate,页面如图 15-79 所示。

图 15-79 选择方案认证 ID

单击“方案认证 ID”后的下拉列表框，选择方案认证 ID，然后单击“创建报告”按钮，会转向测试报告生成页面，按照页面向导一步步操作，最终会通过评审报告，如图 15-80 所示。

图 15-80 评审报告

单击“生成测试报告”按钮会弹出提示下载的窗口，如图 15-81 所示。

单击“下载”按钮，即可下载测试报告，该报告在鲲鹏展翅解决方案审核流程中会被使用。

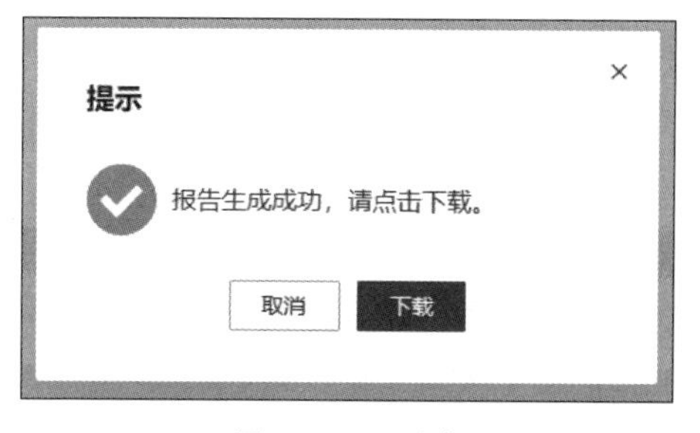

图 15-81 下载

15.6.7 认证证书

登录解决方案工作台可以看到已申请的伙伴计划和能力认证，如图 15-82 所示。

单击“鲲鹏展翅伙伴计划”卡片的“查看证书”超链接，可以查看认证成员的详情，如图 15-83 所示。

单击操作列的下载图标可以下载认证证书，如图 15-84 所示。

单击“技术认证”卡片的“查看证书”超链接，会转向技术证书的详情页面，同样可以下载技术认证证书，如图 15-85 所示。

15.6.8 伙伴权益

鲲鹏展翅伙伴的权益非常丰富，分为通用权益和专属权益，详情可以到官网页面查看：https://partner.huawei.com/web/china/kunpengzhanchi-plan-overview。

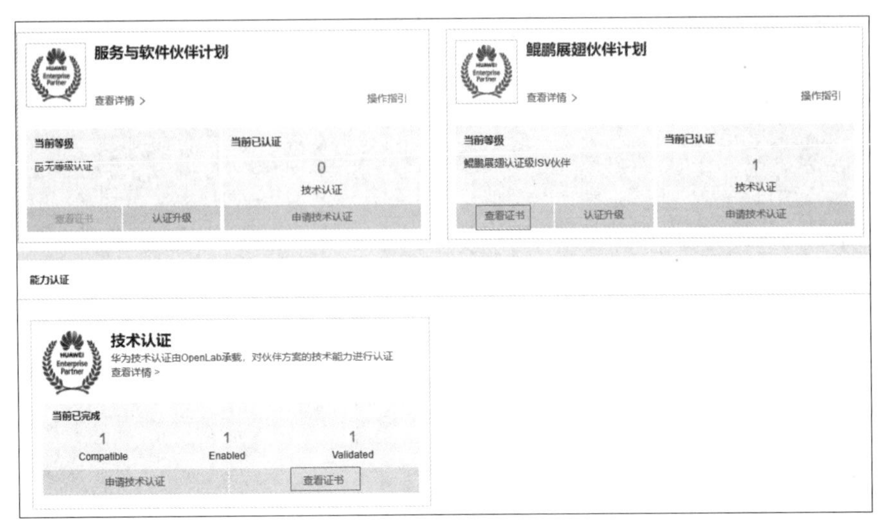

图 15-82　伙伴计划和能力认证

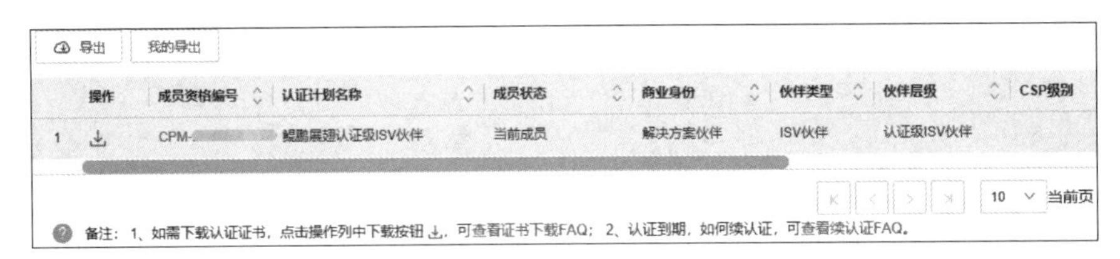
导出　我的导出

	操作	成员资格编号	认证计划名称	成员状态	商业身份	伙伴类型	伙伴层级	CSP级别
1		CPM-	鲲鹏展翅认证级ISV伙伴	当前成员	解决方案伙伴	ISV伙伴	认证级ISV伙伴	

10　当前页

备注：1、如需下载认证证书，点击操作列中下载按钮，可查看证书下载FAQ；2、认证到期，如何续认证，可查看续认证FAQ。

图 15-83　认证成员

图 15-84　鲲鹏展翅伙伴计划认证证书

图 15-85　泰山服务器兼容性认证证书

15.7 伙伴查询

通过认证的合作伙伴可以在华为官网上查询认证信息，在华为云上的查询网址为 https://www.huaweicloud.com/partners/search/，查询示例页面如图 15-86 所示。

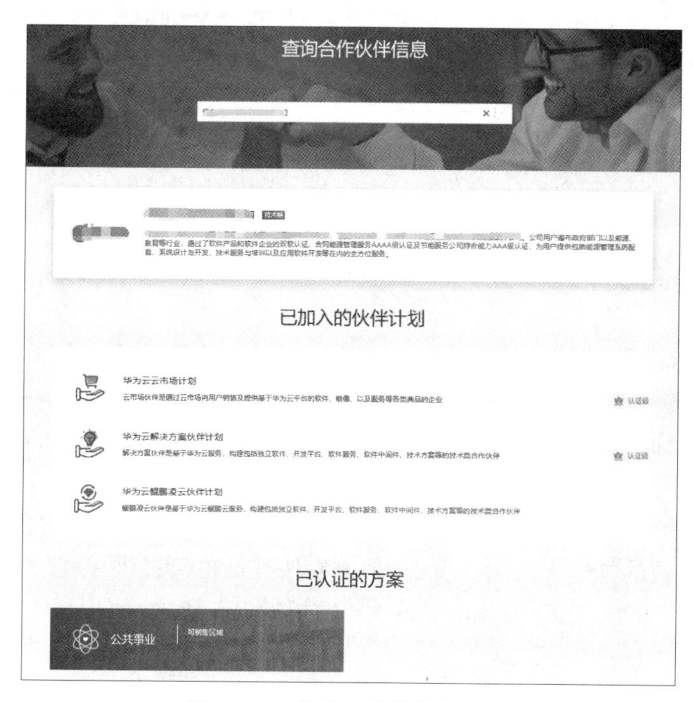

图 15-86 华为云合作伙伴查询

华为合作伙伴网站上的查询网址为 https://partner.huawei.com/eplus/#/cn/web/findpartner，查询示例页面如图 15-87 所示。

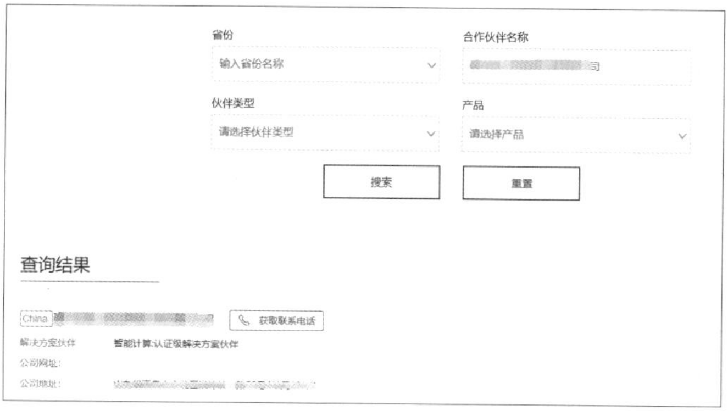

省份
输入省份名称
合作伙伴名称
伙伴类型
请选择伙伴类型
产品
请选择产品
搜索
重置
查询结果
China
获取联系电话
解决方案伙伴 智能计算:认证级解决方案伙伴
公司网址:
公司地址:

图 15-87 华为合作伙伴查询

第16章

鲲鹏云服务兼容性认证实战

16.1 实战简介

对于一款软件产品来说，通过了华为云鲲鹏云服务兼容性认证，不仅仅证明了产品在鲲鹏平台上的兼容性，更重要的是，产品通过鲲鹏实验室严苛测试的过程，也是产品本身全面提高质量的过程，针对认证颁发的《华为技术认证书》，是对产品本身的肯定，也是企业进行产品推广时的重要技术证明。

本章通过演示一款SaaS软件产品的认证过程，把其中涉及的关键技术点一一列举出来，并给出解决问题的具体方法，为其他类似兼容性认证申请提供一些借鉴的思路。本软件产品使用Java语言开发，基于Spring Cloud开发框架、BS架构，使用了MySQL、MongoDB、Redis等数据库和中间件。

华为云鲲鹏云服务兼容性认证是由华为云免费提供的，在实际实施该认证以前需要满足两个条件：

- 申请了鲲鹏凌云伙伴计划；
- 提交并通过了鲲鹏方案的认证申请。

这两个条件的申请过程，可以参考15.4节的内容。除此之外，申请方还要做好自己的准备，主要是要保证申请的产品本身是质量可靠、性能稳定、文档齐全、测试全面的，否则很难通过华为的联合测试。

16.2 认证资料

华为云鲲鹏云服务兼容性认证需要提交的资料比较多，既包括公司的信息也包括要认证的产品信息，最主要的是下面4个文档：

- 功能清单与测试用例；
- 兼容性自测试报告；
- 性能自测试报告；

■ 安全自测试报告。

根据笔者在不同时期主持通过的几个兼容性认证来看，这 4 个文档本身的格式和内容也在逐步更新优化，但是主要内容基本没变，本次演示使用的是 2.0 版本的测试报告模板，后续的内容也主要围绕这几个文档的实际生成进行的。

16.3 资源申请

在华为云鲲鹏云服务兼容性认证过程中，需要用到各种鲲鹏云服务资源对产品进行测试，这些资源的购买也需要不菲的费用，华为云在鲲鹏凌云伙伴计划下，提供了免费测试券申请渠道，认证申请企业可以根据需要申请测试券额度，然后使用测试券购买鲲鹏云服务。测试券申请流程如下：

步骤 1：登录华为云，鼠标放在用户名上，单击下拉菜单中的"伙伴中心"菜单，如图 16-1 所示。

图 16-1 下拉菜单

步骤 2：在伙伴中心页面，单击"服务支持"下的"伙伴权益"菜单，进入代金券权益页面，如图 16-2 所示。

步骤 3：单击测试券最后"操作"列的"申请"超链接，进入测试券申请页面，如图 16-3 所示。

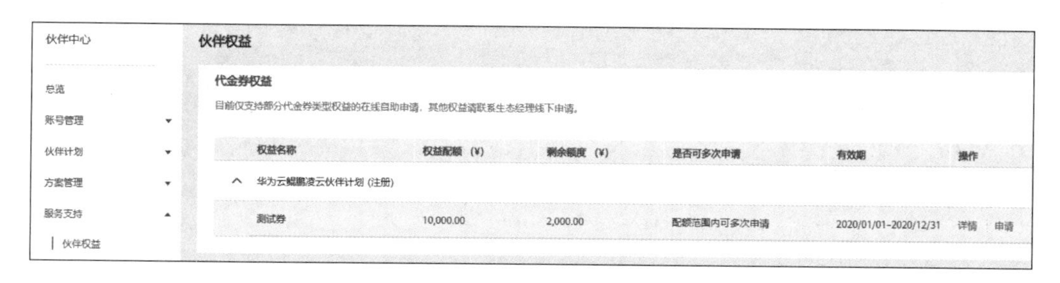

图 16-2 伙伴权益

测试券申请页面各个参数说明如表 16-1 所示。

表 16-1 测试券申请参数说明

参数	说明
权益配额	伙伴计划总的测试券额度，默认为 10000 元，如果累计申请超出了该额度，可以联系华为接口人，申请更多的配额
已申请额度	已经申请的权益配额额度
剩余额度	剩余可以申请的权益额度

续表

参　数	说　明
本次申请金额	本次测试券申请的金额，一般不超过剩余额度，如果超过了，需要在申请说明里注明原因
申请说明	本次申请测试券的原因
申请测试的方案	本次申请针对的鲲鹏方案，单击“选择”按钮可以选择已批准的方案
申请次数	针对测试的方案申请权益的次数，第一次填写“1”
特殊申请说明	一般情况下，第1次申请的时候，会给予足额的测试券，足够完成整个测试，如果不是第1次申请，需要给出详细的申请原因
资源配置说明	本次申请的测试券用来购买的资源清单，可以通过后面的“价格计算器”超链接配置测试资源，保存并分享清单，复制分享链接粘贴在本输入框
计划使用开始时间	资源计划开始使用的时间
计划使用结束时间	资源计划结束使用的时间

图 16-3　测试券申请

步骤 4：测试券申请信息填写完毕，单击“提交”按钮即可，一般在 3 个工作日会完成审核，然后发放测试券到申请企业帐号，可以通过费用中心→优惠与折扣→优惠券→代金券来查看发放的测试代金券。

16.4 鲲鹏云服务的购买

在进行鲲鹏云服务兼容性认证测试的过程中，要保证产品使用的云服务资源都是基于鲲鹏架构的，这一点特别重要，后期华为测试人员可能会登录企业账号验证所用到的云服务资源是否都是鲲鹏架构。在购买云服务的时候，大部分资源都有两种实现方式，以 MySQL 数据库服务为例，一种方式是通过购买鲲鹏架构的 ECS，然后自行在上面部署 MySQL 实现，另一种方式是直接购买鲲鹏架构的 MySQL 数据库服务。相对来说，第二种方式更简单，有助于更快地通过鲲鹏兼容性认证。

本次演示的产品所使用的云服务在选择配置时关注点如下：

1. 弹性云服务器 ECS

ECS 资源购买时需要注意 CPU 架构选项，务必选择“鲲鹏计算”，如图 16-4 所示。

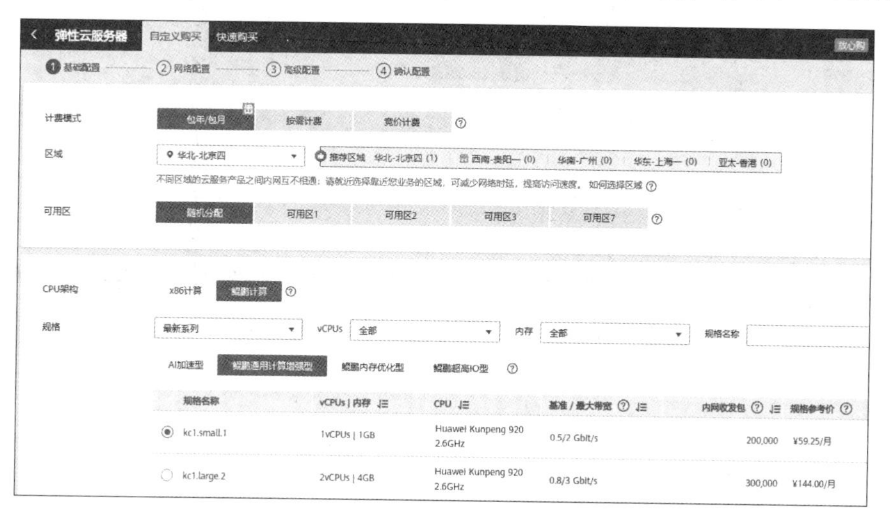

图 16-4 鲲鹏架构 ECS

2. MySQL 数据库

在本书编写时，鲲鹏架构的 MySQL 云服务只支持数据库 5.7 版本的单机实例类型，性能规格选择鲲鹏通用增强型，如图 16-5 所示。如果是其他版本或者其他实例类型的，可以通过购买鲲鹏架构 ECS，然后在上面部署需要的版本实现。GaussDB(for MySQL)也有鲲鹏架构的实现，支持 MySQL 8.0 版本，性能非常强，价格也比 MySQL 云服务高很多。

3. Redis

分布式缓存服务 Redis，在选择 CPU 架构的时候，需要选择“Arm 计算”，如图 16-6 所示。

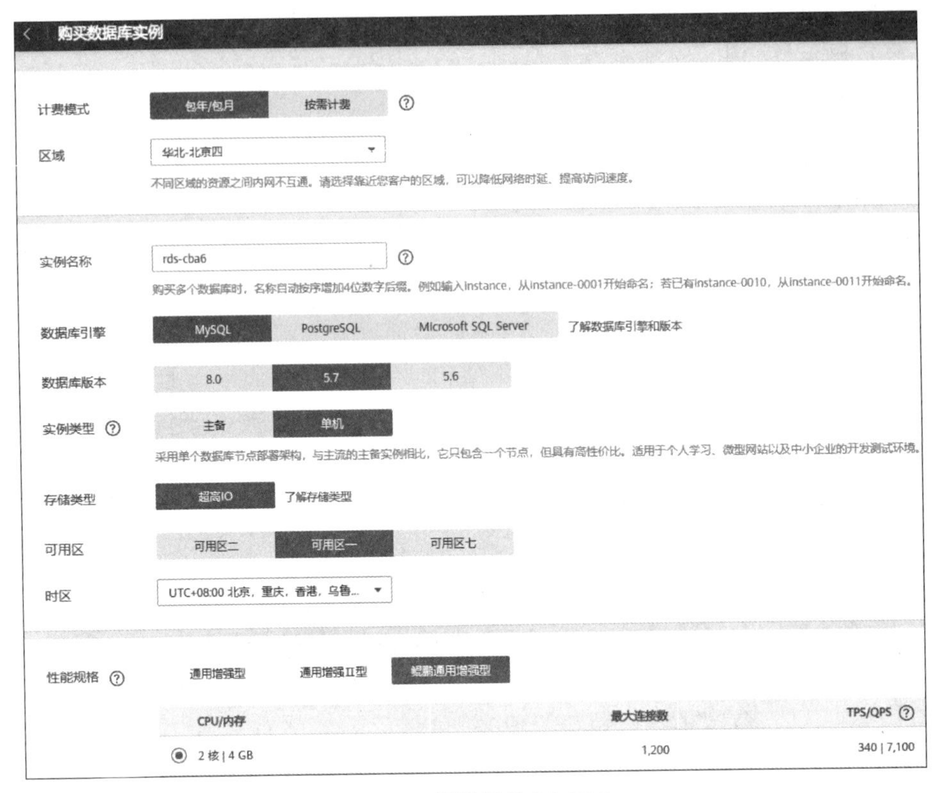

图 16-5　鲲鹏架构 MySQL

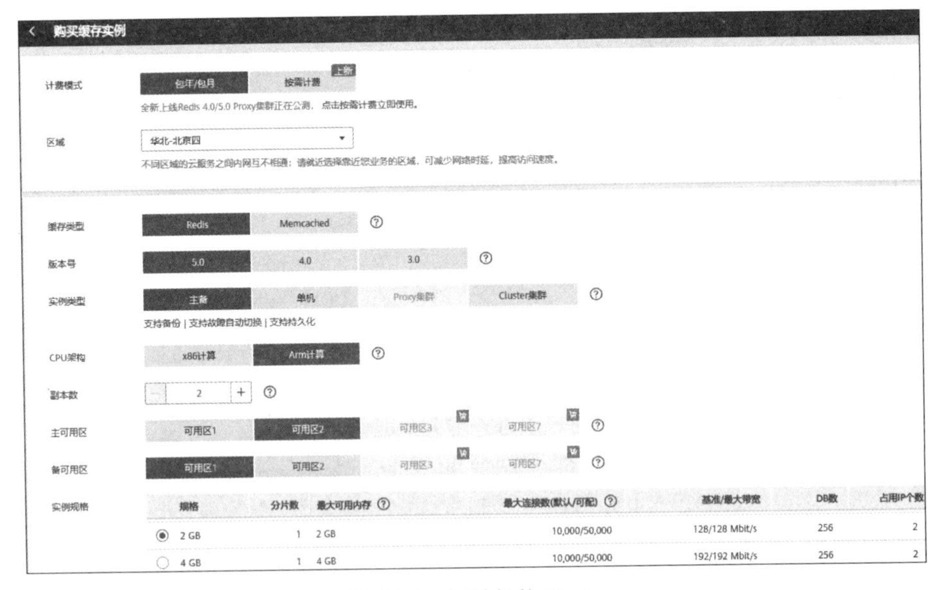

图 16-6　鲲鹏架构 Redis

16.5　功能清单与测试用例

在认证申请需要提交的文档中，功能清单与测试用例是比较基础的文档，这些文档是后面 3 个自测报告的基础，需要优先准备，具体获取方式参考 15.4.3 节“鲲鹏方案认证”的步骤 4。

16.5.1　功能清单

根据测试要求，功能清单需要描述到系统的二级菜单目录，并简述功能。一个典型的功能清单部分内容如图 16-7 所示。

智能温控子系统功能清单			
方案模块	一级功能	二级子功能	功能简述
智能温控子系统	温控管理	温控采集器管理	对采集器设备进行具体的现场应用，包括新增、下发等操作
		温控采集器类型管理	维护采集器类型，包括增、删、改、查等操作
		温控采集器分组管理	维护采集器分组，包括增、删、改、查等操作
	温控终端	温控区域类型	维护区域类型，包括增、删、改等操作
		温控策略	依据规则，维护具体执行的温控策略，包括增、删、改等操作
		温控动作历史	查询温控历史操作数据

图 16-7　功能清单

清单各列说明如表 16-2 所示。

表 16-2　功能清单列说明

列　　名	说　　明
方案模块	一般可以认为是一个大的模块或者子系统
一级功能	一般指一级菜单，或者菜单分组
二级子功能	一般指二级菜单，每个子功能对应一个页面
功能简述	针对该子功能的简述

16.5.2　测试用例

在申请兼容性认证的企业完成自测以后，华为实验室的测试人员还会对产品进行抽测，抽测的依据是企业提交的测试用例文档。对于测试用例文档，要满足以下要求：

- 收集全量且版本对应的测试用例；
- 用例必须与功能清单对应，要求 100%覆盖二级功能清单；
- 用例需要有详细的操作步骤说明与预期结果；
- 用例需要有主要业务的端到端流程场景的测试用例。

下面是一个简单的基础数据增、删、改、查的测试用例，因为测试用例的列比较多，一共有 16 列，这里用 2 幅图片来展示，图 16-8 表示前 8 列，图 16-9 表示 9～16 列。

*用例名称	用例编号	用例结果	模块	描述	前置条件	测试步骤1	预期结果1
温控采集器类型管理的增删改查	0101	通过	智能温控子系统	用户按照公司需求对温控采集器类型进行相关的维护	登录系统	鼠标单击主界面左侧导航栏“温控管理”→“温控采集器类型管理”	显示“温控采集器类型管理”页面

图 16-8　测试用例前 8 列

测试步骤2	预期结果2	测试步骤3	预期结果3	测试步骤4	预期结果4	测试步骤5	预期结果5
单击“新增”按钮，在弹出页中输入“类型名称，类型编号”等信息，单击“保存”按钮，单击OK按钮	新增采集器类型成功	选择单条类型数据，单击“修改”按钮，在弹出页中修改“类型名称，类型编号”等信息，单击“保存”按钮，单击OK按钮	类型数据修改成功	选中温控采集器类型数据，单击“删除”按钮，单击“是的，我要删除”按钮，单击OK按钮	数据删除成功	在温控采集器类型管理页面右上方搜索框中输入“关键字信息”，单击“查询”按钮	查询到对应的数据

图 16-9　测试用例 9～16 列

对于测试用例的每一列，说明如表 16-3 所示。

表 16-3　测试用例列说明

列　　名	说　　明
用例名称	测试用例的名称
用例编号	测试用例的编号，用来唯一标记一个用例
用例结果	该用例的执行结果，是否通过，也可以是自定义的信息
模块	用例所属模块
描述	对用例的详细描述，表明用例的用途
前置条件	执行该用例要满足的条件
测试步骤 1	详细的测试步骤，如果有多个步骤，可以在多列里显示
预期结果 1	该测试步骤预期的执行结果，根据结果判断该用例是否通过

16.6　兼容性自测试报告

兼容性自测试报告模板获取方式参考 15.4.3 节“鲲鹏方案认证”的步骤 4，兼容性自测试报告共分为 5 部分，下文按照兼容性自测试报告的章节顺序和标题，演示报告如何填写（建议先获取模板文件，边参考模板文件边阅读本节内容）。

1. 概述

1）目的

本节只需替换公司名称、产品名称即可。

2）自测试流程说明

本节描述了测试流程，保留原文即可。

2. 项目概述

1）项目背景

本节参考原文格式，根据产品的场景、功能、要解决的问题等重新编写。

2）产品/方案介绍

本节需要对产品或者方案进行有针对性介绍，对于到了兼容性认证阶段的产品，一般会有类似产品说明的文档，把这些文档内容稍加改动即可作为产品/方案介绍。最好再提供一副方案架构图，架构图中要体现出哪些业务使用了鲲鹏云及本次认证的功能模块范围，就本次演示产品来说，架构图如图 16-10 所示。

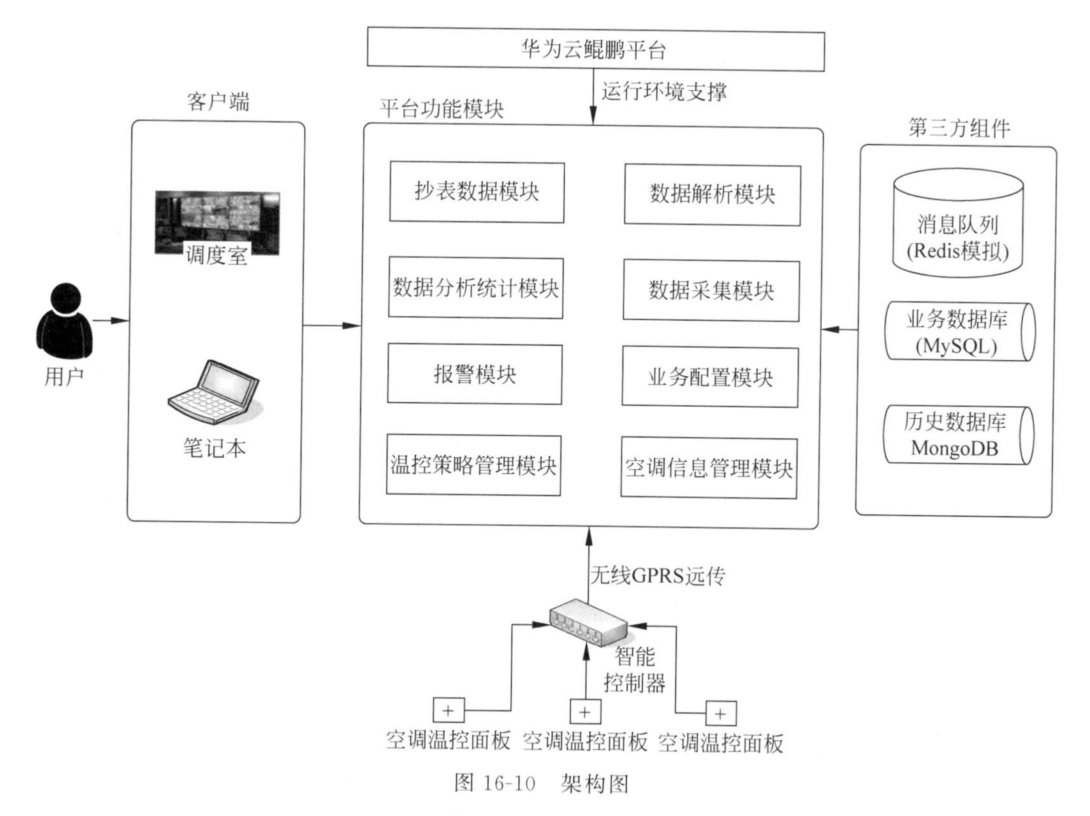

图 16-10　架构图

3）测试目的

本节按照原有格式修改公司名称和产品名称即可。

4）测试策略

本节说明测试的策略，可以不用修改。

3. 测试方案

1）测试环境

① 逻辑组网

本节是一个比较容易出错的地方，在绘制逻辑组网图的时候，认证要求必须使用华为云自身提供的图标来表示华为云上的云服务对象，这些图标的网址为 https://www.huaweicloud.com/service/dsource.html，图标的效果如图 16-11 所示。

图 16-11 华为云图标

使用这些图标制作的本示例逻辑组网图如图 16-12 所示。

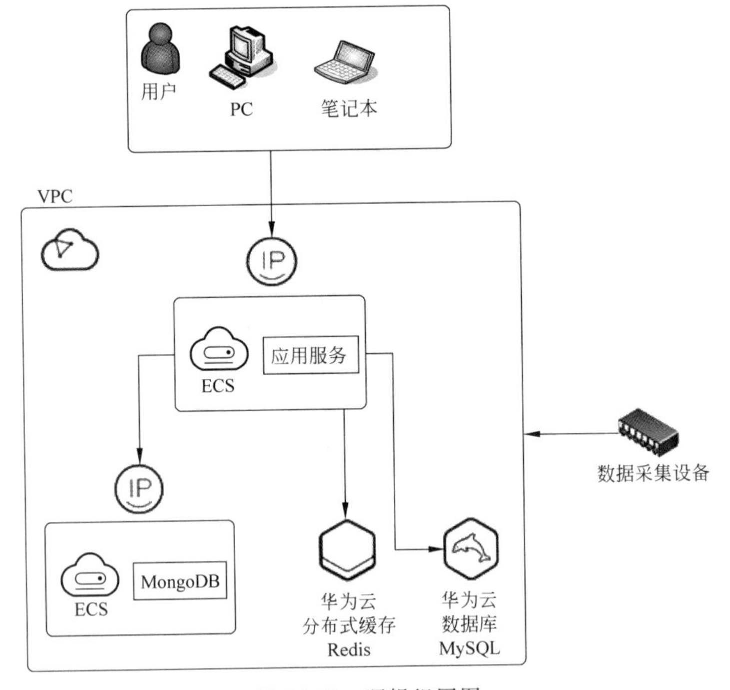

图 16-12 逻辑组网图

② 测试资源清单

测试资源清单需要用表格形式列出逻辑组网图中用到的测试资源，要根据实际测试情况如实填写，温控终端智能控制系统软件产品 SaaS 版的清单如表 16-4 所示。

表 16-4　测试资源清单

相关说明	数量	配置参数	备注
应用服务器	1	系统版本：CentOS 7.6 云服务器：4vCPUs | 32GB | km1.xlarge.8 硬盘：100GB 带宽：8MB	华为云提供
数据库服务器	1	数据库版本：MySQL 5.7 处理器 large.arm4.single | 2 核 | 8 GB 硬盘：40GB 带宽：内网 100MB	华为云提供
文档数据库服务器	1	文档数据库版本：MongoDB 4.0.12 系统版本：CentOS 7.6 云服务器：2vCPUs | 16GB | km1.xlarge.8 硬盘：100GB 带宽：5MB	华为云提供
分布式缓存服务器	1	分布式缓存数据库版本：Redis 5.0 处理器：鲲鹏处理器 内存：1GB	华为云提供
客户端-PC	1	操作系统：Windows 10 处理器：Intel Core i7-8550U(1.8GHz/L3 8MB) 内存容量：8GB 硬盘容量：512GB 屏幕尺寸：22 英寸	

在这个清单里务必写清楚使用的处理器类型，除了客户端外，承载业务的服务器需要是鲲鹏架构的。另外，还需要提供华为云资源的截图，本示例的部分 ECS 云资源截图如图 16-13 所示。

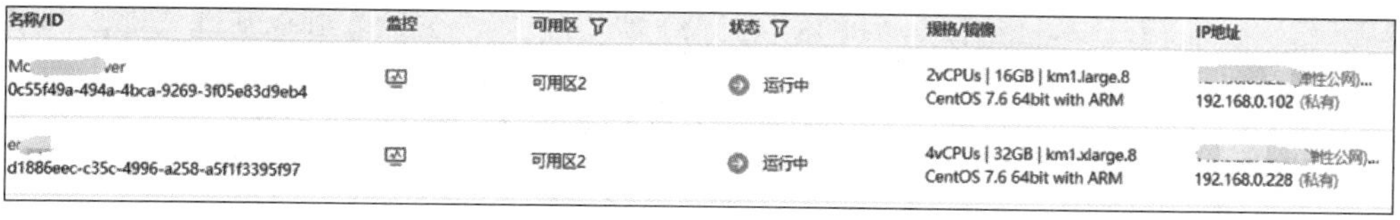

名称/ID	监控	可用区	状态	规格/镜像	IP地址
Mc ver 0c55f49a-494a-4bca-9269-3f05e83d9eb4		可用区2	运行中	2vCPUs | 16GB | km1.large.8 CentOS 7.6 64bit with ARM	性公网)... 192.168.0.102 (私有)
er d1886eec-c35c-4996-a258-a5f1f3395f97		可用区2	运行中	4vCPUs | 32GB | km1.xlarge.8 CentOS 7.6 64bit with ARM	性公网)... 192.168.0.228 (私有)

图 16-13　ECS 云资源

③ 软件配置

本节比较简单，按照格式如实填写即可。

2）测试范围

本节的第一个表格，即测试范围表格，可以参考 16.5.1 节的功能清单，把对应的模块和验证项按照测试结果填写到该表格，本示例的部分测试范围如表 16-5 所示。

表 16-5 测试范围

序号	验证模块（功能一级菜单）	验证项（功能二级菜单）	是否通过
1	登录系统平台	登录	通过
2	系统首页	页面布局	通过
		登出	通过
3	温控管理	温控采集器管理	通过
		温控采集器类型管理	通过
		温控采集器分组管理	通过
		温控采集器调试	通过
		温控采集器时间同步	通过

对于访问入口和测试的账号、密码，按照测试环境如实提供。

4. 测试执行

1）测试人员

按照给定的格式把测试的时间、参与人员填写到表格里。

2）测试结果

① 模块测试

把 16.5.2 节生成的测试用例文档附加到该部分。

② 兼容性测试

本节需要提供依赖组件鲲鹏服务兼容验证结果，也就是对申请认证的产品依赖的第三方组件，也要证明是鲲鹏服务兼容的，所以，优先使用华为云鲲鹏云服务可以免去证明的过程，直接说明即可。本示例使用的数据库兼容性如表 16-6 所示。

表 16-6 兼容性测试

序号	依赖组件	版本号	OS 版本	是否兼容	备注
1	MySQL	5.7	不清楚	Y	华为云鲲鹏云服务
2	MongoDB	4.0	CentOS 7.6	Y	华为云鲲鹏 ECS，通过 yum 源华为镜像站安装
3	Redis	5.0	不清楚	Y	华为云鲲鹏云服务

5. 测试总结

1）测试结果统计

本节根据测试用例的实际结果统计。

2）缺陷说明及处理建议

针对出现的缺陷提出解决方案，没有则忽略。

3）测试结论及签字

根据测试结果得出鲲鹏认证通过或者不通过的结论，测试双方签字确认。

16.7 安全自测试报告

安全自测试报告模板获取方式参考15.4.3节“鲲鹏方案认证”的步骤4，安全自测试报告也分为5个部分，相对来说，安全性测试比较客观，大部分测试都是通过工具自动完成的，下面按照测试报告的章节顺序逐步说明（建议先获取模板文件，边参考模板文件边阅读本节内容）。

1. 安全测试概述

1）安全自测试概览

安全自测试的流程图，可以不用修改。

2）安全测试策略

根据不同的产品类型选择合适的安全测试策略，本示例为SaaS型，只需进行Web安全扫描。

2. 安全测试环境信息

1）测试环境清单

本次测试的测试资源清单与16.6节的测试资源清单部分基本一致。需要注意的是扫描的时候只扫描ECS，华为云上的其他服务，例如数据库服务、分布式缓存服务等，由华为云负责保证安全，所以就不用扫描了。

2）被测软件版本信息

填写本次测试的软件版本信息。

3. 安全测试工具描述

1）安全扫描工具

本节选择使用的安全扫描工具，建议使用华为云的漏洞扫描服务VSS，该服务集成在华为云中，使用方便，可以使用16.3节申请的支付券支付VSS的费用。下文详细介绍VSS从购买到扫描、修复漏洞的过程。

① 购买VSS服务

漏洞扫描服务VSS的路径为产品→安全→应用安全→漏洞扫描服务，页面如图16-14所示。

单击“包年包月”进入购买页面，如图16-15所示。

计费模式最好选择包年包月，因为在申请期间可能会经过多次扫描，规格选择专业版即可满足扫描要求。如果有多个二级域名或IP:端口，需要购买多个扫描配额包。购买时长根据认证的需要，选择一到两个月即可，最后单击“立即购买”，按照向导使用代金券支付费用。

② 添加要扫描的域名

步骤1：进入漏洞扫描服务控制台，单击“资产列表”菜单项，如图16-16所示，显示资产列表窗口。

图 16-14　VSS 页面

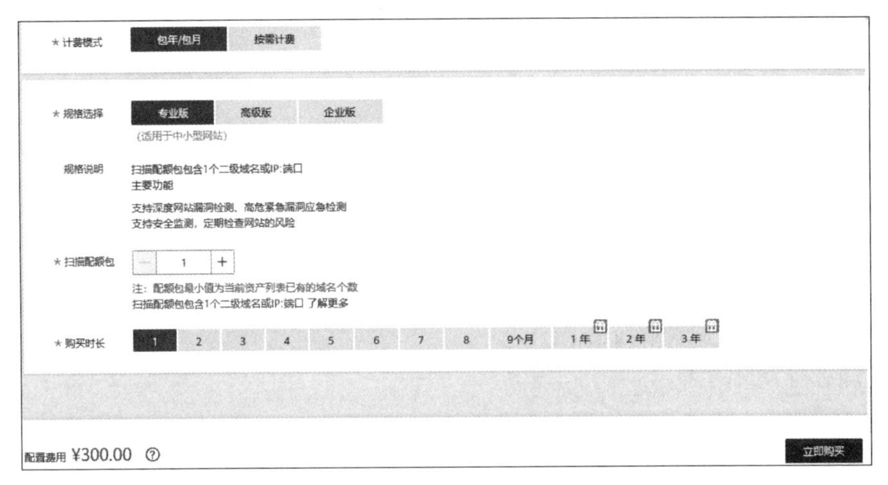

图 16-15　VSS 购买

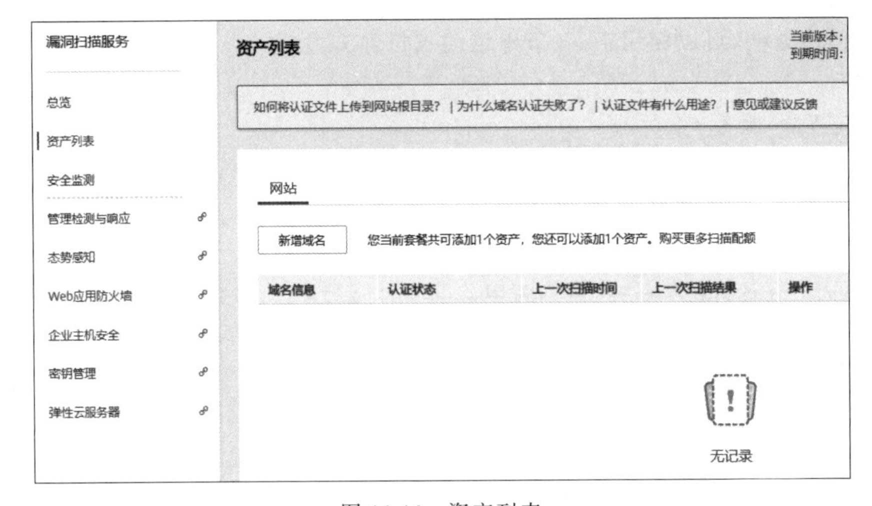

图 16-16　资产列表

步骤 2：单击“新增域名”按钮，弹出新增域名窗口，按照提示填写域名和域名别称，如图 16-17 所示。

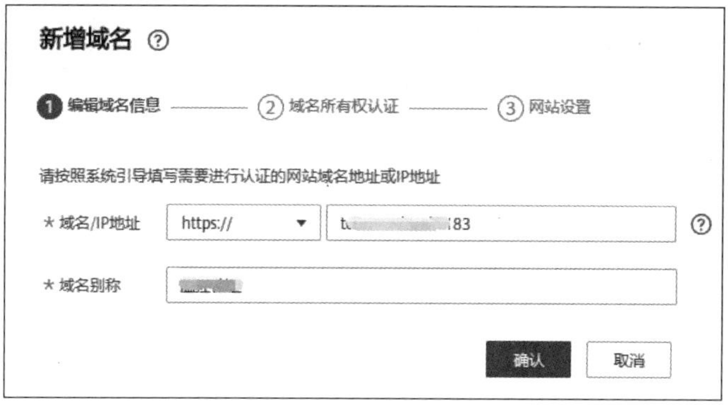

图 16-17　新增域名

步骤 3：单击“确认”按钮，进入域名所有权认证页面，选择“一键认证”页签，如图 16-18 所示。

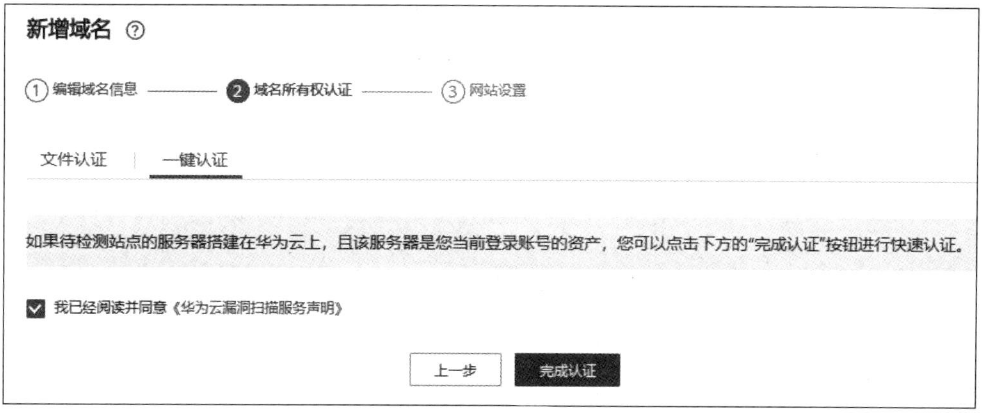

图 16-18　一键认证

一般来说，申请鲲鹏云认证的产品都满足一键认证的条件，如果确实不满足也可以使用文件认证。

步骤 4：单击“完成认证”，进入网站设置页面，如图 16-19 所示。

本页面主要设置网站的登录方式，账号密码登录比较方便，设置一次就可以一直使用。cookie 登录适应性强，但缺点是 cookie 失效后需要重新设置，两种方式根据实际需要配置。对于需要输入验证码登录的网站，只能使用 cookie 登录方式。假如使用 Chrome 浏览器，要获取网站的 cookie，可以先登录网站，然后进入开发者工具页面，如图 16-20 所示。

进入 Network 页签，然后选择 XHR，在 Headers 区域找到 Cookie 对应的值，该值就是如图 16-19 所示页面需要输入的 cookie 值。

新增域名

① 编辑域名信息 ② 域名所有权认证 ③ 网站设置

如果网站中某些网页需要登录才能访问，请您进行登录设置，以便VSS能够为您发现更多安全问题。以下登录方式可二选一，为了提高登录成功率，建议您设置两种。

登录方式一：账号密码登录

登录页面

用户名

密码

确认密码

登录方式二：cookie登录

cookie值

网站登录验证

输入一个登录成功后才能访问的网址，便于VSS快速判断您的登录信息是否有效。

验证登录网址

确认 取消

图 16-19 网站配置

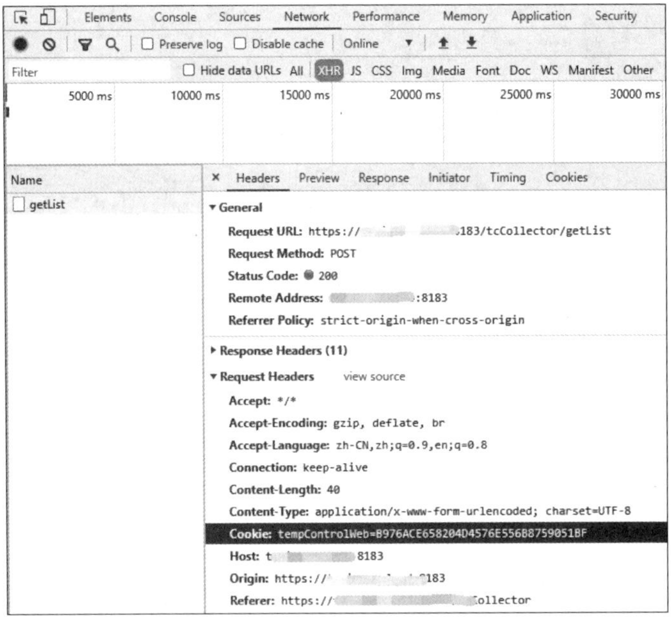

Elements Console Sources Network Performance Memory Application Security

Preserve log Disable cache Online

Filter Hide data URLs All XHR JS CSS Img Media Font Doc WS Manifest Other

5000 ms 10000 ms 15000 ms 20000 ms 25000 ms 30000 ms

Name

getList

× Headers Preview Response Initiator Timing Cookies

▼ General

Request URL: https://183/tcCollector/getList

Request Method: POST

Status Code: 200

Remote Address: :8183

Referrer Policy: strict-origin-when-cross-origin

▶ Response Headers (11)

▼ Request Headers view source

Accept: */*

Accept-Encoding: gzip, deflate, br

Accept-Language: zh-CN,zh;q=0.9,en;q=0.8

Connection: keep-alive

Content-Length: 40

Content-Type: application/x-www-form-urlencoded; charset=UTF-8

Cookie: tempControlWeb=B976ACE658204D4576E556B8759051BF

Host: t 8183

Origin: https:// 183

Referer: https:// ollector

图 16-20 获取 cookie

步骤 5：填写完毕登录方式和验证登录网址，单击“确认”按钮，完成域名的添加，成功添加后的资产列表如图 16-21 所示。

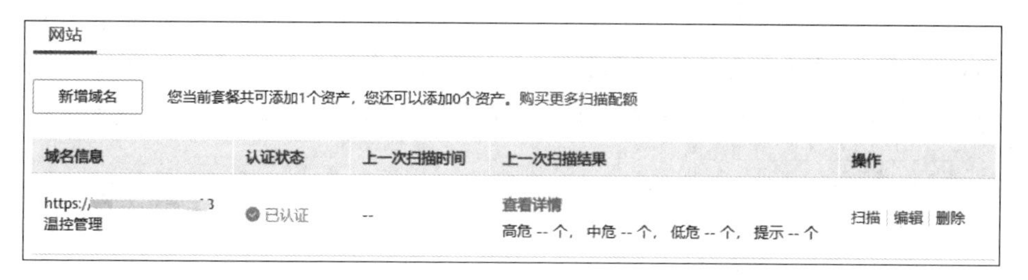

图 16-21　域名添加成功

③ 漏洞扫描

步骤 1：在资产列表页面找到要进行漏洞扫描的域名，如图 16-21 所示，单击操作列的“扫描”超链接，会转向创建任务页面，如图 16-22 所示。

创建任务

您目前正在体验漏洞扫描服务专业版，支持常见漏洞检测、端口扫描、弱密码扫描，每月扫描任务上限多达60次。

填写扫描信息

提示：如果您的网站需要登陆才能设置，请前往资产列表设置登陆信息，以便我们能为您的网站进行更好的扫描。

* 任务名称

* 目标网址　http　已认证

开始时间　请选择日期时间

* 扫描模式　标准扫描

扫描项设置

扫描项	操作
Web常规漏洞扫描（包括XSS、SQL注入等30多种常见漏洞）	
端口扫描	
弱密码扫描	
CVE漏洞扫描	
网页内容合规检测（文字）	
网页内容合规检测（图片）	当前版本不支持检测该项目，您可以 升级到企业版
网站挂马检测	当前版本不支持检测该项目，您可以 升级到企业版
链接健康检测（死链、暗链、恶意外链）	当前版本不支持检测该项目，您可以 升级到企业版

开始扫描

图 16-22　创建扫描任务

按照输入要求填写扫描信息，其中目标网址只能选择已认证的网址。如果需要定时扫描，可以设置开始时间，单击“开始时间”后的日历图标弹出时间选择窗口，选择计划开始扫描的时间即可。扫描模式有 3 种可供选择，初始扫描可以选择标准扫描，快速获取大部分网站漏洞，后期可以通过深度扫描获取更全面的漏洞信息。扫描项设置按照默认的全选即可，最后单击“开始扫描”按钮，启动扫描任务，扫描页面如图 16-23 所示。

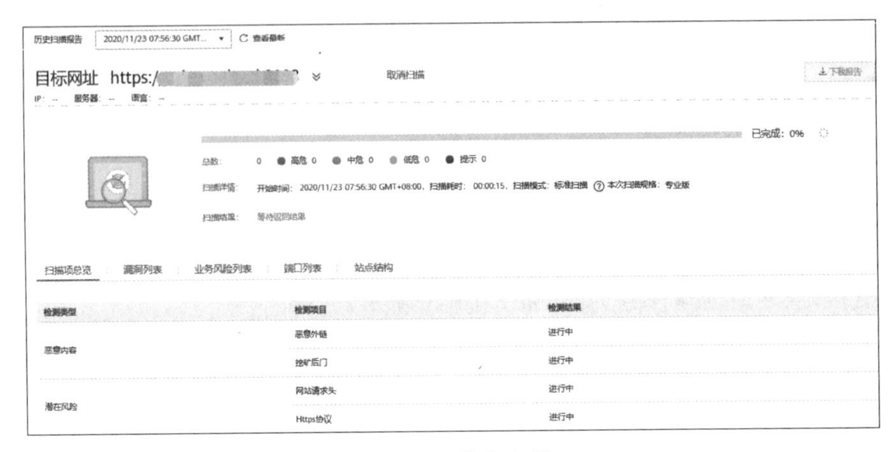

图 16-23　执行扫描

步骤 2：扫描结束后，显示扫描报告页面，如图 16-24 所示。

图 16-24　扫描报告

单击“查看详情”超链接进入漏洞列表页面，如图 16-25 所示。

扫描项总览 | 漏洞列表 | 业务风险列表 | 端口列表 | 站点结构

漏洞名称	等级	影响URL	检测项目	发现时间	状态	操作
发现可高速缓...	低危	https://tc.ie...	信息泄露	2020/11/23 08:55...		忽略 取消忽略
反射型XSS	高危	https://tc.ie...	跨站脚本攻击	2020/11/23 08:15...		忽略 取消忽略
反射型XSS	高危	https://tc.ie...	跨站脚本攻击	2020/11/23 08:12...		忽略 取消忽略
反射型XSS	高危	https://tc.ie...	跨站脚本攻击	2020/11/23 08:12...		忽略 取消忽略
反射型XSS	高危	https://tc.ie...	跨站脚本攻击	2020/11/23 08:12...		忽略 取消忽略

图 16-25　漏洞列表

步骤 3：漏洞列表页面列出了每个漏洞的信息，单击漏洞名称超链接进入漏洞详情页面，如图 16-26 所示。

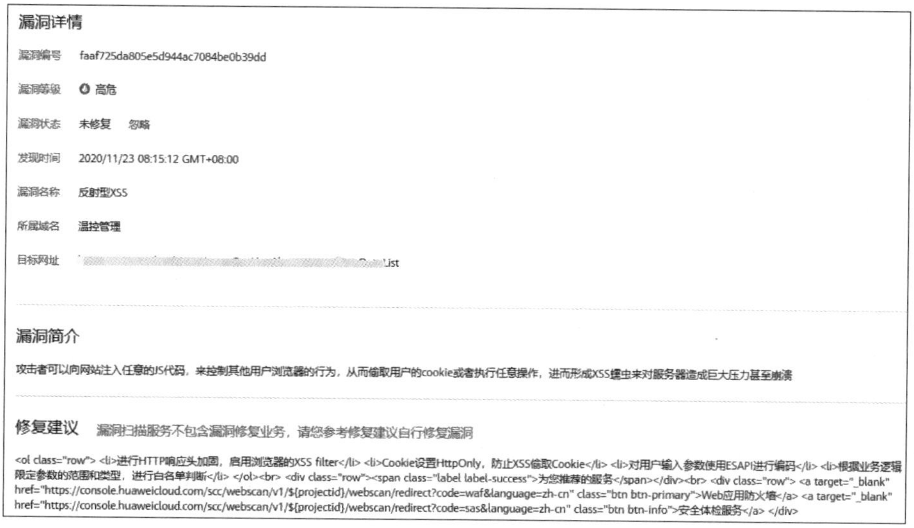

漏洞详情

漏洞编号　faaf725da805e5d944ac7084be0b39dd

漏洞等级　高危

漏洞状态　未修复　忽略

发现时间　2020/11/23 08:15:12 GMT+08:00

漏洞名称　反射型XSS

所属域名　温控管理

目标网址　[illegible]List

漏洞简介

攻击者可以向网站注入任意的JS代码，来控制其他用户浏览器的行为，从而偷取用户的cookie或者执行任意操作，进而形成XSS蠕虫来对服务器造成巨大压力甚至崩溃

修复建议　漏洞扫描服务不包含漏洞修复业务，请您参考修复建议自行修复漏洞

<ol class="row"> <li>进行HTTP响应头加固，启用浏览器的XSS filter</li> <li>Cookie设置HttpOnly，防止XSS偷取Cookie</li> <li>对用户输入参数使用ESAPI进行编码</li> <li>根据业务逻辑限定参数的范围和类型，进行白名单判断</li> </ol>
 <div class="row"><span class="label label-success">为您推荐的服务</span></div>
 <div class="row"> <a target="_blank" href="https://console.huaweicloud.com/scc/webscan/v1/${projectid}/webscan/redirect?code=waf&language=zh-cn" class="btn btn-primary">Web应用防火墙</a> <a target="_blank" href="https://console.huaweicloud.com/scc/webscan/v1/${projectid}/webscan/redirect?code=sas&language=zh-cn" class="btn btn-info">安全体检服务</a> </div>

图 16-26　漏洞详情

在漏洞详情页面，列出了漏洞的等级、状态、发现时间、漏洞名称、目标网址、漏洞简介、修复建议等信息，可以根据此信息，对扫描的服务器或者软件产品进行有针对性更改，以便修复漏洞。

4. 测试执行

1）安全测试结果综述及关键风险

① 产品安全红线总体达成目标

本节要求修复所有的高危漏洞，并且中危漏洞数量应少于 10 个，对于低危漏洞不做强制修复要求。下面针对常见的漏洞给出 Java 语言下的解决方法。

a. X-Frame-Options 字段检测

- 漏洞级别：低危；
- 漏洞简介：确保自己的网页内容没有被嵌套到其他网站中去，避免单击劫持(Click Jacking)的攻击；
- 解决方法：设置 X-Frame-Options 响应头为 DENY 或 SAMEORIGIN；
- 代码示例：在 Spring Boot 项目中，添加继承自 WebSecurityConfigurerAdapter 的配置类 SpringSecurityConfig，重写 configure 方法，在重写的方法里调用 sameOrigin 方法，限制网页只能在同域页面的 frame 中展示，代码如下：

```
//Chapter16/SpringSecurityConfig.java

import org.springframework.context.annotation.Configuration;
import org.springframework.security.config.annotation.web.builders.HttpSecurity;
import org.springframework.security.config.annotation.web.configuration.EnableWebSecurity;
import org. springframework. security. config. annotation. web. configuration.
WebSecurityConfigurerAdapter;

@Configuration
@EnableWebSecurity
public class SpringSecurityConfig extends WebSecurityConfigurerAdapter {
  @Override
  protected void configure(HttpSecurity http) throws Exception {
    http.headers()
        .frameOptions()
        .sameOrigin();
  }
}
```

b. 记住密码

- 漏洞级别：中危；
- 漏洞简介：在公共计算机上面，攻击者可以通过记住密码功能，免输入密码实现登录用户账号的目的，从而窃取用户的信息；
- 解决方法：显式设置网页中 password 输入框的属性 autocomplete="off"；
- 代码示例：下面通过一个网页的 html 代码片段来演示 autocomplete="off"的用法，在代码中，对输入新密码的密码输入框和确认新密码的密码输入框都设置了 autocomplete="off"属性，因为只是代码片段，对应的 css 请忽略，代码如下：

```
<!-- Chapter16/firstLogin.html -->

<div class = "middle - box text - center loginscreen animated fadeInDown">
    <div>
        <h3>首次登录请修改密码</h3>
```

```
        <form id = "firstlogin" class = "m - t" role = "form" method = "post">
            <div class = "form - group">
                <input type = " password"  autocomplete = " off "  class = " form - control"
placeholder = "输入新密码" required >
            </div >
            <div class = "form - group">
                <input id = "password" type = "password" autocomplete = "off" class = "form -
control" name = "password" placeholder = "确认新密码" required >
            </div >
            <div class = "form - group">
                <input id = "firstlogins" class = "form - control" name = "firstlogin" value
= "false" type = "hidden">
            </div >
            <div class = "form - group">
                <input id = "username" class = "form - control" name = "username"
                       type = "hidden">
            </div >
            <a target = "_self">
                 <button id = "first_changePwd" type = "button" class = "btn btn - primary
block full - width m - b">确 认</button >
            </a >
        </form >
    </div >
</div >
```

c. 反射型 XSS

- 漏洞级别：高危。
- 漏洞简介：攻击者可以向网站注入任意的 JS 代码，以此来控制其他用户浏览器的行为，从而偷取用户的 cookie 或者执行任意操作，进而形成 XSS 蠕虫来对服务器造成巨大压力甚至崩溃。
- 解决方法：在客户端方面可以通过 HTTP 响应头加固，启用浏览器的 XSS filter。在后台添加 Cookie 时设置 HttpOnly 属性，防止 XSS 读取 Cookie。对用户输入的参数在后台使用 ESAPI 进行编码，根据业务逻辑限定参数的范围和类型，进行白名单判断。
- 代码示例：示例通过 ESAPI 来对所有的请求添加过滤器，在过滤器里处理参数值，过滤其中可能被用作 XSS 攻击的代码。

首先执行参数 XSS 过滤的类 XssHttpServletRequestWrapper. java，代码如下：

```
//Chapter16/XssHttpServletRequestWrapper.java
import org.owasp.esapi.ESAPI;
import java.util.regex.Pattern;
import javax.servlet.http.HttpServletRequest;
import javax.servlet.http.HttpServletRequestWrapper;
```

```
import static java.util.regex.Pattern.*;

/**
 * XSS 过滤器装饰类
 * 通过重写 getParameter 方法和 getParameterValues 方法对参数进行 XSS 过滤处理
 */
public class XSSHttpServletRequestWrapper extends HttpServletRequestWrapper {

    public XSSHttpServletRequestWrapper(HttpServletRequest servletRequest) {
        super(servletRequest);
    }

    /**
     * 获取经过 XSS 过滤处理的参数值
     * @param parameter 参数名称
     * @return 参数值
     */
    @Override
    public String[] getParameterValues(String parameter) {
        String[] values = super.getParameterValues(parameter);

        if (values == null) {
            return null;
        }

        int count = values.length;
        String[] encodedValues = new String[count];

        for (int i = 0; i < count; i++) {
            encodedValues[i] = cleanXSS(values[i]);
        }

        return encodedValues;
    }

    /**
     * 获取经过 XSS 过滤处理的参数名称
     * @param parameter 参数名称
     * @return 处理后的参数名称
     */
    @Override
    public String getParameter(String parameter) {

        String value = super.getParameter(parameter);
        if (value == null) {
```

```
            return null;
        }

        return cleanXSS(value);
    }

    /**
     * 获取请求头中给定名称对应的值
     * @param name 要获取的请求头名称
     * @return 名称对应的值
     */
    @Override
    public String getHeader(String name) {

        String value = super.getHeader(name);

        if (value == null) {
            return null;
        }

        return value;
    }

    /**
     * 对给定的值进行 XSS 过滤处理
     * @param value 要处理的值
     * @return 处理后的值
     */
    private String cleanXSS(String value) {
        if (value != null) {
            //使用 ESAPI 对文本进行规范化处理,将编码后的字符串转化为最简形式
            value = ESAPI.encoder().canonicalize(value);

            //移除空字符串
            value = value.replaceAll(" ", "");

            //移除 script 标签
                Pattern scriptPattern = compile("<script>(.*?)</script>", CASE_
INSENSITIVE);
            value = scriptPattern.matcher(value).replaceAll("");

            //移除 src 形式的表达式
            scriptPattern = compile("src[\r\n]*=[\r\n]*\"(.*?)\\"", CASE_INSENSITIVE
| MULTILINE | DOTALL);
```

```
            value = scriptPattern.matcher(value).replaceAll("");

            //移除单个的 </script> 标签
            scriptPattern = compile("</script>", CASE_INSENSITIVE);
            value = scriptPattern.matcher(value).replaceAll("");

            //移除单个的< script ...> 标签
             scriptPattern = compile("< script(.*?)>", CASE_INSENSITIVE | MULTILINE |
DOTALL);
            value = scriptPattern.matcher(value).replaceAll("");

            //移除 eval(...) 形式表达式
             scriptPattern = compile("eval\\((.*?)\\)", CASE_INSENSITIVE | MULTILINE |
DOTALL);
            value = scriptPattern.matcher(value).replaceAll("");

            //移除 expression(...) 表达式
            scriptPattern = compile("expression\\((.*?)\\)", CASE_INSENSITIVE | MULTILINE |
DOTALL);
            value = scriptPattern.matcher(value).replaceAll("");

            //移除 JavaScript: 表达式
            scriptPattern = compile("JavaScript:", CASE_INSENSITIVE);
            value = scriptPattern.matcher(value).replaceAll("");

            //移除 vbscript: 表达式
            scriptPattern = compile("vbscript:", CASE_INSENSITIVE);
            value = scriptPattern.matcher(value).replaceAll("");

            //移除 onload= 表达式
             scriptPattern = compile("onload(.*?)=", CASE_INSENSITIVE | MULTILINE |
DOTALL);
            value = scriptPattern.matcher(value).replaceAll("");

            //移除 onXX= 表达式
          scriptPattern = compile("on.*(.*?)=", CASE_INSENSITIVE | MULTILINE | DOTALL);
          value = scriptPattern.matcher(value).replaceAll("");
        }
        return value;
    }
}
```

该类引用了开源的 ESAPI(Enterprise Security API)，该开源代码托管在 GitHub 上，也可以通过国内的镜像快速访问：https://gitee.com/mirrors/esapi-java-legacysource。使用 ESAPI 还需要提供 ESAPI 的配置文件 ESAPI.properties 和 validation.properties，这两

个文件可以从开源仓库获取。

然后定义 XSS 过滤器类 XSSFilter.java，代码如下：

```
//Chapter16/XSSFilter.java
import javax.servlet.*;
import javax.servlet.annotation.WebFilter;
import javax.servlet.http.HttpServletRequest;
import java.io.IOException;

/**
 * XSS 过滤器
 */
@WebFilter(filterName = "XSSFilter", URLPatterns = {"/*"})
public class XSSFilter implements Filter {

    @Override
    public void init(FilterConfig filterConfig) {
    }

    @Override
    public void doFilter(ServletRequest request, ServletResponse response, FilterChain chain)
            throws IOException, ServletException {
            XSSHttpServletRequestWrapper xssRequest = new XSSHttpServletRequestWrapper
((HttpServletRequest) request);
        chain.doFilter(xssRequest, response);
    }

    @Override
    public void destroy() {
    }
}
```

最后，需要把该过滤器加入过滤器链，根据不同的业务，可能实现的代码方式不同，此处就不详细举例了，这样，就可以从根本上拦截所有的请求，并且把参数进行 XSS 过滤处理。

d. 通过框架钓鱼

- 漏洞级别：中危；
- 漏洞简介：利用 frame 或者 iframe 框架欺骗用户单击不可信站点导致信息泄露；
- 解决方法：该漏洞一般通过参数把框架传入后台处理程序中，可以在后台对传入的参数进行处理，对其中的特殊字符进行替换，从而消除该漏洞的影响；
- 代码示例：和反射型 XSS 的代码实例一样，也可以使用同样的方法解决本漏洞问题。

e. 链接注入

- 漏洞级别：中危；

■ 漏洞简介：构造恶意链接以产生跨站请求伪造攻击。
■ 解决方法：对输入的特殊字符进行过滤；
■ 代码示例：和反射型XSS的代码实例一样，也可以使用同样的方法解决本漏洞问题。

f. 内容安全策略

■ 漏洞级别：低危；
■ 漏洞简介：可能会收集有关Web应用程序的敏感信息，如用户名、密码、机器名和/或敏感文件位置；
■ 解决方法：在响应头中配置Content-Security-Policy头及相应的策略，指定可信的内容来源，排除各种跨站点注入，以及跨站点脚本编制等；
■ 代码示例：在Spring Boot项目中，添加继承自WebSecurityConfigurerAdapter的配置类SpringSecurityConfig2，重写configure方法，在重写的方法里调用contentSecurityPolicy方法设置CSP策略，代码如下：

```
//Chapter16/SpringSecurityConfig2.java

import org.springframework.context.annotation.Configuration;
import org.springframework.security.config.annotation.web.builders.HttpSecurity;
import org.springframework.security.config.annotation.web.configuration.EnableWebSecurity;
import org.springframework.security.config.annotation.web.configuration.WebSecurityConfigurerAdapter;

@Configuration
@EnableWebSecurity
public class SpringSecurityConfig extends WebSecurityConfigurerAdapter {
  @Override
  protected void configure(HttpSecurity http) throws Exception {
    http.headers()
        .contentSecurityPolicy(
                "frame-ancestors 'self'; default-src 'self' 'unsafe-inline' 'unsafe-
eval' *.aliyuncs.com *.baidu.com *.bdimg.com ;object-src 'self'");
  }
}
```

在本代码示例中，对于default-src设置了较多的例外，主要因为项目里使用了第三方JS，这些例外的网址需要是可信赖的。

g. 不安全的HTTP方法

■ 漏洞级别：低危；
■ 漏洞简介：不安全的HTTP方法一般包括：TRACE、PUT、DELETE、COPY等。其中最常见的为TRACE方法，该方法可以回显服务器收到的请求，主要用于测试或诊断，恶意攻击者可以利用该方法进行跨站跟踪攻击（即XST攻击），从而进行网站钓鱼、盗取管理员 Cookie 等；

- 解决方法：禁止 GET、POST 以外的请求方法；
- 代码示例：通过一个 HttpMethodFilter 过滤器来屏蔽不安全的请求，代码如下：

```
//Chapter16/HttpMethodFilter.java

import com.alibaba.fastjson.JSON;
import org.springframework.web.filter.OncePerRequestFilter;
import javax.servlet.FilterChain;
import javax.servlet.ServletException;
import javax.servlet.annotation.WebFilter;
import javax.servlet.http.HttpServletRequest;
import javax.servlet.http.HttpServletResponse;
import java.io.IOException;

/** 去除不安全的 HTTP 请求
 * 过滤器在 spring security 过滤器链中第一个被执行 */
@WebFilter( filterName = "HttpMethodFilter", URLPatterns = {"/*"})
public class HttpMethodFilter extends OncePerRequestFilter {
  @Override
  protected void doFilterInternal(
          HttpServletRequest request, HttpServletResponse response, FilterChain filterChain)
          throws ServletException, IOException {
    String method = request.getMethod();
    if (!method.equals("POST") && !method.equals("GET")) {
      response.setCharacterEncoding("UTF-8");
      response.setStatus(405);
      response.getWriter().write(JSON.toJSONString(new IllegalStateException("不被允许的
请求方式->") + method));
    } else {
      filterChain.doFilter(request, response);
    }
  }
}
```

② 产品安全扫描高风险汇总和跟踪

要通过兼容性认证，所有的高风险漏洞需要全部解决，或者至少给出解决方案。

③ 安全测试执行结果统计表

在解决了风险漏洞问题后，可以重新执行扫描，本示例重新扫描的报告如图 16-27 所示。

可以看到所有的高危和中危风险都解决了，只剩下低危风险，可以不用处理。本节的安全测试结果统计表格式如表 16-7 所示。

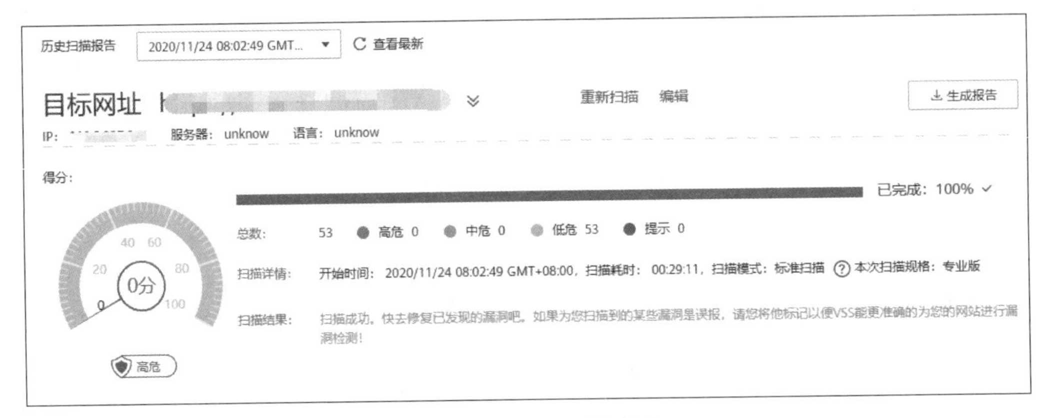

图 16-27　重新扫描的报告

表 16-7　安全测试结果统计表

分类	高风险	中风险	低风险	已解决问题	遗留问题	测试人员
Web 扫描	0	0	53	0	53	XXX
合计	0	0	53	0	53	

说明：Web 扫描共发现风险 53 个，其中高风险 0 个，中风险 0 个，低风险 53 个，风险均可接受。

2）安全测试日志

在 VSS 扫描报告页面，如图 16-27 所示，单击“生成报告”按钮，此时会执行报告生成动作，报告生成后按钮名称自动变为“下载报告”，单击“下载报告”按钮，即可将 VSS 扫描报告的 PDF 格式文件下载到本地。把下载下来的报告文件拖放到本节即可，效果如图 16-28 所示。

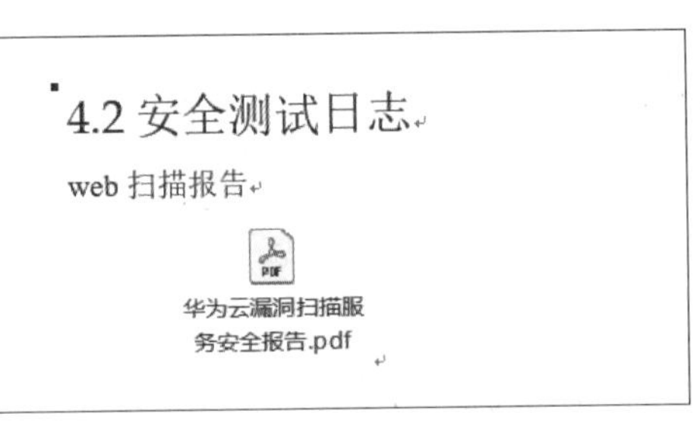

图 16-28　web 扫描报告

3）安全检查项

① 防暴力破解

防暴力破解提供了两种选项，一种是登录错误超过给定的次数就锁定账号，另一种是使用验证码，这里提供通过验证码登录的 Java 语言解决方案。该方案主要包含 3 个 Java 文件，下面分别说明。

ImageCode.java 封装了验证码对象，代码及注释如下：

```
//Chapter16/ImageCode.java

import java.awt.image.BufferedImage;
```

```java
import java.time.LocalDateTime;

/**
 * 验证码对象
 */
public class ImageCode {
    /**
     * 验证码图片
     */
    private BufferedImage image;
    /**
     * 验证码字符串
     */
    private String code;
    /**
     * 过期时间
     */
    private LocalDateTime expireTime;

    /**
     * 构造验证码对象
     * @param image 验证码图片
     * @param code 验证码
     * @param expireIn 过期时间(秒)
     */
    public ImageCode(BufferedImage image, String code, Integer expireIn) {
        this.image = image;
        this.code = code;
        this.expireTime = LocalDateTime.now().plusSeconds(expireIn);
    }

    /**
     * 验证码是否过期
     * @return 是否过期
     */
    public boolean isExpired(){
        return LocalDateTime.now().isAfter(expireTime);
    }

    public BufferedImage getImage() {
        return image;
    }

    public void setImage(BufferedImage image) {
        this.image = image;
```

```
    }

    public String getCode() {
        return code;
    }

    public void setCode(String code) {
        this.code = code;
    }

}
```

ValidateController.java 用来生成验证码图片，代码及注释如下：

```
//Chapter16/ValidateController.java

import org.springframework.social.connect.web.HttpSessionSessionStrategy;
import org.springframework.social.connect.web.SessionStrategy;
import org.springframework.web.bind.annotation.GetMapping;
import org.springframework.web.bind.annotation.RestController;
import org.springframework.web.context.request.ServletWebRequest;
import javax.imageio.ImageIO;
import javax.servlet.http.HttpServletRequest;
import javax.servlet.http.HttpServletResponse;
import java.awt.*;
import java.awt.image.BufferedImage;
import java.io.IOException;
import java.util.Random;

/**
 * 验证码控制器，用来生成验证码对象并提供验证码图片供前台调用
 */
@RestController
public class ValidateController {

    public static final String SESSION_KEY = "SESSION_KEY_IMAGE_CODE";
    private SessionStrategy sessionStrategy = new HttpSessionSessionStrategy();

    @GetMapping("code/image")
    public void createCode(HttpServletRequest request, HttpServletResponse response) throws
IOException {
        //生成验证码对象
        ImageCode imageCode = createImageCode();
```

```
        //保存验证码对象到 session
            sessionStrategy.setAttribute(new ServletWebRequest(request), SESSION_KEY,
imageCode);

        response.setHeader("Pragma","No-cache");
        response.setHeader("Cache-Control","no-cache");

        //写图像到输出流
        ImageIO.write(imageCode.getImage(), "JPEG", response.getOutputStream());
    }

    /**
     * 生成验证码对象
     * @return 验证码对象
     */
    private ImageCode createImageCode() {
        int width = 67;
        int height = 23;
        BufferedImage image = new BufferedImage(width,height,BufferedImage.TYPE_INT_RGB);
        Graphics g = image.getGraphics();

        Random random = new Random();
        g.setColor(getRandColor(200,250));
        g.fillRect(0,0,width,height);
        g.setFont(new Font("Times New Roman",Font.ITALIC,20));
        g.setColor(getRandColor(160,200));
        for (int i = 0;i < 155; i++){
            int x = random.nextInt(width);
            int y = random.nextInt(height);
            int xl = random.nextInt(12);
            int yl = random.nextInt(12);
            g.drawLine(x,y,x + xl,y + yl);
        }

        String sRandCode = "";
        for(int i = 0;i < 4; i++){
            String rand = String.valueOf(random.nextInt(10));
            sRandCode += rand;
            g.setColor(new Color(20 + random.nextInt(110),20 + random.nextInt(110),20 +
random.nextInt(110)));
            g.drawString(rand,13 * i + 6,16);
        }
        g.dispose();
        return new ImageCode(image,sRandCode,60);
    }
```

```
    /**
     * 生成随机背景条纹
     * @param fc 前景色
     * @param bc 背景色
     * @return 随机颜色
     */
    private Color getRandColor(int fc, int bc) {
        Random random = new Random();
        if(fc > 255){
            fc = 255;
        }
        if(bc > 255){
            bc = 255;
        }
        int r = fc + random.nextInt(bc - fc);
        int g = fc + random.nextInt(bc - fc);
        int b = fc + random.nextInt(bc - fc);
        return new Color(r,g,b);
    }
}
```

ValidateCodeFilter.java 用来对登录中包含的验证码信息进行验证，代码及注释如下：

```
//Chapter16/ValidateCodeFilter.java

import com.ggnykj.emep.tempcontrol.common.SysConfigClientServer;
import com.ggnykj.emep.tempcontrol.springsecurityconfig.handler.MyAuthenticationFailureHandler;
import org.apache.commons.lang3.StringUtils;
import org.springframework.security.core.AuthenticationException;
import org.springframework.social.connect.web.HttpSessionSessionStrategy;
import org.springframework.social.connect.web.SessionStrategy;
import org.springframework.web.bind.ServletRequestBindingException;
import org.springframework.web.bind.ServletRequestUtils;
import org.springframework.web.context.request.ServletWebRequest;
import org.springframework.web.filter.OncePerRequestFilter;
import javax.servlet.FilterChain;
import javax.servlet.ServletException;
import javax.servlet.http.HttpServletRequest;
import javax.servlet.http.HttpServletResponse;
import java.io.IOException;

/**
 * 验证码过滤器
 */
```

```
public class ValidateCodeFilter extends OncePerRequestFilter {
    /**
     * 是否启用验证码
     */
    boolean check = true;
    private MyAuthenticationFailureHandler authenticationFailureHandler;

    private SessionStrategy sessionStrategy = new HttpSessionSessionStrategy();

    public MyAuthenticationFailureHandler getAuthenticationFailureHandler() {
        return authenticationFailureHandler;
    }

    public void setAuthenticationFailureHandler(MyAuthenticationFailureHandler
authenticationFailureHandler) {
        this.authenticationFailureHandler = authenticationFailureHandler;
    }

    @Override
    protected void doFilterInternal(HttpServletRequest httpServletRequest, HttpServletResponse
httpServletResponse,
                                    FilterChain filterChain) throws ServletException,
IOException {
        if (StringUtils.equals("/user/login", httpServletRequest.getRequestURI())
                && StringUtils.equalsIgnoreCase(httpServletRequest.getMethod(), "post")) {
            try {
                //从后台服务配置获取是否启用验证码,在实际项目中根据情况可以去掉该配置
                check = SysConfigClientServer.getInstance().getCheckCode();

                if (check) {
                    validate(new ServletWebRequest(httpServletRequest));
                }

            } catch (ValidateCodeException e) {
                authenticationFailureHandler.onAuthenticationFailures(httpServletRequest,
httpServletResponse, e);
                return;
            }
        }
        //如果不是登录请求,则直接调用后面的过滤器链
        filterChain.doFilter(httpServletRequest, httpServletResponse);
    }

    /**
     * 验证码是否正确
```

```
     * @param request 请求
     * @throws ServletRequestBindingException 抛出的异常信息
     */
    private void validate(ServletWebRequest request) throws ServletRequestBindingException {
        //获得 session 中的验证码对象
        ImageCode codeInSession = (ImageCode) sessionStrategy.getAttribute(request,
ValidateController.SESSION_KEY);

        //获得提交的验证码
        String codeInRequest = ServletRequestUtils.getStringParameter(request.getRequest(),
"imageCode");

        if (codeInRequest == null || codeInRequest == "") {
            throw new ValidateCodeException("验证码的值不能为空!");
        }

        if (codeInSession == null) {
            throw new ValidateCodeException("验证码不存在!");
        }

        if (codeInSession.isExpired()) {
            sessionStrategy.removeAttribute(request, ValidateController.SESSION_KEY);
            throw new ValidateCodeException("验证码已过期!");
        }

        if (!codeInSession.getCode().equals(codeInRequest)) {
            throw new ValidateCodeException("验证码不正确!");
        }

        //验证通过,去除 session 中的验证码对象
        sessionStrategy.removeAttribute(request, ValidateController.SESSION_KEY);
    }

    /**
     * 验证码异常对象
     */
    public class ValidateCodeException extends AuthenticationException {
        public ValidateCodeException(String msg) {
            super(msg);
        }
    }
}
```

该过滤器还需要加入过滤器链中,并且在登录验证前进行过滤,具体的加入方式根据实际项目实现。验证码登录的实际效果如图 16-29 所示。

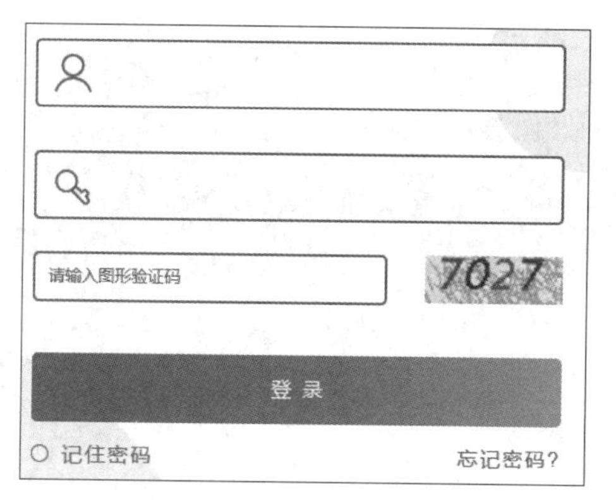

图 16-29 验证码登录

② 敏感信息明文传输检查

a. 使用 HTTPS 协议通道加密

对于 BS 架构的系统，在客户端到服务器端的通信中，可以采取 HTTP 协议或者 HTTPS 协议，前者比较简单，有一定的风险，后者结合 CA 机构颁发的可信证书，可以做到安全通信，在鲲鹏云服务兼容性测试中，要求使用 HTTPS 协议进行通信。本节通过一个简单的示例，演示免费 CA 证书的申请及 HTTPS 协议在 Spring Boot 项目中的应用。

步骤 1：新建 Spring Boot 项目，项目参数参考图 16-30，然后单击 Next 按钮。

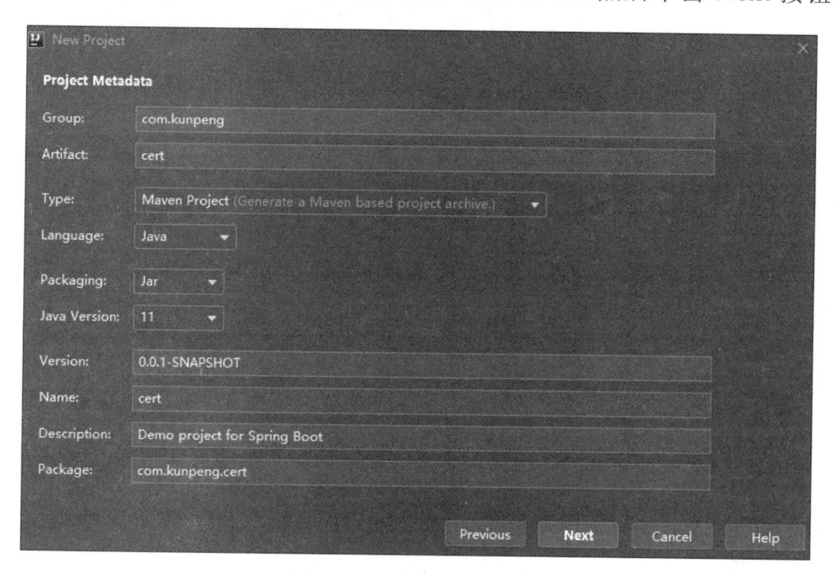

图 16-30 新建项目参数

步骤 2：依赖项选择 Spring Web 和 Thymeleaf，如图 16-31 所示。

其他的信息选择默认即可，最后得到的项目结构如图 16-32 所示。

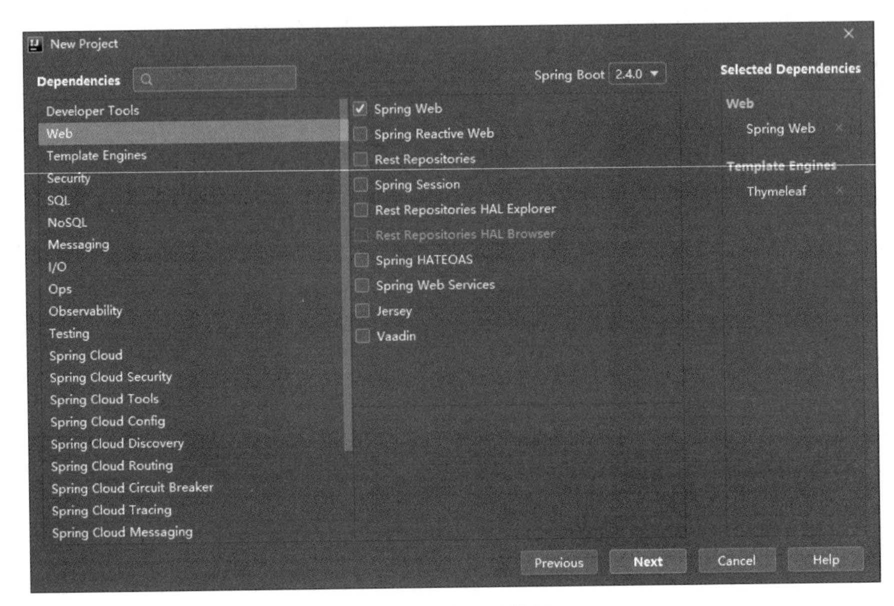

图 16-31 项目依赖

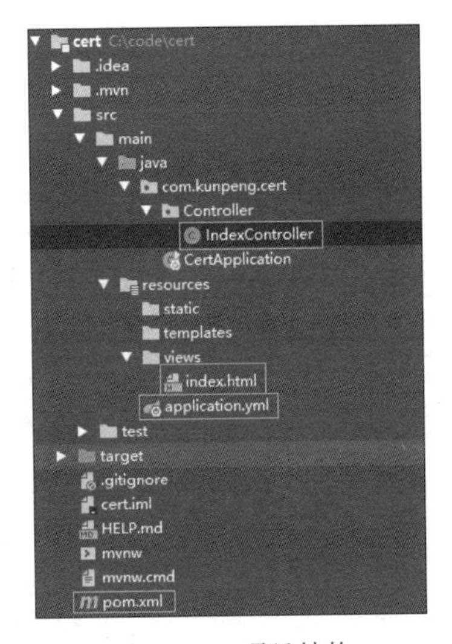

图 16-32 项目结构

项目的关键是图中标出的 4 个文件，下面分别说明：

pom.xml 是项目对象模型文件，内容如下：

```
<?xml version = "1.0" encoding = "UTF - 8"?>
<!-- Chapter16/pom.xml -->
< project xmlns = "http://maven.apache.org/POM/4.0.0" xmlns:xsi = "http://www.w3.org/2001/
XMLSchema - instance"
```

```
        xsi:schemaLocation = "http://maven.apache.org/POM/4.0.0 https://maven.apache.org/
xsd/maven-4.0.0.xsd">
    <modelVersion>4.0.0</modelVersion>
    <parent>
        <groupId>org.springframework.boot</groupId>
        <artifactId>spring-boot-starter-parent</artifactId>
        <version>2.4.0</version>
        <relativePath/> <!-- lookup parent from repository -->
    </parent>
    <groupId>com.kunpeng</groupId>
    <artifactId>cert</artifactId>
    <version>0.0.1-SNAPSHOT</version>
    <name>cert</name>
    <description>Demo project for Spring Boot</description>

    <properties>
        <java.version>11</java.version>
    </properties>

    <dependencies>
        <dependency>
            <groupId>org.springframework.boot</groupId>
            <artifactId>spring-boot-starter-thymeleaf</artifactId>
        </dependency>
        <dependency>
            <groupId>org.springframework.boot</groupId>
            <artifactId>spring-boot-starter-web</artifactId>
        </dependency>

        <dependency>
            <groupId>org.springframework.boot</groupId>
            <artifactId>spring-boot-starter-test</artifactId>
            <scope>test</scope>
        </dependency>
    </dependencies>

    <build>
        <plugins>
            <plugin>
                <groupId>org.springframework.boot</groupId>
                <artifactId>spring-boot-maven-plugin</artifactId>
            </plugin>
        </plugins>
    </build>

</project>
```

里面的主要关注点是对依赖的引用。

application.yml 是配置文件，内容如下：

```
#Chapter16/application.yml

spring:
  thymeleaf:
    prefix: classpath:/views/
    suffix: .html
    mode: HTML

server:
  servlet:
    context-path: /
  port: 8990
```

指定了访问的端口是 8990。

IndexController.java 是控制器类，用来响应对“/”或者/index 的请求，内容如下：

```
//Chapter16/IndexController.java

package com.kunpeng.cert.Controller;

import org.springframework.stereotype.Controller;
import org.springframework.web.bind.annotation.RequestMapping;
import org.springframework.web.servlet.ModelAndView;
import java.time.LocalDateTime;

@Controller
public class IndexController {

    @RequestMapping(value = {"/","/index"})
    public ModelAndView rightData(ModelAndView mv) {
        mv.addObject("time",LocalDateTime.now());
        mv.setViewName("index.html");
        return mv;
    }
}
```

响应非常简单，只是把当前时间传到前台。

index.html 是视图文件，显示后台传过来的时间，内容如下：

```
<!-- Chapter16/index.html -->
<!DOCTYPE html>
<html lang="en" xmlns:th="http://www.w3.org/1999/xhtml">
```

```
<head>
    <meta charset="UTF-8">
    <title>Title</title>
</head>
<body>
<label th:text="'当前时间:' + ${time}"></label>
</body>
</html>
```

步骤3：编译打包项目，并上传到服务器，绑定域名，首先使用HTTP协议访问，页面如图16-33所示。

单击网址栏前面的“不安全”按钮查看网站信息，此时会弹出窗口，如图16-34所示。

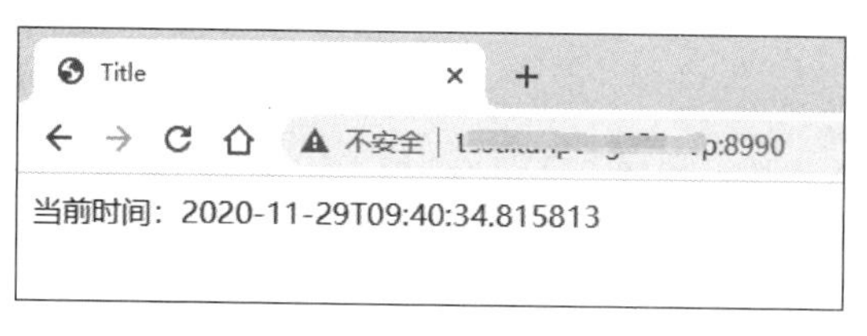

图16-33　HTTP访问

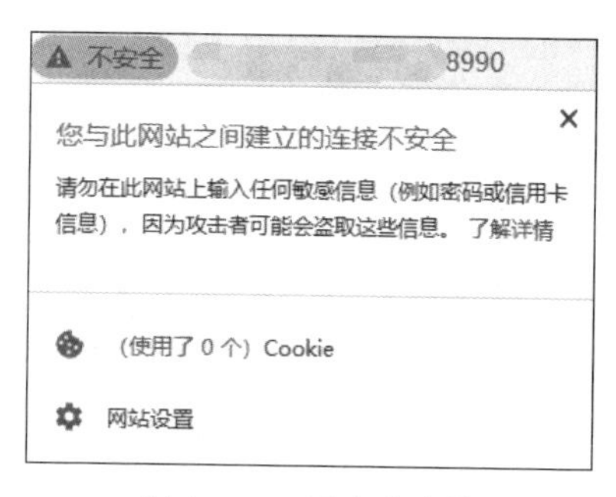

图16-34　不安全连接

要启用网站的HTTPS支持，就需要先获取SSL证书，CA颁发的SSL证书大部分都是收费的，并且价格较高，下面步骤将演示通过华为云申请免费的SSL证书，虽然功能有一些限制，但可以满足基本的加密通信的要求，后期产品真正用于生产的时候，可以换用收费的多功能证书。

步骤4：登录华为云网站，单击产品→安全→安全管理下的“SSL证书管理”菜单项，如图16-35所示。

在SSL证书管理页面单击“立即购买”按钮，如图16-36所示。

系统转向购买证书页面，如图16-37所示。

证书类型选择DV(Basic)，证书品牌选择DigiCert，域名类型只能选择“单域名”，域名数量只能是1个，有效期为1年，购买数量1次只能购买1个，最后单击“立即购买”按钮，按照提示操作即可免费申请一个SSL证书，最后在SSL证书列表页面可以看到刚购买的证书，如图16-38所示。

单击“申请证书”超链接，进入申请证书页面，如图16-39所示。

按照提示填写申请信息，然后单击“提交申请”按钮，进入域名验证阶段，如图16-40所示。

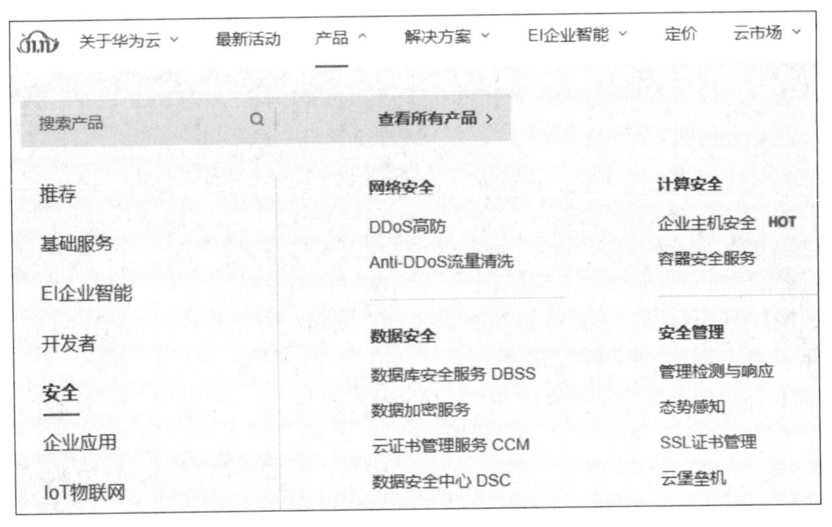

图 16-35 SSL 证书管理菜单

图 16-36 SSL 证书管理

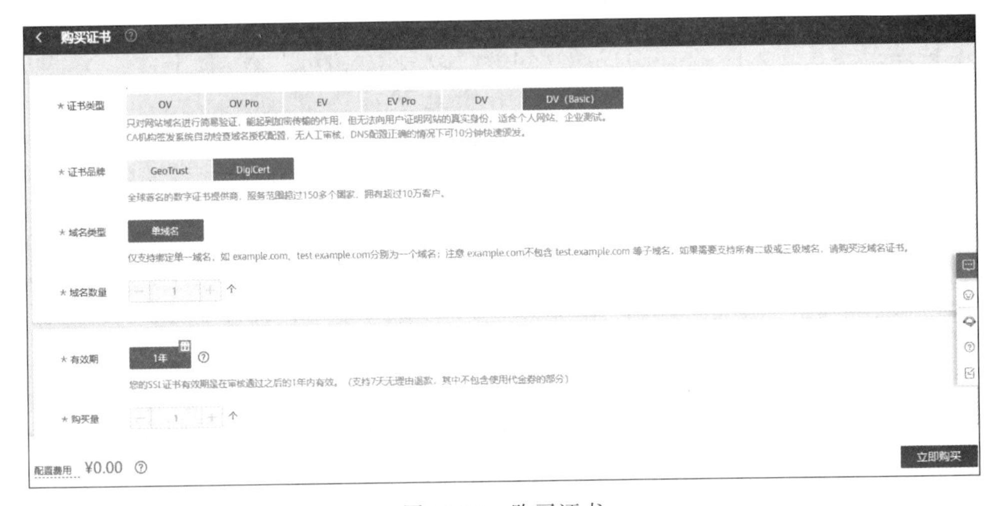

图 16-37 购买证书

上传原有证书
所有状态
请输入证书名称/绑定域名
证书名称
绑定域名
证书类型
描述
到期时间
状态/申请进度
操作
scm-7080
--
单域名
DigiCert (1年)
DV (Basic)
--
--
待申请
申请进度 0
申请证书
删除

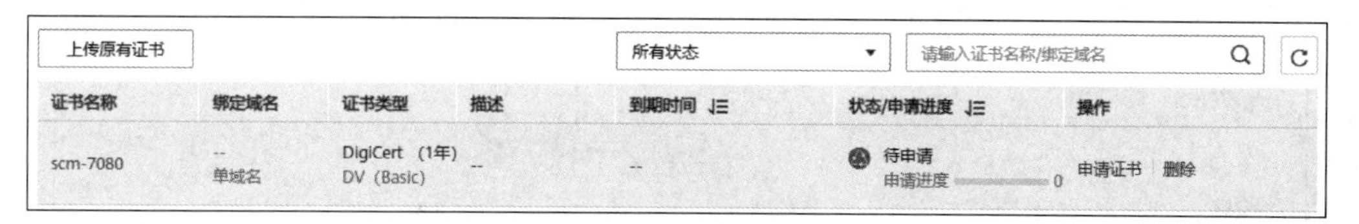

图 16-38　证书列表

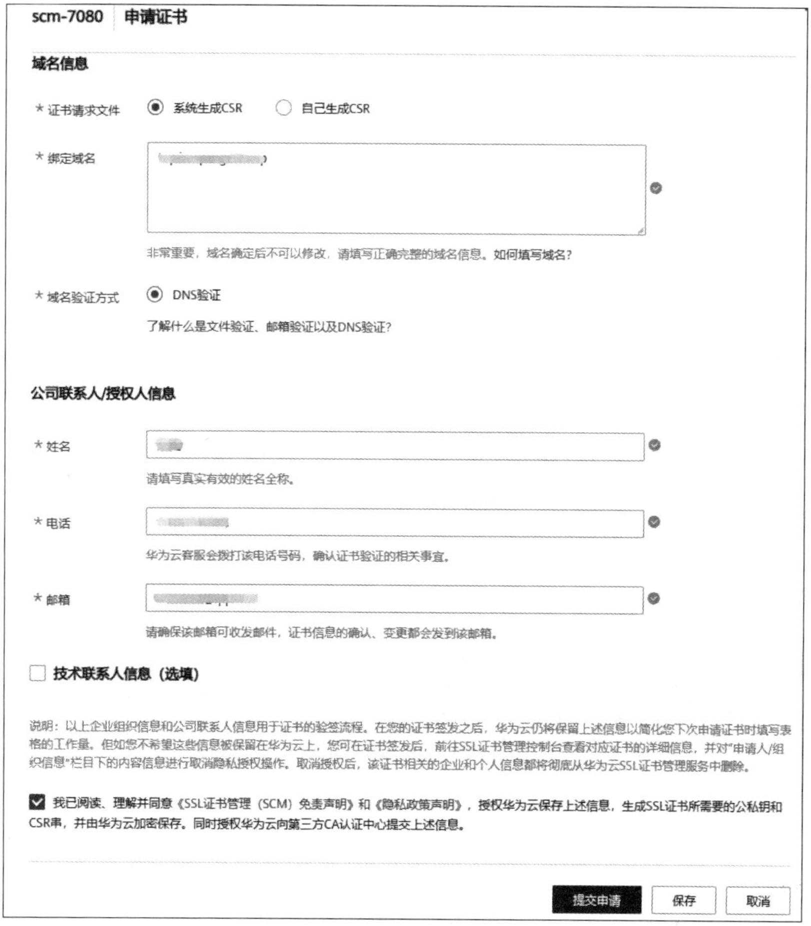

scm-7080 申请证书
域名信息
* 证书请求文件
系统生成CSR
自己生成CSR
* 绑定域名
非常重要，域名确定后不可以修改，请填写正确完整的域名信息。如何填写域名?
* 域名验证方式
DNS验证
了解什么是文件验证、邮箱验证以及DNS验证?
公司联系人/授权人信息
* 姓名
请填写真实有效的姓名全称。
* 电话
华为云客服会拨打该电话号码，确认证书验证的相关事宜。
* 邮箱
请确保该邮箱可收发邮件，证书信息的确认、变更都会发到该邮箱。
技术联系人信息（选填）
说明：以上企业/组织信息和公司联系人信息用于证书的验签流程。在您的证书签发之后，华为云仍将保留上述信息以简化您下次申请证书时填写表格的工作量。但如您不希望这些信息被保留在华为云上，您可在证书签发后，前往SSL证书管理控制台查看对应证书的详细信息，并对"申请人/组织信息"栏目下的内容信息进行取消隐私授权操作。取消授权后，该证书相关的企业和个人信息都将彻底从华为云SSL证书管理服务中删除。
我已阅读、理解并同意《SSL证书管理（SCM）免责声明》和《隐私政策声明》，授权华为云保存上述信息，生成SSL证书所需要的公私钥和CSR串，并由华为云加密保存。同时授权华为云向第三方CA认证中心提交上述信息。
提交申请
保存
取消

图 16-39　申请证书

证书名称
绑定域名
证书类型
描述
到期时间
状态/申请进度
操作
scm-7080
top.kunpen...
单域名
DigiCert (1年)
DV (Basic)
--
--
待完成域名验证
申请进度 4
域名验证
撤回申请

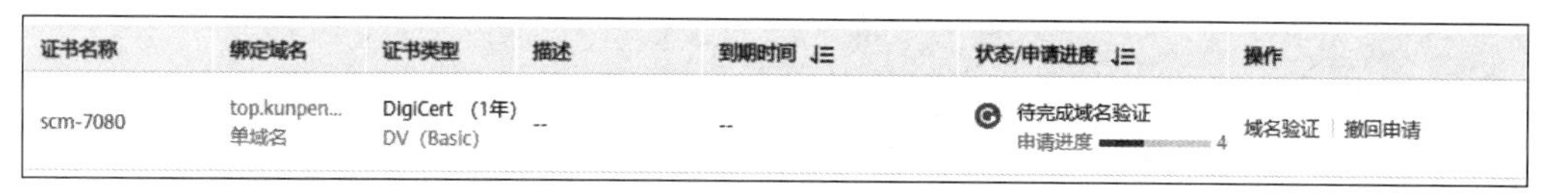

图 16-40　申请进度

单击“域名验证”超链接，弹出域名验证信息表，如图16-41所示。

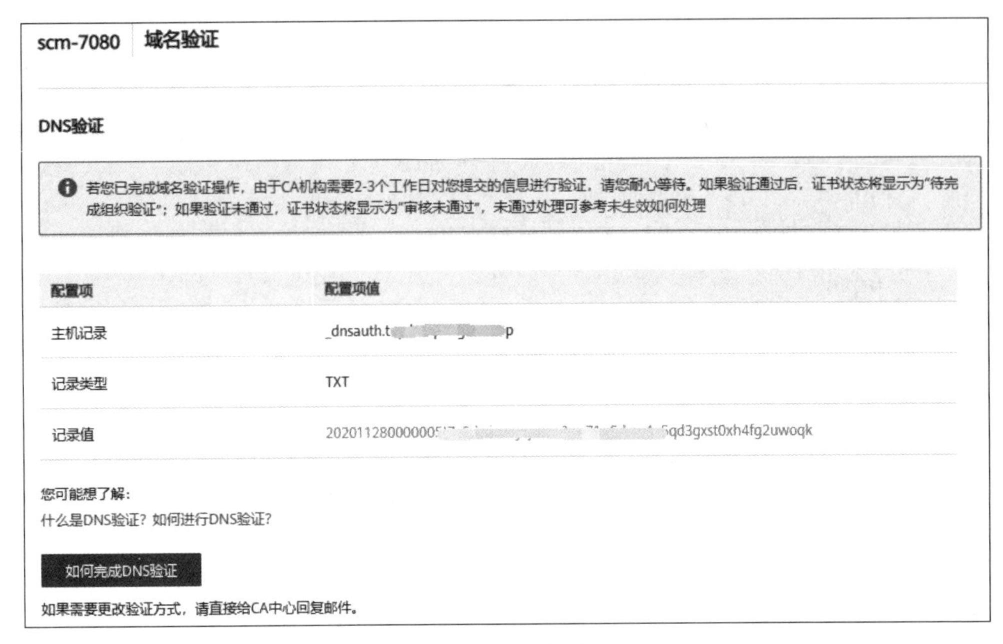

图16-41 域名验证信息

记录下这些信息，下一步操作需要使用。

步骤5：进入域名管理下“域名解析”的子菜单“公网解析”页面，如图16-42所示。

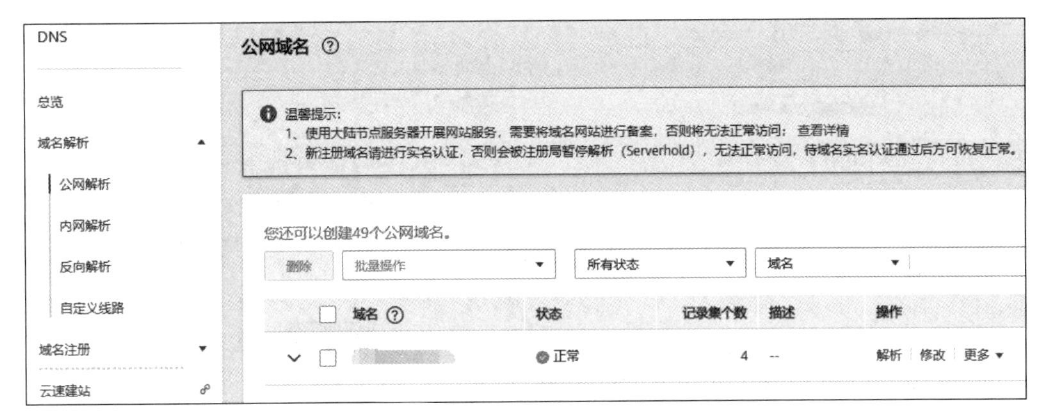

图16-42 公网解析

单击要解析域名操作列的“解析”超链接，进入解析记录页面，如图16-43所示。

单击“添加记录集”按钮，弹出“添加记录集”页面，把域名验证信息填写到记录集中，如图16-44所示。

填写好后，单击“确定”按钮，完成记录集的添加。重新返回SSL证书管理页面，大概过十几分钟后,会自动完成 SSL 证书申请的域名验证,如图 16-45 所示。

单击操作列的"下载"超链接,进入证书下载页面,如图 16-46 所示。

单击"下载证书"超链接即可下载证书压缩包到本地。解压压缩包,进入 Tomcat 文件夹,可以看到证书文件,如图 14-47 所示。

图 16-43 解析记录

添加记录集

主机记录 _dnsauth.top

* 类型 TXT – 设置文本记录

* 别名 是 否

* 线路类型 全网默认

* TTL (秒) 300 5分钟 1小时 12小时 1天

* 值 "202011280000005...st0xh4fg2uwoqk"

权重 1

其他配置

确定 取消

图 16-44 添加记录集

图 16-45 申请成功

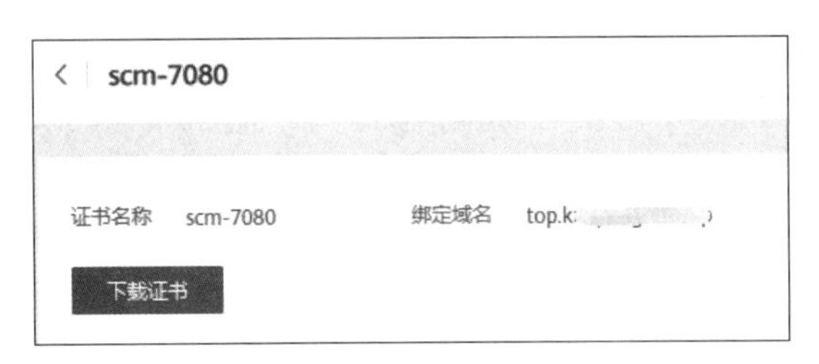

图 16-46 下载证书

图 16-47 证书文件

步骤 6：重新进入 Spring 项目，在 resources 下创建 cert 文件夹，把 server.jks 复制进去。在 application.yml 的配置文件最后添加下面两行配置：

```
ssl:
  key-store: classpath:cert/server.jks
  key-store-password: keystorePass.txt 的密码
```

添加后的配置文件如图 16-48 所示。

```
spring:
  thymeleaf:
    prefix: classpath:/views/
    suffix: .html
    mode: HTML

server:
  servlet:
    context-path: /
  port: 8990
  ssl:
    key-store: classpath:cert/server.jks
    key-store-password: Bz7^P        &ev
```

图 16-48 application.yml

步骤 7：重新对项目编译、打包上传到服务器，使用 HTTPS 协议访问，页面如图 16-49 所示。

单击网址栏前面的🔒图标，弹出安全性窗口，如图 16-50 所示。

可以看到现在连接是安全的了。

b. 对密码使用加密算法加密

直接把密码的明文保存起来是风险很高的行为，一种比较安全的方式是对明文进行哈希计算，并且在计算的时候随机“加盐”，形成加密后的密文，然后保存该密文。在需要验证的时候，把要验证的密码与密文进行匹配，如果匹配成功就认为通过了密码验证。在具体的实现里，可以考虑采用 Spring Security 中的 BCryptPasswordEncoder 类，该类提供了 encode 方法用来加密，同时提供了 matches 方法用来判断密码是否匹配，具体的调用方式比较简单，此处就不演示了。

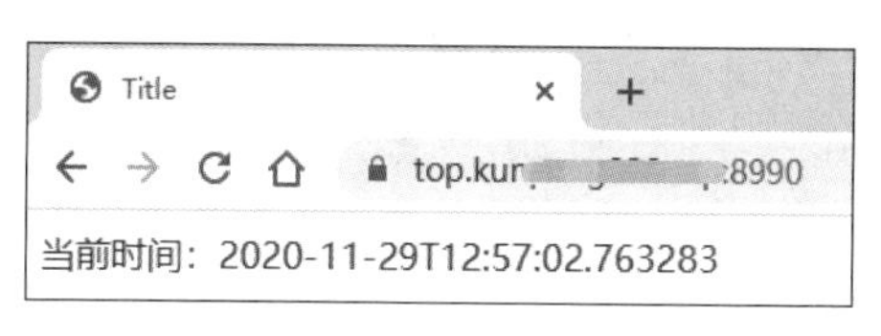

图 16-49　HTTPS 访问

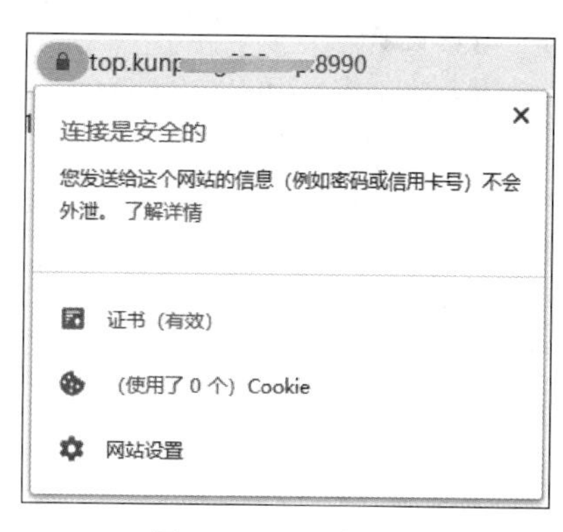

图 16-50　连接安全

5. 安全测试总结

本节按照给定的格式填写被测试方信息即可。

16.8　性能自测试报告

和兼容性测试报告及安全自测试报告一样，性能自测试报告模板获取方式也可参考 15.4.3 节“鲲鹏方案认证”的步骤 4，华为同样把模板分为 5 个部分，下面按照报告章节顺序逐个说明（建议先获取模板文件，边参考模板文件边阅读本节内容）。

1. 概述

1）目的

本节只需替换公司名称、产品名称即可。

2）性能测试范围与验收标准指导

本节保留原文。

3）性能测试策略

本节保留原文。

2. 测试环境描述

1）环境拓扑图

参考 16.6 节“兼容性自测试报告”的“逻辑组网”部分。

2）测试环境清单

参考 16.6 节“兼容性自测试报告”的“测试资源清单”部分。

3）软件版本信息

按照格式如实填写。

4）关键性能标准

该节内容保留原文，但是需要详细了解对应的测试标准，并且保证在后续的性能测试中满足该标准。

3. 测试方案

1）场景设计

模拟的测试场景，保证在测试时有一定的业务数据，场景示例如表16-8所示。

表 16-8 测试场景

场景	业务名称	模拟场景	测试检查点
场景1	温控动作历史-查询	30～60个用户进行查询，瞬间并发	一定数量级下并发，观察通过的事务数和响应时间，以及服务器资源使用情况
场景2	温控历史数据查询-查询	30～60个用户进行查询，持续300s	一定数量级下并发，观察通过的事务数和响应时间，以及服务器资源使用情况
场景3	温控终端维护-复制、查询	30～60个用户进行复制、查询，持续300s	一定数量级下并发，观察通过的事务数和响应时间，以及服务器资源使用情况
场景4	温控终端管理-下发策略、查询	30～60个用户进行下发、查询，持续300s	一定数量级下并发，观察通过的事务数和响应时间，以及服务器资源使用情况
场景5	温控终端维护-新增查询	10个用户进行新增并查询，持续1h	一定数量级下并发，观察通过的事务数和响应时间，以及服务器资源使用情况

2）性能测试工具

一般使用Jmeter作为测试工具。

4. 性能测试结果

1）性能指标结果

本节汇总每个测试的具体指标数据，部分测试的截图如下：

温控动作历史-查询，30个并发，指标如图16-51所示。

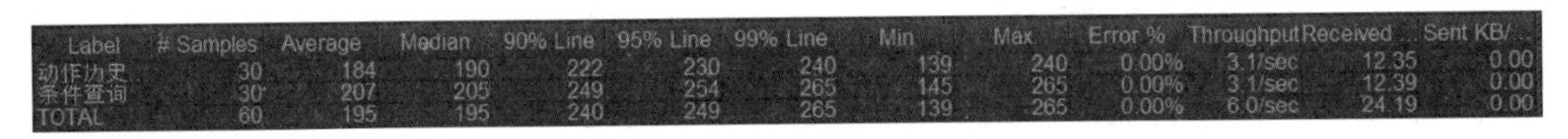

Label	# Samples	Average	Median	90% Line	95% Line	99% Line	Min	Max	Error %	Throughput	Received ...	Sent KB/...
动作历史...	30	184	190	222	230	240	139	240	0.00%	3.1/sec	12.35	0.00
条件查询	30	207	205	249	254	265	145	265	0.00%	3.1/sec	12.39	0.00
TOTAL	60	195	195	240	249	265	139	265	0.00%	6.0/sec	24.19	0.00

图 16-51 30个并发

混合业务，持续并发1h，指标如图16-52所示。

Label	# Samples	Average	Median	90% Line	95% Line	99% Line	Min	Max	Error %	Throughput	Received ...	Sent KB/s...
温控终端...	21900	547	595	726	757	835	44	21036	0.03%	6.1/sec	24.62	0.00
新增数据	21896	543	596	725	757	848	43	21035	0.00%	6.1/sec	24.62	0.00
条件查询	21893	550	596	728	763	849	56	21039	0.04%	6.1/sec	24.62	0.00
TOTAL	65689	547	595	726	759	844	43	21039	0.02%	18.2/sec	73.86	0.00

图 16-52 1h并发

TPS指标如图16-53所示。

2）资源利用率

采集资源利用率数据的时候，需要用到华为云的云服务监控，对于ECS、数据库、Redis

缓存等资源，华为云都有专门监控页面，可以方便地采集各个服务的资源利用率。本节没有特殊的技术要求，此处就不详细展开描述了。

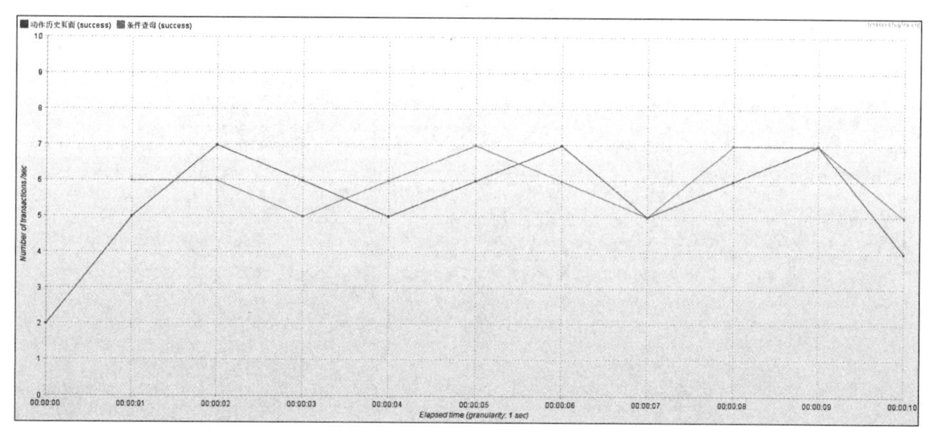

图 16-53 TPS

5. 性能测试总结

1）测试总结

本节对本次性能测试进行数据汇总，通过表格形式展示详细的测试数据，并在最后给出本次性能测试结论，示例表格如表 16-9 所示。

表 16-9 测试总结

场景	并发数	请求数	持续时间	平均响应时间/s	错误率/%	TPS	CPU峰值/%	内存峰值/%	通过
温控动作历史-查询	30	60	瞬时	0.2	0	6	--	--	是
	60	120	瞬时	0.2	0	11.7	--	--	是
温控历史数据查询-查询	30	5716	5min	1.55	0	19	--	--	是
	60	5274	5min	3.36	0	17.6	67.14	33.37	瓶颈
温控终端维护-复制查询	30	8431	5min	1.05	0	28	--	--	是
	60	8545	5min	2.1	0	28.4	--	--	是
温控终端管理-下发策略/查询	30	5563	5min	1.59	0	18.5	--	--	是
	60	6279	5min	2.8	0	20.8	--	--	是
混合业务	10	65689	1h	0.55	0.02	18.2	--	--	是

华为需要对测试的结果进行抽查，所以需要把测试的脚本提供给华为对接人员。

2）结果确认

根据给定的格式确认该测试报告，把公司名称、测试人员名称和测试时间如实填上即可。